中兽医手册

第 三 版

钟秀会　主编

中国农业出版社

第三版编写人员

主　　编　钟秀会

副 主 编（按姓氏笔画排序）

　　　　　马爱团　史万玉　刘占民　刘钟杰

参编人员（按姓氏笔画排序）

　　　　　弓素梅　王晓丹　方素芳　杨　英

　　　　　杨敬辉　孟立根　苑方重　赵兴华

　　　　　宫新城　耿梅英　贾青辉　符振英

　　　　　褚景生　褚耀城

审　　稿　张宝忠

第 三 版 前 言

　　本手册是在2001年原河北中兽医学校张宝忠等修订的第二版《中兽医手册》基础上修订而成。9年多来，畜牧业结构发生了巨大变化，中兽医的主要服务对象也随之改变，由原来的以马、牛等役用大家畜为主要对象的个体治疗转向了以牛、猪、禽类等农场动物为主要对象的群体治疗。同时，城市伴侣动物养殖发展迅猛，给中兽医提出了新的课题和要求。因此，对《中兽医手册》第二版进行修订，势在必行。

　　修订后的第三版《中兽医手册》在内容上做了部分调整：基础理论部分适当压缩；中药部分更强调了系统性；方剂部分注重实用性，选用方剂尽量遵循《中华人民共和国兽药典》，以贴近当前中兽医的实践；病证部分以牛为主介绍部分常见证候，然后介绍了常见猪病、禽病、犬猫疾病、水产动物疾病及蜂、蚕等动物疾病的中兽医疗法。

　　本手册编写过程中，得到河北农业大学中兽医学院领导的支持和帮助，深表谢意。

　　由于作者水平有限，修订时间比较匆忙，难免会有不当，甚至谬误之处，恳切希望读者同仁给予批评指正，以便使本手册日臻完善。

编　者

2010 年 3 月

第 二 版 修 订 者

主　编　河北中兽医学校

编　者（按姓氏笔画排序）

　　　　王正之（河北中兽医学校）

　　　　张宝忠（河北中兽医学校）

　　　　梁国英（河北中兽医学校）

　　　　黄璟璇（河北中兽医学校）

　　　　谢仲权（北京农学院）

　　　　蒋振国（河北农业科学院粮油作物研究所）

第 二 版 前 言

为了适应畜牧业生产发展的新形势，满足广大畜牧兽医工作者迫切要求学习科学技术知识的愿望，我们对本书第一版进行较大的修订，修订后的《中兽医手册》由原来的四篇增订为基础理论、辨证论治、中药、方剂、针灸、病证防治、阉割术等7篇。在编写形式方面，把中药药味和针灸穴位均改为表格形式编写。这样，既减少了篇幅，又便于阅读，并增加了病证防治内容和增补了方剂篇、阉割术篇及小动物病。

编写分工：河北中兽医学校张宝忠编写绪论，第一篇及第六篇的第三章；王正之编写第四篇；梁国英编写第五篇和第七篇；黄璟璇编写第六篇的第五章；北京农学院的谢仲权编写第二篇、第六篇的第一、第二、四、六章及小动物病。河北农业科学院粮油作物研究所蒋振国编写第三篇。

在修订工作中有关单位为本书提供了宝贵资料，给予了大力支持，河北中兽医学校刘永安为本书绘制了插图，在此一并表示感谢。

由于我们的水平有限，虽然修订再版，肯定还会有不少缺点和错误，恳切希望广大读者继续给予批评指正，以便再次修订。

编　者
2001 年 2 月

第一版编写单位

河北中兽医学校
北京部队后勤部卫生部
东北农垦大学
涿县兽医院

目　　录

第一篇　基础理论

第二篇　辨证论治基础

第三篇 中　药

第四篇　方　　剂

第五篇　针　　灸

第六篇　病证防治

绪　　论

一、中兽医学概述

中兽医学是以阴阳五行学说为指导思想、以辨证论治和整体观念为特点、以针灸和中药为主要治疗手段、理法方药具备的独特的医疗体系。它是产生于中国古代，经过数千年的发展和经验积累，形成的中国传统兽医学。传统的广义中兽医学，应该是1904年以前的中国的畜牧兽医科学。自从1904年北洋马医学堂在保定成立，西方兽医科学系统传入中国，才有了中、西兽医之分。本书所说的中兽医学，是以针灸、中药为主要治疗手段的狭义的中兽医学。

二、发展简史

（一）中兽医学的起源

中兽医学有着悠久的历史。有学者认为，中兽医知识起源于人类开始驯化野生动物并将其转变为家畜的时期。那么，中兽医已经有一万年的历史。例如，广西桂林甑皮岩遗址（距今 11 310±180—7 580±410）就出土有家猪的骨骼，浙江河姆渡遗址（6 310±100—6 065±120）出土有猪、犬和水牛的骨骼。实际上这时出现的是早期畜牧知识。人类在饲养动物的过程中，逐步对动物疾病有所了解，并不断地寻求治疗方法，这就促成了兽医知识的积累。考古学发现，在新石器时代的河南仰韶遗址中，发掘出猪、马、牛等家畜的骨骼以及石刀、骨针和陶器等；在陕西半坡遗址和姜寨遗址中，不但发掘出猪、马、牛、羊、犬、鸡的骨骼残骸及石刀、骨针、陶器等生活和医疗用具，而且还有用细木围成的圈栏遗迹。在内蒙古多伦县头道洼新石器遗址中出土的砭石，经鉴定具有切割脓疡和针刺两种作用。这些考古发现说明，在新石器时代的仰韶文化时期，不但家畜的饲养已经非常普遍，而且人类为了保护所饲养的动物，已开始把火、石器、骨器等战胜自然的工具用于防治动物疾病。

对药物的认知，同样也源于人类的生产劳动和生活实践。原始人集体出猎，共同采集食物，必然发生因食用某种植物而使所患疾病得以治愈，或因误食某种植物而中毒的事例，经过无数次尝试，人们对这些植物的治疗作用和毒性有了认识，获得了初步的药理学和毒理学知识。《淮南子·修务训》中"神农……尝百草之滋味……一日而遇七十毒"的记载，便生动地描述了药物知识的起源。

有文字记载的中兽医知识的起源见于商代（公元前16世纪—前11世纪）的甲骨文中。已有表示猪圈、羊栏、牛棚、马厩等的文字，说明当时对家畜的护养已有了进一步发展。甲骨文中还记载有药酒及一些人、畜通用的病名，如胃肠病、体内寄生虫病、齿病等。河北藁城商代遗址中，出土有郁李仁、桃仁等药物，表明当时对药物也有了较深的认识。商代青铜器的出现和使用，为针灸、手术等治疗技术的进步提供了有利条件，有了阉割术或宫刑的出现。殷周之际出现的带有自发朴素性质的阴阳五行学说，成为中兽医学的指导思想。

在西周到春秋时期（公元前11世纪—前475年），家畜去势术已用于猪、马、牛等多种动物。《周礼·天宫》中已有"兽医，掌疗兽病，疗兽疡。凡疗兽病，灌而行之，以节之，以动其气，观其所发而养之。凡疗兽疡，灌而劀之，以发其恶，然后药之、养之、食之"的记载，说明当时不但设有专职兽医治疗兽病，而且在治疗方法上采用了灌药、手术、护理、饲养等综合措施，同时已有内科病（兽病）和外科病（兽疡）的区别。《周礼》中还有"内饔……辨腥、臊、膻、香之不可食者"的记载，这是我国最早的肉品检验。

这一时期，还出现有造父（约公元前10世纪）、孙阳（号伯乐，约公元前7世纪）、王良（约公元前6世纪）等畜牧兽医名人。

（二）中兽医学术体系的形成与发展

封建社会的前期（公元前475年—前256年）是中兽医学进一步奠定基础和形成理论体系的重要阶段。据《列子》记载，战国时期便有了专门诊治马病的"马医"。战国《古玺文字征》有"牛疡"，《战国策》有"羸牛"、"马肘溃"、"马折膝"，《楚辞》有"马刃伤"，《晏子春秋》有"马暴死"和"大暑而疾驰，甚者马死，薄者马伤"的记载。

春秋战国时期出现的《黄帝内经》，被认为是我国现存最早的一部医学典籍，它比较系统和全面地反映了当时中医学发展的成就。中兽医学的基本理论最早便导源于《黄帝内经》。受其影响，中兽医学形成了以阴阳五行为指导思想，以整体观念和辨证论治为特点的理论体系。《黄帝内经》建立了中医理论，被称为中医历史上第一个里程碑。

秦代（公元前221—公元前206年）颁布了世界上最早的畜牧兽医法规"厩苑律"，汉代（公元前206—公元220）经进一步修订，更名为"厩律"。汉代出现了我国最早的一部人、畜通用的药学专著《神农本草经》。在汉简（《居延汉简》、《流沙坠简》和《武威汉简》）中，不但有兽医方剂，而且还有将药物制成丸剂给马内服的记载。汉代已采用针药结合的方法治疗动物疾病（见《列仙传》），并用革制的马鞋进行护蹄。据《汉书·艺文志》记载，当时曾有畜牧兽医专著《相六畜三十八卷》。马王堆汉墓出土有《相马经》,《三国志》注还记载有《马经》和《牛经》等书。汉代名医张仲景(约公元150—219年)所著的《伤寒杂病论》一书,创立了六经辨证方法,理法方药俱备,被称为中医历史上"第二个里程碑"。《伤寒杂病论》也对中兽医学产生了深远影响,其中许多方剂一直为兽医临床所沿用。

魏晋南北朝时期(公元220—589年),晋人葛洪(公元281—341年)所著的《肘后备急方》一书中有治六畜"诸病方",除记有灸熨和"谷道入手"等诊疗技术以及用黄丹治脊疮等十几种动物疾病的治疗方法外,还指出疥癣中有虫,并提出了"杀所咬犬,取脑敷之"的防治狂犬病的方法。这可以说是现代疫苗免疫的雏形。北魏(公元386—534年)贾思勰所著的《齐民要术》中有畜牧兽医专卷,记载有包括掏结术,猪、羊的去势术等内容。

隋代(公元581—618年),兽医学的分科已趋于完善,出现了有关病证诊治、方药及针灸等的专著,如《治马、牛、驼、骡等经》、《治马经》、《伯乐治马杂病经》、《疗马方》及《马经孔穴图》等(均已散佚)。

唐代(公元618—907年)有了兽医教育的开端。据《旧唐书》记载,神龙年间(705—707年)的太仆寺中设有"兽医六百人,兽医博士四人,学生一百人"。贞元末年(约804年),日本派平仲国等人到我国学习兽医。李石编著的《司牧安骥集》为我国现存最早的较为完整的一部中兽医学古籍,也是我国最早的一部畜牧兽医学教科书(明代时,日本有名为《假名安骥集》的编译本流传),对中兽医学的理法方药等均有较全面的论述。唐高宗显庆四年(公元659年)所颁布的《新修本草》,被认为是世界上最早的一部人畜通用的药典。

宋代(公元960—1279年),从1007年开始设置"牧养上下监,以养疗京城诸坊病马",这是我国已知最早的兽医院。宋代还设有我国最早的尸体剖检机构"皮剥所"和最早的兽医药房"药蜜库"(见《宋史》)。当时曾出现有《明堂灸马经》、《伯乐针经》、《医驼方》、《疗驼经》、《马经》、《医马经》、《相马病经》、《安骥方》及《重集医马方》等兽医专著。王愈所著的《蕃牧纂验方》载方57个,并附有针灸疗法。此外,据《使辽录》(公元1086年)记载,当时我国少数民族地区已用醇作麻醉剂,进行马的切肺手术。

元代(公元1206—1368年)著名兽医卞宝(卞管勾)著有《痊骥通玄论》一书,除对马的起卧症(包括掏结术)进行了总结性论述外,还提出了"胃气不和,则生百病"的脾胃发病学说。这一时期还出现有《安骥集八卷》和《治马、牛、驼经》等书。

明代(公元1368—1644)著名兽医喻本元、喻本亨兄弟集前人和自己的兽医理论及临床经验之大成,于1608年编著了《元亨疗马集(附牛驼经)》。该书内容丰富，是国内外流传最广的一部中兽医古典著作。在此前后，杨时乔主编了《马书》、《牛书》，钱能编著了《类方马经》，内容都很丰富。明代著名科学家李时珍（公元 1518—1593 年）编著了举世闻名的《本草纲目》，收载药物 1 892 种，方剂 11 096 个，其中专述兽医方面的内容有 229 条之多。该书刊行后不久即传播到国外，为中外医药学的发展做出了杰出的贡献。此外，朝鲜于 1633 年刊行有汉文的《新编集成马医方、牛医方》。

鸦片战争以前的清代（公元 1636—1840 年），中兽医学处于缓慢发展的状态。1736 年李玉书对《元亨疗马集》进行了改编，删除了"东溪素问四十七论"中的二十多论，又根据其他兽医古籍增加了部分内容，成为现今广为流传的版本。1758 年，赵学敏编著的《串雅外编》中特列有"医禽门"和"医兽门"。1785 年，郭怀西著有《新刻注释马牛驼经大全集》。此后编撰的兽医著作有《抱犊集》、《疗马集》（周维善，1788 年）、《养耕集》（傅述风，1800 年）、《牛经备要医方》（沈莲舫）、《牛医金鉴》（约 1815 年）、《相牛心镜要览》（1822 年）等。

鸦片战争以后，中国沦为半殖民地半封建的社会（1840—1949 年）。这一时期的主要著作有《活兽慈舟》（李南辉，约 1873 年）、《牛经切要》（1886 年）、《猪经大全》（1891 年）和《驹病集》（1909 年）等。《活兽慈舟》收载了马、牛、羊、猪、犬、猫等动物的病证 240 余种，是我国较早记载犬、猫疾病的书籍。《猪经大全》是我国现存中兽医古籍中唯一的一部猪病学专著。

1904 年，北洋政府在保定建立了北洋马医学堂，从此西方现代兽医学开始有系统地在中国传播，中国出现了两种不同体系的兽医学，有了中、西兽医学之分。

（三）中兽医学发展的新阶段

1949 年中华人民共和国成立后，中兽医学进入了一个蓬勃发展的新阶段。1956 年 1 月，国务院颁布了"加强民间兽医工作的指示"，对中兽医提出了"团结、使用、教育和提高"的政策。当年 9 月在北京召开了第一届"全国民间兽医座谈会"，提出了"使中西兽医紧密结合，把我国兽医学术推向一个新的阶段"的战略目标。全国各中、高等农业院校先后设立中兽医学课程或开办中兽医学专业，培养了大批中兽医专门人才。1956 年后陆续成立了河北中兽医学校（现为河北农业大学中兽医学院）、江西中兽医研究所、兰州中兽医研究所（已合并为兰州畜牧与兽药研究所）。同年成立了中兽医学组，1979 年成立了中西兽医结合学术研究会，后更名为中国畜牧兽医学会中兽医学分会，这一学术组织在团结广大中兽医工作者，促进中兽医学术的发展，扩大国际交流等方面做了大量的工作。改革开放以来，随着我国对外交流的不断增加，中兽医学特别是兽医针灸在国外的影响也越来越大，不少院校先后多次举办了国际兽医针灸培训班，或派出专家到国外讲学，促进了中兽医学在世界范围内的传播。

三、中兽医学的基本特点

中兽医学学术体系的基本特点为整体观念和辨证论治。

(一) 整体观念

中兽医学认为动物体本身各组成部分之间，在结构上不可分割，在功能上相互协调，在病理变化上相互影响，是一个有机的整体。同时，动物体与外界环境之间紧密相关。自然界既是动物正常生存的条件，也可成为疾病发生的环境因素。动物要适应自然界的变化，以维持机体正常的生理功能，这就是动物体与自然环境的整体性。因此，中兽医学的整体观念，实际上是指动物体本身的整体性和动物体与自然环境的整体性两个方面，它贯穿于中兽医学生理、病理、诊法、辨证和治疗的各个方面。

1. **动物体本身的整体性**　中兽医学认为，动物体是以心、肝、脾、肺、肾五个生理系统为中心，通过经络使各组织器官紧密相连而形成的一个完整统一的有机体。五脏之间相生相克，六腑之间相互承接，五脏与六腑互为表里，脏腑与体表九窍之间存在归属开窍关系。这样，形成了以五脏为核心的五大功能系统。各系统之间相互依赖、相互联系，以维持机体内部的平衡和正常的生理功能。

中兽医认识疾病，首先着眼于整体，重视整体与局部之间的关系。一方面，机体某一部分的病变，可以影响到其他部分，甚至引起整体性的病理改变，如脾气虚本为局部病变，但迁延日久，则会因机体生化乏源而引起肺气虚、心气虚，甚至全身虚弱；另一方面，整体的状况又可影响局部的病理过程，如全身虚弱的动物，其创伤愈合较慢等等。总之，疾病是整体患病，局部病变是整体患病的局部表现。

中兽医诊察疾病，往往是从整体出发，通过观察机体外在的各种临床表现，去分析研究内在的全身或局部的病理变化，即察外而知内。由于动物体是一个有机整体，因此无论整体还是局部的病变，都必然会在机体的形体、窍液及色脉等方面有所反映。如心开窍于舌，心经有火，看到口舌生疮。肝经有火，眼目肿痛等。

中兽医治疗疾病亦从整体出发，既注意脏腑之间的联系，又注意脏腑与形体、窍液的联系。如见口舌糜烂，心开窍于舌，当知口舌糜烂为心火亢盛表现，应以清心泻火的方法治疗。此外，"表里同治"，或"从五官治五脏"，以及"见肝之病，当先实脾"等，都是从整体观念出发，确定治疗原则和方法的具体体现。

2. **动物与自然环境的相关性**　中兽医学认为，动物体与自然环境之间是相互对立而又统一的。动物不能离开自然界而生存，自然环境的变化可以直接或间接地影响动物体的生理功能。当动物能够通过调节自身的功能活动以适应这种环境的变化时，便不致引起疾病；否则，就会导致病理过程。例如，一年四季的气候变化是春温、夏热、秋凉、冬寒，动物体可以通过气血的活动，进行调节适应。如春夏阳气发泄，气血趋于表，则皮肤松弛，疏泄多汗；秋冬阳气收藏，气血趋于里，则皮肤致密，少汗多尿。同样，随四时的不同，动物的口色有"春如桃花夏似血，秋如莲花冬似雪"的变化，脉象有"春弦、夏洪、秋毛、冬石"的改变，这属于正常生理调节的范围。但当气候异常或动物调节适应机能失调，使机体与外界环境之间失去平衡时，则可引起与季节性环境变化相关的疾病，如风寒、风热、中暑等。

由于动物体与自然环境相关，因此在治疗动物疾病时就要考虑到自然环境对动物体的影响。古人在总结自然界的变化对机体影响规律的基础上，提出了一些有关疾病防治的措施。如脾肾阳虚性咳喘，往往夏季减轻，秋冬加重，常用"温补脾肾"之剂调养，并着重在阳气最旺的夏季来调养预防，此谓"春夏养阳"；而阴虚肝旺的动物，春季易使病发作，故在阴盛的冬季给予滋补，以预防春季发生，此谓"秋冬养阴"。这是整体观念在中兽医治疗中的体现。

（二）辨证论治

辨证论治是中兽医认识疾病，治疗疾病的基本过程。"辨证"是把通过四诊所获取的病情资料，进行分析综合，以判断为某种性质的"证"的过程，即识别疾病证候的过程；"论治"是根据证的性质确定治则和治法的过程。辨证是确定治疗的前提和依据，论治是治疗疾病的手段和方法，也是辨证的目的。治疗原则和治疗措施是否恰当，取决于辨证是否正确；而辨证论治的正确性，又有待于临床治疗效果的检验。因此，辨证和论治是诊疗疾病过程中，相互联系不可分割的两个方面。

为了很好地理解"证"的概念，必须把"病"、"证"和"症"三者做一比较。"病"，是指有特定病因、病机、发病形式、发展规律和转归的一个完整的病理过程，即疾病的全过程，如感冒、痢疾、肺炎等。"症"，即症状，是疾病的具体临床表现，如发热、咳嗽、呕吐、疲乏无力等。"证"，既不是疾病的全过程，又不是疾病的某一项临床表现，它是对疾病发展过程中，某一阶段包括病因（如风寒、风热、湿热等）、病位（如表、里、脏、腑等）、病性（如寒、热等）和邪正关系（如虚、实等）的综合概括，它既反映了疾病发展过程中，该阶段病理变化的全面情况，同时也提出了治疗方向。如"脾虚泄泻"证，既指出病位在脾，正邪力量对比属虚，临床症状主要表现为泄泻，又能以此推断出致病因素为湿，从而也就指出了治疗方向为"健脾燥湿"。由于"证"反映的是疾病在某一特定阶段的病理变化的实质，因此比"病"更具体、更贴切、更具有可操作性。

相对于现代兽医学中的"辨病治疗"和"对症治疗"，中兽医学的辨证论治更能抓住疾病发展不同阶段的本质，它既看到同一种病可以包括不同的证，又看到不同的病在发展过程中可以出现相同的证，因而可以采取"同病异治"或"异病同治"的治疗措施。如同为外感表证，若属外感风寒，则治宜辛温解表，方用麻黄汤类；若属外感风热，则治宜辛凉解表，方用银翘散类，此谓"同病异治"；而脱肛、子宫下垂、虚寒泄泻等病，虽然性质不同，但当其均以中气下陷为主证时，都可以补中益气之剂进行治疗，谓之"异病同治"。

第一篇　基础理论

第一章　阴阳五行学说

阴阳五行学说，是我国古代带有朴素唯物论和自发辩证法性质的哲学思想，是用以认识世界和解释世界的一种世界观和方法论。在 2 000 多年以前的春秋战国时期，这一学说被引用到医药学中来，作为推理工具，借以说明动物体的组织结构、生理功能和病理变化，并指导临床的辨证及病证防治，成为中兽医基本理论的重要组成部分。

第一节　阴阳学说

阴阳学说，是以阴和阳的相对属性及其消长变化来认识自然、解释自然、探求自然规律的一种宇宙观和方法论，是中国古代朴素的对立统一理论。中兽医学引用阴阳学说来阐释兽医学中的许多问题及动物和自然的关系，它贯穿于中兽医学的各个方面，成为中兽医学的指导思想。

一、阴阳的基本概念

阴阳是相互关联又相互对立的两个事物，或同一事物所具有的两种不同的属性。阴阳的最初含义是指日光的向背，向日为阳，背日为阴，以日光的向背定阴阳。向阳的地方具有光明、温暖的特性，背阳的地方具有黑暗、寒冷的特性，于是就以这些特性区分阴阳。在长期的生产生活实践中，古人遇到种种似此相互联系又相互对立的现象，于是就不断地引申其义，将天地、上下、日月、昼夜、水火、升降、动静、内外、雌雄等，都用阴阳加以概括，阴阳也因此而失去其最初的含义，成为代表矛盾的两个方面，或表示一切事物对立而又统一的两个方面的代名词。阴阳所代表的事物之间，存在着既对立又统一的关系。古人正是从这一朴素的对立统一观念出发，认为阴阳两方面的相反相成，消长转化，是一切事物发生、发展、变化的根源。如《素问·阴阳应象大论》中说："阴阳者，天地之道也，万物之纲纪，变化之父母，生杀之本始。"意思是说，阴阳是宇宙间的普遍规律，是一切事物所服从的纲领，各种事物的产生与消亡，都根于阴阳的变化。

一般认为识别阴阳的属性，是以上下、动静、有形无形等为准则。概括起来，凡是向上的、运动的、无形的、温热的、向外的、明亮的、亢进的、兴奋的及强壮的等均属于阳，而凡是向下的、静止的、有形的、寒凉的、向内的、晦暗的、减退的、抑制的及虚弱的等都属于阴。阴阳既可以代表相互对立的事物或现象，又可以代表同一事物内部对立着的两个方面。前者如天与地、昼与夜、水与火、寒与热等，后者如人体内部的气和血、脏与腑，中药的热性与寒性等。

阴阳具有以下特性：①阴阳的普遍性——阴阳的对立统一是天地万物运动变化的总规律；②阴阳的相对性——阴阳属性是相对的，随时间条件而变化；③无限可分性——阴阳之中复有阴阳。如以背部和胸腹的关系来说，背部为阳，胸腹为阴；而属阴的胸腹，又以胸在膈前属阳，腹在膈后属阴。

二、阴阳学说的基本内容

阴阳学说的基本内容，包括阴阳对立、阴阳互根、阴阳消长和阴阳转化等方面。

(一) 阴阳对立

阴阳对立，是指阴阳双方存在着相互排斥、相互斗争、相互制约的关系。对立，即相反，如动与静，寒与热，上与下等都是相互对立的两个方面。对立的双方，通过排斥、斗争以相互制约，使事物达到动态平衡。以动物体的生理机能为例，机能亢奋为阳，抑制为阴，二者相互制约，从而维持动物体的生理状态。再以四季的寒暑为例，夏虽阳热，而夏至以后阴气却随之而生，用以制约暑热之阳；冬虽阴寒盛，但冬至以后阳气却随之而生，以制约严寒的阴。由于阴阳双方的不断排斥与斗争，便推动了事物的变化或发展。故《素问·疟论》说"阴阳上下交争，虚实更作，阴阳相移。"

(二) 阴阳互根

阴阳互根，是指阴阳双方具有相互依存，互为根本的关系。即阴或阳的任何一方，都不能脱离另一方而单独存在，每一方都以相对立的另一方的存在作为自己存在的前提和条件。如热为阳，寒为阴，没有热也就无所谓寒；上为阳，下为阴，没有上也无所谓下，双方存在着相互依赖、相互依存的关系，即阳依存于阴，阴依存于阳。

阴阳互根还有互用的含义，即阴阳双方存在着相互资生、相互促进的关系。所谓"孤阴不生，独阳不长"、"阴生于阳，阳生于阴"，便是说"孤阴"和"独阳"不但相互依存，而且相互资生、相互促进，阴精通过阳气的活动而产生，而阳气又由阴精化生而来。同时，阴和阳还存在着一种"阴为体，阳为用"的相互依赖关系，"体"即本体（结构或物质基础），"用"指功用（功能或机能活动），体是用的物质基础，用又是体的功能表现，两者是不可分割的。如《素问·阴阳应象大论》中说："阴在内，阳之守也；阳在外，阴之使也。"指出阴精在内，是阳气的镇守（根源）；阳气在外，是阴精的表现（使役）。

（三）阴阳消长

阴阳消长，是指阴阳双方不断运动变化，此消彼长，以维系动态平衡的关系。阴阳双方在对立、互根的情况下，不是静止不变的，而是处于此消彼长的变化过程中，正所谓"阴消阳长，阳消阴长"。在不断消长过程中，维持相对的动态平衡。例如，机体的各项机能活动（阳）的产生，必然要消耗一定的营养物质（阴），这就是"阴消阳长"的过程；而各种营养物质（阴）的化生，又必须消耗一定的能量（阳），这就是"阳消阴长"的过程。这种阴阳的消长保持在一定的范围内，阴阳双方维持着一个相对的平衡状态。假若这种阴阳的消长，超过了正常范围，导致了相对平衡关系的失调，就会引发疾病。如《素问·阴阳应象大论》中所说的"阴盛则阳病，阳盛则阴病"，就是指由于阴阳消长的变化，使得阴阳平衡失调，引起了"阳气虚"或"阴液不足"的病证，其治疗应分别以温补阳气和滋阴增液，使阴阳重新达到平衡为原则。

（四）阴阳转化

阴阳转化，是指阴阳双方在一定条件下，相互转化、属性互换的关系。即在一定条件下，阴可以转化为阳，阳可以转化为阴。正如《素问·阴阳应象大论》中所说的"重阴必阳，重阳必阴"、"寒极生热，热极生寒"。如果说阴阳消长是属于量变的过程，而阴阳转化则属于质变的过程。在疾病的发展过程中，阴阳转化是经常可见的。如动物外感风寒，出现耳鼻发凉，肌肉颤抖等寒象；若治疗不及时或治疗失误，寒邪入里化热，就会出现口干、舌红、气粗等热象，这就是由阴证向阳证的转化。又如患热性病的动物，由于持续高热，热甚伤津，气血两亏，呈现出体弱无力、四肢发凉等虚寒症状，这便是由阳证向阴证的转化。此外，临床上所见由实转虚、由虚转实、由表入里、由里出表等病证的变化，都是阴阳转化的例证。

阴阳的对立、互根、消长、转化是阴阳学说的基本内容，了解了这些内容，有利于理解阴阳学说在中兽医学中的应用。

三、阴阳学说在中兽医学中的应用

阴阳学说贯穿于中兽医学理论体系的各个方面，用以说明动物体的组织结构、生理功能和病理变化，并指导临床诊断和治疗。

(一) 生理方面

1. 说明动物体的组织结构　认为动物体是一个既对立又统一的有机整体，其组织结构可以用阴阳两方面来加以概括说明。就大体部分来说，体表为阳，体内为阴；上部为阳，下部为阴；背部为阳，胸腹为阴。就四肢的内外侧相对而论，则外侧为阳，内侧为阴。就脏腑而言，脏为阴，腑为阳。而具体到每一脏腑，又有阴阳之分，如心有心阳、心阴，肾有肾阳、肾阴等等。总之，动物体的每一组织结构，均可以根据其所在的上下、内外、表里、前后等各相对部位及相对的功能活动等特点来概括阴阳，并进而说明它们之间的对立统一关系。

2. 说明动物体的生理　一般认为，物质为阴，功能为阳，正常的生命活动是阴阳这两个方面保持对立统一的结果。正如《素问·生气通天论》中说："阴者，藏精而起亟（亟，可作气解）也；阳者，卫外而为固也。"就是说"阴"代表着物质或物质的贮藏，是阳气的源泉；"阳"代表着机能活动，起着卫外而固守阴精的作用；没有阴精就无以产生阳气，而通过阳气的作用又不断化生阴精，二者同样存在着相互对立、互根互用、消长转化的关系。在正常情况下，阴阳保持着相对平衡，以维持动物体的生理活动，正如《素问·生气通天论》所说："阴平阳秘，精神乃至。"否则，阴阳不能相互为用而分离，精气就会竭绝，生命活动也将停止，就像《素问·生气通天论》中所说的"阴阳离决，精神乃绝"。

(二) 病理方面

1. 说明疾病的病理变化　中兽医学认为，在正常情况下，动物体内的阴阳两方面保持着相对的平衡，以维持动物体的生理活动。疾病就是阴阳失去相对平衡，出现偏盛偏衰的结果。疾病的发生与发展，关系到正气和邪气两个方面。正气，是指机体的机能活动和对病邪的抵抗能力，以及对外界环境的适应能力等；邪气，泛指各种致病因素。正气包括阴精和阳气两个部分，邪气也有阴邪和阳邪之分。疾病的过程，多为邪正斗争引起机体阴阳的偏盛偏衰的过程。

在阴阳偏盛方面，认为阴邪致病，可使阴偏盛而阳伤，出现"阴盛则寒"的病证。如寒湿阴邪侵入机体，致使"阴盛其阳"，从而发生"冷伤之证"，动物表现为口色青黄，脉象沉迟，鼻寒耳冷，身颤肠鸣，不时起卧。相反，阳邪致病，可使阳偏盛而阴伤，出现"阳盛则热"的病证。如热燥阳邪侵犯机体，致使"阳盛其阴"，从而出现"热伤之证"，动物表现为高热，唇舌鲜红，脉象洪数，耳耷头低，行走如痴等症状。正如《素问·阴阳应象大论》中所说："阴胜则阳病，阳胜则阴病，阴胜则寒，阳胜则热。"《元亨疗马集》中也有"夫热者，阳胜其阴也"，"夫寒者，阴胜其阳也"的说法。

在阴阳偏衰方面，认为一旦机体阳气不足，不能制阴，相对地会出现阴的有余，而发生阳虚阴盛的虚寒证；相反，如果阴液亏虚，不能制阳，相对地会出现阳的有余，而发生阴虚阳亢的虚热证。正如《素问·调经论》所说："阳虚则外寒，阴虚则内热"。由于阴阳双方互根互用，任何一方虚损到一定程度，均可导致对方的不足，即所谓"阳损及阴，阴损及阳"，最终导致"阴阳俱虚"。如某些慢性消耗性疾病，在其发展过程中，会因阳气虚弱致使阴精化生不足，或因阴精不足致使阳气化生无源，最后导致阴阳两虚。

阴阳偏胜或偏衰，都可引起寒证或热证，但二者有着本质的不同。阴阳偏胜所形成的病证是实证，如阳邪偏胜导致实热证，阴邪偏胜导致寒实证等；而阴阳偏衰所形成的病证是虚证，如阴虚则出现虚热证，阳虚则出现虚寒证等。故《素问·通评虚实论》说："邪气盛则实，精气夺则虚。"

2. 说明疾病的发展　在病证的发展过程中，由于病性和条件的不同，可以出现阴阳的相互转化，如说"寒极则热，热极则寒"，即是指阴证和阳证的相互转化。临床上可以见到由表入里、由实转虚、由热化寒和由寒化热等的变化。如患败血症的动物，开始表现为体温升高，口舌红，脉洪数等热象，当严重者发生"暴脱"时，则转而表现为四肢厥冷，口舌淡白，脉沉细等寒象。

3. 判断疾病的转归　认为若疾病经过"调其阴阳"，恢复"阴平阳秘"的状态，则以痊愈而告终；若继续恶化，终至"阴阳离决"，则以死亡为转归。

（三）诊断方面

既然阴阳失调是疾病发生、发展的根本原因，因此任何疾病无论其临床症状如何错综复杂，只要在收集症状和进行辨证时以阴阳为纲加以概括，就可以执简驭繁，抓住疾病的本质。

1. 分析症状的阴阳属性　一般来说，凡口色红、黄、赤紫者为阳，口色白、青、黑者为阴；凡脉象浮、洪、数、滑者为阳，沉、细、迟、涩者为阴；凡声音高亢、洪亮者为阳，低微、无力者为阴；身热属阳，身寒属阴；口干而渴者属阳，口润不渴者属阴；躁动不安者属阳，蜷卧静默者属阴等等。

2. 辨别证候的阴阳属性　一切病证，不外"阴证"和"阳证"两种。八纲辨证就是分别从病性（寒热）、病位（表里）和正邪消长（虚实）几方面来分辨阴阳，并以阴阳作为总纲统领各证（表证、热证、实证属阳证，里证、寒证、虚证属阴证）。临床辨证，首先要分清阴阳，才能抓住疾病的本质。故《景岳全书·传忠录》说："凡诊病施治，必须先审阴阳，乃为医道之纲领，阴阳无谬，治焉有差？医道虽繁，而可以一言而蔽之者，曰阴阳而已。故证有阴阳，脉有阴阳，药有阴阳……设能明彻阴阳，则医道虽玄，思过半矣。"《元亨疗马集》中也说："凡察兽病，先以色脉为主……然后定夺其阴阳之病。"

（四）治疗方面

1. 确定治疗原则　由于阴阳偏胜偏衰是疾病发生的根本原因，因此泻其有余，补其不足，恢复阴阳的协调平衡是诊疗疾病的基本原则，如《素问·至真要大论》中说："谨察阴阳所在而调之，以平为期。"对于阴阳偏胜者，应以"实者泻之"为治疗原则。若为阳邪盛而导致的实热证，则用"热者寒之"的治疗方法；若为阴邪盛而致的寒实证，则用"寒者热之"的治疗方法。对于阴阳偏衰者，应以"虚者补之"为治疗原则。若为阴偏衰而致的"阴虚则热"的虚热证，治疗当滋阴以抑阳；若为阳偏衰而致的"阳虚则寒"的虚寒证，治疗当扶阳以制阴。正所谓"壮水之主以制阳光，益火之源以消阴翳"（见王冰《素问》注释）。

2. 分析药物性能的阴阳属性，指导临床用药　药物的性味功能也可用阴阳来加以区分，作为临床用药的依据。一般来说，温热性的药物属阳，寒凉性的药物属阴；辛、甘、淡味的药物属阳，酸、咸、苦味的药物属阴；具有升浮、发散作用的药物属阳，而具沉降、涌泄作用的药物属阴。根据药物的阴阳属性，就可以灵活地运用药物调整机体的阴阳，以期补偏救弊。如热盛用寒凉药以清热，寒盛用温热药以祛寒，便是《内经》中所指出的"寒者热之，热者寒之"用药原则的具体运用。

（五）预防方面

由于动物体与外界环境密切相关，动物体的阴阳必须适应四时阴阳的变化，否则便易引起疾病。因此，加强饲养管理，增强动物体的适应能力，可以防止疾病的发生。这正如《素问·四气调神大论》中所说："春夏养阳，秋冬养阴，以从其根……逆之则灾害生，从之则痼疾不起……"。《元亨疗马集·腾驹牧养法》中也提出了"凡养马者，冬暖屋，夏凉棚"，"切忌宿水、冻料、尘草、砂石……食之"的预防措施。此外，还可以用春季放大血，灌四季调理药的办法来调和气血，协调阴阳，预防疾病。

第二节　五行学说

五行学说也属于古代哲学的范畴，它是以木、火、土、金、水五种物质的特性及其"相生"和"相克"规律来认识世界、解释世界和探求宇宙规律的一种世界观和方法论。在中兽医学中，五行学说被用以说明动物体的生理、病理，并指导临床实践。

一、五行的基本概念

五行中的"五"，是指木、火、土、金、水五种物质；"行"，是指这五种物质的运动和变化。古人在长期的生活和生产实践中发现，木、火、土、金、水是构成宇宙中一切事物的五种基本物质，这些物质既各具特性，又相互联系，运行不息。历代思想家就是将这五种物质的特性作为推演各种事物的法则，对一切事物进行分类归纳，并将五行之间的生克制化关系作为阐释各种事物之间普遍联系的法则，对事物间的联系和运动规律加以说明，从而形成五行学说。

五行学说源于"五材说"，但它又不同于"五材"。它不是单纯地指五种物质，而是包括了五种物质的不同属性及其相互之间的联系和运动，认为事物之间通过五行生克制化的关系，保持动态平衡，从而维持事物的生存和发展。

二、五行学说的基本内容

五行学说，是以五行的抽象特性来归纳各种事物，以五行之间生克制化的关系来阐释宇宙中各种事物或现象之间的相互联系和协调平衡。

(一) 五行的特性

五行的特性，来自古人对木、火、土、金、水五种物质的自然现象及其性质的直接观察和抽象概括。一般认为，《尚书·洪范》中所说的"水曰润下、火曰炎上、木曰曲直、金曰从革、土爱稼穑"，是对五行特性的经典概括。

1. 木的特性　"木曰曲直"。"曲"，屈也；"直"，伸也。"曲直"，是指树木的枝条具有生长、柔和、能曲又能直的特性，因而引申为凡有生长、升发、条达、舒畅等性质或作用的事物，均属于木。

2. 火的特性　"火曰炎上"。"炎"，是焚烧、热烈之意；"上"，即上升。"炎上"，是指火具有温热、蒸腾向上的特性，因而引申为凡有温热、向上等性质或作用的事物，均属于火。

3. 土的特性　"土爱稼穑"。"爱"，通"曰"；"稼"，即种植谷物；"穑"，即收获谷物。"稼穑"，泛指人类种植和收获谷物等农事活动。由于农事活动均在土地上进行，因而引申为凡有生化、承载、受纳等性质或作用的事物，均属于土。故有"土载四行"、"万物土中生"和"土为万物之母"的说法。

4. 金的特性　"金曰从革"。"从"，即顺从；"革"，即变革。"从革"，是指金属物质可以顺从人意，变革形状，铸造成器。也有人认为，金属源于对矿物的冶炼，其本身是顺从人意，变革矿物而成，故曰"从革"。又因金之质地沉重，且常用于杀伐，因而引申为凡有沉降、肃杀、收敛等性质或作用的事物，均属于金。

5. 水的特性　"水曰润下"。"润"，即潮湿、滋润；"下"，即向下、下行。"润下"，是指水有滋润下行的特点，后引申为凡具有滋润、下行、寒凉、闭藏等性质或作用的事物，均属于水。

(二) 五行的归类

五行学说是将自然界的事物和现象，以及动物体的脏腑组织器官的生理、病理现象，进行广泛的联系，按五行的特性以"取类比象"或"推演络绎"的方法，根据事物不同的形态、性质和作用，分别将其归属于木、火、土、金、水五行之中。现将自然界和动物体有关事物或现象的五行归类，列表1-1。

表1-1　五行归类表

| 五行 | 自　然　界 | | | | | | 动　物　体 | | | | | | |
	五味	五色	五化	五气	五方	五季	脏	腑	五体	五窍	五液	五脉	五志
木	酸	青	生	风	东	春	肝	胆	筋	目	泪	弦	怒
火	苦	赤	长	暑	南	夏	心	小肠	脉	舌	汗	洪	喜
土	甘	黄	化	湿	中	长夏	脾	胃	肌肉	口	涎	代	思
金	辛	白	收	燥	西	秋	肺	大肠	皮毛	鼻	涕	浮	悲
水	咸	黑	藏	寒	北	冬	肾	膀胱	骨	耳	唾	沉	恐

（三）五行的相互关系

木、火、土、金、水五行之间不是孤立的、静止不变的，而是存在着有序的相生、相克以及制化关系，从而维持着事物生化不息的动态平衡，这是五行之间关系正常的状态。

1. 五行相生　生，即资生、助长、促进。五行相生，是指五行之间存在着有序的依次递相资生、助长和促进的关系，借以说明事物间有相互协调的一面。五行相生的次序如下：

$$木 \xrightarrow{生} 火 \xrightarrow{生} 土 \xrightarrow{生} 金 \xrightarrow{生} 水 \xrightarrow{生} 木$$

在相生关系中，任何一行都有"生我"及"我生"两方面的关系。"生我"者为母，"我生"者为子。以木为例，水生木，水为木之母；木生火，火为木之子。再以金为例，土生金，土为金之母；金生水，水为金之子。五行之间的相生关系，也称为母子关系。

2. 五行相克　克，即克制、抑制、制约。五行相克，是指五行之间存在着有序的依次递相克制、制约的关系，借以说明事物间相颉颃的一面。五行相克的次序如下：

$$木 \xrightarrow{克} 土 \xrightarrow{克} 水 \xrightarrow{克} 火 \xrightarrow{克} 金 \xrightarrow{克} 木$$

在相克关系中，任何一行都有"克我"及"我克"两方面的关系。"克我"者为我"所不胜"，"我克者"为我所胜。以土为例，土克水，则水为土之"所胜"；木克土，则木为土之"所不胜"。又以火为例，火克金，则金为火之"所胜"；水克火，则水为火之"所不胜"。五行之间的相克关系，也称为"所胜、所不胜"关系。

3. 五行相乘　乘，有乘虚侵袭之意。指五行中某一行对其所胜一行的过度克制，即相克太过，是事物间关系失去相对平衡的一种表现，其次序同于五行相克。

$$木 \xrightarrow{乘} 土 \xrightarrow{乘} 水 \xrightarrow{乘} 火 \xrightarrow{乘} 金 \xrightarrow{乘} 木$$

引起五行相乘的原因有"太过"和"不及"两个方面。"太过"是指五行中的某一行过于亢盛，对其所胜加倍克制，导致被乘者虚弱。以木克土为例，正常情况下木克土，如木气过于亢盛，对土克制太过，土本无不足，但亦难以承受木的过度克制，导致土的不足，称为"木乘土"。"不及"是指某一行自身虚弱，难以抵御来自己所不胜者的正常克制，使虚者更虚。仍以木克土为例，正常情况下木能制约土，若土气过于不足，木虽然处于正常水平，土仍难以承受木的克制，导致木克土的力量相对增强，使土更显不足，称为"土虚木乘"。

4. 五行相侮　侮，为欺侮、欺凌之意。五行相侮，是指五行中某一行对其所不胜一行的反向克制，即反克，又称"反侮"，是事物间关系失去相对平衡的另一种表现。五行相侮的次序与五行相克相反。

$$木 \xrightarrow{侮} 金 \xrightarrow{侮} 火 \xrightarrow{侮} 水 \xrightarrow{侮} 土 \xrightarrow{侮} 木$$

引起相侮的原因也有"太过"和"不及"两个方面。"太过"是指五行中的某一行过于强盛，使原来克制它的一行不但不能克制它，反而受到它的反克。例如，正常情况下金克木，但若木气过于亢盛，金不但不能克木，反而被木所反克，出现"木侮金"的逆向克制现象。"不及"是指五行中的一行过于虚弱，不仅不能克制其所胜的一行，反而受到它的反克。例如，正常情况下，金克木，木克土，但当木过度虚弱时，不仅金来乘木，而且土也会因木之衰弱而对其进行反克，称为"土侮木"。

五行相生相克的关系平衡协调叫做五行制化。五行制化关系，是五行生克关系的相互结合。没有生，就没有事物的发生和成长；没有克，事物就会过分亢进而为害，就不能维持事物间的正常协调关系。因此，必须有生有克，相反相成，才能维持和促进事物的平衡协调和发展变化。正如《类经图翼·运气上》所说："盖造化之机，不可无生，亦不可无制。无生则发育无由，无制则亢而为害。"

总之，五行的相生、相克和制化，是正常情况下五行之间相互资生、促进和相互克制、制约的关系，是事物维持正常协调平衡关系的基本条件；而五行的相乘相侮，则是五行之间生克制化关系失调情况下发生的异常现象，是事物间失去正常协调平衡关系的表现。

三、五行学说在中兽医学中的应用

在中兽医学中，五行学说主要是以五行的特性来分析说明动物体脏腑、组织器官的五行属性，以五行的生克制化关系来分析脏腑、组织器官的各种生理功能及其相互关系，以五行的乘侮关系和母子相及来阐释脏腑病变的相互影响，并指导临床的辨证论治。

（一）生理方面

首先，按五行的特性来分别脏腑器官的属性。如，木有升发、舒畅条达的特性，肝喜条达而恶抑郁，主管全身气机的舒畅条达，故肝属"木"；火有温热向上的特性，心阳有温煦之功，故心属"火"；土有生化万物的特性，脾主运化水谷，为气血生化之源，故脾属"土"；金性清肃、收敛，肺有肃降作用，故肺属"金"；水有滋润、下行、闭藏的特性，肾有藏精、主水的作用，故肾属"水"。

其次，以五行生克制化的关系，说明脏腑器官之间相互资生和制约联系。如，肝能制约脾（木克土），脾能资生肺（土生金），而肺又能制约肝（金克木）等。又如，心火可以助脾土的运化（火生土），肾水可以抑制心火的有余（水克火），其他依此类推。五行学说认为机体就是通过这种生克制化以维持相对的平衡协调，保持正常的生理活动。

（二）病理方面

疾病的发生及传变规律，可以用五行学说加以说明。根据五行学说，疾病的发生是五行生克制化关系失调的结果，其传变有按相生次序的母病及子和子病犯母两种类型，也有按相克次序的相乘为病和相侮为病两条途径。

母病及子，是指疾病的传变是从母脏传及子脏，如肝（木）病传心（火）、肾（水）病及肝（木）等。

子病犯母，是指疾病的传变是从子脏传及母脏，如脾（土）病传心（火）、心（火）病及肝（木）等。

相乘为病，即是相克太过而为病，其原因一是"太过"，二是"不及"。如肝气过旺，对脾的克制太过，肝病传于脾，则为"木旺乘土"；若先有脾胃虚弱，不能耐受肝的相乘，致使脾病传肝，则为"土虚木乘"。

相侮为病，即是反向克制而为病，其原因亦为"太过"和"不及"。如肝气过旺，肺无力对其加以制约，导致肝病传肺（木侮金），称为"木火刑金"；又如脾土不能制约肾水，致使肾病传脾（水侮土），称为"土虚水侮"。

一般来说，按照相生规律传变时，母病及子病情较轻，子病犯母病情较重；按照相克规律传变时，相乘传变病情较重，相侮传变病情较轻。

（三）诊断方面

根据五行学说，认为动物体的五脏、六腑与五官、五体、五色、五液、五脉之间，存在着五行属性的密切联系，当脏腑发生疾病时就会表现出色泽、声音、形态、脉象诸方面的变化，据此可以对疾病进行诊断。《元亨疗马集》中提出的"察色应症"，便是以五行分行四时，代表五脏分旺四季，又以相应五色（青、黄、赤、白、黑）的舌色变化来判断健、病和预后。如肝木旺于春，口色桃色者平，白色者病，红者和，黄者生，黑者危，青者死等。又如《安骥集·清浊五脏论》中所说的"肝病传于南方火，父母见子必相生；心属南方丙丁火，心病传脾祸未生……心家有病传于肺，金逢火化倒销形；肺家有病传于肝，金能克木病难痊"，即是根据疾病相生、相克的传变规律来判断预后。

（四）治疗方面

根据五行学说，既然疾病是脏腑之间生克制化关系失调，出现"太过"或"不及"而引起的，因此抑制其过亢，扶助其过衰，使其恢复协调平衡便成为治疗的关键。《难经·六十九难》提出了"虚则补其母，实则泻其子"的治疗原则，后世医家根据这一原则，制定出了很多治疗方法，如"扶土抑木"（疏肝健脾相结合）、"培土生金"（健脾补气以益肺气）、"滋水涵木"（滋肾阴以养肝阴）等。同时，由于一脏的病变，往往牵涉到其他的脏器，通过调整有关脏器，可以控制疾病的传变，达到预防的目的。如《难经·七十七难》中说："见肝之病，则知肝当传之于脾，故先实其脾气。"即是根据肝气旺盛，易致肝木乘脾土而提出用健脾的方法，防止肝病向脾的传变。

第二章　脏腑学说

第一节　概　　述

一、脏腑学说的概念

脏腑学说是研究机体各脏腑器官的生理活动、病理变化及其相互关系的学说。古人称之为"藏象"（见《素问·六节脏象论》）。"藏"，即脏，指藏于体内的内脏；"象"，即形象或征象，所以说，"藏象"是指脏腑的生理活动和病理变化反映于外（体表和五官九窍）的征象。由之可见，脏腑学说主要是通过观察动物体外部征象的变化，来判断内脏生理功能是否正常，即"观其外而知其内"。脏腑学说实际上是中兽医的生理病理学说，是中兽医理论体系的核心内容。

二、脏腑学说的内容

脏腑学说的内容，应包括三个方面。①五脏、六腑、奇恒之腑及其相联系的组织、器官的功能活动以及它们之间的相互关系；②气血津液。气血津液是维持脏腑功能活动的基本物质，又依靠脏腑功能活动不断产生和补充；③经络系统。经络是联系脏腑、沟通内外的通路，是脏腑学说不可缺少的部分。五脏和六腑的表里关系，五脏和体表五官九窍的联系，均靠经络来实现。但是，习惯上，往往把经络和气血津液单列章节分述，以强调其重要性。

五脏，即心、肝、脾、肺、肾，是化生和贮藏精气的器官，具有藏精气而不泻的特点。前人把心包列入又称六脏，但心包位于心的外廓，有保护心脏的作用，其病变基本同于心脏，故历来把它附属于心，仍称五脏。

六腑，即胆、胃、大肠、小肠、膀胱、三焦（无三焦称五腑），是受盛和传化水谷的器官，具有传化浊物，泻而不藏的特点。如《素问·五脏别论》中说："五脏者，藏精气而不泻也，故满而不能实；六腑者，传化物而不藏，故实而不能满也。"

奇恒之腑，即脑、髓、骨、脉、胆、胞宫。"奇"是异、"恒"为常之意，因其形态似腑，功能似脏，不同于一般的脏腑，故称奇恒之腑。其中，胆为六腑之一，但六腑之中，唯有它藏清净之液，故又归于奇恒之腑。

脏与腑之间存在着阴阳、表里的关系。脏在里，属阴；腑在表，属阳；心与小肠、肝与胆、脾与胃、肺与大肠、肾与膀胱、心包络与三焦相表里。脏与腑之间的表里关系，是通过经脉来联系的，脏的经脉络于腑，腑的经脉络于脏，彼此经气相通，在生理和病理上相互联系、相互影响。

脏腑虽各有其功能，但彼此又相互联系，共同构成动物体这一有机整体。同时，脏腑还与肢体组织（脉、筋、肉、皮毛、骨）、五官九窍（舌、目、口、鼻、耳及前后阴）等有着密切联系。如五脏之间相生相克，六腑之间承接合作，脏腑之间表里相合，五脏与肢体官窍之间存在着归属开窍的关系，这就构成了动物体以五脏为中心的五大功能系统，各系统功能上相互联系的统一整体。

中兽医学中脏腑的概念，与现代兽医学中"脏器"的概念，虽然名称相同，但其含义却大不相同。脏腑不完全是一个解剖学的概念，更重要的是一个生理、病理的概念，代表某一功能系统。

第二节 五 脏

五脏,即心、肝、脾、肺、肾,其主要的生理功能是化生和贮藏气、血、精、津液,具有藏而不泻的特点。由于五脏和奇恒之腑的关系极为密切,在介绍脏的功能时将对有关奇恒之腑加以叙述,不再另立章节。

一、心

心位于胸中,有心包护于外。心的主要生理功能是主血脉和藏神。心开窍于舌,在液为汗。心的经脉下络于小肠,与小肠相表里。

心是脏腑中最重要的器官,在脏腑的功能活动中起主导作用,为机体生命活动的中心。《灵枢·邪客篇》中说:"心者,五脏六腑之大主也,精神之所舍也",《安骥集·师皇五脏论》也说:"心是脏中之君",都指出了心有统管脏腑功能活动的作用。

1. 心主血脉 心是血液运行的动力,脉是血液运行的通道。心主血脉,是指心有推动血液在脉管内运行,以营养全身的作用。故《素问·痿论》中说:"心主身之血脉"。由于心、血、脉三者密切相关,所以心脏的功能正常与否,可以从脉象、口色上反映出来。如心气旺盛、心血充足,则脉象平和,节律调匀,口色鲜明如桃花色。反之,心气不足,心血亏虚,则脉细无力,口色淡白。若心气衰弱,血行淤滞,则脉涩不畅,脉律不整或有间歇,出现结脉或代脉,口色青紫等症状。

2. 心藏神 "神",指精神活动,即机体对外界事物的客观反映。"心藏神",是指心是一切精神活动的主宰。《灵枢·本神篇》说:"所以任物者谓之心"。任,即担任、承受之意。《安骥集·清浊五脏论》中也有"心藏神"之说。因为心中有神,心才能统辖各个脏腑,成为生命活动的根本。如《素问·六节脏象论》中说:"心者,生之本,神之变也。"

心藏神的功能与心主血脉的功能密切相关,因为血液是维持正常精神活动的物质基础,血为心所主,所以心血充盈,心神得养,则动物"皮毛光彩精神倍"。否则,心血不足,神不能安藏,则出现活动异常或惊恐不安,故《安骥集·碎金五脏论》说:"心虚无事多惊恐,心痛癫狂脚不宁"。同样,心神异常,也可导致心血不足,或血行不畅,脉络淤阻。

3. 开窍于舌 舌为心之苗,心经的别络上行于舌,因而心的气血上通于舌,舌的生理功能直接与心相关,而心的生理功能及病理变化最易在舌上反映出来。心血充足,则舌体柔软红润,运动灵活;心血不足,则舌色淡而无光;心血淤阻，则舌色青紫；心经有热，则舌质红绛，口舌生疮。故《素问·阴阳应象大论》中说："心主舌……开窍于舌"，《安骥集·师皇五脏论》也说"心者外应于舌"。

4. 心主汗　汗是津液发散于肌腠的部分，即汗由津液所化生，如《灵枢·决气篇》说："腠理发泄，汗出溱溱，是谓津。"津液是血液的重要组成部分，血为心所主，血汗同源，故称"汗为心之液"，又称心主汗。如《素问·宣明五气篇》指出："五脏化液，心为汗"。心在液为汗，是指心与汗有密切的关系，出汗异常，往往与心有关。如心阳不足，常常引起腠理不固而自汗；心阴血虚，往往导致阳不摄阴而盗汗。又因血汗同源，津亏血少，则汗源不足，而发汗过多，又容易伤津耗血。故《灵枢·营卫生会篇》有"夺血者无汗，夺汗者无血"之说。临床上，心阳不足和心阴血虚的动物，用汗法时应特别慎重。汗多不仅伤津耗血，而且也耗散心气，所以出汗过多可以导致亡阳的病变。

[附] 心包络

心包络或称心包，与六腑中的三焦互为表里。它是心的外围组织，有保护心脏的作用。当诸邪侵犯心脏时，一般是由表入里，由外而内，先侵犯心包络。如《灵枢·邪客篇》中说："故诸邪之在于心者，皆在于心之包络。"实际上，心包受邪所出现的病证与心是一致的。如热性病出现神昏症状，虽称为"邪入心包"，实际上是热盛伤神，在治法上可采用清心泻热之法。由此可见，心包络与心在病理和用药上基本相同。

二、肺

肺位于胸中，上连气道。肺的主要功能是主气、司呼吸，主宣降，通调水道，主一身之表，外合皮毛。肺开窍于鼻，在液为涕。肺的经脉下络于大肠，与大肠相表里。

1. 肺主气、司呼吸　肺主气，是指肺有主宰气的生成与代谢的功能。《素问·六节脏象论》说："肺者，气之本"，《安骥集·天地五脏论》也说："肺为气海"。肺主气，包括主呼吸之气和一身之气两个方面。

肺主呼吸之气，是指肺为体内外气体交换的场所，通过肺的呼吸作用，机体吸入自然界的清气，呼出体内的浊气，吐故纳新，实现机体与外界环境间的气体交换，以维持正常的生命活动。《素问·阴阳应象大论》中所说的"天气通于肺"便是此意。

肺主一身之气，是指整个机体上下表里之气均由肺所主，特别是和宗气的生成有关。宗气是水谷精微之气与肺所吸入的清气，在元气的作用下而生成的。宗气是促进和维持机体机能活动的动力，它一方面维持肺的呼吸功能，进行吐故纳新，使内外气体得以交换；另一方面由肺入心，推动血液运行，并宣发到身体各部，以维持脏腑组织的机能活动，故有"肺朝百脉"之说。血液虽然由心所主，但必须赖肺气的推动，才能保持其正常运行。

肺主气的功能正常，则气道通畅，呼吸均匀；若病邪伤肺，使肺气壅阻，引起呼吸功能失调，则出现咳嗽、气喘、呼吸不利等症状；若肺气不足，则出现体倦无力、气短、自汗等气虚症状。

2. 肺主宣发和肃降　宣发，即宣通、发散；肃降，即清肃、下降。肺主宣发和肃降，实际上是指肺气的运动具有向上、向外宣发和向下、向内肃降的双向作用。

肺主宣发，一是通过宣发作用将体内代谢过的气体呼出体外；二是将脾传输至肺的水谷精微之气布散全身，外达皮毛；三是宣发卫气，以发挥其温分肉和司腠理开合的作用。《灵枢·决气篇》所说"上焦开发，宣五谷味，熏肤、充身、泽毛，若雾露之溉，是谓气"，就是指肺的宣发作用。若肺气不宣而壅滞，则引起胸满、呼吸不畅、咳嗽、皮毛焦枯等症状。

肺主肃降，一是通过下降作用，吸入自然界清气；二是将津液和水谷精微向下布散全身，并将代谢产物和多余水液下输于肾和膀胱，排出体外；三是保持呼吸道的清洁。肺居上焦，以清肃下降为顺；肺为清虚之脏，其气宜清不宜浊，只有这样才能保持其正常的生理功能。若肺气不能肃降而上逆，则引起咳嗽、气喘等症状。

3. 通调水道　通，即疏通；调，即调节；水道，是水液运行的通道。肺主通调水道，是指肺的宣发和肃降运动对体内水液的输布、运行和排泄有疏通和调节的作用。通过肺的宣发，将津液与水谷精微布散于全身，并通过宣发卫气司腠理的开合，调节汗液的排泄。通过肺的肃降，津液和水谷精微不断向下输送，代谢后的水液经肾的气化作用，化为尿液由膀胱排出体外。所以《素问·经脉别论》中说："饮入于胃，游溢精气，上输于脾，脾气散精，上归于肺，通调水道，下输膀胱。"肺通调水道的功能，是在肺的宣发和肃降两方面作用的共同配合下完成的，若肺的宣降功能失常，就会影响到机体的水液代谢，发生水肿、腹水、胸水及泄泻等病证。由于肺参与了机体的水液代谢，故有"肺主行水"之说。又因肺居于胸中，位置较高，故也有"肺为水之上源"的说法。

4. 主一身之表，外合皮毛　一身之表，包括皮肤、汗孔、被毛等组织，简称皮毛，是机体抵御外邪侵袭的外部屏障。肺合皮毛，是指肺与皮毛不论在生理或是病理方面均存在着极为密切的关系。在生理方面，一是皮肤汗孔（又称"气门"）具有散气的作用，就是说参与了呼吸调节，而有"宣肺气"的功能。二是皮毛有赖于肺气的温煦，才能润泽，否则就会憔悴枯槁。正如《灵枢·脉度篇》

所说："手太阴气绝，则皮毛焦。太阴者行气温于皮毛者也，故气不荣则皮毛焦。"在病理方面，则表现为肺经有病可以反映于皮毛，而皮毛受邪也可传之于肺。如肺气虚的动物，不仅易汗，而且经久可见皮毛焦枯或被毛脱落；而外感风寒，也可影响到肺，出现咳嗽、流鼻涕等症状。故《素问·咳论》说："皮毛者，肺之合也，皮毛先受邪气，邪气以从其合也。"

5. 开窍于鼻　鼻为肺窍，有司呼吸和主嗅觉的功能。肺气正常则鼻窍通利，嗅觉灵敏。故《灵枢·脉度篇》说："肺气通于鼻，肺和则鼻能知香臭矣。"同时，鼻为肺的外应，如《安骥集·师皇五脏论》中说："肺者，外应于鼻。"在病理方面，如外邪犯肺，肺气不宣，常见鼻塞流涕，嗅觉不灵等症状。又如肺热壅盛，常见鼻翼扇动等。鼻为肺窍，鼻又可成为邪气犯肺的通道，如湿热之邪侵犯肺卫，多由鼻窍而入。此外，喉是呼吸的门户和发音器官，又是肺脉通过之处，其功能也受肺气的影响，肺有异常，往往引起声音嘶哑、喉痹等病变。

三、脾

脾位于腹中，其主要生理功能为主运化，统血，主肌肉四肢。脾开窍于口，在液为涎。脾的经脉络于胃，与胃相表里。

1. 脾主运化　运，指运输；化，即消化、吸收。脾主运化，主要是指它有消化、吸收、运输营养物质及水湿的功能。机体的五脏六腑、四肢百骸、筋肉、皮毛，均有赖于脾的运化，以获取营养，故称脾为"后天之本"、"五脏之母"。

脾主运化的功能，主要包括两个方面：一是运化水谷精微，即经胃初步消化的水谷，再由脾进一步消化及吸收，并将营养物质转输到心、肺，通过经脉运送到周身，以供机体生命活动的需要。脾的这种功能健旺，称为"健运"。脾气健运，其运化水谷的功能旺盛，全身各脏腑组织才能得到充分的营养，进行正常的生理活动。反之，脾失健运，水谷运化功能失常，就会出现腹胀，腹泻，精神倦怠，消瘦，营养不良等病证。二是指运化水湿，即脾有促进水液代谢的作用。脾在运输水谷精微的同时，也把水液运送到周身各组织中去，以发挥其滋养濡润的作用，故《素问·厥论》说："脾主为胃行其津液者也"。代谢后的水液，则下达于肾，经膀胱排出体外。若脾运化水湿的功能失常，就会出现水湿停留的各种病变，如停留肠道则为泄泻，停于腹腔则为腹水，溢于肌表则为水肿，水湿聚集则成痰饮等等。故《素问·至真要大论》中说："诸湿肿满，皆属于脾。"

脾将水谷精微及水湿上输于肺，其特点是上升的，故有"脾主升清"之说。"清"，即是指精微的营养物质。亦曰"脾气主升"。同时，脾气有升举维系内脏器官正常位置的作用。若脾气不升反而下陷，除可导致泄泻外，也可引起内脏垂脱诸症，如脱肛、子宫垂脱等。

2. 脾主统血　统，有统摄、控制之意。脾主统血，是指脾有统摄血液在脉中正常运行，不致溢出脉外的功能。《难经·四十二难》所说的"脾……主裹血，温五脏"，即是指这一功能。裹血，就是包裹、统摄血液，不使其外溢。脾之所以能统血，全赖脾气的固摄作用。脾气旺盛，固摄有权，血液就能正常地沿脉管运行而不致外溢；否则，脾气虚弱，失其统摄之功，气不摄血，就会引起各种出血性疾患，尤以慢性出血为多见。

3. 脾主肌肉四肢　指脾可为肌肉、四肢提供营养，以确保其健壮有力和正常发挥功能。肌肉的生长发育及丰满有力，主要依赖脾所运化水谷精微的濡养，故《素问·痿论》说："脾主身之肌肉"。脾气健运，营养充足，则肌肉丰满有力，否则就肌肉痿软，动物消瘦，正如《元亨疗马集·定脉歌》所说："肉瘦毛长戊己（脾）虚"。

四肢的功能活动，也有赖脾所运送的营养才得以正常发挥。当脾气健旺，清阳之气输布全身，营养充足时，四肢活动有力，步行轻健；否则脾失健运，清阳不布，营养无源，必致四肢活动无力，步行怠慢。《素问·阴阳应象大论》说："今脾病，不能为胃行其津液，四肢不得禀水谷气，气日以衰，脉道不利，筋骨肌肉，皆无气以生，故不用焉。"动物患脾虚胃弱时，往往四肢痿软无力，倦怠好卧便是此理。

4. 开窍于口　脾主水谷的运化，口是水谷摄入的门户；又脾气通于口，与食欲有着直接联系。脾气旺盛，则食欲正常，故《灵枢·脉度篇》说："脾气通于口，脾和则能知五谷矣。"若脾失健运，则动物食欲减退，甚至废绝，故《安骥集·碎金五脏论》中说"脾不磨时马不食"。

脾主运化，口为脾之窍，脾又有经络与唇相通，唇是脾的外应，因此口唇可以反映出脾运化功能的盛衰。若脾气健运，营养充足，则口唇鲜明光润如桃花色；否则脾不健运，脾气衰弱，则食欲不振，营养不佳，口唇淡白无光；脾有湿热，则口唇红肿；脾经热毒上攻，则口唇生疮。

四、肝

肝位于腹腔右侧季肋部，有胆附于其下（马无胆囊）。肝的主要生理功能是藏血，主疏泄，主筋。肝开窍于目，在液为泪。肝有经脉络于胆，与胆相表里。

1. 肝主藏血　是指肝有贮藏血液及调节血量的功能。当动物休息或静卧时，机体对血液的需要量减少，一部分血液则贮藏于肝脏；而在使役或运动时，机体对血液的需要量增加，肝脏便排出所藏的血液，以供机体活动所需。故前人有"动则血运于诸经，静则血归于肝脏"之说。肝血供应得充足与否，与动物耐受疲劳的能力有着直接的关系。当动物使役或运动时，若肝血供给充足，则可增加对疲劳的耐受力，否则便易于产生疲劳，故《素问·六节脏象论》中称"肝为罢极之本"。肝藏血的功能失调主要有两种情况：一是肝血不足，血不养目，则发生目眩、目盲；若血不养筋，则出现筋肉拘挛或屈伸不利。二是肝不藏血，则可引起动物不安或出血。肝的阴血不足，还可引起阴虚阳亢或肝阳上亢，出现肝火、肝风等症。

2. **肝主疏泄** 疏，即疏通；泄，即发散。肝主疏泄，是指肝具有保持全身气机疏通畅达，通而不滞，散而不郁的作用。气机是机体脏腑功能活动基本形式的概括。气机调畅，升降正常，是维持内脏生理活动的前提。"肝喜条达而恶抑郁"，全身气机的疏畅条达，与肝的疏泄功能密切相关，这与肝含有清阳之气是分不开的。如《血证论》中说："设肝之清阳不升、则不能疏泄"。肝的疏泄功能，主要表现在以下几个方面。

（1）**协调脾胃运化** 肝气疏泄是保持脾胃正常消化功能的重要条件，这是因为一方面，肝的疏泄功能，使全身气机疏通畅达，能协助脾胃之气的升降和二者的协调；另一方面，肝能输注胆汁，以帮助食物的消化，而胆汁的输注又直接受肝疏泄功能的影响。若肝气郁结，疏泄失常，影响脾胃，可引起黄疸，食欲减退，嗳气，肚腹胀满等消化功能紊乱的现象。

（2）**调畅气血运行** 肝的疏泄功能直接影响到气机的调畅，而气之与血，如影随形，气行则血行，气滞则血淤。因此，肝疏泄功能正常是保持血流通畅的必要条件。若肝失条达，肝气郁结，则见气滞血淤；若肝气太盛，血随气逆，影响到肝藏血的功能，可见呕血、衄血。

（3）**维持精神活动** 动物的精神活动，除"心藏神"外，与肝气有密切关系。肝疏泄功能正常，也是保持精神活动正常的必要条件。如肝气疏泄失常，气机不调，可引起精神活动异常，或出现精神沉郁、胸胁疼痛等症状。

（4）**影响水液代谢** 肝气疏泄还包括疏利三焦，通调水液升降通路的作用。若肝气疏泄功能失常，气不调畅，可影响三焦的通利，引起水肿、胸水、腹水等水液代谢障碍的病变。

3. **肝主筋** 筋，即筋膜（包括肌腱），是联系关节，约束肌肉，主司运动的组织。筋附着于骨及关节，由于筋的收缩及弛张而使关节运动自如。肝主筋，是指肝有为筋提供营养，以维持其正常功能的作用，如《素问·痿论》说："肝主身之筋膜"。肝主筋的功能与"肝藏血"有关，因为筋需要肝血的滋养，才能正常发挥其功能，正如《素问·经脉别论》中说："食气入胃，散精于肝，淫气于筋。"肝血充盈，使筋得到充分的濡养，才能维持其正常的活动。若肝血不足，血不养筋，可出现四肢拘急，或萎弱无力，伸屈不灵等症状。若邪热劫津，津伤血耗，血不养筋，可引起四肢抽搐、角弓反张、牙关紧闭等症状。

"爪为筋之余"，爪甲亦有赖于肝血的滋养，故肝血的盛衰，可引起爪甲（蹄）荣枯的变化。肝血充足，则筋强力壮，爪甲（蹄）坚韧；肝血不足，则筋弱无力，爪甲（蹄）多薄而软，甚至变形而易脆裂。故《素问·五脏生成篇》说："肝之合筋也，其荣爪也。"

4. 肝开窍于目　目主视觉，肝有经脉与之相连，其功能的发挥有赖于五脏六腑之精气，特别是肝血的滋养。《素问·五脏生成论》说："肝受血而能视"，《灵枢·脉度篇》也说："肝气通于目，肝和则能辨五色矣。"由于肝与目的关系密切，所以肝的功能正常与否，常常在目上得到反映。若肝血充足，则双目有神，视物清晰；若肝血不足，则两目干涩，视物不清，甚至夜盲；肝经风热，则目赤痒痛；肝火上炎，则目赤肿痛生翳。

五、肾

肾位于腰部，左右各一（前人有左为肾，右为命门之说），故《素问·脉要精微论》说："腰者，肾之府也"。肾的主要生理功能为主藏精，主命门之火，主水，主纳气，主骨、生髓、通于脑。肾开窍于耳，司二阴，在液为唾。肾有经脉络于膀胱，与膀胱相表里。

1. 肾藏精　"精"是一种精微物质，肾所藏之精即肾阴（真阴、元阴），是机体生命活动的基本物质，它包括先天之精和后天之精。先天之精，即本脏之精，是构成生命的基本物质。它禀受于父母，先身而生，与机体的生长、发育、生殖、衰老都有密切关系。胚胎的形成和发育均以肾精作为基本物质，同时它又是动物出生后生长发育过程中的物质根源。当机体发育成熟时，雄性则有精液产生，雌性则有卵子发育，出现发情周期，开始有了生殖能力；到了老年，肾精衰微，生殖能力也随之下降，直至消失。后天之精，即水谷之精，由五脏、六腑所化生，故又称"脏腑之精"，是维持机体生命活动的基本物质。先天之精和后天之精融为一体，相互资生、相互联系。先天之精有赖后天之精的供养才能充盛，后天之精需要先天之精的资助才能化生，故一方的衰竭必然影响到另一方的功能。

肾藏精，是指精的产生、贮藏及转输均由肾所主。肾所藏之精化生肾气，通过三焦，输布全身，促进机体的生长、发育和生殖。因而，临床上所见阳痿、滑精、精亏不孕等，都与肾有直接关系。

2. 肾主命门之火　命门，即生命之根本的意思；火，指功能。命门之火，一般称元阳或肾阳（真阳），也藏之于肾。它既是肾脏生理功能的动力，又是机体热能的来源。肾主命门之火，是指肾之元阳，有温煦五脏、六腑，维持其生命活动的功能。肾所藏之精需要命门之火的温养，才能发挥其滋养各组织器官及繁殖后代的作用。五脏、六腑的功能活动，也有赖于肾阳的温煦才能正常，特别是后天脾胃之气需要先天命门之火的温煦，才能更好地发挥运化的作用。故命门之火不足，常导致全身阳气衰微。

肾阳和肾阴概括了肾脏生理功能的两个方面，肾阴对机体各脏腑起着濡润滋养的作用，肾阳则起着温煦生化的作用，二者相互制约，相互依存，维持着相对的平衡，否则就会出现肾阳虚或肾阴虚的病理过程。由于肾阳虚和肾阴虚的本质都是肾的精气不足，因此肾阳虚到一定程度可累及肾阴，反之肾阴虚也能伤及肾阴，甚至导致肾阴、肾阳俱虚的病证出现。临床上，肾阴虚和肾阳虚的主要区别在于"阴虚内热"，"阳虚外寒"。

3. 肾主水　指肾在机体水液代谢过程中起着升清降浊的作用。动物体内的水液代谢过程由肺、脾、肾三脏共同完成，其中肾的作用尤为重要。《素问·逆调论》说："肾者，水脏，主津液也。"肾主水的功能，主要是靠肾阳（命门之火）对水液的蒸化来完成的。水液进入胃肠，由脾上输于肺，肺将清中之清的部分输布全身，而清中之浊的部分则通过肺的肃降作用下行于肾，肾再加以分清泌浊，将浊中之清经再吸收上输于肺，浊中之浊的无用部分下注膀胱，排出体外。肾阳对水液的这一蒸化作用，称为"气化"。如肾阳不足，命门火衰，气化失常，就会引起水液代谢障碍而发生水肿、胸水、腹水等症状。

4. 肾主纳气　纳，有受纳、摄纳之意。肾主纳气，是指肾有摄纳呼吸之气，协助肺司呼吸的功能。呼吸虽由肺所主，但吸入之气必须下纳于肾，才能使呼吸调匀，故有"肺主呼气，肾主纳气"之说。从二者关系来看，肺司呼吸，为气之本；肾主纳气，为气之根。只有肾气充足，元气固守于下，才能纳气正常；若肾虚，根本不固，纳气失常，就会影响肺气的肃降，出现呼多吸少，吸气困难地喘息之症。

5. 肾主骨、生髓、通于脑　指肾具有主管骨骼代谢、滋生和充养骨髓、脊髓及大脑的功能。肾所藏之精有生髓的作用，髓充于骨中，滋养骨骼，骨赖髓而强壮，这也是肾的精气促进生长发育功能的一个方面。若肾精充足，则髓的生化有源，骨骼坚强有力；若肾精亏虚，则髓的化源不足，不能充养骨骼，可导致骨骼发育不良，甚至骨脆无力等症状。故《素问·阴阳应象大论》中说："肾生骨髓"，《素问·解精微论》中也说："髓者，骨之充也"。

髓由肾精所化生，有骨髓和脊髓之分。脊髓上通于脑，聚而成脑。故《灵枢·海论》说："脑为髓之海"。脑主持精神活动，故又称"元神之府"，但它需要靠肾精的不断化生得以滋养，否则就会出现呆痴，呼唤不应，目无所见，倦怠嗜卧等症状。

肾主骨，"齿为骨之余"，故齿也有赖肾精的充养。肾精充足，则牙齿坚固；

肾精不足，则牙齿松动，甚至脱落。

《素问·五脏生成论》指出："肾之和骨也，其荣发也"。动物被毛的生长，其营养来源于血，而生机则根源于肾气，并为肾的外候。被毛的荣枯与肾脏精气的盛衰有关。肾精充足则被毛生长而光泽，肾气虚衰则被毛枯槁，甚至脱落。

6. 肾开窍于耳，司二阴　肾的上窍是耳。耳为听觉器官，其功能的发挥，有赖于肾精的充养。肾精充足，则听觉灵敏，故《灵枢·脉度篇》说："肾气通于耳，肾和则耳能闻五音矣"。若肾精不足，可引起耳鸣、听力减退等症状，故《安骥集·碎金五脏论》说："肾壅耳聋难听事，肾虚耳似听蝉鸣。"

肾的下窍是二阴。二阴，即前阴和后阴。前阴有排尿和生殖的功能，后阴有排泄粪便的功能。这些功能都与肾有着直接或间接的联系，如机体的生殖机能便由肾所主；排尿虽在膀胱，但要依赖肾阳的气化；粪便的排泄虽通过后阴，但也受肾阳温煦作用的影响。若肾阳不足，命门火衰，不能温煦脾阳，可导致粪便溏泄。此外，肾阳不足，还可引起尿频、阳痿等症状。

第三节　六　　腑

六腑，是胆、胃、小肠、大肠、膀胱和三焦的总称，其共同的生理功能是传化水谷，具有泄而不藏的特点。

一、胆

胆附于肝（马有胆管，无胆囊），内藏胆汁。胆汁由肝疏泄而来，所以《脉经》说："肝之余气泄于胆，聚而成精。"因胆汁为肝之精气所化生，清而不浊，故《安骥集·天地五脏论》中称"胆为清净之腑"。胆的主要功能是贮藏和排泄胆汁，以帮助脾胃的运化。胆贮藏和排泄胆汁，和其他腑的转输作用相同，故为六腑之一；但其他腑所盛者皆浊，唯胆所盛者为清净之液，与五脏藏精气的作用相似，故又把胆列为奇恒之腑。胆有经脉络于肝，与肝相表里。

肝胆本为一体，二者在生理上相互依存、相互制约，在病理上也相互影响，往往是肝胆同病。如肝胆湿热，临床上常见到动物食欲减退，发热口渴，尿色深黄，舌苔黄腻，脉弦数，口色黄赤等症状，治宜清肝胆，利湿热。

二、胃

胃位于膈下，上接食道，下连小肠，有经脉络于脾，与脾相表里。胃的主要功能为受纳和腐熟水谷，称之为"胃气"。受纳，即接受和容纳。胃主受纳，是指胃有接受和容纳饮食物的作用。饮食入口，经食道容纳于胃，故胃有"太仓"、

"水谷之海"之称。《安骥集·天地五脏论》中也称"胃为草谷之腑"。腐熟，是指饮食物在胃中经过胃的初步消化，形成食糜。饮食物经胃的腐熟，一部分转变为气血，由脾上输于肺，再经肺的宣发作用散布到全身，故《灵枢·玉版篇》说："胃者，水谷气血之海也。"没有被消化吸收的部分，则通过胃的通降作用，下传于小肠。由于脾主运化，胃主受纳、腐熟水谷，水谷在胃中可以转化为气血，而机体各脏腑组织都需要脾胃所运化气血的滋养，才能正常发挥功能，因此常常将脾胃合称为"后天之本"。

由于胃需要把其中的水谷下传小肠，所以胃气的特点是以和降为顺。一旦胃气不降，便会发生食欲不振，水谷停滞，肚腹胀满等症；若胃气不降反而上逆，则出现嗳气、呕吐等症状。胃气往往反映食欲，对于动物体的强健及判断疾病的预后都至关重要，故《中藏经》说："胃气壮，五脏六腑皆壮也。"此外，还有"有胃气则生，无胃气则死"之说。临床上，也常常把"保胃气"作为重要的治疗原则。

三、小肠

小肠上通于胃，下接大肠，有经脉络于心，与心相表里。小肠的主要生理功能是接受胃传来的水谷，继续进行消化吸收以分清别浊。清者为水谷精微，经吸收后，由脾传输到身体各部，供机体活动之需；浊者为糟粕和多余水液，下注大肠或肾，经由二便排出体外。故《素问·灵兰秘典论》说："小肠者，受盛之官，化物出焉。"《安骥集·天地五脏论》也说："小肠为受盛之腑"。《医学入门》中指出："凡胃中腐熟水谷……自胃之下口传入于小肠……分别清浊，水液入膀胱上口，滓秽入大肠上口。"因此，小肠有病，除影响消化吸收功能外，还出现排粪、排尿的异常。

四、大肠

大肠上通小肠，下连肛门，有经脉络于肺，与肺相表里。大肠的主要功能是形成粪便，进行排泄。即大肠接受小肠下传的水谷残渣或浊物，经过吸收其中的多余水液，最后燥化成粪便，由肛门排出体外。故《安骥集·天地五脏论》说："大肠为传送之腑"，是传送糟粕的通道。大肠有病可见传导失常，如大肠虚不能吸收水液，致使粪便燥化不及，则肠鸣、便溏；若大肠实热，消灼水液过多，致使粪便燥化太过，则出现粪便干燥、秘结难下等。

五、膀胱

膀胱位于腹部，有经脉络于肾，与肾相表里。膀胱的主要功能为贮留和排泄尿液。《安骥集·天地五脏论》说："膀胱为津液之腑"。水液经过小肠的吸收后，下输于肾的部分，可被肾阳蒸化而成尿液，下渗膀胱，到一定量后，引起排尿动作，排出体外。若肾阳不足，膀胱功能减弱，不能约束尿液，便会引起尿频、尿液不禁；若膀胱气化不利，可出现尿少、尿秘；若膀胱有热，湿热蕴结，可出现排尿困难、尿痛、尿淋漓、血尿等。

六、三焦

三焦是上、中、下焦的总称。从部位上来说，脘腹部相当于中焦（包括脾、胃等脏腑），膈以上为上焦（包括心、肺等脏），脐以下为下焦（包括肝、肾、大小肠、膀胱等脏腑）。《安骥集·清浊五脏论》说："头至于心上焦位，中焦心下至脐论，脐下至足下焦位。"三焦总的功能是总司机体的气化，疏通水道，是水谷出入的通路。但上、中、下焦的功能各有不同。

上焦的功能是司呼吸，主血脉，将水谷精气敷布全身，以温养肌肤、筋骨，并通调腠理。中焦的主要功能是腐熟水谷，并将营养物质通过肺脉化生营血。下焦的主要功能是分别清浊，并将糟粕及代谢后的水液排泄于外。《灵枢·营卫生会篇》说："上焦如雾（指弥漫于胸中的宗气），中焦如沤（指水谷的腐熟），下焦如渎（指尿液的排泄）。"由之可见，水谷自受纳、腐熟，到精气的敷布，代谢产物的排泄，都与三焦有关。三焦的这些功能都是通过气化作用完成的，所以说三焦总司机体的气化作用。在病理情况下，上焦病包括心、肺的病变，中焦病包括脾、胃的病变，下焦病则主要指肝、肾的病变。

综上所述，三焦包含了胸腹腔上、中、下三部的有关脏器及其部分功能，所以说三焦是输送水液、养料及排泄废物的通道，而不是一个独立的器官。温病学上的三焦，是将这一概念加以引申，作为温病辨证的一种方法，其含义与上述三焦的概念有所不同。

三焦有经脉络于心包，和心包相表里。

［附］胞宫

胞宫，是子宫、卵巢、输卵管等的总称，其主要功能是主发情和孕育胎儿。《灵枢·五音五味篇》说："冲脉、任脉，皆起于胞中"，可见胞宫与冲、任二脉相连。机体的生殖功能由肾所主，故胞宫与肾关系密切。肾气充盛，冲、任二脉气血充足，动物才会正常发情，发挥生殖及营养胞胎的作用。若肾气虚弱，冲、任二脉气血不足，则动物不能正常发情，或发生不孕症等。此外，胞宫与心、肝、脾三脏也有关系，因为动物的发情及胎儿的孕育都有赖于血液的滋养，需要以心主血、肝藏血、脾统血功能的正常作为必要条件。一旦三者的功能失调，便会影响胞宫的正常功能。

第四节　脏腑之间的关系

动物体是一个由五脏、六腑等组织器官构成的有机整体，各脏腑之间不但在生理上相互联系，分工合作，共同维持机体正常的生命活动，而且在病理上也相互影响。

一、五脏之间的关系

（一）心与肺

心与肺的关系，主要是气与血的关系。心主血，肺主气，二脏相互配合，保证了气血的正常运行。血的运行要靠气的推动，而气只有贯注于血脉中，靠血的运载才能到达周身，正所谓"气为血帅，血为气母，气行则血行，气滞则血淤"。《素问·经脉别论》说："肺朝百脉"，意为心所主之血脉必然要朝会于肺，得到肺中宗气的资助。这说明心与肺、气与血是相互依存的。因此，病理上无论是肺气虚弱或肺失宣肃，均可影响心的行血功能，导致血液运行迟滞，出现口舌青紫、脉迟涩等血淤之症；相反，若心气不足或心阳不振，也会影响肺的宣发和肃降功能，导致呼吸异常，出现咳嗽、气促等肺气上逆的症状。

（二）心与脾

心主血脉，藏神；脾主运化，统血；二者的关系十分密切。脾为心血的生化之源，若脾气足，血生化有源，则心血充盈；而血行于脉中，虽靠心气的推动，但有赖于脾气的统摄才不致溢出脉外。脾的运化功能也有赖于心血的滋养和心神的统辖。若心血不足或心神失常，就会引起脾的运化失健，出现食欲减退、肢体倦怠等症；相反，若脾气虚弱，运化失职，也可导致心血不足或脾不统血，出现心悸、易惊，或出血等症状。

（三）心与肝

心与肝的关系主要表现在心主血、肝藏血和心藏神、肝主疏泄两个方面。首先，心主血，肝藏血，二者相互配合而起到推动血液循环及调节血量的作用。因此，心、肝之阴血不足，可互为影响。若心血不足，肝血可因之而虚，导致血不养筋，出血筋骨酸痛、四肢拘挛、抽搐等症状；反之，肝血不足，也可影响心的功能，出现心悸、怔忡等症状。其次，肝主疏泄、心藏神两者亦相互联系，相互影响。如肝疏泄失常，肝郁化火，可以扰及心神，出现心神不宁、狂躁不安等症状；反之，心火亢盛，也可使肝血受损，出现血不养筋或血不养目等症状。

（四）心与肾

心位于上焦，其性属火、属阳；肾位于下焦，其性属水、属阴；二者之间存在着相互作用、相互制约的关系。在生理条件下，心火不断下降，以资肾阳，共同温煦肾阴，使肾水不寒；同时，肾水不断上济于心，以资心阴，共同濡养心阳，使心阳不亢。这种阴阳相交，水火相济的关系，称为"水火既济"、"心肾相交"。在病理情况下，若肾水不足，不能上滋心阴，就会出现心阳独亢或口舌生疮的阴虚火旺之症状；若心火不足，不能下降以资肾阳，以致肾水不化，就会上凌于心，出现"水气凌心"的心悸症状。此外，心主血，肾藏精，精血互化，故肾精亏损和心血不足之间也常互为因果。

（五）肺与脾

脾与肺的关系，主要表现在气的生成与水液代谢两个方面。在气的生成方面，肺主气，脾主运化，同为后天气血生化之源，存在着益气与主气的关系。脾所传输的水谷之精气，上输于肺，与肺吸入的清气结合而形成宗气，这就是脾助肺益气的作用。因此，肺气的盛衰很大程度上取决于脾气的强弱，故有"脾为生气之源，肺为主气之枢"的说法。在水液代谢方面，脾运化水湿的功能，与肺气的肃降有关，脾、肺二脏相互配合，再加上肾的作用，共同完成水液的代谢过程。若脾气虚弱，脾失健运，水湿不能运化，聚为痰饮，则影响肺气的宣降，出现咳嗽、气喘等症状，故有"脾为生痰之源，肺为贮痰之器"的说法。同样，肺有病也可影响到脾，如肺气虚，宣降失职，可引起水液代谢不利，湿邪困脾，脾不健运，出现水肿、倦怠、腹胀、便溏等症状。

（六）肺与肝

肺与肝的关系，主要表现在气机的升降方面。肝的经脉上行，贯膈而注于肺，肝以升发为顺，肺以肃降为常，肝气升发，肺气肃降，二者协调，则机体气机升降运行畅通无阻。如肝气上逆，影响肺的肃降，则胸满喘促；若肝阳过亢，肝火过盛则灼伤肺津，可引起肺燥咳嗽等症状。若肺失肃降，则影响肝之升发，可出现胸胁胀满；若肺气虚弱，气虚血涩，则肝血淤滞，可引起肢体疼痛，视力减退等症状。

（七）肺与肾

肾与肺的关系，主要表现在水液代谢和呼吸两个方面。在水液代谢方面，肺主宣降，肾主膀胱气化并司膀胱的开合，共同参与水液代谢，故有"肾主一身之水，肺为水之上源"之说。水液需经肺气的肃降才能下达于肾，肾有气化升降水液的功能，脾运化的水液，要在肺肾的合作下，才能完成正常的代谢过程。因此，脾、肺、肾三脏的功能失调，均可导致水液停留，而发生水肿等症状。

在呼吸方面，肺司呼吸，为气之主；肾主纳气，为气之根；二者协同配合以完成机体的气体交换。肾的精气充足，肺吸入之气才能下纳于肾，呼吸才能和利。若肾气不足，肾不纳气，则出现呼吸困难，呼多吸少，动则气喘的症状；若肾阴不足而导致肺阴虚弱，则出现虚热、盗汗、干咳等症状；同样，肺的气阴不足，亦可影响到肾，而致肾虚之证。

(八) 肝与脾

肝与脾的关系，主要是疏泄和运化的关系。肝藏血而主疏泄，脾生血而司运化，肝气的疏泄与脾胃之气的升降有着密切的关系。若肝的疏泄调畅，脾胃升降适度，则血液生化有源。若肝气郁滞，疏泄失常，就可引起脾不健运，出现食欲不振，肚腹胀满，腹痛，泄泻等症状。反之，若脾失健运，水湿内停，日久蕴热，湿热郁蒸于中焦，也可导致肝疏泄不利，胆汁不能溢入肠道，横溢肌肤而形成黄疸。

(九) 肝与肾

肝与肾的关系，主要表现在精和血的关系方面。肾藏精，肝藏血，肝血需要肾精的滋养，肾精又需肝血的不断补充，即精能生血，血能化精，二者相互依存，相互补充。肝、肾二脏往往盛则同盛，衰则同衰，故有"肝肾同源"之说。在病理上，精血的病变亦常常互相影响。如肾精亏损，可导致肝血不足；肝血不足，也可引起肾精亏损。由于肝肾同源，肝肾阴阳之间的关系也极为密切。肝肾之阴，相互资生，在病理上也相互影响。如肾阴不足可引起肝阴不足，阴不制阳而致肝阳上亢，出现痉挛、抽搐等"水不涵木"的症状；若肝阴不足，亦可导致肾阴不足而致相火上亢，出现虚热、盗汗等症状。

(十) 脾与肾

脾与肾的关系，主要是先天与后天的关系。脾为后天之本，肾为先天之本。脾主运化，肾主藏精，二者相互滋生，相互促进。肾所藏之精，需脾运化水谷之精的供养补充；脾的运化，又需肾阳的温煦，才能正常发挥作用。若肾阳不足，不能温煦脾阳，则致脾阳不足，脾失健运；而脾阳不足，不能运化水谷精气，则又可引起肾阳的不足。这就是临床常见的脾肾阳虚证，其主要表现是体质虚弱，形寒肢冷，久泻不止，肛门不收，或四肢浮肿。

二、六腑之间的关系

六腑的功能虽然各不相同，但它们都是化水谷、行津液的器官。腑与腑之间的关系，主要是传化的关系。水谷入于胃，经过胃的腐熟，下传于小肠，经小肠分别清浊，水谷精微经脾转输于周身，糟粕则下注于大肠，经大肠的消化、吸收和传导，形成粪便，从肛门排出体外。在此过程中，胆排泄胆汁，以协助小肠的消化功能；代谢废物和多余的水分，下注膀胱，经膀胱的气化，形成尿液排出体外；三焦是水液升降排泄的主要通道。食物和水液的消化、吸收、传导、排泄，是各腑相互协调，共同配合完成的。因六腑传化水谷，需要不断地受纳排空，虚实更替，故六腑以通为顺。正如《灵枢·平人绝谷篇》所说："胃满则肠虚，肠满则胃虚，更虚更满，故气得上下"。一旦不通或水谷停滞，就会引起各种病症，治疗时常以使其畅通为原则，故前人有"腑病以通为补"之说。

六腑在生理上相互联系，在病理上也相互影响。六腑之中一腑的不通，必然会影响水谷的传化，导致它腑的功能失常。如胃有实热，消灼津液，可使大肠传导不利，大便秘结不通；而大肠燥结，粪便不通，又能影响胃的和降，致使胃气上逆，出现呕吐等症。又如胆火炽盛，常可犯胃，导致胃失和降，引起呕吐；脾胃湿热，熏蒸肝胆，使胆汁外溢，可发生黄疸等。

三、脏与腑之间的关系

五脏主藏精气，属阴，主里；六腑主传化物，属阳，主表。心与小肠、肺与大肠、脾与胃、肝与胆、肾与膀胱、心包与三焦，彼此之间有经脉相互络属，构成了一脏一腑，一阴一阳，一表一里的阴阳表里关系。它们之间不仅在生理上相互联系，而且在病理上也互为影响。

（一）心与小肠

心与小肠的经脉相互络属，构成一脏一腑的表里关系。在生理情况下，心气正常，有利于小肠气血的补充，小肠才能发挥分别清浊的功能；而小肠功能的正常，又有助于心气的正常活动。在病理情况下，若小肠有热，顺经脉上熏于心，则可引起口舌糜烂等心火上炎的症状；反之，若心经有热，由经脉下移于小肠，则引起尿短赤、排尿涩痛等小肠实热的病症。

（二）肺与大肠

肺与大肠的经脉相互络属，构成一脏一腑的表里关系。在生理情况下，大肠的传导功能有赖于肺气的肃降，而大肠传导通畅，肺气才能和利。在病理情况下，若肺气壅滞，失其肃降之功，可引起大肠传导阻滞，导致粪便秘结；反之，大肠传导阻滞，可引起肺气肃降失常，出现气短咳喘。在临床治疗上，肺有实热时，常泻大肠，使肺热由大肠下泄；反之，大肠阻塞时，也可宣通肺气，以疏利大肠的气机。

（三）脾与胃

脾与胃都是消化水谷的重要器官，两者有经脉相互络属，构成一脏一腑的表里关系。脾主运化，胃主受纳；脾气主升，胃气主降；脾性本湿而恶燥，胃性本燥而喜润；二者一化一纳，一升一降，一湿一燥，相辅相成，共同完成消化、吸收、输送营养物质的任务。

胃受纳、腐熟水谷是脾主运化的基础。胃将受纳、消磨的水谷及时传输小肠，保持胃肠的虚实更替，故胃气以降为顺。若胃气不降，可引起水谷停滞胃脘的胀满、腹痛等症状；若胃气不降反而上逆，则出现嗳气、呕吐等症状。脾主运化是为"胃行其津液"，脾将水谷精气上输于心肺以形成宗气，并借助宗气的作用散布周身，故脾气以升为顺。若脾气不升，可引起食欲不振，食后腹胀，倦怠无力等清阳不升，脾不健运的病症；若脾气不升反而下陷，就会出现久泄、脱肛、子宫垂脱等病症。故《临证指南医案》说："脾宜升则健，胃宜降则和。"

脾喜燥而恶湿，若脾不健运，则水湿停聚，阻遏脾阳，反过来又影响到脾的运化功能。胃喜湿而恶燥，只有在津液充足的情况下，胃的受纳、腐熟功能才能正常，水谷草料才能不断润降于肠中，若胃中津液亏虚，胃失濡润，则出现水草迟细，胃中胀满等症状。因此，脾与胃一湿一燥，燥湿相济，阴阳相合，方能完成水谷的运化过程。

由于脾胃关系密切，在病理上常常相互影响。如脾为湿困，运化失职，清气不升，可影响到胃的受纳与和降，出现食少、呕吐、肚腹胀满等症状；反之，若饮食失节，食滞胃腑，胃失和降，亦可影响脾的升清及运化，出现腹胀、泄泻等症状。

（四）肝与胆

胆附于肝，肝与胆有经脉相互络属，构成一脏一腑的表里关系。胆汁来源于肝，肝疏泄失常则影响胆汁的分泌和排泄；而胆汁排泄失常，又影响肝的疏泄，出现黄疸、消化不良等症。故肝与胆在生理上关系密切，在病理上相互影响，常常肝胆同病，在治疗上则肝胆同治。

（五）肾与膀胱

肾与膀胱的经脉相互络属，二者互为表里。肾主水，膀胱有贮存和排泄尿液之功，两者均参与机体的水液代谢过程。肾气有助膀胱气化及司膀胱开合，以约束尿液的作用，若肾气充足，固摄有权，则膀胱开合有度，尿液的贮存和排泄正常；若肾气不足，失去固摄及司膀胱开合的作用，则引起多尿及尿失禁等症；若肾虚气化不及，则导致尿闭或排尿不畅。

第三章　气、血、津液

气、血、津液是构成机体的基本物质，是脏腑、经络等组织器官进行生理活动的物质基础。气是不断运动着的具有活力的精微物质；血，即指血液；津液是机体一切正常水液的总称。从气、血、津液的相对属性来分阴阳，则气具有推动、温煦作用，故属于阳；血、津液都为液态物质，具有濡养、滋润等作用，故属于阴。

气、血、津液的生成，及其在机体内进行新陈代谢，都依赖于脏腑、经络等组织器官的生理活动；而这些组织器官进行生理活动，又必须依靠气的推动、温煦，以及血和津液的滋润濡养。因此，无论在生理，还是病理的状况下，气、血、津液与脏腑、经络等组织器官之间，始终存在着相互依存的密切关系。

第一节　气

气是构成动物体的最基本的物质基础，也是动物体生命活动的最基本物质。动物体的各种生命活动均可以用气的运动变化来解释。

（一）气的生成

气的生成来自于三个方面：

1. 先天之精气　即受之于父母的先天禀赋之气，其生理功能的发挥有赖于肾藏精气。

2. 水谷之精气　即饮食水谷经脾胃运化后所得的营养物质。

3. 吸入之清气　即由肺吸入的自然界的清气。

（二）气的功能

作为机体生命活动的基本物质，气的功能主要有以下几个方面：

1. 推动作用　气可以促进机体生长发育，激发各脏腑组织器官的功能活动，推动经气的运行、血液的循行，以及津液的生成、输布和排泄。

2. 温煦作用　气的运动是机体热量的来源。气维持并调节着机体的正常体温，气的温煦作用保证机体各脏腑组织器官及经络的生理活动，并使血液和津液能够始终正常运行而不致凝滞、停聚。

3. 防御作用　气具有抵御邪气的作用。一方面气可以护卫肌表，防止外邪入侵；另一方面气可以与入侵的邪气作斗争，以驱邪外出。

4. 固摄作用　气可以保持脏腑器官位置的相对稳定；并可统摄血液防止其溢于脉外；控制和调节汗液、尿液、唾液的分泌和排泄，防止体液流失，固藏精液，以防遗精滑泄。

5. 气化作用　气化作用即在通过气的运动可使机体产生各种正常的变化，包括精、气、血、津液等物质的新陈代谢及相互转化。实际上，气化过程就是物质转化和能量转化的过程。

气的各种功能相互配合，相互为用，共同维持着机体的正常生理活动。比如，气的推动作用和气的固摄作用就是相反相成的：一方面气推动血液的运行和津液的输布、排泄；另一方面气又控制和调节着血液和津液的分泌、运行和排泄。推动和固摄的相互协调，使正常的功能活动得以维持。

气的运动被称为气机，气的功能是通过气机来实现的。气的运动的基本形式包括升、降、出、入四个方面，并体现在脏腑、经络、组织、器官的生理活动之中。例如，肺呼气为出，吸气为入，宣发为升，肃降为降。又如，脾主升清，胃主降浊。气机的升降出入应当保持协调、平衡，这样才能维持正常的生理活动。

（三）气的分类

根据所在的部位、功能及来源的不同，气可分为以下各类：

1. 元气　元气又称原气，是机体生命活动的原动力。元气由先天之精所化生，并受后天水谷精气不断补充和培养。元气根源于肾，通过三焦循行于全身，内至脏腑，外达肌肤腠理。元气的功能是推动和促进机体的生长发育，温煦和激发脏腑、经络、组织器官的生理活动。因此，可以说元气是维持机体生命活动的最基本的物质。

2. 宗气　宗气，即胸中之气，由肺吸入之清气和脾胃运化的水谷精气结合而生成。宗气的功能一是上走吸道以行呼吸，二是贯注心脉以行气血。肢体的温度和活动能力、视听功能、心搏的强弱及节律均与宗气的盛衰有关。

3. 营气　营气，即运行于脉中，具有营养作用的气，主要由脾胃运化的水谷精气所化生。营气的功能表现为注入血脉、化生血液及循脉上下、营养全身两个方面。

4. 卫气　卫气，即行于脉外，具有保卫作用的气，与营气一样，也主要是由脾胃运化的水谷精气所化生。卫气的功能包括：护卫肌表，防御外邪入侵；温养脏腑、肌肉、皮毛；调节控制汗孔的开合和汗液的排泄，以维持体温的恒定。

第二节　血

血是流行于脉管之中的红色液体，是构成机体和维持机体生命活动的基本物质之一。脉作为血液的循行通道，被称为血之府。

（一）血的生成

1. 化食为血　血液主要来源于水谷精微，脾胃是血液生化之源。如《灵枢·决气篇》指出："中焦受气取汁，变化而赤，是谓血。"就是说，脾胃接受水谷精微之气，再通过气化作用，将其变化为红色血液。

2. 化气为血　营气入于心脉有化生血液的作用。如《灵枢·邪客篇》说："营气者，泌其津液，注之于脉，化以为血。"

3. 精可生血　精血之间可以转化。如《张氏医通》说："气不耗，归精于肾而为精；精不泄，归精于肝而化清血。"即认为肾精和肝血之间，存在着相互转化的关系。

（二）血的功能

血的主要功能是营养和滋润全身。血循行于脉中，内达脏腑，外至肌肉、皮肤、筋骨，不断地为全身各脏腑器官提供营养，从而维持正常的生理活动。正如《素问·五脏生成篇》所说："肝受血而能视，足受血而能步，掌受血而能握，指受血而能摄。"血又是精神活动的主要物质基础。畜体的精神、神志、感觉、活动均有赖于血液的营养和滋润。

第三节　津　　液

津液是机体一切正常水液的总称。包括各脏腑组织器官的内在体液及其正常的分泌物，如胃液、肠液、涕、泪等。津液同气和血一样，亦是构成机体和维持机体生命活动的基本物质。

（一）津液的生成、输布和代谢

津液的生成、输布和代谢，是一个复杂的过程，涉及多个脏腑的功能。《素问·经脉别论》中说道："饮入于胃、游溢精气、上输于脾、脾气散精、上归于肺、通调水道、下输膀胱、水精四布、五经并行。"

1. 津液来源于饮食水谷，是饮食物经过胃的"游溢精气"小肠的"分清别浊"和"上输于脾"而生成。因此，津液充盛与否，和胃、小肠及脾的生理活动有关。

2. 津液的输布主要由脾气散精、肺的宣发肃降、肾的蒸腾气化等生理功能的协同作用，以三焦为通道输布全身。

3. 津液的代谢主要是通过排汗、排尿等代谢过程来完成，与肺、肾、膀胱等脏腑功能活动有关。

（二）津液的功能

津液有滋润和濡养的生理功能。如散布于肌表的津液，具有润泽皮毛肌肤的作用；流注于孔窍的津液，具有滋润和保护眼、鼻、口等孔窍的作用；渗入于血脉的津液，具有充养和滑利血脉的作用，而且也是组成血液的基本物质；注入于内脏组织器官的津液，则具有濡养和滋润各脏腑组织器官的作用；渗注于骨的津液，则具有充养和濡润骨髓、脊髓和脑髓等作用。

1. 津　存在于气血之中，以利气血流行运通，主要分布于体表，见于外者为泪、唾液、汗。滋润脏腑、肌肉、经脉、皮肤。

2. 液　藏于骨节筋膜、颅腔之间，以滑利关节、滋养脑髓。

第四节　气、血、津液的关系

气、血、津液三者的性状及其生理功能虽各有特点，但均是构成机体和维持机体生命活动的最基本物质。三者的组成均离不开脾胃运化而生成的水谷精气。三者的生理功能，又存在着相互依存、相互为用的关系。因此，无论在生理或病理情况下，气、血、津液之间均存在着极为密切的关系。

(一) 气和津液的关系

气属阳，津液属阴，这是气和津液在属性上的区别。但两者都源于脾胃所运化的水谷精微，并在其生成、输布过程中，有着密切的关系。

1. 气能生津　气能生津，是指气的运动变化是津液化生的动力。津液的生成，来源于摄入的饮食，有赖于胃的"游溢精气"和脾的"散精"运化水谷精气。故脾胃健旺，则化生的津液充盛。脾胃之气虚衰，则影响津液的生成，而致津液不足。

2. 气能行 (化) 津　津液在体内的输布及其化为汗、尿等排出体外，全赖于气的升降出入运动。例如，脾、肺、肾、肝等脏腑的气机正常，则促进津液在体内的输布、排泄过程。若气的升降出入不利时，津液的输布和排泄亦随之而受阻，称之为气滞水停。由于某种原因，津液的输布和排泄受阻而发生停聚时，则气的升降出入亦随之而不畅，称作"水停气滞"；另外，气与津液两者的病变常互相影响。故临床治疗时，行气与利水之法需并用，才能取得较好的效果。

3. 气能摄津　津液与血同属液态物质，同样有赖于气的固摄作用，才能防止其无故流失，并使排泄正常。因此，在气虚或气的固摄作用减弱时，则势必导致体内津液的无故流失，发生多汗、多尿、遗尿等病理表现。临床治疗时，亦应采用补气之法，使气能固摄津液，病则获愈。

4. 津能载气　津液，亦是气的载体，气必须依附于津液而存在。当发生多汗、多尿及吐泻等津液大量流失的情况时，气在体内则无所依附而散失，从而形成"气随津脱"之病证。

(二) 气和血的关系

气属于阳，血属于阴，气和血在功能上存在着差别，但气和血之间又存在气能生血、行血、摄血和血为气母四个方面的关系。

1. 气能生血　气能生血，是指血液的组成及其生成过程中均离不开气和气的气化功能。营气和津液是血液的主要组成部分，它们来自脾胃所运化的水谷精气。从摄入的饮食，转化成为水谷精气，从水谷精气转化成营气和津液，再从营气和津液转化成为红色的血液，均离不开气的运动变化。因此说，气能生血。气旺，则化生血液的功能亦强；气虚，则化生血的功能亦弱，甚则可导致血虚。临床治疗血虚病证时，常配合补气药物，即是气能生血理论的实际应用。

2. 气能行血　气能行血，血属阴而主静。血不能自行，血在脉中循行，内至脏腑，外达皮肉筋骨，全赖于气的推动。例如，血液循行，有赖于心气的推动，肺气的宣发布散，肝气的疏泄条达，概括为气行则血行。如气虚或气滞，推动血行的力量减弱，则血行迟缓，流行不畅，称之为"气虚血淤"、"气滞血淤"，如气机逆乱，血亦随气的升降出入逆乱而异常，血随气升则面红、目赤、头痛，甚则出血；血随气陷则脘腹坠胀，或下血崩漏。因此，临床治疗血行失常的病证时，常分别配合补气、行气、降气的药物，才能获得较好的效果。

3. 气能摄血　摄血，是气的固摄功能的具体体现。血在脉中循行而不逸出脉外，主要依赖于气对血的固摄作用，如果气虚则固摄作用减弱，血不循经而逸出脉外，则可导致各种出血病证，即是"气不摄血"。临床治疗此类出血病症时，必须用补气摄血的方法，引血归经，才能达到止血的目的。

以上气能生血、气能行血、气能摄血这三方面气对血的作用，概括称为"气为血帅"。

4. 血为气母　血为气母，是指血是气的载体，并给气以充分的营养。由于气的活力很强，易于逸脱，所以必须依附于血和津液而存在于体内。如在血虚，或大出血时，气失去依附，则浮散无根而发生脱失。故在治疗大出血时，往往多用益气固脱之法，其机理亦在于此。

（三）血和津液的关系

血与津液，都是液态物质，也都有滋润和濡养作用。与气相对而言，则两者都属于阴。因此，血和津液之间亦存在着极其密切的关系。

血和津液的生成都来源于水谷精气，由水谷精气所化生，故有"津血同源"的说法。津液渗入于脉中，即成为血液的组成部分。

在病理情况下，血和津液也多相互影响。例如，失血过多时，脉外之津液可渗注于脉中，以补偿脉内血容量之不足。而脉外之津液又因大量渗注于脉内，则可形成津液的不足，可见口渴、尿少、皮肤干燥等病理表现。反之，津液大量耗伤时，脉内之津液亦可渗出于脉外，形成血脉空虚，津枯血燥等病变。因此，对于失血病证，不宜采用发汗方法。而对于多汗或吐泻等津液严重耗伤的患者，亦不可轻用破血、逐血之峻剂。此即"津血同源"理论在临床上的实际应用。

第四章　经　　络

经络学说是研究机体经络系统的生理功能、病理变化及其与脏腑相互关系的学说。是中兽医学理论体系的重要组成部分。经络学说贯穿中兽医学的生理、病理、中药、诊断等各个方面，是中兽医学基础理论的一个重要组成部分。它对辨证论治、用药及针灸治疗都具有重要的指导意义。《灵枢·经脉篇》说："经脉者，所以能决死生，处百病，调虚实，不可不通。"清代喻嘉言也说："凡治病不明脏腑经络，开口动手便错。"

第一节　经络的概念和组成

一、经络的概念

经络是动物体内经脉和络脉的总称，是机体联络脏腑、沟通内外和运行气血、调节功能的通路，是动物体组织结构的重要组成部分。经和络既有联系又有区别。经，有路径之意，是纵行的干线，循行于深部，犹如途径，贯通上下，沟通内外，是经络系统中的主干；络，有网络之意，是经脉的分支，循行于浅表的部位，它譬如网络，较经脉细小，纵横交错，遍布全身，是经络系统中的分支。经络在体内纵横交错，内外连接，遍布全身，无处不至，把动物体的脏腑、器官、组织都紧密地联系起来，形成一个有机的统一整体。

千百年的临床实践证明，经络是客观存在的。然而，迄今为止，在解剖学上却未能找到经络的单独实体。近几十年来，国内外对经络实质展开了大量研究，提出了神经血管相关说、中枢神经机能说、肌肤—内脏—皮层机能说、神经—体液调节机能说、冷光说、电磁波说、类传导说等多种说法，但都不能圆满解释经络现象。由此看来，机体并不存在与经络直接对应的管道结构的实体器官，经络的客观物质基础可能是整个活的有机体，是五脏六腑、五官诸窍及神经体液等所有器官组织功能的一种综合表现，是有机整体的一种自行调节和控制的功能联络系统。

二、经络的组成

经络系统主要由四部分组成，即经脉、络脉、内属脏腑部分和外连体表部分（表4-1）。其中，经脉是经络系统的主干，除分布在体表一定部位外，还深入体内连属脏腑；络脉是经脉的细小分支，一般多分布于体表，联系"经筋"和"皮部"。

表 4-1　经络的组成表

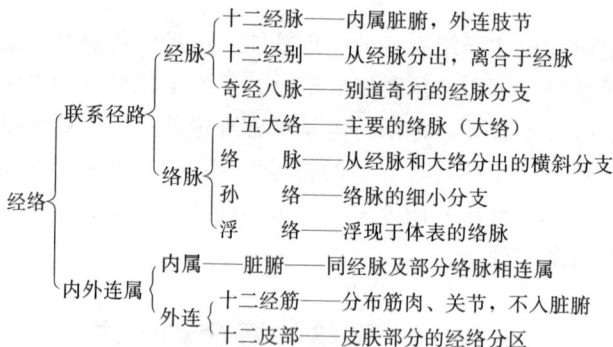

（一）经脉

经脉主要由十二经脉、十二经别和奇经八脉构成。十二经脉，即前肢三阳经和三阴经，后肢三阳经和三阴经。十二经脉有一定的起止，一定的循行部位和交接顺序，与脏腑有着直接的络属关系，是全部经络系统的主体，又叫十二正经。十二经别是从十二经脉分出的纵行支脉，故又称为"别行的正经"。奇经八脉，包括任脉、督脉、冲脉、带脉、阴维脉、阳维脉、阴跷脉、阳跷脉八条，其循行、分布与十二经脉、十二经别有所不同。虽然大部分是纵行的，左右对称的，但也有横行和分布在躯干正中线的，除与子宫和脑有直接联系外，与五脏、六腑没有直接的络属关系，相互之间也不存在表里相合、相互衔接及相互循环流注的关系，它们是别道奇行，故称为"奇经八脉"。

（二）络脉

络脉是经脉的细小分支，多数无一定的循行路径。络脉包括十五大络、络脉、孙络、浮络和血络。十五大络，即十二络脉（每一条正经都有一条络脉）加上任脉、督脉的络脉和脾的大络，总共为十五条，它是所有络脉的主体。另有胃的大络，加起来实际上是十六条大络，但因脾胃相表里，故习惯上仍称十五大络。从十五大络分出的横斜分支，一般统称为络脉。从络脉中分出的细小分支，称为孙络。络脉浮于体表的，叫做浮络。络脉，特别是浮络，在皮肤上暴露出的细小血管，称为血络。

（三）内属脏腑部分

经络深入体内连属各个脏腑。十二经脉各与其本身脏腑直接相连，称之为"属"；同时也各与其相表里的脏腑相连，称之为"络"。阳经皆属腑而络脏，阴经皆属脏而络腑。如前肢太阴肺经的经脉，属肺络于大肠；前肢阳明大肠经的经脉，属大肠络于肺等。互为表里的脏腑之间的这种联系，称为"脏腑络属"关系。此外，通过经络的循环、交叉和交会，各经脉还与其他有关内脏贯通连接，构成脏腑之间错综复杂的联系。

(四) 外连体表部分

经络与体表组织相联系，主要有十二经筋和十二皮部。经筋是十二经脉及其络脉之气"结、聚、散、络"于筋肉、关节的体系，不入内脏，即十二经脉及其络脉中气血所濡养的肌肉、肌腱、筋膜、韧带等，其功能主要是连缀四肢百骸，主司关节运动。皮部是十二经脉及其络脉的功能活动，反映于体表的部位，即皮肤的经络分区。经筋、皮部与经脉、络脉有紧密联系，故称经络"外络于肢节"。

第二节　十二经脉和奇经八脉

(一) 十二经脉

1. 十二经脉的构成及命名　五脏六腑加心包络，共十二脏腑，各系一经，在畜体构成十二道经络通路，分别运行于机体各部，并与所属的本脏本腑相连。十二经脉对称地分布于动物体的两侧，分别循行于前肢或后肢的内侧和外侧。根据阴阳学说，四肢内侧为阴，外侧为阳；脏为阴，腑为阳。故行于四肢内侧的为阴经，属脏；行于四肢外侧的为阳经，属腑。由于十二经脉分布于前、后肢的内、外两侧共四个侧面，每一侧面有三条经分布，这样一阴一阳就衍化为三阴三阳，即太阴、少阴、厥阴、阳明、太阳、少阳。各条经脉就是按其所属脏腑，并结合循行于四肢的部位来确定其名称。十二经脉的构成见表4-2。

表4-2　十二经脉构成表

循行部位		阴　经 属脏络腑（行于内侧）	阳　经 属腑络脏（行于外侧）
前肢	前缘	太阴肺经	阳明大肠经
	中线	厥阴心包经	少阳三焦经
	后缘	少阴心经	太阳小肠经
后肢	前缘	太阴脾经	阳明胃经
	中线	厥阴肝经	少阳胆经
	后缘	少阴肾经	太阳膀胱经

2. 十二经脉的循行规律　一般来说，前肢三阴经，从胸部开始，循行于前肢内侧，止于前肢末端；前肢三阳经，由前肢末端开始，循行于前肢外侧，抵达

于头部；后肢三阳经，由头部开始，经背腰部，循行于后肢外侧，止于后肢末端；后肢三阴经，由后肢末端开始，循行于后肢内侧，经腹达胸。如图 4-1 所示：

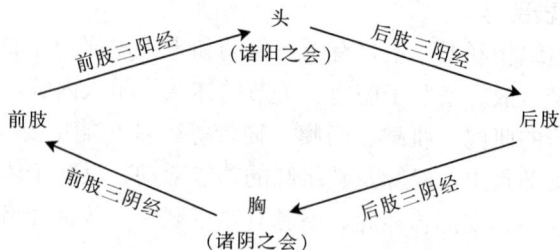

```
                    头
      前肢三阳经   （诸阳之会）   后肢三阳经
  前肢                                    后肢
      前肢三阴经      胸       后肢三阴经
                 （诸阴之会）
```

图 4-1　十二经脉的循行规律

从十二经脉的运行来看，前肢三阳经止于头部，后肢三阳经又起于头部，所以称头为"诸阳之会"。后肢三阴经止于胸部，而前肢三阴经又起于胸部，所以称胸为"诸阴之会"。

3. 十二经脉的流注次序　气血由中焦水谷精气所化生，十二经脉是气血运行的主要通道。经脉中气血的运行是依次循环贯注的，即经脉在中焦受气后，上注于肺，自前肢太阴肺经开始，逐经依次相传，至后肢厥阴肝经，再复注于肺，首尾相贯，如环无端，构成十二经脉循环。其流注次序见表 4-3。

表 4-3　十二经脉流注次序表

三阳（表）			三阴（里）
前肢阳明	大肠 ←	肺 ←	前肢太阴
后肢阳明	胃 →	脾	后肢太阴
前肢太阳	小肠 ←	心	前肢少阴
后肢太阳	膀胱 →	肾	后肢少阴
前肢少阳	三焦 ←	心包	前肢厥阴
后肢少阳	胆 →	肝	后肢厥阴

营气在脉中运行时，还有一条分支，即由前肢太阴肺经开始，传注于任脉，上行通连督脉，循脊背，绕经阴部，又连接任脉，到胸腹再与前肢太阴肺经衔接，构成了十四经脉的循行通路。

（二）奇经八脉

奇经八脉是任、督、冲、带、阴维、阳维、阴跷、阳跷八条经脉的总称。因其不直接与脏腑相连属，有别于十二正经，故称"奇经"。其中，任脉行于腹正中线，总任一身之阴脉，称为"阴脉之海"。任脉还有妊养胞胎的作用，故又有"任主胞胎"之说。督脉行于背正中线，总督一身之阳脉，有"阳脉之海"之称。十二经脉加上任、督二脉，合称"十四经脉"，是经脉的主干。冲脉行于颈、腹两侧，经后肢内侧达足或蹄之中心，与后肢少阴经并行。冲脉总领一身气血的要冲，能调节十二经气血，故有"十二经之海"和"血海"之称。因任、督、冲脉，同起于胞中，故有"一源三歧"之说。带脉环行于腰部，状如束带，有约束纵行诸脉，调节脉气的作用。阴维脉和阳维脉，分别具有维系、联络全身阴经或阳经的作用。阴跷脉和阳跷脉，起于后肢下端，有使肢端、蹄部跷健的作用，起于内侧者为阴跷脉，起于外侧者为阳跷脉，具有交通一身阴阳之气和调节肌肉运动，司眼睑开合的作用。

总之，奇经八脉出于十二经脉之间，具有加强十二经脉的联系和调节十二经脉气血的功能。当十二经脉中气血满溢时，则流注于奇经八脉，蓄以备用。古人将气血比作水流，将十二经脉比作江河，而将奇经八脉比作湖泊，相互间起着调节、补充的作用。

第三节　经络的作用

经络能密切联系周身的组织和脏器，在生理功能、病理变化、药物及针灸治疗等方面，都起着重要作用。

一、生理方面

（一）运行气血，温养全身

动物体的各组织器官，均需气血的温养，才能维持正常的生理活动，而气血必须通过经络的传注，方能通达周身，发挥其温养脏腑组织的作用。故《灵枢·本脏篇》说："经脉者，所有行血气而营阴阳，濡筋骨，利关节者也。"又说："谷入于胃，脉道以通，气血乃行。"

（二）协调脏腑，联系周身

经络既有运行气血的作用，又有联系动物体各组织器官的作用，使机体内外上下保持协调统一。经络内连脏腑，外络肢节，上下贯通，左右交叉，甚至在每个细胞的内部和细胞之间都无所不至，将动物体各个组织器官，相互紧密地联系起来，从而使机体各部分之间高度协调，共同实现严密的整体机能。

（三）保卫体表，抗御外邪

经络在运行气血的同时，卫气伴行于脉外，因卫气能温煦脏腑、腠理、皮毛、开合汗孔，因而具有保卫体表、抗御外邪的作用。同时，经络外络肢节、皮毛，营养体表，是调节防御机能的要塞。

二、病理方面

运用经络理论，可以阐明疾病发生、发展与变化的某些规律。

（一）经络闭阻，不通则痛

外感六淫之邪，或淤血痰饮内阻，都可以导致经络阻滞不通，因而引起气血运行障碍，感应传导不畅，脏腑功能失调。常见有各种痹症、疼痛等。所以，在许多疾病治疗中，强调疏通经络是十分必要的。

（二）传变疾病，由外入内

外邪侵袭动物体，如经络抗御作用无力，病邪则可经过经络由体表传入内脏，《素问·缪刺论》说："邪之客于形也，必先舍于皮毛；留而不去，入舍于孙络；留而不去，入舍于经脉，内连五脏，散于肠胃，阴阳俱感，五脏乃伤。"就是这个意思。如感受风寒，可通过前肢太阴肺经传入肺脏，引起咳喘、流涕等。又因肺与大肠相络属，有时可出现肠鸣腹痛、冷肠泄泻等。反之，大肠有实热，也可引起肺失宣发肃降，呈现呼吸促迫等。

（三）反映病变，由里出表

肺腑的阴阳失调，也会沿着所属的经络通道，反映到相应的体表上来。如肺经郁热，痞气结胸，循肺经外传，便可出现肩臂疼痛（肺把胸膊痛）。肾有病也常常反应到腰部，如《元亨疗马集》说："收腰不起，内肾痛。"

必须指出，上述由表入里和由里出表的传变都不是绝对的，是否传变，主要决定于机体正气的盛衰，病邪的强弱，以及治疗的恰当与否等因素。

三、治疗方面

（一）传递药物的治疗作用

南宋张洁古在《珍珠囊》一书中，以经络学说为基础，首先提出了药物归经的理论。认为药物作用于机体，需通过经络的传递，经络能够选择性地传递某些药物，致使某些药物对某些脏腑具有主要作用。例如，同为泻火药，由于被不同的经络传递，则有黄连泻心火，黄芩泻肺火，知母泻肾火，木通泻小肠火，黄芩又泻大肠火，石膏泻胃火，柴胡、黄芩泻三焦火，柴胡、黄连泻肝胆火，黄柏泻膀胱火等的区分。据此总结出了"药物归经"或"按经选药"的原则。此外，按照药物归经的理论，在临床实践中还总结出了某些引经药，如桔梗引药上行专入肺经，牛膝引药下行专入肝肾两经等。

（二）感受和传导针灸的刺激作用

经络能够感受和传导针灸的刺激作用。针刺体表的穴位之所以能够治疗内脏的疾病，就是借助于经络的这种感受和传导作用。因此，在针灸治疗方面就提出了"循经取穴"的原则，即治疗某一经的病变，就在这一经上选取某些特定的穴位，对其施以一定的刺激，达到调理气血和脏腑功能的目的。如胃热针玉堂穴（后肢阳明胃经），腹泻针带脉穴（后肢太阴脾经），冷痛针三江穴（后肢阳明胃经）和四蹄穴（前蹄头属前肢阳明大肠经，后蹄头属后肢阳明胃经）等。

总之，经络理论与中兽医临床实践有着紧密的联系，特别是在针灸方面更为突出。根据经络理论，按经选药或循经取穴，通过用药物或针灸的方法治疗动物疾病，往往能取得较好的疗效。

第五章　病因病机

中兽医学认为，动物体内部各脏腑组织之间以及动物体与外界环境之间，是一个既对立又统一的整体。在正常情况下处于相对的平衡状态，以维持动物体的正常生理活动。如果这种相对平衡状态在病因的作用下遭到破坏或失调，一时又不能经自行调节而恢复，就会导致疾病的发生。故《素问·调经论》说："血气不和，百病乃变化而生。"

疾病的发生和变化，虽然错综复杂，但不外乎是动物体的内在因素和致病的外在因素两个方面，中兽医学分别将其称为"正气"与"邪气"。"正气"，是指动物体对致病因素的防御、抵抗能力，阻止疾病发生、传变与恶化的能力，以及对各种治疗措施的反应能力等。"邪气"，指一切致病因素。疾病的发生与发展就是"正邪相争"的结果。正气充盛的动物，卫外功能固密，外邪不易侵犯；只有在动物体正气虚弱，卫外不固，正不胜邪的情况下，外邪才能乘虚侵害机体而发病。在正、邪这两方面的因素中，中兽医学特别强调正气是在疾病发生与否的过程中起着主导作用的方面。如《元亨疗马集·八邪论》说："真气守于内，精神固于外，其病患安得而有之。"《素问·刺法论》和《素问·评热病论》中也分别有"正气存内，邪不可干"和"邪之所凑，其气必虚"之说。诚然，在某些特殊情况下，邪气也可成为发病的主要方面，如某些强毒攻击，或强烈的理化因素所致的伤害等。但即使如此，邪气还是要通过损伤机体的正气而发生作用。

动物体的正气盛衰，取决于体质因素和所处的环境及饲养管理等条件。正如《元亨疗马集·正证论》所说："马逢正气，疴瘵无生，半在人之所蓄。"一旦饲养管理失调，就会致使正气不足，卫外功能暂时失固。如果有外邪侵袭，虽然可以引起动物体发病，但由于动物体质及机能状态的不同，即动物体正气强弱的差异，而在发病时间以及所表现出的症状上均有所差异。就发病时间而言，有的邪至即发病，有的则潜伏体内待机而发，亦有重感新邪引动伏邪而发病者。就所表现出的症状而论，有的表现出虚证，有的则表现为实证。如同为外感风寒，体质虚弱，肺卫不固的动物，易患表虚证，病情较重；而体质强壮的动物，则易患表实证，病情较轻。由此可见，动物体正气的盛衰，与疾病的发生与发展均有着密切的关系。

第一节　病　　因

病因，即引起动物疾病发生的原因，中兽医学称之为"病源"或"邪气"。研究病因的性质及其致病特性的学说，称为病因学说。中兽医学的病因学说，不仅仅是研究病因本身的特性，更重要的是研究病因作用于机体所引起疾病的特性，从而将其作为临床辨证和确定治疗原则的依据之一。在长期与动物疾病进行斗争的实践中，人们逐渐认识到不同的致病因素会引起不同的病证，表现出不同的症状。因此，根据疾病所表现出的症状特征，就可以推断其发生的原因，称为"随证求因"。如某一动物表现出四肢交替跛行，即可推断出是以风邪为主所引起的风湿证，因为风邪有游走善动的特性。而一旦知道了病因，就可以根据病因来确定治疗原则，称为"审因施治"。如以风邪为主而引起的风湿证，当用祛风为主的药物进行治疗。

研究病因，不仅对辨证论治有着重要意义，而且可以针对病因采取预防措施，防止疾病的发生。如加强饲养管理，合理使役，改善厩舍的环境卫生，消除外界环境不良因素等，对于保护动物健康，防止时疫杂病的发生是非常重要的。

《元亨疗马集·脉色论》说："风寒暑湿伤于外，饥饱劳役扰于内，五行生克，诸疾生焉"。所以根据病因的性质及致病的特点，中兽医将其分为外感、内伤（包括饥、饱、劳役、逸伤等）和其他致病因素（包括外伤、虫兽伤、寄生虫、中毒、痰饮、淤血等）三大类。

一、外感

外感致病因素是指来源于自然界，多从皮毛、口鼻侵入机体而引发疾病的致病因素，包括六淫和疫疠。

（一）六淫

六淫是指自然界风、寒、暑、湿、燥、火（热）六种反常气候。它们原本是四季气候变化的六种表现，称为六气。在正常情况下，六气于一年之中有一定的变化规律，而动物在长期的进化过程中，也适应了这种变化，所以不会引起动物的疾病。只有当动物体正气虚弱，不能适应六气的变化；或因自然界阴阳失调，六气出现太过或不及的反常变化时，才能成为致病因素，侵犯动物体而导致疾病的发生。这种情况下的六气，便称为"六淫"。但对某些适应能力强的动物，仍不致病，即仍为六气，而不称六淫。可见六淫是个相对的概念。

从临床实践来看，六淫致病，除气候因素外，还包括生物性（如细菌、病毒等）、物理性、化学性因素等作用于机体所引起的病理反应，其病程经过和临床表现的不同与每个机体的反应性存在差异有密切的关系。

六淫致病，具有下列共同的特点。

（1）外感性　六淫之邪多从肌表、口鼻侵犯动物机体而发病，或先伤皮毛，从表入里的传变过程。故六淫所致之病统称为外感病。

（2）季节性　六淫致病常有明显的季节性。如春天多温病，夏天多暑病，长夏多湿病，秋天多燥病，冬天多寒病等。但四季之中，六气的变化是复杂的，所以六淫致病的季节性也不是绝对的。如夏季虽多暑病，但也可出现寒病、温病、湿病等。

（3）兼挟性　六淫在自然界不是单独存在的，六淫邪气既可以单独侵袭机体而发病，又可以两种或两种以上同时侵犯机体而发病。如外感风寒、风热、湿热、风湿等。

（4）转化性　一年之中，四季六气是可以相互转化的，如久雨生晴，久晴多热，热极生风，风盛生燥，燥极化火等。因此，六淫致病，其证候在一定条件下，也可以相互转化。如感受风寒之邪，可以从表寒证转化为里热证等。

此外，临床上除感受外界风、寒、暑、湿、燥、火六淫邪气，引起相应的病证之外，尚可因机体脏腑本身机能失调而产生类似于风、寒、湿、燥、火的病理现象。由于它们不是由外感受的，而是由内而生，故称为"内生五邪"，即内风、内寒、内湿、内燥、内火五种。因其所引起的病证与外感五邪症状相近，故在相应的病因中一并叙述。

1. 风邪

（1）风邪的概念　风是春季的主气，但一年四季皆有，故风邪引起的疾病虽以春季为多，但亦可见于其他季节。导致动物发病的风邪，常称之为"贼风"或"邪风"，所致之病统称为外风证。因风邪多从皮毛肌腠侵犯机体而致病，其他邪气也常依附于外风入侵机体，外风成为外邪致病的先导，是六淫中的首要致病因素，故有"风为百病之始"、"风为六淫之首"之说。

相对于外风而言，风从内生者，称为"内风"。内风的产生与心、肝、肾三脏有关，特别是与肝脏的功能失调有关，故也称"肝风"。故《素问·至真要大论》说："诸风掉眩，皆属于肝。"

（2）风邪的性质与致病特性

①风性轻扬开泄　即风具有升发、开泄、向上、向外的特性。因风性轻扬，故风邪所伤，最易侵犯动物体的上部（如头面部）和肌表。正如《素问·太阴阳明论》所说："伤于风者，上先受之"。风性开泄，是指风邪易使皮毛腠理疏泄而开张，出现汗出、恶风的症状。

②风性善行数变　善行，是指风有善动不居的特性，故风邪致病具有部位游走不定，变化无常的特点。如以风邪为主的风湿证，常表现出四肢交替疼痛，部位游移不定，故称"行痹"、"风痹"。数变，是指"风无常方"（《素问·风论》），风邪所致的病证具有发病急、变化快的特点，如荨麻疹（又称遍身黄），表现为皮肤瘙痒，发无定处，此起彼伏。

③风性主动　指风具有使物体摇动的特性，故风邪所致疾病也具有类似摇动的症状，如肌肉颤动、四肢抽搐、颈项强直、角弓反张、眼目直视等。故《素问·阴阳应象大论》说："风胜则动"。

（3）常见风证

①外风　常见的有伤风、风痹、风疹。

伤风　由外感风邪引起，证见发热、恶风，鼻流清涕，咳嗽，脉浮缓。治宜祛风解表。有风寒、风热等。

风痹　是以风邪为主侵袭经络的风湿证。证见关节疼痛，游走不定。治宜祛风通络。

风疹　为风邪侵袭肌表所致。证见皮肤瘙痒，且漫无定处，彼此起伏。治宜祛风清热。

②内风　内风为病变过程出现的风证。是脏腑功能失调，气血逆乱，筋失所养而产生的。常见的有热极生风和血虚生风。

热极生风　多见于温热病，因热伤津液、营血，影响心肝功能，证见惊厥昏迷，抽搐震颤，口眼歪斜，角弓反张。治宜清热熄风。

血虚生风　主要与肝血虚和肾阴虚有关，轻则神昏抽搐，重则瘫痪不起。治宜滋阴熄风。

2. 寒邪

（1）寒邪的概念　寒为冬季的主气，但四季皆有。寒邪有外寒和内寒之分。外寒由外感受，多由气温较低，保暖不够，淋雨涉水，汗出当风，以及采食冰冻的饲草饲料，或饮凉水太过所致。外寒侵犯机体，据其部位的深浅，有伤寒和中寒之别。寒邪伤于肌表，阻遏卫阳，称为"伤寒"；寒邪直中于里，伤及脏腑阳气，称为"中寒"。内寒是机体机能衰退，阳气不足，寒从内生的病证。

（2）寒邪的性质与致病特性

①寒性阴冷，易伤阳气　寒是阴气盛的表现，其性属阴。机体的阳气本可以化阴，但阴气过盛，阳气不但不能驱除寒邪，反而会为阴寒所伤，正所谓"阴胜则阳病"。因此，感受寒邪，最易损伤机体的阳气，出现阴寒偏盛的寒象。如寒邪外束，卫阳受损，可见恶寒怕冷，皮紧毛乍等症状；若寒邪中里，直伤脾胃，脾胃阳气受损，可见肢体寒冷，下利清谷，尿清长，口吐清涎等症状。故《素问·至真要大论》说："诸病水液，澄沏清冷，皆属于寒。"

②寒性凝滞，易致疼痛　凝滞，即凝结、阻滞，不通畅之意。机体的气血津液之所以能运行不息，畅通无阻，全赖一身阳气的推动。若寒邪侵犯机体，阳气受损，经脉受阻，可使气血凝结阻滞，不能通畅运行而引起疼痛，即所谓"不通则痛"。因此，寒邪是导致多种疼痛的原因之一。如寒邪伤表，使营卫凝滞，则肢体疼痛；寒邪直中肠胃，使胃肠气血凝滞不通，则肚腹冷痛。故《素问·痹论》说："痛者，寒气多也，有寒故痛也。"

③寒性收引　收引，即收缩牵引之意。寒邪侵入机体，可使机体气机收敛，腠理、经络、筋脉和肌肉等收缩拘急。故《素问·举痛论》说："寒则气收"。如寒邪侵入皮毛腠理，则毛窍收缩，卫阳受遏，出现恶寒、发热、无汗等症状；寒邪侵入筋肉经络，则肢体拘急不伸，冷厥不仁；寒邪客于血脉，则脉道收缩，血流滞涩，可见脉紧、疼痛等症状。

（3）常见寒证

①外寒　常见外感寒邪和寒伤脾胃两种。前者常与风邪合侵，表现外感风寒证。证见寒战毛松、无汗身痛；后者使脾胃阳虚，升降失调，不能运化，腐熟水谷，证见肠鸣泄泻，腹痛难起。

②内寒　是脏腑阳气虚衰，寒从内生所致。常见的有肾阳不足，中焦虚寒、宫冷等。内寒与外寒虽不同，但又密切相关。外寒入里伤阳气，则为内寒；由于阳虚内寒，卫外能力低下易感外寒。

3. 暑邪

（1）暑邪的概念　暑为夏季的主气，为夏季火热之气所化生，有明显的季节性，独见于夏令。如《素问·热论》说："先夏至日者为病温，后夏至日者为病暑。"暑邪纯属外邪，无内暑之说。

(2) 暑邪的性质与致病特性

①暑性炎热，易致发热　暑为火热之气所化生，属于阳邪，故伤于暑者，常出现高热，口渴，脉洪，汗多等一派阳热之象。

②暑性升散，耗气伤津　暑为阳邪，阳性升散，故暑邪侵入机体，多直入气分，使腠理开泄而汗出。汗出过多，不但耗伤津液，引起口渴喜饮、唇干舌燥、尿短赤等症状，而且气也随之而耗，导致气津两伤，出现精神倦怠、四肢无力、呼吸浅表等症状。严重者，可扰及心神，出现行如酒醉、神志不清等症状。

③暑多挟湿　夏暑季节，除气候炎热外，还常多雨潮湿。热蒸湿动，湿气较大，故动物体在感受暑邪的同时，还常兼感湿邪，故有"暑多挟湿"或"暑必兼湿"（《冯氏锦囊秘录》）之说。临床上，除见到暑热的表现外，还有湿邪困阻的症状，如汗出不畅、渴不多饮、身重倦怠、便溏泄泻等。

(3) 常见暑证

①中暑　它有轻重之分，轻者为伤暑，重者称中暑。伤暑是伤于夏季暑热的病症，多见身热，多汗，气短，烦躁不安，口渴喜饮，倦怠乏力，尿短赤，脉虚。中暑多因受暑过重，津气暴脱所致，多见精神倦怠，两眼如痴，卧多立少，甚至突然昏倒，丧失知觉，气粗，汗出如浆，四肢厥冷，脉大而虚。治宜清暑生津（先针后药，针药结合）。

②暑热　入夏后，常有发热，肌肤发热或朝凉暮热，食欲不振，倦怠无力，呼吸急促，舌苔薄白，舌质微红，脉数有力等症状。治宜清暑益气生津。

③暑湿　多见发热，四肢怠倦，纳差，便溏，尿短赤，苔黄腻，脉数。治宜清暑除湿。

4. 湿邪

(1) 湿邪的概念　湿为长夏的主气，但一年四季都有。湿有外湿、内湿之分。外湿多由气候潮湿、淋雨涉水、厩舍潮湿等外在湿邪侵入机体所致；内湿多由脾失健运，水湿停聚而成。外湿和内湿在发病过程中常相互影响。感受外湿，脾阳被困，脾失健运，则湿从内生；而脾阳虚损，脾失健运，而使水湿内停，又易招致外湿的侵袭。

(2) 湿邪的性质与致病特性

①湿郁气机，易损脾阳　湿邪留滞脏腑、经络，容易阻遏气机，使气机升降失常。又因脾喜燥恶湿，故湿邪最易伤及脾阳。脾阳既为湿邪所伤，就会使水湿不运，溢于皮肤则成水肿，流溢胃肠则成泄泻。又因湿困脾阳，阻遏气机，致使气机不畅，可出现肚腹胀满、腹痛、里急后重等症状。

②湿性重浊，其性趋下　重，即沉重之意，指湿邪致病，常见迈步沉重，呈黏着步样，或倦怠无力，如负重物。浊，即秽浊，指湿邪为病，其分泌物及排泄

物有秽浊不清的特点，如尿混浊，泻痢脓垢，带下污秽，目眵量多，舌苔厚腻，以及疮疡疔毒，破溃流脓淌水等。湿性趋下，主要指湿邪致病，多先起于机体的下部，故《素问·太阴阳明论》有"伤于湿者，下先受之"之说。

③湿性黏滞，缠绵难退　黏，即黏腻；滞，即停滞。湿性黏滞，是指湿邪致病具有黏腻停滞的特点。湿邪致病的黏滞性，在症状上可以表现为粪便黏滞不爽，尿涩滞不畅；在病程上可表现为病变过程较长，缠绵难退，或反复发作，不易治愈，如风湿证等。

（3）常见湿证

①外湿　常见的外湿有湿困卫表，湿滞经络，湿毒浸淫，湿热蕴结，寒湿停滞。

湿困卫表　又称伤湿，证见发热不甚，迁移不退，微恶热，肢体沉重倦乏，懒以走动，便溏，腹稍胀满，舌苔白滑，脉濡缓。治宜辛散解表，芳香化湿。

湿滞经络　主要表现为关节疼痛，且疼痛固定不移，或见关节漫肿，屈伸不利，运动障碍，舌苔白滑，脉濡缓。治宜祛湿通络。

湿毒浸淫　主要表现为皮肤湿疹，疮毒疱疹，瘙痒生水。治宜化湿解毒。

湿热蕴结　是指湿热两邪合侵机体。湿热蕴结胃肠，证见下痢脓血，里急后重，治宜清解湿热。湿热停留于膀胱，证见尿淋，尿浊等，治宜清热利水。湿热郁结于肝胆，证见黄疸，宜清热利湿。

寒湿停滞　寒湿停滞于肠胃，证见腹痛泄泻，间或有肚腹胀满，冲击有水音，大便不通，治宜温中散寒。

②内湿　多因脾阳不振，运化失常，秽浊积聚所致。证见纳差，完谷不化，腹泻，腹胀，尿少，苔白腻。治宜温阳健脾，化湿利水。

5. 燥邪

（1）燥邪的概念　燥是秋季的主气，但一年四季皆有。燥有外燥、内燥之分。外燥多由久晴不雨，气候干燥，周围环境缺乏水分所致。因其多见于秋季，故又称"秋燥"。外燥多从口鼻而入，其病常从肺卫开始，有温燥、凉燥之分。初秋尚热，犹有夏火之余气，燥与热相合侵犯机体，多为温燥；深秋已凉，西风肃杀，燥与寒相合侵犯机体，多为凉燥。内燥多由汗、下太过，或精血内夺，以致机体阴津亏虚所致。

（2）燥邪的性质与致病特性

①燥性干燥，易伤津液　燥邪为病，易伤机体的津液，出现津液亏虚的病变，如口鼻干燥，皮毛干枯，眼干不润，粪便干结，尿短少，口干欲饮，干咳无痰等。故《素问·阴阳应象大论》说："燥胜则干"。

②燥易伤肺　肺为娇脏，喜润恶燥；更兼肺开窍于鼻，外合皮毛，故燥邪为

病，最易伤肺，致使肺阴受损，宣降失司，引起肺燥津亏之证，如鼻咽干燥，干咳无痰或少痰等。肺与大肠相表里，若燥邪自肺而影响大肠，可出现粪便干燥难下等症。

（3）常见燥证

①外燥　外燥有温燥和凉燥之分。

凉燥　是燥而偏寒之证。证见发热恶寒、无汗，皮肤干燥，口干舌燥，鼻咽干燥，干咳无痰，舌苔薄白而干，脉象弦涩。治宜宣肺解表润燥。

温燥　是燥而偏热之证。证见发热、少汗，干咳不爽，口干欲饮，粪便干结，咽喉干红，舌红，苔薄而黄，脉数而大。治宜辛凉解表，清肺润燥。

②内燥　多因燥邪内犯，五脏积热伤津化燥，慢性消耗性疾病所致阴液亏损，或吐泻太过，大汗，大出血，或用发汗、峻泻及温燥之剂，耗伤阴血而起。证见体虚，口鼻干燥，咽痛干咳，被毛枯焦，肌消肉减，粪干尿少，舌燥无津，口色红绛，脉涩等证。治宜滋阴润燥。由于津液不足而引起的肠燥，宜润肠通便，若肺燥宜清肺润燥。

6. 火邪

（1）火邪的概念　火、热、温三者，均为阳盛所生，其性相同，但又同中有异。一是在程度上有所差异，即温为热之渐，火为热之极；二是热与温，多由外感受，而火既可由外感受，又可内生。内生的火多与脏腑机能失调有关。火证常见热象，但火证和热证又有些不同，火证的热象较热证更为明显，且表现出炎上的特征。此外，火证有时还指某些肾阴虚的病证。

（2）火邪的性质与致病特性

①火为热极，其性炎上　火为热极，其性燔灼，故火邪致病，常见高热，口渴，骚动不安，舌红苔黄，尿赤，脉洪数等热象。又因火有炎上的特性，故火邪侵犯机体，症状多表现在机体的上部，如心火上炙，口舌生疮；胃火上炎，齿龈红肿；肝火上炎，目赤肿痛等。

②火邪易生风动血　火热之邪侵犯机体，往往劫耗阴液，使筋脉失养，而致肝风内动，出现四肢抽搐，颈项强直，角弓反张，眼目直视，狂暴不安等症状。血得寒则凝，得热则行，故火热邪气侵犯血脉，轻则使血管扩张，血流加速，甚则灼伤脉络，迫血妄行，引起出血和发斑，如衄血、尿血、便血及因皮下出血而致体表出现出血点和出血斑等。

③火邪易伤津液　火热邪气，最易迫津液外泄，消灼阴液，故火邪致病除见热象外，往往伴有咽干舌燥，口渴喜饮冷水，尿短少，粪便干燥，甚至眼窝塌陷等津干液少的症状。

④火邪易致疮痈　火热之邪侵犯血分，可聚于局部，腐蚀血肉而发为疮疡痈

肿。故《灵枢·痈疽》说："大热不止，热胜则肉腐，肉腐则为脓，故名曰痈。"《医宗金鉴·痈疽总论歌》也说："痈疽原是火毒生"。临床上，凡疮疡局部红肿、高突、灼热者，皆由火热所致。

（3）常见火证

①实火 多因外感温热之邪或其他病邪入里化火而引起。证见高热，贪饮，喘粗，尿短赤，咳嗽，鼻流脓涕，出血，发斑，大便秘结或泻下腥臭，舌红苔黄，脉数有力，甚至神昏、抽搐。治宜清热泻火。

②虚火 是由内而生，属内火，多因饲养失调、久病体虚等导致的阴液不足、阴不制阳所致。一般起病缓慢，病程较长。证见体瘦毛焦，口渴而不多饮，盗汗，滑精，口色微红，脉数无力。治宜滋阴降火。

（二）疫疠之气

1. 疫疠的概念 疫疠，也是一种外感致病因素，但它与六淫不同，具有很强的传染性。所谓"疫"，是指瘟疫，有传染的意思；"疠"，是指天地之间的一种不正之气。如马的偏次黄（炭疽）、牛瘟、猪瘟以及犬瘟热等，都是由疫疠引起的疾病。疫疠可以通过空气传染，由口鼻而入致病，也可随饮食入里或蚊虫叮咬而发病。

疫疠流行有的有明显的季节性，称为"时疫"。如动物的流感多发生于秋末，猪乙型脑炎多发生于夏季蚊虫肆虐的季节。

2. 疫疠致病的特点

（1）传染性 疫疠之气可通过空气、饮水、饲料或相互接触等途径进行传染，在一定条件下可引起流行。

（2）发病急骤，病情危笃 与六淫或内伤致病相比，疫疠发病急骤，蔓延迅速，病情危笃。

（3）症状相似 一种疠气致发一种疾病，引起流行时，患病动物表现相似的临床症状，正如《素问·遗篇·刺法论》指出的："五疫之至，皆相染易，无问大小，病状相似"。又如《三农记卷八》说："人疫染人，畜疫染畜，染其形相似者，豕疫可传牛，牛疫可传豕……"。

3. 疫疠流行的条件

（1）气候反常 气候的反常变化，如非时寒暑，湿雾瘴气，酷热，久旱等，均可导致疫疠流行。如《元亨疗马集·论马划鼻》说："炎暑熏蒸，疫症大作……"。

（2）环境卫生不良 如未能及时妥善处理因疫疠而死动物的尸体或其分泌物、排泄物，导致环境污染，为疫疠的传播创造了条件。关于这一点，古人已有相当的认识，如宋代《陈敷农书·医之时宜篇》中便说："已死之肉，经过村里，其气尚能相染也。"

（3）社会因素　社会因素对疫疠的流行也有一定的影响。如战乱不止，社会动荡不安，人民极度贫困，则疫疠就不断地发生和流行；而社会安定，国家和人民富足，就会采取有效的防治措施，预防和控制疫疠的发生和流行。

4. 预防疫疠的一般措施

（1）加强饲养管理，注意动物和环境的卫生。

（2）发现有病的动物，立即隔离，并对其分泌物、排泄物以及已死动物的尸体进行妥善处理。如《陈敷农书·医之时宜篇》所说："欲病之不相染，勿令与不病者相近。"

（3）进行预防接种。

二、内伤

内伤致病因素，主要包括饲养失宜和管理不当，可概括为饥、饱、劳、逸四种。饥饱是饲喂失宜，而劳役则属管理使役不当。此外，动物长期休闲，缺乏适当运动也可以引起疾病，称为"逸伤"。内伤因素，既可以直接导致动物疾病，也可以使动物体的抵抗能力降低，为外感因素致病创造条件。

（一）饥伤

指饮食不足而引起的饥渴。《安骥集·八邪论》说："饥谓水草不足也，故脂伤也。"水谷草料是动物气血的生化之源，若饥而不食，渴而不饮，或饮食不足，久而久之，则气血生化乏源，就会引起气血亏虚，表现为体瘦无力，毛焦欣吊，倦怠好卧，以及成年动物生产性能下降，幼年动物生长迟缓、发育不良等。

（二）饱伤

指饮喂太过所致的饱伤。胃肠的受纳及传送功能有一定的限度，若饮喂失调，水草太过或乘饥渴而暴饮暴食，超过了胃肠受纳及传送的限度，就会损伤胃肠，出现吭腹膨胀，嗳气酸臭，气促喘粗等症。如大肚结（胃扩张）、肚胀（肠臌胀）、瘤胃臌胀等均属于饱伤之类。故《素问·痹论》说："饮食自倍，肠胃乃伤。"《安骥集·八邪论》也说："水草倍，则胃肠伤。"

（三）劳（役）伤

指劳役过度或使役不当。久役过劳可引起气耗津亏，精神短少，力衰筋乏，四肢倦怠等症。若奔走太急，失于牵遛，可引起走伤及败血凝蹄等。如《素问·痹论》说："劳则气耗"。《安骥集·八邪论》也说："役伤肝。役，行役也，久则伤筋，肝主筋。"

此外，雄性动物因配种过度而致食欲不振，四肢乏力，消瘦，甚至滑精、阳痿、早泄、不育等，也属于劳伤。

（四）逸伤

指久不使役或运动不足。合理的使役或运动是保证动物健康的必要条件，若长期停止使役或失于运动，可使机体气血蓄滞不行，或影响脾胃的消化功能，出现食欲不振，体力下降，腰肢软弱，抗病力降低等逸伤之证。雄性动物缺乏运动，可使精子活力降低而不育；雌性动物过于安逸，可因过肥而不孕。又如驴怀骡产前不食症、难产、胎衣不下等，均与缺乏适当的使役及运动有关。平时缺乏使役或运动的动物，突然使役，还容易引起心肺功能失调。

三、其他致病因素

（一）外伤

常见的外伤性致病因素有创伤、挫伤、烫火伤及虫兽伤等。

创伤往往由锋利的刀刃切割、尖锐物体刺破、子弹或弹片损伤所致。与创伤不同，挫伤常常是没有外露伤口的损伤，主要由钝力所致，如跌扑、撞击、角斗、蹴踢等。创伤和挫伤均可引起不同程度的肌肤出血、淤血、肿胀，甚至筋断骨折或脱臼等。若伤及内脏、头部或大血管，可导致大失血，昏迷，甚至死亡。若损伤以后，再有外邪侵入，可引起更为复杂的病理变化，如发热，化脓，溃烂等；若病邪侵入脏腑，则病情更为严重。

烫火伤包括烫伤和烧伤，可直接造成皮肤、肌肤等组织的损伤或焦灼，引起疼痛，肿胀，严重者可引起昏迷甚至死亡。

虫兽伤是指虫兽咬伤或螯伤，如狂犬咬伤，毒蛇咬伤，蜂、虻、蝎子的咬螯等。除损伤肌肤外，还可引起中毒或引发传染病，如蛇毒中毒、蜂毒中毒、感染狂犬病等。

（二）寄生虫

有内、外寄生虫之分。

外寄生虫包括虱、蜱、螨等，寄生于动物体表，除引起动物皮肤瘙痒，揩树擦桩，骚动不安，甚至因继发感染而导致脓皮症外，还因吸吮动物体的营养，引起动物消瘦，虚弱，被毛粗乱，甚至泄泻，水肿等证。

内寄生虫包括蛔虫、绦虫、蛲虫、血吸虫、肝片吸虫等多种，它们寄生在动物体的脏腑组织中，除引起相应的病证外，有时还可因虫体缠绕成团而导致肠梗阻、胆管阻塞等症。

（三）中毒

有毒物质侵入动物体内，引起脏腑功能失调及组织损伤，称为中毒。凡能引起中毒的物质均称为毒物。常见的毒物有有毒植物，霉败、污染或品质不良、加工不当的饲料，农药，化学毒物，矿物毒物及动物性毒物等。此外，某些药物或饲料添加剂用量不当，也可引起动物中毒。

（四）痰饮

痰和饮是因脏腑功能失调，致使体内津液凝聚变化而成的水湿。其中，清稀如水者称饮，黏浊而稠者称痰。痰和饮本是体内的两种病理性产物，但它一旦形成，又成为致病因素而引起各种复杂的病理变化。

痰饮包括有形痰饮和无形痰饮两种。有形痰饮，视之可见，触之可及，闻之有声，如咳嗽之喀痰，喘息之痰鸣，胸水，腹水等。无形痰饮，视之不见，触之不及，闻之无声，但其所引起的病证，通过辨证求因的方法，仍可确定为痰饮所致，如肢体麻木为痰滞经络，神昏不清为痰迷心窍等。

1. 痰　痰不仅是指呼吸道所分泌的痰，还包括了瘰疬、痰核以及停滞在脏腑经络等组织中的痰。痰的形成，主要是由于脾、肺、肾等内脏的水液代谢功能失调，不能运化和输布水液，或邪热郁火煎熬津液所致。由于脾在津液的运化和输布过程中起着主要作用，而痰又常出自于肺，故有"脾为生痰之源"、"肺为贮痰之器"之说。痰引起的病证非常广泛，故有"百病多由痰作祟"之说。痰的临床表现多种多样，如痰液壅滞于肺，则咳嗽气喘；痰留于胃，则口吐黏涎；痰留于皮肤经络，则生瘰疬；痰迷心窍，则精神失常或昏迷倒地等。

2. 饮　多由脾、肾阳虚所致，常见于胸腹四肢。如饮在肌肤，则成水肿；饮在胸中，则成胸水；饮在腹中，则成腹水；水饮积于胃肠，则肠鸣腹泻。

（五）淤血

指全身血液运行不畅，或局部血液停滞，或体内存在离经之血。淤血也是体内的病理性产物，但形成后，又会使脏腑、组织、器官的脉络血行不畅或阻塞不通，引起一系列的病理变化，成为致病因素。

因淤血发生的部位不同，而有无形和有形之分。无形淤血，指全身或局部血流不畅，并无可见的淤血块或淤血斑存在，常有色、脉、形等全身性症状出现。如肺脏淤血，可出现咳喘、咳血；心脏淤血可出现心悸、气短、口色青紫、脉细涩或结代；肝脏淤血，可出现腹胀食少、胁肋按痛、口色青紫或有痞块等。有形淤血，指局部血液停滞或存在着离经之血，所引起的病证常表现为局部疼痛、肿块或有淤斑，严重者亦可出现口色青紫、脉细涩等全身症状。因此，淤血致病的共同特点是疼痛，刺痛拒按，痛有定处；淤血肿块，聚而不散，出现淤血斑或淤血点；多伴有出血，血色紫暗不鲜，甚至黑如柏油色。

第二节　病　机

病机是各种致病因素作用于畜体引起疾病发生、发展和变化的机理。中兽医学认为，疾病的发生、发展与变化的根本原因，不在机体的外部，而在机体的内部。也就是说，各种致病因素都是通过动物体内部因素而起作用的，疾病就是正气与邪气相互斗争，发生邪正消长、阴阳失调和气机失常的结果。因此，虽然疾病的发生、发展错综复杂，千变万化，但就其病机过程来讲，总不外乎是邪正消长、阴阳失调、气机升降失常三个方面。

一、邪正消长

1. 邪正消长的基本形式　邪正消长，是邪正相争的过程中，正气和邪气双方在力量上发生彼消此长或彼长此消的盛衰变化。其主要表现形式有如下几种：

（1）邪胜病进　邪胜病进有两种情况。以正气为相对固定的因素，邪气愈盛，毒力愈强，则病势愈急，传变也快；以病邪为相对固定的因素，感受病邪的个体，正气愈虚，或对感受某些病邪的个体特异性愈显著，则病情愈重，病邪损害愈深。如果病邪过于强盛，毒力特强，或患病个体素质特别虚弱，发病后，就可能呈现"两感"、"直中"或"内陷"等病情逆转状况。

"两感"指阴阳或表里均感受病邪而发病，病变迅速扩展，病情严重。如太阳病与少阴病同时感邪而发。"直中"多指病邪侵犯虚寒的体质，发病不经过表证阶段，直接侵犯三阴经所属脏腑，又称"直中三阴"。"内陷"指温热病过程中，邪盛正虚，病邪不能在卫分或气分的轻浅阶段透解，而迅速深入营分或血分，称"温邪内陷营血"。此外，外感寒邪，误用泻下，也会引起表邪内陷。

（2）正胜病却　正气的抗病作用，从发病到病变的每一阶段、每一环节，均表现出来，所以只有将正气有效地调动起来，或补益其不足，或维护其恢复，才能战胜病邪。正胜主要表现为三种情况：卫外固密、营卫调和、真气来复。

（3）邪正相持　邪正相持指在疾病过程中，邪正双方势均力敌，疾病处于迁移的一种病理状态。

（4）正虚邪恋　正虚邪恋是指邪正搏斗的病理过程中，正气已虚，余邪未尽，以致疾病处于缠绵难愈状态。多见于疾病后期，是许多疾病由急性转为慢性，或留下后遗症的主要原因之一。其结果是好转或痊愈或疾病反复或恶化。

2. 与疾病发生的关系　如果机体正气强盛，抗邪有力，则能免于发病；如果正气虽盛，但邪气更强，正邪相争有力，机体虽不能免于发病，但所发之病多实证、热证；如果机体体质虚，正气衰弱，抗病无力，则易于发病，且所发之病多为虚证、寒证。

3. 与疾病发展和转归的关系　若正气不甚虚弱，邪气亦不太强盛，邪正双方势均力敌，则为邪正相持，疾病处于迁延状态；若正气日益强盛或战胜邪气，而邪气日益衰弱或被祛除，则为正胜邪退，疾病向好转或痊愈的方向发展；相反，如果正气日益衰弱，邪气日益亢盛，则为邪盛正虚，疾病向恶化或危重的方向发展；若正气虽然战胜了邪气，邪气被祛除，但正气亦因之而大伤，则为邪去正伤，多见于重病的恢复期。此外，疾病过程中正邪力量对比的变化，还会引起证候的虚实转化和虚实错杂，如邪去正伤，是由实转虚的情况；而病邪久留，损伤正气，或正气本虚，无力祛邪所致痰、食、水、血郁结，则是虚实错杂的症候。

二、阴阳失调

各种致病因素必须通过机体的阴阳失调才能形成疾病。阴阳失调是机体各种生理协调关系遭到破坏的总概括，是疾病发生、发展机理的总纲领。常见的有阴阳偏胜、阴阳偏衰、阴阳互损、阴阳极变和阴阳亡失五个方面。

1. 阴阳偏胜　阴阳偏胜指阴或阳单方面的力量相对超过正常限度，从而引起寒或热偏胜的反应。一般而言，阴胜，机能障碍，气机活动受限者，则属于寒的病理；阳胜，机能亢奋，气机活动增强者，则属于热的病理。即所谓"阴胜则寒，阳胜则热"。阴和阳相互消长，相互制约。阴长则阳消，必然导致"阴胜则阳病"；阳长则阴消，又势必导致"阳胜则阴病"。

2. 阴阳偏衰　凡是精、血、津液等物质表现出质和量方面的不足，则属阴亏；而脏腑、经络等组织功能不足及其气化作用减弱者，则属阳衰。阴和阳任何一方不足，不能制约对方，必然引起另一方的相对亢盛，即阴虚阳亢或阳虚阴盛。表现为"阴虚则热"、"阳虚则寒"的病理状况。

3. 阴阳互损　阴阳互损是指在阴阳失调过程中，阴阳双方相互削弱，以致两者的数量均低于正常水平。表现为"阴损及阳"或"阳损及阴"。阴和阳的互损存在着因果的病理联系。但阴损及阳，其病理的主要关键还是在于阴虚，即"阴虚之久者阳亦虚，终是阴虚为本"；同样，"阳虚之久者阴亦虚，终是阳虚为本"。

4. 阴阳极变　阴阳极变包括"格拒"和"转化"之变。所谓阴阳格拒，即指阴或阳的任何一方充盛至极时，可将另一方排斥于外。主要包括阴盛格阳而见真寒假热证和阳盛格阴而见真热假寒证等。阴阳转化，是指阴性或阳性的病证在发展过程中，在一定条件下，可向其相反方向转化。

5. 阴阳亡失　阴阳亡失，是指机体阴精或阳气的消亡，导致双方失去相互维系和依存的作用，从而发展成阴阳离决的垂危状态。实际上就是生命的物质基础耗竭及机能活动的最终解体。阴亡，则阴精亏竭，可以导致阳脱；阳亡，则阴无以化生而耗竭，均可导致阴阳俱亡而死亡。因此，二者既有联系，又有区别。

三、气机升降失常

气机是气在机体内正常运行的总称。表现为升降出入。疾病过程中，因致病因素的作用，引起气的生成不足，或升降不调，或出入不利，即气机升降失常。主要有气机上逆、气机郁闭和气机泄脱三个方面。

1. 气机上逆　气机上逆即气逆，多因脏腑、经络受到病邪的阻滞或其他脏腑病变的影响，而失其顺降之常，反而上行。当升不升也属气逆范畴。如肺气上逆而咳嗽气喘，肝气上逆而头晕目眩，或胃气上逆而呕吐。气逆发生的机理主要是邪阻致逆、肝郁致逆、因虚致逆等。

2. 气机郁闭　气机郁闭系指脏腑、经络、阴阳、气血等气机运行阻滞不通，多因邪气雍阻或气虚所致。出现气郁胸部满闷、胁肋胀痛、纳差嗳气等，以及气滞（气结）痞满等。

3. 气机泄脱　气机泄脱是属于气失升举或气虚至极的病理变化。其主要原因是先天禀赋不足，体质虚弱，年老体衰，以及劳役过度，或饮食损伤。尤以久病泄泻，母畜产后调养不及最易发生。此外，大汗、暴泻、剧吐或过服苦寒、攻伐伤正之药，也可导致气机泄脱。其机理有脏虚致泄致脱，尤以心、脾、肾最为重要；阳虚致泄致脱等。主要表现为气陷和气脱。气陷指脏气虚衰，升举无力，使气机陷落，内脏下垂。气脱为气虚至极，濒于气绝的病理状态。临床常见气随血脱，气随津脱。气虚而脱表现为气息低微，唇舌苍白，昏迷等。

第二篇 辨证论治基础

第六章 诊 法

中兽医诊察疾病的方法主要有望、闻、问、切四种，简称四诊。通过"望其形，闻其声，问其病，切其脉"，以掌握症状和病情，从而为判断和防治疾病提供依据。

望、闻、问、切四种诊断方法，各有其独特的作用，如通过望诊了解动物的神色、形态和舌苔变化等，通过闻诊了解动物的声音、气味变化，通过问诊了解动物的发病经过、病后症状、治疗经过等，通过切诊了解动物的脉象和体表变化等。同时，在诊察疾病过程中，对四诊所得到的材料要做到全面运用，综合分析，互相印证，即所谓的"四诊合参"，才能全面而系统地了解病情，从而对疾病做出正确的判断。

第一节 望 诊

望诊，就是运用视觉有目的地观察患病动物全身和局部的一切情况及其分泌物、排泄物的变化，以获得有关病情资料的一种诊断方法。望诊时，一般不要急于接近动物，首先应站在距离动物适当的地方（1.5～2m），由前向后、由上向下、由左向右，有目的地进行望诊。临诊时可从以下十个方面入手。

一、望精神

精神是动物生命活动的外在表现。"得神者昌，失神者亡"，动物精神的好坏，能直接反映出五脏精气的盛衰和病情的轻重。望精神主要从眼、耳及神态上进行观察。

正常动物目光有神，两耳灵活，人一接近马上就有反应，称为有神，一般为无病状态，即使有病，也属正气未衰，病情较轻；反之，若动物精神萎靡，目光晦暗，头低耳耷，人接近时反应迟钝，称为失神，表示正气已伤，病情较重。精神失常主要表现为兴奋和沉郁两种类型：

1. 兴奋　烦躁不安，肉颤头摇，左右乱跌，浑身出汗，气促喘粗等。重者狂奔乱走或转圈，撞墙冲壁，攀登饲槽，击物伤人等。多见于心热风邪、黑汗风、脑黄、心黄、狂犬病等。

2. 沉郁　反应迟钝，头低耳耷，四肢倦怠，行动迟缓，离群独居，两眼半睁半闭等。重者意识模糊或消失，神昏似醉，反应失灵，卧地不起，眼不见物，瞳孔散大，四肢划动等。多见于脾虚泄泻、中毒、中暑等。

二、望形态

1. 形　是指动物外形的肥瘦强弱。健康动物发育正常，气血旺盛，皮毛光润，皮肤富有弹性，肌肉丰满，四肢轻健。

一般来说，形体强壮的动物不易患病，一旦发病常表现为实证和热证；形体瘦弱的动物，正气不足较易发病，常表现为虚证和寒证。

2. 态　是指动物的动作和姿态。正常情况下，各种动物均有其固有的动作和姿态。

猪性情活泼，目光明亮有神，鼻盘湿润，被毛光润，不时拱地，行走时不断摇尾，喂食时常应声而来，饱后多睡卧。牛常半侧卧，四肢屈曲于腹下，鼻镜上有四季不干的汗珠，眯眼，两耳扇动，不时反刍，或用舌舔鼻镜或被毛，听到响声或有生人接近时马上起立。起立时，前肢跪地，后肢先起，前肢再起。

患病以后，不同的动物、不同的病证有不同的动态表现。

（1）猪　患病后首先表现精神不振，呆立一隅，或伏卧不愿起立，喂食时不想吃食，或走到食槽边闻一闻，又无精打采地离去。若突然不食，体表发热，呼吸喘促，眼红流泪，咳嗽，多为感冒；若气促喘粗，咳嗽连声，颌下气肿，口鼻流出黏液，行走不稳，甚至伸头低项，张口喘息，多为锁口风；若咳嗽缠绵不愈，鼻乍喘粗，两肷扇动，立多卧少，严重者张口喘息，气如抽锯，多为猪喘气病；若吃食减少，眼红弓背，粪便燥结，粪小成球，或弓腰努责，不见排粪，起卧不安，多为粪便秘结；若疼痛不安，蹲腰弓背，排尿点滴，常做排尿姿势而无尿者，多为尿结石；若卧地不起，四肢划动、冰凉，多属危证。

（2）牛　患病后表现精神不振，食欲减退或废绝，反刍减少或停止，行走迟缓，两耳不扇。若眼急惊惶，气促喘粗，神昏狂乱，甚至狂奔乱跑，横冲直撞，吼叫如疯，口吐白沫，多为心风狂；若站立时前肢开张，下坡斜走，磨牙吭声，常为心经痛；若喘息气粗，摇尾踏地，左侧腹胀如鼓，则为肚胀；若毛焦欣吊，鼻镜干燥，粪球硬小如算盘珠状，多为百叶干；若突然气喘，食欲、反刍停止，粪便干燥，有时带血，呻吟战栗，肩部、背部有气肿者，多为黑斑病甘薯中毒；若卧地不起，头贴于地或弯抵于肷部，磨牙呻吟，鼻镜龟裂，多为危重证。

当然，也有不同的动物患同一疾病时，动态也基本一致的情况。如头项僵硬，四肢强直，行步困难，牙关紧闭，口流涎沫，多为破伤风；若腰背板硬，四肢如柱，转弯不灵，拘行束步，多为风湿病等。

三、望皮毛

皮毛为一身之表，是机体抵御外邪的屏障。肺主一身之表，外合皮毛，观察皮肤和被毛的色泽、状态，可以了解动物营养状况、气血盈亏和肺气的强弱。健康动物皮肤柔软而有弹性，被毛平顺而有光泽，随季节、气候的变化而退换。若皮肤焦枯，被毛粗乱无光，冬季绒毛到夏季不退，多为气血虚弱，营养不良；若皮肤紧缩，被毛逆立，常见于风寒束肺；若皮肤瘙痒，或起风疹块，破后流黄色液体，多为肺风毛燥；若被毛成片脱落，脱毛处结成痂皮，奇痒难忍，揩树擦桩，多见于疥癣；若牛背部皮肤有大小不等的肿块，患部脱毛，用力挤压常有牛皮蝇幼虫蹦出，则为蹦虫病。

汗孔布于皮肤，观察皮毛时还要注意出汗的情况。健康动物因气候炎热、使役过重、奔跑过急等常有汗出，属正常现象。若轻微使役或运动就出汗，称为自汗，多见于气虚、阳虚；若夜间休息而出汗称为盗汗，多为阴虚内热。若见起卧不安，耳根、胸前、四肢内侧等部位有汗者，多为剧烈疼痛。若在暑热炎天，汗出如油，多为中暑；若动物冷汗不止，浑身震颤，口色苍白，多属内脏器官破裂。

四、望官窍

(一)望眼

眼为肝之外窍，五脏六腑之精气皆上注于目，故从眼上不仅可反映出肝经病变，同时可反映出五脏精气的盛衰和精神好坏。

健康动物眼球灵活，明亮有神，结膜粉红，洁净湿润，无眵无泪。若两目红肿，羞明流泪，眵盛难睁，多为肝热传眼；若一侧红肿，羞明流泪，常为外伤或摩擦所致；两目干涩，视物不清或夜盲者，多为肝血不足；眼睑浮肿如卧蚕状，多为水肿；眼窝凹陷，多为津液耗伤；眼睑懒睁，头低耳耷，多为过劳、慢性疾病或重病；若瞳孔散大，多见于脱证、中毒或其他危证。

(二)望鼻和鼻镜

鼻为肺之外窍，健康动物鼻孔清洁润泽，呼吸平顺，能够分辨出食物和饮水的气味；正常牛的鼻镜保持湿润，并有少许汗珠存在。

若鼻流清涕，多为外感风寒；鼻液黏稠，多系外感风热；一侧久流黄白色浊涕、味道腥臭，多为脑颡黄；若鼻浮面肿，松骨肿大，口吐混有涎沫的草团，多为翻胃吐草；若牛的鼻镜过湿，汗成片状或如水珠下滴者，多为寒湿之证；若汗不成珠，时有时无者，多为感冒或温热病的初期；若鼻镜干燥龟裂，触之冰冷似铁者，多为重证危候。

（三）望耳

耳为肾之外窍，十二经脉皆连于耳。耳的动态除与动物的精神好坏有关外，还与肾及其他脏腑的功能好坏有关。

健康动物，双耳灵活，听觉正常。若两耳下垂，常为肾气衰弱或久病重病；两耳竖立，有惊急之状，多为邪热侵心或破伤风；两耳背部血管暴起并延至耳尖者，常为表热证；两耳凉而耳背部血管不见者，多为表寒证；一耳松弛下耷兼嘴眼歪斜者，则为歪嘴风；若呼唤不应，则为肾壅耳聋。

（四）望口唇

口唇是脾的外应。健康动物口唇端正，运动灵活，口津分泌正常，一般不流出口外。如塞唇似笑（上唇揭举），多见于冷痛；下唇松弛不收，为脾虚；嘴唇歪斜，多见于歪嘴风；口舌糜烂或口内生疮，多为心经积热。

若津液黏稠牵丝，唇内黏膜红黄而干者，多为脾胃积热；若口流清涎，口色青白滑利者，多为脾胃虚寒；若突然口吐涎沫，其中夹杂饲料颗粒，伸头直项，多为草噎；若口津减少，多为久病、热证引起的津液不足之证。

五、望饮食

望饮食，包括观察饮食欲、饮食量、采食动作和吞咽咀嚼情况等。牛、羊等反刍动物，还应注意观察反刍情况。脾开窍于口，胃主受纳。饮食欲的好坏能反映出"胃气"的强弱。健康动物胃气正常，饮食欲旺盛。如患病以后，病情虽重而饮食欲尚好，表明胃气尚存，预后良好；草料不进，说明胃气衰微，预后不良。故有"有胃气则生，无胃气则死"之说。

若食欲减退，多见于疾病的初期；若食草而不食料，多为料伤；若喜食干草干料，多为脾胃寒湿；若喜食带水饲料，多为胃腑积热；若咀嚼缓慢小心，边食边吐，咽下困难，多为牙齿疾病或咽喉肿痛；如嗜食沙土、粪便、毛发等异物者，则为异食癖。

健康牛采食后 0.5～1.5h 开始反刍，每次持续时间 0.5～1h，每个食团咀嚼 40～80 次，每昼夜反刍 4～8 次。很多疾病如感冒、发热、宿草不转、百叶干等，都可引起反刍减少或停止。若反刍逐渐恢复，表示病情好转，若反刍一直停止，则表示病情危重。

六、望呼吸

出气为呼，入气为吸，一呼一吸，谓之一息。健康动物呼吸均匀，胸腹部随呼吸动作而稍有起伏，马的鼻翼微有扇动。健康动物每分钟的呼吸次数（次/min）为：

马、驴、骡 8～16　　牛 10～30　　水牛 10～40　　猪 10～20
羊 12～20　　　　骆驼 5～12　　犬 10～30　　　猫 10～30

呼吸由肺所主，并与肾的纳气作用有关。望呼吸时，应注意其次数、强度、节律及姿势的变化。如呼吸缓慢而低微，或动则喘息者，多为虚证寒证；气促喘急，呼吸粗大亢盛，多为实证热证。呼吸时，腹部起伏明显，多见于胸部疼痛；若胸部起伏明显，多为腹部疼痛。若呼气延长而且紧张，在呼气末期腹部强力收缩，沿肋骨端形成一条喘线，呼气时肷部及肛门突出者，见于肺壅、气喘等证；若吸气长而呼气短，表示气血相接，元气尚足，病虽重而尚可治；吸气短而呼气长，则为肺气败绝，多属危证。

七、望粪尿

（一）望粪便

健康猪粪便呈稀软条状或圆柱状，多为褐色；牛的粪便比较稀软，落地后平坦散开，或呈轮层状粪堆。同种动物因所吃的饲料和饮水量的不同，粪便也有所变化。如喂干料多，其粪便则硬些，若吃青草，粪便则较软等，察看粪便时要注意。

粪便的异常变化多与胃肠病变有关。胃肠有热，则粪臭而干燥，色呈黄黑，外包黏液；胃肠有寒，则粪稀软带水，颜色淡黄；脾胃虚弱，则粪渣粗糙，完谷不化，稀软带水，稍有酸臭；胃肠湿热，则泻粪如浆，气味腥臭，色黄污秽，脓血混杂，或呈灰白色糊状；排粪少而干小，颜色较深，腹痛不安，卧地四肢伸展者，则为结症；粪便带血，若血色鲜红，先血后便，多为直肠、肛门出血，若血色深褐或黯黑，先便后血或粪血相杂，多为胃肠前段出血。

（二）望尿液

正常猪、牛的尿液为淡黄色或无色，清亮如水，马的尿液为浊黄色。观察时，应注意其颜色、尿量、清浊程度等方面的变化。若尿频数而清白者，多为肾阳虚；排尿失禁，多为肾气虚；尿液短少、色深黄或赤黄且有臊味者，多为热证或实热证；尿液清长且无异常气味者，多为寒证或虚寒证；若排尿赤涩淋痛，常见于膀胱湿热等；久不排尿，或突然排不出尿，时做排尿姿势，且见腹痛不安者，多为尿闭或尿结；尿液色红带血，若先排血后排尿，多为尿道出血；先排尿而后尿中带血者，多属膀胱内伤。

八、望二阴

即前阴和后阴。前阴指公畜的阴茎、睾丸及母畜的阴门；后阴指肛门。

若阴囊、睾丸硬肿，如石如冰，为阴肾黄，阴囊热而痛者，为阳肾黄；若阴囊肿大而柔软，或时大时小，常伴有腹痛症状者，多为阴囊疝气；若阴茎勃起，未交配即泄精，称滑精，多属肾气虚精关不固；阴茎痿软，不能勃起，称为阳痿，多属肝肾不足；阴茎长期垂脱于包皮之外，不能缩回，称为垂缕不收，多属肾经虚寒。

检查阴门应注意其形态、色泽及分泌物的变化。动物发情时，阴门略红肿，并有少量黏性分泌物垂出，俗称"吊线"。产后阴门经久排出紫红色或污黑色液体，称为恶露不尽。若妊娠未到产期，阴门虚肿外翻，有黄白色分泌物流出，多为流产前兆；若阴户一侧内陷，有腹痛表现者，多为子宫扭转。

望肛门，应注意其松紧、伸缩和周围情况。若肛门松弛、内陷，多为气虚久泻；若直肠脱出于肛门之外，称为脱肛；牛肛周有紫红色溢血斑点，多为环形泰勒焦虫病；若肛周、尾根及飞节部有粪便污染，常见于泄泻。

九、望四肢

望四肢，主要观察四肢站立、走动时的姿势和步态。健康动物四肢强健，运动协调，屈伸灵活有力，各部关节、筋腱和蹄爪形态正常。

若一前肢疼痛时，常呈"点头行步"，即当健肢着地时，头低下偏向健侧，当病肢着地时，头向健侧抬起，故有"低在健，抬在患"之说，同样，当后肢有病时，则呈"臀部升降运动"，即"降在健，升在患"；若运步时以抬举和迈步困难为主，其病多在肢体的上部；以踏地小心或不能着地为主者，其病多在肢的下部，即通常所说的"敢抬不敢踏，病必在脚下；敢踏不敢抬，病必在胸怀"。

另外，若四肢关节明显肿大，多为骨质增生或关节黄肿；关节变形，多为久治不愈的风湿病或闪伤重症；膘肥体壮，束步难行，四肢如攒，多为料伤五攒痛。

十、望口色

望口色，是指观察口腔各有关部位的色泽，以及舌苔、口津、舌形等变化，以诊断病证的方法。口色是气血的外荣，是气血功能活动的外在表现，其变化反映了体内气血盛衰和脏腑虚实，在辨证论治和判断疾病的预后上有重要意义。

（一）望口色的部位

包括望唇、舌、口角、排齿（上下齿龈）和卧蚕（舌下方，舌系带前方两侧的舌下肉阜），其中以望舌为主。脏腑在口色上各有其相应部位，即舌色应心，唇色应脾，金关（左卧蚕）应肝，玉户（右卧蚕）应肺，排齿应肾，口角应三焦。

（二）望口色的方法

望口色一般应在动物来诊稍事歇息，待气血平静后进行。检查牛时，应站在牛头侧面，先看鼻镜，然后一手提高鼻圈（或鼻孔），另一手翻开上下唇，看唇和排齿，再用二指从口角伸入口腔，感觉口内温、湿度，再将两指叉开，开张口腔，即可查看舌面、舌底和卧蚕等（图6-1）。检查时应敏捷、仔

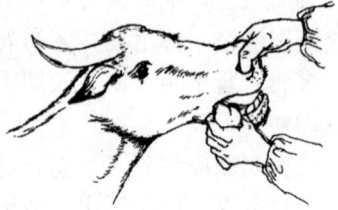

图6-1 望牛口色的方法

细。将舌拉出口外的时间不能过长，不宜紧握，以免人为地引起舌色的变化。猪、羊、犬、猫等中小动物可用开口器或棍棒将口撬开进行观察。

（三）正常口色

动物正常口色为舌质淡红，鲜明光润，舌体不肥不瘦，灵活自如；微有薄白苔，稀疏均匀；干湿得中，不滑不燥。

由于季节及动物种类和年龄等不同，正常口色也有一定的差异。如夏季偏红，冬季偏淡，故有"春如桃花夏似血，秋如莲花冬似雪"之说；猪的正常口色比牛、羊的口色红些；幼龄动物偏红，老龄动物偏淡。应注意的是，皮肤黏膜的某些固有色素或采食青绿饲料、灌服中草药、戴衔铁等，可引起口腔色染而掩盖真实口色，应注意区别。

（四）有病口色

应从舌色、舌苔、口津和舌形等方面进行综合观察。

1. 病色　常见的病色有白、赤、青、黄、黑五种。

（1）白色　主虚证。是气血不足，血脉空虚的表现。其中淡白为气血虚弱，见于营养不良、贫血等；苍白（淡白无光）为气血虚衰，见于内脏出血和严重虫积等。

（2）赤色　主热证。因血得热则行，热盛而致气血沸涌，舌体脉络充盈。其中微红为表热，见于温热病初期；鲜红主热在气分；绛红主热邪深入营血，见于温热病后期及喘气病、胃肠臌胀等；赤紫为气血淤滞，见于重症肠黄、中毒等。

（3）黄色　主湿证。因肝胆疏泄失职，脾失健运，湿热郁蒸，胆汁外溢所致。黄而鲜明为阳黄，多见于急性肝炎、胆管阻塞、血液寄生虫病等；黄而晦暗为阴黄，见于慢性肝炎等。

（4）青色　主寒、主淤、主痛。寒性收引，凝滞不通，不通则痛，阳气郁而不宣，故为青色。青白为脏腑虚寒，见于脾胃虚寒、外感风寒等；青黄为内寒挟湿，见于寒湿困脾等；青紫为气滞血淤的表现。

（5）黑色　主热极或寒极。其中，黑而无津者为热极，黑而津多者为寒极，皆属危重病候。

2. 舌苔　舌苔由胃气熏蒸而来。健康动物舌苔薄白或稍黄，稀疏分布，干湿适中。舌苔变化主要包括苔色和苔质两个方面。

（1）苔色　分白苔、黄苔、灰黑苔三种。

白苔：主表证、寒证。苔白而润，表明津液未伤；苔白而燥，表明津液已伤；苔白而滑，表明寒湿内停。

黄苔：主里证、热证。苔淡黄而润者为表热；苔黄而干者，为里热耗伤津液；苔黄而焦裂者，多为热极。

灰黑苔：主热证、寒湿证中的重症，多由黄苔转化而来。灰黑而润滑者多为阳虚寒甚；灰黑而干燥者多为热炽伤津。

（2）苔质　是指舌苔的有无、厚薄、润燥、腐腻等。

有无：舌苔从无到有，说明胃气渐复，病情好转；舌苔从有到无，说明胃气虚衰，预后不良。

厚薄：苔薄，表示病邪较浅，病情轻，常见于外感表证；苔厚，表示病邪深重或内有积滞。

润燥：苔润表明津液未伤；苔滑多主水湿内停；舌苔干燥，表明津液已伤，多为热证伤津或久病阴液耗亏。

腐腻：苔质疏松而厚，如豆腐渣堆积于舌面，可以刮掉，为腐苔，主胃肠积滞、食欲废绝；苔质致密而细腻，擦之不去，刮之不脱，像一层混浊的黏液覆盖在舌面，称腻苔，多主湿浊内停。

3. 口津　口津是口内干湿度的表现，可反映机体津液的盈亏和存亡。健康动物口津充足，口内色正而光润。

若口津黏稠或干燥，多为燥热伤阴；口津多而清稀，口腔滑利，口温低，多为寒证或水湿内停。若口内湿滑、黏腻，口温高，则为湿热内盛；若口内垂涎，多为脾胃阳虚、水湿过盛或口腔疾病。

4. 舌体形态　正常动物舌体柔软，活动自如，颜色淡红，舌面布有薄白稀疏、分布均匀的舌苔。

若舌淡白胖大，舌边有齿痕，多属脾肾阳虚；舌红、肿胀溃烂，多为心火上炎；苔薄而舌体瘦小，舌色淡白而舌体软绵，多为气血不足；舌质红绛，舌面有裂纹，多为热盛；舌体发硬，屈伸不便或不能转动，多为热邪炽盛、热入心包；

若舌体震颤，多为久病气血两虚或肝风内动；若舌淡而痿软，伸卷无力，甚至垂于口外不能自行缩回者，表示气血俱虚，病情重危。

望口色，是中兽医诊断动物疾病的特色之一，临诊时，除了进行舌色、舌苔、舌津和舌形等方面内容的检查外，还要注意观察口内的光泽度。有光泽表示正气未伤，预后良好；若无光泽，多表示已伤正气，缺乏生机，预后不良。

第二节 闻 诊

闻诊包括听声音和嗅气味。听声音，是医者利用听觉以诊察动物的声音变化；嗅气味是通过嗅觉诊察动物分泌物、排泄物的气味变化，从而认识疾病。

一、听声音

（一）听叫声

健康动物在求偶、呼群、唤仔等情况下，可发出洪亮而有节奏的叫声。在疾病过程中，若新病即叫声嘶哑，多为外感风寒；久病失音，多为肺气亏损。若叫声重浊，声高而粗者，多属实证；叫声低微无力者，多属虚证。叫声平起而后延长者，病虽重而有救治的希望；叫声怪猛而短促者，多为热毒攻心，难治；如不时发出呻吟，并伴有空口咀嚼或磨牙者，多为疼痛或病重之症。

（二）听呼吸音

健康动物肺气清肃，气道畅通，呼吸平和，不用听诊器听不到声音。但患病时则可出现不同的音响。若呼吸气粗者，为实证、热证；气息微弱者，多见于内伤虚劳；吸气长而呼气短者，正气尚存；吸气短而呼气长者，为正气亏伤，肺肾两虚；呼吸伴有鼻塞音者，为鼻漏过多，或鼻道肿胀、生疮；呼吸时伴有痰鸣音，多为痰饮聚积；若口张鼻乍，气如抽锯，或呼吸深重，鼻脓腥臭者，多属重症，难医。

呼吸时气息急促称为喘。若喘气声长，张口掀鼻者，为实喘；喘息声低，气短而不能接续者，为虚喘。

听肺呼吸音，可用直接听诊法和间接听诊法。现多用听诊器间接听诊，能更准确地判明呼吸音的强弱、性质和病理变化。正常动物肺呼吸音类似轻读"夫、夫"的声音。若肺呼吸音增强，常见于实证、热证和疼痛等；听到"丝丝"音，多为阴虚内热证；若听到水泡破裂音，多为寒湿、痰饮证；若有空瓮音，多见于肺痈；若有捻发音，多为肺壅、或过劳伤肺；若出现类似于手背摩擦音或拍水音，则为前槽水、胸膈痛等。

（三）听咳嗽声

咳嗽是肺经疾病的重要证候之一。若咳嗽洪亮有力，多为实证，常见于外感风寒或外感风热的初期；咳声低微无力，多为虚证，常见于劳伤久咳；咳而有痰者为湿咳，多见于肺寒或肺痨；咳而无痰者为干咳，常见于阴虚肺燥或肺热初期；咳嗽时伴有伸头直颈，肋肷振动，肢蹄刨地等，多为咳嗽困难或痛苦的征象；如咳嗽连声，低微无力，鼻流脓涕，气如抽锯者，多为重症。

（四）听胃肠音

健康动物小肠音如流水声，平均每分钟可听到 8～12 次；大肠音如雷鸣声，平均每分钟可听到 4～6 次。若肠音响亮，连绵不断，甚至如雷鸣，数步之外能闻者，常见于冷痛、冷肠泄泻等证；肠音稀少，短促微弱，常见于胃肠积滞便秘等；肠音完全消失，常见于结症、肠变位的后期；经治疗发现肠音逐渐恢复，则为病情好转的象征；如肠音一直不恢复，且腹痛不止，不见排粪，常为病情严重的表现。

健康牛、羊等反刍动物，瘤胃蠕动音呈由弱到强、又由强转弱的沙沙声。瘤胃的蠕动次数，牛每 2min2～5 次，山羊每 2min2～4 次，绵羊每 2min3～6 次，每次蠕动持续的时间为 15～30s。若瘤胃蠕动音减弱或消失，可见于脾虚不磨、宿草不转、百叶干及瘤胃急性臌胀、肠秘结、心经痛等。

（五）听咀嚼音

健康动物在咀嚼时发出清脆而有节奏的咀嚼音。若咀嚼缓慢小心，声音低，多为牙齿松动、疼痛、胃热等证；若口内无食物而磨牙，多为疼痛所致。

二、嗅气味

（一）口腔气味

健康动物口内带有草料气味，无异常臭味。若口气秽臭，口热，伴食欲废绝者，多为胃肠积热；若口气酸臭，多为胃内积滞；若口内腥臭、腐臭，见于口舌生疮糜烂、牙根或齿槽脓肿等证。

（二）鼻腔气味

健康动物鼻腔无特殊气味。如鼻流黄色脓涕，气味恶臭，多为肺热；鼻流黄灰色、气味腥臭的鼻液，多见于肺痈；鼻涕呈灰白色豆腐脑样，尸臭气味，多见于肺败。

（三）粪尿气味

正常动物的粪便都有一定的臭味。若粪便清稀，臭味不重，多属脾虚泄泻；粪便粗糙，气味酸臭者，多为伤食；粪便带血或夹杂黏液，泻粪如浆，气味恶臭，多见于湿热证。

健康马的尿液有一定的刺鼻臭味，其他动物尿的气味较小。若尿液清长如水，无异常臭味，多属虚证、寒证；尿液短赤混浊，臊臭刺鼻，多为实证、热证。

（四）脓臭味

一般的良性疮疡的脓汁呈黄白色，明亮、无臭味或略带臭味。若脓汁黄稠、混浊，有恶臭味，多属实证、阳证，为火毒内盛；若脓汁灰白、清稀，气味腥臭，属虚证、阴证，为毒邪未尽，气血衰败。

第三节 问　诊

问诊，是通过询问畜主或饲养管理人员，以了解病情的诊断方法。

一、问发病情况

主要包括发病时间，病情发展快慢，患病动物的数目及有无死亡等。由此推测疾病新久、病情轻重和正邪盛衰、预后好坏、有无时疫和中毒等。如初病者，多为感受外邪，病在表多属实；病久者，多为内伤杂证，病在里多属虚；如发病快，患病动物数目较多，病后症状基本相似，并伴有高热者，则可能为时疫流行；若无热，且为饲喂后发病，平时食欲好的病情重、死亡快，可疑为中毒；如发病较慢，数目较多，症状基本相同，无误食有毒饲料者，则应考虑可能为某种营养缺乏症。

二、问发病经过

主要包括发病后的症状、发病过程和治疗情况。要着重询问发病后的食欲、饮水、反刍、排粪、排尿、咳嗽、跛行、疼痛、恶寒与发热、出汗与无汗等情况。如食欲尚好，表示病情较轻；食欲废绝，表示病情较重；若咳嗽气喘，昼轻夜重，多属虚寒；昼重夜轻，多属实火；若病程较长，饮食时好时坏，排粪时干时稀，日渐消瘦，多为脾胃虚弱；若排粪困难，次数减少，粪球干小，多为便秘。若刚运步时步态强拘，随运动量增加而症候减轻者，多为四肢寒湿痹证。

如来诊前已经过治疗，要问清曾诊断为何种病证，采用何种方法、何种药物治疗，治疗的时间、次数和效果等，这对确诊疾病，合理用药，提高疗效，避免发生医疗事故有重要作用。如患结症动物，已用过大量泻下药物，在短时间内尚未发挥疗效，若不询问清楚，盲目再用大量泻下剂，必致过量，产生攻下过度的不良后果。

三、问饲养管理及使役情况

在饲养管理方面，应了解草料的种类、品质、配合比例，饲养方法以及近期有无改变，饮水的多少、方法和水质情况，圈舍的防寒、保暖、通风、光照等情况。如草料霉败、腐烂，容易引起腹泻，甚至中毒；过食冰冻草料，空腹过饮冷水，常致冷痛；厩舍潮湿，光照不足，日久可发生痹证；暑热炎天，厩舍密度过高，通风不良，易患中暑等。

在使役方面，应了解使役的轻重、方法，以及鞍具、挽具等情况。如长期使役过重，奔走太急，易患劳伤、喘症和腰肢疼痛等；鞍具、挽具不合身，易发生鞍伤、背疮等。使役后带汗卸鞍，或拴于当风之处，易引起感冒、寒伤腰胯等。

四、问既往病史和防疫情况

了解既往疾病发生情况，有助于病诊断。如患过马腺疫、猪丹毒、羊痘等疾病，一般情况下，以后不再患此病。做过预防注射的动物，在一定时间内可免患相应的疾病。

五、问繁殖配种情况

公畜采精、配种次数过于频繁，易使肾阳虚弱，导致阳痿、滑精等证；母畜在胎前产后，容易发生产前不食，妊娠浮肿，胎衣不下，难产等证；母畜在怀孕期间出现不安、腹痛起卧或阴门有分泌物流出，则为胎动不安之征象，常可发生流产和早产；一些高产奶牛和饲养失宜的母猪，易患产后瘫痪。询问胎前产后情况，不仅有助于诊断疾病，而且对选方用药也有指导意义。如对妊娠动物，应慎用或禁用妊娠禁忌药。

第四节　切　　诊

切诊，是依靠手指的感觉，在动物体的一定部位上进行切、按、触、叩，以获得有关病情资料的一种诊察方法。分为切脉和触诊两部分。

一、切脉

切脉也叫脉诊，是用手指切按动物体一定部位的动脉，根据脉象了解和推断病情的一种诊断方法。体内气血循经脉输布全身，维持机体生命活动。而经脉内联脏腑，外络肢节，将机体连成一个统一的有机整体，当机体某部发生病变时，必然会影响气血的运行，而在脉管上发生相应的变化。因此，通过脉象的变化，可推断疾病的部位，识别病性的寒热、虚实，判断疾病的预后。

（一）切脉的部位和方法

1. 切脉的部位　因动物种类不同，切脉的部位也不同。马传统上切双凫脉，目前多切颌外动脉；牛、驼切尾动脉；猪、羊、犬等切股内动脉。

2. 切脉的方法　切牛、驼的尾动脉时，诊者站在动物正后方（诊驼时应先使骆驼卧地），左手将尾略向上举，右手食指、中指、无名指布按于尾根腹面，用不同的指力推压和寻找即得。拇指可置于尾根背面帮助固定（图6-2）。

切诊猪、羊、犬的股内动脉时，诊者应蹲于动物侧面，手指沿腹壁由前到后慢慢伸入股内，摸到动脉即行诊察，体会脉搏的性状（图6-2）。

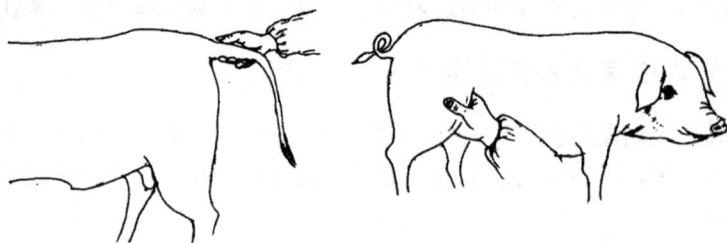

图6-2　牛、猪切脉部位和方法

诊脉时，应注意环境安静。待动物停立安静，呼吸平稳，气血调匀后再行切脉。医者也应使自己的呼吸保持稳定，全神贯注，仔细体会。每次诊脉时间，一般不应少于3min。

切脉时常用三种指力：轻用力，按在皮肤，为浮取（举）；中度用力，按于肌肉，为中取（寻）；重用力，按于筋骨，为沉取（按）。浮、中、沉三种指力可反复运用，前后推寻，以感觉脉搏幅度的大小、流利的程度等，对脉象做出一个完整的判断。

（二）脉象

指脉搏应指的形象。包括脉搏显现部位的深浅、脉跳的快慢、搏动的强弱、流动的滑涩、脉管幅度的大小，以及脉跳的节律等。脉象一般可分为平脉、反脉和易脉三大类。

1. 平脉　平脉即健康之脉。平脉不浮不沉，不快不慢，不大不小，节律均匀，连绵不断。

平脉受季节变化的影响而发生变化，前人总结为春弦、夏洪、秋毛（浮）、冬石（沉）。此外，还因动物的种类、年龄、性别、体质、劳役、饥饱等不同而略有差异。一般来说，幼龄动物脉多偏数，老弱动物脉多偏虚，瘦弱者脉多浮，肥胖者脉多沉，久饿脉多虚，饱后脉多洪等。孕畜见滑脉，亦为正常现象。

正常动物每分钟脉搏次数为：

马、骡 30～45　　牛 40～80　　猪 60～80　　羊 60～80

骆驼 30～60　　　犬 70～120　　猫 110～130　禽 120～200

2. 反脉　反脉即反常有病之脉。由于疾病的复杂，脉象表现也相当复杂，现将临床常见脉象归纳如下。

（1）浮脉与沉脉　是脉搏显现部位深浅相反的两种脉象。

［脉象］若脉位较浅，轻按即有明显感觉，重按反觉减弱，如水上漂木者，为浮脉；若脉位较深，轻按觉察不到，重按才能摸清，如石沉水者，为沉脉。

［主证］浮脉主表证，常见于外感初起。浮数为表热，浮迟为表寒，浮而有力为表实，浮而无力为表虚；沉脉主里证，主病在脏腑。沉数为里热，沉迟为里寒，沉而有力为里实，沉而无力为里虚。

（2）迟脉与数脉　是脉搏快慢相反的两种脉象。

［脉象］脉搏减慢，马、骡每分钟少于 30 次，牛每分钟少于 40 次，猪、羊每分钟少于 60 次者，为迟脉；脉来急促，马、骡每分钟超过 45 次，牛、猪、羊每分钟超过 80 次者，为数脉。

［主证］迟脉主寒证，迟而有力为实寒，迟而无力为虚寒，浮迟为表寒，沉迟为里寒；数脉主热证，数而有力为实热，数而无力为虚热，浮数为表热，沉数为里热。

（3）虚脉与实脉　是脉搏力量强弱相反的两种脉象。

［脉象］若浮、中、沉取时均感无力，按之虚软者，称虚脉；反之，浮、中、沉取时均表现充实有力者，为实脉。

［主证］虚脉主虚证，多见于气血两虚；实脉主实证，多见于高热、便秘、气滞、血淤等。

以上为最常见的脉象，如果从充盈度、流利度、紧张度和搏动节律等方面分析，又有洪、细、滑、涩、弦、促、结、代脉等脉象。

在临诊上往往由于病情的复杂多变，两种或两种以上的脉象相兼出现，如表热证，脉见浮数，里虚寒证，脉见沉迟无力等等，因此，要把各种脉象及主证联系起来，加以综合分析，就能比较正确地判断病情。

3. 易脉　即四时变异之脉，有屋漏、雀啄、釜沸、解索、虾游脉等，都是脉形大小不等，快慢不一，节律紊乱，杂乱无章的脉象，皆为危亡之绝脉。

二、触诊

触诊就是用手对动物体一定部位进行触摸按压，以探察疾病的一种诊断方法。

（一）触凉热

以手的感觉为标准，触摸动物体表有关部位的凉热，以判断其寒热虚实。一般从口温、鼻温、耳温、角温、体表温、四肢温等方面进行检查。

口温 健康动物口腔温和而湿润。若口温低，口腔滑利，多为阳虚寒湿；口温低，口津干燥，多为气血虚弱；若口温高，伴有口津干燥，多为实热证；口温高，口津黏滑，多为湿热证。

鼻温 用手掌遮于动物鼻头（或鼻镜下方），感觉鼻端和呼出气的温度。健康动物呼出气均匀和缓，鼻头温和湿润。若鼻头热，呼出气亦热，多为热证；鼻冷气凉，多属寒证。

耳温 健康动物耳根部较温，耳尖部较凉。若耳根、耳尖均热多属热证，相反则多属寒证；耳尖时冷时热者，为半表半里证。

角温 健康牛、羊角尖凉，角根温热。检查时四指并拢，小拇指靠近角基部有毛处握住牛、羊角，如小拇指和无名指感热，体温一般正常；如中指也感热，则体温偏高；食指也感热，则属发热。若角根冰凉，多属危证。

体表和四肢温 健康动物体表和四肢不热不凉，温湿无汗。若体表和四肢有灼热感，乃属热证；皮温不整，多为外感风寒；体表和四肢温度低者，多为阳气不足；若四肢凉至腕（前肢）、跗（后肢）关节以上，称为四肢厥冷，为阳气衰微之征象。

现在一般用体温表测定直肠温度，临诊时若能将直肠测温和手感触温结合起来，则更为准确。动物的正常体温（直肠）是：

马、骡 37.5～38.5℃　　牛 37.5～39.5℃　　猪、羊 38.0～39.5℃
骆驼 36.0～38.5℃　　犬 37.5～39.0℃　　猫 38.5～39.5℃

（二）触肿胀

主要查明肿胀的性质、大小、形状及敏感度。若肿胀坚硬如石，可见于骨瘤；肿胀柔软而有弹性，压力除去恢复较快者，多为血肿或脓肿；按压肿胀局部如面团样，指下留痕，恢复缓慢者，多为水肿；触压肿处柔软并有捻发音者，为气肿；若疮形高肿，灼热剧痛，多属阳证；漫肿平塌，不热微痛者，多属阴证。

（三）触胸腹

叩压胸壁时动物敏感、躲避、咳嗽，则多为肺部或胸壁有病，多见于肺痈、胸膈痛等；仅一侧拒按，不咳嗽者，多为胸壁受伤；病牛拒绝触压剑状软骨部，胸前出现水肿，站立时前肢开张，下坡斜走，多为心经痛。

若腹部膨满，叩之如鼓，多为气胀；腹部膨满，按之坚实，多为胃肠积食；右侧胁下腹壁紧张下沉，撞击坚满而打手者，多为真胃阻塞；若两侧腹壁紧张下沉，推摇畜体时有拍水音和疼痛反应者，多为腹膜炎；母畜乳房肿胀，触之坚硬且有热痛感，多见于乳痈。

对猪、羊等动物可侧卧保定，医者的一手掌向上置于腹壁下侧，一手置于上侧，由两侧逐渐紧压，可查明肠管内有无宿粪以及胎儿的情况。

(四) 谷道 (直肠) 入手

主要用于马、牛等大动物，是直肠检查和按压破结的手法，尤其是在马属动物结症的诊断和治疗上具有重要意义。

1. 谷道入手准备　四柱栏站立保定，为防卧下及跳跃，在腹下用吊绳及鬐甲部用压绳保定；术者指甲剪短、磨光，戴上一次性长臂薄膜手套，涂肥皂水或石蜡油润滑；腹胀者应先行盲肠穿刺或瘤胃穿刺放气，以降低腹压；腹痛剧烈者，应使用止痛剂；用适量温肥皂水灌肠，可排除直肠内积粪、松弛、润滑肠壁，便于检查。

2. 操作方法　术者站于动物的左后方，右手五指并拢成圆锥形，旋转插入肛门，如遇粪球可纳手掌心取出。如动物骚动不安或努责剧烈时，应暂停伸入，待安静后继续伸入。检手到达玉女关（直肠狭窄部）后，要小心谨慎，用作锥形的手指探索肠腔的方向，同时用手臂轻压肛门，诱使动物做排粪反应，使肠管逐渐套在手上。一旦检手通过玉女关后，即可向各个方向进行检查。在整个检查过程中，术者手臂一定要伸直，手指始终保持圆锥状，不能叉开，以免刮伤肠壁。检查结束后，将手缓缓退出。

3. 马属动物直肠检查及临诊意义　直肠检查应按一定的顺序进行，一般先检查肛门，而后检查直肠，直肠之下即为膀胱。向前在骨盆腔前缘可摸到小结肠。手向左方移到胁腹区的中、下部，可摸到左侧大结肠。向左摸到左腹壁。再伸手向前于最后肋骨处可摸到脾脏。由此翻手向上，在左侧倒数第一肋骨与第一、第二腰椎横突之下可摸到左肾。再沿脊柱之下的后腹主动脉向前伸手，可摸到前肠系膜根部，并能感觉到前肠系膜动脉的搏动。在前肠系膜根部之后，可摸到十二指肠。在十二指肠之前偏左摸到扩张的胃壁。移手向右在最后 $2 \sim 3$ 肋骨至第一腰椎横突之下可摸到右肾。在右肾之下与盲肠底部的前方为胃状膨大部。继续向右下方，可摸到盲肠。最后检查右腹壁。

检查时，若在直肠内有结粪，即为直肠结，若直肠内空虚而干涩，提示前段肠管不通；正常小结肠游离性较大，肠内有成串的鸡蛋大小粪球，若在小结肠内有拳头状结粪，即为小结肠结；若在腹腔左侧中下部摸到状如成人大腿粗样阻塞的肠管，由后向前逐渐变粗，肠袋明显可触，内容物压之成坑，此为左下大结肠结；在腹腔左侧中上部摸到形如粗臂，光滑较硬，肠袋不明显的阻塞肠管，此为左上大结肠结；在骨盆腔前下方，靠左侧摸到长椭圆形双拳头大结粪块所阻塞的肠管，无肠袋，仅能左右移动，内容物硬，并常伴有左下大结肠积粪者，为骨盆曲结；若在体中线右侧，盲肠底部前下方摸到半球形、大如排球的阻塞物，指压成坑，并能随呼吸运动而前后移动者，为胃状膨大部结；若在右腹胁区，骨盆腔口前摸到呈冬瓜样或排球样阻塞的粗大肠管，严重时可移到腹中线左侧，或后退入骨盆腔内，内容物压之成坑者，为盲肠结；若在前肠系膜根部之后，摸到如香肠样阻塞的肠管，则为十二指肠结；在耻骨前缘摸到由右肾后斜向右下方延伸的香肠样阻塞肠管，左端游离可动，右端连接盲肠，位置固定，为回肠结。

《元亨疗马集·起卧入手论》中对结粪破碎的手法等记有较详细的描述。如"凡有滑硬如球打手者，则为病之结粪也。得见病粪，休得鲁莽慌忙……。须当细意，从容以右手为度，就以大指虎口，或以四肢尖梢，于腹中摸定硬粪，应指无偏，隔肠轻轻按切，以病粪破碎为验，但有一二破碎者，便见其效，无不通利矣"。至今仍对结症的诊断和治疗有现时的指导意义。

此外，本法还可用于肾脏、膀胱、子宫、卵巢等疾病，公畜肠入阴（腹股沟疝气），骨盆和腰椎骨折等的诊断，以及妊娠检查等。如尿闭时，膀胱充满，触之有波动感，若膀胱空虚，触之疼痛，多为膀胱湿热；若触摸肾脏肿大，压之疼痛不安，多为急性肾炎；若感觉子宫中动脉有搏动，则是妊娠的表现；若子宫角及子宫体肿大，子宫壁紧张而有波动，多为子宫蓄脓；若卵巢增大如球，有一个或数个大而波动的卵囊，多为卵巢囊肿。

4. 牛的直肠检查及其临诊意义　术者检手伸入直肠后，向水平方向渐次前进，达骨盆腔前口上界时，手向前下右方即进入结肠的最后端S状弯曲部，此时手可自由移动，检查腹腔脏器。

健康牛的耻骨前缘左侧是瘤胃上下后盲囊，感觉呈捏粉样硬度。当瘤胃上后盲囊抵至骨盆入口甚至进入骨盆腔内，多为瘤胃臌气或积食。

牛肠管位于腹腔右半部，盲肠在骨盆腔口前方，其尖端的一部分达骨盆腔内，结肠盘在右肷部上方，空肠及回肠位于结肠盘及盲肠的下方。若发生肠套叠，则在耻骨前缘、右腹部可发现有硬固的长圆柱体，并能向各方移动，牵拉或压迫时，病牛疼痛不安。

在左侧第3～6腰椎下方，可触到左肾。如肾体积增大，触之敏感，见于肾炎。

此外，母牛还可触摸子宫及卵巢的形态、大小和性状；公牛可触摸骨盆部尿道的变化等。

第七章 辨 证

第一节 八纲辨证

辨证论治是中兽医学的特点和精华。对疾病进行辨证诊断，是中兽医诊断应有的、特殊的内容，它是治疗立法处方的依据。掌握了辨证论治，即使没有明确病名诊断，或者虽有病名诊断而目前对该病尚乏特殊疗法，运用辨证论治，也能对这些疾病进行治疗。

中兽医学在历史上所形成的辨证分类方法有多种，其中最基本的方法是八纲辨证。

八纲，就是表、里、寒、热、虚、实、阴、阳八个辨证的纲领。将通过诊法所获得的各种病情资料，运用八纲进行分析综合，从而辨别病变位置的浅深，病情性质的寒热，邪正斗争的盛衰和病证类别的阴阳，以作为辨证纲领的方法，称为八纲辨证。

八纲是从各种具体证候的个性中抽象出来的带有普遍规律的共性，即任何一种疾病，从大体病位来说，总离不开表或里；从基本性质来说，一般可区分为寒与热；从邪正斗争的关系来说，主要反映为实或虚；从病证类别来说，都可归属于阳或阴两大类。因此，疾病的病理变化及其临床表现尽管极为复杂，但运用八纲对病情进行辨别归类，则可起到执简驭繁的作用，所以八纲是各种辨证方法的纲领。

一、表里辨证

表里是辨别病位外内浅深的一对纲领。表与里是相对的概念，如皮毛、肌腠与脏腑相对而言，皮毛、肌腠为表，脏腑为里；脏与腑相对而言，腑属表，脏属里；经络与脏腑相对而言，经络属表，脏腑属里；经络中三阳经与三阴经相对而言，三阳经属表，三阴经属里；皮肤与筋骨相对而言，皮肤为表，筋骨为里等。因此，对于病位的外内浅深，都不可作绝对的理解。

一般而论，从病位上看，身体的皮毛、肌腠、经络相对为外，脏腑、骨髓相对为内。因此，从某种角度上说，外有病属表，病较轻浅；内有病属里，病较深重。从病势上看，外感病中病邪由表入里，是病渐增重为势进；病邪由里出表，是病渐减轻为势退。因而前人有病邪入里一层，病深一层，出表一层，病轻一层的认识。

任何疾病的辨证，都应分辨病位的表里，而对于外感病来说，其意义则尤为重要。这是因为内伤杂病的证候一般属于里证范畴，故分辨病位的表里并非必须，而主要应辨别"里"的具体脏腑等病位。然而外感病则往往具有由表入里、由轻而重、由浅而深的传变发展过程。所以，表里辨证是对外感病发展阶段性的最基本的认识，它可说明病情的轻重浅深及病机变化的趋势，从而掌握疾病的演变规律，取得诊疗的主动权。同时，从某种意义上说，六经辨证、卫气营血辨证，都可理解为是表里浅深轻重层次划分的辨证分类方法。

（一）表证

表证是六淫、疫疠、虫毒等邪气经皮毛、口鼻侵入机体，正气（卫气）抗邪所表现轻浅证候的概括。表证主要见于外感疾病初级阶段。

临床上表证一般具有起病急，病情较轻，病程较短，有感受外邪的因素可查等特点。以恶寒（或恶风）、发热（或自觉无发热）、头身疼痛、脉浮、苔薄白为主要表现，或见鼻塞、流清涕、喷嚏、咽喉痒痛、微咳等症。这些症状是由于外邪客于皮毛肌腠，阻遏卫气的正常宣发所致。

虽然外邪有种种的不同，表证的证候表现也有差别，但一般以新起恶寒、发热并见，内部脏腑的症状不明显为共同特征。

临床常见的表证有风寒表证、风热表证等。

由于表证病位浅而病情轻，病性一般属实，故一般能较快治愈。若外邪不解，则可进一步内传，而成为半表半里证或里证。

（二）里证

里证是泛指病变部位在内，由脏腑、气血、骨髓等受病所反映的证候。

里证与表证相对而言，其概念非常笼统，范围非常广泛，可以说凡不是表证（及半表半里证）的特定证候，一般都可属于里证的范畴，即所谓"非表即里"。里证多见于外感病的中、后期阶段或内伤疾病之中。里证的成因，大致有三种情况：一是外邪袭表，表证不解，病邪传里，形成里证；二是外邪直接入里，侵犯脏腑等部位，即所谓"直中"为病；三是情志内伤、饮食劳倦等因素，直接损伤脏腑，或脏腑气机失调，气血津精等受病而出现的种种证候。

里证的范围极为广泛，病位虽然同属于里，但仍有浅深之别，一般病变在腑、在上、在气者，较轻浅；在脏、在下、在血者，则较深重。

不同的里证，可表现为不同的证候，故一般很难说哪几个症状就是里证的代表症状，但其基本特点是无新起恶寒发热并见，以脏腑症状为主要表现，其起病可急可缓，一般病情较重，病程较长。

里证按八纲分类有里寒证、里热证、里实证、里虚证。里证的具体证候辨别，必须结合脏腑辨证、六经辨证、卫气营血辨证等分类方法，才能进一步明确。

由于里证的病因复杂，病位广泛，病情较重，故治法较多，一般不如表证之较为简单而易于取效。

（三）半表半里证

半表半里证在六经辨证中通常称为少阳病证。是指外感病邪由表入里的过程中，邪正纷争，少阳枢机不利，病位处于表里进退变化之中所表现的证候。以往来寒热，胸胁苦满等为特征性表现。

（四）表里转化

疾病在发展过程中，由于正邪相争，表证不解，可以内传而变成里证，称为表证入里；某些里证，其病邪可以从里透达向外，称为里邪出表。掌握病势的表里出入变化，对于预测疾病的发展与转归，及时改变治法，及时截断、扭转病势，或因势利导，均具有重要意义。

1. **表证入里**　是指先有表证，然后出现里证，表证随之消失，即表证转化为里证，其病机谓外邪入里。如外感风热之邪，形成表热证，若表邪不解，向里而成里热证。表证入里一般见于外感病的初、中期阶段，是病情由浅入深，病势发展的反映。

2. **里邪出表**　是指在里之病邪，有向外透达之势，是邪有出路的好趋势，一般对病情好转有利。外感温热病中，高热烦渴之里热证，随汗出而热退身凉；又如肝胆湿热随黄疸的出现而胁胀胁痛、发热呕恶等症减轻；病位深的痈疽，向外溃破而脓出毒泄等，一般都可认为是在里之邪毒有向外透达之机。但这并不是里证转化成表证。

（五）表里证鉴别要点

辨别表证和里证，主要是审察寒热症状，内脏证候是否突出，舌象、脉象等变化。《医学心悟·寒热虚实表里阴阳辨》说："一病之表里，全在发热与潮热，恶寒与恶热，头痛与腹痛，鼻塞与口燥，舌苔之有无，脉之浮沉以分之。假如发热恶寒，头痛鼻塞，舌上无苔（或作薄白），脉息浮，此表也；如潮热恶热，腹痛口燥，舌苔黄黑，脉息沉，此里也。"

一般说来，外感病中，发热恶寒同时并见的属表证；但发热不恶寒或但寒不热的属里证；寒热往来的属半表半里证。表证以头身疼痛，鼻塞或喷嚏等为常见症状，内脏证候不明显；里证以内脏证候如咳喘、心悸、腹痛、呕泻之类表现为主症，鼻塞、头身痛等非其常见症状；半表半里证则有胸胁苦满等特有表现。表证及半表半里证舌苔变化不明显，里证舌苔多有变化；表证多见浮脉，里证多见沉脉或其他多种脉象。此外，辨表里证尚应参考起病的缓急、病情的轻重、病程的长短等。

二、寒热辨证

寒热是辨别疾病性质的纲领。

疾病的性质不只是为寒为热，但由于寒热较突出地反映了疾病中机体阴阳的偏盛偏衰，病邪基本性质的属阴属阳，而阴阳是决定疾病性质的根本，所以说寒热是辨别疾病性质的纲领。

病邪有阳邪与阴邪之分，正气有阳气与阴液之别。阳邪致病导致机体阳气偏盛而阴液受伤，或是阴液亏损而阳气偏亢，均可表现为热证；阴邪致病容易导致机体阴气偏盛而阳气受损，或是阳气虚衰而阴寒内盛，均可表现为寒证。所谓"阳盛则热，阴盛则寒"、"阳虚则外寒，阴虚则内热"，即是此义。

（一）寒证

阴盛可表现为寒的证候，阳虚亦可表现为寒的证候，故寒证有实寒证、虚寒证之分。感受外界寒邪，或过服生冷寒凉，起病急骤，体质壮实者，多为实寒证；因内伤久病，阳气耗伤而阴寒偏胜者，多为虚寒证，即阳虚证。寒邪袭于肤表，多为表寒证；寒邪客于脏腑，或因阳气亏虚所致者，多为里寒证。

各类寒证的表现不尽一致，其常见证候有恶寒，畏冷，冷痛，喜暖，口淡不渴，肢冷蜷卧，痰、涎、涕清稀，二便清长，舌淡苔白润，脉紧或迟等。

分析症状：由于寒邪遏制阳气，或阳虚阴寒内盛，形体失却温煦，故见恶寒，畏冷，肢凉，冷痛，喜暖，倦卧等症；寒不消水，津液未伤，故口不渴，痰、涎、涕、尿等分泌物、排泄物澄澈清冷，苔白而润。

（二）热证

阳盛可表现为热的证候，阴虚亦可表现为热的证候，故热证有实热证、虚热证之分。火热阳邪侵袭，或过服辛辣温热之品，或体内阳热之气过盛所致，病势急而形体壮者，多为实热证；因内伤久病，阴液耗损而虚阳偏胜者，多为虚热证，即阴虚证。风热之邪袭于肌表，多为表热证；热邪盛于脏腑，或因阴液亏虚所致者，多为里热证。

常见证候有发热，恶热喜冷，口渴欲饮，面赤，烦躁不宁，痰、涕黄稠，小便短黄，大便干结，舌红苔黄、干燥少津，脉数等。

分析症状：由于阳热偏盛，津液被耗，或因阴液亏虚而虚热内盛，故见一派热象明显、阴津亏耗的种种表现。

（三）寒热真假

当病情发展到寒极或热极的时候，有时会出现一些与其病理本质相反的"假象"症状与体征，"如寒极似热"、"热极似寒"，即所谓真寒假热、真热假寒。

1. 真热假寒 是指内有真热而外见某些假寒的证候。真热假寒证常有热深厥亦深的特点，故可称作热极肢厥证，古代亦有称阳盛格阴证者。其产生机理，是由于邪热内盛，阳气郁闭于内而不能布达于外。故其外在表现可有四肢凉甚至厥冷，恶寒甚或寒战，神识昏沉，脉沉迟（或细数）等似为阴寒证的表现，但其本质为热，故必有高热，胸腹灼热，口鼻气灼，口臭息粗，口渴引饮，尿短赤，舌红苔黄而干，脉搏有力等里实热证的表现。

2. 真寒假热　是指内有真寒而外见某些假热的证候。真寒假热证实际是虚阳浮越证，古代亦有称阴盛格阳证、戴阳证者。其产生机理，是由于久病而阳气虚衰，阴寒内盛，逼迫虚阳浮游于上、格越于外。故其外虽可有自觉发热，神志躁扰不宁，口渴咽痛，脉浮大或数等颇似阳热证的表现。但因其本质为阳气虚衰，故必有胸腹无灼热，四肢必厥冷，尿清长（或尿少浮肿），或下利清谷，舌淡等里虚寒的证候。虽渴但不欲饮，咽虽痛但不红肿，虽躁扰不宁必疲乏无力，脉虽浮大或数但按之必无力，可知其"热"为假象。

（四）寒热转化

寒证与热证，有着本质的区别，但在一定的条件下，寒证可以化热，热证可以转寒。

1. 寒证化热　是指原为寒证，后出现热证，而寒证随之消失的病变。常见于外感寒邪未及时发散，而机体阳气偏盛，阳热内郁到一定程度，于是寒证变成热证；或是寒湿之邪郁遏而机体阳气不衰，常易由寒而化热；或因使用温燥之品太过，亦可使寒证转化为热证。如寒湿痹病，初为关节冷病、重着、麻木，病程日久，或温燥太过，而变成患处红肿灼痛；哮病因寒引发，痰白稀薄，久之见舌红苔黄、痰黄而稠；痰湿凝聚的阴疽冷疮，其形漫肿无头，皮色不变，以后转为红肿热痛而成脓等，均是寒证转化为热证的表现。

2. 热证转寒　是指原为热证，后出现寒证，而热证随之消失的病变。常见于邪热毒气严重的情况下，或因失治、误治，以致邪气过盛，耗伤正气，正不胜邪，机能衰败，阳气散失，故而转化为虚寒证，甚至表现为亡阳的证候。

寒证与热证的相互转化，是由邪正力量的对比所决定，其关键又在机体阳气的盛衰。寒证转化为热证，是机体正气尚强，阳气较为旺盛，邪气才会从阳化热，提示机体正气尚能抗御邪气；热证转化为寒证，是邪气衰而正不支，阳气耗伤并处于衰败状态，提示正不胜邪，病情险恶。

三、阴阳虚实辨证

虚实是辨别邪正盛衰的纲领，即虚与实主要是反映病变过程中机体正气的强弱和致病邪气的盛衰。实主要指邪气盛实，虚主要指正气不足。所以实与虚是用以概括和辨别邪正盛衰的两个纲领。

由于邪正斗争是疾病过程中的根本矛盾，阴阳盛衰及其所形成的寒热证候，亦存在着虚实之分，所以分析疾病中邪正的虚实关系，是辨证的基本要求。通过虚实辨证，可以了解病体的邪正盛衰，为治疗提供依据。实证宜攻邪，即去其有余；虚证宜补正，即益其不足。虚实辨证准确，攻补方能适宜，才能免犯实实虚虚之误。

（一）虚证

虚证是对机体正气虚弱、不足为主所产生的各种虚弱证候的概括。虚证反映机体正气虚弱、不足而邪气并不明显。

机体正气包括阳气、阴液、精、血、津液、营、卫等，故阳虚、阴虚、气虚、血虚、津液亏虚、精髓亏虚、营虚、卫气虚等，都属于虚证的范畴。根据正气虚损的程度不同，临床又有不足、亏虚、虚弱、虚衰、亡脱之类模糊定量描述。

虚证的形成，可以由先天禀赋不足所导致，但主要是由后天失调和疾病耗损所产生。如饮食失调，营血生化之源不足；过度劳役等，耗伤气血营阴；种畜配种过度，耗损肾精元气；久病失治、误治，损伤正气；大吐、大泻、大汗、出血、失精等致阴液气血耗损等，均可形成虚证。

各种虚证的表现极不一致，很难用几个症状全面概括，各脏腑虚证的表现也各不相同。临床一般是以久病、势缓者多虚证，耗损过多者多虚证，体质素弱者多虚证。

1. 阴虚证　阴虚证是指体内津液精血等阴液亏少而无以制阳，滋润、濡养等作用减退所表现的虚热证候。属虚证、热证的性质。

阴虚证的临床表现，以形体消瘦，口燥咽干，潮热盗汗，尿短黄，便秘，舌红少津少苔，脉细数等为证候特征。并具有病程长、病势缓等虚证的特点。

阴虚多由热病之后，或杂病日久，伤耗阴液，或过服温燥之品等，使阴液暗耗而成。阴液亏少，则机体失却濡润滋养，同时由于阴不制阳，则阳热之气相对偏旺而生内热，故表现为一派虚热、干燥不润、虚火躁扰不宁的证候。

阴虚证可见于多个脏器组织的病变，常见者有肺阴虚证、心阴虚证、胃阴虚证、脾阴虚证、肝阴虚证、肾阴虚证等，以并见各脏器的病状为诊断依据。

阴虚可与气虚、血虚、阳虚、阳亢、精亏、津液亏虚以及燥邪等证候同时存在，或互为因果，而表现为气阴亏虚证、阴血亏虚证、阴阳两虚证、阴虚阳亢证、阴精亏虚证、阴津（液）亏虚证、阴虚内燥证等。阴虚进而可发展成阳虚、亡阴，阴虚可导致动风、气滞、血淤、水停等病理变化。

2. 阳虚证　阳虚证是指体内阳气亏损，机体失却温煦，推动、蒸腾、气化等作用减退所表现的虚寒证候。属虚证、寒证的性质。

阳虚证的临床表现，以经常畏冷，四肢不温，口淡不渴，或渴喜热饮，可有自汗，小便清长或尿少浮肿，大便溏薄，面色白，舌淡胖，苔白滑，脉沉迟（或为细数）无力为常见证候，并可兼有神疲、乏力、气短等气虚的证候。阳虚证多见于病久体弱者，病势一般较缓。

阳虚多由病程日久，或久居寒凉之处，阳热之气逐渐耗伤，或因气虚而进一步发展，或因命门之火不足，或因过服苦寒清凉之品等，以致脏腑机能减退，机体失却阳气的温煦，不能抵御阴寒之气，而寒从内生，于是形成畏冷肢凉等一派病性属虚、属寒的证候，阳气不能蒸腾、气化水液，则见便溏尿清或尿少浮肿、舌淡胖等症。

阳虚可见于许多脏器组织的病变，临床常见者有心阳虚证、脾阳虚证、胃阳虚证、肾阳虚证、胞宫（精室）虚寒证，以及虚阳浮越证等，并表现有各自脏器的证候特点。

阳虚证易与气虚同存，即阳气亏虚证；阳虚则寒，必有寒象并易感寒邪；阳虚可发展演变成阴虚（即阴阳两虚）和亡阳；阳虚可导致气滞、血淤、水泛，产生痰饮等病理变化。

3. 亡阳证　是指体内阳气极度衰微而表现出阳气欲脱的危重证候。

亡阳证的表现，以冷汗淋漓，汗质稀淡，神情淡漠，肌肤不温，四肢厥冷，呼吸气微，舌淡而润，脉微欲绝等为证候特点。

亡阳一般是在阳气由虚而衰的基础上的进一步发展，但亦可因阴寒之邪极盛而致阳气暴伤，还可因大汗、失精、大失血等阴血消亡而阳随阴脱，或因剧毒刺激、严重外伤、淤痰阻塞心窍等而使阳气暴脱。由于阳气极度衰微而欲脱散，失却温煦、固摄、推动之能，故见冷汗、肢厥、息弱、脉微等垂危病状。

临床所见的亡阳证，一般是指心肾阳气虚脱。由于阴阳互根之理，故阳气衰微欲脱，可使阴液亦消亡。

（二）实证

实证是对机体感受外邪，或疾病过程中阴阳气血失调而以阳、热、滞、闭等为主，或体内病理产物蓄积，所形成的各种临床证候的概括。实证以邪气充盛、停积为主，但正气尚未虚衰，有充分的抗邪能力，故邪正斗争一般较为剧烈，而表现为有余、强烈、停聚的特点。

实证是非常笼统的概念，范围极为广泛，临床表现十分复杂，其病因病机主要可概括为两个方面：一是风寒暑湿燥火、疫疠以及虫毒等邪气侵犯机体，正气奋起抗邪，故病势较为亢奋、急迫，以寒热显著、疼痛剧烈、呕泻咳喘明显、二便不通、脉实等症为突出表现；二是内脏机能失调，气化障碍，导致气机阻滞，以及形成痰、饮、水、湿、脓、淤血、宿食等，有形病理产物壅聚停积于体内。

因此，风邪、寒邪、暑邪、湿邪、热邪、燥邪、疫毒为病，痰、饮、水气、食积、虫积、气滞、血淤、脓等病理改变，一般都属实证的范畴。

由于感邪性质的差异，致病的病理产物不同，以及病邪侵袭、停积部位的差别，因而各自有着不同的证候表现，所以很难以哪几个症状作为实证的代表。临床一般是新起、暴病多实证，病情激剧者多实证，体质壮实者多实证。

（三）虚实真假

虚证与实证，都有真假疑似的情况。所谓"至虚有盛候"、"大实有羸状"，就是指证候的虚实真假。

1. 真实假虚　实证反见某些虚羸现象。如热结肠胃，痰食壅积，湿热内蕴，淤血停蓄等，由于大积大聚，以致经脉阻滞，气血不能畅达，因而表现出一些类似虚证的假象，如身体羸瘦、脉象沉细等。但仔细观察，则可见虽羸瘦而胸腹硬满拒按；虽脉沉细而按之有力，故知病变的本质属实，虚为假象。

2. 真虚假实　是指本质为虚证，反见某些实盛现象。如脏腑虚衰，气血不足，运化无力，因而出现腹部胀满、呼吸喘促、二便闭涩等症。但仔细观察，则可发现虽腹部胀满而有时缓解，或内无肿块而喜按，虽喘促而气短息弱；大便虽闭而腹部不甚硬满；且脉必无力，舌体淡胖，故其本质属虚，实只是假象。

（四）虚实转化

在疾病发展过程中，由于正邪力量对比的变化，实证可以转变为虚证，虚证亦可转化为实证。实证转虚临床常见，基本上是病情转变的一般规律；虚证转实临床少见，实际上常常是因虚而致实，形成虚实夹杂证。

1. 实证转虚　是病情先表现为实证，由于失治、误治及邪正斗争的必然趋势等原因，以致病邪耗伤正气，或病程迁延，邪气渐却，阳气或阴血已伤，渐由实证变成虚证。

2. 虚证转实　是指病情本为虚证，由于积极的治疗，正气逐渐来复，与邪气相争，以祛邪外出，故表现为属实的证候。如腹痛加剧，或出现发热汗出，或咳嗽而吐出痰涎等，此时虽然症状反应激烈、亢奋，但为正气奋起欲驱邪外出，故脉象较前有力，于病情有利。

四、八纲辨证的特点

1. 八纲可分属于阴阳，故八纲应以阴阳为总纲，如阳证可概括表证、热证、实证，多见于正气旺、抗病力强或疾病初期；阴证可概括里证、寒证、虚证，多见于正气衰、抗病力低或疾病的后期。

2. 八纲病证可互相兼见，如表寒里热、表实里虚、正虚邪实等。

3. 八纲病证可在一定条件下，向对立面转化。一般有阴证转阳（示病情好转），阳证转阴（示病情恶化），由里出表（示病势向愈），由表入里（病势发展），由虚转实（预后良好），由实转虚（预后较差），热证变寒（表示正虚），寒证变热（多为邪实）。

第二节　气、血、津液辨证

气、血、津液均为构成机体和维持机体生命活动的最基本物质，都离不开脾胃运化的水谷精气，因而气和血，气和津液，血和津液在生理上相互依存、相互制约、相互为用，病理上相互影响，互为因果。气、血、津液辨证，是应用有关气、血、津液的理论，对气、血、津液病变的各种证候，加以提纲挈领的概括，以阐述和分析疾病的一种辨证方法。

气、血、津液是脏腑功能活动的物质基础，而其生成及运行又有赖于脏腑的功能活动，因此气、血、津液的病变与脏腑的功能活动密切相关。脏腑发生病变，可以影响到气、血、津液的变化，而气、血、津液的病变也必然会影响到脏腑的功能，故气血津液辨证应与脏腑辨证互相参照。

一、气病辨证

气的病证很多，如《素问·举痛论》说："百病生于气也"，即指出了气病的广泛性，临床常见的气病有气虚证、气陷证、气滞证和气逆证四种。

（一）气虚证

包括元气、宗气、卫气的虚损，以及气的推动、温煦、防御、固摄和气化功能的减退，从而导致机体的某些功能活动低下或衰退，抗病能力下降等衰弱的现象。多由先天禀赋不足，或后天失养，或劳伤过度而耗损（"劳则气耗"），或久病不复，或肺脾肾等脏腑功能减退，气的生化不足等所致。

气虚的病理反映可涉及全身各个方面，如气虚则卫外无力，肌表不固，而易汗出；气虚则四肢肌肉失养，周身倦怠乏力；气虚则清阳不升、清窍失养而精神委顿，头昏耳鸣；气虚则无力以率血行，则脉象虚弱无力或微细；气虚则水液代谢失调，水液不化，输布障碍，可凝痰成饮，甚则水邪泛滥而成水肿；气虚还可导致脏腑功能减退，从而表现一系列脏腑虚弱征象。

气虚，是全身或某一脏腑组织机能减退所表现出的证候。常见于某些慢性疾病，急性病的恢复期，或年老体弱动物。多因久病耗伤正气，或饲养管理不当，劳役过度，脏腑机能衰退所致。

主证：耳聋头低，被毛粗乱，役时多汗，四肢无力，气短而促，叫声低微，运动时诸症加剧，舌淡无苔，脉虚弱。

治则：补气。

方例：四君子汤（见补虚方）加减。

（二）气陷证

是气虚无力升举反而下陷的证候，属气虚的一种，多由气虚进一步发展而来。常因劳役过度而又营养不足，或久病虚损，或用药不当，攻伐太过，使脏气受损而致。因其主要发生于中焦，故又称"中气下陷"。

主证：少气倦怠，内脏下垂，脱肛或阴道、子宫脱出，久泄久痢，口唇不收，弛缓下垂、舌淡、无苔，脉虚弱。

治则：升举中气。

方例：补中益气汤（见补虚方）加减。

（三）气滞证

气滞，是指气机郁滞，气的运行不畅所致的病理状态。主要由于饲养管理不当，饮喂失调，或感受外邪，跌打损伤，或痰饮、淤血、粪积、虫积等，影响了气的流通运行，形成局部或全身的气机不畅，导致某些脏腑经络的功能障碍。可引起局部的胀满或疼痛、形成血淤、水湿、痰饮等病理产物；还可使某些脏腑功能失调，如肺气壅滞、肝郁气滞、脾胃气滞等。此外，气虚运行无力，也可发生气滞。

主证：肿满，疼痛。

治则：行气。

方例：越鞠丸、橘皮散等（均见理气方）加减。

（四）气逆证

气逆，是指气的上升过度，下降不及，而致脏腑之气逆上的病理状态。多由于饮食寒温不适，或痰浊壅阻等因素所致。多见于肺、胃和肝等脏腑。如气逆在肺，则肺失肃降，肺气上逆，而发作咳逆，气喘；气逆在胃，则胃失和降，胃气上逆，发为恶心、呕吐、或呃逆、嗳气；气逆在肝，则肝气逆上，发为头痛而胀，胸胁胀满，易怒等症。若突然遭受惊恐刺激，肝肾之气或水寒之气循冲脉而上逆，则可形成"奔豚气"的病证。

一般来说，气逆于上多以实证为主，但也有因虚而气上逆者，如肺气虚而肃降无力，或肾气虚而失于摄纳，则都可导致肺气上逆；胃气虚，和降失职，亦能导致胃气上逆，此皆因虚而致气上逆之病机。

主证：肺气上逆则见咳嗽、气喘；胃气上逆，则见嗳气，呕吐。

治则：降气镇逆。

方例：肺气上逆者，用苏子降气汤（见化痰止咳平喘）加减；胃气上逆者，用旋覆代赭汤（旋覆花、党参、生姜、代赭石、半夏、甘草、大枣）加减。

二、血病辨证

(一) 血虚证

主要指血液不足，或血的濡养功能减退，以致脏腑经脉失养的病理状态。多由于失血过多，新血不及补充；或因脾胃虚弱，饮食营养不足，生化血液功能减退而血液生成不足，以及久病不愈，慢性损耗而致血液暗耗，或各种急慢性出血，或久病不愈，或淤血不去，新血不生，或肠道寄生虫病等，均可导致血虚。

主证：可视黏膜淡白、苍白或黄白，四肢麻痹，甚至抽搐，心悸，苔白，脉细无力。

治则：补血。

方例：四物汤（见补虚方）加减。

(二) 血瘀证

指血液循环迟缓、或淤滞流通不畅、甚则血液淤结停滞。多由于气机阻滞而血行受阻，或气虚无力行血；或痰浊阻滞脉道，血行不畅；或寒邪入血，则血寒而凝；或邪热入血，煎灼津液而成淤；或因离经之血、瘀血阻滞血脉等。

血瘀的病机，主要是血行淤滞不畅或凝结而成瘀血，故血瘀阻滞于脏腑经络等某一局部时，则可导致脉络不通，痛有定点，得寒温而不减，甚则可形成肿块，同时面色黧黑，肌肤甲错，唇舌紫暗或见淤点、淤斑等症。引起血淤的常见因素有寒凝、气滞、气虚、外伤及邪热与血互结等。

主证：局部见肿块，疼痛拒按，痛处固定不移，夜间痛甚，皮肤粗糙起鳞，出血，舌有淤点、淤斑，脉细涩。

治则：活血祛淤。

方例：桃红四物汤（见理血方）加减。

(三) 血热证

是热邪侵犯血分而引起的病证，多由外感热邪深入血分所致。

主证：躁动不安或昏迷，口干津少，舌质红绛，脉细数，并有各种出血现象。

治则：清热凉血。

方例：犀角地黄汤（见清热方）加减。

(四) 血寒证

局部脉络寒凝气滞，血行不畅所表现出的证候，常见感受寒邪而引起。

主证：形寒肢冷，喜暖恶寒，四肢疼痛，得温痛减，可视黏膜紫暗，舌淡暗。苔白，脉沉迟。

治则：温经散寒。

方例：四逆汤或参附汤（均见温里方）加减

三、气血功能失调

气属于阳，血属于阴，气与血之间具有阴阳相随、相互依存、相互为用的关系。一旦气血互根互用功能失调，临床主要表现为气滞血淤、气不摄血、气随血脱、气血两虚、气血失和和不荣经脉等几方面的症状。

气滞血淤，是指由于气的运行郁滞不畅，以致血液循行障碍，继而出现血淤的病理状态。多由于气机阻滞而成血淤。亦可因闪挫外伤等因素伤及气血，而致气滞和血淤同时形成。

气不摄血，主要指气虚不足，固摄血液的功能减退，而致血不循经，逸出于脉外，从而导致各种失血的病理状态。多与久病伤脾，脾气虚损，中气不足有关。临床常见便血、尿血等症，还见于皮下出血或紫斑等。

气随血脱，是指在大出血的同时，气亦随着血液的流失而脱散，从而形成虚脱的危象。临床常见冷汗淋漓、四肢厥冷、晕厥、脉芤或沉细而微。

气血两虚，是指气虚和血虚同时存在的病理状态。多因久病耗伤，或先有失血，气随血衰；或先因气虚，血无以生化而日渐亏少，从而形成气血两虚病证。临床常见疲乏无力、形体瘦弱、皮毛干燥、肢体麻木等气血不足症状。

气血不荣经脉，主要指因为气血两虚，以致气血之间相互为用的功能失于和调，影响了经脉、筋肉和肌肤的濡养。常见肢体麻木不仁，或运动失灵，甚则不用或皮肤瘙痒，或肌肤干燥等症。

四、津液病辨证

津液代谢，是肌体新陈代谢的重要组成部分。津液的正常代谢，不仅仅是维持着津液在生成、输布和排泄之间的协调平衡，而且也是机体各脏腑组织器官进行正常生理活动的必要条件。因此，津液代谢失常，必然会导致机体一系列生理活动的障碍。

津液代谢失常原因有二：一是由于津液的生成不足或消耗过多，而致津液不足；二是由于津液的运行、输布和排泄障碍，而致体内的津液滞留，形成湿、痰、饮、水等病理产物。

（一）津液不足

又称津亏、津伤，是津液亏少，全身或某些脏腑组织器官失其濡润滋养而出现的证候。津液不足的产生，有生成不足与丢失过多两个方面。脾胃虚弱，运化无权则津液生成减少；若渴而不得饮水则津液化生之源匮乏，二者均可导致津液生成减少；若热盛伤津耗液，或汗、吐、泻太过，或失血，多尿，或久病、精血不足而致津液枯涸；或过用燥热之剂，耗伤阴液等亦可导致津液不足的证候。

一般来说，如炎夏多汗，高热时的口渴引饮，气候干燥季节中常见的口、鼻、皮肤干燥等，均属于伤津的表现；如热病后期或久病精血不足等，可见舌质干红无苔，形体瘦削等，均属于液枯的临床表现。

主证：口渴咽干，唇燥舌干，甚者鼻镜龟裂无汗，皮毛干枯缺乏光泽，小便短少，大便干硬，甚至粪结，舌红，脉细数。

治则：增津补液。

方例：增液汤（玄参、生地、麦冬，《温病条辨》）加减。

（二）水湿内停

津液的输布障碍，使津液不能正常的向全身输布，导致津液在体内的环流缓慢，或是津液停滞于体内某一局部，以致湿从内生，或酿为痰，或成饮，或水泛为肿等。其成因甚多，除了外邪因素外，主要的有气、血和有关脏腑的功能失调。

津液的正常输布，有赖于肺、脾、肝、肾、三焦等脏腑的正常生理功能，一旦脏腑的功能失调，则津液不能外输于皮毛和下输于膀胱，而致痰壅于肺，甚则发为水肿；脾的运化功能减退，则可使津液在体内环流减弱，而痰湿内生；肝失疏泄，则气机不畅、气滞则津停；肾失蒸腾气化，则气不化津而致津液停滞；三焦的水道不利，影响了津液在体内的环流和气化功能。

津液的排泄障碍，主要是指津液转化为汗液和尿液的功能减退，而致水液潴留，使畜体局部或全身停积过量的水液。凡外感、内伤，影响了肺、脾、肾等脏腑对津液的输布、排泄功能，皆可使局部或全身蓄积过量水湿。多兼有水肿、痰饮。

主证：咳嗽痰多，呼吸有痰声，肚腹膨大下垂，小便短少，大便溏稀，少食纳呆，胸腹下、四肢末端浮肿，苔腻，脉濡。

治则：利水胜湿。

方例：五苓散（见祛湿方）加减。

第三节 脏腑辨证

脏腑辨证，是对疾病在发生、发展变化过程中，脏腑的生理功能紊乱及其阴阳、气血失调等疾病证候进行分析归纳，以辨明病机，判断病位、病性和正邪盛衰的一种辨证方法。

脏腑辨证首见于《内经》，指出了不同病证的归属。以后，随着脏腑辨证的发展，临床医疗经验的积累，进一步充实和提高了脏腑病机的理论，成为临床辨证论治的主要基础理论。

五脏的阴阳、气血，是全身阴阳、气血的重要组成部分。阴阳和气血之间的关系是，气属于阳，血属于阴。气和阳，均有温煦和推动脏腑生理活动的作用，故阳和气合称为"阳气"；血和阴，均有濡养和宁静脏腑组织及精神情志的作用，故阴与血合称为"阴血"。但是，从阴阳、气血和各脏生理活动的关系来说，阳和气，阴和血又不能完全等同。一般来说，脏腑的阴阳，代表各脏生理活动的功能状态，脏腑的气血，是其生理活动的物质基础。

各脏之阴阳，皆以肾阴、肾阳为根本，因此各脏的阴阳失调，久必及肾；各脏之气血，均化生于水谷精微，因此各脏的气血虚亏，与脾胃气血生化之源关系密切。

一、心和小肠病辨证

心是脏腑中最重要的脏器，被尊称为"脏中之君"。主要生理功能是主血脉和主神志，这是心阴、心阳和心气、心血协同作用的结果。

心阳、心气的失调，主要表现为心的阳气偏盛和心的阳气偏衰两个方面。

心的阳气偏盛，即心火旺。一般可分为两类，凡由于邪热内蕴，痰火内郁或由于五志过极化火所致者多属实火；或由全身之阴血不足，而致心的阳气相对亢盛者则多属虚火。心的阳气亢盛可导致躁扰心神，或血热妄行，而导致各种出血，或心火上炎或下移。

心的阳气偏衰，即是心的气虚和阳虚。多由于久病耗伤，或禀赋素虚，或脏气衰弱所致。主要表现为心神不宁，血脉寒滞及心气虚衰。

心阴、心血的失调，主要有心阴不足、心血亏损，以及血心淤阻等。

心病常见症状及其发生机理：

心悸怔忡：多因心阴、心血亏损，血不养心，心无所主，而悸动不安；或因心阳、心气虚损，血液运行无力；或因痰淤阻滞心肺，气血运行不畅，心动失常所致。

躁扰：多由于心火炽盛，心神被扰；或心阴不足，虚火扰心，以致神志浮动、不宁所致。

发狂：皆由心火亢盛，或痰火上扰，或邪热内阻心包，而致神志昏乱。

昏迷：多由邪盛正衰，阳气暴脱，心神涣散；或因邪热入心（逆传心包），或痰浊蒙蔽心包等所致。气火上逆，气机逆乱可致气厥，亦可因心神暂时涣散而出现昏迷。

胸痹：多由胸阳不振，或为痰浊、淤血痹阻，心脉气血运行不利，甚或痹阻不通所致，此属"真心痛"范畴。

脉细弱无力，或结代，或细数，或散大数疾，或虚弱无力，或迟涩，均为心主血脉功能失调的反映。

小肠主受盛化物，泌别清浊，也即是接受经胃初步消化而下行的水谷食糜，进一步消化吸收，把水谷精微转输于脾以营养周身，并把剩余的糟粕和水液，下注于大肠或渗于膀胱而排出体外。

一旦小肠的生理功能失调，如失于受盛胃初步消化的饮食物，则可见食下则腹痛、泄泻或呕吐等症；如其化物作用减退，则可出现食后作胀、便溏、泄泻和完谷不化；如其泌别清浊的功能失常，则可见清浊混淆，吐泻交作，腹中剧痛等症。

小肠病临床常见的症状有泄泻、尿赤灼痛等症。

(一) 心气虚

多由久病体虚，暴病伤正，误治，失治，老龄脏气亏虚等因素引起。

主证：心悸，气短乏力，自汗，运动后尤甚，舌苔白，脉虚。

治则：养心益气，安神定悸。

方例：养心汤（党参、黄芪、炙甘草、茯苓、茯神、川芎、当归、柏子仁、酸枣仁、远志、五味子、肉桂，《证治准绳》）加减。

(二) 心阳虚

病因同心气虚，多在心气虚的基础上发展而来。

主证：除心气虚的症状外，兼有形寒肢冷，耳鼻四肢不温，舌淡或紫暗，脉细弱或结。

治则：温心阳，安心神。

方例：保元汤（党参、黄芪、桂枝、甘草，《博爱心鉴》），加减。

(三) 心血虚

多因久病体虚，血液生化不足；或失血过多，劳伤过度，损伤心血所致。

主证：心悸，躁动，易惊，口色淡白，脉细弱。

治则：补血养心，镇惊安神。

方例：归脾汤（见补虚方）加减。

(四) 心阴虚

除引起心血虚的病因之外，热证损伤阴津，腹泻日久等均可损伤心阴而致病。

主证：除有心血虚的主证外，尚兼有午后潮热，低热不退，盗汗，舌红少津，脉细数。

治则：养心阴，安心神。

方例：补心丹（党参、生地、玄参、丹参、天门冬、麦门冬、当归、五味子、茯神、桔梗、远志、酸枣仁、柏子仁、朱砂，《世医得效方》）加减。

（五）心热内盛

多因感受暑热之邪或其他淫邪内郁化热，或过服温补药所致。

主证：高热，大汗，精神沉郁，气促喘粗，粪干尿少，口渴，舌红，脉象洪数。

治则：清心泻火，养阴安神。

方例：香薷散或白虎汤（均见清热方）加减。

（六）痰火扰心

多因气郁化火，炼液为痰，痰火内盛，上扰心神所致。

主证：发热，气粗，眼急惊狂，蹬槽越桩，狂躁奔走，咬物伤人以及一些其他兴奋型的表现，苔黄腻，脉滑数。

治则：清心祛痰，镇静安神。

方例：镇心散或朱砂散（安神与开窍方）加减。

（七）痰迷心窍

多因湿浊内生，气郁化痰，痰浊阻闭心窍所致。

主证：神志痴呆，形如酒醉，或昏迷嗜睡，口流痰涎或喉中痰鸣，苔腻、脉滑。

治则：涤痰开窍。

方例：寒痰可用导痰汤（胆南星、枳实、陈皮、半夏、茯苓、炙甘草，《济生方》）加减；热痰可用涤痰汤（菖蒲、半夏、竹茹、陈皮、茯苓、枳实、甘草、党参、胆南星、生姜、大枣，《济生方》）加减。

（八）心火上炙

多由六淫内郁化火而致。

主证：舌尖红，舌体糜烂或溃疡，躁动不安，口渴喜饮，苔黄，脉数。

治则：清心泻火。

方例：洗心散（见清热方）或泻心汤（大黄、黄连、黄芩，《金匮要略》）加减。

（九）小肠实热

多由六淫内郁化热或心热下移所致。

主证：小便赤涩，尿道灼痛，尿血，舌红，苔黄，脉数，及心火热炽的某些症状。

治则：清利小肠。

方例：导赤散（生地、木通、甘草梢、竹叶，《小儿药证直决》）加减。

（十）小肠中寒

多因外感寒邪或内伤阴冷所致。

主证：腹痛起卧，肠鸣，粪便稀薄，口内湿滑，口流清涎，口色青白，脉象沉迟。

治则：温阳散寒，行气止痛。

方例：橘皮散（见理气方）加减。

（十一）心与小肠病辨证施治要点

（1）心血虚和气虚都有心悸动的症状，但心血虚者心悸动而伴有躁动易惊的症状；心气虚者心悸动伴有自汗，精神倦怠的症状。

心阴虚和心阳虚均为虚证，但阴虚则热，出现午后发热或低热不退，夜间多汗，口红舌燥等症状；阳虚则外寒，有形寒，怕冷，耳鼻四肢不温等症状。

心气虚者宜补心气，心阳虚者宜温心阳，心血虚者宜补心血，心阴虚者宜养心阴，若阴虚有火者，再加滋阴清火药。因四者均能影响心神，故均需应用安神的药物。

心阴与心阳，二者相互依存又相互制约，其中某一方面发生变化都会影响到另一方面，即所谓"阴损及阳，阳损及阴"。如临床上遇有阴阳两虚，气血俱亏者，应两者兼治，如炙甘草汤之阴阳并调，十全大补汤之气血双补。

（2）心热内盛以高热、大汗、躁动不安为其主要症状，而心火上炎则以舌体病变为主，二者易于鉴别。前者治宜清热宣窍，后者治宜清热泻火。

（3）痰火忧心在临床上出现狂躁不安症状，而痰迷心窍则出现昏迷症状，为二者鉴别要点。热痰宜清，寒痰宜温，同属于痰症，寒热不同，治法则异。

（4）心与小肠相表里，故小肠热证多与心火共存，证见躁动不安，口舌生疮，尿液短赤或血尿，治宜清火，通利二便。如因寒邪入侵小肠，可见肠鸣泄泻，尿少，治宜散寒行气。

二、肝和胆病辨证

肝是机体贮藏血液和调节血量的重要脏器组织。肝的生理功能，主要是肝阳、肝气主气机的疏泄和条达，能调节情志的抑郁和亢奋，并能助脾胃的升清降浊。肝气尚能总司全身筋腱的屈伸及血液的调节，但在病理上肝阳、肝气具有易亢，肝阴、肝血具有易亏虚的特点。

肝的病机，主要表现于肝气的疏泄功能太过或不及，肝血濡养功能的减退，以及肝脏阴阳制约关系的失调等方面，故肝脏阴阳气血失调的病机特点是，肝阳、肝气常为有余，肝阴、肝血常是不足。

肝阳、肝气失调：肝的阳气失调，以肝气、肝阳的亢盛有余为多见，而肝之气虚或阳虚则较为少见。且由于肝阳上亢，多为肝阴不足，阴不制阳，而致肝阳相对亢盛，故肝阳上亢之由亦多在肝阴、肝血不足。因此，肝气、肝阳失调的病机，主要表现在肝气郁结、肝气横逆、以及肝火上炎等。

肝阴、肝血失调：肝的阴血失调，均以亏损为其特点。阴虚则阳亢，而形成肝阳上亢、阴不制阳、阳气升动无制、肝风内动等。肝的阴血失调，主要可导致肝血虚亏、肝阳上亢及肝风内动等。

肝病常见症状及其发生机理：

眩晕、目花：多由肝阴不足，阴虚阳亢，肝之阳气升动，上扰清窍所致。

巅顶、乳房、两胁、少腹疼痛及阴囊疼痛：上述部分，皆为肝经循行所过。若肝郁气滞，气机阻塞，或痰气交阻，或气血互结，以致经气不利，脉络不通，则可于上述部位出现胀痛，或形成肿块。若气郁化火上窜于头部，则可发作巅顶剧痛。

关节屈伸不利，痉挛拘急、抽搐：多为肝之阴血不足，筋脉失养所致。

四肢麻木：多由肝血不足，不能滋养经脉肌肤，或由于风痰流窜经脉，络脉气血不和所致。

急躁易怒：肝为刚脏，主升主动，若肝郁气滞，气郁而化火，肝火亢盛，或肝之阴气升动太过，肝阳亢逆，则可致性情急躁而易怒。

胆的主要生理功能是贮藏和排泄胆汁，以助脾胃的腐熟运化功能。胆汁生成于肝之余气。胆汁的分泌和排泄，受肝的疏泄功能的控制调节，所以胆汁的分泌和排泄障碍与肝的疏泄功能异常密切相关。

胆汁的分泌排泄障碍，多由情志所伤，肝失疏泄而引起，或因中焦湿热熏蒸，阻遏肝胆的气机，致使肝胆郁热化火，胆汁排泄失调。

胆病的临床常见症状有寒热往来，口苦、胁痛、黄疸等。其发生机制如下：

寒热往来：外邪客于足少阳胆经，由于少阳为枢，外出于阳则发热，内入于阴则恶寒，故见寒热往来之证。

口苦：为胆气上逆，胆液上泛所致。

胁痛：胆位于右胁下，胆的经脉循行于两胁，若肝胆气机不畅，经脉阻滞，气血流通不利，即可发作胁肋胀满疼痛。

黄疸：为肝胆疏泄失职，胆液排出不循常道，逆流于血脉，泛溢于肌肤所致。

（一）肝火上炎

多由外感风热或由肝气郁结而化火所致。

主证：两目红肿，羞明流泪，睛生翳障，视力障碍，或有鼻衄，粪便干燥，尿浓赤黄，口色鲜红，脉象弦数。

治则：清肝泻火，明目退翳。

方例：决明散（见祛风方）或龙胆泻肝汤（见清热方）加减。

（二）肝血虚

多因脾肾亏虚，生化之源不足，或慢性病耗伤肝血，或失血过多所致。

主证：眼干，视力减退，甚至出现夜盲、内障，或倦怠喜卧，蹄壳干枯皱裂，或眩晕，站立不稳，时欲倒地，或见肢体麻木、震颤，四肢拘挛抽搐，口色淡白，脉弦细。

治则：滋阴养血，平肝明目。

方例：四物汤（见补虚方）加减。

（三）肝风内动

以抽搐、震颤等为主要症状，常见的有热极生风、肝阳化风、阴虚生风和血虚生风四种。

1. 热极生风　多由邪热内盛，热极生风横蹿经脉所致。见于温热病的极期。

主证：高热，四肢痉挛抽搐，项强，甚则角弓反张，神志不清，撞壁冲墙，转圈运动，舌质红绛，脉弦数。

治则：清热，熄风，镇痉。

方例：羚羊钩藤汤（羚羊片、霜桑叶、川贝母、鲜生地、钩藤、菊花、茯神、生白芍、生甘草、竹茹，《通俗伤寒论》）加减。

2. 肝阳化风　多由肝肾之阴久亏，肝阳失潜而致。

主证：神昏似醉，站立不稳，时欲倒地或头向左或向右盘旋不停，偏头直颈，歪唇斜眼，肢体麻木，拘挛抽搐，舌质红，脉弦数有力。

治则：平肝熄风。

方例：镇肝熄风汤（见祛风方）加减。

3. 阴虚生风　多因外感热病后期阴液耗损，或内伤久病，阴液亏虚而发病。

主证：形体消瘦，四肢蠕动，午后潮热，口咽干燥，舌红少津，脉弦细数。

治则：滋阴定风。

方例：大定风珠（生白芍、阿胶、生龟板、干地黄、麻仁、五味子、生牡蛎、麦门冬、炙甘草、鸡子黄、鳖甲《温病条辨》）加减。

4. 血虚生风　多由急慢性出血过多，或久病血虚所引起。

主证：除血虚所致的眩晕站立不稳，时欲倒地，蹄壳干枯皱裂，口色淡白，脉细之外，尚有肢体麻木、震颤，四肢拘挛抽搐的表现。

治则：养血熄风。

方例：加减复脉汤（炙甘草、生地黄、生白芍、麦门冬、阿胶、麻仁、《温病条辨》）加减。

（四）寒滞肝脉

多由外寒客于肝经，致使气血凝滞而成。

主证：形寒肢冷，耳鼻发凉，外肾硬肿如石如冰，后肢运步困难，口色青，舌苔白滑，脉沉弦。

治则：温肝暖经，行气破滞。

方例：茴香散（见温里方）加减。

（五）肝胆湿热

多因感受湿热之邪，或脾胃运化失常，湿邪内生，郁而化热所致。

主证：黄疸鲜明如橘色，尿液短赤或黄而浑浊。母畜带下黄臭，外阴瘙痒，公畜睾丸肿胀热痛，阴囊湿疹，舌苔黄腻，脉弦数。

治则：清利肝胆湿热。

方例：茵陈蒿汤（见清热方）加减。

（六）肝胆寒湿

多因夜卧湿地，寒湿之邪内侵，或因脾不健运，水湿内生，又感寒邪，致使寒湿合邪侵入肝胆所致。

主证：黄疸晦暗如烟熏，食少便溏，舌苔滑腻，脉沉迟。

治则：祛寒利湿退黄。

方例：茵陈四逆汤（见清热方之茵陈蒿汤）加减。

（七）肝与胆病辨证论治要点

1. 肝性刚强，体阴用阳，故肝病初期，多见实证、热证。肝之寒证，仅见于厥阴经脉所属的部位，如睾丸硬肿如石如冰。

2. 肝病实证中，肝火上炎和热动肝风，二者同出一源，多由肝气有余，导致肝火上升，甚则火盛动风痉厥。临床应掌握不同情况，分别主次，确定清肝泻火，清热熄风等法。实证不愈，伤及肝肾之阴，以致本虚标实，肝阳上亢，最后导致阴亏风动的虚证。必须掌握不同情况，分别轻重，确定滋阴平肝，救阴熄风等法。

3. 热入心包，心神受扰，与热极生风、肝风内动的证候密切相关，并经常合并出现。但心与心包的证候以神识障碍为主，而热动肝风的证候则四肢拘挛抽搐为主。

4. 肝火上炎引起的目疾，与肝阴血虚之肝不养目所致的目疾，病机不同，病证不同，治法也不同。前者为肝经实证，宜清泻肝火，明目退翳；后者为肝经虚证，且多与肾精不足有关。治宜滋阴养肝，明目祛翳。

5. 肝胆相表里，在发病上肝胆多同病，在治疗上也肝胆同治，而以治肝为主。如肝胆湿热，而以肝病为主，治疗上多从肝论治。

三、脾和胃病辨证

脾的主要生理功能是将水谷化为精微，运化水液，输布津液，防止水湿的产生。脾的运化功能，主要依赖于脾的阳气，故"脾宜升则健"。脾主升清、主统血。脾的阴血，对于脾的运化功能所起的作用，远逊于脾的阳气。

脾阳、脾气的失调：脾的阳气失调，主要为脾阳、脾气的不足，而致健运失职，气血生化无权，或内生水湿痰饮，甚则损及肾阳，而致脾肾阳虚；或脾之阳气不足，升举无力而致中气下陷；或气虚统血无权，而致失血。故脾的阳气失调主要引起脾气虚弱，脾阳虚衰及水湿中阻等病症。

脾阴的失调：脾阴虚，是指脾脏阴液亏虚不足。多由病久或热病期耗伤脾胃之阴液所致。

脾病常见症状及其发生机制：

腹满胀痛或脘腹痛：多因脾气虚，运化无力；或因宿食停滞；或因脾胃虚寒，失其温煦，寒凝气滞；或因肝气犯肺，气机郁滞等所致。脾健运失职，清气不升，浊气不降，气机郁滞，故发胀满而痛。

食少、便溏：多因脾虚胃弱，或湿困脾胃，脾不升清、胃失降浊。

黄疸：多由脾运不健，湿浊阻滞，肝胆疏泄受阻，胆热液泄，胆汁不循常道，逆流入血，泛溢于肌肤所致。

身重乏力：多由脾气不足，或脾为湿困，不能正常运化水湿，因而水湿留滞所致。

脱肛、阴挺及内脏下垂：多因脾虚、中气下陷，脏腑升举维系无力或不能升举。

便血、崩漏、紫癜：多因脾气虚，失其统摄之权，则血不循经而外逸。如血溢肠内，则血随粪便而下，谓之"便血"。气虚下陷，冲任不固，则为崩漏。血溢于肌腠皮下，则发为紫癜。

胃为"水谷之海"，生理功能是受纳与腐熟水谷，以和降为顺。

胃的受纳和腐熟水谷功能障碍，导致胃失和降，胃气上逆等病理变化。

胃病常见症状及其发生机理：

嗳气、呃逆、恶心、呕吐：多由胃失和降，胃气上逆，发为嗳气、恶心、呕吐等。

胃脘胀痛：多由宿食停滞，导致胃气郁滞，和降失职，气机阻塞不通，不通则痛，故发胃脘胀满而痛。

消谷善饥：多由胃热炽盛，腐熟功能亢进，水谷消化加速所致。

胃脘嘈杂：多由胃热（火）、或胃阴亏损，虚热内生，胃腑失和所致。

纳呆食少：多由胃气虚弱，腐熟功能减退，和降失职所致。

（一）脾气虚

1. **脾虚不运**　多由饮食失调、劳役过度及其他疾患耗伤脾气所致，见于慢性消化不良的病程中。

主证：草料迟细，体瘦毛焦，倦怠喜卧，肚腹虚胀，肢体浮肿，尿短，粪稀，口色淡黄，舌苔白，脉缓弱。

治则：益气健脾。

方例：参苓白术散（见补气方），或香砂六君子汤（见四君子汤附方）加减。

2. **脾气下陷**　多由脾不健运进一步发展而来，见于久泻久痢、直肠脱、阴道脱、子宫脱等证。

主证：久泻不止，脱肛或子宫脱、阴道脱、尿淋漓难尽，并伴有体瘦毛焦，倦怠喜卧，多卧少立，草料迟细，口色淡白，苔白，脉虚。

治则：益气生阳。

方例：补中益气汤（见补气方）加减。

3. **脾不统血**　多因久病体虚、脾气衰虚、不能统摄血液所致。见于某些慢性出血病和某些热性疾病的慢性病程中。

主证：便血、尿血、皮下出血等慢性出血，并伴有体瘦毛焦，倦怠喜卧，口色淡白，脉缓弱。

治则：益气摄血，引血归经。

方例：归脾汤加减。

（二）脾阳虚

多由于脾气虚发展而来，或因过食冰冻草料，暴饮冷水，损伤脾阳所致。见于急慢性消化不良。

主证：在脾不健运症状的基础上，同时出现形寒体冷，耳鼻四肢不温，肠鸣腹痛，泄泻，口色发青，口腔滑利，脉象沉迟。

治则：温中散寒。

方例：理中汤（见温里方）加减。

（三）寒湿困脾

多因长期过食冰冻草料，暴饮冷水，使寒湿停于中焦，或久卧湿地导致寒湿困脾。见于消化不良、水肿、妊娠浮肿、慢性阴道和子宫炎的病程中。

主症：耳耷头低，四肢沉重喜卧，草料迟细，粪便稀薄，小便不利，或见浮肿，口黏不渴，舌苔白腻，脉象迟缓而濡。

治则：温中化湿。

方例：胃苓散（见五苓散附方）加减。

（四）胃阴虚

多由高热伤阴，津液亏耗所致，见于热性病的后期。

主证：体瘦毛焦，皮肤松弛，弹性减弱，食欲减退，口干舌燥，粪球干少，尿少色浓，口色红，苔少或无苔，脉细数。

治则：滋养胃阴。

方例：养胃汤（沙参、玉竹、麦门冬、生扁豆、桑叶、甘草，《临证指南》）加减。

（五）胃寒

多由外感风寒，或饮喂失调，如长期过食冰冻饲料，暴饮冷水所致。见于消化不良病症中。

主证：形寒怕冷，耳鼻发凉，食欲减退，粪便稀软，尿液清长，口腔湿滑或口流清涎，口色淡或青白，苔白而滑，脉象沉迟。

治则：温胃散寒。

方例：桂心散（见温里方）加减。

（六）胃热

多由胃阳素强，或外感邪热犯病，或外邪传内化热，或急性高热病中热邪波及胃脘所致。

主证：耳鼻温热，草料迟细，粪球干小而尿少，口干舌燥，口渴贪饮，口腔腐臭，齿龈肿痛，口色鲜红，舌有黄苔，脉象洪数。

治则：清热泻火，生津止渴。

方例：清胃热解热散（知母、石膏、玄参、黄芩、大黄、枳壳、陈皮、六曲、连翘、地骨皮、甘草，《中兽医治疗学》）加减。

（七）胃食滞

多由暴饮暴食，伤及脾胃，食滞不化，或草料不易消化，停滞于胃所致。

主证：不食，肚腹胀满，嗳气酸臭，腹痛起卧，粪干或泄泻，尿气酸臭，口色深红而燥，苔厚腻，脉滑实。

治则：消食导滞。

方例：病情轻者。可用曲蘖散（见消导方）加减；病情重者，可用调气攻坚散（醋香附、三棱、莪术、木香、藿香、沉香、枳壳、莱菔子、槟榔、青皮、郁李仁、麻油、醋，《中兽医治疗学》）加减。

（八）脾与胃病辨证施治要点

1. 病后失养，或劳伤过度，以致脾胃气虚，证见倦怠喜卧，草料迟细，粪便稀薄，治宜益气健脾；若致中气不足，或兼脱肛，子宫脱，阴道脱，治宜补中益气。如病久不复，脾阳衰弱，证见形寒怕冷，耳鼻四肢不温，肠鸣腹痛，粪便稀薄，治宜温中健脾。

2.脾病多挟湿，无论虚实寒热，均可出现湿之兼证，或因淋雨受寒，湿从外来；或暴饮冷水，中阳被困，湿从内生。如寒证的寒湿困脾，热证的湿热困脾。前者治宜散寒燥湿，后者治宜清热利湿，湿去则脾运自复。

3.胃喜润恶燥，胃气宜降，故胃病以食滞和热证为多见。食滞宜消，热证宜清。胃之热证又分实热和虚热两种，前者为胃热炽盛，后者为胃阴不足，在治疗上，实者宜清泻，虚者宜滋补。胃之寒证，又宜温胃散寒。

4.脾与胃互为表里，是水谷消化的主要脏器，因此在临床上，提到脾，往往包含胃，提到胃，往往包含脾。相对而言，脾病多虚证，胃病多实证，故有"实则阳明，虚则太阴"之说。脾与胃的病证又可以相互转化。胃实因用攻下太过，脾阳受损，可以转为脾虚寒；如脾虚渐复而由于暴食，又能转为胃实。虚实之间，必须详察。

5.脾胃为气血生化之源。如脾病日久不愈，势必影响其他脏腑；而它脏有病，亦多传于脾胃。因此，在治疗内伤疾病的过程中，必须时时照顾脾胃，扶持正气，使病体逐渐复原。

四、肺和大肠病辨证

肺是体内外气体交换的场所，其主要生理功能是主气、司呼吸，主宣发肃降，朝百脉以助心推动血液的循行，通调水道以促进津液的输布和代谢。肺气尚能宣发卫气于体表，以发挥其温煦肌肤，保卫肌表的作用。

肺气宣发和肃降失常，多由外邪侵犯于肺和肺系，或因痰浊内阻肺络，或因肝气太过，气火上逆犯肺所致。亦可由于肺气不足，宣发和肃降无权，或肺阴亏虚，燥热内生而致宣发和肃降失常等。

肺病常见症状及其发生机理：

咳嗽：为肺的呼吸功能失常最常见症状之一。主要由于肺气失宣，肺气不时上逆所致。

气短：多由肺气虚损，呼吸功能衰减所致。

哮：多由痰气交阻，气机升降出纳失常，肺系气道阻塞不畅所致。

喘：多由肺热蕴盛，气机壅阻或肺肾两虚，肾不纳气所致。

胸闷疼痛：多由风、寒、燥、热之邪，或痰、淤、水饮等壅遏肺气，气机阻塞不通，或肺络为邪所闭，气血滞涩不畅所致。

咯痰、咯血：多由肺失空肃，水津气化输布障碍，聚而成痰，或因脾虚，痰湿内聚上泛所致。咯血多为痰热化火，肝火犯肺，灼伤肺络所致。

声哑失音：多由外邪犯肺，肺气失宣，声道不利，而致声哑失音。或由于肺虚阴津不足，声道失于滋润而致声哑失音。

鼻衄：多由肺胃蕴热，或肝火上炎，灼伤肺之脉络，热迫血妄行所致。

自汗：多由肺气虚损，卫阳不固，腠理疏泄，津液外泄所致。

大肠的生理功能是传导糟粕，也就是接受小肠传送下来的糟粕，吸收其中剩余水分，形成粪便，排出体外。因此，大肠的病变，多表现为排便的异常。

大肠的传导失司，可由湿热或寒湿之邪，或由饮食所伤，食滞不化等因素所致；湿热、寒湿与大肠之气血相搏，气滞血淤可致下痢赤白、里急后重；脾胃运化失司，脾肾气虚不能固摄，则可引起便秘或大便失禁，甚则脱肛。

大肠失于传导而致便秘等，可由阳明实热燥结，胃气下降，肺气壅盛于下而失清肃引起；也可由阳虚不运，中气虚弱，肠液枯涸等因素引起。若大肠传导涩滞不利，阻滞大肠经脉的气血运行，久则积淤成痔。若湿热结于大肠，营气不行，逆于肉理，卫气归而不得复返，则可使局部肌膝发生肿胀疼痛，以致肉腐化脓，发为肠痈。

大肠的临床常见症状有热泻、便闭、痢疾、肠垢、痔、肠痈等。

（一）肺气虚

多因久病咳喘伤及肺气，或其他脏器病变影响及肺，使肺气虚弱而成。

主证：久喘气咳，且咳喘无力，动则喘甚，鼻流清涕，畏寒喜暖，易于感冒，容易出汗，日渐消瘦，皮燥毛焦，倦怠喜卧，口色淡白，脉象细弱。

治则：补肺益气，止咳定喘。

方例：补肺散（党参、黄芪、紫菀、五味子、熟地、桑白皮，《永类钤方》）加减。

（二）肺阴虚

多因久病体弱，或热久恋于肺，损伤肺阴所致，或由于发汗太过而伤及肺阴所致。见于慢性支气管炎及肺结核。

主证：干咳连声，昼轻夜重，甚则气喘，鼻液黏稠，低热不退，或由于发汗太过伤及肺阴所致。

治则：滋阴润肺。

方例：百合固金汤（见补虚方）加减。

（三）痰饮阻肺

因脾失健运，湿聚为痰饮，上贮于肺，使肺气不得宣降而发病。

主证：咳嗽，气喘，鼻液量多，色白而黏稠，苔白腻，脉滑。

治则：燥湿化痰。

方例：二陈汤（见化痰止咳平喘方）加减。

（四）风寒束肺

因风寒之邪侵袭肺脏，肺气闭郁而不宣降所致。见于感冒、急慢性支气管炎。

主证：以咳嗽、气喘为主，兼有发热轻而恶寒重，鼻流清涕，口色青白，舌苔薄白，脉浮紧。

治则：宣肺散寒，祛痰止咳。

方例：麻黄汤或荆防败毒散（均见解表方）加减。

（五）风热犯肺

多因外感风热之邪，以致肺气宣降失常所致。见于风热感冒，急性支气管炎，咽喉炎等病程中。

主证：以咳嗽和风热表证共见为特点。咳嗽，鼻流黄涕，咽喉肿痛，触之敏感，耳鼻温热，身热，口干贪饮，口色偏红，舌苔薄白或黄白相间，脉浮数。

治则：疏风散热，宣通肺气。

方例：表热重者，用银翘散（见解表方）加减；咳嗽重者，用桑菊饮（桑叶、菊花、杏仁、甘草、薄荷、连翘、芦根、桔梗，《温病条辨》）加减。

（六）燥热伤肺

由感受燥热之邪，在表未解，入里伤及肺脏所致。

主证：干咳无痰，咳而不爽，被毛焦枯，唇焦舌燥，口色红而干，苔薄黄少津，脉浮细而数。常伴有发热微恶寒。

治则：清肺润燥养阴。

方例：清燥救肺汤（见化痰止咳平喘方）加减。

（七）肺热咳喘

多因外感风热或因风寒之邪入里郁而化热，以致肺气宣降失常所致。见于咽喉炎、急性支气管炎、肺炎、肺脓疡等病。

主证：咳声洪亮，气促喘粗，鼻翼扇动，鼻涕黄而黏稠，咽喉肿痛，粪便干燥，尿液短赤，口渴贪饮，口色赤红，苔黄燥，脉洪数。

治则：清肺化痰，止咳平喘。

方例：麻杏石甘汤（见化痰止咳平喘方）或清肺散（见清热方）加减。

（八）大肠液亏

内有燥热，使大肠津液亏损，或胃阴不足，不能下滋大肠，均可使大肠液亏。多见于老畜及母畜产后和热病后期等病程中。

主证：粪球干小而硬，或粪便秘结干燥，努责难以排下，舌红少津，苔黄燥，脉细数。

治则：润肠通便。

方例：当归苁蓉汤（见泻下方）加减。

（九）食积大肠

多因过饥暴食，或草料突换，或久渴失饮，或劳役失度，或老畜咀嚼不全，致使草料停于肠中，而成此病。见于结症。

主证：粪便不通，肚腹胀满，回头观腹，不时起卧，饮食欲废绝，口腔酸臭，尿少色浓，口色赤红，舌苔黄厚，脉象沉而有力。

治则：通便攻下，行气止痛。

方例：大承气汤（见泻下方）加减。

（十）大肠湿热

外感暑湿，或感染疫疠之气，或喂霉败秽浊的或有毒的草料，以致湿热或疫毒蕴结，下注于肠，损伤气血而发病。见于急性胃肠炎、菌痢等的病程中。

主证：发热，腹痛起卧，泻痢腥臭，甚则脓血混杂，口干舌燥，口渴贪饮，尿液短赤，口色红黄，舌苔黄腻或黄干，脉象滑数。

治则：清热利湿，调气和血。

方例：白头翁汤或郁金散（均见清热方）加减。

（十一）大肠冷泻

多由外感风寒或内伤阴冷（如喂冰冻草料、暴饮冷水）而发病。

主证：耳鼻寒冷，肠鸣如雷，泻粪如水，或腹痛，尿少而清，口色清黄，舌苔白滑，脉象沉迟。

治则：温中散寒，渗湿利水。

方例：桂心散（见温里方）或橘皮散（见理气方）加减。

（十二）肺与大肠病辨证施治要点

1. 肺的病证，从病因上讲可分外感与内伤两种，临床辨证上不外虚实两类。肺气虚者多有阳虚卫外不固之症状，肺阴虚者有阴虚内热的症状，痰饮阻肺的特点是鼻流大量白黏鼻涕，舌胖，苔白腻，三者可资鉴别。风寒束肺、风热犯肺、燥热犯肺、肺热咳嗽，均为外感新病，属实证，咳喘为其共有症状，可兼或不兼有表证。风寒束肺咳喘而鼻涕稀薄，风热犯肺咳喘而鼻涕黄稠，燥邪伤肺咳喘而鼻流腥臭浓涕，四者易于区别。

2. 肺主肃降，治肺病以清肃肺气为主，虽有宣肺、肃肺、温肺、清肺、润肺之别，但务使肺气肃降，邪不干犯，其病乃愈。若肺气不足，或肺气大虚时，又当升提补气。肺主气，味宜辛，用药苦温可以开泄肺气，辛酸可以敛肺益气，除非必要，一般不用血分药。肺清肃而处高位，选方多宜轻清，不宜重浊，正所谓"治上焦如羽，非轻不举。"肺不耐寒热，辛甘平润最为适宜。如治肺不效，可以通过它脏关系，进行间接治疗，如健脾、益肾等法。

3. 大肠主传导糟粕，其病变主要反映在粪便方面。大肠有热则津少肠枯而成燥粪，大肠有湿则湿盛泄泻。治疗津亏便秘，需滋养阴液配合攻下法，才不至于下后复又燥结；治疗湿热泄泻，需利湿配合清热之法，方不致泻止而热毒内蕴。

4. 肺与大肠互为表里，故肺经实证、热证可泻大肠，使肺热从大肠下泄而气得肃降。因肺气虚导致大肠津液不布而便秘者，可用滋养肺气之法，以通润大肠。

五、肾和膀胱病辨证

肾为"先天之本"。主要生理功能是：藏精、主生长、发育、生殖和水液代谢。肾的藏精功能失常，则或为肾失闭藏，精气流失，导致肾中精气不充足而亏虚，影响机体的生长、发育和生殖机能；或精不生髓，而导致髓海不足，骨质疏松等。肾的主水功能失常，则可导致水液代谢障碍，或为尿少、尿闭、聚水而为肿，或为尿多，小便清长、失禁等。

由于肾中精气，含有"先天之精"，为一身之本，内寓真阴真阳，为全身阴阳之本。因此肾的生理功能失常，实际上即是肾的精气不足或肾阴肾阳的失调。

肾的精气不足，主要包括肾精亏虚和肾气不固两个方面。

肾的阴阳失调，主要包括肾阴亏虚、肾阳虚损、命门相火过亢等方面。

肾病常见症状及其发生机理：

阳痿、滑精、早泄、遗精：此皆生殖机能衰弱的表现，肾阳虚衰、命门之火不足多为阳痿；肾气虚损，精关不固，失其封藏固摄之权，则多为滑精或早泄。

腰冷酸痛、四肢痿软：腰为肾之府，肾主骨。肾阳虚、肾精不充，则不能温煦或滋养腰膝，或寒湿、或湿热阻滞经脉，气血运行不畅，故见腰冷酸痛，骨软无力，四肢痿弱。

气喘：肺主呼吸，肾主纳气。肾气虚损，失其摄纳之权，气浮于上，不能纳气归元，故见呼多吸少而气喘。

耳鸣、耳聋：肾开窍于耳，肾精可生髓充脑，脑为髓之海，肾阴虚、肾精不充，髓海空虚，则脑转（眩晕）、耳鸣如蝉、虚甚则耳聋失聪。

排尿不利，尿闭、水肿：多由肾阳虚损，气化失司、关门不利，水液不能蒸化或下输所致。水液排出不畅，则排尿不利；气化障碍则尿闭不通；水邪泛滥于肌腠，则发水肿。

尿频、遗尿：系由肾气虚衰，封藏固摄失职，膀胱失约所致。

膀胱为贮存和排泄尿液的器官，其经脉络肾，与肾构成表里关系。

膀胱的生理功能失常，主要在于膀胱气化不利，亦即是肾的气化功能失司，多表现为排尿的异常，如尿频、尿急、尿痛、或排尿困难，甚则尿闭，或见遗尿、小便失禁等。

（一）肾阳虚

根据临床症状及病理变化特点可分为以下四种证型。

1. 肾阳虚衰　素体阳虚，或久病伤肾，或劳损过度，或年老体弱，下元亏损，均可导致肾阳虚衰。

主证：形寒肢冷，耳鼻四肢不温，腰痿，腰腿不灵，难起难卧，四肢下部浮肿，粪便稀软或泄泻，小便减少，公畜性欲减退，阳痿不举，垂缕不收，母畜宫寒不孕。口色淡，舌苔白，脉沉迟无力。

治则：温补肾阳。

方例：肾气散（见补虚方之六味地黄汤）加减。

2. 肾气不固　多由肾阳素亏，劳损过度，或久病失养，肾气亏耗，失其封藏固摄之权而致。

主证：小便频数而清，或尿后余沥不尽，甚至遗尿或小便失禁，腰腿不灵，难起难卧，公畜滑精早泄，母畜带下清稀，胎动不安，舌淡苔白，脉沉弱。

治则：固摄肾气。

方例：缩泉丸（乌药、益智仁、山药，《妇人良方》）或固精散（见收涩方）加减。

3. 肾不纳气　由于劳役过度，伤及肾气，或久病咳喘，肺虚及肾所引起。见于慢性支气管炎、慢性肺泡气肿等的病程中。

主证：咳喘，气喘，呼多吸少，动则喘甚，重则咳而遗尿，形寒肢冷，汗出，口色淡白，脉虚浮。

治则：温肾纳气。

方例：人参蛤蚧散（人参、蛤蚧、杏仁、甘草、茯苓、贝母、桑白皮、知母，《卫生宝鉴》）加减。

4. 肾虚水泛　素体虚弱，或久病失调，损伤肾阳，不能温化水液，致水邪泛滥而上逆，或外溢肌肤所致。见于慢性肾炎、心衰、胸腹下水肿、阴囊水肿等病程中。

主证：体虚无力，腰脊板硬，耳鼻四肢不温，尿量减少，四肢腹下浮肿，尤以两后肢浮肿较为多见，严重者宿水停脐，或阴囊水肿，或心悸，咳喘痰鸣，舌质淡胖，苔白，脉沉细。

治则：温阳利水。

方例：济生肾气丸（熟地、山药、山茱萸、茯苓、泽泻、牡丹皮、官桂、炮附子、牛膝、车前子）加减。

（二）肾阴虚

因伤精、失血、耗液而成，或急性热病耗伤肾阴，或其他脏腑阴虚而伤及于肾，或因过服温燥劫阴之药所致。见于久病体弱，慢性贫血，或某些慢性传染病过程中。

主证：形体瘦弱，腰胯无力，低热不退或午后潮热，盗汗，粪便干燥，公畜举阳滑精或精少不育，母畜不孕，视力减退，口干、舌红、少苔、脉细数。

治则：滋阴补肾。

方例：六味地黄汤（见补虚方）加减。

（三）膀胱湿热

由湿热下注膀胱，气化功能受阻所致。

主证：尿频而急，尿液排出困难，常做排尿姿势，痛苦不安，或尿淋漓，尿色浑浊，或有脓血，或有砂石，口色红，苔黄腻，脉数。

治则：清利湿热。

方例：八正散（见祛湿方）加减。

（四）肾与膀胱病辨证施治要点

1. 一般而言，肾无表证与实证，肾之热，属于阴虚之变，肾之寒，属阳虚之变。

2. 肾阳虚与肾阴虚均可出现腰脊板硬疼痛，腰胯软弱等证。但肾阳虚兼见外寒、阳痿滑精等症；肾阴虚则兼见内热、举阳遗精等症。临床中必须注意鉴别。

3. 补虚之治，总的治疗原则是"培其不足，不可伐其有余"。阴虚者火旺，治宜甘润养阴，使阴液渐复而虚火自降。阳虚者寒盛，治宜辛温助阳，使阳气渐复而阴寒易散。至于阴阳两虚，宜用阴阳并补之法。病情复杂，方药必须审慎用之。

4. 肾与其他脏腑有密切关系，如肾阴不足，不能养肝，引起肝阳上亢，治宜滋阴以潜阳；肾阴不能上承，心火偏旺，治宜滋阴以降火；久咳不愈，上损及下，肺肾阴亏，治宜滋肾阴以养肺；脾肾阳衰，治宜助火而健脾。病久正虚，通过治肾而兼理他脏，对治疗久病不愈具有一定的作用。

5. 肾与膀胱相表里，膀胱的病证与肾密切相关，如肾不化气，可直接影响到膀胱气化而导致尿的异常。一般来说，虚证多属于肾，实证多属于膀胱。所谓膀胱虚寒者，实际上是肾阳虚衰或肾气不固的病理表现，在治疗上亦从肾论治，而膀胱湿热可直接清利膀胱。

第四节　卫气营血辨证

卫气营血辨证，是清代著名医家叶天士创立的用于辨外感温热病的一种辨证方法，是在六经辨证的基础上发展起来的，又弥补了六经辨证的不足。

温热病是感受温热病邪所引起的多种急性热性病的总称，是外感病的一大类别，以发展迅速、变化较多，热相偏重，以化燥伤阴为特征。

卫、气、营、血是对温热病四类证候的概括，同时又代表着温热病过程中由浅入深、由轻变重的四个阶段。具体说来，温热病邪首先犯卫，邪在卫分不解，则内传于气分；气分病邪不解，则传入营分；邪在营分不解，则入血分。如此病邪步步深入，病情逐渐加重。就温热病四个阶段的病变部位来看，卫分主表，病在肺与皮毛；气分主里，病在肺、肠、胃等脏腑；营分是邪入心营，病在心与心包；血分是邪热已深入肝、肾，重在动血耗血。

温热病的一般治法是，病在卫分宜辛凉解表，病在气分宜清热生津，病在营分宜清营透热，病在血分宜清热凉血。

一、卫气营血证治

(一) 卫分病证

是温热表邪侵犯肌表，卫分功能失常所表现出的证候。一般见于温热病的初期，属于表热证。

主证：发热重，恶寒轻，咳嗽，口干微红，舌苔薄黄，脉浮数。

治则：辛凉解表。

方例：银翘散（见解表方）加减。

(二) 气分病证

是温热病邪深入脏腑，正盛邪实，正邪相争激烈，阳热亢盛的里热证。多由卫分病传来，或由温热之邪直入气分所致。主要表现为但热不寒，呼吸喘粗，口干津少，口色鲜红，舌苔黄厚，脉洪大。但因温热之邪所侵袭的脏腑和部位不同，又有不同的证候表现。常见的有温热在肺、热入阳明、热结肠道三种证型。

1. 温热在肺

主证：发热，咳嗽，口色鲜红，舌苔黄燥，脉洪数。

治则：清热宣肺，止咳平喘。

方例：麻杏石甘汤（见化痰止咳平喘方）加减。

2. 热入阳明

主证：发热，大汗，口渴喜饮，口津干燥，口色鲜红，舌苔黄燥，脉洪大。

治则：清热生津。

方例：白虎汤（见清热方）加减。

3. 热结肠道

主证：发热，肠燥便干，粪便不通或热结旁流，腹痛，尿短赤，口津干燥，口色深红，舌苔黄厚，脉沉实有力。

治则：滋阴、清热、通便。

方例：增液承气汤（见泻下方）加减。

（三）营分病证

是温热病邪入血的轻浅阶段，以营阴受损，心神被扰为特点。证见高热，舌质红绛，斑疹隐隐，神昏或躁动不安。

营分病证的形成：一是由卫分传入，即温热病邪由卫分不经气分而直入营分，称为"逆传心包"；二是由气分传来，即先见气分证的热相，而后出现营分证的症状；三是温热之邪直入营分，即温热病邪侵入机体，致使畜体起病后便出现营分症状。

营分证介于气分证和血分证之间，如疾病由营转气，是病情好转的表现；如由营入血，则病情更加深重。营分证有热伤营阴和热入心包两种。

1. **热伤营阴**

主证：高热不退，夜甚，躁动不安，呼吸喘促，舌质红绛，斑疹隐隐，脉细数。

治则：清营解毒，透热养阴。

方例：清营汤（见清热方）加减。

2. **热入心包**

主证：高热，神昏，四肢厥冷或抽搐，舌质绛，脉数。

治则：清心开窍。

方例：清宫汤（玄参、莲子、竹叶心、麦门冬、连翘、犀角。《温病条辨》）加减。

（四）血分病证

是温热病的最后阶段，也是疾病发展过程中最为深重的阶段。血分证或由营分传来，即先见营分证的营阴受损，心神被扰的症状，而后才出现血分证见证；或由气分传变，即不经营分，直接由气分传入血分。肝藏血，肾藏精，故血分疾病以肝肾病变为主，临床上除具有较重的营分证候外，还有耗血、动血、伤阴、动风的病理变化。其特征是身热，神昏，舌质深绛，黏膜和皮肤发斑，便血、尿血，项背强直，阵阵抽搐，脉细数。常见的有血热妄行、气血两燔、肝热动风和血热伤阴等四种证候。

1. **血热妄行**

主证：身热，神昏，黏膜和皮肤发斑，便血、尿血，口色深绛，脉数。

治则：清热解毒，凉血散淤。

方例：犀角地黄汤（见清热方）加减。

2. 气血两燔

主证：身大热，口渴喜饮，口燥苔焦，舌质红绛，发斑，便血、衄血，脉数。

治则：清气分热，解血分毒。

方例：清瘟败毒饮（见清热方）加减。

3. 肝热动风

主证：高热，神昏，项背强直，阵阵抽搐，口色深绛，脉弦数。

治则：清热平肝熄风。

方例：羚羊钩藤汤（见平肝方）加减。

4. 血热伤阴

主证：低热不退，精神倦怠，口干舌燥，舌红无苔，尿赤，粪干，脉细数无力。

治则：清热养阴。

方例：青蒿鳖甲汤（见清热方）加减。

二、卫气营血的传变规律

外感温热病多起于卫分，病情较轻，继之表邪入里，传入气分，病情较重；进而深入营分，病情更重；最后邪陷血分，则病情最为深重。这种渐次深入是温热病发展的一般规律。如《外感温热篇》说："大凡看法，卫之后方言气，营之后方言血。"

由于季节气候的不同，病邪盛衰的差异，以及患畜体质强弱的不同，上述传变规律不是固定不变的。临床上所见的温热病，有的起病就不经卫分，而直接从气分或营分开始。传变除循经而传的情况外，还有越经而传的。如卫分病不经气分而传入营分，气分病不经营分而传入血分，酿成气血两燔。如下所示。

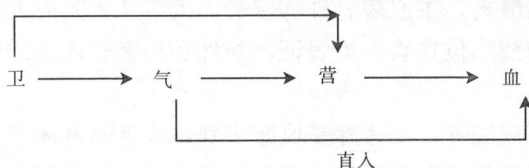

```
        ┌─────────────────────┐
        │                     ↓
卫 ──→ 气 ──→ 营 ──→ 血
        │              ↑
        └──────────────┘
             直入
```

因此，在临床辨证时，应根据疾病的不同情况，具体分析，灵活应用，不得生搬硬套。

第五节　六经辨证

六经辨证是东汉著名医家张仲景在《素问·热论》六经分证的基础上，结合伤寒病证的特点而创立的一种辨证方法，主要用于外感病的辨证。

六经辨证，概括了脏腑气血经络的生理功能和病理变化，并根据机体抗病力的强弱、病因的属性、病势的进退缓急等因素，将外感病发展过程中所表现出的各种证候，归纳为六个阶段，并以这六个阶段所表现出的不同症状和体征作为辨证论治的根据。

六经是太阳、阳明、少阳、太阴、少阴、厥阴的总称。六经辨证就是用六经来说明病变部位的深浅、病性、正邪的盛衰、病势的趋向，以及六类病证之间的转变关系。

六经病证以阴阳为纲，分为三阳和三阴两大类。太阳、阳明、少阳为三阳病，太阴、少阴、厥阴为三阴病。三阳病证以六腑的病变为基础，三阴病证则以五脏的病变为基础。所以说，六经病证实际上基本概括了脏腑和十二经的病变。但由于六经辨证的重点，在于分析外感风寒所引起的一系列病理变化及其传变规律，因而不能将其等同于内伤杂病的脏腑辨证。

一般说来，凡是抗病力强，病势亢盛的均为三阳病。风寒初客于表，反映出营卫失和的证候，便是太阳证；病邪由表入里，反映出胃肠亢奋的证候，便是阳明病；正邪交争于半表半里，反映出胆经的证候，便是少阳病。凡是寒邪入里，正虚阳衰，抗病力弱，病势衰退的多为三阴病。太阴病反映出的是脾胃虚寒证，少阴病反映出来的是心肾阳衰证，厥阴病反映出来的是肝肾阳衰和阳气来复的寒热错杂证候。三阳病多热证、实证，治疗重在祛邪；三阴病证多寒证、虚证，治疗重在扶正。

一、六经证治

(一) 太阳病证

太阳为机体之藩篱，主肌表。外邪侵袭，大多从太阳而入，首先表现出来的就是太阳病。太阳病病位在表，为表证，是外邪初客于体表的反映，多见于外感病的初起阶段。

太阳病多因气候突变，畜体感受风寒之邪，或者是畜体遭到雨淋，或者是夜间露宿受到风雪雨霜的侵袭所致。年老、体弱或久患消化不良的动物，因其机体抵抗力下降，更易发病。

主证：发热，恶寒（腰拱、身颤、皮紧、猪喜钻草堆），关节肿痛，跛行，鼻流清涕、咳嗽，马属动物喷鼻，牛流眼泪，猪鼻塞发鼾声，精神沉郁，食欲降低，耳鼻或冷或热，舌苔薄白，脉浮。

由于外界条件（气候变化、病邪盛衰）和机体体质强弱的差异，太阳病又有伤寒和中风之分。太阳伤寒为表实证，太阳中风为表虚证。

1. 太阳伤寒

主证：恶寒，发热，关节肿痛，跛行，无汗，咳嗽，气喘，脉浮紧。

分析：寒性收引，易伤阳气。寒邪侵袭畜体，既损伤卫阳，又使皮毛腠理紧闭，卫阳被遏。卫阳受损，体表皮毛失其温煦滋养，故见恶寒；卫阳受遏，郁而化热，故见发热；皮毛腠理紧闭，故无汗；肺外合皮毛，寒邪外束，肺气不得宣发，故见咳喘。寒袭肌表，致使体表经络的阳气受损，气血运行不畅，故见关节肌肉疼痛，跛行；寒邪外束皮毛，正邪相争于表，故脉浮；寒性收引，经脉拘挛，故脉紧。

治则：发汗解表，宣肺平喘。

方例：麻黄汤（见解表方）加减。

2. 太阳中风

主证：恶风，发热，汗自出，脉浮缓。

分析：肌表是动物体的藩篱，由卫阳之气充填、营养。感受风邪，卫阳受损，不能护卫肌表，藩篱空疏而不固密，故见恶风；风邪犯表，卫阳奋起抗邪，正邪相搏而产热，故见发热；风邪客表，卫阳不能外固，营阴不能内守，故汗自出。汗出则肌腠疏松，营阴不足，故脉浮缓。

治则：解肌祛风，调和营卫。

方例：桂枝汤（见解表方）加减。

（二）阳明病证

是外邪传入阳明，表现出一派阳亢热极的证候。阳明病病位在里，病性属热，为里热实证。

阳明病的成因有三：一是太阳病未愈，病邪入里化热；二是少阳病误用发汗、利尿等法，以致津伤化热；三是燥热之邪直犯阳明。阳明病亦有寒湿郁久化热而成者，但比较少见。

阳明病有经证与腑证之分。阳明经证是邪热弥漫全身，充斥阳明之经，而肠道尚无燥屎内结形成的证候；阳明腑证是邪热传里，与肠中糟粕相搏而燥屎内结的证候。

1. 阳明经证

主证：身热，汗出，呼吸喘粗，口渴欲饮，苔黄燥，脉洪大。

分析：邪入阳明，致使里热炽盛，热邪不断向外蒸腾，逼迫津液外泄，故身热，汗出；里热炽盛，热灼肺金，故呼吸喘粗；热邪耗伤津液，机体引水自救，故见口渴欲饮；热甚津伤，故舌苔黄而燥；热盛阳亢，阳热迫其经脉故见脉洪大。

治则：清热生津。

方例：白虎汤（见清热方）加减。

2. 阳明腑证

主证：身热，呈日晡热，汗出，粪便燥结，粪球干小，甚至闭结不通，尿短赤，脉沉而有力。

分析：本证较经证为重，常由阳明经证进一步发展而来。里热炽盛，热邪向外蒸腾，迫使津液外泄，故身热、汗出；热邪劫耗阴液，而致阴津亏虚，阴虚故呈日晡热（午后潮热）；里热炽盛，热邪与肠中糟粕相结，充斥肠道，致使腑气不通，加之肠液亏耗，故粪便燥结，粪球干小难下；津液被耗，则尿短赤；燥热内结于肠，里热成实，故脉沉实有力。

治则：清热泻下。

方例：大承气汤（见泻下方）加减；阴亏甚者，用增液承气汤（见泻下方之大承气汤）加减。

（三）少阳病证

少阳主半表半里，为三阳经之枢纽。少阳病是外邪由表入里、由浅入深地侵犯动物体的过程中所出现的正邪相持，病邪既不能完全入里，正气又不能完全驱邪出表，而介于表里之间的证候。

少阳病多由太阳病失治、误治，病邪传入少阳；或因体质素虚，病邪亢盛直入少阳所致。

主证：微热不退，寒热往来（精神时好时坏，寒战时有时无，皮温时高时低，耳鼻发凉转温交替），不欲饮食，脉现弦象。

分析：邪在半表半里，病位稍深，故热不甚而难去。邪在少阳，邪正相争在半表半里，邪胜则机体机能活动下降，故见寒象；正胜则机体机能活动得以恢复，故见热来。少阳为胆木之腑，受邪伏郁，疏泄功能下降，胆木犯胃，故见消化呆滞，不欲饮食。肝胆气郁则脉弦。

治则：少阳病既不在表，又不属里；既不可用汗法，也不能用下法，唯有和解少阳一法。

方例：小柴胡汤（见和解方）加减。

（四）太阴病证

太阴为三阴之屏障，病入三阴，太阴首先受邪。太阴病病位在里，属脾虚寒证。多由三阳病失治、误治，传变而来，或因畜体素虚，寒邪直中所致。

主证：腹痛，腹胀，粪便清稀，苔白，脉细缓。

分析：脾土虚寒，气机不利，故见腹部胀满；寒邪阻滞，气机不畅，凝滞不通，故见腹痛；脾阳为寒湿所伤，运化失常，水湿停滞肠中，故粪便清稀；苔白，脉细缓是脾土虚寒，气血不足的表现。

治则：温中散寒，健脾燥湿。

方例：理中汤（见温里方）加减。

（五）少阴病证

少阴包括心肾，少阴病是心肾功能衰退的病证。

少阴病的形成，或来自传经之邪，或因三阳病、太阴病误治、失治而来，也可因营养不良，劳役过重，病邪直中而来。

少阴经属心肾，心肾是机体的根本，故少阴病实为全身性的虚弱证。又因心肾分别为水火之脏，少阴病既可以从阴化寒，又可以从阳化热，故少阴病有寒化和热化两种证候。

1. **少阴寒化证** 是少阴病过程中比较多见的一种证候，多为阳气不足，病邪入内，从阴化寒所致，呈现出全身性的虚寒证候，又称少阴虚寒证。

主证：恶寒，嗜睡，立少喜卧，耳鼻发凉，四肢厥冷，体温偏低，脉沉细。

分析：少阴阳气衰微，阴寒独盛，故恶寒，嗜睡，立少卧多；阳虚，不能温煦机体，故耳鼻发凉，四肢厥冷，体温偏低；阳气衰微，不能鼓动血液运行，故脉沉细。

治则：回阳救逆。

方例：四逆汤（见温里方）加减。

2. **少阴热化证** 为少阴病阴虚阳亢，从阳化热的证候，又称少阴虚热证。

主证：口燥，咽痛，烦躁不安，舌红绛，脉细数。

分析：邪入少阴，从阳化热，热伤津液，致使肾水亏乏，不能上承，故见口燥，咽痛；阴虚则阳亢，肾水亏则不能制约心火，致使心火独亢，火邪动荡，故见烦躁不安；舌红绛，脉细数，是阴虚阳亢的表现。

治则：滋阴泻火。

方例：黄连阿胶汤（黄连、黄芩、芍药、鸡子黄、阿胶，《伤寒论》）加减。

（六）厥阴病证

是外感病发展的最后阶段，具有正邪相争，寒热错杂的特点。若阴寒由盛转衰，阳气由虚转复，则病情好转；若阴气盛极，阳气衰绝，则病情危重；若阴寒虽盛，但阳气尚能抵抗，则呈现阴阳对峙，寒热错杂的证候。临床上常见的有以下三种类型。

1. **寒厥**

主证：四肢厥冷，口色淡白，无热恶寒，体温偏低，脉细微。

分析：寒厥是阴气盛极，阳气衰绝的表现。阳虚阴盛，阴阳之气不相顺接，故四肢厥冷；阴寒盛而阳气衰，故见无热恶寒，口色淡白，体温偏低；阳气虚，推动、化生血液乏力，故见脉细微。

治则：回阳救逆。

方例：四逆汤（见温里方）加减。

2. 热厥

主证：四肢厥冷，口色红，恶热，口腔干燥，尿短赤。

分析：热蕴于内，阻阴于外，阴阳之气不相顺接，故见四肢厥冷；里热炽盛，故口色红，恶热；热盛伤津，故口腔干燥，尿短赤。

治则：清热和阴。

方例：白虎汤（见清热方）加减。

3. 蛔厥

主证：寒热交错，四肢厥冷和复温交替出现，口渴欲饮，呕吐或吐蛔虫，黏膜黄染。

分析：蛔厥属寒热错杂又有蛔虫之证。正邪交争，正胜则热，四肢复温；邪胜则寒，四肢厥冷；正邪交争，耗伤津液，故见口渴欲饮；进食后，蛔虫因得食而动扰，故见呕吐，吐蛔；蛔虫若窜入胆管，则见黏膜黄染。

治则：调理寒热，和胃驱虫。

方例：乌梅丸（乌梅、细辛、干姜、当归、熟附子、蜀椒、桂枝、黄柏、黄连、党参，《伤寒论》）加减。

（七）六经病的合病与并病

六经病证可以单独出现，也可以两经或三经合并出现。两经或三经的病证同时出现，称为"合病"。一经病证未罢，另一经证候出现的，称为"并病"。合病与并病，虽有证候同时出现和先后次第出现的不同，但其临床表现和治疗原则基本相同。常见的并病与合病有以下三种。

1. 太阳少阳并病

主证：太阳表证未愈，病邪即传入少阳，既有太阳表证咳嗽，喷鼻，精神倦怠，四肢关节肿痛等症状，又有少阳证寒热往来，呕吐等半表半里的症状。

治则：双解太阳少阳。

方例：柴胡桂枝干姜汤（柴胡、桂枝、干姜、天花粉、黄芩、牡蛎、甘草，《伤寒论》）加减。

2. 少阳阳明并病

主证：少阳病未愈，病邪入里化热，主要表现为寒热往来，即寒战现象时有时无，耳鼻时冷时热，皮温不整。兼有肠音低弱，粪便干小。

治则：双解少阳阳明。

方例：大柴胡汤（柴胡、黄芩、半夏、生姜、白芍、大黄、芒硝，《伤寒论》）加减。

3. 太阳阳明合病

主证：多因太阳表邪，乘胃中之热，传入阳明；或因劳役过重，加之久渴失饮而致胃肠积热，又感受寒邪而得。主要表现为恶寒，发热，咳嗽，肠音低弱，粪便干燥，口腔干燥，舌苔厚。

治则：表里双解。

方例：防风通圣散（见解表方）加减。

二、六经病的传变与直中

（一）传变

指疾病的发展变化，即由一经的证候转化为另一经的证候，如由表入里、由阴转阳、由实转虚等。传变与否，主要取决于三个因素：一是正气的强弱；二是感邪的轻重；三是治疗的当否。六经的传变，主要有以下几种情况：

1. 循经传　就是按照六经的顺序依次相传。如太阳病不愈，传入少阳；少阳病不愈，传入阳明；阳明病不愈，传入太阴；太阴病不愈，传入少阴；少阴病不愈，传入厥阴。

2. 越经传　就是不按上述循经次序传变，而是隔一经或隔数经相传。如太阳病不愈，不经少阳阶段，而进入阳明阶段。有时也可不经少阳、阳明两个阶段，直接进入太阴阶段，或不经少阳、阳明、太阴三个阶段，而直接出现少阴病。

3. 表里传　就是互为表里的两经相传。如太阳病传入少阴，阳明病传入太阴等。

六经传变规律示意图

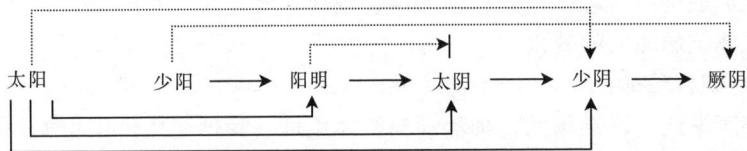

注：—→ 循经传　—→ 越经传　……→ 表里传

（二）直中

就是起病不见三阳证而直接出现三阴证的情况。如病初即为太阴病者，称直中太阴；病初即为少阴病者，称直中少阴等。

第八章　防治法则

第一节　预　防

中兽医学在治疗上历来防重于治。《素问·四气调神大论》中说："圣人不治已病治未病；不治已乱治未乱……夫病已成而后药之，乱已成而后治之，譬如渴而穿井，斗而铸锥，不亦晚乎。""治未病"在指导医疗实践中，起着极为重要的作用。

"治未病"包括两方面的内容："未病先防"与"既病防变"。

一、未病先防

未病先防，又称无病防病，无病先防。是指在机体未发生疾病之前，积极采取有效措施，提高机体抗病能力，同时能动地适应客观环境，做好预防工作，避免致病因素的侵害，以防止疾病的发生。古书《丹溪心法》曾称，是故已病而后治，所以为医家之法；未病而先治，所以明摄生之理。

未病先防，一是研究加强饲养管理、合理使役，以增强正气；二是研究综合的预防措施，如环境卫生管理、除灭疾病等；三是研究常见疾病的预防措施等；四是通过开展中兽医药临床和实验研究，观察中兽医药预防措施的实际效果。

防病应该做到以下几个方面：增强正气、调养精神、合理使役、营养调配，还可以采取药物预防的方法，从各方面注意防止病邪的侵入。

防病应该做到以下几个方面：

（一）增强正气

通过加强饲养管理，控制合理的饮食规律、合理使役及适当的药物调理，达到增强机体抗病能力的效果。

（二）调养精神

中兽医学认为，动物的精神活动与机体生理、病理变化密切相关，突然、强烈或反复、持续的精神刺激，可使机体气机逆乱，气血阴阳失调，正气内虚而发病。

（三）合理使役

应该懂得自然变化规律，适应自然、气候与环境变化规律，对饮食、使役等，做适当安排和节制，不可过度。《元亨疗马集》中对合理的使役和管理有很详细的论述。在饲养方面提出过于饥渴时不能暴饮暴食；使役前不能饮喂过饱，汗后料后不能立即饮水；使役时先慢步，后快步，使役后不能立即卸掉鞍具等。对于集约化饲养的动物，除保证营养均衡外，还应该注意适当的运动，尤其是大动物饲养，要有足够的运动场。

（四）营养调配

禽类应选择营养均衡的全价配合饲料。草食类动物除了提供质量可靠的草料外，还应该根据动物的不同提供适量的精料。如在气温偏高时，多饮用清凉干净的饮水，草食类动物还应该添加适量多汁类草料以清热生津；在疾病恢复期，宜进食易消化的食物等。

（五）药物预防

分为传统药物预防：如用苍术、雄黄等烟熏畜禽舍，以消毒防病；在季节变换气候突变时，用贯众、板蓝根或大青叶等预防流行性传染病；梅雨季节用马齿苋、大蒜等预防痢疾及其他消化道疾病；用紫苏叶、甘草、生姜预防中毒等。中药环境预防：用单味药或复方药作为熏剂或水剂杀灭害虫等，其中单味药有苦参、射干、威灵仙、百部、石菖蒲、龙葵草、土荆芥、回回蒜、蓖麻叶、地陀螺、苦檀、桃叶、核桃叶、番茄叶、苦楝、蒺藜、艾蒿、白癣皮、苍耳草、皂荚、辣椒、浮萍等。

（六）防止病邪

应防止环境、水源和饲料的污染，清除垃圾、废物，慎防噪音；饲槽、运动场、畜禽舍注意卫生，定期清扫；以及驱除鼠、虫、蚊蝇、蛇害等；注意饮水和饲料的卫生，适当调节，不过饱过饥，不过凉过热等。进一步改善环境和畜体状态，以适应气候变化，预防流行性疾病，以及避免过劳过逸等致病。

二、既病防变

既病防变，又可以说是有病早治，防止病变。古称"瘥后防复"，是指疾病刚痊愈，正处于恢复期，但正气尚未得元，因调养不当，旧病复发或滋生其他病者，事先采取的防治措施。或指疾病症状虽已消失，因治疗不彻底，病根未除，潜伏于体内，受某种因素诱发，使旧病复发所采取的防治措施。总之，是指机体在患病之后，要及时采取有效措施，早期诊断，早期治疗，阻断疾病的发展、传变或复发，同时注意疾病痊愈后预防复发，巩固疗效。尤其是对传染性疾病，更应防止恶性或不良性变化，以防止传播条件的产生。

防变应该从以下几个方面着手：

（一）早期诊断

在患病初期，如外感热病的传变，多为由表入里，由浅入深，因此，在表证初期，就应该抓住时机，及早诊断。如少阳证，见到部分主证时，即可应用小柴胡汤和解之，以不致病情恶化。

（二）早期治疗

有些疾病在发作前，每有一些预兆出现，如能捕捉这些预兆，及早作出正确诊断，可收到事半功倍的效果。《元亨疗马集》有云："每遇饮马…令兽医遍看口色，有病者灌唊，甚者别槽医治。"说明古代兽医就非常重视早期治疗，防止疾病进一步的发展和恶化。

（三）控制病情

古称"先安未受邪之地"，意思是根据五行相生相克原理，掌握疾病传变规律，先保护机体正气和未受病邪侵犯之处。如在治疗肝病时，采用健脾和胃的方法，先充实脾胃之气概不致因脏腑病变，迁延日久，损至肾脏等。故在治疗时，应当考虑这一传变规律，采取相应的方法，截断这种传变途径。如应用针灸疗法治疗足阳明证，旨在使该经的气血得以流通，而使病邪不再传经入里。

（四）瘥后防复

动物患大病之后，脾胃之气未复，正气尚虚者，除慎防过劳以外，常以补虚调理为主。如果余邪未尽而复发者，应以祛邪为主；或根据正气之强弱，二者兼顾之。如在外感热病治疗预后，因劳累过度等，易引起旧病复发，出现虚烦、发热、嗜睡等，应当采取预防措施，清除病根，消除诱因，以防止疾病的进一步发展。如急性痢疾，常因治疗不彻底，以致经常反复发作。临证时，应当注意廓清余邪，即在身热、腹痛、里急后重等症状消失后，根据病情，继续服用一个时期的清热利湿之剂，以防复发。

（五）医护结合

人们常说，"对于疾病，三分治疗七分养"，中兽医尤其注重护理工作，如加强饲养管理，尤其是不同疾病恢复期的不同护理工作。注意饮食宜忌，注意调节寒温，以适应环境等，这样能利于疾病的康复。

第二节　治　　则

治则，是中兽医学在整体观念和辩证论治的指导下，对疾病的现状进行周密分析的基础上，确立的一套比较完整和系统的治疗原则理论，包括治病求本、扶正祛邪、调整阴阳、调整脏腑功能、调整气血关系和因时、因地、因畜制宜六个方面，其中包含着许多辨证法思想，用以指导具体的立法、处方、用药。治则是指导疾病治疗的总则；治法是治则的具体化，是治疗疾病的具体方法，如汗法、吐法、下法、和法、温法、清法、补法、消法等。治法中的益气法、养血法、温阳法、滋阴法都属于在扶正总则下的具体治法；治法中的汗法、吐法、下法、逐水法等，都属于祛邪总则下的具体治法。

一、治病求本

治病求本，首见于《素问·阴阳应象大论》的"治病必求于本"。告诫医者在错综复杂的临床表现中，要探求疾病的根本原因，宜采取针对疾病根本原因确定正确的治本方法，是几千年来中兽医临床辨证论治一直遵循着的基本准则。

治病求本的具体应用，除了必须正确辨证外，在确定治则时，必须明确"正治"与"反治"、"标本缓急"的概念。

（一）"正治"与"反治"

正治和反治，出自《素问·至真要大论》的"逆者正治，从者反治"。在临床实践中，可以看到多数的疾病临床表现与其本质是一致的，然而有时某些疾病的临床表现则与其本质不一致，出现了假象。为此，确定治疗原则就不应受其假象的影响，要始终抓住对其本质的治疗。

1. 正治　是指疾病的临床表现与其本质相一致情况下的治法，采用的方法和药物与疾病的证象是相反的，又称为"逆治"。《素问·至真要大论》说："寒者热之，热者寒之，温者清之，清者温之，散者收之，抑者散之，燥者润之，急者缓之，坚者软之，脆者坚之，衰者补之，强者泻之。"此皆属正治之法。大凡病情发展较为正常，病势较轻，症状亦较单纯的，多适用于本法。如外感风寒，用辛温解表法即属正治；胃寒而痛者，用温胃散寒法，亦是正治。

2. 反治　是指疾病的临床表现与其本质不相一致情况下的治法，采用的方法和药物与疾病的证象是相顺从的，又称为"从治"。《素问·至真要大论》说："微者逆之，甚者从之"、"逆者正治，从者反治"。是指反治法一般多属病情发展比较复杂，病势危重，出现假象症状了才可运用。其具体应用有：热因热用、寒因寒用、塞因塞用、通因通用。

"热因热用，寒因寒用"就是以热治热，以寒治寒。前者用于阴寒之极反见热象，即真寒假热的病畜；后者用于热极反见寒象，即真热假寒的病畜。二者治疗的实质仍然是以热治寒，以寒治热。

"塞因塞用，通因通用"，是指以填补扶正之法治疗胀满痞塞等病证，以通利泻下之法治疗泄利漏下等病证。前者适用于脾虚阳气不足而不健运者，后者适用于内有积滞或淤结而致腹泻与漏血者。二者治疗的实质亦为虚则补之，实则泻之。

此外，还有反佐法。即于温热方药中加少量寒凉药，或寒证则药以冷服法；寒凉方药中加少量温热药，或治热证则药以热服法。此虽与上述所讲不同，但亦属反治法之范畴，多用寒极、热极之时，或有寒热格拒现象时。正如《素问·五常政大论》所说："治热以寒，温而行之；治寒以热，凉而行之。"如是，可以减轻或防止格拒反应，提高疗效。

（二）标本缓急

标与本，是中兽医治疗疾病时用以分析各种病证的矛盾，分清主次，解决主要矛盾的治疗理论。标即现象，本即本质。标与本是互相对立的两个方面。标与本的含义是多方面的。从正邪两方面来说，正气为本，邪气为标；以疾病而说，病因为本，症状是标；从病位内外而分，内脏为本，体表为标；从发病先后来分，原发病（先病）为本，继发病（后病）为标。总之，本含有主要方面和主要矛盾的意义，标含有次要方面和次要矛盾的意义。

疾病的发展变化，尤其复杂的疾病，常常是矛盾万千。因此，在治疗时就需要运用标本的理论，借以分析其主次缓急，便于及时合理地进行治疗。标本的原则一般是急则治其标，缓则治其本和标本同治三种情况。

急则治其标，指标病危急，若不及时治疗，会危及生命，或影响本病的治疗。如肚腹胀满、大出血、剧痛、高热等病，皆宜先除胀、止血、止痛、退热。正如《素问·标本病传论》所说："先热后生中满者，治其标……先病而后生中满者，治其标……大小不利，治其标。"待病情相对稳定后，再考虑治疗本病。

缓则治其本，指标病不甚急的情况下，采取治本的原则，即针对主要病因、病证进行治疗，以解除病的根本。如阴虚发热，只要滋阴养液治其本，发热之标便不治自退；外感发热，只要解表祛邪治其本，发热之标亦不治而退。

标本同治，指标病本病同时俱急，在时间与条件上皆不宜单治标或单治本，只能采取同治之法。如肾不纳气之喘咳病，本为肾气虚，标为肺失肃降，治疗只宜益肾纳气，肃肺平喘，标本兼顾；又若热极生风证，本为热邪亢盛，标为肝风内动，治疗只能清热凉肝，熄风止痉，标本同治。

疾病的标本关系不是绝对的，在一定条件下，可以互相转化。因此，在临床中要认真观察，注意掌握标本转化的规律，以便正确地、不失时机地进行有效的治疗。

二、扶正祛邪

邪正的盛衰变化，对于疾病的发生、发展及其变化和转归，都有重要的影响。疾病的发生与发展是正气与邪气斗争的过程。正气充沛，则机体有抗病能力，疾病就会减少或不发生；若正气不足，疾病就会发生和发展。因此，治疗的关键就是要改变正邪双方力量的对比，扶助正气，祛除邪气，使疾病向痊愈的方向转化。

扶正：就是使用扶正的药物或其他方法，以增加体质，提高抗病能力，以达到战胜疾病、恢复健康的目的。适用于正气虚为主的疾病，是《内经》"实则泻之"的运用。临床上根据不同的病情，有益气、养血、滋阴、壮阳等不同的方法。

祛邪：就是祛除体内的邪气，达到邪去正复的目的。适用于邪气为主的疾病，是《内经》"实则泻之"的运用。临床上根据不同的病情，而有发表、攻下、清解、消导等不同方法。

临床运用扶正祛邪这一原则，要认真细致地观察邪正消长的盛衰情况，根据正邪双方在疾病过程中所处的不同地位，分清主次、先后、灵活地运用。

单纯扶正仅适用于正虚为主者；单纯祛邪仅适用于邪盛为主者，先祛邪后扶正则适用于邪盛而正不甚虚者，先扶正后祛邪则适用于正虚而邪不甚者，扶正与祛邪并用则适用于正虚邪实者，即所谓"攻补兼施"，当然亦需分清是虚多实少，还是实多虚少。若虚多则扶正为主，兼以祛邪，实多则又以祛邪为主，兼以扶正。总之，要以"扶正不留邪，祛邪不伤正"为原则。

三、调整阴阳

疾病的发生，从根本上来说，是机体阴阳之间失于相对的协调平衡，故有"一阴一阳谓之道，偏盛偏衰谓之疾"的说法。调整阴阳，即是根据机体阴阳失调的具体状况，损其偏盛，补其偏衰，促使其恢复相对的协调平衡。

阴阳偏盛，即阴或阳的过盛有余。《素问·阴阳应象大论》说："阴胜则阳病，阳胜则阴病"。阴寒盛则易损伤阳气，阳热盛易耗伤阴液，故在协调阴阳的偏盛时，应注意有没有相应的阴或阳偏衰的情况。若阴或阳偏盛时而其相应的一方并没有造成虚损，那么，就可以采用"损其有余"的方法，即清泻阳热或温散阴寒，若其相应的一方有所损伤，则当兼顾其不足，适当配合以扶阳或益阴之法。

阴阳偏衰，即阴或阳的虚损不足。阳虚则寒，阴虚则热。阳不足以制阴，多为阳虚阴盛的虚寒证；阴不足以制阳，多为阴虚阳亢的虚热证。阳病治阴，阴病治阳，即在协调阴阳的偏衰时，应采用"补其不足"的方法。若阳虚而致阴寒偏盛者，宜补阳以制阴，所谓"虚火之源，以消阴翳"；若阴虚致阳热亢盛者，则当滋阴以制阳，所谓"壮水之主，以制阳光"；若出现阴阳俱虚者，则可阴阳双补，使之达到生理上的相对平衡。由于阴阳是相互依存的，在治疗阴阳偏衰病证时，还应注意"阴中求阳、阳中求阴"，亦即在补阴时，适当加用补阳药，补阳时，适当配用补阴药。

阴阳是辨证的总纲，疾病的各种病理变化均可以用阴阳的变化来说明，病理上的表里出入、上下升降、寒热进退、邪正虚实以及气血、营卫不和等等，都属于阴阳失调的表现。因此，从广泛意义来讲，解表攻里、越上引下、升清降浊、寒温热清、补虚泻实和调和营卫、调理气血等诸治法，亦皆属协调阴阳的范畴。是以《素问·阴阳应象大论》说："审其阴阳，以别柔刚，阳病治阴，阴病治阳。定其血气，各守其乡。"指出了调整阴阳是重要的治则之一。

四、三因制宜

因时、因地、因畜制宜，是指治疗疾病，必须从实际出发，即是必须从当时的季节、环境、家畜的体质、性别、年龄等实际情况，制定和确定适当的治疗方法。

因时制宜，指不同季节治疗用药要有所不同。《素问·六元正纪大论》说："用温远温，用热远热，用凉远凉，用寒远寒。"即谓夏暑之季用药应避免过用温热药，严寒之时用药应避免过用寒凉药，因酷暑炎炎，腠理开泄，用温热药要防开泄太过，损伤气津；严寒凛冽，腠理致密，阳气内藏，用寒凉药要折伤阳气，故皆曰远之。

因地制宜，即根据不同地区的地理环境来考虑不同的治疗用药。如我国西北地高气寒，病多寒证，寒凉剂必须慎用，而温热剂则为常用；东南地区天气炎热，雨湿绵绵，病多温热、湿热，温热剂必须慎用，寒凉剂、化湿剂则为常用。

因畜制宜，指治疗用药应根据患畜的年龄、性别、体质等不同而不同。一般来说，成年动物药量宜大，幼畜则宜小；形体魁梧者药量宜大，形体弱小者宜少；素体阳虚者用药宜偏温，阳盛者用药宜偏凉；母畜应根据经产、妊娠、分娩之特点，注意安胎、通经下乳、胎娠禁忌；种公畜用药则多考虑滋补肾之阴阳。

以上三者是密切相关而不可分割的。它既反映了动物体与自然界的统一整体关系，又反映了动物之间的不同特点。在治疗疾病的过程中，必须将三者有机地结合起来，才能有效地治疗疾病。

第三节　治　　法

治法，指临证时对某一具体病证所确定的治疗方法，是治则理论在临床中的具体应用，主要包括内治法和外治法两大类。

一、内治法

（一）八法

即汗、吐、下、和、温、清、补、消八种药物治疗的基本方法。药物治疗是临床上应用最为广泛的一种方法，而八法又是其中最为主要的内容。正如《医学心语》所说："论病之源，以内伤外感四字括之。论病之情，以寒、热、虚、实、表、里、阴、阳八字统之。而论治病之方，则以汗、吐、下、和、温、清、补、消八法尽之。盖一法之中，八法备焉，八法之中，百法备焉。"

1. 汗法　又叫解表法，是运用具有解表发汗作用的药物，以开泄腠理，祛除病邪，解除表证的一种治疗方法。主要用于治疗表证。外邪致病，大多先侵犯肌表，继则由表及里，当病邪在肌表，尚未传里时，应采取发汗解表法，使表邪从汗而解，从而控制疾病的传变，达到早期治疗的目的。由于表证有表寒、表热之分，汗法又分辛温解表和辛凉解表两种。

辛温解表：主要由味辛性温的解表药如麻黄、桂枝、紫苏、生姜等组成方剂，适用于表寒证，代表方为麻黄汤、桂枝汤等。

辛凉解表：主要由味辛性凉的解表药如薄荷、柴胡、桑叶、菊花等组成方剂，适用于表热证，代表方为银翘散、桑菊饮等。

根据兼证的不同，汗法又有加减之变通。如阳虚者，宜补阳发汗；阴虚者，宜滋阴发汗；兼有湿邪在表的，如风湿证，则应于发汗药中配以祛风除湿药。

使用汗法时，应注意以下四点：

（1）体质虚弱、下痢、失血、自汗、盗汗、热病后期等有津亏情况时，原则上禁用汗法。若确有表证存在，必须用汗法时，也应妥善配以益气、养阴等药物。

（2）发汗应以汗出邪去为度，不可发汗太过，以防耗散津液，损伤正气。

（3）夏季或平素表虚多汗者，应慎用辛温发汗之剂。

（4）发汗后，应忌受寒凉。

2. 吐法　又叫涌吐法或催吐法，是运用具有涌吐性能的药物，使病邪或有毒物质从口中吐出的一种治疗方法。主要适用于误食毒物、痰涎壅盛、食积胃腑等证。代表方为瓜蒂散、盐汤探吐方等。

吐法是一种急救方法，用之得当，收效迅速，用之不当，易伤元气，损伤胃脘。因此，如非急证，只是一般性的食积、痰壅，尽可能用导滞、化痰的方法，特别是马属动物，由于生理特点不易呕吐，更不适用吐法。

使用吐法时，应注意以下两点。

（1）心衰体弱的病畜不可用吐法。

（2）怀孕或产后、失血过多的动物，应慎用吐法。

3. 下法　又叫攻下法或泻下法，是运用具有泻下通便作用的药物，以攻逐邪实，达到排除体内积滞和积水，以及解除实热壅结的一种治疗方法。主要适用于里实证，凡胃肠燥结、停水、虫积、实热等证，均可以用本法治疗。根据病情的缓急和患病动物体质的强弱，下法通常分攻下、润下和逐水三类。

攻下法：也叫峻下法，是使用泻下作用猛烈的药物以泻火、攻逐胃肠内积滞的一种方法。适用于膘肥体壮，病情紧急，粪便秘结，腹痛起卧，脉洪大有力的病畜。代表方为大承气汤。

润下法：也叫缓下法，是使用泻下作用较缓和的药物，治疗年老、体弱、久病、产后气血双亏所致津枯肠燥便秘的一种治疗方法。代表方为当归苁蓉汤。

逐水法：是使用具有攻逐水湿功能的药物，治疗水饮聚积的实证如胸水、腹水、粪尿不通等的一种治疗方法。代表方是大戟散。

使用下法时，应注意以下五点：

（1）表邪未解不可用下法，以防引邪内陷。

（2）病在胃脘而有呕吐现象者不可用下法，以防造成胃破裂。

（3）体质虚弱，津液枯竭的便秘不可峻下。

（4）怀孕或产后体弱母畜的便秘不可峻下。

（5）攻下、逐水法，易伤气血，应用时必须根据病情和体质，掌握适当剂量，一般以邪去为度，不可过量使用或长期使用。

4. 和法　又叫和解法，是运用具有疏通、和解作用的药物，以祛除病邪，扶助正气和调整脏腑间协调关系的一种治疗方法。主要适用于病邪既不在表，又未入里的半表半里证和脏腑气血不和的病证（如肝脾不和）。前者的代表方为小柴胡汤，后者为逍遥散、痛泻要方。

使用和法时，应注意以下三点。

（1）病邪在表，未入少阳经者，禁用和法。

（2）病邪已入里的实证，不宜用和法。

（3）病属阴寒，证见耳鼻俱凉，四肢厥逆者，禁用和法。

5. 温法　又叫祛寒法或温寒法，是运用具有温热性质的药物，促进和提高机体的功能活动，以祛除体内寒邪，补益阳气的一种治疗方法。主要适用于里寒证或里虚证。根据"寒者热之"的治疗原则，按照寒邪所在的部位及其程度的不同，温法又可分为回阳救逆、温中散寒、温经散寒三种。

回阳救逆：适用于肾阳虚衰，阴寒内盛，阳虚欲脱的病证。代表方为四逆汤。

温中散寒：适用于脾胃阳虚所致的中焦虚寒证。代表方为理中汤。

温经散寒：适用于寒气偏盛，气血凝滞，经络不通，关节活动不利的痹证。代表方为黄芪桂枝五物汤。

使用温法时应注意以下两点：

（1）素体阴虚，体瘦毛焦，阴液将脱者不用温法。

（2）热伏于内，格阴于外的真热假寒证禁用温法。

6. 清法　又叫清热法，是运用具有寒凉性质的药物，清除体内热邪的一种治疗方法。主要适用于里热证。临床上常把清法分为清热泻火、清热解毒、清热凉血、清热燥湿、清热解暑五种。

清热泻火：适用于热在气分的里热证。由于热邪所在脏腑的不同，选择的方剂也不同，如白虎汤、麻杏甘石汤、龙胆泻肝汤、清胃散等。

清热解毒：适用于热毒亢盛所引起的病证。如疮黄肿毒等。代表方有消黄散、黄连解毒汤等。

清热凉血：适用于温热病邪入于营分、血分的病证。代表方有清营汤、犀角地黄汤等。

清热燥湿：适用于湿热证。根据湿热所在的脏腑不同，选用的方剂也不同，如茵陈蒿汤、白头翁汤、八正散等。

清热解暑：适用于暑热证。代表方为香薷散。

使用清法时，应注意以下四点：

（1）表邪未解，阳气被郁而发热者禁用清法。

（2）体质素虚，脏腑本寒，胃火不足，粪便稀薄者禁用清法。

（3）过劳及虚热证禁用清法。

（4）阴盛于内，格阳于外的真寒假热证禁用清法。

7. 补法　又叫补虚法或补益法，是运用具有营养作用的药物，对畜体阴阳气血不足进行补益的一种治疗方法。适用于一切虚证。因临床上虚证有气虚、血虚、阴虚、阳虚的不同，故补法也就分为了补气、养血、滋阴、助阳四种。

补气：适用于气虚证，是运用补气的药物如党参、黄芪、白术，以增强脏腑之气的方法。代表方有四君子汤、参苓白术散、补中益气汤等。因气能生血，故在以补血法治疗血虚时，也应注意补气以生血。

养血：适用于血虚证，是运用补血的药物如当归、白芍、阿胶等，以促进血液化生的方法。代表方有四物汤、当归补血汤等。

滋阴：适用于阴虚证，是运用补阴的药物如熟地、枸杞子、麦冬等，以补阴精或增津液的方法。代表方有六味地黄丸。

助阳：适用于阳虚证，是运用补阳的药物如巴戟天、淫羊藿、肉苁蓉等，以壮脾肾之阳的方法。代表方肾气散。

气血阴阳是相互关系的，气虚常兼血虚，血虚常导致阴虚，气虚亦常导致阳虚，所以在使用补法时，必须针对病情，全面考虑，灵活运用，才能取得较好的疗效。

脾胃乃后天之本，水谷之海，气血生化之源，所以补气血应以补中焦脾胃为主；肾与命门为水火之脏，是真阴真阳化生之源，所以补阴阳应以补下焦肾与命门为主。

通常情况下，补不宜急，"虚则缓补"。但在特殊情况下，如大出血引起的虚脱症，必须用急补法。

使用补法时，应注意以下三点：

（1）在一般情况下，使用补法切忌纯补，应于补药之中配合少量疏肝健脾之药，达到补而不腻的目的。否则，易造成脾胃气滞，影响消化，不仅妨碍食欲，而且对药物的吸收也有限制，影响补益效果。

（2）应注意"大实有虚象"，诊断时必须认清虚实的真假，避免"误补益疾"的错治。

（3）在邪盛正虚或外邪未完全消除的情况下，忌用纯补法，以防"闭门留寇"而致留邪之弊。

8. 消法　又叫消导法或消散法，是运用具有消散破积作用的药物，以达到消散体内气滞、血淤、食积等的一种治疗方法。临床上常用的有行气解郁、活血化淤、消食导滞三种。

行气解郁：适用于气滞证。常用方剂为越鞠丸等。

活血化淤：适用于淤血停滞的淤血证。常用方剂如曲蘖散等。

消法用于食积时，其作用与下法相似，都能驱除有形之实邪，但在临床运用上又有所不同。下法着重解除粪便燥结，目的在于猛攻逐下，作用较强，适应急性病证；而消法则具有消导运化的功能，目的在于渐消缓散、作用缓和、适应慢性病证。

消法虽较下法作用缓和，但过度使用也可使患病气血损耗，因此，当孕畜和虚弱动物患有积食、气滞、淤血等证时，应配合补气养血药使用，并掌握好剂量。

（二）八法并用

汗、吐、下、和、温、清、补、消八种治疗方法，各有其适用范围，但疾病往往是错综复杂的，有时单用一种方法难以达到治疗目的，必须将八法配合使用，才能提高疗效。

1. 攻补并用　实证宜攻，虚证宜补，这是治疗的常规，但在临症时亦应灵活运用。如正虚而邪实的病症，若单纯用补法，会使邪气更加固结；若单纯用攻法，又恐正气不支，造成虚脱。在这种情况下，既不能先攻后补，也不能先补后攻，必须采取攻补并用的治疗方法，祛邪而又扶正，这才是两全之计。临床上年老体弱或久病、产后动物所患的症结，就属于这种正虚邪实的证候，常用当归苁蓉汤等方剂，以当归、黄芪等药补气血，大黄、芒硝等药攻结粪，以期达到邪去正复的目的。

2. 温清并用　温法和清法本是两种互相对抗的疗法，原则上不能并用；但对寒热错杂的病症，如单纯使用温法或清法，皆会偏盛一方，引起不良的变证，使病情加重。对此，必须采取温清并用的方法，才能使寒热错杂的病情，趋于协调。例如，肺脏有火，表现气促喘粗，双鼻流涕，鼻液黏稠，口色鲜红；肾脏有寒，表现尿液清长，肠鸣便稀，舌根流滑涎，即为上热下寒的特有症状，对此病症只能温清并用。常用方剂为温清汤（知母、贝母、苏叶、桔梗、桑枝、郁李仁、白芷、官桂、牵牛子、小茴香、猪苓、泽泻）。此外，为了协助治疗兼证，也有温清并用的情况，如白术散治胎病，方中以温补为主，补脾养血，但因热能动血，故用黄芩以清热。

3. 消补并用　是把消导药和补养药结合起来使用的治疗方法。对正气虚弱，复有积滞，或积聚日久，正气虚弱，必须缓治而不能急攻的，皆可采取消补并用的方法进行治疗。如脾胃虚弱，消化不良，又贪食精料，致使草料停积胃中所形成的宿草不消，单用消导药效果不够显著，最好配合补养药，如用党参、白术以补脾胃，枳实、厚朴以宣气滞，神曲、麦芽、山楂以导积滞，即为消补并用的方法。临床上常将四君子汤和曲蘖散合用，就是这个道理。

4. 汗下清并用　邪在表宜用汗法，邪在里宜用下法，有热邪宜用清法，如果既有表证，又有里证，且又寒热错杂之时，则当汗、下、清三法并用。例如，动物在夏季，内有实火，证见口腔干燥、粪干尿赤、苔黄厚、脉洪数，又外受雨淋，复患风寒感冒，又见发热、恶寒、精神沉郁、食欲不振等表证，对于这种风寒袭于表，蕴热结于里的复杂证候，应当采取汗、下、清三法并用，用麻黄、桂枝等疏散在表之邪，使其从汗而解，又用大黄、芒硝之类通利大肠，使实结从大便而解，更用栀子、黄芩等清除在里之热，共奏解表、泻下、清热之效。防风通圣散就是汗、下、清三法并用的方剂。

二、外治法

外治法是不通过内服药物的途径，直接使药物作用于病变部位的一种治疗方法。同内治法一样，在应用外治法时，要根据辨证的结果，针对不同的病症，选择不同的治法。外治法内容丰富，临床常见有贴敷、掺药、点眼、吹鼻、熏、洗、口噙、针灸等方法。

（一）贴敷法

把药物碾成细面，或把新鲜药物捣烂，加酒、或醋、或鸡清、或植物油、或水调和，贴敷在患部，使药物在较长时间内发挥作用。凡疮疡初起、肿毒、四肢关节和筋骨肿痛以及体外寄生虫，常用不同处方的药物贴敷。如《元亨疗马集》雄黄散用醋水调敷治疗疮疡初起，有清热消肿解毒的功用。

（二）掺药法

疮疡破溃后，疮口经过清理，在患部撒上药面叫掺药法。根据所用方药的不同，可具有消肿散淤、拔毒去腐、止血敛口、生肌收口等不同作用。消肿散淤的方法如治马心火舌疮的冰硼散、拔毒去腐的如九一丹等，多用于疮疡初期脓多之证；止血敛口常用的桃花散，不仅有止血、结痂、促进伤口愈合的作用，还有防止毒物吸收等作用；生肌收口常用的生肌散，适用于疮疡溃后久不收口。

（三）点眼法

是将极细药面或药液滴入眼中，以达明目退翳的作用的方法。常用的有拨云散。

（四）吹鼻法

将药面吹入鼻内，使患畜打喷嚏，以达到利气辟秽、通关利窍作用的方法。如通关散吹鼻内治疗冷痛及高热神昏、痰迷心窍等。

（五）熏法

是将药物点燃后用烟熏治疗某些疾病的方法，如用硫黄熏治羊疥癣。

（六）洗法

是将药物煎熬成汤，趁热擦洗患部，以达活血止痛、消肿解毒作用的方法。常用于跌打损伤、疥癞、脱肛等。如防风汤，水煎去渣，候温，洗直肠脱出部。

（七）口噙法

是将药面装入长形纱布袋内，两端系绳噙于口内，以达清热解毒、消肿止痛作用的方法。如将青黛散装入长形纱布袋内，噙于口内，治疗心火舌疮。

（八）针灸疗法

是运用各种不同针具，或用艾灸、熨、烙等方法，对动物体表的某些穴位或特定部位施以适当的刺激，从而达到治疗目的的方法。

第三篇 中 药

第九章 总 论

中药的来源主要有植物、动物及矿物，其中以植物类药物占绝大多数。本章主要介绍中药的采制、性能、功效及使用方法等知识。

第一节 中药的一般知识

一、采收

合理采收对保证药材质量和保护药源十分重要。中药材所含有效成分是药物具有防病治病作用的物质基础，而有效成分的质和量与中药材的采收季节、时间和方法有着十分密切的关系。因此，采收药材必须掌握它们的采收标准、适收标志、采收期、收获年限和采收方法。采收野生药材还必须掌握它们的生态环境和植物的形态特征等。

（一）植物类药物的采收

从理论上讲，植物类药材以有效成分含量最高时采收为好。但是，迄今对多数药用植物中有效成分的消长规律尚未完全弄清，还只能按对其营养物质积累规律的认识来指导采收。由于各地土壤、气候、雨量、地势、光照时间等生长条件不同，因此同一药材在不同地区最佳采收期也不相同。

根据前人长期的实践经验，适宜采收时节可按药用部位归纳为以下几种情况。

1. 全草类 多数在植物充分生长、枝叶茂盛的花前期或刚开花时采收。有的只须割取植物的地上部分，如薄荷、荆芥、益母草、紫苏等。以带根全草入药的，则连根拔起全株，如车前草、蒲公英、紫花地丁等。以茎叶同时入药的藤本植物，其采收原则与此相同，应在生长旺盛时割取，如夜交藤、忍冬藤。

2. 叶类 叶类药材采集通常在花蕾将开放或正在盛开的时候进行。此时植物生长茂盛，药力雄厚，最适于采收。如荷叶在荷花含苞欲放或盛开时采收，质量最好。其他如大青叶、艾叶、枇杷叶也都在花期或花前期采收。有些特定的品种，如桑叶须在深秋或初冬经霜后采集。

3. 花类 花的采收，一般在花正开放时进行。由于花朵次第开放，所以要分次适时采摘。若采收过迟，则花瓣脱落和变色，气味散失，影响质量，如菊花、旋覆花等。有些花要求在含苞欲放时采摘花蕾，如金银花、辛夷等；有的在刚开放时采摘最好，如月季花等；而红花则宜于管状花充分展开呈金黄色时采收。至于蒲黄之类以花粉入药的，则须于花朵盛开时采收。

4. 果实和种子类 多数果实类药材，当于果实成熟后或将成熟时采收，如瓜蒌、枸杞、马兜铃等。少数品种有特殊要求，应当采用未成熟的幼嫩果实，如乌梅、青皮、枳实等。以种子入药的，如果同一果序的果实成熟期相近，可以割取整个果序，悬挂在干燥通风处，以待果实全部成熟，然后进行脱粒。若同一果序的果实次第成熟，则应分次摘取成熟果实。有些干果成熟后很快脱落，或果壳裂开，种子散失，如茴香、白豆蔻、牵牛子等，最好在开始成熟时适时采收。容易变质的浆果，如枸杞、女贞子等，在略熟时于清晨或傍晚采收为好。

5. 根和根茎类 古人经验以阴历二、八月为佳，认为初春"津润始萌，未充枝叶，势力淳浓"，"至秋枝叶干枯，津润归流于下"，并指出"春宁宜早，秋宁宜晚"，这种认识是很正确的。早春二月，新芽未萌；深秋时节，多数植物的地上部分停止生长，其营养物质多贮存于地下部分，有效成分含量高，此时采收质量好，产量高，如天麻、苍术、葛根、桔梗、大黄、玉竹等。天麻在冬季至翌年清明前茎苗未出时采收者名"冬麻"，体坚色亮，质量较佳，春季茎苗出土再采者名"春麻"，体轻色暗，质量较差。此外，也有少数例外的，如半夏、延胡索等则以夏季采收为宜。

6. 树皮和根皮类 通常在清明至夏至间（即春、夏时节）剥取树皮。此时植物生长旺盛，不仅质量较佳，而且树木枝干内浆汁丰富，形成层细胞分裂迅速，树皮易于剥离，如黄柏、厚朴、杜仲；但肉桂多在10月采收，因此时油多容易剥离。木本植物生长周期长，应尽量避免伐树取皮等简单方法，以保护药源。至于根皮，则与根和根茎相类似，应于秋后苗枯、或早春萌发前采集，如牡丹皮、地骨皮、苦楝根皮。

（二）动物类药物的采收

动物类药物的采收，以保证药效及容易获得为原则。因品种不同，采收各异。如桑螵蛸应在秋季至翌年春季采集，此时虫卵未孵化；驴皮应在冬至后剥取，其皮厚质佳；小昆虫等，应于数量较多的活动期捕获。

（三）矿物类药物的采收

矿物类药材大多可随时采收，也可配合开矿时同时收集。

二、贮存

中药材采收后，除规定用鲜品者外，须先经过产地加工，以利于运输和贮藏。首先要除去泥土杂质和非药用部位，然后按不同品种，分别进行净选、去皮、修整、热处理（蒸、煮、烫等）、浸漂、熏硫、发汗、干燥、分级等处理。中药在贮藏过程中，受外界因素和自身因素的影响，质量不断发生变化，变化的性质和程度各有不同。质变后的中药，质量低劣，有效成分损失，可致疗效降低，失去药用价值，甚至产生不良反应。

现将常用的干燥、加工、贮存的方法，分别介绍如下。

（一）干燥

中药采集后，应迅速使其干燥，以免霉烂变质，降低药效，造成浪费。常用的方法有：

1. **晒干** 把采集的中药放在阳光下暴晒，如姜、石榴皮等，其优点是经济、简便。

2. **阴干** 把药物放在阴凉通风干燥处逐渐蒸发其水分，使之干燥，一般用于花类或芳香性药物，如麻黄、木香等。

3. **烘干** 把药物放在火炕上或烘房里干燥，如菊花等。其优点是温度可以随意调节，不受天气变化的影响。

4. **石灰干燥法** 把药物放入盛有生石灰的密闭容器内，然后，放置于阴凉而干燥的地方。适用于动物类药物，如虫类、脏器等。

（二）加工

有些药物采集后，经简单加工再干燥，以保证质量，便于贮存。含淀粉或黏液质较多，不宜晒干的药物，必须先用开水煮烫，或用笼蒸后再干燥，如百部、延胡索、沙参、百合等。干后坚硬或粗大的药材，可趁新鲜时切片，然后干燥，如生地、何首乌等。皮类药材可趁新鲜时，将老皮或栓皮刮去，然后干燥，如黄柏、肉桂、桑白皮等。

（三）贮存

药物干燥后应贮存在干燥通风处，并定期进行检查，特别是梅雨季节要注意翻晒。主要防止虫蛀、发霉、变质，以保证药效或留备长时间应用。

中药质变的主要表现有虫蛀、霉腐、泛油和泛糖、色泽变化、气味变化、质地变化、形态变化、融化与潮解、风化等。影响中药质量的因素很多，涉及中药成分及性质、药材的采收和产地加工质量、饮片炮制的质量、包装因素、环境因素（主要包括空气、日光、温度、湿度、生物污染、人为污染和时间因素）等。生物污染是指微生物、害虫、仓鼠等分泌异物、排泄粪便、残体腐败等。人为污染，一般是指使用化学药剂养护中药，使药材颜色发生变化，或有残毒存留。多数中药贮存时间过长，会出现品质降低，所含成分减少，同时易于发生变质。但是，根据前人经验，也有一部分药物"用药以陈久者良"，即贮存时间不宜过短，对此值得进一步探索。

目前中药的贮藏养护方法主要有：

（1）干燥处理贮藏，包括晾晒处理、烘干处理、微波干燥处理、远红外线干燥处理等。

（2）密封贮藏，包括容器密封贮藏、罩帐密封贮藏、库房密封贮藏。

（3）吸潮养护，包括吸潮剂吸潮养护、机械吸潮养护。

（4）化学药剂养护，如硫黄熏蒸养护、低氧低药量养护。

（5）气调养护，主要有自然降氧、机械降氧和充二氧化碳三种方法。由于中药种类多，性状差异大，所含成分复杂，故应根据具体情况，采用相应的贮藏方法和技术。

此外，还有个别药物需要采取特殊的贮藏方法，如牡丹皮与泽泻同贮；人参和细辛同贮；三七内放樟脑；柏子仁内放明矾；土鳖虫、蜈蚣、蚯蚓内放大蒜等方法。

对剧毒药，如水银、砒霜等，应使用专柜上锁，指定专人保管，以防发生严重后果。

三、炮制

炮制，又称为炮炙。是指药物在应用或制成各种剂型以前必要的加工处理过程，包括对原药材进行一般修治和部分药材的特殊处理。由于中药种类繁多，具有成分复杂、一药多效的特点，在制备各种剂型之前，一般应根据医疗、配方、制剂的不同要求，并结合药材的自身特点，进行一定的加工处理，才能使之既充分发挥疗效，又避免或减轻不良反应，在最大限度上符合临床用药的需要。一般来讲，按照不同的药性和治疗要求而有多种炮制方法，有些药材的炮制还要加用适宜的辅料，并且注意操作技术和讲究火候。正如前人所说"不及则功效难求，太过则性味反失"。炮制是否得当，直接关系到药效，而少数毒性和烈性药物的合理炮制，更是确保用药安全的重要措施。

习惯上，把修治或炮制后的中药称为"饮片"。

（一）炮制的目的

炮制目的大致可归纳为以下六个方面：

1. 降低或消除药物的毒副作用，保证用药安全　附子、川乌、草乌、半夏、天南星、马钱子等生用内服容易中毒，炮制后能降低其毒性。巴豆、续随子泻下作用剧烈，宜去油取霜用。常山用酒炒，可减轻其催吐的副作用。对于有毒药物，炮制应当适度，不可太过或不及。太过则疗效难以保证，不及则易发生中毒反应。

2. 增强药物的作用，提高疗效 在中药的炮制过程中，常常加入一些辅助药料拌和，这些拌和的药料称为辅料。辅料的种类很多，可分为液体辅料和固体辅料两大类。添加辅料的目的各异，但主要用于增强药物的作用，提高临床疗效。对于液体辅料来说，尤其如此。蜂蜜、酒、姜汁、胆汁等液体辅料，本身就是药物，具有重要的医疗作用，它们与被拌和的药物的某些作用之间，存在着协同配伍关系。如蜜炙百部、紫菀，能增强润肺止咳作用；酒炒川芎、丹参，能增强活血作用；醋制延胡索、香附，能增强止痛作用；姜汁炙黄连、竹茹可增强止呕作用。不加辅料的其他炮制方法，也能增强药物的作用，如明矾煅为枯矾，可增强燥湿、收敛作用；棕榈皮煅炭，能增强止血作用。

3. 改变药物的性能或功效，使之更能适应病情的需要 药物的某些性味功效，在某种条件下不一定适应临床应用的需要，但经过炮制处理，则能在一定程度上改变药物的性能和功效，以适应不同的病情和体质的需要。如吴茱萸，其性味辛热燥烈，宜于里寒之证，若以黄连水拌炒，或甘草水浸泡，去其温烈之性，对于肝火犯胃之呕吐腹痛，亦常用之；生地黄本为甘苦寒之品，长于清热凉血，经入黄酒反复蒸晒后而为熟地黄，其药性微温而以补血见长，适于血虚证；何首乌生用能泻下通便，制熟后则失去泻下作用而专补肝肾。又如天南星晒干生用或用白矾、生姜水炮制后，性温，功能燥湿化痰、祛风解痉，主治湿痰、寒痰、风痰有寒诸证；用牛胆汁拌制加工后，即为胆南星，其性凉，功能清热化痰、熄风止痉，主治热痰、痰火、风痰有热诸证。

4. 改变药物的某些性状，便于贮存和制剂 有些药材在采集以后，均可直接使用。诸如地黄、芦根、石斛等许多鲜品药材的疗效，较之干品更佳。然而，由于产地、季节等因素的限制，有些药材无法直接使用鲜品，需干燥处理，才可贮存、运输。多数药材可以日光暴晒，或人工烘烤进行干燥，但有少数动物药及富含汁液的植物药，需经特殊处理。如肉苁蓉之肉质茎富含汁液，春季采者所含水分较少，可半埋于沙中晒干，而秋季采者，茎中水分较多，需投入盐水湖中，加工为盐苁蓉，方可避免腐烂变质。桑螵蛸为螳螂之卵鞘，内有虫卵，应蒸后晒干，杀死虫卵，以防贮存过程中因虫卵孵化而失效。

5. 纯净药材，保证药材品质和用量准确 中药在采收、运输、保管过程中常混有泥沙、霉变品及残留的非药用部位等。因此必须进行严格的分离和洗刷，使其达到规定的净度，保证药材品质和用量准确。如根和根茎类药物去泥沙、花叶类去枝梗，以及某些动物类药须去头、足、翅等。

6. 去除异味，便于服用　某些药物有异味，需经过漂洗、酒制、醋制、麸炒等方法处理。如酒制乌梢蛇，醋制乳香、没药，用水漂去海藻、昆布的咸腥味等。

（二）常用炮制方法

炮制方法是历代逐渐发展和充实起来的，其内容丰富，方法多样。现代的炮制方法在古代炮制经验的基础上有了很大的发展和改进，根据目前的实际应用情况，可分为五个方面。

1. 修治

（1）纯净处理　采用挑、拣、簸、筛、刮、刷等方法，去掉灰屑、杂质及非药用部分，使药物清洁纯净。如拣去合欢花中的枝、叶，刷除枇杷叶、石韦叶背面的绒毛，刮去厚朴、肉桂的粗皮等。

（2）粉碎　采用捣、碾、镑、锉等方法，使药物粉碎，以符合制剂和其他炮制法的要求。如牡蛎、龙骨捣碎便于煎煮；水牛角镑成薄片或锉成粉末，便于使用等。

（3）切制　采用切、铡的方法，把药物切制成一定的规格，便于进行其他炮制，也利于干燥、贮藏和调剂时称量。根据药材的性质和医疗需要，切片有很多规格。如天麻、槟榔宜切薄片，泽泻、白术宜切厚片，黄芪、鸡血藤宜切斜片，桑白皮、枇杷叶宜切丝，白茅根、麻黄宜铡成段，茯苓、葛根宜切成块等。

2. 水制　水制是用水或其他液体辅料处理药物的方法。水制的目的主要是清洁药材、软化药材，以便于切制和调整药性。常用的有洗、淋、泡、漂、浸、润、水飞等。这里介绍常用的三种方法。

（1）润　又称闷或伏。根据药材质地的软硬，加工时的气温、工具，用淋润、浸润、盖润、伏润、露润、复润等多种方法，使清水或其他液体辅料徐徐入内，在不损失或少损失药效的前提下，使药材软化，便于切制饮片，如淋润荆芥、伏润槟榔、黄酒润当归、姜汁浸润厚朴、伏润天麻、盖润大黄等。

（2）漂　将药物置宽水或长流水中浸渍一段时间，并反复换水，以去掉腥味、盐分及毒性成分的方法。如将昆布、海藻、盐附子漂去盐分，紫河车漂去腥味等。

（3）水飞　系借药物在水中的沉降性质分取药材极细粉末的方法。将不溶于水的药材粉碎后置乳钵或碾槽内加水共研，大量生产则用球磨机研磨，再加入多量的水，搅拌，较粗的粉粒即下沉，细粉混悬于水中，倾出；粗粒再飞再研，倾出的混悬液沉淀后，分出，干燥即成极细粉末。此法所制粉末既细，又减少了研磨中粉末的飞扬损失。常用于矿物类，贝甲类药物的制粉。如飞朱砂、飞炉甘石、飞雄黄。

3. 火制 用火加热处理药物的方法。本法使用最为广泛。常用的火制法有炒、炙、煅、煨、烘焙等。

(1) 炒 有炒黄、炒焦、炒炭等程度不同的清炒法。用文火炒至药物表面微黄称炒黄；用武火炒至药材表面焦黄或焦褐色，内部颜色加深，并有悠香气者称炒焦；用武火炒至药材表面焦黑，部分炭化，内部焦黄，但仍保留有药材固有气味（即存性）者称炒炭。炒黄、炒焦使药物易于粉碎加工，并缓和药性。种子类药物炒后则煎煮时有效成分易于溶出。

炒炭能缓和药物的烈性、副作用，或增强其收敛止血的功效。除清炒法外，还可拌固体辅料如土、麸、米炒，可减少药物的刺激性，增强疗效，如土炒白术、麸炒枳壳、米炒斑蝥等。与砂或滑石、蛤粉同炒的方法习称烫，药物受热均匀酥脆，易于煎出有效成分或便于服用，如蛤粉炒阿胶等。

(2) 炙 是将药材与液体辅料拌炒，使辅料逐渐渗入药材内部的炮制方法。通常使用的液体辅料有蜜、酒、醋、姜汁、盐水等。如蜜炙黄芪、蜜炙甘草、酒炙川芎、醋炙香附、盐水炙杜仲等。炙可以改变药性，增强疗效或减少副作用。

(3) 煅 将药材用猛火直接或间接煅烧，使质地松脆，易于粉碎，充分发挥疗效。其中直接放炉火上或容器内而不密闭加热者，称为明煅，此法多用于矿物药或动物甲壳类药，如煅牡蛎、煅石膏等。将药材置于密闭容器内加热煅烧者，称为密闭煅或焖煅，本法适用于质地疏松、可炭化的药材，如煅血余炭、煅棕榈炭。

(4) 煨 将药材包裹于湿面粉、湿纸中，放入热火灰中加热，或用草纸与饮片隔层分放加热的方法，称为煨法。其中以面糊包裹者，称为面裹煨；以湿草纸包裹者，称纸裹煨；以草纸分层隔开者，称隔纸煨；将药材直接埋入火灰中，使其高热发泡者，称为直接煨。

(5) 烘焙 将药材用微火加热，使之干燥的方法称烘焙。如焙虻虫、焙蜈蚣，焙后可降低毒性和腥臭气味，且便于粉碎。

4. 水火共制 常见的水火共制包括煮、蒸、潬、淬等。

(1) 煮 是用清水或液体辅料与药物共同加热的方法，如醋煮芫花、酒煮黄芩。

(2) 蒸 是利用水蒸气或隔水加热药物的方法，不加辅料者，称为清蒸；加辅料者，称为辅料蒸。加热的时间，视炮制的目的而定。如改变药物性味功效者，宜久蒸或反复蒸晒，如蒸制地黄、何首乌；为便于干燥或杀死虫卵，以利于保存者，加热蒸至"圆气"，即可取出晒干，如蒸银杏、女贞子、桑螵蛸等。

(3) 潬 是将药物快速放入沸水中短暂潦过，立即取出的方法。常用于种子类药物的去皮和肉质多汁药物的干燥处理，如潬杏仁、桃仁以去皮，潬马齿苋、天门冬以便于晒干贮存。

（4）淬　是将药物煅烧红后，迅速投入冷水或液体辅料中，使其酥脆的方法。淬后不仅易于粉碎，且辅料被其吸收，可发挥预期疗效。如醋淬自然铜、鳖甲，黄连煮汁淬炉甘石等。

5. 其他制法　除上述四类以外的一些特殊制法，均概括于此类。常用的有制霜、发酵、发芽等。

（1）制霜　种子类药材压榨去油或药物经过物料析出细小结晶后的制品，称为霜。其相应的炮制方法称为制霜。前者如巴豆霜，后者如西瓜霜。

（2）发酵　将药材与辅料拌和，置一定的湿度和温度下，利用霉菌使其发泡、生霉，并改变原药的性质，以产生新药的方法，称为发酵法。如神曲、淡豆豉。

（3）发芽　将具有发芽能力的种子药材用水浸泡后，经常保持一定的湿度和温度，使其发幼芽，称为发芽。如谷芽、麦芽等。

第二节　中药的性能

中药的性能是中药作用的基本性质和特征的高度概括。中药性能又称药性。药性理论是中药理论的核心，主要包括四气、五味、升降浮沉、毒性、归经等。

一、四气

四气，即指药物的寒热温凉四种药性。中兽医学认为，病证寒热从根本上讲是由于机体阴阳偏盛、偏衰而引起的。四气反映了药物在影响机体阴阳盛衰，寒热变化方面的作用倾向，是说明药物作用性质的重要概念之一。

"药有寒热温凉四气"，是由《本经》首先提出的。宋代有人主张将"四气"改为"四性"。但是，不论称四气，还是称四性，都是指寒热温凉四种药性，而四气的称谓沿用已久，习称至今。

四气中温热与寒凉属于两类不同的性质。温热属阳，寒凉属阴。温次于热。凉次于寒。即在共同性质中又有程度上的差异。对于有些药物，通常还标以大热、大寒、微温、微寒等，这是对中药四气不同程度的进一步区分。

此外，还有一些平性药。因其寒热偏性不明显，称其性平，仍未超出四性的范围。故四性从本质而言，实际上是寒热二性。

药性寒热温凉，是从药物作用于机体所发生的反应概括出来的，是与所治疾病的寒热性质相对应的。故药性的确定以用药反应为依据，病证寒热为基准。能够减轻或消除热证的药物，一般属于寒性或凉性，如黄芩、板蓝根对于发热口渴、咽痛等热证有清热解毒作用，表明这两种药物属于寒性。反之，能够减轻或消除寒证的药物，一般属于温性或热性，如附子、干姜对于腹中冷痛、四肢厥冷、脉沉无力等寒证具有温中散寒作用，表明这两种药物属于热性。一般来讲，具有清热泻火、凉血解毒等作用的药物，性属寒凉；具有温里散寒、补火助阳、温经通络、回阳救逆等作用的药物，性属温热。

药性寒热与治则：《本经》谓："疗寒以热药，疗热以寒药。"《素问·至真要大论》谓："寒者热之，热者寒之。"指出了药性寒热与治则的关系。阳热证用寒凉药；阴寒证用温热药，这是临床用药的一般原则。反之，则会造成以热益热，以寒增寒的不良后果。至于寒热错杂之证，往往寒药热药并用。对于真寒假热之证，则当以热药治本，必要时反佐以寒药；真热假寒之证，则当以寒药治本，必要时反佐以热药。

药性寒热与药物功效的关系必须明确两点：

（1）药性寒热与药物功效是共性与个性、抽象与具体的关系。药性寒热与八纲寒热相对应，是高层次上的抽象，而阴阳则是更高层次上的抽象。药性寒热只反映药物影响机体阴阳盛衰、寒热变化方面的基本倾向，并不说明药物的具体作用。因此，掌握药性寒热不能脱离其具体功效。如附子、干姜皆为热性药，但功效不同；石膏、黄连共为寒性药，疗效各异。这还需要掌握每味药的个性，以及五味、归经，综合理解，方能掌握其性寒、性热的特点。

（2）药性寒热是从特定角度概括药物作用性质。药性寒热是从药物对机体阴阳盛衰、寒热变化的影响这一特定角度来概括药物作用的性质，而不概括药物作用的所有方面。因此，必须与其他方面的内容相结合，方能全面地认识和掌握药物性能和作用。

二、五味

五味即辛、甘、酸、苦、咸五种药味。药物的味不止五种，但辛、甘、酸、苦、咸是五种最基本的滋味，此外还有淡味和涩味等。由于长期以来将涩附于酸，淡附于甘，故习称五味。将五味的阴阳属性，辛、甘、淡属阳，酸、苦、咸属阴。味的确定最初是依据药物的真实滋味。如黄连、黄柏之苦，甘草、枸杞之甘，桂枝、川芎之辛，乌梅、木瓜之酸，芒硝、食盐之咸等。后来将药物的滋味与作用相联系，以味解释和归纳药物的作用。随着用药实践的发展，对药物作用的认识不断丰富，一些药物的作用很难用其滋味来解释，因而采用了以作用推定其"味"的方法。例如，葛根、皂角刺并无辛味，但前者有解表散邪作用，常用于治疗表证；后者有消痈散结作用，常用于痈疽疮毒初起或脓成不溃之证。二者的作用皆与"辛能散、能行"有关，故皆标以辛味。磁石并无咸味，因其能入肾潜镇浮阳，而肾在五行属水与咸相应，磁石因之而标以咸味。

由此可知，确定"味"的主要依据：一是药物的滋味；二是药物的作用。而五味的实际意义：一是标示药物的真实滋味；二是提示药物作用的基本特征。

综合前人的论述和用药经验，将五味的作用叙述如下：

辛：能散、能行，有发散、行气、行血等作用。一般治疗表证的药物，如麻黄、薄荷；或治疗气血阻滞的药物，如木香、红花，都有辛味。

甘：能补、能和、能缓，即有补虚、和中、调和药性、缓急止痛的作用。如人参大补元气，熟地滋补精血，饴糖缓急止痛，甘草调和诸药等。某些甘味药还具有解药物中毒的作用，如甘草、绿豆等，故又有甘能解毒之说。

酸：能收、能涩，即有收敛固涩作用。多用于体虚多汗、久泻久痢、肺虚久咳、遗精滑精、尿频遗尿等证。如山茱萸、五味子涩精、敛汗，五倍子涩肠止泻，乌梅敛肺止咳、涩肠止泻等。

涩：能收敛固涩，与酸味作用相似。如龙骨、牡蛎涩精，赤石脂涩肠止泻，莲子固精止带，乌贼骨收敛止血，固精止带等。

酸味药的作用与涩味药相似而不尽相同。如酸能生津、安蛔等皆是涩味药所不具备的。

苦：能泄、能燥。泄的含义较广，有指通泄的，如大黄泻下通便，用于热结便秘。有指降泄的，如杏仁降泄肺气，用于肺气上逆之咳喘；枇杷叶除能降泄肺气外，还能降泄胃气，用于胃气上逆的呕吐呃逆。有指清泄的，如栀子、黄芩清热泻火，用于火热上炎，目赤肿痛等证。燥即燥湿，用于湿证。湿证有寒湿、湿热的不同。温性的苦味药，如苍术、厚朴，用于寒湿证，称为苦温燥湿；寒性的苦味药，如黄连、黄柏，用于湿热证，称为苦寒燥湿。

咸：能软、能下，有软坚散结和泻下作用。多用于痰核瘰疬、癥瘕等病证，如海藻、昆布消散瘰疬，鳖甲软坚消癥；或用于大便秘结，如芒硝泻下通便等。

淡：能渗、能利，有渗湿、利水作用。多用于治疗水肿、小便不利等证，如猪苓、茯苓、薏苡仁、通草等。

性和味分别从不同的角度说明药物的作用，二者合参才能较全面地认识药物的作用和性能。例如，紫苏、薄荷皆有辛味，能发散表邪，但紫苏辛温，能发散风寒；薄荷辛凉，能发散风热。麦冬、黄芪皆有甘味，前者甘凉，有养阴生津的作用；后者甘温，有温养中焦，补中益气的作用。

由于性和味都属于性能范围，只反映药物作用的共性和基本特点，因此不仅要性味合参，还必须与药物的具体功效结合起来。例如，紫苏、辛夷性味皆是辛温，都有发散风寒的作用。而前者发散力较强，又能行气和中；后者发散力较弱，而长于通鼻窍。乌药辛温，有行气止痛、温经散寒功效；川芎辛温，有活血行气、祛风止痛之功。因此，性味与功效合参尤为重要。

三、升降浮沉

升降浮沉反映药物作用的趋向性，是说明药物作用性质的概念之一。

气机升降出入是机体生命活动的重要机能状态。气机升降出入发生障碍，机体便处于疾病状态，产生不同的病势趋向。病势趋向常表现为向上（如呕吐、喘咳）、向下（如泄利、脱肛）、向外（如自汗、盗汗）、向内（如表证不解）。能够针对病情，改善或消除这些病证的药物，相对来说也就分别具有向下、向上、向内、向外的作用趋向。

升是上升，降是下降，浮表示发散，沉表示收敛固藏和泄利二便，因而沉实际上包含着向内和向下两种作用趋向。升降浮沉之中，升浮属阳，沉降属阴。一般具有升阳发表、祛风散寒、涌吐、开窍等功效的药物，都能上行向外，药性都是升浮的；具有泻下、清热、利水渗湿、重镇安神、潜阳熄风、消积导滞、降逆止呕、收敛固涩、止咳平喘等功效的药物，则能下行向内，药性都是沉降的。有的药物升降浮沉的特性不明显，如南瓜子的杀虫功效。有的药物则存在二向性，如麻黄既能发汗解表（升浮），又能利水消肿（沉降）。

掌握药物的升降浮沉性能，可以更好地指导临床用药，以纠正机体功能的失调，使之恢复正常，或因势利导，有助于祛邪外出。一般来说，病变在上、在表宜用升浮药，如外感风寒，用麻黄、桂枝发表；病变在下、在里宜用沉降药，如里实便秘之证，用大黄、芒硝攻下。病势逆上者，宜降不宜升，如肝阳上亢，当用牡蛎、石决明潜降；病势陷下者，宜升而不宜降，如久泻、脱肛当用黄芪、升麻、柴胡等药益气升阳。

（一）升降浮沉与性味的关系

一般来说，药性升浮的药物大多具有辛甘之味和温热之性；药性沉降者大多具有酸苦咸涩之味和寒凉之性。故李时珍说："酸咸无升，辛甘无降，寒无浮，热无沉"。但对此"无"字，应理解为"多数不"。如前所述，性味是从特定角度对中药作用特征的概括，药性升降浮沉也是如此。前人往往将性味作为影响或确定药性升降浮沉的重要因素，实际上，由于性味和升降浮沉都是从不同角度对药物作用特点的概括，因此，就逻辑关系而言，升降浮沉与性味是间接相关，与功效是直接相关。

（二）升降浮沉与药物质地的关系

前人重视药物升降浮沉与药物质地的关系。认为花、叶、皮、枝等质轻的药物大多数是升浮的，而种子、果实、矿物、贝壳等质重者大多是沉降的。然而，上述关系并非是绝对的，如旋覆花降气消痰、止呕止呃，药性是沉降的；苍耳子祛风解表、宣通鼻窍，药性是升浮的。

（三）炮制和配伍影响药物的升降浮沉

例如，酒炒则升，姜汁炒则散，醋炒则收敛，盐水炒则下行。在复方配伍中，性属升浮的药物在同较多沉降药配伍时，其升浮之性可受到一定的制约。反之，性属沉降的药物同较多的升浮药同用，其沉降之性亦能受到一定程度的制约。而在某些情况下，又需利用药物升降配合以斡旋气机，恢复脏腑功能。如血府逐淤汤中用柴胡、枳壳一升一降，以助气血周行。或用引经药，"桔梗载药上行"，"牛膝引药下行"。故李时珍说："升降在物，亦在人也。"

四、毒性

毒性是指药物对机体的损害性。毒性反应与副作用不同，它对机体的危害性较大，甚至可危及生命。为了确保用药安全，必须认识中药的毒性，了解毒性反应产生的原因，掌握中药中毒的解救方法和预防措施。

西汉以前是以"毒药"作为一切药物的总称。《周礼·天宫》："医师聚毒药以供医事"。《素问·脏气法时论》："毒药攻邪，五谷为养，五果为助……"。东汉时代，《本经》提出了"有毒、无毒"的区分，并谓："若用毒药疗病，先起如黍粟，病去即止。不去倍之，不去十之，取去为度。"《内经》七篇大论中，亦有大毒、常毒、小毒等论述。从毒药连称到有毒、无毒的区分，反映了人类对毒性认识的进步。东汉以后的本草著作对有毒药物都标出其毒性。

前人是以偏性的强弱来解释有毒、无毒及毒性大小的。有毒药物的治疗剂量与中毒剂量比较接近或相当，因而治疗用药时安全度小，易引起中毒反应。无毒药物安全度较大，但并非绝对不会引起中毒反应。人参、艾叶、知母、关木通等皆有产生中毒反应的报道，这与剂量过大或服用时间过长等有密切关系。

毒性反应是临床用药时应当尽量避免的。由于毒性反应的产生与药物储存、加工炮制、配伍、剂型、给药途径、用量、使用时间的长短以及病畜的体质、年龄、证候性质等都有密切关系。因此，使用有毒药物时，应从上述各个环节进行控制，避免中毒发生。

有毒药物的偏性强，根据以偏纠偏、以毒攻毒的原则，有毒药物也有其可利用的一面。古今利用某些有毒药物治疗恶疮肿毒、疥癣、瘰疬瘿瘤、癥瘕，积累了大量经验，获得了肯定的疗效。

值得注意的是，在古代文献中有关药物毒性的记载大多是正确的，但由于历史条件和个人经验与认识的局限性，其中也有一些错误之处。如《本经》认为丹砂无毒，且列于上品药之首；《本草纲目》认为马钱子无毒等。我们应当借鉴现代药理学研究成果，更应重视临床报道，以便更好地认识中药毒性。

应当强调的是，古人对药物毒性的认识大多是从急性中毒反应的观察中总结出来的，对于慢性中毒和蓄积中毒虽有一些认识，但由于历史条件的限制，未能进行系统、深入的观察和总结。在当今条件下，我们应当加强这方面的研究。

对于药物中毒的诊断和解救，古代文献有不少记载，其中包含了不少宝贵经验。在当今条件下，应结合现代医学认识、诊断、解救措施和方法，以及时取得更好的解救效果。

五、归经

归经是药物作用的定位概念，指药物对某一脏腑经络的选择性作用。前人在用药实践中观察到，一种药物往往主要对某一经或某几经发生明显作用，而对其他经的作用较小，甚至没有作用。同属性寒清热的药物，有的偏于清肝热，有的偏于清胃热，有的偏于清肺热或清心热；同属补药，也有补肺、补脾、补肝、补肾的不同。反映了药物在机体产生效应的部位各有侧重。将这些认识加以归纳，使之系统化，便形成了归经理论。

归经是以脏腑经络理论为基础，以所治病证为依据而确定的。由于经络能沟通机体内外表里，所以体表病变可通过经络影响在内的脏腑，脏腑病变亦可反映到体表。通过疾病过程中出现的证候表现以确定病位，这是脏腑辨证的重要内容。归经是药物作用的定位概念，如桔梗、杏仁能治胸闷、咳喘，归肺经；全蝎能止抽搐，归肝经。

经络与脏腑虽有密切联系，但各成系统，故有经络辨证与脏腑辨证的不同。经络辨证体系的形成早于脏腑辨证，因而历史上不同时期，不同医家，在确定药物的归经时，或侧重于经络系统，或侧重于脏腑系统。因此造成有些药物归经含义有所不同。例如，本草文献记载，羌活、泽泻皆归膀胱经。羌活能疗外感风寒湿邪所致的头痛身痛，肢体关节酸楚之证，其归膀胱经，是依据经络辨证，盖足太阳膀胱经主表，为一身之藩篱。泽泻利水渗湿，其归膀胱经，是指膀胱之府。羌活与泽泻，一为解表药，一为利水药，虽都归膀胱经，但两者包含的意义是不同的。至于有的药物只归一经，有的药物则归数经，这正说明不同药物的作用范围有广、狭之分。

掌握归经，有助于提高用药的准确性。例如，里实热证有肺热、心火、肝火、胃火等不同，应当分别选用清泄肺热、心火、肝火、胃火的药物来治疗。运用归经理论，必须考虑到脏腑经络间的关系。由于脏腑经络在生理上互相联系，在病理上互相影响，因此，在临床用药时并不单纯使用某一经的药物。如肺病见脾虚者，每兼用补脾的药物，使肺有所养而逐渐痊愈。肝阳上亢多因肾阴不足，每以平肝潜阳药与滋补肾经的药同用，使肝有所涵而亢阳自潜。若拘泥于见肺治肺、见肝治肝，单纯分经用药，其效果必受影响。

第三节　中药的应用

中药的应用包括配伍宜忌和用药禁忌等内容。掌握这些用药知识和方法，按照病情、药性和治疗要求正确运用，对于保证药效的充分发挥和用药安全是十分重要的。

一、配伍

配伍是指有目的地按病情需要和药性特点，选择两味以上药物配合使用。前人把单味药的应用及药物之间的配伍关系概括为七种情况，称为"七情"。《本草经集注》有"单行径用赴急"的说法，其意即在病情紧急时，可单用以应急。但若病情较重，或病情比较复杂，单味药力量有限，且难以全面兼顾；有的药物偏性较强，具有毒副作用，单味应用难以避免不良反应，当用相应药物佐制。绝大多数单方，从化学成分角度来看，也是一个复方。前人总结的"七情"，除单行者外，其余六个方面都是讲配伍关系。现分述如下。

（一）相须

性能功效相类似的药物配合应用，可以增强原有疗效，称为相须。如石膏与知母配合，能明显增强清热泻火的治疗效果；大黄与芒硝配合，能明显增强攻下泻热的治疗效果；全蝎、蜈蚣同用，能明显增强止痉作用。

（二）相使

性能功效有某些共性的药物配伍同用，以一药为主，另一药为辅，辅药能增强主药疗效，称为相使。如补气利水的黄芪与利水健脾的茯苓配合，茯苓能增强黄芪补气利水的治疗效果。

相使与相须共同之处是通过药物配合，产生协同作用，因而增强疗效。不同之处是相须配伍的药物是平行并列的关系，而相使配伍中有主辅之分，即一药为主，另一药为辅。这种主辅关系不是固定不变的，而是依据治疗目的和药物在治疗中的作用意义来确定。例如，以清热泻火为目的，将黄芩与大黄同用，是以清热泻火的黄芩为主药，大黄攻下泻热，即通过釜底抽薪的方式，增强黄芩清热泻火的治疗效果。若治疗目的在于通便或攻下热结，则可用大黄与理气除满的厚朴配伍，此时大黄为主，厚朴理气，增强大黄攻下作用为辅。因此，相使配伍的主辅关系是依据病情、治疗目的来确定的。

（三）相畏

一种药物的毒性反应或副作用，能被另一种药物减轻或消除，称为相畏。如生半夏和生南星的毒性能被生姜减轻或消除，所以说生半夏和生南星畏生姜。

（四）相杀

一种药物能减轻或消除另一种药物的毒性或副作用，称为相杀。如生姜能减轻或消除生半夏和生南星的毒性或副作用，所以说生姜杀生半夏和生南星的毒。

相畏、相杀实际上是同一配伍关系的两种提法，可以理解为主宾异位。

（五）相恶

两药合用，一种药物能使另一种药物原有功效降低，甚至丧失，称为相恶。如人参恶莱菔子，因莱菔子能削弱人参的补气作用。相恶，只是两药的某方面或某几方面的功效减弱或丧失，并非二药的各种功效全部相恶。如生姜恶黄芩；只是生姜的温肺、温胃功效与黄芩的清肺、清胃功效互相牵制而疗效降低，但生姜还能和中开胃治慢草不食并呕逆之证，黄芩尚可清泄少阳以除热邪，在这些方面，两药并不一定相恶。

两药是否相恶，还与所治证候有关。如用人参治元气虚脱或脾肺纯虚无实之证，配伍以消积导滞的莱菔子，则人参补气效果降低。但对脾虚食积气滞之证，如单用人参益气，则不利于积滞胀满之证。单用莱菔子消积导滞，又会加重气虚。两者合用相制而相成，故《本草新编》说："人参得莱菔子，其功更神。"故相恶配伍原则上应当避免，但也有可利用的一面。由此可以解释，为什么历代本草文献中所列相恶药物达百种以上，而临床医家并不将相恶配伍通作配伍禁忌对待。

（六）相反

两种药物合用，能产生或增强毒性反应或副作用，称为相反。如"十八反"、"十九畏"中的若干药物。

上述六个方面，其变化关系可以概括为四项，即在配伍应用的情况下：①有些药物因产生协同作用而增进疗效，是临床用药时要考虑充分利用的，如相须、相使；②有些药物可能互相拮抗而抵消、削弱原有功效，用药时应注意避免，如相恶；③有些药物则由于相互作用，而能减轻或消除原有的毒性或副作用，在应用毒性药或烈性药时酌情选用，如相杀、相畏；④一些药物因相互作用而产生或增强毒副作用，属于配伍禁忌，原则上应避免配用。

二、禁忌

在用药时，为了安全，保证疗效，就必须重视禁忌问题。用药禁忌，除了配伍中的"相反"、"相恶"外，还有妊娠用药禁忌和配伍禁忌两个方面。

（一）妊娠用药禁忌

妊娠禁忌药是指妊娠期禁忌使用或须慎重使用的药物。

在为数众多的妊娠禁忌药中，不同的药对妊娠的危害程度是有所不同的，因而在临床上也应区别对待。古代对妊娠禁忌药主要提禁用与忌用，极少提慎用。近代则多根据临床实际，将常用中药中的妊娠禁忌药分为禁用与慎用两大类。属禁用的多系剧毒药，或药性作用峻猛，及堕胎作用较强的药。慎用药则主要是活血祛瘀药、行气药、攻下药、温里药中的部分药。

禁用药：如水银、砒霜、雄黄、轻粉、斑蝥、马钱子、蟾酥、川乌、草乌、藜芦、胆矾、瓜蒌、巴豆、甘遂、大戟、芫花、牵牛子、商陆、麝香、干漆、水蛭、虻虫、三棱、莪术等。

慎用药：如牛膝、川芎、红花、桃仁、姜黄、牡丹皮、枳实、大黄、番泻叶、芦荟、芒硝、附子、肉桂等。

在众多的妊娠禁忌药中，妊娠禁忌的理由也是多种多样的，其中，能引起堕胎是最早提出妊娠禁忌的主要理由，随着对妊娠禁忌药的认识逐渐深入，对妊娠禁忌理由的认识也逐步加深。归纳起来，主要包括：①对母体不利；②对胎儿不利；③对产程不利。今天，无论从用药安全的角度，还是从优质繁育的角度来认识这几点，都是应当给予高度重视的。

总的来说，对于妊娠用药禁忌的，如无特殊必要，应尽量避免使用，以免发生事故。如非用不可，则应注意辨证准确，掌握好剂量与疗程，并通过恰当的炮制和配伍，尽量减轻药物对妊娠的危害，做到用药安全而有效。

（二）配伍禁忌

《本经》指出："勿用相恶、相反者。"但相恶与相反所导致的后果不一样。相恶配伍可使药物某些方面的功效减弱，但又是一种可以利用的配伍关系，并非绝对禁忌。而"相反为害，甚于相恶"，可能造成严重后果，甚至危及生命。故相反的药物原则上禁止配伍应用。目前中兽医界共同认可的配伍禁忌，有"十八反"和"十九畏"。

1. 十八反

甘草—（反）甘遂、大戟、海藻、芫花。

乌头—（反）贝母、瓜蒌、半夏、白蔹、白及。

藜芦—（反）人参、沙参、丹参、玄参、苦参、细辛、芍药。

《元亨疗马集》中十八反简歌：

本草明言十八反，半蒌贝蔹及攻乌，

藻戟遂芫俱战草，诸参辛芍叛藜芦。

2. 十九畏

硫黄—（畏）朴硝；水银—（畏）砒霜；

狼毒—（畏）密陀僧；巴豆—（畏）牵牛；

丁香—(畏)郁金；川乌、草乌—(畏)犀角；

牙硝—(畏)三棱；官桂—(畏)赤石脂；

人参—(畏)五灵脂。

《元亨疗马集》中十九畏歌诀：

硫黄原是火中精，朴硝一见便相争；

水银莫与砒霜见，狼毒最怕密陀僧；

巴豆性烈最为上，偏与牵牛不顺情；

丁香莫与郁金见，牙硝难合荆三棱；

川乌草乌不顺犀，人参又忌五灵脂；

官桂善能调冷气，石脂相间便跷蹊。

大凡修合看顺逆，炮燨炙煨要精微。

对于十八反、十九畏作为配伍禁忌，历代医药学家虽然遵信者居多，但亦有持不同意见者，有人认为十八反、十九畏并非绝对禁忌；有的药学家还认为，相反药同用，能相反相成，产生较强的功效。倘若运用得当，可愈沉疴痼疾。如《元亨疗马集》中治疗牛百叶干的猪膏散中，就用大戟、甘遂和甘草相配；治马中结的马价丸，巴豆和牵牛同用。但一般来说，如果没有足够的证据，应尽量少用或不用配伍禁忌药物，以免发生意外。

三、剂型

药物在使用前，要根据不同的药性和治疗需要，加工成一定的制剂形式，就是剂型。由于药物有不同的性能和特点，因此，对于剂型有一定的选择性。《神农本草经》中说："药性有宜丸者，宜散者，宜水煮者，宜渍者，宜膏煎者，亦有一物兼宜者，亦有不可入汤酒者，并随药性，不得违越。"关于病情的需要，如病急者宜汤，病缓者宜丸；疮疡湿者宜贴，干枯者宜涂膏等。关于使用方法，如灌服宜用散剂或汤剂，直肠给药宜用汤剂或栓剂等。关于动物采食特性，如禽类，可用药砂，鱼类多用药饵等。不过，应当看到，中药的临床应用，主要以复方的形式出现，复方中往往包含具有多种性能和特点的药物，复方的剂型主要取决于复方的功效和治疗需要，而不能完全由单味药物来决定，最好是把二者兼顾起来。

中药的剂型很多，除传统的外，现代又有许多新的剂型。这些剂型是：①汤剂（水煎剂），可供内服和外用熏洗。内服汤剂容易被吸收，发挥药效快，适用于急病或重病。当经口灌服困难时，某些内服汤剂也可采用保留灌肠的方法投药。外用汤剂可用于洗治疮疡、洗敷肿痛等。②散剂（粉剂），供内服或外用撒布、敷贴，或用于点眼、吹鼻等。③膏剂，也分内服与外用两种，中兽医临床上使用外用膏剂较多，如供敷或贴的软膏药、硬膏药。④酒剂，又称药酒，是用酒浸泡药材制成的液体制剂。由于酒有活血通经、驱散寒邪之效，故酒剂多用于治疗跌打损伤及风湿痹痛等证。

除了上述剂型之外，还有丹剂、冲服剂、注射剂、胶剂、曲剂、霜剂、擦剂、糖浆剂、露剂、油剂、炙剂、气雾剂、熏烟剂、膜剂、栓剂、海绵剂，以及用于禽类的药砂，用于鱼类的药饵等。两种或两种以上的剂型合在一起（如散剂和汤剂混合），有时也称合剂。

随着我国规模化和集约化畜牧养殖业的发展，对动物的群体用药越来越多地被采用。所谓群体用药，就是为了防治群发性疫病，或为了提高动物的生产性能，所采用的批量集体用药。目前较普遍的是混饲药剂或饲料添加剂。从剂型的角度来看，它并非一种新剂型，而只不过是拌入饲料中或溶解于饮水中的某些散剂以及某些液体药剂而已。由于中药制剂毒副作用小，很少在食用动物产品中产生有害残留，故用它来作为混饲药剂或饲料添加剂已日益受到重视。

四、剂量

剂量是指每一药物常用的治疗量。剂量的大小，对其疗效有直接关系。如果应该用大剂量来治疗的，反而用小量的药物，可能因药量太小，效力不够，不能及早痊愈，以至延误病情；或者应该用小剂量来治疗的，反而用大量药物，可能因药过量，以至克伐畜体的正气，都会对疾病治疗带来不良后果。

（一）确定剂量的依据

剂量是否得当，是能否确保用药安全、有效的重要因素之一。临床上主要依据所用药物的性质性能、用药方法、患畜情况及四时气候等诸方面来确定中药的具体用量。

1. 药物的性质性能

（1）药材质地　花叶类质轻之品用量宜轻，金石、贝壳质重之品用量宜重；干品用量宜轻，鲜品用量宜重。

（2）药物的气味　气味平淡作用缓和的药，用量宜重；气味浓厚作用峻猛的药，用量宜轻。

（3）毒性　有毒者，应严格控制剂量，不得超出安全范围；无毒者，剂量变化幅度较大，可适当增加用量。

2. 用药方法

（1）方药配伍　单味应用时剂量宜大，复方应用时剂量宜小；在方中作主药时用量宜稍大，而作辅药则用量宜小些。

（2）剂型　入汤剂时用量宜大；入丸、散剂时用量宜小。

（3）使用目的　某些药因用量不同可出现不同作用，故可据不同使用目的增减用量。如以槟榔行气消积，牛马用 9～24g 即可，而驱绦虫则须用 60～120g。

3. 患畜病情、体质和年龄　当以祛邪为主时，病情重者用量宜重，病情轻者用量宜轻。以补虚为主时，脾胃强健者，用量宜稍大；脾胃虚弱者，用量宜轻小。体质强壮者，药量可稍大；体质虚弱者，药量宜减轻。壮龄家畜剂量可稍大，老弱家畜，剂量应小些。

4. 畜种　畜种不同，个体大小的差异，均影响用药量。本书每味中药的剂量分别针对不同畜种列出。不同家畜用药比例如表 9-1。

表 9-1　不同家畜用药比例

畜　种	用药比例	畜　种	用药比例
马（300kg）	1	猪（60kg）	1/8～1/5
黄牛（300kg）	$1～1^{1/4}$	狗（15kg）	1/16～1/10
水牛（500kg）	$1～1^{1/2}$	猫（4kg）	1/32～1/20
驴（150kg）	1/3～1/2	鸡（1.5kg）	1/40～1/20
羊（40kg）	1/6～1/5		

（二）古今计量单位及换算

中药的计量单位，古今有别。明清以后，普遍采用 16 进位制，即 1 市斤＝16 两＝160 钱。现今我国对中药生药计量采用法定计量单位，即 1kg＝1 000g。为了方便处方和配药，特别是古方剂量的换算，通常按规定以近似值进行换算，即 1 两（16 位制）＝30g，1 钱＝3g，1 分＝0.3g，1 厘＝0.03g。

五、服用法

服用法，就是中药的内服和外用方法。

（一）内服药剂

内服药剂通过经口给药，是最常用的方式。通常应用的剂型有散剂、汤剂。另外，丸剂、冲剂、酒剂也多采用经口给药。传统的经口给药方式是"灌药"。即将药物汤剂或用水冲调的散剂、丸剂、冲剂等用牛角勺或胃管投服。近年来随着集约化养殖的发展，更多使用的是将中药添加于饲料中，或混入饮水中。尤其对于猪、鸡等的口服给药，更是如此。

1. 服药方法　关于服药冷热问题，汤剂一般应该在药液温而不凉的时候灌服。但对于寒性病症则需热服，对于热性病症则需冷服；真热假寒的病症，用寒性药物而宜于温服，真寒假热的病症用温热药而宜于冷服。所有这些，都必须根据病情灵活处理。此外，在冬季可稍温，夏季宜稍凉。

2. 服用时间　应根据病情和药性而定。一般来说，补养药一般多在食前服；驱虫药和泻下药大多在空腹时服；健胃药和对胃肠刺激性较大的药物宜在食前服；其他药物，一般宜在食后服。如系急病、重病，则不拘时间，应迅速灌服。

3. 服药次数　一般使每天 1～2 次，但急症可服多次。

（二）外用药剂

汤剂外用，可熏洗疮痈、痒疹和赤眼；散剂外用可撒布于湿疮痒疹、溃疡、外伤出血；软膏药常用于涂敷疮肿；硬膏药可用于贴治风湿疼痛、跌打损伤。用药次数或换药时间，因各种剂型的性能和所治病证而异。一般可 1 日 1 次或 2～3 次，硬膏药可数日一次。

此外，中药的给药途径又增添了皮下注射、肌内注射、穴位注射和静脉注射等，扩大了中药的应用形式。

［附］中药的煎煮方法

中药的疗效除与剂型的类别有关外，还与制剂工艺有着密切关系。汤剂是临床常采用的剂型。为了保证获得预期的疗效，中兽医工作者应该掌握正确的中药煎煮法。

器具：最好用陶瓷器皿中的砂锅、砂罐。因其化学性质稳定，不易与药物成分发生化学反应，并且导热均匀，保暖性能好。其次可用白色搪瓷器皿或不锈钢锅。煎药忌用铁、铜、铝等金属器具。因金属元素容易与药液中的中药成分发生化学反应，可能使疗效降低，甚至产生毒副作用。

用水：煎药用水必须无异味，洁净澄清，含矿物质及杂质少，无污染。一般来说，凡人们在生活上可作饮用的水都可用来煎煮中药。在实验室条件下，可以使用蒸馏水。

加水量：按理论推算，加水量应为饮片吸水量、煎煮过程中蒸发量及煎煮后所需药液量的总和。虽然实际操作时加水很难做到十分精确，但至少应根据饮片质地疏密、吸水性能及煎煮时间长短确定加水多少。一般用水量为将饮片适当加压后，液面淹没过饮片约 2cm 为宜。质地坚硬、黏稠，或需久煎的药物加水量可比一般药物略多；质地疏松，或有效成分容易挥发，煎煮时间较短的药物，则液面淹没药物即可。

煎前浸泡：中药饮片煎前浸泡既有利于有效成分的充分溶出，又可缩短煎煮时间，避免因煎煮时间过长，导致部分有效成分耗损、破坏过多。多数药物宜用冷水浸泡，一般药物可浸泡 20～30min，以种子、果实为主的药可浸泡 1h。夏天气温高，浸泡时间不宜过长，以免腐败变质。

火候及时间：煎煮中药还应注意火候与煎煮时间。一般药物宜先武火后文火，即未沸前用大火，沸后用小火保持微沸状态，以免药汁溢出或过快熬干。解表药及其他芳香性药物，一般用武火迅速煮沸，改用文火维持 10～15min 左右即可。有效成分不易煎出的矿物类、骨角类、贝壳类、甲壳类药及补益药，一般宜文火久煎，使有效成分充分溶出。

趁热滤汁：药煎煮好后，应趁热滤取药汁。因久置后药液温度降低，一些有效成分会因溶解度降低而沉淀，加之药渣的吸附作用而有部分损失，因而影响疗效。

煎煮次数：一般来说，一剂药可煎煮 3 次，最少应煎煮 2 次。因为煎药时药物有效成分首先会溶解在进入药材组织的水液中，然后再扩散到药材外部的水液中，到药材内外溶液的浓度达到平衡时，因渗透压平衡，有效成分就不再溶出了。这时，只有将药液滤出，重新加水煎煮，有效成分才能继续溶出。为了充分利用药材，避免浪费，一剂药最好煎煮 2 次或 3 次。

入煎顺序：一般药物可以同时入煎，但部分药物因其性质、性能及临床用途不同，所需煎煮时间不同，有的还需做特殊处理，甚至同一药物因煎煮时间不同，其性能与临床应用也存在差异。所以煎制汤剂还应注意入煎顺序。

1. 先煎　即先将该药入煎 30min 左右，再纳入其他药同煎。先煎药物包括有效成分不易煎出的矿物、贝壳类药，如磁石、牡蛎等；须久煎去毒的药物，如附子、川乌有毒，均应先煎；治疗特殊需要，如大黄久煎泻下力缓，欲减其泻下力则应先煎。

2. 后下　目的是缩短煎煮时间。后下的药物包括有效成分因煎煮易挥散或破坏的药物，如薄荷、白豆蔻等应后下，待它药将煎成时再投入，煎沸数分钟即可；大黄、番泻叶久煎则泻下力减缓，故欲泻下当后下或开水泡服。

3. 包煎　花粉、细小种子及细粉类药物应包煎，因其易漂浮在水面，不利煎煮，如蒲黄、葶苈子、滑石粉等；含淀粉、黏液质较多的药物应包煎，因其易粘锅糊化、焦化，如车前子等；绒毛类药物应包煎，因其难于滤净，混入药液则刺激咽喉，如旋覆花等。

4. 另煎　少数价格昂贵的药物须另煎，以免煎出有效成分被其他药物的饮片吸附，如人参、西洋参等。此外，据临床治疗需要也可另煎。

5. 烊化　即溶化或熔化。胶类药容易黏附于其他药渣及锅底，既浪费药材又易熬焦，故应先行烊化，再与其他药汁兑服，如阿胶、鹿角胶等。

6.冲服　一些入水即化的药或原为汁液性的药，宜用煎好的其他药液或开水冲服，如芒硝、竹沥水、蜂蜜等。

7.煎汤代水　如灶心土。

第十章　各　　论

第一节　解　表　药

本类药物多具辛味，性能发散，主入肺、膀胱经，偏行肌表，使肌表之邪外散或从汗而解，具有发汗解表作用，主要用于感受外邪所致的恶寒、发热、无汗（或有汗）、脉浮等证。解表药除具有发汗解表作用外，部分药物尚兼有利尿退肿、止咳平喘、透疹、止痛、消疮等作用。

解表药必须根据四时气候变化及病畜体质而恰当选择，配伍用药。

使用发汗作用较强的解表药时，不要用量过大，以免发汗太过，耗伤阳气，损及津液；表虚自汗、阴虚盗汗以及疮疡日久，淋证、失血者，虽有表证，也应慎用。使用解表药还要注意因时因地而异，如春夏腠理疏松，容易出汗，解表药用量宜轻，冬季腠理致密，不易汗出，解表药用量宜重；同样，北方严寒地区用药宜重，南方炎热地区用药宜轻。解表药多为辛散之品，入汤剂不宜久煎，以免有效成分挥发而降低药效。

解表药可分为发散风寒药和发散风热药两类。

一、发散风寒药

麻　黄

为麻黄科草本小灌木草麻黄、木贼麻黄和中麻黄的草质茎。立秋至霜降间采收，阴干，切段。生用、蜜炙或捣绒用。主产山西、河北、内蒙古、甘肃等地。

【性味归经】辛、微苦，温。归肺、膀胱经。

【功效】发汗解表，宣肺平喘，利水消肿。

【应用】

1.用于风寒感冒　本品味辛发散，性温散寒，故发汗解表以散风寒，为辛温解表要药。多用于外感风寒，恶寒无汗，发热，脉浮而紧的感冒重证，即外感风寒表实证，与桂枝相须为用，如麻黄汤。

2. 用于咳嗽气喘 本品辛散苦泄，温通宣畅，入肺经，外能发散风寒，内能开宣肺气，有良好的宣肺平喘之功。

治风寒外束，肺气壅遏的喘咳实证，配伍杏仁、甘草同用，如三拗汤。

治寒痰停饮，咳嗽气喘，痰多清稀，配伍细辛、干姜、半夏等，如小青龙汤。

治肺热壅盛，高热喘急，配伍石膏、杏仁、甘草，如麻杏石甘汤。

3. 用于水肿 本品上开肺气，下输膀胱，为宣肺利尿要药。

治风邪袭表，肺失宣降的水肿、小便不利兼有表证的风水证，与甘草同用，如甘草麻黄汤。

4. 用于鸡呼吸道疾病 治鸡传染性支气管炎、传染性喉气管炎等，配伍杏仁、山豆根、金银花、板蓝根等

【用量】马、牛 15～30g；猪、羊 3～10g；犬 3～5g；兔、禽 1～3g。

【禁忌】本品发散力强，凡表虚自汗、阴虚盗汗及虚喘均当慎用。

桂 枝

为樟科常绿乔木肉桂的嫩枝。常于春季割取，晒干或阴干，切片或切段用。主产广东、广西及云南省。

【性味归经】辛、甘，温。归心、肺、膀胱经。

【功效】发表解肌，温经通脉，通阳化气。

【应用】

1. 用于风寒感冒 本品辛甘温煦，甘温通阳扶卫，故有助卫实表，外散风寒之功。

治风寒表实无汗证，配伍麻黄等，以开宣肺气，发散风寒，如麻黄汤。

治表虚有汗证，配伍白芍等，以发汗解肌，调和营卫，如桂枝汤。

2. 用于风寒湿痹 本品温经止痛。

治四肢风湿疼痛，与附子同用，如桂枝附子汤。尤善治前肢肌肉关节疼痛，配伍羌活、独活、秦艽等；还常作前肢引经药使用。

3. 用于水肿证 本品甘温，通阳化气。若膀胱气化不行，水肿小便不利，与猪苓、泽泻等同用，如五苓散。

【用量】马、牛 15～45g；猪、羊 3～10g；犬 3～5g；兔、禽 1～2.5g。

【禁忌】本品辛温助热，易伤阴动血，凡外感热病，阴虚火旺，血热妄行等证均当忌用。

紫　苏

为唇形科一年生草本植物紫苏的茎、叶。我国南北均产。夏秋季采收。阴干，生用。

【性味归经】辛，温。归肺、脾经。

【功效】发汗解表，行气宽中，安胎。

【应用】

1. 用于风寒感冒　本品发汗解表，宣肺止咳，与羌活、防风等同用。

兼气喘咳嗽，配伍前胡、杏仁等，如杏苏散。

兼气滞胸闷，配伍香附、陈皮等，如香苏散。

2. 用于脾胃气滞　本品能行气宽中，和胃止呕，兼有理气安胎之功。

治外感风寒，内伤湿滞，气机不畅，呕逆不食，配伍藿香、陈皮、半夏等，如藿香正气散。

治胎气上逆，胎动不安，配伍砂仁、陈皮等理气安胎药。

【用量】马、牛15～60g；猪、羊5～15g；犬3～8g；兔、禽1～2.5g。

附药：

紫苏梗　为紫苏的茎。性味辛、甘、微温。归肺，脾、胃经。功能宽胸利膈，顺气安胎。适用于胸腹气滞及胎动不安等证。发散风寒之力比紫苏差，理气安胎效果好。配伍香附、陈皮。

苏子　为紫苏的种子，辛、温，归肺经。功能降气消痰，润肠通便。适用于咳嗽气喘、肠燥便秘等证。

生　姜

为姜科多年生草本植物姜的根茎。各地均产。秋冬两季采挖，除去须根，切片用。

【性味归经】辛，温。归肺、脾、胃经。

【功效】发汗解表，温中止呕，温肺止咳。

【应用】

1. 用于风寒感冒　本品能发汗解表，祛风散寒，但作用较弱，适用于风寒感冒轻证。

可单用或配伍葱白煎服，或加入其他辛温解表剂中作辅药使用，以增发汗解表之力，如桂枝汤等方剂中均有本品。

2. 用于胃寒呕吐　本品温胃散寒，和中降逆，止呕功良。

治胃寒呕吐，配伍半夏，即小半夏汤。

治胃热呕吐，配伍黄连、竹茹等。

3. 用于风寒咳嗽 本品具有温肺散寒，化痰止咳之功。治风寒客肺，痰多咳嗽者，配伍杏仁、紫苏、陈皮、半夏等药。

4. 解药毒 生姜能解半夏、天南星及鱼蟹毒。

【用量】马、牛 15～60g；猪、羊 5～15g；犬 1～5g；兔、禽 1～3g。

【禁忌】本品伤阴助火，故阴虚内热者忌服。

附药：

生姜皮 为生姜根茎切下的外表皮。性味辛，凉。功能和胃行水消肿，主要用于水肿，小便不利。

生姜汁 用生姜捣汁入药。功同生姜，但偏于开痰止呕，便于临床应急服用。遇南星、半夏中毒可取汁冲服，易于给药，也可配伍竹沥喂服。

荆 芥

为唇形科一年生草本植物荆芥的地上部分。秋冬采收，阴干切段。生用、炒黄或炒炭。主产江苏、浙江及江西等地。

【性味归经】辛，微温。归肺、肝经。

【功效】发表散风，透疹消疮，炒炭止血。

【应用】

1. 用于外感表证 本品辛散气香，长于发表散风，且微温不烈，药性和缓，表寒表热皆可用之。

治风寒感冒，配伍防风、羌活、独活等药，如荆防败毒散。

治风热感冒，配伍金银花、连翘、薄荷等，如银翘散。

2. 治麻疹不透、风疹瘙痒 本品轻扬透散，祛风止痒，宣散疹毒。

治表邪外束，麻疹不透，配伍蝉蜕、薄荷、紫草等药。

治风疹瘙痒或湿疹痒痛，配伍苦参、防风、赤芍等，如消风散。

3. 用于吐衄下血 本品炒炭长于理血止血，用于多种出血证。

治血热妄行，吐血、衄血，配伍生地黄、白茅根、侧柏叶等。

治便血，配伍地榆、槐花、黄芩炭等。

【用量】马、牛 15～60g；猪、羊 5～15g；犬 3～8g。

防 风

为伞形科多年生草本植物防风的根。春秋季采挖，晒干，切片，生用或炒炭用。主产东北、河北、四川、云南等地。

【性味归经】辛，甘，微温。归膀胱、肝、脾经。

【功效】发表散风，胜湿止痛，止痉，止泻。

【应用】

1. 用于外感表证　本品辛温发散，气味俱升，以辛为用，功善疗风，既散肌表风邪，又除经络留湿，止痛功良，微温不燥。

治风寒表证，肢体酸痛、恶风寒者，配伍荆芥、羌活、独活等药，如荆防败毒散。

治风热表证，发热恶风、咽痛微咳者，配伍薄荷、蝉蜕、连翘等辛凉解表药。

治风疹瘙痒，配伍苦参、荆芥、当归等散风止痒、活血散淤药，如消风散。

2. 用于风湿痹痛　本品祛风散寒，胜湿止痛。治风寒湿痹、肢节疼痛、筋脉挛急者，配伍羌活、桂枝、姜黄等祛风湿药。

3. 用于破伤风证　本品能祛风止痉。治破伤风证，配伍天麻、天南星、白附子等药，如玉真散。

4. 用于肝郁侮脾，腹痛泄泻　本品炒用能止泻，配伍陈皮、白芍、白术等，如痛泻要方；炒炭治肠风下血。

【用量】马、牛 15～60g；猪、羊 5～15g；犬 3～8g；兔、禽 2～5g。

【禁忌】阴虚火旺，血虚发痉者慎用。

白　芷

为伞形科多年生草本植物白芷或杭白芷的根。秋季采挖，晒干，切片，生用。主产四川、浙江、河南、河北、安徽等地。

【性味归经】辛，温。归肺、胃经。

【功效】解表散风，通鼻窍，消肿排脓。

【应用】

1. 用于外感风寒、鼻塞不通　本品辛温，发表散风，芳香通窍。治外感风寒、鼻塞不通，配伍防风、羌活、辛夷等。

2. 用于风湿痹痛　本品辛散而燥，治风寒湿痹，腰背疼痛，配伍羌活、独活、威灵仙等。

3. 用于疮痈肿毒　本品能消肿排脓，止痛。

治痈疽初起、红肿热痛，配伍金银花、当归、穿山甲等，如仙方活命饮。

治乳痈肿痛，配伍瓜蒌、贝母、蒲公英等。

4. 用于皮肤风湿瘙痒及毒蛇咬伤。

5. 用于鸡败血支原体病　配伍辛夷、防风、桔梗、陈皮等。

【用量】马、牛 15～30g；猪、羊 5～10g；犬 3～5g；兔、禽 1～2g。

【禁忌】阴虚血热者忌服。

细 辛

为马兜铃科多年生草本植物北细辛、汉城细辛或华细辛的全草。前两种习称"辽细辛"，主产辽宁，吉林，黑龙江，后一种主产陕西等地。夏秋采收，阴干生用。

【性味归经】辛，温。有小毒。归肺、肾、肝、心经。

【功效】祛风散寒，通窍，止痛，温肺化饮。

【应用】

1. 用于风寒感冒，阳虚外感 本品祛风散寒，达表入里，入肺经可散在表风寒；入肾经又除在里寒邪。

治一般风寒感冒，配伍羌活、防风、白芷等，如九味羌活汤。

治恶寒无汗，发热脉沉的阳虚外感，配伍附子、麻黄等，如麻黄附子细辛汤。

2. 用于风寒湿痹，腰膝冷痛 配伍独活、桑寄生、防风等同用，如独活寄生汤。

3. 用于寒痰停饮，气逆喘咳 本品辛散温燥，既可外散表寒，又能下气消痰，温肺化饮。

治外感风寒，水饮内停，喘咳，痰多清稀，配伍麻黄、桂枝、干姜等，如小青龙汤。

治外无表邪，纯系寒痰停饮阻肺，气逆喘咳，配伍茯苓、干姜、五味子等。

【用量】马、牛 10～15g；猪、羊 1.3～5g；犬 0.8～1.5g。外用适量。

【禁忌】反藜芦。

辛 夷

为木兰科植物望春花或武当玉兰的花蕾。春初花未开放时采收，除去枝梗，阴干入药用。

【性味归经】辛，温。归肺、胃经。

【功效】发散风寒，宣通鼻窍。

【应用】

1. 用于风寒感冒 本品发散风寒，通窍止痛。治外感风寒，鼻塞，配伍川芎、防风、白芷等发散风寒药。

2. 用于鼻炎 本品辛温发散，芳香通窍，其性上达，升达清气，有散风邪、通鼻窍之功，故为鼻炎要药。

偏于风寒者，配伍白芷、细辛、苍耳、防风等。

偏于风热者，配伍菊花、连翘、黄芩、薄荷、苍耳子等。

3. 用于鸡败血支原体病　配伍白芷、防风、薄荷、陈皮等。

【用量】马、牛15～45g；猪、羊5～15g；犬3～8g。外用适量。

【禁忌】阴虚火旺者忌服。

二、疏散风热药

薄　荷

为唇形科多年生草本植物薄荷的茎叶。我国南北均产，尤以江苏产者为佳。收获期因地而异，一般每年可采割2～3次，鲜用或阴干切段生用。

【性味归经】辛，凉。归肺、肝经。

【功效】疏散风热，清利头目，利咽透疹。

【应用】

1. 治风热感冒，温病初起　本品辛凉发散，为疏散风热常用之品。治风热感冒或温病初起，邪在卫分，发热，微恶风寒，配伍金银花、连翘、牛蒡子、荆芥等，如银翘散。

2. 治目赤肿痛　本品轻扬升浮，芳香通窍，功善疏散上焦风热，清头目，利咽喉。

治风热上攻，目赤肿痛，配伍桑叶、菊花、蔓荆子等。

治风热壅盛，咽喉肿痛，配伍桔梗、生甘草、僵蚕、荆芥、防风等。

3. 用于痘疹　本品质轻宣散，有疏散风热，宣毒透疹之功。

治风热袭表，痘疹不透，配伍蝉蜕、荆芥、牛蒡子、紫草等，如透疹汤。

治风疹瘙痒，配伍苦参、白藓皮、防风等，取其祛风透疹止痒之效。

【用量】马、牛15～45g；猪、羊5～15g；犬1～5g。

【禁忌】本品芳香辛散，发汗耗气，故体虚多汗者，不宜使用。

牛　蒡　子

为菊科两年生草本植物牛蒡的成熟果实。秋季采收，晒干，生用或炒用，用时捣碎。主产河北、浙江等地。

【性味归经】辛、苦，寒。归肺，胃经。

【功效】疏散风热，透疹利咽，解毒散肿。

【应用】

1. 用于风热感冒，咽喉肿痛　本品辛散苦泄，寒能清热，故有疏散风热，宣肺利咽之效。

治风热感冒、咽喉肿痛，配伍金银花、连翘、荆芥、桔梗等，如银翘散。

若风热壅盛，咽喉肿痛，热毒较甚，与大黄、薄荷、荆芥、防风等同用，如牛蒡汤。

若风热咳嗽，痰多不畅，配伍荆芥、桔梗、前胡、甘草。

2. 用于麻疹不透　本品清泄透散，能疏散风热，透泄热毒而促使疹子透发。治猪、羊、鸡痘疹，配伍薄荷、荆芥、蝉蜕、紫草等同用。

3. 治痈肿疮毒　本品辛苦性寒，于升浮之中又有清降之性，能外散风热，内泄其毒，有清热解毒、消肿之效，性偏滑利，兼通利二便。

治风热外袭，火毒内结，痈肿疮毒，兼有便秘，配伍大黄、芒硝、栀子、连翘、薄荷等。

治肝郁化火、胃热壅络之乳痈证，配伍瓜蒌、连翘、天花粉、青皮等。

治瘟毒，配伍玄参、黄芩、黄连、板蓝根等，如普济消毒饮。

【用量】马、牛 15～30g；猪、羊 5～15g；犬 2～5g。

【禁忌】本品性寒，滑肠通便，气虚便溏者慎用。

蝉 蜕

为蝉科昆虫黑蚱羽化后的蜕壳。夏季采收，去净泥土，晒干，生用。主产山东、河北、河南、江苏、浙江等地。

【性味归经】甘，寒。归肺、肝经。

【功效】疏散风热，透疹止痒，明目退翳，止痉。

【应用】

1. 用于风热感冒　本品甘寒清热，质轻上浮，长于疏散肺经风热。治风热感冒或温病初起，配伍薄荷、连翘、菊花等。

2. 治麻疹不透，风疹瘙痒　本品宣散透发，疏散风热，透疹止痒。

治风热外束，麻疹不透，配伍薄荷、牛蒡子、紫草等，如透疹汤。

治风湿热相搏，风疹湿疹，皮肤瘙痒，配伍荆芥、防风、苦参等，如消风散。

3. 用于目赤翳障　本品入肝经，善疏散肝经风热而有明目退翳之功。

治风热上攻、目赤肿痛、睛生翳膜，配伍菊花、白蒺藜、决明子等。

4. 用于破伤风证　本品甘寒，既能疏散风热，又可凉肝熄风止痉。

治破伤风证，轻证可单用本品研末，以黄酒冲服；重证配伍天麻、僵蚕、全蝎等，如五虎追风散。

【用量】马、牛 15～30g；猪、羊 3～10g。

【禁忌】孕畜慎用。

桑　叶

为桑科落叶乔木桑树的叶。分布于我国南北各省，经霜后采收，晒干，生用或蜜炙用。

【性味归经】苦、甘、寒。归肺、肝经。

【功效】疏散风热，清肺润燥，平肝明目。

【应用】

1. 用于风热感冒　本品甘寒质轻，轻清疏散，长于凉散风热，又能清肺止咳。治风热感冒或温病初起，温邪犯肺等证，配伍菊花、连翘、杏仁等，如桑菊饮。

2. 用于肺热燥咳　本品苦寒清泄肺热，甘寒益阴，凉润肺燥。

治燥热伤肺，干咳少痰轻证，配伍杏仁、沙参、贝母等，如桑杏汤。

治燥热伤肺，干咳少痰重证，配伍生石膏、麦门冬、阿胶等，如清燥救肺汤。

3. 用于目赤肿痛　本品苦寒，兼入肝经，既能疏散风热，又能清泄肝火，益阴，凉血明目。治肝经风热，肝火上攻所致目赤、涩痛、多泪等实证，配伍菊花、夏枯草、车前子等。

4. 用于血热妄行吐血、衄血之证　可单用或配伍其他止血药同用。

【用量】马、牛 30～80g；猪、羊 15～45g；犬 2～5g；兔、禽 1～2.5g。

菊　花

为菊科多年生草本植物菊的头状花序。根据产地及加工方法不同，分为杭菊、亳菊、滁菊、祁菊、怀菊等。花期采收，阴干生用。主产浙江、安徽、河北、河南和四川等地。

【性味归经】辛、甘、苦，微寒。归肺、肝经。

【功效】疏散风热，平肝明目，清热解毒。

【应用】

1. 用于风热感冒　本品体轻达表，气清上浮，微寒清热，长于疏散风热，治风热感冒，或温病初起，温邪犯肺等证，与桑叶、连翘、薄荷、桔梗等同用，如桑菊饮。

2. 用于目赤肿痛　本品功善疏风清热，清肝泻火，兼能益阴明目。

治肝经风热或肝火上攻所致目赤肿痛，与桑叶、决明子、龙胆草、夏枯草等同用，共奏疏风清肝明目之效。

治肝肾不足，目暗昏花，配伍枸杞子、熟地黄、山萸肉等同用，如杞菊地黄丸，收滋补肝肾，益阴明目之效。

3. 用于疔疮肿毒　本品甘寒益阴，清热解毒，尤善解疔毒。治疗疮肿毒，配伍金银花、生甘草等。

【用量】马、牛 15～60g；猪、羊 5～15g；犬 3～8g。

【附注】疏散风热多用黄菊花，平肝明目多用白菊花。

柴　胡

为伞形科多年生草本植物柴胡（北柴胡）和狭叶柴胡（南柴胡）的根或全草。前者主产辽宁、甘肃、河北、河南等地，后者主产湖北、江苏、四川等地。春秋两季采挖，晒干，切段，生用或醋炙用。

【性味归经】苦、辛，微寒。归肝、胆经。

【功效】疏散退热，疏肝解郁，升阳举陷。

【应用】

1. 用于寒热往来，感冒发热　本品味辛苦，气微寒，芳香疏泄，尤善于疏散少阳半表半里之邪，而为治疗邪在少阳，寒热往来之要药，多配伍黄芩等同用，如小柴胡汤。

治感冒发热，有良好的疏散退热作用，与甘草同用。

热邪较甚，配伍葛根、黄芩、石膏等同用，如柴葛解肌汤。

制成的单味或复方注射液，对于外感发热有较好的解热作用。

2. 用于肝脾不和　本品能条达肝气，疏肝解郁。配伍当归、白芍等，如逍遥散。

3. 用于气虚下陷，久泻脱肛　本品长于升举脾胃清阳之气，治气虚下陷，体倦发热，食少便溏，久泻脱肛等，配伍党参、黄芪、升麻等，如补中益气汤。

4. 用于退热截疟　治疟疾寒热，配伍黄芩、常山、草果等。

【用量】马、牛 15～45g；猪、羊 5～10g；犬 3～5g；兔、禽 1～3g。

【禁忌】柴胡性升散，古云"柴胡劫肝阴"，若肝阳上亢，肝风内动，阴虚火旺及气机上逆者忌用或慎用。

升　麻

为毛茛科多年生草本植物大三叶升麻或兴安升麻（北升麻）和升麻的根茎。夏秋两季采挖，晒干切片。生用或蜜炙用。主产辽宁、黑龙江、湖南及山西等地。

【性味归经】辛、甘，微寒。归肺、脾、胃、大肠经。

【功效】发表透疹，清热解毒，升举阳气。

【应用】

1. 用于痘疹　本品辛甘微寒，性能升散，有发表透疹之功。

治猪痘、羊痘，配伍葛根、金银花、连翘等，如麻葛二花汤。

治鸡痘，配伍金银花、葛根、白芷、紫草等。

2. 用于咽喉肿痛，热毒发斑　本品甘寒，清热解毒。

治多种热毒证，尤善清解阳明热毒，常用于治齿龈肿痛、口舌生疮等，配伍石膏、黄连、丹皮等，如清胃散。

治咽喉肿痛，配伍黄芩、黄连、玄参等，如普济消毒饮。

治瘟毒发斑，配伍石膏、大青叶、紫草等。

3. 用于气虚下陷，久泻脱肛　本品入脾胃经，善引清阳之气上升，为升阳举陷要药。治气虚下陷、久泻脱肛、子宫脱出等证，配伍党参、黄芪、柴胡等，如补中益气汤。

【用量】 马、牛 15～30g；猪、羊 3～10g；犬 3～5g；兔、禽 1～3g。

葛　　根

为豆科多年生落叶藤本植物野葛或甘葛藤的根。春、秋两季采挖、切片、晒干。生用或煨用。分布于南北各地。

【性味归经】 甘、辛，凉。归脾、胃经。

【功效】 解肌退热，透发麻疹，生津止渴，升阳止泻。

【应用】

1. 用于外感表证　本品甘辛性凉，轻扬升散，入脾、胃经，而有发汗解表，解肌退热之功。

治外感表证，邪郁化热，发热重，恶寒轻，口微渴苔薄黄之证，配伍柴胡、黄芩、白芷等，如柴葛解肌汤。

治风寒表证，证见恶寒无汗，项背强痛，配伍麻黄、桂枝、白芍等，如葛根汤。

2. 用于痘疹　本品有发表散邪，解肌退热，透发疹毒之功。

治痘疹初起，外邪束表，疹出不畅，配伍升麻、芍药、甘草等，如升麻葛根汤。

治猪痘、羊痘、鸡痘等，配伍薄荷、牛蒡子、荆芥、蝉蜕等。

3. 用于热病伤津　本品甘凉，于清热之中又能鼓舞胃气上升，而有生津止渴之功，治热病津伤口渴，配伍芦根、天花粉、知母等。

4. 治热泻热痢，脾虚泄泻　本品既能清透邪热，又能升发清阳，鼓舞脾胃清阳之气上升而奏止泻止痢之效。

治表证未解，邪热入里之热泻热痢证，配伍黄芩、黄连、甘草等，如葛根芩连汤。

治脾虚泄泻，配伍党参、茯苓、甘草等同用。

【用量】马、牛 20～60g；猪、羊 5～15g；犬 3～5g；兔、禽 1～3g。

谷　精　草

为谷精草科植物谷精草的带花茎的花序。秋季采收。主产江苏、浙江、四川等地。广东、广西、福建等地，习惯使用华南谷精草及毛谷精草的头状花序，通称"谷精珠"。

【性味归经】辛甘，凉。归肺、肝、胃经。

【功效】祛风散热，明目退翳。

【应用】

1. 用于牙痛、喉痹（风热及肝胃之火上冲所致）　用谷精草，取其祛风散热之功，单用或配伍用；风热隐疹瘙痒可用本品煎汤熏洗。

2. 用于目生翳膜　用谷精草、防风等份为末，米汤冲服。

【用量】马、牛 20～45g；猪、羊 4.5～9g；犬 3～5g；兔、禽 1～3g。

【禁忌】血虚病者禁用。

木　贼

为木贼科植物木贼的干燥地上部分。夏、秋两季采割。

【性味归经】辛、苦，温。归脾、胃、大肠、三焦、胆经。

【功效】疏风散热，解肌，退翳。

【应用】

1. 用于目疾　治目生云翳，迎风流泪，肠风下血，血痢，脱肛，疟疾，喉痛，痈肿。

2. 用于胎动不安　配伍木贼（去节）、川芎、金银花煎服。

【用量】马、牛 40～60g；猪、羊 12～15g；犬 3～8g。

第二节　泻 下 药

1. 泻下药的定义及分类　凡能引起腹泻，或润滑大肠，促进排便的药物，称为泻下药。根据作用特点及适应证的不同，分为攻下药、润下药及峻下逐水药。

2. 泻下药的主要作用

（1）通利大便。以清除胃肠积滞及其他有害物质（包括毒、淤、虫等）。

（2）清热泻火。使热毒火邪通过泻下得到缓解或清除。

（3）逐水退肿。使水湿停饮之邪从大小便排出，达到祛除停饮，消退水肿的目的。

3. 泻下药的主要适用证　用于大便秘结、胃肠积滞、实热内结及水肿停饮等里实证。现代研究证明，本类药物还有利尿、利胆及抗感染等作用。

4. 使用注意事项

（1）根据病证确定用药原则。使用泻下药，要以表邪已解，里实已成为原则。里实兼表邪者，应当先解表而后攻里，必要时与解表药同用，表里双解，以防表邪陷里；里实而正虚者，与补益药同用，攻补兼施，使攻邪而不伤正。

（2）注意用药禁忌并防止中毒。攻下药、峻下逐水药作用峻猛，易伤正气及脾胃，年老体虚、脾胃虚弱，以及孕畜胎前产后不宜使用；本类药物易伤脾胃，奏效即止，不可过服，以免损伤胃气。此外，这类药物多有毒性，使用时应防止中毒。

（3）严格控制剂量和炮制法度。泻下药的作用与剂量有关，量小则力缓，量大则力峻。也与配伍有关，如大黄配伍厚朴、枳实则力峻猛；大黄配伍甘草则力和缓。使用泻下药时，应根据病情掌握用药剂量与配伍。对于毒性较强的泻下药，一定要严格炮制法度，控制剂量，避免中毒，保证用药安全。

一、攻下药

大　黄

为蓼科多年生草本植物掌叶大黄、唐古特大黄和药用大黄的干燥根及根茎。10～11月地上部分枯萎时，或4～5月未发芽前采挖，除去顶芽及细根，削除外皮，大者对剖或横切成段，阴干或炕干。生用、酒炒、酒蒸或炒炭用。主产甘肃、青海、四川、贵州、云南、湖北、河南等地。

【性味归经】苦，寒。归脾、胃、大肠、肝、心、心包经。

【功能】攻积导滞，泻火凉血，清泻湿热，利胆退黄。

【应用】

1. 用于胃肠积滞，大便秘结　本品善于荡涤胃肠实热，清除燥结积滞，有良好的泻下攻积作用，为苦寒攻下之要药。

治热结便秘，实热壅滞等，配伍芒硝、厚朴、枳实等，如大承气汤。

治急性肠黄初起，配伍郁金、黄连、黄芩、栀子等，如郁金散。

治寒积便秘，配伍附子、干姜等温里药，如温脾汤。

2. 用于血热出血等证　大黄既能泻下，又可泻热。

治血热妄行、迫血外溢所致多种出血证，如衄血、尿血，以及火热上炎所致的目赤、咽喉肿痛等血热壅滞的证候，配伍黄芩、黄连等，如泻心汤。

治火毒壅盛所致痈肿疔疮，配伍野菊花、蒲公英、黄连等。

3. 用于淤血诸证 大黄凉血散淤。

治淤血阻滞所致证候，与黄芩、黄连、丹皮等同用。

治跌打损伤，淤阻作痛，配伍桃仁、红花等。

4. 用于黄疸 大黄可利胆退黄。治湿热黄疸，配伍茵陈蒿、栀子等，如茵陈蒿汤。

5. 用于烧伤烫伤等 本品具有清热解毒作用。

治疗烫火伤及热毒疮疡，可单用，也配伍地榆研末，油调涂患处。

治创伤出血，与陈石灰炒至桃红色，去大黄研末制成桃花散，撒布伤口。

6. 用于鱼病防治 单用大黄，煎汤，全池泼洒，治疗鱼烂鳃病等。

【用量】马、牛 20～90g；驼 35～65g；猪、羊 6～12g；犬、猫 3～6g；兔、禽 1.3～5g。鱼每千克体重 5～10g，拌饵投喂；每立方米水体 2.5～4g 泼洒鱼池。

【禁忌】凡血分无热，肠胃无积滞，以及孕畜应慎用或禁用。

芒 硝

为硫酸盐类矿物芒硝族芒硝经加工精制而成的结晶体。主含含水硫酸钠（$Na_2SO_4 \cdot 10H_2O$）。土硝经煎炼后结于盆底凝结成块者称朴硝或皮硝；结于上面的细芒如针者称芒硝；芒硝与萝卜片（10：1）同煮 1h，滤液冷却后形成的结晶经风化形成的白色粉末称玄明粉。主产河北、河南、山东、内蒙古、江苏、江西、安徽等地。

【性味归经】咸、苦，寒。归胃、大肠经。

【功能】泻热通便，润燥软坚，清火消肿。

【应用】

1. 用于实热积滞，大便燥结等证 本品具有润燥软坚、泻热通便、荡涤胃肠的功效，为治里热燥结实证之要药。

治实热积滞，粪便燥结、肚腹胀痛等证，与大黄相须为用，如大承气汤。

治马属动物结证，配伍木香、槟榔、青皮、牵牛子等，如马价丸。

2. 用于口疮、咽喉肿痛、目赤及疮痈肿痛等 本品外用具有清热泻火、解毒消肿的功效。

治热毒所致目赤肿痛、口腔溃烂、咽喉肿痛及皮肤疮肿。

治口腔溃疡，配伍硼砂、冰片，共研细末用，如冰硼散。

【用量】马 200～350g；牛 400～800g；羊 20～50g；猪 15～25g；犬、猫3～

15g；兔、禽 1～2g。外用适量。

【禁忌】孕畜禁用。

番 泻 叶

为豆科矮小灌木狭叶番泻或尖叶番泻的干燥小叶。前者主产印度、埃及和苏丹，后者主产埃及。我国广东、云南及海南也有栽培。狭叶番泻于开花前采摘，阴干；尖叶番泻于 9 月间果实将成熟时采摘，除去杂质，晒干。生用。

【性味归经】甘、苦，寒。归大肠经。

【功效】泻热导滞，通便，利水。

【应用】

1. 用于便秘　本品具有较强的泻热通便作用。

治热结便秘、腹痛起卧等证，配伍大黄、枳实、厚朴等。

治消化不良、食物积滞，配伍槟榔、大黄、山楂等。

2. 用于腹水肿胀　本品还具有行水消胀的作用。

治阳实腹水膨胀，与大腹皮、牵牛子等同用。

【用量】马、牛 30～60g；猪、羊 5～10g；犬、猫 3～5g；兔、禽 1～2g。

【禁忌】孕畜慎用。

芦 荟

芦荟为百合科多年生肉质草本库拉索芦荟、好望角芦荟或其他同属近缘植物叶的汁液浓缩干燥物。全年可割取植物的叶片，收集汁液，熬成稠膏，倾入容器，冷却凝固即成。库拉索芦荟称为"老芦荟"，主产非洲及我国广东、广西、福建等地；好望角芦荟称为"新芦荟"，主产非洲南部。

【性味归经】苦、寒。归肝、脾、胃、大肠、小肠经。

【功效】清热凉肝，通肠，杀虫。

【应用】

1. 用于热结便秘和肝经实火证　本品有与大黄相似的泻下作用而功效过之，又善于泻肝经实火。

治热结便秘又兼有肝经实热所致惊痫抽搐等证，配伍龙胆草、栀子、青黛等。

2. 用于虫积和癣疮　本品有驱虫消积作用。治虫积，可单用或配伍其他驱虫药物使用；外用治癣疮。

【用量】马、牛 15～30g；猪、羊 3～9g；犬、猫 1～3g。

【禁忌】孕畜慎用。

二、润下药

火　麻　仁

为桑科一年生草本植物大麻的干燥成熟种仁。生用或炒用。用时打碎。主产东北、山东、河北、江苏等地。

【性味归经】甘、平。归脾、胃、大肠经。

【功效】润燥滑肠，通便，滋养补虚。

【应用】本品多含油脂，润燥滑肠，性质平和，兼有益津作用，为常用润下药物。

用于邪热伤阴，津枯肠燥所致大便燥结证，配伍杏仁、白芍、大黄等，如麻子丸。

用于病后津亏及产后血虚所致肠燥便秘，配伍当归、生地等。

【用量】马、牛 120～180g；驼 150～200g；猪、羊 10～30g；犬、猫 2～6g。

【附注】由于火麻仁中含有少量的生物碱类物质，应控制剂量。

郁　李　仁

为蔷薇科落叶灌木欧李、郁李或长柄扁桃的成熟种子，前两种习称"小李仁"，主产东北、华东、河南、河北、山西等地；后一种习称"大李仁"，主产内蒙古和辽宁。夏秋两季采摘，晒干。生用，捣碎。

【性味归经】辛、苦、甘、平。归大肠、小肠经。

【功效】润肠通便，利水消肿。

【应用】

1. 用于肠燥便秘　本品富含油脂，体润滑降，具有润肠通便之功效，适用于老弱病畜大肠涩滞或久病津亏所致的肠燥便秘，与杏仁、桃仁、柏子仁、陈皮等同用，如五仁丸。

2. 用于水肿　本品具有利水消肿的作用，可治疗四肢浮肿和尿不利等证，与薏苡仁、茯苓等利水消肿药配伍。

【用量】马、牛 20～60g；猪、羊 5～10g；犬、猫 3～6g；兔、禽 1～2g。

【禁忌】孕畜慎用。

三、峻下逐水药

京　大　戟

为大戟科多年生草本植物大戟的干燥根。秋末冬初采挖，除去残茎及须根，晒干。生用或醋煮后用。主产江苏、河北、山西、甘肃、山东、四川、浙江、江西、广西等地。

【性味归经】苦、辛,寒。有毒。归肺、肾、大肠经。

【功效】泄水通便,消肿。

【应用】

1. 用于水肿,胸胁停饮,水草肚胀或宿草不转等证　本品具有泻水逐饮作用。

治水饮泛溢所致水肿喘满、胸腹积水等证,配伍甘遂、芫花、大枣等,如十枣汤。

治牛水草肚胀,配伍甘遂、牵牛子等,如大戟散。

2. 用于热毒壅滞所致的痈疮肿毒、瘰疬痰核等证。

【用量】马、牛 10～15g;猪、羊 2～6g;犬、猫 1～3g。

【禁忌】孕畜及体虚者忌用,反甘草。

附药:

红大戟　为茜草科植物红芽大戟的根,又名红芽大戟或广大戟。性味苦寒。功用与京大戟略同。京大戟泻下逐水力强,红大戟消肿散结力胜。醋制或生用。用量与注意事项同京大戟。

甘　遂

为大戟科多年生草本植物甘遂的干燥块根。切片生用,煨用,甘草汤炒或醋炙后用均可。主产陕西、山西、河南等地。

【性味归经】苦,寒。有毒。归肺、肾、大肠经。

【功效】泄水逐痰,通利二便,消肿散结。

【应用】

1. 用于水肿、臌胀、宿水停脐等　本品苦寒性降,善行经隧之水湿,泻水逐饮力峻,尤长于泻胸腹之积水,药后可连续泻下,使潴留水饮排泄体外。凡水肿,大腹臌胀,胸胁停饮,正气未衰者,均可用之。

治水湿壅盛所致宿水停脐、水肿胀满、二便不利等阳实水肿证,与大戟、芫花等同用。

2. 用于牛百叶干　治疗牛百叶干(瓣胃阻塞),配伍大戟、大黄、续随子、滑石、猪油等,如猪膏散。

3. 外用消肿散结,用于湿热肿毒等。

【用量】马 6～15g;牛 10～20g;驼 10～30g;猪、羊 0.5～1.5g;犬、猫 0.1～0.5g。

【禁忌】孕畜及体虚者忌用,反甘草。

芫 花

为瑞香科落叶灌木植物芫花的干燥花蕾。春季花未开放前采摘。晒干或烘干。生用或炙用。主产河南、安徽、江苏、四川、浙江、陕西、山东等地。

【性味归经】辛、苦，温。有毒。归肺、肾、大肠经。

【功效】泄水逐饮，通利二便，解毒杀虫，祛痰止咳。

【应用】

1. 用于胸胁停饮、水肿、臌胀 本品泄水逐饮功效与大戟、甘遂类似而作用稍缓和，以泻胸胁之水见长。

治水肿胀满，二便不通的阳实水肿证，与甘遂、大戟、牵牛子等同用。

治痰饮喘咳，胸内停水等阳实证，配伍甘遂、大戟、大枣等，如十枣汤。

2. 用于咳嗽痰喘 本品有泻肺祛痰止咳作用。

治肺气壅实、寒饮内停之咳嗽、有痰、气喘息粗，与桑白皮、葶苈子等同用；久咳痰饮不化，需加干姜等温肺化饮药同用。

3. 外用可杀虫治癣 治痈疽肿毒、疥癣、蜱虱等，配伍蛇床子，等分研末，生油调匀，涂患部。

【用量】马、牛 6～15g；猪、羊 2～6g；犬、猫 1～3g。

【禁忌】孕畜及体虚者忌用，反甘草。

巴 豆

为大戟科乔木植物巴豆的成熟果实。秋季果实成热时采收，堆置 2～3 天，摊开干燥。将巴豆用米汤浸拌，置日光下暴晒或烘裂，去皮，取净仁，为巴豆仁，炒焦黑用；取净巴豆仁，碾碎，用多层吸油纸包裹，加热微烘，压榨去油后为巴豆霜，碾细，过筛。主产四川、广西、云南、贵州、福建等地。

【性味归经】辛，热，有大毒。归胃、大肠、肺经。

【功效】峻下冷积，逐水退肿，祛痰利咽，外用蚀疮。

【应用】

1. 用于寒邪食积阻滞胃肠证 巴豆辛热，能峻下冷积，开通肠道闭塞，有"斩关夺门之功"。

治寒邪食积，阻结肠道，大便不通，腹满胀痛，病起急骤，气血未衰等，与大黄、干姜等配伍。

2. 用于腹水臌胀 本品有很强的峻下逐水退肿作用，可消除水饮。

治体壮动物的水肿、腹水等证，配伍莱菔子、甘遂、杏仁等。

3. 用于喉痹痰疸，痰涎壅塞 本品能祛痰利咽以利呼吸，治痰涎壅塞，与贝母、桔梗同用。

4. 用于痈疽、疥癣、恶疮 本品外用有蚀腐肉、疗疮毒作用。

治痈肿成脓未溃，配伍乳香、没药、木鳖子、蓖麻子，外敷患处，以蚀腐坏死皮肤，促进破溃排脓。

治恶疮，油炸药材，去药渣以油调雄黄和轻粉，外涂疮面即可。

治牛、羊、猪等动物的疥癣，配伍狼毒、木鳖子等。

【用量】巴豆霜：马、牛 3～9g；猪、羊 0.6～3.0；犬、猫 0.2～0.5g。

【禁忌】孕畜及体弱者忌用。畏牵牛。

牵 牛 子

为旋花科一年生攀缘草本植物裂叶牵牛或圆叶牵牛的成熟种子，又名黑白丑。分黑丑和白丑，同等使用。秋季果实成熟，果壳未开裂时采收，晒干，生用或炒用。全国大部分地区均产。

【性味归经】苦，寒。有毒。归肺、肾、大肠经。

【功效】泻下通便，利尿消肿，去积杀虫。

【应用】

1. 用于水肿，臌胀 本品苦寒，性降泄，能通利二便，以排泄水湿，其逐水作用较甘遂、京大戟稍缓，但仍属有毒峻下之品，以正气未衰，水湿实证为宜。

治水湿结聚，二便不利，宿水停脐，臌胀，可单用研末服；或与茴香为末，姜汁调服；重证配伍甘遂、大戟、大黄、芫花等。

2. 用于痰壅咳喘 本品能泻肺气，逐痰饮。治肺气壅滞，痰饮喘咳，面目浮肿者，与葶苈子、杏仁、橘皮等同用，如牵牛子散。

3. 用于肠胃实热积滞，大便秘结 牵牛子有泻下通便、消积作用。

治肠胃湿热积滞，便秘腹胀或痢疾里急后重者，与木香、槟榔、枳实同用。

治大便秘结，配伍芒硝、大黄、槟榔等。

4. 用于驱虫、杀虫 本品能去积杀虫，并可借其泻下通便作用以排除虫体。治蛔虫、绦虫及虫积腹痛，与槟榔、使君子同用，研末送服，以增强去积杀虫之功。

【用量】马、牛 15～60g；驼 25～65g；猪、羊 3～10g；犬、猫 2～4g；兔、禽 0.5～1.5g。

【禁忌】孕畜忌用，畏巴豆。

千 金 子

为大戟科二年生草本植物续随子的成熟干燥种子，又名续随子。秋季果实成熟时采收，晒干。去壳取仁。用时打碎或去油制霜用。主产河北、浙江、四川、陕西、江苏等地。

【性味归经】辛，温。有毒。归肝、肾、大肠经。

【功效】逐水消肿，破血散结。

【应用】

1. 用于水肿，二便不利　千金子能泻下逐水、利尿，功似甘遂、京大戟，其性峻猛。

治二便不利之水肿实证，与大黄、木通、大戟、牵牛子等同用；也与防己、槟榔、葶苈子、桑白皮等行气利水药同用，以增强逐水消肿之功。

2. 用于癥瘕痞块，血淤疼痛　本品有破淤血、消癥瘕和通经脉的作用。治癥瘕痞块，血淤疼痛者，配伍丹参、当归、赤芍等。

3. 用于杀虫　本品还有攻毒杀虫作用。

治顽癣、恶疮肿毒及毒蛇咬伤等，既可内服，又可外用。

【用量】马、牛 15～30g；猪、羊 3～6g；犬、猫 1～3g。

【禁忌】脾胃虚弱、大便溏泻者及孕畜忌用。

商　陆

为商陆科多年生草本植物商陆或垂序商陆的干燥根。秋季或初春采挖。切成块或片，晒干或阴干。生用或醋炙用。商陆主产河南、安徽、湖北等地；垂序商陆主产山东、浙江、江西等地。

【性味归经】苦，寒。有毒。归肺、肾、大肠经。

【功效】逐水消肿，通利二便，温化寒痰，解毒散结。

【应用】

1. 用于水肿，臌胀，大便秘结，小便不利　本品苦寒性降，能通利二便而排水湿。

治水肿臌胀，大便秘结，小便不利的水湿肿满实证，配伍泽泻、茯苓皮、槟榔等，以增强泻下利水消肿作用。

2. 用于咳嗽痰喘　本品久蒸药性偏温，能温化寒痰而奏祛痰止咳之效。适用于虚寒型慢性气管炎。

3. 用于疮痈肿毒　商陆外用有消肿散结和解毒作用。治疮疡肿毒，痈肿初起，用鲜商陆根，酌加食盐，捣烂外敷。

【用量】马、牛 15g～30g；猪、羊 2g～5g。

【禁忌】孕畜忌用。

第三节 清 热 药

凡以清解里热为主要作用的药物称为清热药。

清热药的药性寒凉，具有清热泻火、燥湿、凉血、解毒及清虚热等功效。本类药物主要用于表邪已解、里热炽盛而无积滞的里热病证，如外感热病、高热烦渴、湿热泻痢、温毒发斑、痈肿疮毒及阴虚发热等。

针对热证的不同类型和药物的功效，把清热药分为五类。①清热泻火药，功能清气分热，用于高热烦渴等气分实热；②清热燥湿药，功能清热燥湿，用于泻痢，黄疸等湿热病证；③清热凉血药，功能清解营分、血分热邪，用于吐衄发斑等血分实热证；④清热解毒药，功能清解热毒，用于痈肿疮疡等热毒炽盛的病证；⑤清虚热药，功能清虚热、退骨蒸，用于温邪伤阴、夜热早凉，阴虚发热、骨蒸劳热等证。

本类药物大多寒凉，易伤脾胃，故脾胃虚弱、食少便溏者应慎用。有些药物苦燥伤阴，应与养阴生津药物同用。还需注意用药中病即止，以防克伐太过，损伤正气。

一、清热泻火药

石　膏

本品为硫酸盐类矿物硬石膏族石膏，主含含水硫酸钙（$CaSO_4 \cdot 2H_2O$）。全年可挖。生用或煅用。主产湖北应城（质量最佳）及甘肃、四川等地。

【性味归经】辛、甘，大寒。归肺、胃经。

【功效】清热泻火，除烦止渴，收敛生肌。

【应用】

1. 用于清气分热　本品大辛大寒，辛能解肌热，寒能胜胃火，善于清气分实热。

治肺胃大热，高热不退等实热亢盛证，与知母相须为用，以增强清解里热的作用，如白虎汤。

2. 用于清泻肺热　治肺热咳嗽、气喘、口渴贪饮等实热证，配伍麻黄、杏仁，以加强宣肺止咳平喘作用，如麻杏石甘汤。

3. 用于清泻胃热　本品能清胃泻火。治胃火亢盛等证，配伍知母、生地等。

4. 用于湿疹、外伤等　煅石膏清热、收敛、生肌，外用治疗湿疹、烫伤、疮疡溃后不敛及创伤久不收口等，与黄柏、青黛等同用。

【用量】马、牛 30～250g；猪、羊 15～30g；犬 3～5g；兔、家禽 1～3g。

【禁忌】胃无实热、脾胃虚寒、阴虚内热及体质素虚者忌用。

知　母

为百合科多年生草本植物知母的根茎。春、秋采挖，除去茎苗和须根晒干称"毛知母"，剥去外皮晒干为"知母肉"。切片入药，生用或盐水炙用。主产河北易县（西陵知母）、山西及东北等地。

【性味归经】苦、甘，寒。归肺、胃、肾经。

【功效】清热泻火，滋阴润燥。

【应用】

1. 用于肺、胃实热证　本品苦寒，既泻肺热，又清胃火。

治肺、胃有实热证，与石膏同用，以增强清热作用，如白虎汤。

治肺热痰稠，咳喘，配伍黄芩、瓜蒌、贝母等。

2. 用于滋阴润肺，生津　用于阴虚潮热、肺虚燥咳、热病贪饮、肠燥便秘等。

治虚热证，配伍黄柏等，如知柏地黄汤。

治肺燥咳嗽，配伍沙参、麦门冬、川贝母等。

治热病贪饮，配伍天花粉、麦门冬、葛根等。

治肠燥便秘，配伍生首乌、当归、火麻仁等，有润肠通便之效。

【用量】马、牛 20～60g；猪、羊 6～15g；犬 3～8g；家禽 1～2g。

【禁忌】脾虚便溏者不宜用。

芦　根

为禾本科多年生草本植物芦苇的地下茎。春末夏初或秋季均可采挖，洗净，切段，鲜用或晒干用。我国各地均有分布。

【性味归经】甘，寒。归肺、胃经。

【功效】清热生津，除烦止呕。

【应用】

1. 用于肺胃实热证　善于清肺热。

治肺热咳嗽、痰稠、口干之证，与黄芩、桑白皮等同用。

治胃热呕逆，能清胃热以止呕吐，与竹茹等配伍。

治肺痈，与冬瓜仁、薏苡仁、桃仁同用，如苇茎汤。

2. 用于热病伤津　能生津止渴。治热病伤津、烦热贪饮、舌燥津少等，与天花粉、麦门冬、石膏等同用。

3. 用于热淋　本品有一定的利尿作用。治热淋，配伍白茅根、车前草等同用。

【用量】 马、牛 20～60g；猪、羊 10～20g；犬 5～6g；家禽 0.5～1g。

【禁忌】 脾胃虚寒患畜忌服。

天 花 粉

为葫芦科多年生宿根草质藤本植物栝楼或日本栝楼的干燥块根。秋、冬采挖，鲜用或切成段、块、片，晒干用。多数地区有分布。

【性味归经】 甘、微苦，微寒。归肺、胃经。

【功效】 清热生津，清肺润燥，解毒消痈。

【应用】

1. 用于肺热咳喘　本品能清肺、润燥、化痰。治肺热燥咳、肺虚咳嗽等，配伍麦门冬、生地、沙参等。

2. 用于热病伤津　本品清胃热养阴而生津止咳。治热证伤津口渴，配伍芦根、麦门冬等。

3. 用于疮痈肿毒　本品对疮痈肿毒，有清热解毒、排脓消肿等作用，配伍金银花、白芷等，如仙方活命饮。

【用量】 马、牛 15～45g；猪、羊 5～15g；犬 3～5g；家禽 1～2g。

【禁忌】 孕畜忌服，反乌头。

栀 子

为茜草科常绿灌木植物栀子的成熟果实。秋、冬采收。生用、炒焦或炒炭用。主产长江以南各省。

【性味归经】 苦，寒。归心、肝、肺、胃、三焦经。

【功效】 泻火除烦，清热利湿，凉血解毒，消肿止痛。

【应用】

1. 用于肝经火热证　本品有清热泻火作用，善于清心经、肝经和三焦经之热，尤长于清肝经之火热。治肝火目赤及多种火热之证，与黄连、黄芩等同用，如黄连解毒汤。

2. 用于湿热黄疸　本品清三焦火而利尿，兼利肝胆湿热。治湿热黄疸、尿液短赤，与茵陈、大黄等同用，如茵陈蒿汤。

3. 用于血热出血　本品泻火凉血。治血热妄行，鼻血及尿血，配伍黄芩、生地等。

4. 用于热毒疮疡　本品泻火解毒，治疮疡红肿热痛，配伍金银花、蒲公英、连翘等。

【用量】马、牛 15～60g；猪、羊 6～12g；犬 3～6g；家禽 1～2g。

【禁忌】本品苦寒伤胃，脾虚便溏者不宜用。

夏 枯 草

为唇形科多年生草本植物夏枯草的果穗。夏季当果穗半枯时采收，晒干。主产江苏、浙江、安徽、河南等地。

【性味归经】苦、辛，寒。归肝、胆经。

【功效】清肝火，散郁结。

【应用】

1. 用于肝经火热证　本品能清泻肝火，善治肝热传眼，目赤肿痛之证，与菊花、决明子、黄芩等同用。

2. 用于疮黄、瘰病　本品消散郁结功效显著，治疮黄、瘰病等，与玄参、贝母、牡蛎、昆布等同用。

【用量】马、牛 15～60g；猪、羊 5～10g；犬 3～5g；家禽 1～3g。

【禁忌】脾胃虚弱者慎用。

淡 竹 叶

为禾本科多年生草本植物淡竹叶的叶。夏季采收，晒干，切段生用。主产长江流域及以南各省。

【性味归经】甘、淡，寒。归心、胃、小肠经。

【功效】清热除烦，通利小便。

【应用】

1. 用于心经实热证　本品上清心热，下利尿液，治心经实热、口舌生疮、尿短赤等，与木通、生地等同用。

2. 用于胃热诸证　治胃热证，与石膏、麦门冬等同用；治外感风热，与薄荷、荆芥、金银花等同用。

【用量】马、牛 15～45g；猪、羊 5～15g；犬 3～5g；家禽 1～3g。

二、清热燥湿药

黄 芩

为唇形科多年生草本植物黄芩的根。春、秋采挖。蒸透或开水润透切片。生用、酒炙或炒炭用。主产河北张家口、承德以及山西、内蒙古、河南、陕西等地。

【性味归经】苦，寒。归肺、胃、胆、大肠经。

【功效】清热燥湿，泻火解毒，凉血止血，除热安胎。

【应用】

1. 用于湿热诸证　本品长于清热燥湿，主要用于湿热泻痢、湿温、黄疸、热淋等。

治湿热泻痢，配伍葛根、黄连等，如葛根芩连汤。

治黄疸，配伍栀子、茵陈等。

治湿热淋证，配伍木通、生地等。

2. 用于上焦实热证　本品清泻上焦实火，尤其以清肺热见长。

治肺热咳嗽，与知母、桑白皮等配伍。

治上焦实热，配伍黄连、栀子、石膏等。

治风热犯肺，配伍栀子、杏仁、桔梗、连翘、薄荷等。

3. 用于少阳热证　本品兼入少阳胆经，有和解少阳之功。与柴胡同用，治邪在少阳寒热往来证，如小柴胡汤。

4. 用于痈肿疮毒，咽喉肿痛　本品有较强的清热解毒之力。治痈肿疮毒，咽喉肿痛等。与金银花、连翘、牛蒡子、板蓝根等同用。

5. 用于出血诸证　本品炒炭有凉血止血之功。治血热出血，如吐血衄血，配伍生地、白茅根、三七等。

6. 用于热盛胎动不安　本品有除热安胎之效，治热盛胎动不安之证，与白术、当归等配伍，如当归散。

【用量】马、牛 20～60g；猪、羊 5～15g；犬 3～5g；兔、家禽 1.5～2.5g。

【禁忌】本品苦寒伤胃，脾胃虚寒者及无湿热实火者不宜使用。

黄　　连

为毛茛科多年生草本植物黄连、三角叶黄连或云连的根茎。秋季采挖，干燥，生用或清炒、姜炙、酒炙、吴茱萸水炒用。主产四川、云南、湖北。

【性味归经】苦，寒。归心、肝、胃、大肠经。

【功效】清热燥湿，泻火解毒。

【应用】

1. 用于胃肠湿热，泻痢呕吐　本品大苦大寒，清热燥湿之力胜于黄芩，尤长于清中焦湿火郁结；善除脾胃大肠湿热，为治湿热泻痢要药。

治湿热中阻，气机不畅，脘腹痞满，与黄芩、干姜、半夏等同用，如半夏泻心汤。

治湿热泻痢，轻者单用即效，若泻痢腹痛，里急后重，与木香同用，如香连丸。

治泻痢身热，配伍葛根、黄芩、甘草，如葛根芩连汤。

治下痢脓血，配伍当归、肉桂、白芍、木香等，如芍药汤。

2. 用于热盛火炽、高热烦躁　本品泻火解毒，尤善清心经实火。

治三焦热盛，高热烦躁，与黄芩、黄柏、栀子等同用，如黄连解毒汤。

治心火内盛，迫血妄行，吐血衄血，与黄芩、大黄同用，如泻心汤。

3. 用于痈疽疔毒，皮肤湿疮　本品清热燥湿，泻火解毒，尤善疗疔毒。

治痈肿疔毒，与黄芩、栀子、连翘等同用，如黄连解毒汤。

治皮肤湿疮，用黄连制成软膏外敷。

治眼目红肿，用黄连煎汁点眼。

4. 用于胃火呕吐　本品善清胃火，治胃火炽盛呕吐，与竹茹、橘皮、半夏同用。

【用量】马、牛 20～60g；猪、羊 5～15g；犬 3～5g；兔、家禽 1.5～2.5g。

【禁忌】本品大苦大寒，过服久服易伤脾胃，肺胃虚寒者忌用。苦燥伤津，阴虚津伤者慎用。

黄　柏

为芸香科落叶乔木植物黄檗（关黄柏）、黄皮树（川黄柏）除去栓皮的树皮。清明前后，剥取树皮，刮去粗皮，压平晒干，润透切片或切丝，生用或盐水炙、酒炙、炒炭用。关黄柏主产辽宁、吉林、河北等地；川黄柏主产四川、贵州、湖北、云南等地。

【性味归经】苦，寒。归肾、膀胱、大肠经。

【功效】清热燥湿，泻火解毒，退热除蒸。

【应用】

1. 用于泻痢黄疸　本品苦寒沉降，清热燥湿，长于清泻下焦湿热。

治膀胱湿热，小便灼热、淋漓涩痛，配伍车前子、滑石等清热利尿通淋之品。

治湿热泻痢，配伍白头翁、黄连、秦皮等药，如白头翁汤。

治湿热黄疸尿赤，与栀子同用，如栀子柏皮汤。

2. 用于疮疡肿痛，湿疹湿疮　本品既能清热燥湿，又能泻火解毒。

治疮疡肿毒，内服外用均可，内服多与黄连、栀子同用；外用以本品研细末，用猪胆汁或鸡蛋清调涂患处。

治湿疹湿疮，阴痒阴肿，与荆芥、苦参、蛇床子等同用，内服外洗均可，也配伍青黛、滑石、甘草研细末撒敷。

3. 用于阴虚发热　本品长于清虚热，与知母相须为用，并配伍熟地、山萸肉、龟板等滋阴降火药，如知柏地黄丸。

【用量】马、牛 10～45g；猪、羊 20～50g；犬 5～6g；兔、家禽 0.5～2g。

【禁忌】本品苦寒，容易损伤胃气，故脾胃虚寒者忌用。

龙　胆　草

为龙胆科多年生草本植物龙胆、三花龙胆或条叶龙胆的根。秋季采挖，晒干、切段，生用。各地均有分布，以东北产量最大，习称"关龙胆"。

【性味归经】苦，寒。归肝、胆、膀胱经。

【功效】清热燥湿，泻肝胆火。

【应用】

1. 用于湿疹，黄疸，尿赤　本品大苦大寒，清热燥湿，尤善清下焦湿热。

治湿热下注，尿短赤，湿疹瘙痒等，配伍黄柏、苦参、苍术等。

治肝胆湿热，黄疸、尿赤，配伍茵陈、栀子、黄柏等。

2. 用于肝火、目赤肿痛等　本品苦寒沉降，能泻肝胆实火。

治肝胆实热证，配伍柴胡、黄芩、木通等，如龙胆泻肝汤。

治肝火上炎，目赤肿痛，配伍黄连等。

3. 用于肝经热盛证　本品能清泻肝胆实火，用治肝经热盛、热极生风所致高热惊厥、四肢抽搐，与牛黄、钩藤、黄连等同用。

【用量】马、牛 15～45g；猪、羊 30～60g；犬 1～5g；兔、家禽 1～2g。

【禁忌】脾胃虚寒者不宜用。阴虚津伤者慎用。

苦　参

为豆科多年生落叶亚灌木植物苦参的根。春、秋采收，切片，晒干，生用。各地均产。

【性味归经】苦，寒。归心、肝、胃、大肠、膀胱经。

【功效】清热燥湿，杀虫利尿。

【应用】

1. 用于湿热泻痢，黄疸　本品苦寒，功能清热燥湿。

治湿热蕴结肠胃，腹痛泄泻以及下痢脓血，可单用，也可与木香等同用。

治温热蕴蒸所致黄疸，与栀子、龙胆草等同用，有良好的除湿热、退黄疸功效。

2. 用于湿疹疥癣，小便不利　本品清下焦湿热，兼能通利小便，使湿热从小便排出，能杀虫止痒。

治湿热下注，湿疹，皮肤瘙痒，配伍黄柏、蛇床子等，内服、外洗均可。

治疥癣，配伍枯矾、硫黄，制成软膏，涂敷患处。

治湿热蕴结膀胱，小便不利，灼热涩痛，配伍蒲公英、石苇或当归、车前子、木通等。

【用量】马、牛15～60g；猪、羊6～15g；犬3～8g；兔、家禽0.3～1.5g。

【禁忌】本品苦寒伤胃、伤阴，脾胃虚寒及阴虚津伤者忌用或慎用。反藜芦。

秦 皮

为木樨科落叶乔木苦枥白蜡树或白蜡树的茎皮。春秋剥取树干皮，晒干，生用。主产吉林、辽宁、河南、河北等地。

【性味归经】苦、涩，寒。归大肠、肝、胆经。

【功效】清热燥湿，解毒，明目。

【应用】

1. 用于热毒泻痢，湿热带下　本品苦寒，收涩，既能清热燥湿解毒，又能收涩止痢。

治热毒泻痢，里急后重，配伍黄连、黄柏、白头翁等，如白头翁汤。

治湿热下注，配伍丹皮、当归等。

2. 用于目赤肿痛，睛生翳膜　本品能清肝泻火，明目退翳。

治肝经郁火，目赤肿痛，睛生翳膜等，单用煎汤洗眼，或配伍菊花、黄连、龙胆草等。

【用量】马、牛15～60g；猪、羊5～10g；犬3～6g；兔、家禽1～1.5g。

【禁忌】脾胃虚寒者忌用。

三、清热凉血药

水 牛 角

为牛科动物水牛的角。劈开，用热水浸泡，捞出，镑片，晒干。主产华南和华东地区。

【性味归经】咸，寒。归心、肝、胃经。

【功效】清热，凉血，解毒。

【应用】

1. 用于温热病热入血分，壮热不退，神昏抽搐等证　本品能入血分，清心肝胃三经之火，而有凉血解毒之功。

治温病热入营血，证见身热烦躁、神昏、舌绛等，配伍生地、玄参、丹皮、金银花、连翘等。

治高热烦躁，惊厥抽搐者，配伍羚羊角、石膏等。

2. 用于血热妄行之吐血、衄血等证　本品具凉血之功，配伍生地、丹皮、赤芍等。

3. 用于斑疹丹毒　本品有较强的泻火解毒、凉血消斑之功，配伍丹皮、紫草等。

【用量】马、牛 90～450g；猪、羊 20～50g；犬 3～10g。

【禁忌】孕畜慎用，脾胃虚寒者不宜用。畏川乌、草乌。

生 地 黄

为玄参科多年生草本植物地黄的根。秋季采挖，鲜用或干后生用。主产河南、河北、内蒙古及东北地区，多栽培。

【性味归经】甘、苦，寒。归心、肝、肺经。

【功效】清热凉血，养阴生津。

【应用】

1. 用于热入营血　本品甘寒质润，苦寒清热，入营血，为清热凉血、养阴生津要药。

治温热病热入营血，壮热神昏，口干舌绛，配伍玄参、水牛角等，如清营汤。

治温病后期，余热未尽，津液已伤，夜热早凉，舌红脉数，配伍鳖甲、青蒿、知母等，如青蒿鳖甲汤。

2. 用于血热妄行，斑疹吐衄　本品清热泻火，凉血止血。

治血热吐衄、便血，与鲜荷叶、生艾叶、生侧柏叶同用。

治温热病热入营血，血热毒盛，吐血衄血，斑疹紫暗，与赤芍、丹皮同用。

3. 用于津伤口渴，内热消渴　本品甘寒，清热养阴，生津止渴。

治内热消渴，与麦门冬、沙参、玉竹等同用。

治温病伤阴，肠燥便秘，与玄参、麦门冬同用，如增液汤。

【用量】马、牛 30～60g；猪、羊 5～15g；犬 3～6g；家禽 1～2g。

【禁忌】本品性寒而滞，脾虚湿滞腹满便溏者，不宜使用。

白 头 翁

为毛茛科多年生草本植物白头翁的根。春秋采挖。除去叶及残留的花茎和须根，保留根头白绒毛，晒干，生用。主产东北、华北等地。

【性味归经】苦，寒。归大肠经。

【功效】清热解毒，凉血止痢。

【应用】用于热毒血痢。本品苦寒降泄，清热解毒，凉血止痢，尤善于清胃肠湿热及血分热毒，为治热毒血痢的良药。

治热毒血痢，可单用或配伍黄连、黄柏、秦皮，如白头翁汤。

治疗细菌性痢疾有良好效果。

治疟疾，配伍柴胡、黄芩、槟榔等。

【用量】马、牛 15～60g；猪、羊 6～15g；犬 1～5g；家禽 1～2g。

【禁忌】虚寒泻痢忌服。

玄 参

为玄参科多年生草本植物玄参的根。立冬前后采挖，反复堆晒至内部色黑，晒干、切片，生用。产于我国长江流域及陕西、福建等地。

【性味归经】苦、甘、咸，寒。归肺、胃、肾经。

【功效】清热凉血，滋阴解毒。

【应用】

1. 用于温邪入营，内陷心包，瘟毒发斑，津伤便秘等 本品苦、甘、咸、寒而质润，功能清热凉血，养阴润燥，泻火解毒。

治温病热入营分，身热夜甚、烦躁口渴、舌绛脉数，配伍生地、麦门冬，如清营汤。

治温热病邪内陷心包，神昏抽搐，配伍生地、芍药、丹皮等，如犀角地黄汤。

治温热病气血两燔，发斑发疹，配伍石膏、知母等，如化斑汤。

2. 用于咽喉肿痛，瘰疬痰核，痈肿疮毒 本品咸寒，有清热凉血，解毒散结，利咽消肿之功。

治外感瘟毒，热毒壅盛之咽喉肿痛，与薄荷、连翘、板蓝根等同用，如普济消毒饮。

治阴虚火旺的咽喉肿痛，与麦门冬、桔梗、甘草同用。

治痰火郁结之瘰疬痰核，与贝母、生牡蛎同用。

治疮疡肿毒，配伍金银花、连翘、紫花地丁等。

治骨蒸劳热，配伍地骨皮、银柴胡、丹皮等。

治内热消渴，配伍麦门冬、五味子、枸杞子等。

【用量】马、牛 15～45g；猪、羊 5～15g；犬 2～5g；兔、家禽 1～3g。

【禁忌】本品性寒而滞，脾胃虚寒、食少便溏者不宜服用。反藜芦。

牡 丹 皮

为毛茛科多年生落叶小灌木植物牡丹的根皮。秋季采收，晒干。生用或炒用。产于安徽、山东等地。

【性味归经】 苦、辛，微寒。归心、肝、肾经。

【功效】 清热凉血，活血散淤。

【应用】

1. 用于斑疹吐衄　本品微寒，能清营分、血分实热，有凉血止血之功。治温病热入营血，迫血妄行，发斑发疹、吐血、衄血、便血等证，与生地黄、玄参、赤芍等同用。

2. 用于温邪伤阴，阴虚发热　本品辛寒，善于清透阴分伏热。

治温病后期，邪伏阴分，津液已伤，夜热早凉，热退无汗之证，与鳖甲、生地黄、知母等同用，如青蒿鳖甲汤。

3. 用于淤血阻滞，跌打损伤　本品能活血行淤。

治淤血阻滞，与桃仁、赤芍、桂枝同用。

治跌打损伤，痈肿疼痛，与当归、桃仁、乳香等同用。

4. 用于痈疡肿毒，肠痈腹痛　本品苦寒，清热凉血，散淤消痈。

治火毒炽盛，痈肿疮毒，与金银花、连翘、蒲公英等同用。

治肠痈初起，配伍大黄、桃仁、芒硝等。

【用量】 马、牛 20～45g；猪、羊 6～12g；犬 3～6g；兔、家禽 1～2g。

【禁忌】 血虚有寒，月经过多及孕畜不宜用。

紫 草

为紫草科多年生草本植物紫草和新疆紫草或内蒙紫草的根。春秋两季采挖，除去茎叶，晒干，润透切片用。主产辽宁、湖南、湖北、新疆等地。

【性味归经】 甘，寒。归心、肝经。

【功效】 凉血活血，解毒透疹。

【应用】

1. 用于斑疹紫黑，麻疹不透　本品主入肝经血分，有凉血活血，解毒透疹之效。

治瘟毒发斑，血热毒盛，斑疹紫黑，与赤芍、蝉蜕等同用。

治麻疹紫暗，疹出不畅，兼有咽喉肿痛，配伍牛蒡子、山豆根、连翘等。

2. 用于痈疽疮疡，湿疹阴痒，水火烫伤　单用，以植物油浸泡，滤取油液，制成紫草油浸剂，外涂患处；或与当归、白芷、血竭等配伍，熬膏外敷，如生肌玉红膏。

【用量】马、牛15～45g；猪、羊5～10g；兔、家禽0.5～1.5g。

【禁忌】本品性寒而滑，有轻泻作用，脾虚便溏者忌服。

四、清热解毒药

金　银　花

为忍冬科多年生半常绿缠绕性木质藤本植物忍冬的花蕾。当花含苞未放时采摘，阴干。生用、炒用或制成露剂使用。我国南北各地均有分布。

【性味归经】甘，寒。归肺、心、胃经。

【功效】清热解毒，疏散风热。

【应用】

1. 用于痈肿疔疮　本品甘寒，清热解毒，散痈消肿，为治一切痈肿疔疮阳证的要药。

治痈疮初起红肿热痛，可单用本品煎服或用渣敷患处，亦与皂角刺、白芷配伍，如仙方活命饮。

治疔疮肿毒，红肿热痛，坚硬根深者，配伍紫花地丁、蒲公英、野菊花，如五味消毒饮。

治肠痈腹痛，配伍当归、地榆、黄芩。

治肺痈咳吐脓血者，配伍鱼腥草、芦根、桃仁等，以清肺排脓。

2. 用于外感风热，温病初起　本品甘寒，芳香疏散，善散肺经热邪，清心胃热毒，有透热转气之功。

治外感风热，温病初起，配伍连翘、薄荷、牛蒡子等，如银翘散。

治热入营血，舌绛神昏，配伍生地、黄连等，如清营汤。

3. 用于热毒血痢　本品甘寒，有清热解毒，凉血，止痢之效。

治热毒血痢、下痢脓血，单用浓煎即可奏效，配伍黄芩、黄连、白头翁等，以增强止痢效果。

【用量】马、牛15～60g；猪、羊5～10g；犬3～5g；兔、家禽1～3g。

【禁忌】脾胃虚寒及气虚、疮疡脓清者忌用。

连　翘

为木犀科落叶灌木连翘的果实。分青翘和老翘，青翘质佳；种子作连翘心用；生用。产于东北、华北、长江流域至云南等地。

【性味归经】苦，微寒。归肺、心、胆经。

【功效】清热解毒，消痈散结，疏散风热。

【应用】

1. 用于痈肿疮毒，瘰疬痰核 本品苦寒，主入心经，"诸痛痒疮、皆属于心"，本品既能清心火，解疮毒，又能散气血凝聚，兼有消痈散结之功，有"疮家圣药"之誉。

治痈肿疮毒，与金银花、蒲公英、野菊花等解毒消肿药同用。

治瘰疬痰核，与夏枯草、贝母、玄参、牡蛎等清肝散结、化痰消肿药同用。

2. 用于外感风热，温病初起 本品苦能泻火，寒能清热，入心、肺二经，长于清心火，散上焦风热。

治心经火热证，与金银花、薄荷、牛蒡子等同用，如银翘散。

治热入营血，舌绛神昏，与玄参、丹皮、金银花等同用，以清热解毒，透热转气，如清营汤。

治热入心包，高热神昏，与麦门冬、莲子心等同用。

治热淋涩痛，与竹叶、木通、白茅根等利尿通淋药同用。

【用量】马、牛 20～30g；猪、羊 10～15g；犬 3～6g；家禽 1～2g。

【禁忌】脾胃虚寒及气虚脓清者不宜用。

蒲 公 英

为菊科多年生草本植物蒲公英及其多种同属植物的带根全草。夏秋两季采收，洗净晒干。鲜用或生用。全国各地均有分布。

【性味归经】苦、甘、寒。归肝、胃经。

【功效】清热解毒，消痈散结，利湿通淋。

【应用】

1. 用于痈肿疔毒，乳痈肠痈 本品苦以泄降，甘以解毒，寒能清热兼散滞气，为清热解毒、消痈散结之佳品，主治内外热毒疮痈诸证，兼能通经下乳，又为治疗乳痈良药。

治痈肿疔毒，与野菊花、紫花地丁、金银花等药同用，如五味消毒饮。

治疗乳痈肿痛，单用本品浓煎内服，或以鲜品捣汁内服，渣敷患处，也与全瓜蒌、金银花、牛蒡子等药同用。

治肠痈腹痛，与大黄、牡丹皮、桃仁等同用。

治肺痈咳吐脓血，与鱼腥草、冬瓜仁、芦根等同用。

治咽喉肿痛与板蓝根、玄参等配伍，鲜品外敷用于治毒蛇咬伤。

2. 用于热淋涩痛，湿热黄疸 本品苦寒，清热利湿，利尿通淋，故对湿热引起的淋证、黄疸等有较好的效果。

治疗热淋涩痛，与白茅根、金钱草、车前子等同用，以加强利尿通淋的效果。

治疗湿热黄疸，与茵陈、栀子、大黄等同用。

治目赤肿痛，本品有清肝明目的功效，治肝火上炎引起的目赤肿痛，可单用取汁点眼或浓煎内服，亦可配伍菊花、夏枯草、黄芩等。

【用量】马、牛 30～90g；猪、羊 15～30g；犬 3～6g；兔、家禽 1～2g。

【禁忌】非热毒实证不宜用。

紫 花 地 丁

为堇菜科多年生草本植物紫花地丁的带根全草。夏季果实成熟时采收，洗净鲜用或晒干，切段生用。产于我国长江下游至南部各省。

【性味归经】苦、辛，寒。归心、肝经。

【功效】清热解毒，消痈散结。

【应用】

1. 用于痈肿疔疮，乳痈肠痈，丹毒肿痛 本品苦泄辛散，寒能清热，入心肝经血分，故能清热解毒，消痈散结，为治血热壅滞，痈肿疮毒的常用药物，尤以治疗疔毒为其特长。

治痈肿、疔疮、丹毒等，配伍金银花、蒲公英、野菊花等，如五味消毒饮。

治乳痈，配伍蒲公英等，煎汤内服或以渣外敷，均有良效。

治肠痈，配伍大黄、红藤、白花蛇舌草等。

2. 用于蛇毒咬伤 可解蛇毒。治毒蛇咬伤，鲜品捣汁内服或配伍雄黄少许，捣烂外敷。

3. 用于肝热目赤肿痛 治肝热目赤肿痛，配伍菊花、蝉蜕等。

【用量】马、牛 60～80g；猪、羊 15～30g；犬 3～6g。

【禁忌】体质虚寒者忌服。

大 青 叶

为十字花科二年生草本植物菘蓝的叶片。秋冬季种植，次年夏秋采收或春季种植，夏秋收割。鲜用或晒干生用。主产河北、山东、江苏、安徽、河南、浙江等地。

【性味归经】苦、咸，大寒。归心、肺、胃经。

【功效】清热解毒，凉血消斑。

【应用】

1. 用于热入营血，瘟毒发斑 本品苦寒，善解心胃二经实火热毒，咸寒入血分，又能凉血消斑。

治热入营血，气血两燔，温毒发斑等证，配伍栀子等。

治风热表证，温病初起，发热，口渴咽痛等证，配伍金银花、连翘、牛蒡子等。

2. 用于丹毒痈肿　本品苦寒，既清心胃二经实火，又善解瘟疫时毒，有解毒利咽之效。

治心胃火盛，热毒上攻，咽喉肿痛，口舌生疮诸证，以鲜品捣汁内服或配伍入玄参、山豆根、黄连等复方使用。

治丹毒痈肿等证，可用鲜品捣烂外敷或与蒲公英、紫花地丁、蚤休等药同煎内服。

【用量】马、牛 30～100g；猪、羊 15～30g；犬 3～5g；家禽 1～2g。

【禁忌】脾胃虚寒者忌用。

附药：

板蓝根　为十字花科植物菘蓝的根；或爵床科植物马蓝的根茎及根。秋季采挖，除去泥沙，晒干。性味苦寒。有清热解毒，凉血利咽的功效。主要用于温热病发热、喉痛或瘟毒发斑、痈肿疮毒、丹毒、大头瘟疫等多种热毒炽盛之证。用法用量与大青叶同。

青黛　为菘蓝、马蓝、蓼蓝、草大青等叶中的色素。秋季采收以上植物的落叶，加水浸泡，至叶腐烂，叶落蜕皮时，捞去落叶，加适量石灰乳，充分搅拌至浸液由乌绿色转为深红色时，捞取液面泡沫，晒干而成。性味咸寒。有清热解毒，凉血消斑，清肝泻火，定惊的功效。用于瘟毒发斑，吐血衄血，火毒疮疡。用法用量与大青叶同。

黄　药　子

为薯蓣科多年生草质缠绕藤本植物黄独的块茎。秋、冬采挖。晒干生用。主产湖北、湖南、江苏等地。

【性味归经】苦，平，有毒。归肺、肝经。

【功效】消痰，软坚散结，清热解毒。

【应用】本品性平味苦，具有清热凉血，解毒消肿之作用。

治肺热咳喘、咽喉肿痛、衄血、疮黄肿毒、毒蛇咬伤等。

治疮黄肿毒，配伍栀子、黄芩、黄连、白药子等，如消黄散。

治咽喉肿痛，配伍山豆根、射干、牛蒡子等。

治衄血，配伍栀子、生地等。

治毒蛇咬伤，配伍半边莲等。

【用量】马、牛 15～60g；猪、羊 5～15g；犬 3～8g；家禽 1～2g。

【禁忌】本品有毒，不宜过量。如多服、久服可引起吐泻腹痛等消化道反应，并对肝脏有一定损害，故脾胃虚弱及肝功能损害者慎用。

白　药　子

为防己科植物头花千金藤的干燥块根。切片生用。主产江西、湖南、湖北、广东、浙江、陕西、甘肃等地。

【性味归经】苦，寒。归肺、心、脾经。

【功效】清热解毒，凉血止血，散淤消肿。

【应用】本品具有清热凉血、解毒消肿作用。用治肺热咳嗽、咽喉肿痛、疮黄肿毒等，与黄药子同用。

【用量】马、牛 30～60g；猪、羊 6～15g；犬 3～6g；兔、家禽 1～3g。

穿　心　莲

为爵床科一年生草本植物穿心莲的全草。秋初刚开花时采收质量较好。切段晒干生用，或鲜用。华南、华东和西南地区均有栽培。

【性味归经】苦，寒。归肺、胃、大肠、小肠经。

【功效】清热解毒，燥湿消肿。

【应用】

1. 用于外感风热，温病初起，肺热咳喘，肺痈，咽喉肿痛　本品苦寒降泄，清热解毒，善清肺火，凡肺火所致病证皆可应用。

治外感风热或温病初起，发热，与金银花、连翘、薄荷等同用。

治肺热咳嗽气喘，与黄芩、桑白皮、地骨皮合用。

治肺痈，与鱼腥草、桔梗、冬瓜仁等药同用。

治咽喉肿痛，与玄参、牛蒡子、板蓝根等药同用。

2. 用于湿热泻痢，热淋涩痛，湿疹瘙痒　本品苦燥性寒，有清热解毒燥湿的功效，故凡湿热诸证均可应用。

治胃肠湿热，泄泻，下痢脓血者，可单用或与白头翁、秦皮等同用。

治膀胱湿热，淋漓涩痛，配伍车前子、白茅根、黄柏等药。

治湿疹瘙痒，加工为末，甘油调涂。

3. 用于痈肿疮毒，蛇虫咬伤　本品清热解毒，燥湿消肿，用于治湿热火毒诸证。治痈肿疮毒，蛇虫咬伤，可单用或配伍以金银花、野菊花、蚤休等煎服，或用鲜品捣烂外敷，均有解毒消肿的作用。

【用量】马、牛 60～120g；猪、羊 30～60g；犬 3～10g；家禽 1～3g。

【禁忌】脾胃虚寒者不宜用。

牛　黄

为牛科动物黄牛或水牛的胆结石。杀牛时如发现胆囊、胆管或肝管中有牛黄，应立即滤去胆汁，将牛黄取出，除去外部薄膜，阴干，备用。主产西北和东北地区，河南、河北、江苏等地亦产。

【性味归经】苦，凉。归肝、心经。

【功效】熄风止痉，化痰开窍，清热解毒。

【应用】

1. 用于热病神昏、痰迷心窍所致的癫痫、狂乱等　本品能化痰开窍，兼能清热，故能治疗痰火扰乱心神之癫狂，与麝香、冰片等同用。

2. 用于热毒郁结所致的咽喉肿痛、口舌生疮、痈疽疔毒等　本品兼有清热解毒之效，故能治疗热毒疮肿之证，配伍黄连、麝香、雄黄等。

3. 用于温热病高热引起的痉挛抽搐等证　本品有熄风定惊的功效，与朱砂、水牛角等配伍应用。

【用量】马、牛 3～12g；猪、羊 0.6～2.4g；犬 0.3～1.2g。

【禁忌】孕畜慎用。

鱼　腥　草

为三白草科多年生草本植物蕺菜的干燥地上部分。夏秋间采集，洗净、晒干，生用。分布于长江流域及以南各省。

【性味归经】辛，微寒。归肺经。

【功效】清热解毒，消痈排脓，利尿通淋。

【应用】

1. 用于肺痈吐脓，肺热咳嗽　本品辛以散结，寒能泄降，主入肺经，以清肺见长，有清热解毒，消痈排脓之效。

治肺痈咳吐脓血，本品为治痰热壅肺，发为肺痈，咳吐脓血之要药，与桔梗、芦根、瓜蒌等药同用。

治肺热咳嗽，与黄芩、贝母、知母等药同用。

2. 用于热毒疮疡　本品辛寒，既能清热解毒，又能消痈排脓，与野菊花、蒲公英、金银花等同用；亦可单用鲜品捣烂外敷。

3. 用于湿热淋证　本品有清热除湿，利水通淋之效，与车前草、白茅根、海金沙等药同用。

4. 治湿热泻痢　本品能清热止痢，用于湿热泻痢等证。

【用量】马、牛 60～160g；猪、羊 15～60g；犬 2～15g；家禽 1～3g。

【禁忌】本品含挥发油，不宜久煎。

金 荞 麦

为蓼科多年生草本植物野荞麦（天荞麦）的根茎及块根。秋季采挖，洗净，晒干。切成段或小块用。主产陕西、江西、江苏、浙江等地。

【性味归经】苦 平。归肺、脾、胃经。

【功效】清热解毒，清肺化痰。

【应用】

1. 用于肺痈，咯痰浓稠腥臭及瘰疬疮疖　本品能清热解毒以消痈肿。治肺痈，本品还能清肺化痰。可单用或与鱼腥草、金银花、苇茎等配伍。

治瘰疬，与何首乌等配伍。

治疮疖或毒蛇咬伤，与相应的清热解毒药配伍。

2. 用于肺热咳嗽，咽喉肿痛　本品有清肺化痰，清利咽喉之效，与鱼腥草、射干等配伍。

3. 用于鸡支原体病等　单用金荞麦治鸡支原体病或鸡葡萄球菌病有效。

【用量】马、牛 60～120g；猪、羊 15～60g；犬 5～15g；家禽 1～3g。

射 干

为鸢尾科多年生草本植物射干的根茎。全年均可采挖，以秋季采收为佳。除去茎苗、须根，洗净，晒干，切片。主产湖北、河南、江苏、安徽等地。

【性味归经】苦，寒。归肺经。

【功效】清热解毒，祛痰利咽。

【应用】

1. 用于咽喉肿痛　本品苦寒泄降，清热解毒，入肺经，清肺泻火，降气消痰，消肿。与黄芩、桔梗、牛蒡子、山豆根、甘草等同用。

2. 用于痰盛咳喘　本品善清肺火，降气消痰以平喘止咳。与桑白皮、马兜铃、桔梗等清热化痰药同用；适当配伍可用治寒痰气喘，咳嗽痰多等证，与细辛、生姜、半夏等温肺化痰药配伍。

【用量】马、牛 15～45g；猪、羊 5～10g。

【禁忌】孕畜忌用或慎用，脾胃虚寒患畜慎用。

山 豆 根

为豆科蔓生性矮小灌木植物越南槐（广豆根）的根。全年可采，以秋季采者为佳。洗净泥土，晒干，切片生用。本品又名广豆根。产于广西、广东、江西、贵州等地。

【性味归经】苦，寒。归肺、胃经。

【功效】清热解毒，利咽消肿。

【应用】

1. 用于热毒蕴结，咽喉肿痛　本品大苦大寒，功能清热解毒，利咽消肿，为治疗咽喉肿痛的要药。轻者可单用本品，水煎服；重者须配伍玄参、板蓝根、射干、桔梗等药，以增强疗效。

2. 用于牙龈肿痛　本品大苦大寒，入胃经，清胃火，故对胃火上炎引起的牙龈肿痛、口舌生疮等证也可应用，与石膏、黄连、升麻、牡丹皮等同用。

3. 用于湿热黄疸，肺热咳嗽，痈肿疮毒等证。

4. 用于钩端螺旋体病　用治钩端螺旋体病，与大青叶、甘草合用。

【用量】马、牛 15～45g；猪、羊 6～12g；犬 3～5g；家禽 1～2g。

【禁忌】本品大苦大寒，故用量不宜过大。脾胃虚寒患畜慎用。

附药：

北豆根　防己科多年生藤本植物蝙蝠葛（北豆根）的根茎，为北方习用。本品与广豆根功效相近，除解毒利咽，治咽喉肿痛外，近年发现还兼有降压、镇咳、祛痰及抗癌作用。主含蝙蝠葛碱。

马　齿　苋

为马齿苋科一年生肉质草本植物马齿苋的全草。夏季采收，略蒸或烫后晒干。鲜用或生用。我国南北各地均产。

【性味归经】酸，寒。归大肠、肝经。

【功效】清热解毒，凉血止痢。

【应用】

1. 用于湿热下痢　本品性寒质滑，酸能收敛，入大肠经，具有清热解毒，凉血止痢之效，为治疗痢疾的常用药物。与黄芩、黄连等同用。

2. 用于热毒疮痈　本品具有清热解毒，凉血消肿之功，用于痈肿疮毒，可单用本品煎汤内服、外洗或以鲜品捣烂外敷，也可以与其他清热解毒药配伍。

3. 用于血热出血、热淋等。

【用量】马、牛 120～240g；猪、羊 60～100g；犬 15～30g；家禽 2～4g。

【禁忌】脾胃虚寒，肠滑作泻者忌服。

白 花 蛇 舌 草

为茜草科一年生草本植物白花蛇舌草的全草。夏、秋季采收、洗净、晒干、切段。产于长江以南各省。

【性味归经】微苦、甘，寒。归胃、大肠、小肠经。

【功效】清热解毒，利湿通淋。

【应用】

1. 用于痈肿疮毒，咽喉肿痛，毒蛇咬伤 本品苦寒，有较强的清热解毒作用。

治痈肿疮毒，可单用，内服、外用均可，与金银花、连翘、野菊花等药配伍用。

治肠痈腹痛，与红藤、败酱草、牡丹皮等同用。

治咽喉肿痛，与黄芩、玄参、板蓝根等药同用。

治毒蛇咬伤，可单用，亦与半枝莲、紫花地丁、蚤休等药配伍应用。

2. 用于热淋涩痛 本品甘寒，有清热利湿通淋之效，与半枝莲、车前草、石韦等同用。

【用量】马、牛 15～45g；猪、羊 6～12g；犬 3～5g；兔、禽 1～2g。

【禁忌】阴疽及脾胃虚寒者忌用。

五、清热解暑药

西 瓜 皮

本品为葫芦科植物西瓜的外皮。洗净，晒干，切碎用。全国各地均有栽培。

【性味归经】甘，寒。入心、胃经。

【功效】清热解暑，泻热除烦。

【应用】

1. 用于暑热烦渴，小便不利 本品味甘性凉，善清暑热，能解烦渴，适于暑热烦渴、小便短赤等证。

2. 用于咽喉肿痛，口舌生疮 有泻火泄热之效，可用于秋、冬之际，气候干燥，咽喉肿痛或口舌生疮等证。

【用量】马、牛 30～90g；猪、羊 10～30g；犬 6～9g。

荷 叶

本品为睡莲科植物莲的叶。6～7月花未开放时采收，除去叶柄，晒至七八成干，对折成半圆形，晒干。夏季亦用鲜叶或初生嫩叶。广布于南北各地。

【性味归经】苦，平。入肝、脾、胃经。

【功效】解暑清热，升发清阳。

【应用】

1. 用于感受暑热、头胀胸闷、口渴、小便短赤等证　本品味苦性平，其气清芳，新鲜者善清夏季之暑邪，与鲜藿香、鲜佩兰、西瓜皮等配伍应用。

2. 用于夏季暑热泄泻等证　本品既能清热解暑，又能升发脾阳。

治暑热泄泻，与白术、扁豆等配伍应用。

治脾虚气陷，大便泄泻，也可加入补脾胃药中同用。

3. 用于各种出血证及产后血晕　荷叶兼能散淤止血，用治鼻血、便血等，荷叶炭收涩化淤止血。

【用量】马、牛 30～90g；猪、羊 10～30g；犬 6～9g。

香　薷

为唇形科植物海州香薷的干燥全草。夏、秋季采收，当果实成熟时割取地上部分，晒干或阴干。主产江西、安徽、河南等地。

【性味归经】辛，微温。入肺、胃经。

【功效】祛暑解表，利湿行水。

【应用】

1. 用于外感风邪暑湿、无汗兼脾胃不和等证　本品辛味能祛暑解表。治伤暑，与黄芩、黄连、天花粉等同用，如香薷散。

治暑湿，与扁豆、厚朴等同用。

2. 用于水肿、尿不利等证　本品还能通利水湿，与白术、茯苓同用。

【用量】马、牛 15～45g；猪、羊 3～10g；犬 2～4g；兔、禽 1～2g。

六、清虚热药

青　蒿

为菊科一年生草本植物黄花蒿的全草。夏秋两季采收。鲜用或阴干，切段入药。分布于全国各地。

【性味归经】苦，寒。归肝、胆经。

【功效】清虚热，除骨蒸，截疟。

【应用】

1. 用于温邪伤阴，夜热早凉　本品苦寒清热，辛香透散，长于清透营分伏热。治温病后期，余热未清，夜热早凉，热退无汗或热病后低热不退等证，与鳖甲、知母、丹皮等同用，如青蒿鳖甲汤。

2. 用于阴虚发热，劳热骨蒸 本品有退虚热、除骨蒸的作用，与银柴胡、胡黄连、知母、鳖甲等同用，如清骨散。

3. 用于疟疾寒热 本品有截疟与解除疟疾寒热之功。大剂量单用鲜品捣汁内服或随证配伍桂心、滑石、青黛等。

【用量】马、牛 20～45g；猪、羊 6～12g；犬 3～5g。

【禁忌】脾胃虚弱，肠滑泄泻者忌服。

地 骨 皮

为茄科落叶灌木植物枸杞或宁夏枸杞的根皮。初春或秋后采挖，剥取根皮，晒干，切段入药。产于南北各地。

【性味归经】甘、淡，寒。归肺、肝、肾经。

【功效】凉血退蒸，清肺降火。

【应用】

1. 用于阴虚发热，盗汗骨蒸 本品甘寒清润，能清肝肾之虚热，除有汗之骨蒸，为退虚热、疗骨蒸佳品，与知母、银柴胡等配伍，如清骨散。

2. 用于肺热咳嗽 本品甘寒，善清泄肺热，除肺中伏火，则清肃之令自行，故多用于治肺火郁结，气逆不降，咳嗽气喘，皮肤蒸热等证，与桑白皮、甘草等同用，如泻白散。

3. 用于血热妄行吐血、衄血、尿血等血热出血证 本品甘寒清热，凉血止血，可单用酒煎服，亦配伍白茅根、侧柏叶等凉血止血药同用。

【用量】马、牛 15～60g；猪、羊 5～15g；兔、家禽 1～2g。

【禁忌】外感风寒发热或脾虚便溏患畜不宜用。

银 柴 胡

为石竹科多年生草本植物银柴胡的根。秋后采挖，晒干，切片，生用。产于我国西北部及内蒙古等地。

【性味归经】甘，微寒。归肝，胃经。

【功效】清虚热。

【应用】用于阴虚发热、盗汗、骨蒸潮热等。本品甘寒益阴，清热凉血，退热而不苦泻，理阴而不升腾，为退虚热、除骨蒸之佳品。多与地骨皮、青蒿、鳖甲等同用。

【用量】马、牛 24～60g；猪、羊 3～9g；犬 1～3g；家禽 0.5～1g。

【禁忌】外感风寒、血虚无热患畜忌用。

胡　黄　连

为玄参科多年生草本植物胡黄连的根茎。秋季采挖，晒干，切片用。主产云南、西藏等地。

【性味归经】苦，寒。归心、肝、胃、大肠经。

【功效】退虚热，清湿热。

【应用】

1. 用于阴虚发热，盗汗等　本品性寒，入心肝二经血分，有退虚热，除骨蒸，凉血清热之功。治阴虚发热、骨蒸等证，与银柴胡、地骨皮、青蒿、鳖甲等同用。

2. 用于湿热泻痢　本品苦寒沉降，功似黄连，善于除胃肠湿热及下焦湿火蕴结，为治湿热泻痢之良药，与黄芩、黄柏、白头翁等同用。

【用量】马、牛 15～30g；猪、羊 3～10g；家禽 0.5～1.5g。

【禁忌】脾胃虚寒者慎用。

第四节　温　里　药

凡能温里散寒，以治疗里寒证为主要作用的药物称为温里药或称祛寒药。

温里药性多辛温，以入肾、脾、胃三经为主。因其辛散温通，偏走脏腑而温里除寒，温经止痛，故可治疗里寒证。

温里药有温中散寒，益火助阳，回阳救逆等作用，遵循"寒者热之"的治则，用于治疗家畜的寒邪内侵及阳虚等证。

使用温里药应根据不同的证候作适当配伍。兼表证者，应与解表药配伍；寒凝经脉、气滞血淤者，配伍活血化淤药；寒湿内阻者，配伍芳香化湿或燥湿药物；中焦虚寒，配伍健脾药物；脾肾阳虚者，配伍温补脾肾药物；气虚阳衰者，与补气药配伍。

温里药性多辛温燥热，凡属热证和阴虚发热的患畜不宜应用。

附　子

为毛茛科植物乌头的子根。6～8 月间采挖根部，除去母根、须根及杂质，留旁生侧根。须炮制后方可入药。主产四川、陕西、湖南、湖北等地。

【性味归经】大辛，大热。有大毒，归十二经。

【功效】温中散寒，回阳救逆，除湿止痛。

【应用】

1. 用于寒伤脾胃证　因寒伤脾胃所引起的草料减少或腹痛起卧、泄泻、呕吐等证，配伍干姜、党参、白术、甘草等，如附子理中汤。

2. 用于阳虚证 本品能上助心阳通血脉，中温脾阳以散寒，下补肾阳益命火。

治肾阳不足，命门火衰，配伍肉桂、山茱萸、干地黄等。

治寒伤脾胃，配伍党参、白术、干姜等。

治心阳虚衰，配伍党参、桂枝、甘草，以温通心阳。

3. 用于风寒湿痹 本品药性温热，能祛除寒湿，因此对风湿痹痛属于寒气偏胜者，有良好的散寒止痛作用。凡腰胯冷痛，束步难行，卧地难起，口色淡，脉象迟细等证，与桂枝及祛风湿药配伍。

【用量】牛、马 15～30g；猪、羊 3～9g；犬、猫 2～5g；兔、禽 1～2g。

【禁忌】热证阴虚火旺及孕畜忌用。

附药：

乌头 为附子的母根，因炮制方法稍有不同，在临床应用上略有差异，一般认为附子以补火回阳较优，乌头以散寒止痛见长；乌头祛风湿和镇痛作用比附子好，祛寒作用不如附子；乌头辛散温通，善于逐风邪、除风湿，故能温经止痛，适用于寒证的疝痛及风寒湿痹或麻木不仁等证。如配伍胆南星、乳香、没药等为小活络丹。

乌头对呼吸中枢、血管运动中枢，反射功能等有麻痹作用，乌头中毒可用阿托品解救。

草乌：系毛茛科多年生草本野生乌头属植物块根的通称。

干 姜

为姜科植物的干燥根状茎。切片生用。炒黑后称炮姜。主产四川、陕西、河南、安徽、山东等地。

【性味归经】辛、温。归心、脾、胃、肾、肺、大肠经。

【功效】温中散寒，回阳通脉，温肺化痰。

【应用】

1. 用于脾胃寒证 本品温中散寒，无论外寒内侵之寒实证，还是脾阳不足之虚寒证，均可应用。

治脾胃虚寒所致的草少，泄泻，冷痛，吐涎等，与党参、白术、甘草配伍，如理中汤。

治脾胃寒实证，配伍附子、高良姜等同用。

2. 用于亡阳证 本品助心通阳，回阳通脉。

治心肾阳虚、阴寒内盛之亡阳证，配伍附子相须为用。既助附子回阳救逆，又降低附子毒性。故有"附子无姜不热"之说。

3. 用于肺寒咳嗽　本品温燥辛散，不仅能温肺以散寒，又能燥湿以化痰，故可用于寒咳多痰之证，与细辛、五味子、茯苓、炙甘草等同用。

【用量】牛、马 30～60g；猪、羊 3～9g；犬、猫 2～5g；兔、禽 1～2g。

【禁忌】热证阴虚有热忌用，孕畜慎用。

附药：

炮姜　即干姜炒至外黑内呈老黄色，供药用。性味辛、苦，大热。功能温中止泻，止血。适用于寒证腹泻、虚寒性出血，如便血、四肢冰冷、口不渴、舌淡、苔白等证，与补气、补血药物配伍使用。

肉　　桂

为樟科植物肉桂的干燥树皮。生用。主产广东、广西、云南、贵州等地。

【性味归经】辛、甘、大热。归脾、肾、肝经。

【功效】补火助阳，温经通脉，散寒止痛。

【应用】

1. 用于命门火衰　本品为大热之品，有益火消阴、温补肾阳的作用。用于因肾阳不足所致的四肢厥冷、口色淡，脉沉细等证，与熟地、附子、山茱萸等配伍。

2. 用于寒凝血滞所致各种痛证　本品能温中散寒而止痛，故遇虚寒性脘腹疼痛，单用亦有相当功效。

治寒邪内侵，脾胃寒伤，患畜表现耳鼻寒冷，草少，口流清涎，或腹痛，或泄泻，口色淡白，脉沉迟，与青皮、白术、厚朴、益智仁、干姜、当归、陈皮等配伍。

治寒疝腹痛，配伍小茴香、吴茱萸等，以散寒止痛。

3. 用于寒湿痹痛　本品能振奋脾阳，又能通利血脉。

治风寒痹痛，尤其寒痹腰痛，配伍独活、杜仲、桑寄生等。

治寒凝血滞疼痛，配伍当归、川芎、小茴香等。

加入治气血衰弱方中，有鼓舞气血生长功效，如十全大补汤。

【用量】牛、马 25～30g；猪、羊 3～10g；犬、猫 2～5g；兔、禽 1～2g。

【禁忌】忌赤石脂。孕畜慎用。

小　茴　香

为伞形科植物小茴香的干燥成熟果实。生用或盐水炒用。主产山西、陕西、江苏、安徽、四川等地。

【性味归经】辛、温。归肺、肾、脾、胃经。

【功效】祛寒止痛，理气和胃，暖腰肾。

【应用】

1. 用于脾胃中寒、气滞 凡冷痛、草少、吐涎、寒泄等均可应用，配伍干姜、木香等。

2. 用于寒伤腰胯 本品入肾经，"主肾间冷气"，善治寒伤腰胯、寒疝腹痛。治寒伤腰胯，配伍川楝子、青皮、葫芦巴、细辛等。

治寒疝腹痛，配伍乌药、木香、川楝子等。

【用量】牛、马 15～60g；猪、羊 6～10g；犬、猫 2～5g；兔、禽 1～2g。

【禁忌】热证及阴虚火旺忌用。

附药：

大茴香（八角茴香）系木兰科常绿小乔木八角茴香树的果实。性味、功效与小茴香相近。用量与小茴香相同。

吴 茱 萸

为芸香科植物吴茱萸的干燥未成熟果实。生用或炙用。主产广东、湖南、贵州、浙江、陕西等地。

【性味归经】辛、苦、热。有小毒。归肝、肾、脾、胃经。

【功效】温中止痛、理气止呕、杀虫。

【应用】

1. 用于脾胃虚寒 治草少草慢，肚腹冷痛等，与党参、生姜、大枣配伍，如吴茱萸汤。

2. 用于阳虚久泻 本品温脾益肾，助阳止泻。配伍五味子、肉豆蔻、补骨脂等，如四神丸。

3. 用于胃冷吐涎 本品温中散寒，降逆止呕。配伍生姜、半夏。

4. 用于蛲虫病 治蛲虫病，单用或配伍驱虫药使用。

【用量】牛、马 15～30g；猪、羊 3～9g；犬、猫 2～5g；兔、禽 1～2g。

【禁忌】血虚有热及孕畜慎用。

高 良 姜

为姜科植物高良姜的干燥根茎。切片生用。主产广东、广西、浙江、福建和四川等地。

【性味归经】辛、温。归脾、胃经。

【应用】本品偏治胃寒。凡肚腹冷痛、反胃呕吐、伤水泄泻等均可应用，与半夏、香附、生姜等配伍。

【用量】牛、马15～30g；猪、羊3～9g；犬、猫2～5g；兔、禽1～2g。

【禁忌】胃火亢盛者忌用。

附药：

红豆蔻 为姜科植物大高良姜的种子。性味辛热。功效温中散寒，醒脾解酒。适用于脘腹冷痛等证。

丁　香

为桃金娘科植物丁香的花蕾及未成熟的果实入药。生用。花蕾入药称公丁香；果实入药称母丁香（功效较弱）。主产坦桑尼亚、马来西亚、印度尼西亚，我国海南有栽培。

【性味归经】辛，温。归肺、脾、胃、肾经。

【功效】温中降逆，温肾助阳。

【应用】

1. 用于反胃吐草和胃冷吐涎　本品芳香，暖脾胃而降逆，为治胃寒呕逆要药。与半夏、生姜配伍，可温中止呕。

治脾胃虚寒呕吐，配伍砂仁、白术、党参等。

治呃逆，与降气止呃的柿蒂配伍；因本品性温，胃热呕呃不宜用。

2. 用于肾虚阳痿，子宫虚寒　本品有温肾助阳之效。治肾虚阳痿，腰膝冷痛，配伍附子、肉苁蓉、小茴香等。

3. 丁桂散的治疗作用　丁香与肉桂等分，共研细末，名丁桂散。外用有温经通络、活血止痛的作用，可治阴疽、跌打损伤等证。

【用量】牛、马10～30g；猪、羊2～6g；犬、猫2～4g；兔、禽1～2g。

【禁忌】胃热及阴虚有火忌用。

花　椒

为芸香科植物花椒的果皮，种子仁为椒目。生用或炒用。主产四川、陕西、江苏、河南、山东、江西、福建、广东等地。

【性味归经】辛、温。归肺、脾、肾经。

【功效】温中燥湿，散寒止痛，杀虫。

【应用】

1. 用于伤水冷痛，寒湿泄泻　治腹痛与党参、干姜等配伍；治泄泻，与厚朴、陈皮、苍术等配伍。

2. 用于蛔虫　与驱虫药如使君子、榧子等同用；治吐蛔证，配伍乌梅、黄连等。

3. 用于皮肤湿疹，疥癣 与黄柏、苦参等配伍。

【用量】牛、马 10～20g；猪、羊 6～10g。

【禁忌】阴虚火旺病畜禁用。

荜 澄 茄

为胡椒科常绿攀缘性藤本植物荜澄茄及樟科落叶小乔木或灌木山鸡椒（山苍子）的果实。荜澄茄原产于南洋各地，我国广东亦产。山鸡椒生长于长江以南地区，主产广西、浙江、江苏、安徽等地。

【性味归经】辛、温。归脾、胃、肾、膀胱经。

【功效】温中散寒，行气止痛。

【应用】

1. 用于胃寒疼痛，呃逆呕吐等证 本品功能温暖脾胃、散寒止痛，故适用于胃寒疼痛，以及胃寒引起的呃逆、呕吐、脘腹胀闷等证，配伍高良姜等。

2. 用于肾经虚寒 治因肾虚而致的后肢浮肿，腰胯疼痛，配伍乌药、杜仲、小茴香、葫芦巴等。

3. 可用于寒证小便不利。

【用量】牛、马 10～24g；猪、羊 2～6g。

【禁忌】阴虚有火及热证均忌用。

胡 椒

本品为胡椒科植物胡椒的果实。主产云南、广东、海南岛等地。

【性味归经】辛、热。归胃、大肠经。

【功效】温中散寒，下气，消痰。

【应用】用于胃寒呕吐、腹痛泄泻等证。胡椒性热，具有温中散寒的功效，可用于胃寒所致的吐泻、腹痛等证，配伍高良姜、荜茇等同用；也可单味研粉放膏药中，外贴脐部，治受寒腹痛泄泻。

【用量】牛、马 10～24g；猪、羊 2～6g。

【禁忌】阴虚火旺忌用。

荜 茇

本品为胡椒科植物荜茇的未成熟的果穗。当果实近于成熟，由黄变红褐色时采下果穗，晒干。荜茇多从国外进口，近年发现我国云南有野生，并已变野生为家种，产品供省内外销用。

【性味归经】辛、热。归胃、大肠经。

【功效】温中散寒。

【应用】用于胃寒呕吐及脘腹疼痛等证　本品辛热，善走肠胃，能温胃腑沉冷，又解大肠寒郁，功能温中散寒，故对胃寒引起的脘腹疼痛、呕吐、腹泻等证，与厚朴、广木香、高良姜等配伍应用。

【用量】牛、马10～30g；猪、羊2～6g；犬、猫2～4g；兔、禽1～2g。

第五节　祛湿药

凡具有祛除湿邪、治疗水湿证的药物称为祛湿药。祛湿药分为利湿药、化湿药和祛风湿药。

1. 利湿药　凡能通利水道、渗泄水湿，以治疗水湿内停病证为主要作用的药物称为利湿药，或称利尿药。这类药性味多甘寒、甘平、甘淡，入肾及膀胱经；有利尿通淋、利水消肿、利湿退黄等功效，适用于家畜小便不利、尿赤涩、淋浊、水肿、泄泻、黄疸、湿疹、湿痹及风湿性关节疼痛等水湿为患的各种病证。但阴虚、老幼、体虚患畜及孕畜慎用。

2. 化湿药　凡气味芳香，性温而燥，以化湿健脾为主要功效的药物称为化湿药。这类性味多辛温芳香，入脾、胃经。有芳香化浊、和中健脾、利湿等作用，适用于治疗家畜因夏伤暑湿所致形寒发热、肚腹胀满、呕吐或泄泻、舌苔白腻等证；以及因风寒湿邪所致的腰胯肢节疼痛等。本类药含挥发油，不宜久煎。忌用于阴虚血燥及气虚患畜。

3. 祛风湿药　凡以祛除肌肉、经络和筋骨间风湿，解除痹痛为主要作用的药物称祛风湿药。本类药物多辛香苦燥走散，功善祛除留着肌表、经络的风湿，部分药物还具有止痹痛、通经络和强筋骨等作用。适用于风湿痹痛、筋脉拘挛、项强腰硬、肢节疼痛、腰胯无力、卧地难起等各种痹证。祛风湿药物性多辛燥，易伤阴血，阴虚血亏者应慎用。

一、利湿药

茯　苓

为多孔菌科真菌茯苓的干燥菌核。寄生于松树根。其傍附松根而生者称为茯苓；抱附松根而生者称茯神；内部色白者称白茯苓；色淡红者称赤茯苓；外皮称茯苓皮，均可药用。晒干，切片，生用。主产云南、安徽、湖北、江苏等地。

【性味归经】甘、淡、平。归脾、胃、心、肺、肾经。

【功效】利水渗湿，健脾补中，宁心安神，化痰。

【应用】

1. 用于小便不利，水肿等证　茯苓功能利水渗湿，药性平和，利水而不伤正气，为利水渗湿要药。凡小便不利、水湿停滞的证候，不论偏于寒湿，或偏于湿热，或属于脾虚湿聚，均配伍应用。

偏寒湿者，与桂枝、白术等配伍。

偏湿热者，与猪苓、泽泻等配伍。

属脾气虚者，与党参、黄芪、白术等配伍。

属虚寒者，配伍附子、白术等同用。

2. 用于脾虚泄泻　茯苓既能健脾，又能渗湿，对于脾虚运化失常所致泄泻，应用茯苓有标本兼顾之效，与党参、白术、山药等配伍。

3. 用于痰饮咳嗽，痰湿入络　茯苓既能利水渗湿，又能健脾，对于脾虚不能运化水湿，停聚化生痰饮之证，具有治疗作用。与半夏、陈皮同用，也配伍桂枝、白术；治痰湿入络，配伍半夏、枳壳。

4. 用于心悸，失眠等证　茯苓能养心安神，可用于心神不安、心悸、失眠等证，与人参、远志、酸枣仁等配伍。

【用量】牛、马 20～60g；猪、羊 9～18g；驼 45～90g；犬 3～6g；兔、禽 1.3～5g。

附药：

茯苓皮　为茯苓菌核削下的外皮，长条状，大小不一，外面黑褐或棕褐色，内部白色或灰棕色，体质松软，略具弹性。性味：甘、淡、平。功能：利水消肿。用于水湿外泛、皮肤水肿等，与桑白皮、大腹皮、生姜皮、陈皮配伍，如五皮饮。用量与茯苓同。

茯神　为茯苓菌核中间天然抱有松根（即"茯神木"）的白色部分。药材多已切成方形薄片，质坚实，切断的松根棕黄色，表面有圈状纹理。性味与茯苓同，入心、脾经。功能宁心、安神。用于躁动、惊厥，与龙齿、朱砂等配伍，用量与茯苓同。

赤茯苓　为茯苓菌核近外皮淡红色部分。为大小不一的方块和碎块。淡红色或淡棕色，质松，略具弹性。性味与茯苓同，入心、脾、膀胱经。功能渗利湿热。用于尿短赤、淋浊，与栀子、车前子等配伍，用量与茯苓同。

猪　苓

为多孔菌科真菌猪苓的干燥菌核，寄生于桦树、枫树、柞树等的朽根上。呈不规则块状，表面黑或灰黑色，皱缩或瘤状突起，体轻质硬，断面类白色或黄白色，气微味淡。切片生用。春、秋两季采挖，洗净，润透，切厚片，干燥。主产华北、西北和东北等地。

【性味归经】甘、淡、平。归肾、膀胱经。

【功效】利水通淋，除湿退肿。

【应用】

1. 用于水肿诸证　治因膀胱气化不利所致少腹胀满，水肿，小便不利，淋浊等证，与茯苓、白术、泽泻、桂枝配伍，如五苓散。

2. 用于肠鸣腹泻诸证　治因冷肠泄泻所致的耳鼻寒凉，肠鸣腹痛，小便少，大便如水，口色淡，脉沉迟等，与泽泻、肉桂、干姜、天仙子同用，如猪苓散。

3. 用于阴虚水肿　治阴虚性尿不利、水肿，配伍以阿胶、滑石。

【用量】马、牛 25～60g；猪、羊 10～20g；犬 3～6g。

泽　　泻

为泽泻科植物泽泻的干燥块茎。切片生用。冬季茎叶开始枯萎时采挖，去粗根、粗皮、杂质，洗净，切厚皮，晒干。主产福建、广东、江西、四川等地。

【性味归经】甘、淡、寒。归肾、膀胱经。

【功效】利水渗湿，泻肾火。

【应用】

1. 用于水肿诸证　治因水湿内停所致的水肿，排尿不利，带下等证，与猪苓、茯苓等配伍，如四苓散；治湿热泄泻，与白术、茯苓等配伍。

2. 用于膀胱湿热证　治膀胱湿热所致的尿涩、尿血、砂石淋等，与茯苓、薏苡仁等配伍。

3. 用于肾阴不足证　治肾阴不足、虚火偏亢，配伍丹皮、熟地等，如六味地黄汤。

【用量】牛、马 20～45g；猪、羊 10～15g；犬 5～8g；兔、禽 0.5～1g。

【禁忌】无湿及肾虚精滑者禁用。

车　前　子

为车前科植物车前或平车前的干燥成熟的种子。生用或炒用。全国各地均产。

【性味归经】甘、淡、寒。归肝、肾、肺、小肠经。

【功效】利水通淋，清肝明目，渗湿止泻，清肺化痰。

【应用】

1. 用于热结膀胱证　治热结膀胱所致的尿涩、尿血、水肿等证，配伍木通、栀子、滑石等，如八正散。

2. 用于暑热泄泻证　治因暑热所致的泄泻，配伍香薷、茯苓、猪苓等。

3. 用于肝经风热证　治因肝经风热所致目赤肿痛，翳障等，配伍菊花、青葙子、黄芩等。

4. 用于咳嗽痰多　本品有祛痰止咳之功，治肺热咳嗽较宜，配伍杏仁、桔梗、苏梗等。

【用量】牛、马 20～30g；驼 30～50g；猪、羊 10～15g；犬、猫 3～6g；兔、禽 1～3g。

【禁忌】内无湿热及肾虚精滑者忌用。

附药：

车前草　即车前的全草。性味功效与车前子相似，且能清热解毒，故可用于疮疡肿痛。

滑　　石

为硅酸盐类矿物滑石族滑石。主含含水硅酸镁 $[Mg_3(Si_4O_{10}) \cdot (OH)_2]$。打碎成小块，水飞或研磨生用。产于广东、广西、云南、山东、四川等地。

【性味归经】甘、淡、寒。归胃、肾、膀胱经。

【功效】利水渗湿，清热解暑。外用祛湿敛疮。

【应用】

1. 用于利水渗湿　滑石性寒滑利，寒能清热，滑能利窍，为清热利水通淋常用之品。

治小便不利、淋漓涩痛等证，配伍车前子、金钱草、海金沙等品。

治湿热水泻，配伍茯苓、薏苡仁、车前子等。

2. 用于清热解暑　滑石能清暑、渗湿泄热，治感受暑热所致的烦渴、尿少、泄泻等，配伍甘草为六一散。

3. 用于敛疮　本品外用能清热收湿，治湿疹，配伍石膏、炉甘石、冰片或与黄柏、枯矾等同用。

【用量】牛、马 25～45g；驼 30～60g；猪、羊 10～20g；犬 3～9g；兔、禽 1.3～5g。外用适量。

【禁忌】内无湿热、尿过多及孕畜禁用。

木　　通

为马兜铃科植物东北马兜铃、毛茛科植物小木通或同属植物绣球藤的干燥藤茎。秋冬采收，晒干。切片生用。

【性味归经】苦、寒。归心、肺、小肠、膀胱经。

【功效】清热利水，通经下乳，清泄心火，利痹。

【应用】

1. 用于小便不利，淋漓涩痛，水肿等证　木通寒能清热，苦能泄降，功能利水通淋，为治湿热下注、淋漓涩痛要药，配伍车前子、滑石等；为治小便不利、水肿等证要药，配伍其他利水消肿药如桑白皮、猪苓等。

2. 治心火上炙、口舌生疮、尿短赤、湿热淋痛、尿血等　木通性味苦寒，能入心经，且能利通小便，导热下行而降心火，故可用于心火上炙、心烦尿赤、口舌生疮等证，配伍生地、竹叶、甘草等，如导赤散。

3. 用于乳汁不通　木通能通利血脉而下乳汁，与王不留行等同用；治因湿热痹证导致的关节不利、肿痛等，配伍桑枝、海桐皮等。

4. 用于湿热痹痛　木通能通利渗湿。治湿热痹痛、关节不利之证，配伍薏苡仁、桑枝、忍冬藤等。

【用量】牛、马 25～40g；猪、羊 3～6g；犬 2～4g。

【禁忌】汗出不止、尿频数者忌用。

通　草

为五加科植物通脱木的干燥茎髓。秋季采收，趁鲜取出茎髓，晒干。切碎生用。主产江西、四川等地。

【性味归经】甘、淡、寒。归肺、胃经。

【功效】清热利水，通经下乳。

【应用】

1. 用于清热利水　本品淡渗利水，性寒清热，功能清热利水渗湿。

治湿热内蕴，小便短赤或淋漓涩痛之证，但气味俱薄，作用缓弱，配伍木通、滑石等。

治湿温病证，配伍薏苡仁、蔻仁、竹叶等。

2. 用于通气下乳　有下乳的作用，常用于催乳方中。

【用量】牛、马 15～30g；猪、羊 3～10g；犬 2～5g；驼 30～60 g；禽、兔 0.5～2 g。

茵　陈

为菊科植物茵陈蒿或滨蒿的干燥幼嫩茎叶。春季幼苗高 6～10cm 时采收，晒干生用。主产安徽、山西、陕西等地。

【性味归经】苦、辛、微寒。归脾、胃、肝、胆经。

【功效】清利湿热，利胆退黄。

【应用】

1. 用于阳黄证 茵陈苦泄下降，功专清利湿热，为治黄疸之要药。

治湿热熏蒸、内阻中焦，肝失疏泄所致的发热、口色红黄、口渴喜饮、尿短赤、脉弦数阳黄病证，可单用一味，大剂量煎汤内服，亦可配伍大黄、栀子等。

小便不利显著者，配伍泽泻、猪苓等。

2. 用于阴黄证 本品退黄疸之效甚佳，故除用于湿热黄疸之外，对于因寒湿内阻，郁于中焦，逆传肝胆所致的口色黄，色晦暗，粪便稀薄，舌苔白腻，脉沉细无力阴黄病证，也可应用。但须配伍温中祛寒之品，如附子、干姜等药同用，以奏除阴寒而退黄疸的作用，如茵陈四逆汤。

3. 用于清利湿热，止泻 治湿热泄泻、肠黄，配伍白头翁、黄连、黄柏、青皮等，如茵陈散。

4. 用于湿温、湿疹、湿疮等证。

【用量】牛、马20～45g；猪、羊5～15g；兔、禽1～2g；犬3～6 g。

金 钱 草

为报春花科植物过路黄的新鲜或干燥全草，夏秋采收。鲜用或晒干生用。主产江南各地。

【性味归经】微咸、平。归肝、胆、肾、膀胱经。

【功效】利水通淋，除湿退黄，清热消肿。

【应用】

1. 用于清湿热，利胆退黄 治湿热黄疸，与栀子、茵陈等同用。

2. 用于利水通淋 治尿道结石，与石韦、鸡内金、海金沙等同用。

3. 用于清热消肿 治疮疡肿痛，蛇虫咬伤、烫伤等证。配伍鲜车前草捣烂加白酒，擦患处，治恶疮肿毒。

【用量】牛、马30～120g；猪、羊6～25g；犬3～12g。

附药：

连钱草 唇形科草本植物活血单的全草。功效、主治与用量、用法与金钱草相同。

薏 苡 仁

禾本科草本植物薏苡的成熟种仁。各地均有分布，主产河北、福建、辽宁等地。

【性味归经】甘、淡，微寒。归脾、肾、肺经。

【功效】利水渗湿，健脾，除痹，排脓消痈。

【应用】

1. 用于小便不利，水肿，湿温等证　本品功能利水渗湿，作用较为缓弱，然而因其性属微寒，可用于湿热内蕴之证。

治小便短赤，配伍滑石、通草等。

治湿温病邪在气分，湿邪偏胜，配伍杏仁、蔻仁、竹叶、木通等。

治脾虚水肿、脚气肿痛，配伍茯苓、白术、木瓜、吴茱萸等。

2. 用于泄泻、带下　本品既能健脾，又能渗湿。治脾虚有湿泄泻，配伍白术、茯苓等。

3. 用于湿滞痹痛、筋脉拘挛等证　本品能祛除湿邪、缓和拘挛，治湿滞皮肉筋脉引起的痹痛拘挛，配伍桂枝、苍术等。

4. 用于肺痈、肠痈　薏苡仁上能清肺热，下利肠胃湿热，用于内痈之证，具有排脓消痈之功。

治肺痈胸痛、咯吐脓痰，配伍鲜芦根、冬瓜子、桃仁、鱼腥草等。

治肠痈，配伍败酱草、附子等，如薏苡附子败酱散。

【用量】牛、马30～120g；猪、羊6～25g；犬3～12g。

海　金　沙

为海金沙科植物海金沙的干燥成熟孢子。秋季孢子未脱落时采收，生用。主产广东、湖南、安徽、江苏等地。

【性味归经】甘、咸、寒。归小肠、膀胱经。

【功效】清热除湿，利水通淋。

【应用】本品甘淡而寒，其性下降，功专利尿通淋止痛，为治尿淋涩痛之要药，尤以石淋、血淋为佳。

治石淋，配伍金钱草、牛膝、石韦等。

治血淋，配伍地榆、小蓟、白茅根等。

治热淋，配伍车前子、木通、瞿麦等。

【用量】牛、马30～45g；猪、羊10～20g；禽、兔1～2g。

石　　韦

为水龙骨科植物庐山石韦、石韦和有柄石韦的干燥叶或全草。切片生用或炙用。主产湖北、四川、江西等地。

【性味归经】苦、甘、微寒。归肺、膀胱经。

【功效】清热通淋，凉血止血，清肺化痰。

【应用】

1. 用于清热利水通淋　治尿闭、热淋等，与白茅根、车前、滑石同用。

2. 用于凉血止血　治血淋，与蒲黄、当归、芍药等配伍。

3. 用于清肺化痰止咳　治肺热咳嗽痰多，单用有效。亦与清肺化痰之品配伍，还用于急、慢性支气管炎。

【用量】牛、马15~45g；猪、羊6~12g；犬、猫1~5 g；驼30~60g。

【禁忌】尿多者不用。

萹　蓄

为蓼科植物萹蓄的干燥地上部分。夏季采收，晒干。切碎生用。主产山东、安徽、江苏、吉林等地。

【性味归经】苦、平。归膀胱经。

【功效】利水通淋，杀虫止痒。

【应用】

1. 用于清湿热，利水通淋　善治下焦湿热而利尿通淋。

治膀胱湿热引起的尿短赤、涩痛，配伍车前子、木通、滑石等，如八正散。

治血淋，配伍大蓟、小蓟、白茅根等。

2. 用于皮肤湿疹　本品有杀虫止痒作用。

治皮肤湿疹，可单用煎汤外洗。

治蛔虫腹痛，配伍使君子、苦楝皮等。

【用量】牛、马20~60g；猪、羊5~10g；兔、禽1~5 g；驼30~80g。

【禁忌】无湿热及胎前产后禁用。

瞿　麦

为石竹科植物瞿麦或石竹的干燥地上部分，夏秋季采割。生用。主产湖北、吉林、江苏、安徽等地。

【性味归经】苦、寒。归心、小肠经。

【功效】清热利水，行血祛瘀。

【应用】本品苦寒沉降，通心经而行血，利尿而清热。常用于治尿短赤、血尿、便血、石淋、水肿等，配伍木通、萹蓄、车前子、滑石、栀子等，如八正散。

【用量】牛、马20~45g；猪、羊10~15g；兔、禽0.5~1g；犬3~6g。

【禁忌】孕畜禁用。

灯心草

为灯心草科植物灯心草的干燥茎髓。夏秋季采收，晒干生用。全国各地均产，主产江苏、四川、云南、贵州等地。

【性味归经】甘、淡、微寒。归心、肺、小肠经。

【功效】清热利水，清心除烦。

【应用】

1. 用于热淋　本品有清热利尿、通淋作用。但单用效低，配伍木通、车前子、滑石等。

2. 用于清心安神　对心火扰神所致的心烦，小便短赤，可单味煎服或与淡竹叶等配伍。

3. 用于口舌生疮，咽痛喉痹等证　与红花或硼砂配伍。

【用量】牛、马 10～20 g；羊、猪 3～10 g；兔、禽 1～2 g。

地肤子

为藜科植物地肤的干燥成熟果实。生用。主产河北、山东、山西等地。

【性味归经】辛、苦、寒。归肾、膀胱经。

【功效】清热利湿，祛风止痒。

【应用】

1. 用于清热利湿　治湿热互结于下焦所致尿不利、尿涩痛等，配伍猪苓、黄柏、知母、瞿麦等。

2. 用于祛风止痒　治因湿热之邪外袭所致皮肤瘙痒、风疹、湿疹等，配伍蝉蜕、荆芥、薄荷、白鲜皮等。

【用量】牛、马 15～45g；猪、羊 5～10g；兔、禽 1～3g。

【禁忌】阴虚无温热和尿多者禁用。

冬葵子

为锦葵科植物冬葵的干燥成熟果实。各地均有分布。夏、秋季种子成熟时采收。生用或捣碎用。

【性味归经】甘、寒。归大肠、小肠、膀胱经。

【功效】利水通淋，通乳，润肠。

【应用】

1. 用于小便不利，淋漓涩痛水肿等证　本品功能利水通淋。

治小便淋漓涩痛，与车前子、海金沙等同用。

治水肿，配伍茯苓等。

2. 用于乳汁稀少 本品具有通乳消肿之通，与木通、通草相似，治产畜乳汁稀少，乳房胀痛等证，与木通、通草等同用。

3. 润肠 可治大便干燥病证。

【用量】牛、马 15～45g；猪、羊 5～10g；兔、禽 1～3g。

【禁忌】脾虚肠滑者忌服，孕畜慎用。大剂量使用，可产生急性中毒。

萆 薢

为薯蓣科多年生蔓生草本植物粉背薯蓣或绵萆薢等的干燥根茎。春秋均可采挖，除去须根，洗净，切片，晒干。生用。主产浙江、湖北、四川等地。

【性味归经】苦、微寒。归肝、胃、膀胱经。

【功效】利湿通淋，祛除风湿。

【应用】

1. 用于膏淋、白浊证 本品能利湿而分清去浊，为治小便混浊或膏淋之要药。与乌药、益智仁、石菖蒲同用，如萆薢分清饮。

2. 用于风湿痹证 本品能祛风湿而舒筋通络。治风湿痹痛等证，如寒湿痹痛，配伍附子、桂枝等药。

湿热痹痛，配伍桑枝、秦艽、生苡仁等。

【用量】牛、马 15～45g；猪、羊 5～10g；兔、禽 1～3g。

【禁忌】肾阴亏虚、遗精滑泄者慎用。

赤 小 豆

豆科草本植物赤小豆的成熟种子。全国各地均有分布。

【性味归经】甘、酸，平。归心、小肠经。

【功效】利水消肿，利湿退黄，消肿排脓。

【应用】

1. 用于水肿、脚气等证 赤小豆性善于下行，通利水道，使水湿下泄而消肿，故适用于水肿胀满、脚气浮肿等证。可单味煎服或配伍猪苓、泽泻、茯苓皮等。

2. 用于湿热黄疸 赤小豆能清热利湿退黄。治湿热黄疸之证，与麻黄、连翘、桑白皮等同用。

3. 用于疮疡肿痛 本品能消肿排脓。治疮疡肿毒之证，配伍赤芍、连翘等煎汁内服，亦可配伍芙蓉叶等研末外敷。

【用量】牛、马 15～45g；猪、羊 5～10g；兔、禽 1～3g。

【禁忌】阴虚津枯者忌用。

二、化湿药

苍　术

为菊科植物茅苍术和北苍术、关苍术的干燥根茎。除去残茎、须根及泥土，晒干，用时洗净，润透，切厚片，干燥。生用或麸炒用。茅苍术主产江苏、浙江、安徽等地；北苍术主产辽东半岛一带；关苍术产东北、内蒙古、河北等地。

【性味归经】辛、苦，温。归脾、胃、肝经。

【功效】燥湿运脾，发汗解表，祛风湿，明目。

【应用】

1. 用于湿阻脾胃证　本品有较强的燥湿健脾功效。治湿阻脾胃所致食少，泄泻，水肿，舌苔白腻等，与厚朴、陈皮、甘草、生姜、大枣同用，如平胃散。

治痰饮内停，配伍陈皮、茯苓、生姜皮等。

2. 用于风寒湿痹　本品既能温燥除湿，又能辛散祛风，散除经络肢体的风湿之邪，对寒湿偏重的痹痛尤为适宜。

治风寒湿痹，湿盛者为宜。配伍羌活、独活、威灵仙等。

治湿热痹痛，配伍黄柏，如二妙散。

3. 用于外感风寒　本品辛散，兼能散寒解表，适用于感受风寒湿邪所致身痛、无汗等证。

治风寒表证夹湿，配伍防风、羌活、独活等。

治风热表证夹湿，配伍荆芥、防风、金银花等。

4. 用于夜盲证　与青葙子、石决明等同用，如青葙子散。

【用量】牛、马 15～60g；猪、羊 3～15g；犬、猫 2～5g；兔、禽 1～2g。

【禁忌】阴虚内热者或多汗者忌用。

厚　朴

为木兰科植物厚朴或凹叶厚朴的干燥树皮及根皮。4～6月剥取，阴干或入沸水中微煮，堆至阴湿处至内皮变紫褐色或棕褐色时蒸软，卷成筒状，干燥。生用或姜制用。主产四川、浙江、湖北等地。

【性味归经】苦、辛，温。归脾、胃、肺、大肠经。

【功效】化湿导滞，下气平喘。

【应用】

1. 用于湿阻中焦 本品既能温燥寒湿，又能行气宽中，为治湿满要药。治湿阻中焦，脾胃气滞，配伍苍术、陈皮等同用，如平胃散。

2. 用于肠胃积滞 本品能下气宽中，消积导滞，为治食滞胀满所常用。治肠胃气滞，大便秘结，配伍大黄、芒硝、枳实同用，如大承气汤。

3. 用于痰饮咳喘 本品燥湿化痰，又下气平喘。治痰湿内阻咳喘，配伍苏子、橘皮、当归等，如苏子降气汤。

【用量】牛、马 15～45g；猪、羊 6～15g；犬、猫 2～5g；兔、禽 1～3g。

【禁忌】无积滞者及孕畜和脾胃虚弱者慎用。

藿 香

为唇形科植物藿香或广藿香的干燥地上部分。叶摘下另放，茎用水润透，切段，晒干，与叶混匀，生用。主产广东、海南、台湾等地。

【性味归经】辛、微温。归肺、脾、胃经。

【功效】祛暑解表，和中化湿，行气化滞。

【应用】

1. 用于夏伤暑湿 本品微温，化湿而不燥热，善于解暑，为解暑要药。

治暑湿证，不论偏寒、偏热都可应用，与佩兰等配伍。

治暑天外感风寒，内伤暑湿所致发热身痛、肚腹胀满、草少、呕吐或泄泻，配伍苏叶、白芷、大腹皮、茯苓、白术、半夏曲、陈皮、厚朴等，如藿香正气散。

2. 治湿困脾土 本品气味芳香，醒脾化湿，为芳香化湿之要药。

治湿阻中焦、脘闷纳呆之证候，凡湿困脾土所致草少、呕吐、腹胀、泄泻等均可应用，配伍厚朴、苍术、半夏等。

治湿温初起，配伍薄荷、茵陈、黄芩等。

【用量】牛、马 15～45g；猪、羊 6～12g；犬、猫 2～5g；兔、禽 1～2g。

【禁忌】汗多表虚忌用。不宜久煎。

佩 兰

为菊科植物兰草的干燥地上部分。除去杂质，洗净，稍润，扎成小把，切段，晒干。生用。主产江苏、江西、广东等地。

【性味归经】辛、平。归脾、胃经。

【功效】祛暑解表，醒脾化湿。

【应用】

1. 用于夏伤暑湿 治外感暑湿，恶寒发热，倦怠懒动，配伍藿香、青蒿、荷叶等。

2. 用于湿浊内阻 本品既化湿，又解暑，亦为化湿和中之要药。

治暑湿内阻所致草少，肚胀，呕吐或泄泻等，配伍藿香、厚朴、白豆蔻、黄芩等。

【用量】牛、马 15～45g；猪、羊 6～15g；犬、猫 2～6g；兔、禽 1～3g。

【禁忌】阴虚血燥，气虚者不宜用。

砂　仁

为姜科植物阳春砂或海南砂的干燥成熟果实，果实成熟时采收，晒干或文火烤干，剥去果壳，将种子团晒干，用时打碎。生用。主产广东、广西、海南等地。

【性味归经】辛、温。归脾、胃、肾经。

【功效】化湿行气，温脾止泻，安胎。

【应用】

1. 用于湿困脾胃 本品有良好的化湿醒脾、行气温中功效。

治湿阻中焦所致的宿食不消，肚胀，呕吐，苔白腻等证，配伍厚朴、白豆蔻、陈皮等。

兼有脾气虚弱，配伍木香、党参、白术等，如香砂六君子汤。

2. 用于寒湿泄泻 治脾胃虚寒所致肠鸣泄泻，冷痛等证，与干姜、附子、炒白术等配伍。

3. 用于胎动不安 本品可行气安胎。

治妊娠气滞，食欲不振，配伍生姜、陈皮、竹茹等。

妊娠气滞，胎动不安，配伍苏梗、陈皮、香附等。

妊娠气滞，兼有气虚，配伍党参、黄芪、白术等。

【用量】牛、马 15～30g；猪、羊 3～9g；犬、猫 2～5g；兔、禽 1～2g。

【禁忌】阴虚火旺及胃肠热结者忌用。

附药：

砂仁壳 阳春砂或缩砂的果壳。性味、功效与砂仁相同，但温性略减，力较薄弱。用于脾胃气滞、脘腹胀满、呕恶等证。

砂仁花 阳春砂的干燥花。功用同砂仁壳。

白　豆　蔻

为姜科植物白豆蔻的干燥种子。秋季果实成熟时采下，晒干。用时剥去果壳，取仁打碎，生用。主产云南、广东、广西等地。

【性味归经】辛、温。归肺、脾、胃经。

【功效】行气温中，醒脾和胃。

【应用】

1. 用于寒凝气滞　本品善化湿行气温中，治寒湿气滞所致食少、肚腹胀痛、呕吐等证，与厚朴、木香、陈皮、生姜等配伍。

2. 用于脾胃气滞　治因脾胃气滞所致食积不消等，与砂仁、神曲等配伍。

【用量】牛、马 15～30g；猪、羊 3～6g；犬、猫 2～5g；兔、禽 1～2g。

【禁忌】大便燥结慎用。

附药：

豆蔻壳　白豆蔻的果壳。功用与豆蔻相同，但温性略减，力亦较弱。适用于寒湿气滞、脘腹胀闷、胃呆、呕吐等证。

豆蔻花　白豆蔻的干燥花。功用同豆蔻壳。

草　豆　蔻

为姜科植物草豆蔻的干燥种子。秋季果实成熟时采收，晒干，捣碎，生用。主产广东、广西、福建等地。

【性味归经】辛、温。归脾、胃经。

【功效】温中燥湿，健脾和胃。

【应用】

1. 用于寒湿郁滞　本品燥湿温中止泻。治因寒湿郁滞所致的食少，寒湿泄泻，肚腹冷痛等证，配伍白术、木香、陈皮、延胡索等。

2. 用于寒湿中阻，脾胃气滞　治寒湿呕吐，配伍陈皮、吴茱萸、半夏、生姜等。

【用量】牛、马 15～30g；猪、羊 3～6g；犬、猫 2～5g；兔、禽 1～2g。

【禁忌】阴虚内热者忌用。

草　果

为姜科植物草果的干燥成熟果实。10～11 月果实开始成熟变为红褐色而未开裂时采收，拣净杂质，晒干或微火烘干。生用、炒用或姜汁炙用。主产广东、广西等地。

【性味归经】辛、温。归脾、胃经。

【功效】燥湿散寒，截疟。

【应用】

1. 用于寒湿阻滞　治因寒湿内阻所致的食少冷痛、腹胀、食积不消、呕吐、泄泻等证，配伍槟榔、厚朴、苍术、草豆蔻等。

2. 用于疟疾　本品能截疟，药性温燥。以治寒湿偏盛之疟疾为主。对山岚瘴气、秽浊湿邪所致瘴疟尤为常用，配伍常山、柴胡、知母等。

【用量】马、牛 18～45g；猪、羊 8～9g；犬、猫 2～5g；兔、禽 1～2g。

【禁忌】无寒湿者慎用。

白　扁　豆

为豆科一年生缠绕草本植物扁豆的成熟种子。秋季果实成熟时采收，去皮或直接晒干。生用或炒用。主产江苏、河南、安徽、浙江等地。

【性味归经】甘，微温。归脾、胃经。

【功效】健脾，化湿，消暑。

【应用】

1. 用于脾虚湿盛证　本品能健脾化湿。治脾虚湿盛，运化失常，而见食少便溏或泄泻等证，配伍白术、木香、茯苓等，如参苓白术散。

2. 用于暑湿吐泻　本品能健脾化湿，消暑和中。可单用，水煎服；治暑湿吐泻，配伍香薷、厚朴等，如香薷饮。

【用量】马、牛 15～45g；猪、羊 5～15g；兔、家禽 1.3～5g。

三、祛风湿药

羌　活

为伞形科多年生草本植物羌活或宽叶羌活的干燥根及根茎。春、秋两季采挖，除去泥沙，晒干，切片，生用。主产四川、甘肃、青海及云南等地。

【性味归经】辛、苦，温。归膀胱、肾经。

【功效】解表散寒，祛风胜湿，止痛。

【应用】

1. 用于外感风寒表证　本品气香性散，善散在表之风寒湿邪。治风寒夹湿表证，证见风寒感冒，发热无汗、颈项强硬、四肢拘挛、骨节酸痛，肢体沉重者，配伍独活、白芷、防风、藁本等发散风寒药物，以奏发表之效。

2. 用于风寒湿痹证　本品能祛风湿，散风通痹，利关节而止痛，以祛上部风湿为主，为痹证常用药。治项背、前肢风湿痹痛，配伍防风、姜黄等。

【用量】马、牛 15～45g；猪、羊 3～10g；犬、猫 2～5g；兔、禽 0.5～1.5g。

【禁忌】阴虚火旺，产后血虚者慎用。

独 活

为伞形科多年生草本植物重齿毛当归的干燥根。秋末或春初采挖。炕干。切片生用。主产四川、湖北、安徽、云南、内蒙古等地。

【性味归经】辛、苦，温。归肾、膀胱经。

【功效】祛风除湿，通痹止痛，解表。

【应用】

1. 用于风寒湿痹 本品善祛风湿、散寒而通痹止痛，为治风寒湿痹，尤其是腰胯、后肢痹痛的常用药物。

治风盛之行痹或寒盛之痛痹，配伍附子、乌头、防风等。

治肾气虚弱，腰膝冷痛，配伍桑寄生、杜仲、防风等。

2. 用于风寒表证 本品除散风祛湿止痛外，又能发汗解表，用于风寒表证及表证夹湿，配伍羌活、防风、荆芥等。

【用量】马、牛 15～45g；猪、羊 3～10g；犬、猫 2～5g；兔、禽 0.5～1.5g。

【禁忌】气血亏虚者慎用。

威 灵 仙

为毛茛科草质藤本植物威灵仙，棉团铁线莲或东北铁线莲的干燥根及根茎。秋季采挖，晒干，切碎生用或炒用。主产江苏、安徽、浙江等地。

【性味归经】辛、咸，温。归膀胱经。

【功效】祛除风湿，通络止痛，消痰。

【应用】

1. 用于风湿痹痛，拘挛麻木 本品既能祛风湿，又能通经络而止痛痹，为治风湿痹痛要药。治疗风寒湿痹、传经痛、寒伤腰胯、四肢风湿痹痛等证，配伍独活、羌活、五加皮、秦艽等。

2. 用于痰饮积聚 本品能消痰水，为治痰饮积聚要药，配伍半夏、姜汁等。

3. 用于治疗黄疸、小便不利等 配伍茵陈、栀子等。

4. 用于跌打损伤、喉骨胀 威灵仙还具有散淤消肿的作用。治跌打损伤、喉骨胀等，配伍桃仁、红花、赤芍等。

【用量】马、牛 15～60g；猪、羊 3～10g；犬、猫 2～5g；兔、禽 0.5～1.5g。

【禁忌】体虚者慎用。

防 己

为防己科木质藤本植物粉防己或马兜铃科多年生缠绕草本植物广防己（木防

己）的干燥根。粉防己主产浙江、安徽、江西、湖北等地，广防己（木防己）主产广东、广西等地。秋季采挖，晒干，切片，生用。

【性味归经】苦、辛，寒。归膀胱、肺经。

【功效】利水退肿，祛风止痛。

【应用】

1. 用于风湿痹证　本品能祛风除湿，清热止痛。

治热痹之骨节疼痛，屈伸不利等，配伍薏苡仁、滑石、蚕沙等，增强清热除痹之功。

治风寒湿痹之关节冷痛，配伍附子、桂心、白术等。

2. 用于水肿，小便不利　本品善下行，长于除湿热，利小便，尤善泻下焦血分实热，治水湿停留所致的水肿、胀满等证。

治风邪外侵，水湿内阻之小便不利，配伍黄芪、白术等。

治全身水肿，小便短少，配伍茯苓、黄芪、桂枝等。

治湿热壅滞之腹胀水肿，配伍葶苈子、大黄，共奏清利湿热，利水消肿之效。

【用量】马、牛 15～45g；猪、羊 5～10g；犬、猫 3～6g；兔、禽 1～2g。

【禁忌】阴虚无湿滞者忌用。

秦　艽

为龙胆科多年生草本植物秦艽、麻花秦艽、粗茎秦艽或小秦艽的干燥根。春、秋采挖，晒干，去芦头，切片生用。主产陕西、甘肃、内蒙古、四川等地。

【性味归经】苦、辛，微寒。归胃、肝、胆经。

【功效】祛风湿、舒经络，退虚热，清湿热。

【应用】

1. 用于风湿痹痛、筋脉拘挛　本品味辛，能祛风湿、舒经络而利关节、止痹痛，虽为治风湿痹痛、筋脉拘挛的通用药物，但因其性微寒而兼清热，故对兼热者更宜。

治风湿热痹之肢节红肿热痛，配伍忍冬藤、虎杖、黄柏等。

治风寒湿痹之关节疼痛拘挛，配伍川乌、羌活、川芎等。

2. 用于虚热证　本品能退虚热，除骨蒸。治骨蒸潮热，兼风湿者最宜，与知母、地骨皮、鳖甲等同用。

3. 用于湿热证　本品能清利湿热而退黄疸，治湿热蕴结肝胆之黄疸，配伍茵陈、栀子、虎杖等。

【用量】马、牛 15～45g；猪、羊 3～10g；犬、猫 2～6g；兔、禽 1～1.5g。

【禁忌】脾虚便溏者忌用。

木 瓜

为蔷薇科落叶灌木贴梗海棠的干燥近成熟果实。切片，晒干，生用或炒用。主产安徽、四川、浙江、湖北等地。

【性味归经】酸，温。归肝、脾、胃经。

【功效】平肝舒筋，和胃化湿。

【应用】

1. 用于风湿顽痹，筋脉拘挛　本品具有较好的舒筋活络作用，且能祛湿除痹，为治风湿顽痹、筋脉拘挛之要药，为后肢痹痛的引经药物。

治风湿痹痛，腰胯无力，后躯风湿等证，配伍威灵仙、川芎、蕲蛇等祛风除湿止痹药。

2. 用于吐泻转筋　本品能除湿和中而止吐，舒经活络而缓挛急，是治湿浊中阻、升降失常之呕吐泄泻、腹痛转筋之要药，配伍吴茱萸、半夏、黄连等，共奏化湿和中之功效。

3. 用于津伤口渴、消化不良。

【用量】马、牛 15～30g；猪、羊 6～12g；犬、猫 2～5g；兔、禽 1～2g。

【禁忌】胃酸过多者忌用。

桑 枝

为桑科落叶乔木桑的干燥嫩枝。切片，晒干，生用或炒至微黄用；也可鲜用。主产江苏、河南、山东等地。

【性味归经】苦，平。归肝经。

【功效】祛风湿，利关节。

【应用】

1. 用于风湿痹痛，四肢拘挛　本品能祛风通络而利关节。风湿痹痛、四肢拘挛，无论寒热均可应用，尤以前肢病患用之最佳，配伍其他祛风湿药物使用。

2. 用于水肿　本品能行水消肿，配伍茯苓皮、大腹皮、猪苓等。

【用量】马、牛 30～60g；猪、羊 15～30g；犬、猫 3～6g；兔、禽 1～2g。

桑 寄 生

为桑寄生科常绿小灌木桑寄生的干燥带叶茎枝。冬季至次年春季采割，除去粗茎，切段，干燥或蒸后干燥，生用。主产河北、河南、广东、广西、浙江、台湾等地。

【性味归经】苦、甘，平。归肝、肾经。

【功效】祛风湿，补肝肾，强筋骨，安胎元，养血。

【应用】

1. 用于风寒湿痹，腰膝酸软　本品既能祛风湿，又能养血、益肝肾，故强筋骨力强，为治风湿痹痛、腰胯酸软要药。

治血虚、筋脉失养、腰脊无力、四肢痿软、筋骨痹痛、背项强直等证，配伍杜仲、独活、当归等，以祛风湿、补肝肾、强筋骨，如独活寄生汤。

2. 用于胎动不安　本品既能补肝肾、养血，又能固冲任、安胎。

治肝肾虚损之胎漏下血及胎动不安等证，配伍阿胶、川续断、菟丝子等。

【用量】马、牛 30～60g；猪、羊 5～15g；犬 3～6g。

五　加　皮

为五加科落叶小灌木细柱五加的干燥根皮。夏、秋季采挖。剥取根皮，晒干。切片，生用。主产湖北、河南、安徽等地。

【性味归经】辛、苦，温。归肝、肾经。

【功效】祛风湿，补肝肾，强筋骨，利尿。

【应用】

1. 用于风湿痹痛　本品善祛风除湿，兼能温补肝肾。适用于风湿痹痛，筋骨不健等证。治风湿痹痛兼肾虚有寒，配伍木瓜、松节等。

2. 用于腰膝痿软　本品具有良好的补肝肾、强筋骨作用。凡肝肾亏虚所致的筋骨痿软均可选用，配伍怀牛膝、炒杜仲、淫羊藿等，以增强其强筋壮骨之功效。

3. 用于水肿，尿不利　本品还具有利湿作用。治水肿、尿不利等证，配伍茯苓皮、大腹皮等，如五皮饮。

【用量】马、牛 15～45g；猪、羊 6～12g；犬、猫 2～5g；兔、禽1～2g。

千　年　健

为天南星科多年生草本植物千年健的干燥根茎。主产云南、广西等地。春、秋采挖。晒干，切片，生用。

【性味归经】苦、辛，温。归肝、肾经。

【功效】祛风湿，强筋骨，止痹痛。

【应用】本品能祛风湿，止痹痛，强筋骨，为治风湿痹痛兼肝肾亏虚所常用。

治风寒湿所致痹痛麻木，配伍羌活、独活、木瓜等。

治肝肾亏虚之筋骨无力，配伍桑寄生、枸杞、牛膝等。

【用量】马、牛 15～30g；猪、羊 5～10g；犬、猫 3～6g；兔、禽 1～2g。

白 花 蛇

为蝰蛇科动物五步蛇除去内脏的干燥全体。夏、秋两季捕捉，剖开腹部，除去内脏，干燥，以黄酒润透，去皮骨，切段用。主产湖北、江西、浙江等地。湖北蕲州产者最佳，习称蕲蛇。

【性味归经】甘、咸，温。有毒。归肝经。

【功效】祛风通络，定惊止痉。

【应用】

1. 用于风湿顽痹　本品功善祛风通络。

治风湿顽痹，肢体麻木，筋脉拘急等，配伍防风、独活、天麻等。

2. 用于痉挛抽搐，惊厥之证　本品能祛风定惊止痉，为治惊风抽搐要药。

治破伤风，配伍蜈蚣、乌梢蛇等祛风定惊药物。

3. 用于麻风、疥癣、皮肤瘙痒等证　本品善祛风止痒，并兼以毒攻毒。

治疥癣，配伍天麻、荆芥、薄荷等。

治皮肤瘙痒，配伍刺蒺藜、地肤子、蝉衣等。

【用量】马、牛 15～30g；猪、羊 5～10g。

【禁忌】阴虚血热者忌用。

海 风 藤

为胡椒科常绿攀缘藤本植物风藤的干燥藤茎。夏、秋季采割，晒干。切片，生用。主产广东、福建、台湾等地。

【性味归经】辛、苦，微温。归肝经。

【功效】祛风湿，止痹痛，通经络。

【应用】本品辛散苦燥温通，专入肝经，能祛风湿、通经络。既能治风寒湿痹之疼痛拘挛或屈伸不利，又可治跌打损伤之淤血肿痛，配伍独活、威灵仙、当归等。

【用量】马、牛 30～45g；猪、羊 10～20g。

络 石 藤

为夹竹桃科常绿木质藤本植物络石的干燥带叶藤茎。冬季至次年春季采割，晒干。切碎，生用。主产江苏、湖北、山东等地。

【性味归经】苦，微寒。归心、肝经。

【功效】祛风通络，凉血消肿。

【应用】

1. 用于风湿痹痛、筋脉拘挛　本品能祛风通络，凉血消肿，适用于风湿痹痛、筋脉拘挛之证。治风热湿痹及筋脉拘挛兼热者最宜，配伍忍冬藤、木瓜、桑枝等祛风湿药物。

2. 用于跌打损伤、痈肿疮毒等证　本品功善凉血消肿。

治喉痹肿痛，配伍金银花、牛蒡子、连翘等清热解毒、消散疮肿药物。

治痈肿疮毒，配伍皂角刺、瓜蒌、乳香等药物，共奏排脓生肌之效。

治跌打损伤，配伍郁金、延胡索等。

治外伤出血，配伍生地、生地榆。

【用量】马、牛 6～120g；猪、羊 15～30g。

丝　瓜　络

为葫芦科一年生攀缘草本植物丝瓜的干燥成熟果实的维管束。夏、秋采收，除去外果皮及果肉，洗净，晒干，除去种子。切段生用或炒用。多数地区有栽培。

【性味归经】甘，平。归肺、胃、肝经。

【功效】通络，活血，祛风。

【应用】

1. 用于风湿痹痛　本品有祛风和活血通络之效。

治风湿痹阻脉络之骨节疼痛、肌肉麻痹，四肢拘挛等证，配伍防风、秦艽等药。

2. 用于胸胁痛　本品能行气通络止痛。

治肝郁气滞之胁肋胀痛，配伍柴胡、郁金、白芍等疏肝解郁药。

3. 用于咳嗽痰多　本品能化痰通络。

治痰阻气滞之咳嗽痰多，胸闷疼痛，配伍瓜蒌，薤白、橘络等化痰行气药。

4. 用于疮痈，乳痈　本品能解毒通络而消肿散结。

治热毒疮肿或肝胃热结之乳痈肿痛，配伍蒲公英、金银花、浙贝母等清热解毒药。

5. 用于乳汁不下　配伍漏芦、路路通、王不留行等药物，治各种动物产后乳汁不下。

【用量】马、牛 30～120g；猪、羊 15～30g。

第六节　理　气　药

凡以疏畅气机，消除气滞或气逆为主要作用的药物称为理气药。因其善于行散气滞故又称为行气药。作用较强者称为破气药。

理气药性味多辛香苦温，入肺、脾、大肠、肝、胆等经。因其辛香行散，苦能降泄，温能通行，故有疏畅气机的作用，包括理气健脾、疏肝解郁、理气宽胸和行气止痛等功效。主要用于气机不畅所致的气滞、气逆等证。

本类药有行气除胀、燥湿醒脾、降逆平喘、和胃止呕、顺气宽胸、解郁止痛等作用。适用于治疗畜禽因脾胃气滞所致的肚腹胀痛、反胃呕吐、草料减少、大便秘结或泻痢不爽；因肝气郁结所致的胸胁胀痛、躁动不安、乳房结肿；因肺气上逆所致的咳嗽气喘等证。此外，部分药物还兼有燥湿化痰、破气散结、降逆止呕等作用。

本类药中如陈皮、厚朴等有理气健脾、化湿导滞作用，用作饲料添加剂，可提高饲料利用率。

使用理气药应针对病证配伍。脾胃气滞兼湿困脾阳者，与健脾燥湿药同用；食积者，与消积导滞药同用；粪干燥结者，与泻下药同用；肺气不宣，胸闷不舒，咳喘者，与化痰止咳平喘药同用；肝气郁滞，多配伍养血柔肝药，或活血化淤药。

理气药易耗伤气阴，气虚阴亏病及孕畜慎用。理气药不宜久煎，以免气味俱失，影响疗效。

陈 皮

为芸香科植物橘的干燥成熟果皮。冬季至次春采摘成熟果实，剥取果皮，喷淋清水，闷润，切丝，阴干，生用。主产广东、广西、台湾、四川等地，以气味香甜浓郁者为佳。

【性味归经】苦、辛、温。归脾、肺经。

【功效】理气健脾，燥湿化痰。

【应用】

1. 用于脾胃气滞证 本品辛散温通，气味芳香，长于理气，能入脾肺，故既能行散肺气壅遏，又能行气宽中。

治肺气壅滞、胸膈痞满及脾胃气滞、脘腹胀满等证，配伍木香、枳壳等。

治脾胃气机不畅所致的草少、肚腹胀痛、翻胃呕吐或腹泻、倦怠无力、苔腻等，配伍党参、白术、茯苓、木香、砂仁、枳壳等。

治寒湿困脾，配伍苍术、厚朴等，如平胃散。

治脾虚气滞，食后肚胀，配伍党参、白术、茯苓等，如异功散。

治肝气乘脾，腹痛泄泻，配伍白术、白芍、防风，如痛泻要方。

治猪呕吐反胃、肚胀食少，配伍生姜等，如橘皮汤。

2. 用于痰湿壅滞　本品能燥湿化痰，调理肺气之壅滞。

治疗湿痰阻肺，配伍半夏、茯苓等，如二陈汤。

治寒痰咳嗽，配伍干姜、甘草、杏仁等。

3. 常用于补益方中　作为佐药，以助脾胃运化，使补益药补而不滞。

【用量】牛、马 15～45g；猪、羊 6～12g；犬、猫 2g～5g；兔、禽 1g～2g。

【禁忌】阴虚及无气滞痰湿者慎用。实热津亏者不宜用。

附药：

橘红　为橘及其栽培变种的干燥外层果皮。性味归经同陈皮。功能散寒燥湿、利气化痰。用于风寒咳嗽，痰多等证。

化橘红　为芸香科常绿灌木或小乔木化州柚 *Citrus grandis* Tomentose 或柚 *Citrus* 的未成熟或近成熟的干燥外层果皮。性味归经同橘皮。功能理气宽中，燥湿化痰。用于咳嗽痰多及食积不化等证无热象者。

橘络　橘皮及橘瓢上的筋膜（是橘的中果皮与内果皮之间的维管束群）。性味苦，平。功能化痰理气通络，适用于痰滞经络，咳嗽、胸胁作痛等证。

青　皮

为芸香科植物橘的干燥幼果或未成熟果实的外层果皮。春末或夏、秋季采摘未成熟果实或收集脱落的幼果，个小者直接晒干，个大者将外层果皮剖成四瓣至基部，除尽内瓢，晒干生用。主产福建、浙江、四川等地。

【性味归经】苦、辛，温。归肝、胆、脾经。

【功效】疏肝止痛，破气化滞。

【应用】

1. 用于肝郁气滞证　本品性味辛苦而温，能入肝胆，行气力强，善于疏肝破气，适用于各种肝气郁结证。

治肝气郁滞所致胸腹胀痛，配伍柴胡、香附等。

治乳痈，配伍金银花、瓜蒌、香附等。

治疝气肿痛，配伍橘核、乌药、小茴香等。

2. 治食积不化　本品行散降泄，有消食化积作用。

治食积肚胀疼痛，草少，呕吐或泄泻，配伍神曲、山楂、麦芽等。

治气血郁结疼痛，配伍三棱、莪术、郁金等。

【用量】牛、马 15～30g；猪、羊 6～12g；犬、猫 2～5g；兔、禽 1～2g。

【禁忌】气虚慎用。

附药：

橘叶　橘树叶。性味辛、苦，平。功能疏肝理气，消肿散结。适用于胁肋疼痛，乳房胀痛或结块等证。

橘核 橘的种子。性味苦、辛，温，入肝经。功能疏肝理气，散结止痛。适用于疝气疼痛，睾丸疼痛等证。

枳 实

为芸香科植物酸橙及其栽培变种或甜橙的干燥幼果。6月收集脱落幼果，略大者切开为二，晒干。生用或麸炒用。主产四川、江西、福建等地。

【性味归经】苦、辛、酸，微寒。归脾、胃经。

【功效】破气消积，通便消痰。

【应用】

1. 治脾胃气滞 本品善破气除痞，消积导滞。

治食积不化，肚腹胀满等，配伍山楂、神曲、麦芽等。

治脾虚食胀，配伍白术，以消补兼施，健脾消痞，如枳术丸。

治湿热积滞，泻痢后重，配伍大黄、黄连，以泻热除湿，消积导滞，如枳实导滞丸。

治寒湿停滞，胃肠冷痛，配伍陈皮、生姜等。

2. 治热结便秘 治热邪积滞，肚腹胀满疼痛，粪便燥结，配伍大黄、厚朴、白术、建曲等。

3. 治痰浊阻滞 本品行气化痰。治痰多阻肺，配伍桂枝、瓜蒌等。

治热痰，与黄连、半夏、瓜蒌等同用。

治脾虚痰滞，寒热互结，食欲不振，配伍半夏曲、黄连、党参等。

4. 用于胃扩张、脱肛、子宫脱垂等证 与黄芪、党参、柴胡、升麻等同用，以增强补气升提功效。

【用量】牛、马15～45g；猪、羊6～12g；犬、猫2～5g；兔、禽1～2g。

【禁忌】体虚及孕畜忌用。

木 香

为菊科植物木香的干燥根。秋、冬采挖，除去杂质，洗净，闷透，切片，晒干生用。主产四川、云南等地。

【性味归经】辛、苦、温。归肺、肝、脾、胃、大肠经。

【功效】行气止痛，温中和胃。

【应用】

1. 用于脾胃气滞 本品辛温通散，善于行气而止痛，为行散胸腹气滞常用要药。

治因脾胃气滞所致肚腹胀满疼痛，配伍砂仁、藿香等。

治脾虚气滞，配伍厚朴、党参、白术等，如香砂六君子汤。

2. 治大肠气滞，泻下等证　本品善行大肠气滞。

治大肠积滞、肚胀，配伍槟榔、枳实等。

治湿热泻痢，配伍黄连等，如香连丸。

3. 用于补益剂　以舒畅气机，使补益药补而不滞。

【用量】牛、马 30~60g；猪、羊 6~12g；犬、猫 2~5g；兔、禽 1~2g。

香　　附

为莎草科植物莎草的干燥根茎。生用或醋炒用。秋季采挖，燎去毛须，放沸水中略煮或蒸透后晒干，用时碾碎或切薄片。主产广东、河南、山东等地。

【性味归经】辛、微苦、微甘、平。归肝、脾、三焦经。

【功效】疏肝理气，活血调经，止痛。

【应用】

1. 用于肝郁气滞诸痛证　本品辛散苦降，甘缓性平，长于疏肝理气，有良好的止痛作用。无论寒热虚实均可使用。

治气血郁滞所致食欲减少，食积不消，肚腹胀满，呕吐等，配伍苍术、川芎、神曲、栀子，如越鞠丸。

2. 用于产后腹痛　本品既能疏肝理气，又能活血调经，为母畜产科疾病常用药，配伍柴胡、当归、陈皮、青皮、白芍等。

【用量】牛、马 15~45g；猪、羊 9~15g；犬、猫 2~5g；兔、禽 1~2g。

【禁忌】气虚及阴虚者忌用。

乌　　药

为樟科植物乌药的干燥块根。生用。以初夏者质量最好，除去须根，洗净晒干为"乌药个"，刮去栓皮，切片，烘干为"乌药片"。主产浙江、安徽、江西等地。

【性味归经】辛，温。归肺、脾、肾、膀胱经。

【功效】温肾散寒，行气止痛。

【应用】

1. 用于尿频数　本品温肾散寒。治肾阳不足，膀胱虚冷所致的尿频数等证，配伍益智仁、山药等，如缩泉丸。

2. 用于胸腹胀痛　本品辛开温通，善于疏通气机，功能行散气滞、止痛，能上入肺、脾，舒畅胸腹之气滞。

治寒邪气滞引起的胸闷腹胀或胃腹疼痛等证均可应用，与木香相须为用。

治寒邪犯肺扰脾所致气逆喘急，胸腹胀痛等证，配伍党参、槟榔、木香等。治寒疝作痛，配伍小茴香、川楝子、青皮等，如天台乌药散。

【用量】牛、马30～60g；猪、羊10～15g；犬、猫2～5g；兔、禽1～2g。

【禁忌】气虚及内热者忌用。

青 木 香

为马兜铃科植物马兜铃的干燥根。春、秋季挖取根，除去茎叶、须根，洗净，晒干。生用。主产河南、江苏、山东、安徽、浙江、江西、湖北、湖南、广西、四川等地。

【性味归经】苦、辛、寒。归肺、胃经。

【功效】行气止痛，消肿解毒，祛风湿。

【应用】

1. 用于胸腹胀痛 治寒凝气滞腹痛，配伍附子、干姜等。

2. 用于风湿痹痛 治风湿之邪阻滞经脉所致的腰膝疼痛，配伍独活、秦艽、防风、细辛等。

3. 治咽喉肿痛、疮黄肿毒 配伍金银花、连翘、公英、地丁等。

【用量】牛、马20～60g；猪、羊5～15g；犬、猫2～5g；兔、禽1～2g。

沉 香

瑞香科乔木沉香及白木香含有树脂的木材。沉香主要产地是印尼、马来西亚、越南、泰国、老挝、中国海南岛等地。印度、缅甸现是沉香的加工中心。

【性味归经】辛、苦、温。归脾、胃、肾经。

【功效】降气止呕，温肾纳气，行气止痛。

【应用】

1. 用于呕吐呃逆 沉香质重沉降，功能温中降逆，治脾胃虚寒、呕吐呃逆之证，配伍陈皮、半夏等药同用。

2. 用于肾不纳气的虚喘 沉香性温达肾，又能温肾助阳。治下元虚冷、肾不纳气的虚喘疗效颇佳，配伍附子、补骨脂、五味子等。

3. 用于胸腹胀痛 沉香芳香辛散，温通祛寒，能行气止痛，治寒凝气滞胸腹胀痛，配伍木香、乌药、槟榔等同用。

【用量】牛、马20～60g；猪、羊5～15g；犬、猫2～5g；兔、禽1～2g。

瓜 蒌 皮

本品为葫芦科植物瓜蒌或双边瓜蒌的干燥成熟果皮。秋季采摘成熟果实，剖开，除去果瓢及种子，阴干。主产河北安国、山东、山西、陕西，双边瓜蒌主产江西、湖北、湖南、广东、云南、四川等地。

【性味归经】甘、苦、寒。归肺、胃经。

【功效】行气除胀满，化痰开痹，清肺止咳。

【应用】

1. 用于胸腹胀满　本品功能行气，具有行气滞、除胀满的功能，能入肺胃。治胸膈痞闷、脘腹胀满等，与木香、乌药、橘皮、枳壳等配伍。

2. 用于胸痹结胸　本品既能化痰，又能行气，为治胸痹胸痛要药。

治胸痹胸痛，配伍薤白、半夏、桂枝等。

治结胸证，配伍黄连、半夏等同用。

3. 用于肺热咳嗽　本品性味苦寒，能入肺经，又具有清肺化痰止咳之效，配伍贝母、天花粉、桔梗等同用。

【用量】牛、马 20～60g；猪、羊 5～15g；犬、猫 2～5g；兔、禽 1～2g。

【禁忌】不宜与乌头类药材同用。

附药：

全瓜蒌　功能行气除满，清热润肺，化痰开胸除痹，消散乳痈。用于胸腹胀满，燥热咳嗽，胸痹结胸，以及乳痈初起肿痛等证。

第七节　活血化淤药

具有活血祛淤、疏通血脉作用的药物称为活血药。主治淤血证，适用于治疗家畜因跌打损伤所致淤血肿痛；因气滞血淤所致胸膊痛；因产后血淤所致胎衣不下、恶露不尽、淤血腹痛以及疮黄肿毒等。

使用本类药物，除考虑药物本身作用特点和适应证以外，还应考虑合理配伍其他药物，并与理气药配伍，因气行则血行，以加强活血祛淤的功效。此外，寒凝血淤，应与温里药配伍；疮痈肿毒，应与清热解毒药配伍；风湿痹证，经脉不通者，应与祛风湿药配伍。

活血化淤药兼有催产下胎作用，对孕畜要忌用或慎用。

川　芎

为伞形科植物川芎的干燥根茎。夏季采挖，除去茎叶及须根，晒干或烘干。用时润透切片，生用或酒炒、麸炒用。主产四川。

【性味归经】辛、温。归肝、胆、心包经。

【功效】活血化淤，行气止痛。

【应用】

1. 用于淤血肿痛 本品活血祛淤作用较强，既能活血，又能行气，为血中之气药。

治跌打损伤，气滞血淤所致的淤血肿痛，以川芎为主药。

治胸中淤血所致胸痛，口色暗红或舌有淤点，脉象涩或弦紧，配伍桃仁、红花、当归、生地、赤芍、牛膝等，如血府逐淤汤。

治淤阻头部，配伍桃仁、红花、麝香、老葱等，如通窍活血汤。

治淤阻膈下，肚腹刺痛等证，配伍当归、桃仁、赤芍、乌药、枳壳等，如膈下逐淤汤。

治淤阻少腹，配伍当归、赤芍、小茴香、官桂、干姜，如少腹逐淤汤。

治淤阻经络所致的肢体痹痛，配伍桃仁、红花、秦艽、羌活、地龙等，如身痛逐淤汤。

治因火毒壅盛，气滞血淤所致的疮黄肿痛，配伍当归、金银花等。

2. 用于产后诸证 治气滞血淤所致的难产，胎衣不下，恶露不尽，淤血腹痛等，配伍桃仁、红花、干姜等，如生化汤。

【用量】马、牛 15～45g；猪、羊 3～10g；犬、猫 2～5g；兔、禽 1～3g。

【禁忌】阴虚火旺及气虚者忌用。

乳 香

为橄榄科植物卡氏乳香树或野乳香树切伤皮部所采得的油胶树脂。去油用或制用。主产索马里、埃塞俄比亚等国。

【性味归经】苦、辛、温。归心、肝、脾经。

【功效】活血止痛，消肿生肌。

【应用】

1. 用于跌打损伤 本品活血散淤、行气止痛作用较强，是辛散温通的主药。

治跌打损伤、淤血肿痛，与没药相须为用，以增强活血止痛之功，如定痛散。

治气滞血淤的肚腹疼痛，与香附、高良姜、五灵脂等同用。

2. 用于疮疡 能消肿止痛，去腐生肌。

治疮痈初起，配伍金银花、没药，如仙方活命饮。

治疮疡溃破久不收口，配伍没药、金银花、天花粉、皂刺等。

【用量】马、牛 15～30g；猪、羊 3～6g；犬、猫 2～5g；兔、禽 1～3g。

【禁忌】孕畜忌用。

没　药

为橄榄科植物没药树及其同类植物茎干皮部渗出的油胶树脂。炒或炙后打碎用。主产索马里、埃塞俄比亚及印度等国。

【性味归经】苦、辛、平。归肝经。

【功效】活血止痛，消肿生肌。

【应用】本品的活血、止痛、生肌功用与乳香基本相似，均为行气、散淤、止痛要药。

乳香以活血伸筋止痛效果为好。

没药以凉血散淤止痛效果为强，与乳香相须为用，以增进疗效。

治气血凝滞，淤阻疼痛，配伍乳香、当归、丹参等。

【用量】马、牛 15～30g；猪 3～6g；犬 1～3g；兔、禽 1～3g。

【禁忌】孕畜忌用。

延　胡　索

为罂粟科植物延胡索的干燥块茎。夏初采挖，晒干，生用或醋炙用。主产河北、浙江等地。

【性味归经】辛、苦、温。归肝、脾经。

【功效】活血散淤，行气止痛。

【应用】

1. 用于肚腹疼痛　本品的止痛作用强，作用部位广泛、持久而不具毒性，是良好的止痛佳品。其作用特点是既善活血，又善行气，"能行血中气滞，气中血滞，故专治一身上下诸痛"。

治气滞血淤所致的多种疼痛证，如治气血阻滞的腹痛，配伍五灵脂、青皮、没药等；还与金铃子配伍，如金铃子散。

治产后淤血阻滞所致恶露不尽等，配伍当归、赤芍、蒲黄等。

2. 用于跌打损伤　本品能散淤活血、温通行气，用于跌打损伤而致的淤血作痛，配伍当归、川芎、桃仁、红花等。

【用量】马、牛 15～30g；猪 3～9g；犬、猫 2～5g；兔、禽 1～3g。

【禁忌】无淤滞及孕畜忌用。

郁　金

为姜科植物郁金及姜黄的块根。冬季采挖。蒸或煮至透心，干燥。切片生用。主产四川、云南、广东、广西等地。

【性味归经】辛、苦、寒。归肝、心、肺经。

【功效】凉血清心，行气解郁，祛淤止痛，利胆退黄。

【应用】

1. 用于癫狂证 本品有凉血清心、行气开郁的功效，治湿温病湿浊蒙蔽清窍、神志不清、惊痫、癫狂等病证，配伍菖蒲、白矾等。

2. 用于胸腹疼痛 本品能行气解郁、疏泄肝气，是行气止痛的要药。治气滞血凝所致胸腹疼痛，配伍柴胡、白芍、香附、当归等。

3. 用于黄疸 能利胆退黄。治因肝胆湿热蕴蒸所致黄疸等，配伍茵陈、栀子、大黄等。

4. 用于肠黄 能凉血散淤、行气解郁，治热积大肠引起的腹痛泄泻，配伍诃子、黄柏、白芍等，如郁金散。

5. 用于鼻衄、尿血 本品能凉血祛淤，用于热迫血妄行所致鼻衄、尿血等，配伍生地、丹皮、栀子、牛膝等。

【用量】马、牛 15~45g；猪、羊 3~12g；犬、猫 2~5g；兔、禽 1~3g。

【禁忌】孕畜及血虚无淤者忌用。畏丁香。

附注：

广郁金（黄郁金）和川郁金（黑郁金） 广郁金主产四川，为姜黄的块根，色黄；川郁金主产浙江，为郁金的块根，色暗灰。两者功效相似，然广郁金偏于行气解郁；川郁金偏于活血化淤。

三 棱

为黑三棱科植物黑三棱的干燥块茎。冬季至初春采挖，晒干。切片生用或醋炙用。主产江苏、河南、山东等地。

【性味归经】辛、苦、平。归肝、脾经。

【功效】破血行气、消积止痛。

【应用】

1. 用于产后血淤腹痛 本品破血祛淤作用强，又能行气止痛，治产后淤滞腹痛、淤血结块等证，配伍莪术、当归、红花、桃仁等。

2. 用于食积证 治食积气滞引起的宿草不转、肚腹胀满疼痛、粪干秘结等证，配伍木香、枳实、莪术、山楂、麦芽等。

【用量】马、牛 15~60g；猪、羊 6~12g；犬、猫 2~5g；兔、禽 1~3g。

【禁忌】无淤及孕畜忌用。

附注：除本品外，另有莎草科草本荆三棱的块根，在部分地区也作三棱使用，药材名"黑三棱"。

莪 术

为姜科植物蓬莪术温郁金或广西莪术的干燥根茎，冬季采挖。蒸或煮至透心，晒干。除去须根，切片生用或醋制用。主产广西、四川、云南等地。

【性味归经】 辛、苦、温。归肝、脾经。

【功效】 破血行气，消积止痛。

【应用】

1. 用于产后淤血腹痛　本品有行气散淤、破气中之血，攻坚化滞之功，治血淤气滞所致产后淤血疼痛，与三棱相须为用，以增强行气散淤之功。

2. 用于肚腹胀痛　本品消积止痛作用较强。治饮食积滞所致的食积不化、肚腹胀痛，配伍青皮、三棱、木香、槟榔。

【用量】 马牛 15～60g；猪、羊 6～12g；犬、猫 2～5g；兔、禽 1～3g。

【禁忌】 孕畜忌用。

丹 参

为唇科植物丹参的干燥根茎。春、秋采挖，除去杂质及残茎，晒干。切片生用或酒炒用。主产四川、河北、江苏、湖北等地。

【性味归经】 苦、微寒。归心、心包、肝经。

【功效】 活血祛淤，凉血消肿，养心安神。

【应用】

1. 适用于产后恶露不尽　本品能活血祛淤，调经止痛。治疗产后恶露不尽、淤血阻滞的腹痛等证，配伍桃仁、当归、益母草等。

2. 用于跌打损伤　能活血祛淤、消肿止痛。治跌打损伤所致腰肢疼痛，配伍当归、红花、桃仁、牛膝等，如跛行镇痛散。

3. 用于疮黄疗毒　本品既凉血，又活血，能清热消肿，配伍金银花、连翘、乳香等。

4. 用于养血安神　治温热病热入营血，躁动不安等证，配伍生地、玄参、黄连、麦冬等。

【用量】 马、牛 15～45g；猪、羊 6～10g；犬、猫 2～5g；兔、禽 1～3g。

【禁忌】 反藜芦。

益 母 草

为唇形科植物益母草的干燥地上部分。夏季采割，切碎晒干，生用，各地均产。

【性味归经】辛、苦、微寒。归肝、心、膀胱经。

【功效】活血祛淤，利水消肿。

【应用】

1. 用于产后血淤、胎衣不下　本品有活血通经、祛淤生新的作用，是治疗胎产疾病的要药。

治产后血热淤阻所致胎衣不下，恶露不尽，肚腹疼痛等证，配伍当归、川芎、赤芍、炮姜等，如益母生化汤。

治跌打损伤，配伍乳香、没药等。

2. 用于水肿　能利水消肿，有较强的利水作用。治湿热壅盛的水肿、小便不利及尿血等证，配伍猪苓、茯苓、车前子等。

3. 用于疮痈肿毒，皮肤瘙痒　本品有清热解毒消肿之功。可单用本品煎汤外洗，也配伍苦参、黄柏等煎汤内服。

【用量】马、牛 30～60g；猪、羊 9～30g；犬、猫 2～5g；兔、禽 1～3g。

【禁忌】孕畜忌用。

桃　仁

为蔷薇科植物桃或山桃的干燥成熟种仁。7～9 月采收，去皮生用或捣碎用。主产河北、山东、四川、贵州等地。

【性味归经】苦、甘、平，有小毒。归肝、肺、大肠经。

【功效】活血祛淤，润肠通便。

【应用】

1. 用于产后淤血　本品味苦能泄淤血，味甘以生新血，为血淤血闭之专药，有活血祛淤的作用。治产后淤血所致腹痛、胎衣不下、恶露不尽等证，配伍当归、川芎、延胡索、炮姜等，如生化汤。

2. 用于淤血肿痛　本品是行血祛淤、消肿之常用药。治跌打损伤、气滞血淤所致淤血肿痛，配伍红花、当归、川芎、赤芍，如桃红四物汤。

3. 用于肠燥便秘　本品富含油脂而体润，能滋润肠燥。治肠燥便秘，配伍杏仁、郁李仁、火麻仁等，如五仁丸。

【用量】马、牛 15～30g；猪、羊 6～12g；犬、猫 2～5g；兔、禽 1～3g。

【禁忌】孕畜忌用。

红　花

为菊科植物红花的干燥花。夏季花色由黄变红时采摘。生用。主产四川、河北、河南等地。

【性味归经】辛、温。归心、肝经。

【功效】活血通经，散淤止痛。

【应用】

1. 用于产后血淤、胎衣不下　本品为应用广泛的活血祛淤止痛要药。治产后淤血疼痛、胎衣不下等证，配伍桃仁、当归、川芎等，如桃红四物汤。

2. 用于跌打损伤、淤血肿痛　配伍桃仁、川芎、赤芍、当归等，增强活血止痛作用。

3. 用于治胸膊痛　本药是活血散淤止痛主药。治马、牛因气滞血淤所致胸膊痛、束步难行、频频换蹄，配伍当归、没药、大黄、桔梗、枇杷叶、黄药子等，如当归散。

4. 用于治料伤五攒痛　治气滞食积所致的料伤五攒痛，证见精神倦怠，束步难行，口色红燥等，配伍没药、枳壳、当归、厚朴、陈皮、山楂等，如红花散。

【用量】马、牛 15～30g；猪、羊 3～9g；犬、猫 2～5g；兔、禽 1～3g。

【禁忌】孕畜忌用。

五 灵 脂

为鼯鼠科动物复齿鼯鼠的干燥粪便。全年采收，除去杂质、晒干、生用或醋炒用。主产河北太行山区及山西、四川、甘肃等地。

【性味归经】甘、苦、温。归肝、脾经。

【功效】通利血脉，散淤止痛。

【应用】

1. 用于产后血淤、胎衣不下　本品甘缓不峻，性温而通，有通利血脉、散淤止痛之功，为治气血淤滞所致诸痛证之要药。治产后淤阻所致腹痛，胎衣不下等，配伍当归、益母草、蒲黄等。

2. 用于跌打损伤、血淤肿痛　配伍当归、川芎、桃仁等。

3. 用于腰胯疼痛　治气血淤滞所致淤血肿痛，束步难行，配伍蒲黄、茴香等，如五灵脂散。

【用量】马、牛 15～45g；猪、羊 6～12g；犬、猫 2～5g；兔、禽 1～3g。

【禁忌】孕畜慎用。

牛 膝

为苋科植物牛膝的干燥根。秋、冬季采挖，除去须根、杂质，切段，生用或酒炙用。主产四川、云南等地。

【性味归经】苦、酸、平。归肝、肾经。

【功效】行血祛淤，强筋骨，补肝肾，引血下行。

【应用】

1. 用于产后淤血、胎衣不下　本品性善下行，长于活血祛淤止痛。治产后淤血阻滞所致腹痛、胎衣不下，配伍当归、川芎、桃仁、红花等。

2. 用于跌打损伤　尤以四肢下部肿痛为佳，配伍当归、没药、乳香等，如当归乳没汤。

3. 用于风湿痹痛　本品能补肝肾，益气血。治肝肾不足、气血亏虚所致风湿痹痛，配伍桑寄生、独活、杜仲等，如独活寄生汤。

4. 用于腰膝痿弱　酒炒牛膝有强筋骨、补肝肾之功，长于治疗腰膝关节疼痛，适用于肝肾不足引起的腰膝痿弱，配伍当归、杜仲、菟丝子、熟地等。

【用量】马、牛 15～45g；猪、羊 6～12g；犬、猫 2～5g；兔、禽 1～3g。

【禁忌】孕畜忌用。

【附注】牛膝分川牛膝和怀牛膝。川牛膝偏于活血化淤，怀牛膝偏于补肝肾，强筋骨。

赤　芍

为毛茛科多年生草本植物芍药或川赤芍的根。春、秋季采挖，晒干、切片。生用或炒用。全国大部分地区均产。

【性味归经】苦，微寒。归肝经。

【功效】清热凉血，散淤止痛。

【应用】

1. 用于热入营血，斑疹吐衄　本品苦寒，主入肝经，善走血分，能清肝火，除血分郁热而有凉血、止血、散淤消斑之功。治温病热入营血，斑疹紫暗及血热吐衄，配伍生地、丹皮同用。

2. 用于跌打损伤，痈肿疮毒　本品苦降，有通经、散淤消痈、行滞止痛的功效。治跌打损伤、淤肿疼痛，配伍乳香、没药、血竭等，以疗伤止痛。

治热毒壅盛，痈肿疮毒，配伍金银花、连翘、栀子等。

3. 用于目赤翳障　本品能清泻肝火，散淤止痛，配伍菊花、木贼、夏枯草等。

【用量】马、牛 20～45g；猪、羊 9～15g。

【禁忌】血寒患畜不宜用。反藜芦。

自　然　铜

为天然硫化铁矿石。醋淬研细或水飞用。主产四川、广东、湖南、河北等地。

【性味归经】辛、平。归肝经。

【功效】散淤止痛，续筋接骨。

【应用】本品入血行血，续筋接骨，有良好的促进骨折愈合、散淤止痛功效，为伤科接骨的要药。治跌打损伤、创伤骨折等证，配伍乳香、没药、当归、羌活等。

【用量】马、牛 15～45g；猪、羊 3～10g；犬、猫 2～5g；兔、禽 1～3g。

【禁忌】血虚无淤者忌用。

王 不 留 行

为石竹科植物麦蓝菜的干燥成熟种子。夏、秋季采收，晒干。除去杂质，生用或炒用。主产东北、华北、西北等地。

【性味归经】苦、平。归肝、胃经。

【功效】通络下乳，活血消淤。

【应用】

1. 用于产后乳少，乳汁不下　本品能通利乳脉，活血散淤。治血滞阻络所致乳汁不下，乳汁不通，配伍川芎、当归、红花等，如通乳散。

2. 用于乳痈肿痛　能活血消淤。治乳痈初起、疔疮等证，配伍蒲公英、瓜蒌等。

【用量】马、牛 30～90g；猪、羊 15～30g；犬、猫 2～5g；兔、禽 1～3g。

【禁忌】孕畜忌用。

水 蛭

为水蛭科动物水蛭或蚂蟥等的干燥全体。夏、秋捕捉，用开水烫死，晒干。生用或炙用。全国各地均产。

【性味归经】苦、咸、平，有毒。归肝、膀胱经。

【功效】破血、祛淤、通经。

【应用】

1. 用于跌打损伤　本品破血祛淤功能较强，治跌打损伤所致淤血疼痛，配伍当归、川芎、桃仁、红花。

2. 用于膀胱蓄血证　本品味苦、咸，能入血，行血祛淤。治血蓄膀胱、水道不通之证，配伍川芎、五灵脂、泽泻、车前子等。

【用量】马、牛 15～30g；猪、羊 3～6g；犬、猫 2～5g；兔、禽 1～3g。

【禁忌】孕畜忌用。

虻 虫

为虻科昆虫中华虻或复带虻的干燥全体。6～8 月捕捉，沸水烫死，晒干。去翅足炒用。主产广西、四川、湖北等地。

【**性味归经**】苦、微寒，有毒。归肝经。

【**功效**】破血逐淤，散结通经。

【**应用**】本品破血功效显著。用于跌打损伤所致淤血腹痛等实证，与桃仁、水蛭、红花等同用。

【**用量**】马、牛 15～30g；猪、羊 3～6g；犬、猫 1～3g；兔、禽 0.5～1.5g。

【**禁忌**】孕畜忌用。

虎 杖

为蓼科植物虎杖的干燥根茎。春、秋采挖。切片生用。主产江苏、山东、湖北、四川等。

【**性味归经**】苦、寒。归肝经。

【**功效**】活血止痛，清热利湿。

【**应用**】

1. 用于产后淤血 本品能活血散淤，通经止痛的作用较强。治产后淤血阻滞引起的肚腹疼痛、恶露不下，配伍三棱、莪术等。

2. 用于跌打损伤 能通经、止痛、祛淤，治跌打损伤而致的筋骨疼痛，配伍乳香、没药等。

3. 用于湿热黄疸 能清热利湿祛黄疸。治湿热郁蒸肝胆而致黄疸，配伍茵陈、栀子、金钱草、大黄等。

【**用量**】马、牛 30～90g；猪、羊 15～30g；犬、猫 2～5g；兔、禽 1～3g。

【**禁忌**】孕畜忌用。

第八节 止 血 药

凡以制止畜体内、外出血为主要作用的药物称为止血药。止血药有收敛止血、凉血止血、化淤止血等作用，用于治疗家畜因气不摄血、血热妄行、淤血阻滞等所致的咯血、衄血、便血、尿血、子宫出血及外伤出血等证。使用止血药应根据不同的证候适当配伍，血热妄行出血，应与清热凉血药配伍；淤血阻滞出血，应与活血祛淤药及理气药配伍；气不摄血的出血，应与补气药配伍。

在使用止血药时，除大出血应急救止血外，还需注意有无淤血，若淤血未尽

（如出血暗紫），应酌加活血药，若出血过多，虚极欲脱时，可加用补气药以固脱。

大　蓟

为菊科植物大蓟的干燥全草。夏、秋两季开花时采集全草，晒干用。我国各地均产。

【性味归经】甘、苦，凉。归心、肝经。

【功效】凉血止血，祛淤消肿。

【应用】

1. 用于凉血止血　治血热妄行所致各种出血证，如尿血、便血、衄血、子宫出血等，配伍生地、蒲黄、侧柏叶、丹皮等；单用鲜根捣汁服，亦能止血。

2. 用于祛淤消肿　治痈肿疮毒，可用鲜品捣烂外敷或煎服。

3. 利胆退黄　本品具有利胆退黄功效，配伍相应药物治黄疸诸证。

【用量】牛、马 30～60g；猪、羊 10～20g；犬、猫 2～5g；兔、禽 1～3g。

【禁忌】虚寒患畜忌用。

小　蓟

为菊科植物刺儿菜的干燥地上部分。夏、秋两季开花时采收，晒干用。我国各地均产。

【性味归经】甘、凉。归心、肝经。

【功效】凉血止血，祛淤消肿。

【应用】适用于一切因血热妄行所致的出血证，长于治尿血，配伍大蓟、生地、丹皮、侧柏叶等。

小蓟的功效与大蓟相近，其凉血止血及消肿功效都不及大蓟，但小蓟利尿效强，故善止血尿。

【用量】牛、马 20～60g；猪、羊 10～20g；犬、猫 2～5g；兔、禽 1～3g。

地　榆

为蔷薇科植物地榆或长叶地榆的干燥根。春季将发芽时或秋季植株枯萎后采收，洗净后干燥或趁新鲜时切片，干燥后用或炒炭用。全国各地均产。

【性味归经】苦、酸、涩，微寒。归肝、大肠经。

【功效】凉血止血，解毒敛疮。

【应用】

1. 用于凉血止血　地榆凉血止血，可用于多种出血证，尤为治下焦出血的佳品。

治因血热妄行所致尿血、便血、衄血等，配伍槐花、侧柏叶等。

治血痢，配伍黄连、木香、诃子肉等，如地榆丸。

2. 用于解毒敛疮 治痈肿疮毒，配伍金银花、公英、连翘等，或研末涂敷患处，或单味煎汤清洗。

3. 用于烫火伤 为治烫火伤的要药。单味生地榆研极细末，麻油调敷；或以地榆炭、黄柏、大黄、生石膏、寒水石共研极细末，植物油调敷。

【用量】牛、马 15～60g；猪、羊 6～12g；犬、猫 2～5g；兔、禽 1～3g。

白 茅 根

禾本科植物白茅的根状茎。春秋采挖。切段生用。全国各地均产。

【性味归经】甘、寒。归肺、胃经。

【功效】凉血止血，清热利尿。

【应用】

1. 用于凉血止血 本品有清热凉血、止血的功效，善治热证衄血和尿血等。治尿血，配伍仙鹤草、蒲黄、小蓟等。

2. 用于清热利尿 治热淋、水肿、黄疸及尿不利等证，配伍车前草、木通、金钱草等。

3. 用于清肺胃热，兼能生津 治热病贪饮、肺胃有热等证，配伍芦根等。

【用量】牛、马 30～60g；猪、羊 6～12g；犬、猫 2～5g；兔、禽 1～3g。

侧 柏 叶

为柏科植物侧柏的干燥枝梢及叶。在夏、秋两季采收，剪下小枝，除去粗梗及杂质，阴干用。生用或炒炭用。全国各地均有栽培。

【性味归经】苦、涩，寒。归肝、肺、脾经。

【功效】凉血止血，清肺止咳。

【应用】

1. 用于凉血止血 侧柏叶涩能止血，寒以清热，用于血热妄行所致的各种出血，因血热妄行所致尿血、便血、衄血等均可应用。

治尿血，配伍知母、栀子等，如十黑散。

治便血，配伍槐花等，如槐花散。

治鼻衄，配伍仙鹤草、阿胶、白及等，如仙鹤草散。

2. 用于清肺止咳 治肺热咳嗽，单用本品研末服或与黄芩等配伍。

【用量】牛、马 15～60g；猪、羊 6～15g；犬、猫 2～5g；兔、禽 1～3g。

仙 鹤 草

为蔷薇科植物龙芽草的干燥地上部分。夏、秋茎叶茂盛时割取，除去残根及杂质，洗净，切段，干燥。生用。我国各地均产。

【性味归经】苦、涩，平。归心、肝经。

【功效】收敛止血，疗疮解毒，止痢。

【应用】

1. 用于收敛止血 仙鹤草有收敛止血之功。

治各种出血证，无论寒、热、虚、实，适当配伍应用，均有显著止血效果，可单味应用或配伍使用。

治血热出血，配伍侧柏叶、藕节、血余炭、生地、丹皮等。

治虚寒出血，配伍炮姜、黄芪、党参、当归等。

2. 用于疗疮解毒 治疮痈肿毒、乳痈等，单味水煎服或单味熬膏调蜜外涂。

3. 用于止痢 治久痢不愈，配伍铁苋菜、凤尾草等。

【用量】牛、马 30～60g；猪、羊 10～15g；犬、猫 2～5g；兔、禽 1～3g。

白 及

为兰科植物白及的干燥块茎。夏、秋两季采挖。洗净后入沸水煮至内无白心，晒至半干去外皮，晒干生用。主产贵州、四川、湖南、陕西、云南等地。

【性味归经】苦、甘、涩，微寒。归入肺、胃、肝经。

【功效】收敛止血，消肿生肌。

【应用】

1. 用于收敛止血 白及善收敛止血，兼可补益肺胃，为收敛止血之要药。

治肺胃出血，配伍三七或配伍阿胶、藕节、生地等。

治外伤出血，可单味研末撒布患处。

2. 用于消肿生肌 治疮痈初起未溃者，配伍金银花、皂刺、乳香等，如内消散；治疮痈已溃久不收口，可研末外用。

【用量】牛、马 25～60g；猪、羊 6～12g；犬、猫 2～5g；兔、禽 1～3g。

【禁忌】反乌头类药物。

棕 榈

为棕榈科植物棕榈和棕树的叶柄基部的棕毛。生用或炒炭用。炒炭时，取净棕榈，置煅锅内，密封，闷煅至成炭，放凉，取出，即为棕榈炭。主产广东、福建等地。

【性味归经】苦、涩，平。归肝、肺、大肠经。

【功效】收敛止血。

【应用】本品收敛止血功效较强，以无淤滞者为宜。广泛用于衄血、便血、尿血、子宫出血等各种出血证，配伍侧柏叶、仙鹤草等。

【用量】牛、马 15～45g；猪、羊 6～15g；犬、猫 2～5g；兔、禽 1～3g。

血 余 炭

为人头发制成的炭化物，取头发碱水洗后漂净，晒干，焖煅成炭，放凉用。

【性味归经】苦，微温。归肝、肾经。

【功效】收敛止血，消淤。

【应用】

1. 用于收敛止血　本品有止血、消淤之功，为治多种出血证的佐使药。凡尿血、便血、衄血、子宫出血、肌肤出血均可应用，外用可将本品研成细末，撒布患处或调膏外涂；内服配伍侧柏叶、藕节、棕榈炭等，如十黑散。

2. 用于消淤　治疮痈溃后久不收口，可将本品研成细粉撒敷患处。

【用量】牛、马 15～30g；猪、羊 6～12g；犬、猫 2～5g；兔、禽 1～3g。

三 七

为五加科植物三七的干燥根。生用。冬季种子成熟后采挖的为"冬三七"，秋季结籽前采挖的为"春三七"，洗净泥土，分开主根、支根及茎基，先晒半干，边晒边搓，使表面光滑，体形圆整坚实，晒干。切片或研成细粉。主产广西、云南等地。

【性味归经】甘、微苦、温。归肝、胃经。

【功效】散淤止血，消肿定痛。

【应用】

1. 用于散淤止血　三七行淤止血，消肿定痛，功效甚捷，用于治疗各种出血证和跌打损伤，无论内服外用均有良效，为疗伤、止血、止痛佳品，且有"止血不留淤"的特点。

治各种出血证，不论衄血、便血、血痢、外伤出血，均可单用本品内服或外用。

治便血、衄血，配伍花蕊石、血余炭等。

治血热吐血，配伍生地、丹参、丹皮、栀子等。

2. 用于消肿定痛　用于跌打损伤所致淤血肿痛、外伤出血，可单用内服或外敷或配伍乳香、没药、血竭等。

【用量】牛、马 10～30g；猪、羊 3～9g；犬、猫 1～3g；兔、禽 0.5～2g。

茜　草

为茜草科植物茜草的根及根茎。春、秋两季采收，干燥生用，或炒炭用。我国各地均产。

【性味归经】苦、寒。归肝、心包经。

【功效】凉血止血，活血祛淤。

【应用】

1. 用于凉血止血　茜草泄降，清热，炒炭用于止血，尤以血热有淤的出血证用之较宜，广泛用于血热妄行所致的衄血、便血、尿血、子宫出血等证。

治血热、便血或下痢脓血，配伍地榆、仙鹤草等。

治血热子宫出血，配伍侧柏叶、仙鹤草、生地、丹皮等。

2. 用于活血祛淤　治跌打损伤，淤血肿痛，配伍川芎、赤芍、当归、桃仁、红花等。

【用量】牛、马 15～60g；猪、羊 10～20g；犬、猫 2～5g；兔、禽 1～3g。

蒲　黄

为香蒲科植物狭叶香蒲、东方香蒲或同属植物的干燥花粉。夏季当花开放时，采收蒲棒上部的黄色雄花穗，晒干后碾压，过筛取花粉生用。主产浙江、江苏等地。

【性味归经】甘、平。归肝、心包经。

【功效】止血，祛淤。

【应用】

1. 用于止血　蒲黄甘缓，功能止血，性平无寒热之偏。

治衄血、便血、尿血等多种出血证，配伍知母、黄柏、地榆、槐花、血余炭等，如十黑散。

治弩伤所致尿血，配伍秦艽、车前子、当归、瞿麦等，如秦艽散；单用本品也能收到良好的止血效果。

2. 用于祛淤　本品可祛淤，利水，为常用止血良药。治产后淤血所致胎衣不下、恶露不尽、产后腹痛等，配伍五灵脂等。

【用量】牛、马 15～45g；猪、羊 6～12g；犬、猫 2～5g；兔、禽 1～3g。

槐　花

为豆科植物槐的干燥花及花蕾。夏季花蕾形成时采收，干燥后生用或炒用。

全国大部分地区均产。

【性味归经】苦、微寒。归肝、大肠经。

【功效】凉血止血，清肝明目。

【应用】

1. 用于凉血止血 槐花凉血止血，清大肠火。用于因血热妄行所致多种出血证。治肠风便血、赤白痢疾及仔猪白痢等，配伍侧柏叶、荆芥穗、枳壳等，如槐花散。

2. 用于清肝明目 治肝经风热目赤肿痛，配伍黄芩、菊花、夏枯草等。

【用量】牛、马 30～60g；猪、羊 6～15g；犬、猫 2～5g；兔、禽 1～3g。

附药：

槐角 为槐树的成熟果实。性味、归经、功用与槐花相似。止血作用弱于槐花，但清热作用较强，且能润肠，善治便血，多配伍地榆、黄芩等。

艾 叶

为菊科植物艾的干燥叶片。生用、炒炭或捣绒。全国各地均产，苏州产者最好。

【性味归经】苦、辛，温。归脾、肝、肾经。

【功效】理气血，逐寒湿，温经止血，安胎。

【应用】本品有散寒除湿、温经止血之功，可用于寒性出血和腹痛等证。治子宫出血、腹中冷痛、胎动不安等，配伍阿胶、熟地等。艾绒是灸治的主要原料。

【用量】牛、马 15～45g；猪、羊 6～12g；犬、猫 2～5g；兔、禽 1～3g。

【禁忌】阴虚血热者忌用。

灶 心 土

又名伏龙肝。为烧杂草和木柴的土灶内的焦黄土。

【性味归经】辛、微温。归脾、胃经。

【功效】收敛止血，温中止呕。

【应用】

1. 用于收敛止血 治寒证出血证，配伍白术、阿胶、附子等。

2. 用于温中止呕 治脾胃虚寒呕吐，配伍半夏、干姜等。

【用量】牛、马 30～60g；猪、羊 10～15g；犬、猫 2～5g；兔、禽 1～3g。

藕 节

为睡莲科植物莲的干燥根茎节部，秋、冬两季摘出根茎后切取节部，晒干后炒炭用。全国各地均产。

【性味归经】甘、涩，平。归肝、肺、胃经。

【功效】止血，消瘀。

【应用】

1. 用于止血　藕节收敛止血，兼可消瘀，用于多种出血证，如便血、尿血、衄血、咳血等，尤多用于吐血、咳血、衄血。

治血热出血，配伍生地黄、大蓟等凉血止血药。

治虚寒出血，炒炭用，配伍艾叶、炮姜等温经止血药。

2. 用于消瘀　治多种瘀血出血证，多作为辅药使用。

【用量】牛、马 30～90g；猪、羊 15～30g；犬、猫 2～5g；兔、禽 1～3g。

海　螵　蛸

本品为乌贼科动物无针乌贼或金乌贼的干燥内壳。无针乌贼我国沿海均有分布。金乌贼分布黄海、渤海及东海一带。药材主产浙江、福建、广东、山东、江苏、辽宁沿海地区。收集乌贼鱼的骨状内壳洗净，干燥。

【性味归经】咸、涩，温。归脾、肾经。

【功效】收敛止血，涩精止带，敛疮。

【应用】

1. 用于出血　本品味涩性平，主入肝肾，长于收敛止血、固涩下焦，适于多种出血及下元虚损不固之证。

2. 制酸止痛　用于胃脘痛、泛酸、嗳气。

【用量】牛、马 45～90g；猪、羊 12～30g。

【禁忌】血病多热者勿用。

第九节　化痰止咳平喘药

1. 定义及特点　凡能消除痰涎，制止或减轻咳嗽和气喘的药物，称为化痰止咳平喘药。此类药物味多辛、苦，入肺经。

2. 分类　由于咳、喘症状不同，治疗原则也不同。因此，根据化痰止咳平喘药的不同性味和功效，可将其分为三类。

（1）温化寒痰药　药性多温燥，有温肺祛痰，燥湿化痰之功；主治寒痰、湿痰证，如咳嗽气喘、痰多色白、苔腻之证；以及由寒痰、湿痰所致的呛咳气喘，鼻液稀薄等。

（2）清化热痰药　药性多寒凉，有清化热痰之功，部分药物质润，兼能润燥，部分药物味咸，兼能软坚散结。主治热痰证，如呛咳气喘，鼻液黏稠等。

（3）止咳平喘药 本类药物其味或辛或苦或甘，其性或温或寒，因此有宣肺、清肺、润肺、降肺、敛肺及化痰之别。而药物有的偏于止咳，有的偏于平喘，有的则兼而有之。由于咳喘有寒热虚实等的不同，故临床应用时，须选用适宜药物配伍。

3. 用药选择与配伍 应用本类药物，除应根据病证不同，有针对性地选择不同的化痰药及止咳、平喘药外，因咳喘每多夹痰，痰多易发喘咳，故化痰、止咳、平喘三者配伍同用。再则应根据痰、咳、喘的不同病因病机而配伍，以治病求本，标本兼顾，如外感而致者，当配伍解表药；火热而致者，应配伍清热泻火药；里寒者，配伍温里散寒药；虚劳者，配伍补虚药。

此外，如痰厥、惊厥、眩晕、昏迷者，则当配伍平肝熄风、开窍、安神药；痰核、瘰疬者，配伍软坚散结之品。

另外，历代医家强调治痰必先调气，气行则水行，气降则痰消。所以，治痰多配伍行气、降气之品。

一、温化寒痰药

半 夏

为天南星科多年生草本植物半夏的块茎。夏、秋两季茎叶茂盛时采挖，除去外皮及须根，晒干，为生半夏，一般用姜汁、明矾制过入药。我国大部分地区均有。主产四川、湖北、江苏、安徽等地。

【性味归经】辛，温，有毒。归脾、胃、肺经。

【功效】燥湿化痰，降逆止呕，消痞散结；外用消肿止痛。

【应用】

1. 用于湿痰，寒痰证 本品辛温而燥，为燥湿化痰，温化寒痰之要药，尤善治脏腑之湿痰。

治湿痰阻肺之咳嗽气逆，痰多质稠者，配伍橘皮等，如二陈汤。

治寒痰咳嗽，配伍干姜、细辛等，如小青龙汤。

2. 用于胃气上逆呕吐 半夏为止呕要药，各种原因的呕吐，皆可随证配伍用之。

治痰饮或胃寒呕吐，配伍生姜同用，如小半夏汤。

治胃热呕吐，配伍黄连、竹茹等。

治胃阴虚呕吐，配伍石斛、麦门冬。

治胃气虚呕吐，配伍人参、白蜜等。

3. 用于肚腹胀满 半夏辛开散结，化痰消痞。治肚腹胀满，配伍干姜、黄连、黄芩，以苦辛通降，开痞散结，如半夏泻心汤。

4. 用于瘿瘤痰核、痈疽肿毒及毒蛇咬伤等 本品内服能消痰散结，外用能消肿止痛。

治瘿瘤痰核，配伍昆布、海藻、贝母等。

治无名肿毒、毒蛇咬伤，以生品研末调敷或鲜品捣敷。

【用量】马、牛 15～45g；猪、羊 3～10g；犬 1～5g。

【禁忌】反乌头。其性温燥，阴虚燥咳，热痰、燥痰应慎用。

天 南 星

为天南星科多年生草本植物天南星异叶天南星或东北天南星的块茎。秋、冬两季采挖，除去须根及外皮，晒干，即生南星；用姜汁、明矾制过用，为制南星。天南星主产河南、河北、四川等地；异叶天南星主产江苏、浙江等地；东北天南星主产辽宁、吉林等地。

【性味归经】苦、辛，温。有毒。归肺、肝、脾经。

【功效】燥湿化痰，祛风解痉；外用消肿止痛。

【应用】

1. 用于湿痰、寒痰证 本品燥湿化痰功似半夏而温燥之性更甚，祛痰较强。

治顽痰阻肺，咳喘胸闷，配伍半夏、枳实等，如导痰汤。

治痰热咳嗽，配伍黄芩、瓜蒌等。

2. 用于风痰证（眩晕、中风、口眼歪斜及破伤风） 本品专走经络，善祛风痰而止痉。

治风痰眩晕，配伍半夏、天麻等。

治风痰留滞经络、瘫痪、四肢麻木、口眼歪斜等，配伍半夏、川乌、白附子等。

治破伤风角弓反张，痰涎壅盛，配伍白附子、天麻、防风等。

3. 用于痈疽肿痛，毒蛇咬伤等 本品外用有消肿散结止痛之功。

治痈疽肿痛、痰咳，可研末，醋调敷。

治毒蛇咬伤，配伍雄黄为末外敷。

【用量】马、牛 15～25g；猪、羊 3～10g；犬、猫 2～5g；兔、禽 1～3g。

【禁忌】阴虚燥痰及孕畜忌用。

附药：

胆南星 为天南星用牛胆汁拌制而成的加工品。药性苦、微辛、凉；归肝胆经。功能清热化痰，熄风定惊。主治中风、癫痫、惊风、头风眩晕、痰火喘咳等证。

旋 覆 花

为菊科多年生草本植物旋覆花或欧亚旋覆的头状花序。夏、秋两季花开时采收，除去杂质，阴干或晒干。生用或蜜炙用。主产河南、河北、江苏、浙江、安徽等地。

【性味归经】苦、辛、咸，微温。归肺、胃经。

【功效】降气化痰，降逆止呕。

【应用】

1. 用于咳喘痰多及痰饮阻肺　本品苦降辛开。降气化痰而平喘咳，化痰利水而除痞满。

治寒痰咳喘，配伍苏子、半夏等。

治热痰，配伍桑白皮、瓜蒌，以清热化痰。

2. 用于嗳气，呕吐　本品不仅降肺气，又善降胃气而止呕。治痰浊中阻，胃气上逆而嗳气呕吐者，配伍代赭石、半夏、生姜等，如旋覆代赭汤。

3. 用于胸胁痛　本品有活血通络之功，配伍香附等。

【用量】马、牛 15～45g；猪、羊 5～10g；犬、猫 2～5g；兔、禽 1～3g。

【禁忌】阴虚劳嗽，津伤燥咳者忌用；又因本品有绒毛，易刺激咽喉作痒而致呛咳呕吐，故须布包入煎。

白 前

为萝摩科多年生草本植物柳叶白前或芫花叶白前的根茎及根。秋季采挖，洗净。晒干生用或蜜炙用。主产浙江、安徽、福建、湖北、江西、湖南等地。

【性味归经】辛、苦，微温。归肺经。

【功效】降气化痰。

【应用】本品既可以祛痰以除肺气之壅实，又能止咳嗽以制肺气之上逆，颇有标本兼治之长；凡肺气壅塞、痰多诸证，均可应用。

偏寒者，配伍紫菀、半夏。

偏热者，配伍桑白皮、地骨皮。

外感咳嗽，配伍荆芥、桔梗、陈皮等，如止嗽散。

【用量】马、牛 15～45g；猪、羊 5～15g；家禽 1～2g。

二、清化热痰药

桔 梗

为桔梗科多年生草本植物桔梗的根。春、秋两季采挖，除去须根，剥去外皮或不去外皮，切片，晒干生用。全国大部分地区均有，东北、华北量大，华东质优。

【性味归经】苦、辛，平。归肺经。

【功效】宣肺化痰，利咽，排脓。

【应用】

1. 用于肺气不宣的咳嗽痰多，胸闷不畅　本品辛散苦泄，宣开肺气，化痰利气，无论属寒属热皆可应用。风寒者，配伍紫苏、杏仁，如杏苏散；风热者，配伍桑叶、菊花、杏仁，如桑菊饮。

2. 用于咽喉肿痛　本品能宣肺利咽。治外邪犯肺，咽喉肿痛，配伍射干、马勃、板蓝根等以清热解毒利咽。

3. 用于肺痈咳吐脓痰　本品性散上行，能利肺气，以排壅肺之脓痰。配伍鱼腥草、冬瓜仁等。

【用量】马、牛 15～45g；猪、羊 3～10g；犬 2～5g；兔、家禽 1～1.5g。

【禁忌】本品性升散，凡气机上逆，呕吐、呛咳，阴虚火旺咳血等，不宜用。用量过大易致恶心呕吐；因桔梗皂苷有溶血作用，不宜做注射给药。

前　　胡

为伞形科多年生草本植物白花前胡或紫花前胡的根。冬季至次年春季茎叶枯萎或未抽花时采挖，除去须根，晒干，切片生用或蜜炙用。前者主产浙江、湖南、四川等地；后者主产江西、安徽等地。

【性味归经】辛、苦，微寒。归肺经。

【功效】降气化痰，宣散风热。

【应用】

1. 用于咳喘痰多色黄　本品苦能泄降，寒能清热。

治痰热阻肺，肺气失降，配伍杏仁、桑皮、贝母等。

治寒痰湿痰证，与白前相须为用。

2. 用于外感风热咳嗽有痰者　本品味辛性寒，能发散风热，宣肺气，化痰止咳，配伍桑叶、牛蒡子、桔梗等；属风寒咳嗽，配伍荆芥、紫菀等。

【用量】马、牛 15～45g；猪、羊 5～10g；家禽 1～3g。

【禁忌】阴虚咳嗽，寒痰咳嗽者均不宜用。

瓜　　蒌

为葫芦科多年生草质藤本植物瓜蒌和双边瓜蒌的成熟果实。秋季采收，将壳与种子分别干燥生用或以仁制霜用。主产河北、河南、安徽、浙江、山东、江苏等地。

【性味归经】甘、微苦，寒。归肺、胃、大肠经。

【功效】清热化痰，宽胸散结，润肠通便。

【应用】

1. 用于痰热咳喘 本品有清肺化痰之功。

治幼畜膈热，咳嗽痰喘，久延不愈者，临床配伍知母、浙贝母等。

治痰热内结，咳痰黄稠，胸闷而大便不畅，配伍黄芩、胆南星、枳实等。

2. 用于肺痈，肠痈，乳痈等 本品能消肿散结。

治肺痈咳吐脓血，配伍鱼腥草、芦根等。

治肠痈，配伍败酱草、红藤等。

治乳痈初起，红肿热痛，配伍当归、乳香、没药，亦可配伍蒲公英、金银花、牛蒡子等。

3. 用于肠燥便秘 瓜蒌仁有润肠通便之功，配伍火麻仁、郁李仁等。

【用量】马、牛 30～60g；猪、羊 10～20g；犬 6～8g；家禽 0.5～1.5g。

【禁忌】本品甘寒而滑，脾虚便溏及湿痰、寒痰者忌用。反乌头。

川 贝 母

为百合科多年生草本植物川贝母、暗紫贝母、甘肃贝母或棱砂贝母的鳞茎。前三者按不同性状习称"松母"和"青贝"；后者称"炉贝"。夏、秋两季采挖，除去须根、粗皮，晒干，生用。主产四川、云南、甘肃等地。

【性味归经】苦、甘，微寒。归肺、心经。

【功效】清热化痰，润肺止咳，散结消肿。

【应用】

1. 用于虚劳咳嗽，肺热燥咳 本品性寒味微苦，能清肺泄热化痰，又味甘质润能润肺止咳，尤宜于内伤久咳、燥痰、热痰之证。

治肺虚劳咳，阴虚久咳有痰，配伍百合、麦门冬、熟地等以养阴润肺、化痰止咳，如百合固金汤。

治肺热、肺燥咳嗽，配伍知母以清肺润燥、化痰止咳，如二母丸。

2. 用于瘰疬疮肿及乳痈，肺痈 本品能清热解郁、化痰散结。

治痰火郁结之瘰疬，配伍玄参、牡蛎等以化痰软坚，消散瘰疬。

治热毒壅结之疮痈、肺痈，配伍蒲公英、鱼腥草等以清热解毒，消肿散结。

【用量】马、牛 15～30g；猪、羊 3～10g；犬 1～2g；家禽 0.5～1g。

【禁忌】脾胃虚寒及有湿痰者忌用。反乌头。

浙 贝 母

为百合科多年生草本植物浙贝母的鳞茎。初夏植株枯萎时采挖，洗净，擦去外皮，拌以煅过的贝壳粉，吸去浆汁，切厚片或打成碎块。原产浙江象山，现主产浙江鄞县，江苏、安徽、湖南、江西等地亦产。

【性味归经】苦，寒。归肺、心经。

【功效】清热化痰，开郁散结。

【应用】

1. 用于风热、痰热咳嗽　本品功似川贝母而偏苦泄。

治风热咳嗽，配伍桑叶、前胡等。

治痰热郁肺之咳嗽，配伍瓜蒌、知母等。

2. 用于瘰疬，痈疡疮毒，肺痈等证　本品能苦泄清热，开郁散结。

治瘰疬结核，配伍玄参、牡蛎等。

治疮痈，配伍连翘、蒲公英等。

治肺痈，配伍鱼腥草、芦根等。

【用量】马、牛 15～30g；猪、羊 3～10g；犬 1～2g；家禽 0.5～1g。

【禁忌】同川贝母。

天　竺　黄

为禾本科植物青皮竹或华思劳竹等杆内分泌液干燥后的块状物。秋冬二季采收。砍破竹竿，取出生用。主产云南、广东、广西等地。

【性味归经】甘，寒。归心、肝经。

【功效】清热化痰，清心定惊。

【应用】本品专攻清热化痰，兼有清心定惊作用。用于痰热惊风，热病神昏等心肝经痰热证。本品清化热痰之功与竹沥相似而无寒滑之弊，又兼清心定惊之功。

治中风痰壅、癫痫等，配伍黄连、菖蒲、郁金等。

治肺热咳嗽痰多，配伍瓜蒌、贝母等。

【用量】马、牛 20～45g；猪、羊 6～10g；犬 3～5g。

【禁忌】非实热者忌用。

竹　沥

来源同竹茹。系新鲜的淡竹和青秆竹等竹竿经火烤灼而流出的淡黄色澄清液汁。

【性味归经】甘，寒。归心、肺、肝经。

【功效】清热化痰，定惊利窍。

【应用】

1. 用于痰热咳喘，本品性寒滑利，祛痰力强　治痰热咳喘，痰稠难咯，顽痰胶结者最宜，配伍半夏、黄芩等。

2. 用于中风痰迷、惊痫癫狂等　本品入心肝经，善涤痰泄热而开窍定惊，治中风口眼歪斜等。治惊风，配伍胆南星、牛黄等。

【用量】马、牛 20～45g；猪、羊 6～10g；犬 3～5g。

【禁忌】本品性寒滑，对寒痰及便溏者忌用。

竹 茹

为禾本科多年生常绿乔木或灌木植物青秆竹、大头典竹或淡竹的茎的中间层。全年均可采制，取新鲜茎，除去外皮，将稍带绿色的中间层刮成丝条，或削成薄条，捆扎成束，阴干。生用或姜汁炙用。主产长江流域和南方各省。

【性味归经】甘，微寒。归肺、胃经。

【功效】清热化痰，除烦止呕。

【应用】

1. 用于肺热咳嗽　竹茹甘寒，善清痰热。

治肺热咳嗽，痰黄稠者，配伍瓜蒌、桑白皮等。

治痰火内扰心神烦躁不安者，配伍枳实、半夏、茯苓。

2. 用于胃热呕吐　本品能清胃止呕。

治胃热呕吐，配伍黄连、半夏等。

治胃虚有热而呕，配伍橘皮、生姜、人参等，如橘皮竹茹汤。

3. 用于凉血、止血　治吐血、衄血、崩漏等。

【用量】马、牛 20～45g；猪、羊 6～10g；犬 3～5g。

三、止咳平喘药

杏 仁

为蔷薇科落叶乔木植物山杏、西伯利亚杏或杏的成熟种子。秋季采收成熟果实，除去果肉及核壳，晒干，生用。主产我国东北、内蒙古、华北、西北、新疆及长江流域。

【性味归经】苦，微温，有小毒。归肺、大肠经。

【功效】止咳平喘，润肠通便。

【应用】

1. 用于咳嗽气喘　本品主入肺经，味苦能降，且兼疏利开通之性，降肺气之中兼有宣肺之功而达止咳平喘，为治咳喘之要药，随证配伍可用于多种咳喘病证。

治风寒咳喘，配伍麻黄、甘草，以散风寒宣肺平喘，即三拗汤。

治风热咳嗽，配伍桑叶、菊花，以散风热宣肺止咳，如桑菊饮。

治燥热咳嗽，配伍桑叶、贝母、沙参，以清肺润燥止咳，如桑杏汤。

治肺热咳喘，配伍石膏等以清肺泄热宣肺平喘，如麻杏石甘汤。

2. 用于肠燥便秘　本品含油脂而质润，味苦而下气，故能润肠通便。配伍柏子仁、郁李仁等同用。

【用量】马、牛 25～45g；猪、羊 5～15g；犬、猫 2～5g；兔、禽 1～3g。

【禁忌】阴虚咳嗽者忌用；本品有小毒，用量不宜过大。

附药：

甜杏仁　为蔷薇科植物杏或山杏的部分栽培种而其味甘甜的成熟种子。性味甘平，功能润肺止咳。主要用于虚劳咳喘。

百　　部

为百部科多年生草本植物直立百部、蔓生百部或对叶百部的块根。春、秋两季采挖，除去须根，洗净、置沸水中略烫或蒸至无白心，取出，晒干，切厚片生用或蜜炙用。主产安徽、江苏、湖北、浙江、山东等地。

【性味归经】甘、苦，微温。归肺经。

【功效】润肺止咳，杀虫。

【应用】

1. 用于新久咳嗽，肺虚咳嗽　本品甘润苦降，微温不燥，功专润肺止咳，无论外感内伤、暴咳、久嗽，皆可用之。

治风寒咳嗽，配伍荆芥、桔梗、紫菀等，如止嗽散。

治久咳不已，气阴两虚者，配伍黄芪、沙参、麦门冬等，如百部汤。

治肺阴虚咳嗽，配伍沙参、麦门冬、川贝母等。

治肺结核，配伍黄芩、丹参等。

2. 用于蛲虫、阴道滴虫、头虱及疥癣等　本品有杀虫之功，可制成杀虫剂。

治蛲虫病，以本品浓煎，内服。

治体虱及疥癣，可制成20%乙醇液或50%水煎剂，外搽。

【用量】马、牛 15～30g；猪、羊 6～12g；犬、猫 2～5g；兔、禽 1～3g。

紫　　菀

为菊科多年生草本植物紫菀的根及根茎。春、秋二季采挖，除去有节的根茎，编成辫状晒干或直接晒干，切厚片生用或蜜炙用。主产河北、安徽、东北、华北、西北等地。

【性味归经】辛、甘、苦，温。归肺经。

【功效】润肺化痰止咳。

【应用】本品甘润苦泄，辛温而不燥，主入肺经，长于润肺下气，开肺郁，化痰浊而止咳。凡咳嗽无论新久，寒热虚实，皆可用之。

治风寒犯肺，咳嗽咽痒，配伍荆芥、枯梗等。

治阴虚劳咳，痰中带血，配伍阿胶、贝母等。

治肺痈、肺痿及小便不通等证。

【用量】马、牛15～45g；猪、羊3～6g；犬、猫2～5g；兔、禽1～3g。

款　冬　花

为菊科多年生草本植物款冬的花蕾。12月或地冻前、花尚未出土时采挖，除去花梗，阴干，生用或蜜炙用。主产河南、甘肃、山西、陕西等地。

【性味归经】辛、微苦，温。归肺经。

【功效】润肺止咳化痰。

【应用】用于多种咳嗽，本品为治咳常用药，药性功效与紫菀相似，紫菀长于化痰，款冬花长于止咳，二者常相须而用；本品辛温而润，尤宜于寒嗽，配伍麻黄等同用。

治肺热咳喘，配伍桑白皮、瓜蒌等。

治气虚而咳，配伍人参、黄芪等。

治阴虚燥咳，配伍沙参、麦门冬等。

治喘咳日久，痰中带血，配伍百合等。

治肺痈咳吐脓痰，配伍桔梗、薏苡仁等。

【用量】马、牛15～45g；猪、羊3～10g；犬2～5g；兔、家禽0.5～1.5g。

苏　子

为唇形科草本植物紫苏的成熟果实。秋季果实成熟时采收，晒干。生用或微炒，用时捣碎。主产江苏、安徽、河南等地。

【性味归经】辛，温。归肺、大肠经。

【功效】降气化痰，止咳平喘，润肠通便。

【应用】

1. 用于痰壅气逆，咳嗽气喘　本品长于降气化痰，气降痰消则咳喘自平。

治咳嗽气喘，配伍白芥子、莱菔子，如三子养亲汤。

治上盛下虚之久咳痰喘，配伍肉桂、当归、厚朴等，如苏子降气汤。

2. 用于肠燥便秘　本品含油脂，既能润燥滑肠，又能降泄肺气，以助大肠传导。配伍杏仁、火麻仁、瓜蒌仁等。

【用量】马、牛 15～60g；猪、羊 5～10g；犬 3～8g；兔、家禽 0.5～1.5g。

【禁忌】阴虚喘咳及脾虚便溏患畜慎用。

桑 白 皮

为桑科小乔木植物桑的根皮。秋末叶落时至次春发芽前采挖，刮去黄棕色粗皮，剥去根皮，晒干，切丝生用或蜜炙用。主产安徽、河南、浙江、江苏、湖南等地。

【性味归经】甘，寒。归肺经。

【功效】泻肺平喘，利水消肿。

【应用】

1. 用于肺热咳喘　本品性寒入肺经，能泻肺火兼泻肺中水汽而平喘。

治肺热咳喘，配伍地骨皮等。

治水饮停肺，胀满喘急，配伍麻黄、杏仁、葶苈子等。

若肺虚有热而咳喘气短、潮热、盗汗者，则与党参、五味子、熟地等同用。

2. 用于多种水肿　本品能清降肺气，通调水道而利水。

治全身水肿，小便不利，配伍茯苓皮、大腹皮等，如五皮饮。

【用量】马、牛 15～60g；猪、羊 6～12g；犬、猫 2～5g；兔、禽 1～3g。

葶 苈 子

为十字花科草本植物独行菜或播娘蒿的成熟种子。夏季果实成熟时采割植株，晒干，搓出种子，除去杂质，生用或炒用。前者称"北葶苈"，主产河北、辽宁、内蒙古、吉林等地；后者称"南葶苈"，主产江苏、山东、安徽、浙江等地。

【性味归经】苦、辛，大寒。归肺、膀胱经。

【功效】泻肺平喘，利水消肿。

【应用】

1. 用于痰涎壅盛，肺气喘促，咳逆之实证　本品苦降辛散，性寒清热，专泻肺中水饮及痰火而平喘咳。治肺热咳喘，配伍板蓝根、浙贝母、桔梗等，如清肺散。

2. 用于水肿、胸腹积水、小便不利等　本品泄肺气之壅闭而通调水道，利水消肿。

治腹水肿满属湿热蕴阻者，配伍防己、大黄等。

治结胸证之胸胁积水，配伍杏仁、大黄、芒硝等，即大陷胸丸。

3. 用于渗出性胸膜炎 用本品配伍其他药物，治渗出性胸膜炎等有效。

【用量】马、牛 15～30g；猪、羊 6～12g；犬、猫 2～5g；兔、禽 1～3g。

【禁忌】肺虚喘促、脾虚肿满患畜忌用。

马 兜 铃

为马兜铃科多年生藤本植物北马兜铃或马兜铃的成熟果实。秋季果实由绿变黄时采收，晒干生用或蜜炙用。前者主产黑龙江、吉林、河北等地，后者主产江苏、安徽、浙江等地。

【性味归经】苦、微辛，寒。归肺、大肠经。

【功效】清肺化痰，止咳平喘。

【应用】主要用于肺热咳喘。本品性寒质轻，主入肺经，味苦泄降，善清降肺气而化痰止咳平喘。

治肺热咳嗽痰喘，配伍桑白皮、黄芩、枇杷叶等。

治肺虚火盛，喘咳咽干或痰中带血，配伍阿胶、牛蒡子、杏仁等，以养阴清肺、止咳平喘。

【用量】马、牛 15～30g；猪、羊 3～10g；犬、猫 2～5g；兔、禽 1～3g。

【禁忌】用量不宜过大，以免引起呕吐。本品中所含马兜铃酸有肾脏毒性，应慎用。

白 果

为银杏科乔木植物银杏的成熟种子。秋季种子成熟时采收，除去肉质外种皮，洗净，稍蒸或略煮后烘干，除去硬壳，生用或炒用。全国各地均有栽培。

【性味归经】甘、苦、涩，平。有毒。归肺经。

【功效】敛肺定喘，收涩除湿。

【应用】

1. 用于肺虚久咳 本品性涩而收，能敛肺定喘，兼化痰之功，为治喘咳所常用。

治肺肾两虚之虚喘，配伍五味子、胡桃肉等补肾纳气，敛肺平喘。

治外感风寒、内有蕴热而喘，配伍麻黄、黄芩等，如定喘汤。

治肺热燥咳，喘咳无痰，配伍天门冬、麦门冬、款冬花以润肺止咳。

治慢性气管炎属肺热型者，配伍地龙、黄芩等。

2. 用于小便频数、白浊、遗尿等 本品收涩而固下焦。治小便频数、遗尿，配伍熟地、山萸肉、覆盆子等，以补肾固涩。

【用量】马、牛 15～45g；猪、羊 5～10g；犬、猫 1～3g；兔、禽 1～2g。

【禁忌】本品有毒，不可多用。

附药：

银杏叶 为银杏树的叶，主要成分为银杏黄酮。性味苦、涩，平。功能敛肺平喘，活血止痛。用于肺虚咳喘，以及高血脂、高血压、冠心病、心绞痛、脑血管痉挛等。

洋 金 花

为茄科草本植物白花曼陀罗的花。4～11 月花初开时采收，晒干或低温干燥。主产江苏、浙江、福建、广东等地。

【性味归经】辛，温。有毒。归肺、肝经。

【功效】平喘止咳，镇痛止痉。

【应用】

1. 用于气喘咳嗽 本品为麻醉镇咳平喘药，对咳喘无痰者，可单用或配入复方中使用。

2. 用于风湿痹痛，跌打损伤 本品有良好的麻醉止痛作用，单用或配伍川乌、姜黄等。

3. 用于癫痫，惊风之证 本品有止痉之功，配伍全蝎、天麻、天南星等。

4. 可用作麻醉剂。

【用量】马、牛 15～30g；猪、羊 1.3～5g。

【禁忌】表证未解，痰多黏稠患畜忌用；孕畜，体质弱者慎用。

第十节 消 导 药

凡能健运脾胃，促进消化，以治疗食物积滞为主要作用的药物称为消导药，又称消食药。

消导药性味大多甘温。入脾、胃经。具有健脾开胃，解郁导滞等作用。用于治疗消化不良，食欲不振，草料停滞，肚腹胀满和伤食泄泻等证。

使用消导药，应根据不同证候适当配伍，不可单纯依靠消导药物取效。如脾胃虚弱，气机不畅者，与健脾理气药配伍；脾胃中寒者，与温中散寒药同用；湿浊内阻者，与芳香化湿药配伍；宿食停滞化热者，与清热药同用；食积便结者，与泻下药配伍。

本类药中神曲、麦芽、莱菔子等作为添加药加入饲料中，可促进畜禽消化功能，提高饲料转化率。

神曲（六曲、六神曲）

为辣蓼、青蒿、杏仁、赤小豆、苍耳子等药加入面粉或麸皮混合后，经发酵而成的曲剂。生用或炒用。原产福建，现各地均能生产。

【性味归经】甘、辛、温。归脾、胃经。

【功效】消食化积，健脾和中。

【应用】

1. 用于食物停滞 本品辛以行气，甘温和中，能健脾开胃，行气消食。临床与炒麦芽、炒山楂同用，习称"焦三仙"。

治草料积滞，肚腹胀痛，食减便溏等证，配伍麦芽、山楂、苍术、陈皮、厚朴、枳壳等，如曲蘗散。

治脾胃虚弱，运化不良，配伍党参、白术、陈皮等。

治积滞日久不化，腹胀疼痛，配伍木香、厚朴、三棱等。

2. 用于脾胃寒湿 治脾胃寒湿、腹胀便溏、宿食不消等证，配伍山楂、青皮、麦芽、砂仁、白术、茯苓、陈皮等。

【用量】牛、马 30～60g；猪、羊 10～20g；犬、猫 2～5g；兔、禽 1～2g。

附药：

建曲 又名范志曲。系六曲加厚朴、木香、白术、青皮、槟榔、葛根、茯苓、柴胡、桔梗、荆芥、葛根、前胡、香附、羌活、紫苏、薄荷、独活、茅术、猪苓、防风、乌药、枳实、大腹皮、藿香、木通、香薷、泽泻、白芥子、丁香、豆蔻、甘草、麻黄、川芎、木瓜、沉香、苏子、肉果、檀香、砂仁、草果、秦艽、白芷、陈皮、莱菔子、半夏、麦芽、谷芽、山楂、生姜等49味药制成，不发酵。适用于风寒感冒，食滞胸闷。

采云曲 系六曲加桔梗、白术、紫苏、陈皮、芍药、谷芽、青皮、山楂、藿香、苍术、厚朴、茯苓、檀香、槟榔、枳壳、薄荷、明矾、甘草、木香、半夏、草果、羌活、官桂、姜黄、干姜等25味药制成。适用于感冒、食滞等证。

山 楂

为蔷薇科植物山里红或山楂的干燥成熟果实。前者习称"北山楂"，后者习称"南山楂"。生用，炒用，炒焦用和炒炭用。主产河北、山东、河南、辽宁、山西、江苏、浙江等地。

【性味归经】酸、甘、温。归脾、胃、肝经。

【功效】消食健脾，活血行淤。

【应用】

1. 用于伤食证 山楂味酸而甘，消食力佳，为消化食积停滞常用要药。

治草料停滞于胃所致宿食不消，肚腹饱胀等证，配伍麦芽、枳壳、神曲、厚朴、丁香、炒莱菔子等。

治伤食泄泻，粪便黏腻恶臭，配伍神曲、半夏、陈皮、莱菔子、茯苓、连翘等。

2. 用于产后恶露不尽等 本品功能活血化淤。治产后恶露不行，淤血腹痛等证，配伍当归、川芎、益母草、五灵脂等。

【用量】牛、马 18～60g；猪、羊 10～15g；犬、猫 2～5g；兔、禽 1～2g。

麦　芽

为禾本科植物大麦的成熟果实，经发芽后，低温干燥而成。生用或炒用。全国各地均产。

【性味归经】甘、平。归脾、胃经。

【功效】健脾消食，行滞回乳。

【应用】

1. 用于脾虚食积 本品消导化积作用较强，擅长于消化淀粉类食物。

治草料积滞于胃所致的肚腹胀痛，食欲不振，反刍减少等证，配伍山楂、陈皮、白术等。

治脾胃虚弱所致食减便溏，肚腹虚胀等证，配伍白术、党参、砂仁、薏苡仁、茯苓等。

2. 用于回乳，治乳房胀痛 本品大剂量有回乳作用。

治因乳汁郁积引起乳房胀痛，用量必须加倍，可收退乳消胀之效，但在哺乳期内不宜服用，以免引起乳汁减少；亦可配伍疏肝理气、清热消痈药。

【用量】牛、马 18～60g；猪、羊 10～15g；犬、猫 2～5g；兔、禽 1～2g。

【禁忌】孕畜及哺乳母畜忌用炒麦芽。

附药：

谷芽 为禾本科植物稻的成熟果实，经发芽后，低温干燥而得。味甘，性平。入脾、胃经。具有消食和中，健脾开胃功效。用于消化不良、脘闷腹胀及脾胃虚弱、食欲减退等证。谷芽具消食和胃之功，其作用较麦芽、山楂、六曲等较为缓和，故能促进消化而不伤胃气。在脾胃虚弱、纳谷不香的情况下，每与补气健脾之品如党参、白术、山药等配伍同用。

鸡　内　金

俗称鸡肫皮，为雉科动物家鸡的干燥砂囊内膜。生用或烫用。将鸡杀死后，取出砂囊，剖开，趁热剥取内膜，洗净晒干。烫鸡内金：先将砂子放入锅内炒热，再把生鸡内金放入锅中，用文火拌炒至棕黄色或焦黄色鼓起，取出，筛去砂子。

【性味归经】甘、平。归脾、胃、小肠、膀胱经。

【功效】健脾消积，化石通淋。

【应用】

1. 用于食物积滞 本品健运脾胃，消导作用较强。适用于各种食物积滞病证。

治脾胃虚弱，消化不良，肚腹胀痛，食欲不振等证，配伍山楂、麦芽等。

治脾虚泄泻，配伍白术、干姜、茯苓、陈皮等。

2. 用于尿结石 本品有化石通淋之功。

治尿路结石、膀胱结石，配伍海金沙、金钱草、车前子等。

治胆结石，配伍金钱草、郁金、茵陈等。

3. 用于遗精遗尿 本品能涩精止遗。

治肾虚遗精，可单用或配伍菟丝子、芡实、莲子肉等。

治肾虚遗尿，配伍菟丝子、桑螵蛸等。

【用量】牛、马 15～30g；猪、羊 3～10g；犬、猫 2～5g；兔、禽 1～2g。

莱 菔 子

又称萝卜子，为十字花科植物莱菔的干燥成熟种子。生用或炒用。夏、秋间种子成熟时割取全株，晒干，搓出种子。弃杂质，漂净泥土，捞出，晒干。炒莱菔子：取净莱菔子，置锅内用文火炒至微鼓起，并有香气为度，取出，放凉。全国各地皆产。

【性味归经】辛、甘、平。归肺、脾、胃经。

【功效】消食除胀，降气化痰。

【应用】

1. 用于食积腹胀 本品消食化积，又行气除胀。治食积气滞，肚腹胀满，嗳气腹痛，泻痢不爽等证，配伍神曲、山楂、陈皮、半夏、白术、连翘等。

2. 用于痰湿咳喘 本品下气化痰作用甚为显著。治痰湿壅盛所致的肺失清肃，咳嗽气喘，配伍白芥子、苏子，如三子养亲汤。

【用量】牛、马 18～60g；猪、羊 6～15g；犬、猫 2～5g；兔、禽 1～2g。

【禁忌】莱菔子辛散耗气，故气虚及无食积、痰滞者慎用；又不宜与人参同用，以免影响人参的功能。

附药：

莱菔英 即莱菔的茎叶。性味辛苦温。功能清咽、和胃，适用于咽痛，下痢赤白，消化不佳。

地枯萝 即莱菔的根、老而枯者。功能利水消肿，适用于面黄肿胀，胸膈饱闷，食积腹泻，痢疾及痞块等证。

第十一节 收 涩 药

凡具有收敛固涩作用，治疗各种滑脱证的药物，统称为收涩药。

所谓滑脱证，主要表现为子宫脱出、滑精、自汗、盗汗、久泻、久痢、粪尿失禁、脱肛、久咳虚喘等证。滑脱证的根本原因是正气虚弱，而收敛固涩属于应急治标的方法，不能从根本上消除导致滑脱诸证的病因，故临床应选择适宜的补益药同用，以期标本兼顾。由于滑脱证的表现各异，故将本类药物分为收涩止泻和敛汗涩精两类。

收敛止泻药：具有涩肠止泻的作用，适用于脾肾虚寒所致的久泻久痢，粪便失禁、脱肛和子宫脱等证，在应用上配伍补益脾胃药、温补脾肾药同用。

敛汗涩精药：具有敛汗涩精或缩尿的作用，适用于肾虚气弱所致的自汗、盗汗、阳痿、滑精、尿频等证，在应用上与补肾药、补气药同用。

一、收敛止泻药

乌 梅

为蔷薇科植物梅的未成熟果实的加工熏制品。5、6月果青黄色（青梅）时采收，用火烘焙2～3昼夜可干，再闷2～3天，使色变黑即得。去核生用或炒用。全国各地均产。

【性味归经】酸、涩，平。归肝、脾、肺、大肠经。

【功效】敛肺，涩肠，生津，安蛔。

【应用】

1. 用于肺虚咳嗽　本品能收敛肺气，以缓解咳嗽。治肺虚久咳，配伍款冬花、半夏、杏仁等。

2. 用于久泻久痢　本品能收敛涩肠而止泻。治气虚脾弱引起的久痢滑泻，配伍肉豆蔻、诃子等；也可配伍党参、白术等益气健脾药。

3. 用于虚热消渴　本品味酸，能生津止渴。治虚热引起的口渴咽干，配伍天花粉、麦门冬、葛根等。

4. 用于蛔虫病 本品味酸，蛔虫得酸则伏，故有安蛔作用。治蛔虫引起的腹痛、呕吐等证，配伍干姜、细辛、黄柏等，如"乌梅丸"。

【用量】马、牛 15～30g；猪、羊 6～10g；犬 3～5g。

【禁忌】有表证及里实证者忌用。

五 倍 子

为漆科落叶灌木或小乔木植物盐肤木青麸杨或红麸杨叶上的虫瘿，主要由五倍子蚜寄生而形成。秋季摘下虫瘿，煮死内中寄生虫，干燥。生用。我国大部分地区都有，而以四川为主。

【性味归经】酸、涩，寒。归肺、大肠、肾经。

【功效】敛肺降火，涩肠止泻，固精止遗，敛汗止血。

【应用】

1. 用于咳嗽 本品酸涩收敛，寒能清热，既能敛肺止咳，又有清热降火之功。

治肺虚久咳，与五味子、罂粟壳等敛肺止咳药同用。

治肺热咳嗽，与瓜蒌、黄芩、贝母等清热化痰药同用。

2. 用于久泻久痢 五倍子有涩肠止泻功效。与诃子、五味子同用，以增强涩肠之功。

3. 用于遗精、滑精 本品能收涩固精止遗。可用于肾虚遗精、滑精。与龙骨、茯苓等同用。

4. 用于自汗、盗汗 五倍子敛肺止汗。单味研末用或研末水调外敷。

5. 用于便血 本品有收敛止血作用。治便血，与槐花、地榆等同用或煎汤熏洗患处。

6. 用于解毒、消肿、收湿、敛疮、止血 治疮疖肿毒、溃疡不敛、肛脱不收、子宫下垂等，可单味研末外敷或煎汤熏洗，也可配伍枯矾同用。

【用量】马、牛 10～35g；猪、羊 3～10g；犬、猫 0.5～2g。

【禁忌】湿热泻痢者忌用。

石 榴 皮

为石榴科植物石榴的干燥果皮。全国大部分地区均有栽培。秋季果实成熟，顶端开裂时采摘。除去种子及隔瓤，取果皮或收集吃石榴后的果皮，洗净，切瓣，晒干。生用。

【性味归经】酸、涩、温。归肺、肾、大肠经。

【功效】止泻、驱虫。

【应用】

1. 用于久泻久痢、脱肛　本品收敛涩肠作用较强。

治虚寒所致的久泻久痢、便血及脱肛等证，配伍诃子、肉豆蔻、干姜、黄连等。

治脾胃虚弱，气虚下陷者，配伍黄芪、升麻、白术等以补益中气，升提举陷。

2. 用于虫积腹痛　本品能驱蛔虫、绦虫、蛲虫等，配伍槟榔等，但驱虫效果不如石榴根皮。

3. 用于涩精、止血等。

【用量】 马、牛 30～45g；猪、羊 6～8g；犬、猫 1～3g；兔、禽 1～2g。

【禁忌】 有实邪者忌用。

诃　子

为使君子科植物诃子树的干燥果实。原产印度、马来西亚、缅甸。一年可采收三批，分别于 9、10、11 月，将成熟果实采下，晒干。生用或煨用。用时打碎或去核。现我国云南、广东、广西等地均有栽培。

【性味归经】 苦、酸、涩，温。归肺、胃、大肠经。

【功效】 涩肠止泻，敛肺利咽。

【应用】

1. 用于久泻久痢　本品煨用能涩大肠，止腹泻。治久泻久痢，以及由此引起的脱肛等证，配伍党参、白术、肉豆蔻、茯苓等。

2. 用于肺虚咳嗽　本品生用能敛肺下气而利咽喉。

治肺虚咳喘，配伍党参、肉豆蔻、麦门冬、五味子、甘草等。

治肺热久咳，咽喉不利，配伍瓜蒌、川贝母、桔梗等。

【用量】 马、牛 30～60g；猪、羊 6～10g；犬、猫 1～3g；兔、禽 1～2g。

【禁忌】 咳嗽及痢疾初起邪未清者不宜用。

肉　豆　蔻

为肉豆蔻科植物肉豆蔻的种仁，用石灰乳浸 1 天后，缓火焙干。用时以面裹煨去油。我国广东有栽培；印度以及西印度群岛、马来半岛等地亦产。

【性味归经】 辛，温。归脾、胃、大肠经。

【功效】 收敛止泻，温中行气。

【应用】

1. 用于久泻久痢　本品能温脾胃，并长于涩肠止泻。

治脾胃虚寒，久泻不止，配伍肉桂、诃子、木香、大枣等。

治脾肾阳虚泄泻，配伍补骨脂、吴茱萸、五味子等，如四神丸。

2. 用于脾胃虚寒引起的肚腹胀痛 本品理脾暖胃，下气调中。治脾胃虚寒引起的肚腹胀痛，配伍木香、白术、半夏、干姜等。

【用量】马、牛15～30g；猪、羊6～10g；犬、猫1～3g；兔、禽1～2g。

【禁忌】凡热泻热痢者忌用。

赤 石 脂

为硅酸盐类矿物多水高岭石族多水高岭石。主要含含水硅酸铝。主产福建、山东、河南等地。全年均可采挖。研细粉或煅后捣碎。

【性味归经】甘、酸、涩，温。归大肠、胃经。

【功效】涩肠止泻，收敛止血，敛疮生肌。

【应用】

1. 用于久泻，久痢 本品有温里涩肠固脱作用。治泻痢不止，配伍禹余粮，也可配伍干姜、粳米，以增强散寒和中、涩肠止泻之功。

2. 用于崩漏，带下，便血 本品有固崩止带，收敛止血作用。

治崩漏下血，配伍乌贼骨、侧柏叶等收敛止血药。

治母畜肾虚带下，配伍鹿角霜、芡实等温肾止带药。

治便血，配伍白矾、龙骨等，以增强收敛止血之效。

3. 用于疮疡不敛，湿疹，湿疮 本品外用能收湿敛疮、生肌收口。治疮疡不敛、湿疹、湿疮，与龙骨、炉甘石、血竭等同用，研末，撒敷患处。

【用量】马、牛15～45g；猪、羊9～15g；犬、猫0.5～2g。

禹 余 粮

为氢氧化物类矿物褐铁矿，主含碱式氧化铁 [$FeO·(OH)$]。主产河南、浙江、广东等地。全年均可采挖。干燥。醋煅用。

【性味归经】甘、涩，平。归胃、大肠经。

【功效】涩肠止泻，收敛止血，止带。

【应用】

1. 用于久泻，久痢 本品味甘涩，有涩肠止泻作用。与赤石脂同用。

2. 用于崩漏，带下 本品能收敛止血，固崩止带。

治崩漏下血，配伍乌贼骨、龙骨、棕榈炭等。

治带下，配伍银杏、乌贼骨等。

【用法用量】马、牛18～45g；猪、羊9～18g；犬、猫0.5～2g。

二、敛汗涩精药

五 味 子

为木兰科植物五味子、华中五味子的成熟果实。习惯称前者为"北五味子"，后者为"南五味子"。北五味子为传统使用的正品，主产东北及华北；南五味子主产西南及长江流域以南各省区，其果实较小，果肉较薄，表面呈棕红色，一般认为，品质较差。秋季果实成熟时采摘，除去杂质，晒干。生用或经醋、蜜拌蒸，晒干用。

【性味归经】酸、温。归肺、肾经。

【功效】敛肺止咳，益肾固精，涩肠止泻，生津敛汗。

【应用】

1. 用于久咳虚喘　本品上敛肺气，下滋肾阴，既能补益肺肾，又能止咳平喘。

治肺虚喘咳，配伍党参、黄芪、紫菀等。

治肾虚（肾不纳气）喘咳，配伍山茱萸、熟地黄、山药、丹皮、泽泻、茯苓等。

2. 用于肾虚　本品功专补肾，有益肾固精之效。治肾虚滑精及尿频等证时，配伍桑螵蛸、菟丝子、金樱子等。

3. 用于脾肾阳虚导致的泄泻　本品有收敛固涩之功。治泄泻，配伍补骨脂、吴茱萸、肉豆蔻等。

4. 用于津伤口渴　本品有生津止渴作用。治津少口渴，配伍麦门冬、人参等，如生脉散。

5. 用于自汗、盗汗　本品有收涩敛汗之功。

治气虚自汗，配伍黄芪、白术、牡蛎等。

治阴虚盗汗，配伍党参、麦门冬、山茱萸等。

【用量】马、牛 30～60g；猪、羊 10～20g；犬、猫 1～3g；兔、禽 1～2g。

【禁忌】表邪未解及有实热者不宜用。

麻 黄 根

为麻黄科多年生草本状小灌木植物草麻黄或中麻黄的根及根茎。立秋后采收。剪去须根，干燥切段。生用。主产河北、山西、内蒙古、甘肃、四川等地。

【性味归经】甘、平。归肺经。

【功效】敛肺止汗。

【应用】用于自汗、盗汗。本品能敛肺止汗，为临床止汗专品。可内服，也可外用。

治气虚自汗，配伍黄芪、白术等。

治阴虚盗汗，配伍生地、五味子、牡蛎。

治产后虚汗不止，配伍当归、黄芪等，如麻黄根散。

【用量】马、牛 15～30g；猪、羊 9～15g；犬、猫 1～3g；兔、禽 1～2g。

【禁忌】有表邪者忌用。

浮　小　麦

为禾本科植物小麦瘪壳轻浮未成熟颖果。各地均产。以水淘之，浮起者为佳。生用或炒用。

【性味归经】甘，凉。归心经。

【功效】止汗。

【应用】主要用于治疗自汗、盗汗，与龙骨、牡蛎等同用。治产后虚汗不止，配伍麻黄根、牡蛎、黄芪等。

【用量】马、牛 60～90g；猪、羊 15～30g；犬、猫 1～3g；兔、禽 1～2g。

桑　螵　蛸

为螳螂科昆虫大刀螂和小刀螂薄翅螳螂及其他螳螂类的卵蛸。主产各地桑蚕区。深秋至次年春采收，除去杂质，蒸死虫卵，干燥。生用或炙用。

【性味归经】甘、辛、涩，平。归肝、肾经。

【功效】益肾助阳、固精缩尿。

【应用】

1. 用于肾虚　本品有补肾助阳功效，配伍巴戟天、肉苁蓉、枸杞子等。

2. 用于滑精、早泄及尿频　本品有固精缩尿之功。治肾气不固导致的滑精、早泄及尿频等证，配伍智仁、菟丝子、乌药等。

【用量】马、牛 20～45g；猪、羊 3～10g；犬、猫 1～3g；兔、禽 1～2g。

【禁忌】阴虚火旺或膀胱有热者慎用。

乌　贼　骨

为乌贼科无针乌贼、金乌贼或同属动物的干燥内壳，又称海螵蛸。我国沿海地区均有分布，主产辽宁、山东、江苏、浙江、福建等地。4～8 月可将漂浮在海边或积于海滩上的乌贼骨捞起，剔除杂质，于淡水漂洗后晒干；或将食用所剩的乌贼骨收集洗净晒干。生用或炒用。

【性味归经】咸、涩、微温。归肝、肾、胃经。

【功效】固精止带，收敛止血，制酸止痛，收湿敛疮。

【应用】

1. 用于遗精，带下　本品温涩收敛，善固精止带。

治肾虚遗精，配伍山茱萸、菟丝子、沙苑子等补肾固精药共用。

治母畜带下，配伍白芷、血余炭等药，共奏燥湿止带、止血之功。

2. 用于崩漏下血，肺胃出血，创伤出血　本品有收敛止血作用。

治崩漏下血，配伍茜草、棕榈炭、牡蛎等，以增强固崩止血之功，如固冲汤。

治肺胃出血，与白及等份配合，为末服。

治创伤出血，单用本品研末外敷。

3. 用于胃痛吐酸　本品有制酸止痛作用。配伍浙贝母，即乌贝散；配伍延胡索、瓦楞子、白及等，以加强制酸止痛之效。

4. 用于湿疮、湿疹，溃疡不敛　本品外用能收湿敛疮。

治湿疮、湿疹，配伍黄连、黄柏、青黛等清热燥湿解毒药，研末外用。

治溃疡多脓，久不愈合，可单用研末外敷或配伍煅石膏、煅龙骨、枯矾等，共研细末，撒敷患处。

【用量】马、牛 25～60g；猪、羊 10～15g；犬、猫 1～3g；兔、禽 1～2g。外用适量。

覆 盆 子

为蔷薇科落叶灌木华东覆盆子的干燥果实。主产浙江、福建、四川、安徽、陕西等地。夏初果实由绿变黄绿时采收。置沸水中略烫或略蒸，干燥，生用。

【性味归经】甘、酸，微温。归肝、肾经。

【功效】固精缩尿，益肾养肝。

【应用】

1. 用于肾虚不固之遗精、滑精，遗尿、尿频　本品甘温助阳，味酸固涩，既可补肾益精，又能缩尿止遗。

治遗精、滑精、早泄、阳痿或不孕不育，配伍枸杞子、五味子、菟丝子等补肾固精之品。

治遗尿尿频，配伍桑螵蛸、益智仁等固肾缩尿药。

2. 用于肝肾不足，目暗不明　本品有益肝肾明目作用。配伍枸杞子、菟丝子、熟地黄等滋补肝肾药。

【用量】马、牛 15～45g；猪、羊 6～15g；犬、猫 1～3g；兔、禽 1～2g。

【禁忌】肾虚有火，小便短涩者不宜服用。

金 樱 子

为蔷薇科常绿攀缘灌木金樱子的干燥成熟果实。主产广东、江西、浙江、广西、江苏等地。10～11 月果实成熟变红时采收，干燥，除去毛刺。生用。

【性味归经】酸、涩，平。归肾、膀胱、大肠经。

【功效】固精缩尿，涩肠止泻。

【应用】

1. 用于遗精滑精，遗尿尿频 本品有固精缩尿作用。

治上述诸证，可单用熬膏服或与芡实同用；或与其他补肾、固涩之品同用。

2. 用于久泻、久痢 本品能涩肠止泻。常用于肾虚肠滑之久泻、久痢，可单味煎服；亦可配伍党参、白术、芡实等，以增强补脾止泻作用。

【用量】马、牛 15～45g；猪、羊 6～12g；犬、猫 1～3g；兔、禽 0.5～1g。

莲 子

为睡莲科多年生水生草本莲的干燥成熟种子。主产湖南、福建、江苏、浙江等地。秋季采收。晒干。去心，生用。

【性味归经】甘、涩，平。归脾、肾、心经。

【功效】补脾止泻，固涩止带，益肾固精，养心安神。

【应用】

1. 用于脾虚泄泻，食欲不振 本品有健脾益气、涩肠止泻作用。

治脾虚久泻，食欲不振，配伍人参、茯苓、白术等补脾益气药，如参苓白术散。

治脾肾两虚之久泻不止，配伍补骨脂、肉豆蔻等，共奏温脾益肾、涩肠止泻之效。

2. 用于肾虚遗精，滑精 本品有益肾固精之效。

治肾虚不固之遗精滑泄，配伍沙苑子、芡实、龙骨等，以加强补肾固精之功，如金锁固精丸；或配伍龙骨、山茱萸、覆盆子等固肾收涩药。

治小便白浊，滑精，与益智仁、龙骨等温肾固涩之品同用。

3. 用于带下证 本品尚能补益脾、肾，又能固涩止带。

治脾虚带下，配伍白术、茯苓等补脾利湿药。

治脾肾两虚之带下，配伍党参、山药、芡实等健脾益气、固肾止带之品。

4. 用于虚烦、失眠、惊悸　本品能养心神，益肾气，交通心肾。

治心肾不交之虚烦、失眠、惊悸，配伍酸枣仁、茯神、远志等宁心安神药。

【用量】马、牛 30～45g；猪、羊 6～15g；犬、猫 1～3g；兔、禽 0.5～2g。

附药：

莲须　为睡莲科莲的干燥雄蕊。味甘、涩，性平。有固肾涩精之功效。用于遗精、滑精、带下、遗尿等证。配伍沙苑子、芡实、龙骨等补肾固精，如金锁固精丸。

莲房　为睡莲科莲的干燥花托。味苦、涩，性温。有止血化瘀之功效。用于崩漏、尿血、便血、痔疮出血、产后恶露不尽。常炒炭用。

荷叶　为睡莲科莲的干燥叶片。味苦、涩，性平。有清暑利湿、升阳止血之功效。用于暑热病证、脾虚泄泻及多种出血证。

荷梗　为睡莲科莲的干燥叶柄及花柄。味苦，性平。有通气宽胸、和胃安胎之功效。用于外感暑湿之胸闷不畅、妊娠呕吐、胎动不安。

芡　实

为睡莲科一年生水生草本芡的干燥成熟种仁。主产湖南、江苏、安徽、山东等地。秋末冬初采收。晒干。生用或麸炒用。

【性味归经】甘、涩，平。归脾、肾经。

【功效】补脾止泻，益肾固精，除湿止带。

【应用】

1. 用于脾虚久泻　本品善健脾除湿、涩肠止泻。治脾虚久泻，配伍党参、白术、茯苓等同用，共奏补脾祛湿止泻之功。

2. 用于肾虚遗精、滑精，遗尿　本品有补肾固精止遗作用。

治肾虚不固之遗精、滑精，配伍金樱子或配伍沙苑子、龙骨、莲须等，以加强固肾涩精作用，如金锁固精丸。

治肾虚小便不禁、小儿遗尿，配伍菟丝子、益智仁、桑螵蛸等，以增强温肾缩尿之效。

治肾气不足之白浊，与健脾利湿之茯苓同用。

3. 用于带下证　本品能益肾健脾，收敛固涩，除湿。

治脾肾两虚，配伍山茱萸、菟丝子、山药等，以固肾健脾。

治湿热，配伍黄柏、车前子等清热祛湿药。

【用量】马、牛 18～45g；猪、羊 9～18g；犬、猫 1～3g；兔、禽 0.5～1g。

第十二节 补 益 药

凡能补益正气，增强体质以提高抗病能力，治疗虚证为主的药物，称为补虚药，亦称补养药或补益药。

虚证一般分为气虚、阳虚、血虚、阴虚四类。故补虚药也可分为补气、补阳、补血、补阴四类。但畜体生命活动中，气血阴阳有相互依从关系，阳虚者多兼有气虚，而气虚者也易致阳虚；阴虚者每兼见血虚，而血虚者也易致阴虚。因此补气药和补阳药，补血药和补阴药往往配伍应用。如遇气血双亏、阴阳俱虚的证候，则补虚药的使用须统筹兼顾，用双补气血或阴阳并补的方法。

补虚药原为虚证而设，凡动物机体健康，并无虚弱表现者，不宜滥用，以免导致阴阳平衡失调，"误补益疾"。实邪方盛，正气未虚者，应以祛邪为主，亦不宜用，以免"闭门留寇"。

一、补气药

凡以补气功能为主，可治疗气虚证的药物称补气药。本类药物多味甘，性平或微温，以入脾、胃、肺经为主。主要具有补脾气、益肺气之功效，适用于脾气虚、肺气虚等病证。兼血虚、阴虚或阳虚者，与补血、滋阴、助阳药同用。由于气能生血、气能统血、气能生化津液，故在治疗血虚、津亏、出血等证时，常配伍补气药，以增强补血、止血、生津之效。使用补气药，应酌情配伍理气药，使其补而不滞，以免影响食欲和消化。

党 参

为桔梗科多年生草本植物党参、素花党参或川党参的干燥根。因以山西上党者最为著名，故称党参。秋季采挖，洗净，晒干。切厚片，生用。主产山西、陕西、甘肃、四川等地。

【性味归经】甘，平。归脾、肺经。

【功效】益气，生津，养血。

【应用】

1. 用于气虚诸证 本品能补中益气，升阳举陷。用治气虚诸证见久病气虚、倦怠无力、脾虚泄泻、食少便溏、中气下陷、脱肛和子宫垂脱等。

治脾虚泄泻、食少便溏，配伍白术、茯苓、甘草等。

治中气下陷之垂脱证，配伍黄芪、升麻、白术等。

2. 用于肺气亏虚 本品能补益肺气。治肺气亏虚，证见咳嗽气促，叫声低微等，配伍黄芪、五味子等。

3. 用于气津两伤　本品有益气生津和益气生血之效。治气津两伤之气短口渴、气血双亏之口色淡白，口干，心悸等，配伍麦门冬、五味子、生地等生津药，或配伍当归、熟地黄等补血药。

对气虚外感及正虚邪实之证，可随证配伍解表药或攻里药，以扶正祛邪。

【用量】马、牛 20～60g；猪、羊 10～20g；犬 3～5g；家禽 0.5～1.5g。

【禁忌】反藜芦。

黄　芪

【应用】为豆科多年生草本植物蒙古黄芪或膜荚黄芪的根。春、秋二季采挖，除去须根及根头，晒干。生用或蜜炙用。主产内蒙古、山西、甘肃、黑龙江等地。

【性味归经】甘，微温。归脾、肺经。

【功效】补气升阳，益卫固表，利水消肿，托疮生肌。

1. 用于脾胃气虚及中气下陷诸证

(1) 治脾胃气虚证。黄芪擅长补中益气。

脾虚气短，食少便溏，倦怠乏力等，配伍白术，以补气健脾。

气虚较甚，则配伍人参，以增强补气作用。

中焦虚寒，腹痛拘急，配伍桂枝、白芍、甘草等，以补气温中。

阳气虚弱，体倦汗多，配伍附子，以益气固表。

(2) 治中气下陷证。黄芪能补中益气，升举清阳。治脾阳不升，中气下陷，证见久泻脱肛，内脏下垂，配伍人参、升麻、柴胡等，以升阳举陷如补中益气汤。

2. 用于肺气虚及表虚自汗，气虚外感诸证　黄芪能补肺气、益卫气，以固表止汗。

治肺气虚弱，咳喘气短，与紫菀、五味子等同用。

治表虚卫阳不固自汗且易外感者，配伍白术、防风，如玉屏风散，既可固表以止自汗，又能实卫而御外邪。

3. 用于气虚水湿失运的浮肿，小便不利　黄芪能补气利尿，故能消肿，配伍防己、白术等，如防己黄芪汤。

4. 用于气血不足，疮疡内陷的脓成不溃或久溃不敛　黄芪能补气托毒，排脓生肌。

治脓成不溃，配伍当归、穿山甲、皂角刺等，以拔毒排脓。

治久溃不敛，配伍当归、人参、肉桂等，以生肌敛疮。

【用量】马、牛 20～60g；猪、羊 10～20g；犬 5～15g；兔、家禽 1～2g。

白 术

为菊科多年生草本植物白术的根茎。秋末冬初采收，除去泥沙，烘干或晒干，再除去须根。切厚片，生用或土炒、麸炒用。炒至黑褐色称为焦白术。主产浙江、湖北、湖南、江西、河北等地。

【性味归经】苦、甘，温。归脾、胃经。

【功效】补气健脾，燥湿利水，固表止汗，安胎。

【应用】

1. 用于脾胃气虚，运化无力，食少便溏，脘腹胀满，倦怠乏力等证 白术有补气健脾之效。

治脾气虚弱，食少胀满，配伍党参、茯苓等，以益气补脾。

治脾胃虚寒，肚腹冷痛，胀满泄泻，配伍党参、干姜等，以温中健脾。

治脾虚而有积滞，脘腹痞满，配伍枳实等，以消补兼施。

2. 用于脾虚水停，而为痰饮，水肿，小便不利 白术既可补气健脾，又能燥湿利水，故用之甚宜。

治痰饮，配伍桂枝、茯苓等，以温脾化饮。

治水肿，配伍茯苓、泽泻等（如五苓散），以健脾利湿。

3. 用于脾虚气弱，肌表不固而自汗 白术能补脾益气，固表止汗。可单用或配伍黄芪、浮小麦等同用。

4. 用于脾虚气弱，胎动不安 白术有补气健脾和安胎之功。配伍砂仁或当归、白芍、黄芩等同用。

【用量】马、牛 20～60g；猪、羊 10～15g；犬 1～5g；兔、家禽 1～2g。

山 药

为薯蓣科多年蔓生草本植物薯蓣的根茎。霜降后采挖。刮去粗皮，晒干或烘干，为"毛山药"；再经浸软闷透，搓压为圆柱状，晒干打光，成为"光山药"。润透，切厚片，生用或麸炒用。主产河南、河北、江苏、广西、湖南等地。

【性味归经】甘，平。归脾、肺、肾经。

【功效】益气养阴，补脾肺肾，固精止带。

【应用】

1. 用于脾胃虚弱证 山药能平补脾气，又益脾阴，且性兼涩，故凡脾虚食少，体倦便溏等，皆可应用。配伍党参（或人参）、白术、茯苓、白扁豆等同用，如参苓白术散。

2. 用于肺肾虚弱证　山药既补脾肺之气，又益肺肾之阴，并能固涩肾精。

治肺虚咳喘，或肺肾两虚，久咳久喘，配伍人参、麦门冬、五味子等。

治肾虚不固的遗精、尿频等，配伍熟地黄、山茱萸、菟丝子、金樱子等。

治尿频、遗尿，配伍益智仁、桑螵蛸等。

3. 用于阴虚内热，口渴多饮，小便频数　有益气养阴、生津止渴之效。配伍黄芪、生地黄、天花粉等同用。

【用量】马、牛30～90g；猪、羊10～30g；犬5～15g；兔、家禽1.3～5g。

甘　草

为豆科多年生草本植物甘草、胀果甘草或光果甘草的根及根茎。春、秋季采挖，除去须根，晒干。切厚片，生用或蜜炙用。主产内蒙古、山西、甘肃、新疆等地。

【性味归经】甘，平。归心、肺、脾、胃经。

【功效】益气补中，清热解毒，祛痰止咳，缓急止痛，调和药性。

【应用】

1. 用于心气虚　本品能补益心脾之气，为治心气不足的心悸，脉结代，与脾气虚弱的倦怠乏力，食少便溏等证的要药。

治心气虚，配伍人参、阿胶、桂枝等同用，如炙甘草汤。

治脾气虚，配伍党参、白术等。

2. 用于痰多咳嗽　本品能祛痰止咳，并可随证配伍，应用广泛。

治风寒咳嗽，配伍麻黄、杏仁等。

治肺热咳喘，配伍石膏、麻黄、杏仁等。

治寒痰咳喘，配伍干姜、细辛等。

治湿痰咳嗽，配伍半夏、茯苓等。

3. 用于肚腹及四肢挛急作痛　能缓急止痛。

阴血不足，筋失所养而挛急作痛，配伍白芍，即芍药甘草汤。

脾胃虚寒，营血不能温养所致，配伍白芍、饴糖等，如小建中汤。

4. 用于清热解毒　生甘草能清热解毒，可用于热毒疮疡、咽喉肿痛及药物、食物中毒等。

治热毒疮疡，与金银花、连翘等同用。

治咽喉肿痛，与桔梗、牛蒡子等同用。

解药物、食物中毒，在无特殊解毒药时，可用甘草救治，或与绿豆或大豆煎汤服。

5. 用于调和药性　用于药性峻猛的方剂中，既能缓和烈性或减轻毒副作用，又可调和脾胃。

用于调胃承气汤中：可缓和芒硝、大黄之峻性，使泻下不致太猛，并避免其刺激大肠而产生腹痛。

用于半夏泻心汤中：甘草与半夏、干姜、黄芩、黄连同用，可调和寒热之性，平调升降，起到调和诸药的作用。

【用量】马、牛 30～60g；猪、羊 3～10g；犬 1～5g；兔、家禽 0.6～3g。

【禁忌】湿盛胀满、浮肿者不宜用。反大戟、芫花、甘遂、海藻。

大　枣

为鼠李科落叶乔本植物枣的成熟果实。秋季果实成熟时采收，晒干。生用。主产河北、河南、山东、陕西等地。

【性味归经】甘，温。归脾、胃经。

【功效】补中益气，养血安神，缓和药性。

【应用】

1. 用于脾气虚　本品能补中益气。治脾虚食少便溏，倦怠乏力，配伍党参、白术等，以增强疗效。

2. 用于血虚证　本品能养血安神。配伍甘草、浮小麦，以养心宁神。

3. 用于调和药性　本品加入药性较峻烈的方剂中，可以减少烈性药的副作用，并保护正气。如十枣汤，以甘草缓解甘遂、大戟、芫花之峻下与毒性，保护脾胃，以防攻逐太过；配伍生姜，入解表剂以调和营卫；入补益剂以调补脾胃，均可以增强疗效。

【用量】马、牛 30～60g；猪、羊 10～15g；犬 5～8g；兔、家禽 1.3～5g。

二、补血药

凡能补血，主要用治血虚证的药物称补血药。本类药物多甘温或甘平，多入心、肝、脾经。主要适用于体瘦毛焦、口色淡白、精神萎靡、心悸脉弱等血虚之证。应用时，如兼见气虚者，要配伍补气药，使气旺以生血；兼见阴虚者，要配伍补阴药，或选用补血而又兼能补阴的阿胶、熟地黄、桑葚之类。"后天之本在脾"，脾的运化功能衰弱，补血药就不能充分发挥作用，故还应适当配伍健运脾胃药。补血药多滋腻黏滞，妨碍运化。故凡湿滞脾胃，脘腹胀满，食少便溏的病畜应慎用。

当　归

为伞形科多年生草本植物当归的根。秋末采挖，除去须根及泥沙，待水分稍蒸发后，捆成小把，上棚，用烟火慢慢熏干。切薄片或身、尾分别切片。生用或酒炒用。产于甘肃东南部岷县（秦州）者，量大质好；陕西、四川、云南等地也有生产。

【性味归经】甘、辛，温。归肝、心、脾经。

【功效】补血，活血，止痛，润肠。

【应用】

1. 用于血虚证 当归甘温质润，为补血要药。

治血虚证，与熟地、白芍等同用，如四物汤。

治气血两虚，与黄芪同用，如当归补血汤。

2. 用于血虚血滞，跌打损伤，风湿痹阻痛等 当归补血活血，又兼能散寒止痛，故可随证配伍应用。

治血滞兼寒的肿痛，配伍川芎、白芷等。

治气血淤滞的胸痛、胁痛，配伍郁金、香附等。

治虚寒腹痛，配伍桂枝、白芍等。

治血痢腹痛，配伍黄芩、黄连、木香等。

治跌打损伤，配伍乳香、没药、桃仁、红花等。

治风湿痹痛、肢体麻木，配伍羌活、独活、桂枝、秦艽等。

治产后淤血疼痛，配伍益母草、川芎、桃仁等。

3. 用于痈疽疮疡 当归既能活血消肿止痛，又能补血生肌，为外科常用药。

疮疡初期，配伍金银花、连翘、赤芍等，以消肿止痛。

痈疽溃后，气血亏虚，配伍党参、黄芪、熟地黄等，以补血生肌。

4. 用于肠燥便秘 本品能养血润肠通便。治血虚、阴虚所致肠燥便秘。配伍火麻仁、肉苁蓉等。

【用量】马、牛 15～60g；猪、羊 10～15g；犬 2～5g；兔、家禽 1～2g。

【禁忌】阴虚内热患畜不宜用。

熟　　地

为生地黄经加黄酒拌蒸至内外色黑、油润或直接蒸至黑润而成。切厚片用。

【性味归经】甘，微温，归肝、肾经。

【功效】补血滋阴，益精充髓。

【应用】

1. 用于血虚证 为补血要药。与当归、川芎、白芍同用，并随证配伍相应的药物。

2. 用于肾阴不足证 本品为滋阴主药。治肾阴不足所致潮热骨蒸、盗汗、遗精等，配伍山萸肉、山药等，如六味地黄丸。

3. 用于肝肾精血亏虚证 本品能补精益髓。肝肾精血亏虚所致腰膝痿软等，配伍制何首乌、枸杞子、菟丝子等补精血药。

【用量】马、牛 30～60g；猪、羊 5～15g；犬 3～5g。

【禁忌】脾虚湿盛患畜忌用。

何 首 乌

为蓼科多年生缠绕草本植物何首乌的块根。秋、冬采挖，洗净，切厚片，干燥，称生首乌；生首乌以黑豆汁拌匀，蒸至内外均呈棕褐色，晒干，称为制首乌。主产河南、湖北、广西、广东、贵州、四川、江苏等地均有出产。

【性味归经】制首乌甘、涩，微温；归肝、肾经。生首乌甘、苦，平；归心、肝、大肠经。

【功效】制首乌补益精血，固肾乌须；生首乌截疟解毒，润肠通便。

【应用】

1. 制首乌 具有补益精血的功效，用于阴虚血少，腰膝痿软等，配伍熟地、枸杞子、菟丝子等。

2. 生首乌

(1) 用于便秘 能通便泻下，适用于体质虚弱及老年患畜便秘，配伍当归、肉苁蓉、麻仁等。

(2) 用于瘰疬、疮疡等 生首乌还能散结解毒，治瘰疬、疮疡、皮肤瘙痒等，配伍玄参、紫花地丁、天花粉等。

【用量】马、牛 30～90g；猪、羊 10～15g；犬 2～6g；兔、家禽 1～3g。

【禁忌】脾虚湿盛患畜不宜用。

白 芍

为毛茛科多年生草本植物芍药的根。夏、秋二季采挖，洗净，除去头尾及细根，置沸水中煮后除去外皮，或去皮后再煮至无硬心，捞起晒干。切薄片，生用或炒用、酒炒用。主产浙江、安徽、四川等地。

【性味归经】苦、酸、甘，微寒。归肝、脾经。

【功效】平肝抑阳，柔肝止痛，敛阴止汗。

【应用】

1. 用于血虚证 本品能养血柔肝。治血虚证，配伍川芎、当归、熟地等，如四物汤。

2. 用于肝阴不足，肝阳上亢，躁动不安等证 本品有养肝阴，调肝气，平肝阳，缓急止痛之效。与生地、牛膝、石决明、女贞子等同用。

3.用于肝脾不调，腹痛泄泻　本品有柔肝止痛之效。配伍甘草、防风、白术等。

4.用于阴虚盗汗，表虚自汗　本品能敛阴和营而止汗。

治营卫不和，表虚自汗，与桂枝配伍，调和营卫而止汗，如桂枝汤。

治阴虚盗汗，配伍生地黄、牡蛎，浮小麦等，敛阴而止汗。

【用量】马、牛15～60g；猪、羊6～15g；犬1～5g；兔、家禽1～2g。

【禁忌】反藜芦。

阿　胶

为马科动物驴的皮经煎煮、浓缩制成的固体胶。捣成碎块或以蛤粉烫炒成珠用。主产山东、浙江、河北、河南、江苏等地。以山东省东阿阿胶最著名。

【性味归经】甘，平。归肺、肝、肾经。

【功效】补血，止血，滋阴润燥，安胎。

【应用】

1.用于血虚证　为补血之佳品。治血虚诸证，配伍熟地黄、当归、黄芪等补益气血药。

2.用于多种出血证　本品止血作用良好，对出血而兼见阴虚、血虚证者尤为适宜。

治血热鼻衄，配伍蒲黄、生地黄、旱莲草、仙鹤草、白茅根等。

治肺破咳血，配伍人参、天门冬、北五味子、白及等。

治便血，配伍当归、赤芍或槐花、地榆等。

治先便后血，配伍白芍、黄连等。

治子宫出血，配伍生地黄、艾叶、当归等。

3.用于阴虚证及燥证　本品能滋阴润燥。

治温燥伤肺，干咳无痰，配伍麦门冬、杏仁等，如清燥救肺汤。

治热病伤阴，烦躁不安，配伍白芍、黄连等，如黄连阿胶汤。

4.用于安胎　妊娠胎动、下血，配伍艾叶等。

【用量】马、牛15～60g；猪、羊10～15g；犬5～8g。

【禁忌】本品性滋腻，有碍消化，胃弱便溏患畜慎用。

龙　眼　肉

为无患子科常绿乔木植物龙眼的假种皮。初秋果实成熟时采摘，烘干或晒干，取肉去核，晒至干爽不黏。主产广东、福建、广西、台湾等地。

【性味归经】甘，温。归心、脾经。

【功效】补益心脾，养血安神。

【应用】用于心脾两虚。本品能补益心脾，养血安神，为性质平和的滋补良药。单用即有效，亦可配伍黄芪、党参、当归、酸枣仁等同用。

【用量】马、牛 30～60g；猪、羊 10～15g；犬 2～5g；兔、家禽 1～2g。

三、补阴药

凡能养阴生津，以治疗阴虚证为主要作用的药物称补阴药（养阴药、滋阴药）。本类药物多味甘，性凉。主入肺、胃、肝、肾经。具有滋肾阴、补肺阴、养胃阴、益肝阴等功效，适用于舌光无苔、口舌干燥、虚热口渴、肺燥咳嗽等阴虚证。补阴药多甘凉滋腻，凡阳虚阴盛，脾虚泄泻者不宜用。

北 沙 参

为伞形科多年生草本植物珊瑚菜的根。夏、秋两季采挖，洗净，置沸水中烫后，除去外皮，干燥。或洗净直接干燥。主产山东、河北、辽宁、江苏等地。

【性味归经】甘、微苦，微寒。归肺、胃经。

【功效】养阴清肺，益胃生津。

【应用】

1. 用于肺阴虚诸证　本品能养肺阴而清燥热。治肺阴虚所致肺热燥咳，干咳少痰或劳伤久咳等，配伍麦门冬、玉竹、天花粉、川贝母等。

2. 用于胃阴虚诸证　本品有养胃阴，清胃热，生津液之功。治胃阴虚或热伤胃阴，津液不足，口渴咽干，舌质红绛等，配伍麦门冬、石斛等。

【用量】马、牛 30～60g；猪、羊 10～15g；犬 2～5g；兔、家禽 1～2g。

【禁忌】肺寒湿痰咳嗽患畜不宜用。反藜芦。

南 沙 参

为桔梗科多年生草本植物轮叶沙参或杏叶沙参的根。春、秋采收，除去须根，趁鲜刮去粗皮，干燥。切厚片或短段，生用。主产安徽、江苏、浙江、贵州等地。

【性味归经】甘、微寒。归肺、胃经。

【功效】养阴清肺，化痰，益气。

【应用】

1. 用于燥热咳嗽　本品有养肺阴，清肺热，润肺燥，化痰止咳之效。治肺阴虚燥热咳嗽，配伍麦门冬、桑叶、知母、川贝母等。

2. 用于热病伤津　可以养阴生津而兼益气。治热病后气津不足或脾胃虚弱，而见咽干口燥，舌红少津，配伍石斛、麦门冬、山药、谷芽等。

【用量】马、牛30～60g；猪、羊10～15g；犬2～5g；兔、家禽1～2g。

【禁忌】肺寒湿痰咳嗽患畜不宜用。反藜芦。

麦　门　冬

为百合科多年生草本植物麦冬的块根。夏季采挖，反复暴晒、堆置，至七八成干，除去须根，干燥。生用。主产四川、浙江、湖北等地。

【性味归经】甘、微苦，微寒。归心、肺、胃经。

【功效】养阴润肺、益胃生津、清心除烦。

【应用】

1. 用于肺阴不足　能养阴、清热、润燥，用治肺阴不足所致燥热干咳痰黏、咳嗽等证。治肺燥咳嗽，配伍桑叶、杏仁、阿胶等，如清燥救肺汤。

2. 用于胃阴虚　本品能益胃生津，润燥，用治胃阴虚或热伤胃阴，口渴咽干，大便燥结等。

治热伤胃阴所致口渴咽干，配伍玉竹、沙参等，如益胃汤。

治热病津伤，肠燥便秘，配伍玄参、生地黄等，如增液汤。

3. 用于心阴虚　能养阴清心，除烦安神，用治心阴虚及温病热邪扰及心营，心烦不安，舌绛而干等证。

治阴虚有热的心烦不安，配伍生地黄、酸枣仁等，如天王补心丹。

治邪扰心营，身热烦躁，舌绛而干等，配伍黄连、生地黄、竹叶心等，如清营汤。

【用量】马、牛20～60g；猪、羊10～15g；犬5～8g；家禽0.6～1.5g。

【禁忌】寒咳多痰、脾虚便溏患畜不宜用。

天　门　冬

为百合科多年生攀缘草本植物天冬的块根。秋、冬两季采挖，洗净，除去茎基和须根，置沸水中煮或蒸至透心，趁热除去外皮，洗净，干燥。切薄片，生用。主产贵州、四川、广西等地。

【性味归经】甘、苦，寒。归肺、肾经。

【功效】养阴润燥，清火，生津。

【应用】

1. 用于阴虚肺热的燥咳　能养阴清肺润燥。治阴虚肺热燥咳，配伍麦门冬、沙参、川贝母等。

2. 用于肾阴不足诸证 本品能滋肾阴，清降虚火，生津润燥，用治肾阴不足所致阴虚火旺的潮热盗汗，滑精，低热，口渴，肠燥便秘等证。

治肾虚火旺，潮热滑精等，配伍熟地黄、知母、黄柏等。

治热病伤津口渴，配伍党参、生地黄等。

治热伤津液的肠燥便秘，配伍生地黄、玄参、火麻仁等。

【用量】马、牛 30～60g；猪、羊 10～15g；犬 1～3g；家禽 0.5～2g。

【禁忌】寒咳多痰、脾虚便溏患畜不宜用。

石　斛

为兰科多年生草本植物环草石斛、马鞭石斛、黄草石斛、铁皮石斛和金钗石斛的茎。全年均可采收，以秋季采收为佳。烘干或晒干，切段，生用。可栽于砂石内，以备随时取用鲜品。主产四川、贵州、云南、安徽、广东、广西等地。

【性味归经】甘，微寒。归胃、肾经。

【功效】养阴清热，益胃生津。

【应用】用于热病伤津，低热烦渴，口燥咽干，舌红苔少。本品有清热生津之效，重在滋养肺胃之阴而退虚热。配伍生地黄、麦门冬、沙参、天花粉等。肺、胃有热，口渴贪饮者亦可使用。

【用量】马、牛 15～60g；猪、羊 5～15g；犬 3～5g；兔、家禽 1～2g。

【禁忌】湿热及温热尚未化燥患畜忌用。

玉　竹

为百合科多年生草本植物玉竹的根茎。秋季采挖，洗净，晒至柔软后，反复揉搓，晾晒至无硬心，晒干；或蒸透后，揉至半透明，晒干。切厚片或切段用。主产河北、江苏等地。

【性味归经】甘，微寒。归肺、胃经。

【功效】养阴润燥，生津止渴。

【应用】

1. 用于肺阴虚 本品能养阴润肺而治燥咳。治阴虚肺燥的干咳少痰，配伍沙参、麦门冬、川贝母等。

2. 用于热病伤津，烦热口渴等 能益胃生津，并治内热消渴。治热病伤津的烦热口渴，配伍生地、麦门冬等同用，如益胃汤。

【用量】马、牛 30～60g；猪、羊 10～15g；兔、家禽 0.5～2g。

【禁忌】寒湿盛患畜忌用。

黄　精

为百合科多年生草本植物黄精、滇黄精或多花黄精的根茎。春、秋两季采挖，洗净，置沸水中略烫或蒸至透心，干燥。切厚片生用或酒制用。黄精主产河北、内蒙古、陕西；滇黄精主产云南、贵州、广西；多花黄精主产贵州、湖南、云南、安徽、浙江。

【性味归经】甘，平。归脾，肺、肾经。

【功效】滋肾润肺，补脾益气。

【应用】

1. 用于肺阴虚　本品能滋肾阴，润肺燥，用治阴虚肺燥，干咳少痰及肺肾阴虚的劳嗽久咳等。

治阴虚肺燥咳嗽，配伍沙参、天门冬、川贝母、知母等。

治劳嗽久咳，地黄、天门冬、百部等配伍。

2. 用于脾胃虚弱　既补脾阴，又益脾气。

治脾胃气虚而倦怠乏力，食欲不振，脉象虚软，配伍党参、白术等。

治脾胃阴虚而致口干食少，舌红无苔，配伍石斛、麦门冬、山药等。

3. 用于肾虚精亏的腰膝痿软　治肾虚精亏，配伍枸杞子、熟地等。

【用量】马、牛 20～60g；猪、羊 5～15g；兔、家禽 1～3g。

【禁忌】脾虚有湿患畜不宜用。

百　合

为百合科多年生草本植物百合或细叶百合的肉质鳞叶。秋季采挖，洗净，剥取鳞叶，置沸水中略烫，干燥。生用或蜜炙用。全国各地均产，湖南、浙江最多，甘肃兰州最好。

【性味归经】甘，微寒。归肺、心经。

【功效】养阴，润肺止咳，清心安神。

【应用】

1. 用于肺阴虚的燥热咳嗽及劳嗽久咳等　本品能养阴清肺，润燥止咳。

治燥热咳嗽，痰中带血，配伍款冬花等。

治肺虚久咳，劳嗽咯血，配伍生地黄、玄参、川贝母等，如百合固金汤。

2. 用于热病余热未清，惊悸，躁动不安等　本品能清心安神。与知母、生地黄同用，如百合知母汤、百合地黄汤。

【用量】马、牛 30～60g；猪、羊 5～10g；犬 3～5g。

【禁忌】外感风寒咳嗽患畜忌用。

枸 杞 子

为茄科落叶灌木植物宁夏枸杞的成熟果实。夏、秋两季果实呈橙红色时采收，晾至皮皱后，再曝晒至外皮干硬、果肉柔软。生用。主产宁夏、甘肃等地。

【性味归经】甘，平。归肝、肾经。

【功效】补肝肾，明目。

【应用】

1. 用于肝肾亏虚诸证　本品为滋阴补血常用药。治肝肾亏虚，精血不足，腰胯乏力等证，与菟丝子、熟地、山茱萸等同用。

2. 用于目疾　本品有补肝肾，益精血，明目之效。治肝肾不足所致视力减退、内障目昏、瞳孔放大等，配伍菊花、地黄等，如杞菊地黄丸。

【用量】马、牛 30～60g；猪、羊 10～15g；犬 5～8g。

【禁忌】脾虚湿滞、内有实热者不宜用。

龟 板

为龟科动物乌龟的背甲及腹甲。全年均可捕捉，杀死，或用沸水烫死，剥取甲壳，除去残肉，晒干。以砂炒后醋淬用。主产浙江、湖北、湖南、安徽、江苏等地。

【性味归经】甘、咸，寒。归肝、肾、心经。

【功效】滋阴潜阳，益肾健骨，止血，养血补心。

【应用】

1. 用于阴虚内热及热病伤阴等证　本品既能滋补肝肾之阴而退内热，又可潜降肝阳而熄内风。

治阴虚内热，骨蒸盗汗，配伍熟地黄、知母、黄柏等，如大补阴丸。

治热病伤阴，虚风内动，舌干红绛，配伍生地黄、牡蛎、鳖甲等。

2. 用于心虚惊悸　本品有养血补心之效。治心虚惊悸等证，配伍龙骨、远志等。

【用量】马、牛 30～60g；猪、羊 6～12g；犬 2～5g。

【禁忌】脾虚泄泻及孕畜忌用。

鳖 甲

为鳖科动物鳖的背甲。全年均可捕捉，杀死后置沸水中烫至背甲上硬皮能剥落时取出，除去残肉。晒干，砂炒或醋淬后用。主产浙江、湖南、安徽、河北等地。

【性味归经】咸，寒。归肝、肾经。

【功效】滋阴潜阳，软坚散结。

【应用】

1. 用于阴虚发热，阴虚阳亢，阴虚风动等证　本品能滋阴清热，潜阳熄风，治阴虚发热作用较龟板为优，为治阴虚发热的要药。

治阴虚发热等证，配伍青蒿、秦艽、知母等，如青蒿鳖甲汤。

治阴虚阳亢，与生地、牡蛎、菊花等同用。

治热病伤阴，阴虚风动，舌干红绛，与生地黄、龟板、牡蛎等同用。

2. 用于癥瘕积聚作痛等　本品能软坚散结，通血脉而消癥瘕。治癥瘕积聚作痛等证，配伍三棱、莪术、木香、桃仁、红花、青皮等。

【用量】马、牛15～60g；猪、羊5～10g；犬3～5g。

【禁忌】阳虚及外感未解，脾虚泄泻及孕畜忌用。

女　贞　子

为木樨科常绿乔木植物女贞的成熟果实。冬季果实成熟时采收，稍蒸或置沸水中略烫后，干燥。生用或酒制用。主产浙江、江苏、湖南、福建、四川等地。

【性味归经】甘、苦，凉。归肝、肾经。

【功效】滋阴补肾，养肝明目。

【应用】用于肝肾阴虚的目暗不明，视力减退，腰胯无力及阴虚发热等。能补养肝肾之阴，惟药力平和，须缓慢取效，配伍熟地黄、菟丝子、枸杞子等同用；治阴虚发热，配伍地骨皮、生地黄等同用。

【用量】马、牛15～60g；猪、羊6～12g；犬3～6g。

【禁忌】阳虚及脾虚泄泻患畜忌用。

桑　葚

为桑科落叶灌木桑的果穗。4～6月果实变红时采收，晒干，或略蒸后晒干用。主产江苏、浙江、湖南、四川等地。

【性味归经】甘，寒。归肝、肾经。

【功效】滋阴补血，生津，润肠。

【应用】

1. 用于阴血亏虚的头晕耳鸣，视物不清，滑精等　本品有滋补肝肾之阴和补血之效。治阴血亏虚的头晕耳鸣，视物不清，滑精等，可单用或配伍制何首乌、女贞子、墨旱莲等。

2. 用于津伤口渴，肠燥便秘等　本品有生津止渴，润燥滑肠之效。

治津伤口渴，配伍麦门冬、天花粉等。

治肠燥便秘，配伍何首乌、火麻仁等。

【用量】马、牛 20～60g；猪、羊 5～15g；兔、家禽 1～3g。

四、补阳药

凡能补助畜禽机体阳气，用以治疗或改善阳虚病证的药物称补阳药（补阳药、壮阳药）。本类药物多味甘、辛、咸，性温、热，多入肝、肾经。有补肾阳、益精髓、强筋骨之功效，适用于治疗形寒肢冷、腰胯无力、生殖功能减退及肾阳不足所致泄泻，肾不纳气等证。补阳药性多温燥，阴虚火旺的患畜不宜使用。

鹿　茸

为鹿科动物梅花鹿或马鹿的雄鹿未骨化密生茸毛的幼角。前者习称"花茸"，主产吉林、辽宁、河北等地；后者习称"马鹿茸"，主产吉林、黑龙江、新疆等地。夏、秋两季锯取鹿茸，经加工后，阴干或烘干。用时炮制成"鹿茸片"，或劈成碎块，研成细粉用。

【性味归经】甘、咸，温。归肾、肝经。

【功效】壮肾阳，益精血，强筋骨，调冲任，固带脉，托疮毒。

【应用】

1. 用于肾阳不足诸证　本品善能温肾壮阳，补督脉，益精血，用治肾阳不足精血亏虚的阳痿早泄，宫寒不孕，尿频不禁，腰膝酸痛，肢冷神疲等证。单用研末服即效；或同山药浸酒服；亦可配伍人参、巴戟天等，以补气养血、壮阳益精，如参茸固本丸。

2. 用于肝肾不足诸证　本品有良好的补肝肾，益精血而强筋骨之效。治肝肾不足所致筋骨痿软，发育不良等证，配伍山茱萸、熟地黄等滋养阴血药，如加味地黄丸。

3. 用于疮疡等证　本品有温补精血，排毒外出和生肌之效。治疮疡久溃不敛，脓出清稀或阴疽内陷不起，配伍黄芪、当归、肉桂等药。

【用量】马、牛 5～15g；猪、羊 0.5～1g。

【禁忌】服用本品宜从小量开始，缓缓增加，不宜骤用大量，以免阳升风动，头晕目赤，或助火动血，而致鼻衄。凡阴虚阳亢，血分有热，胃火盛或肺有痰热，以及外感热病者，均应忌服。

附药：

鹿角　鹿科动物梅花鹿或马鹿已骨化的角或锯茸后翌年春季脱落的角基。味咸，性温。归肝、肾经。功能补肾助阳，可作为鹿茸的代用品，但药力薄弱，兼能活血散瘀消肿。可治疮疡肿毒、乳痈、瘀血作痛及腰脊筋骨疼痛等证。阴虚火旺者忌服。

鹿角胶 为鹿角经水煎熬浓缩而成的固体胶。味甘、咸，性温。归肝、肾经。功能温补肝肾，益精血，止血。用于肾阳虚弱，精血不足，虚劳羸瘦，及吐血、衄血、崩漏、尿血等属于虚寒者，亦可用于阴疽。

鹿角霜 为鹿角去胶质的角渣。味咸、涩，性温。归肝、肾经。功能温肾助阳，收敛止血。可用于肾阳不足、脾胃虚寒的崩漏带下，食少吐泻，小便频多等证。外用对创伤出血，疮疡久不愈合，能止血敛疮。

巴 戟 天

为茜草科多年生藤本植物巴戟天的根。全年均可采挖。晒干，再经蒸透，除去木心者，称"巴戟肉"。切段，干燥。生用或盐水炙用。主产广东、广西、福建等地。

【**性味归经**】甘、辛，微温，归肾、肝经。

【**功效**】补肾阳，强筋骨，祛风湿。

【**应用**】

1. 用于肾阳虚弱等证 本品能温肾壮阳益精用治肾阳虚弱的阳痿，滑精早泄、不孕，少腹冷痛等。

治阳痿、不孕，配伍淫羊藿、仙茅、枸杞子等。

治下元虚冷，少腹冷痛，配伍高良姜、肉桂、吴茱萸等。

2. 用于肝肾不足等证 本品既可补阳益精而强筋骨，又兼辛温能除风湿。治肝肾不足的筋骨痿软，腰胯疼痛或风湿久痹，配伍茴香、肉桂、川楝子等同用，如巴戟散。

【**用量**】马、牛 15～30g；猪、羊 5～10g；犬 1～5g；家禽 0.5～1.5g。

【**禁忌**】阴虚火旺患畜不宜用。

肉 苁 蓉

为列当科一年生寄生草本植物肉苁蓉带鳞叶的肉质茎。多于春季苗未出土或刚出土时采挖，除去花序，干燥。切厚片生用或酒制用。主产内蒙古、甘肃、新疆、青海等地。

【**性味归经**】甘、咸，温。归肾、大肠经。

【**功效**】补肾阳，益精血，润肠通便。

【**应用**】

1. 用于肾阳不足等证 本品能补肾阳，益精血，暖腰膝，用治肾阳不足、精血亏虚的阳痿，不孕，腰膝痿软，筋骨无力等。

治阳痿不育，配伍熟地、菟丝子、五味子等。

治宫冷不孕，配伍鹿角胶、当归、紫河车等。

治腰膝痿软，筋骨无力，配伍巴戟天、杜仲等。

2. 用于肠燥便秘　本品能润燥滑肠，对老弱及肾阳不足，病后及产后精血亏虚便秘者尤宜，配伍当归、枳壳、火麻仁、柏子仁等同用。

【用量】马、牛 15～45g；猪、羊 5～10g；犬 3～5g；家禽 1～2g。

【禁忌】阴虚火旺、脾虚便溏患畜忌用。

淫 羊 藿

为小檗科多年生直立草本植物淫羊藿、箭叶淫羊藿、柔毛淫羊藿、巫山淫羊藿或朝鲜淫羊藿的地上部分。秋季茎叶茂盛时采割，除去粗梗及杂质，晒干。切丝生用或羊脂油（炼油）炙用。主产陕西、辽宁、山西、四川等地。

【性味归经】辛、甘，温。归肝、肾经。

【功效】温肾壮阳，强筋健骨，祛风除湿。

【应用】

1. 用于肾阳虚等证　本品有温肾壮阳，益精起痿之效。治肾阳虚所致阳痿、滑精、不孕、尿频等证，配伍仙茅、山茱萸、肉苁蓉等。

2. 用于肝肾不足等证　本品能补肝肾，强筋骨，祛风湿，用治肝肾不足所致筋骨痹痛、风湿拘挛、麻木等证。

治肢体麻木拘挛，可单用浸酒服。

治筋骨痿软、四肢不利、瘫痪等，配伍威灵仙、独活、肉桂、当归、川芎等。

【用量】马、牛 15～30g；猪、羊 10～15g；犬 3～5g；家禽 0.5～1.5g。

杜 仲

为杜仲科落叶乔木植物杜仲的树皮。4～6 月剥取，刮去粗皮，堆置"发汗"，至内皮呈紫褐色，晒干。切块或切丝，生用或盐水炙用。主产四川、云南、贵州、湖北等地。

【性味归经】甘，温。归肝、肾经。

【功效】补肝肾，强筋骨，安胎。

【应用】

1. 用于肝肾不足等证　本品能补肝肾，强筋骨，暖下元，用治肝肾不足的腰膝酸痛，四肢痿软，腰胯无力及阳痿，尿频等证。

治腰膝痿软、酸痛，配伍补骨脂、胡桃肉等。

治阳痿尿频，配伍山萸肉、菟丝子、覆盆子等。

2. 用于胎动不安　本品能补肝肾，调冲任，固经安胎。治肝肾亏虚，下元虚冷的胎动不安，配伍艾叶、续断、白术、党参、砂仁、熟地、阿胶等。

【用量】马、牛 15～60g；猪、羊 5～10g；犬 3～5g。

【禁忌】阴虚火旺患畜不宜用。

胡 芦 巴

为豆科一年生草本植物胡芦巴的成熟种子。夏季果实成熟采收，晒干。盐水炙，捣碎用。主产安徽、四川、河南等地。

【性味归经】苦，温。归肾经。

【功效】温肾，祛寒，止痛。

【应用】用于肾阳不足、寒气凝滞所致的阳痿、寒伤腰胯等证。本品具有较强的温肾散寒及止痛作用。

治阳痿，配伍巴戟天、淫羊藿等。

治寒伤腰胯，配伍补骨脂、杜仲等。

【用量】马、牛 15～45g；猪、羊 5～10g；犬 3～5g。

【禁忌】阴虚阳亢患畜忌用。

续 断

为川续断科多年生草本植物川续断的根。秋季采挖，除去根头及须根，用微火烘至半干，堆置"发汗"至内部变绿色时，再烘干。切薄片用。主产四川、湖北、湖南、贵州等地。

【性味归经】苦、甘、辛，微温。归肝、肾经。

【功效】补肝肾，强筋骨，续伤折，止血安胎。

【应用】

1. 用于肝肾不足等证　本品能补肝肾，强筋骨，又味兼苦辛，有行血脉，消肿止痛之效。用治肝肾不足所致腰膝痿软、风湿痹痛及跌打损伤、骨折、肿痛等。

治腰膝酸痛，软弱无力，配伍杜仲、牛膝、补骨脂等。

治风寒湿痹，筋挛骨痛，配伍萆薢、防风、牛膝等同用。

治跌打损伤、骨折、肿痛等，配伍骨碎补、当归、赤芍、红花、自然铜等。

2. 用于胎动不安　本品有补肝肾，调冲任，止血安胎之效。治肝肾虚弱，冲任失调的胎动不安，配伍阿胶、艾叶、熟地等。

【用量】马、牛 25～60g；猪、羊 5～15g；家禽 1～2g。

【禁忌】阴虚火旺患畜忌用。

狗 脊

为蚌壳蕨科植物金毛狗脊的干燥根茎。去毛蒸后切片晒干用。主产四川、广东、云南、贵州、浙江、江西、福建、广西等地。

【性味归经】苦、甘，温。归肾、肝经。

【功效】补肝肾，强筋骨，祛风湿。

【应用】本品适用于肝肾不足兼有风寒湿邪的病证，如劳伤乏力、寒伤腰胯、四肢风湿疼痛、筋骨痿软等证。配伍杜仲、牛膝、巴戟天、茴香等。此外，狗脊上的茸毛有止血功效，一般只用于外伤出血。

【用量】马、牛 15～30g；猪、羊 5～10g；犬 1～3g。

【禁忌】阴虚火旺患畜不宜用。

补 骨 脂

为豆科一年生草本植物补骨脂的成熟果实。秋季果实成熟时采收。生用或盐水炙用。主产河南、四川、陕西等地。

【性味归经】辛、苦，温。归肾、脾经。

【功效】补肾助阳，固精缩尿，暖脾止泻，纳气平喘。

【应用】

1. 用于肾阳不足诸证 本品有温补命门，补肾强腰，壮阳，固精，缩尿之效，主治肾阳不足，命门火衰，腰膝冷痛，阳痿，遗精，尿频等证。

治寒伤腰胯、腰膝冷痛，配伍川牛膝、木瓜、续断、胡芦巴、肉桂等。

治疗肾冷拖腰之证，配伍盐小茴香、杜仲、川楝子等。

治下元虚败所致阳痿，配伍巴戟天、肉桂、枸杞子等。

治睾丸虚肿发热之阳黄证，配伍盐小茴香、胡芦巴、盐知母、盐黄柏等。

2. 用于脾肾阳虚泄泻 本品能补肾阳以暖脾止泻。治脾肾阴虚泄泻，配伍五味子、肉豆蔻、吴茱萸等，如四神丸。

3. 用于肾不纳气的虚喘证 能补肾阳而纳气平喘，配伍人参、肉桂、沉香等。

【用量】马、牛 15～30g；猪、羊 5～10g；犬 3～5g。

【禁忌】阴虚火旺、粪便秘结患畜不宜用。

骨 碎 补

为水龙骨科植物槲蕨或中华槲蕨的干燥根茎。四季均可采挖，去毛晒干切片生用。主产广东、浙江等地。

【性味归经】苦，温。归肾、肝经。

【功效】补肾坚骨，活血。

【应用】

1. 用于肾阳不足所致的久泻　本品有补肾壮阳而止泻之效。治肾阳不足之久泻不止，配伍菟丝子、五味子、肉豆蔻等。

2. 用于跌打损伤及骨折　本品兼有补肾坚骨，活血疗伤之功。治跌打损伤、骨折、骨伤，配伍续断、自然铜、乳香、没药等。

【用量】马、牛 15～45g；猪、羊 5～10g；犬 3～5g；家禽 1.3～5g。

益　智　仁

为姜科多年生草本植物益智的成熟果实。夏秋间采收。晒干，去壳取仁，生用或盐水炒用。用时捣碎。主产海南岛、广东、广西等地。

【性味归经】辛，温。归肾、脾经。

【功效】温肾固精，暖脾止泻。

【应用】

1. 用于肾阳不足诸证　本品有温补肾阳，涩精缩尿的作用。治肾阳不足、不能固摄所致的滑精、尿频等，配伍山药、桑螵蛸、菟丝子等。

2. 用于脾阳不振等证　本品有温脾止泻之功。

治脾阳不振、运化失常引起的虚寒泄泻、腹部疼痛等证，配伍党参、白术、干姜等。

治脾虚不能摄涎，涎多自流，配伍党参、茯苓、半夏、山药、陈皮等。

【用量】马、牛 15～45g；猪、羊 5～10g；犬 3～5g；兔、家禽 1～3g。

【禁忌】阴虚火旺患畜不宜用。

冬　虫　夏　草

为麦角菌科真菌冬虫夏草寄生在蝙蝠科昆虫幼虫上的子座及幼虫尸体的复合体。初夏子座出土，孢子未发散时挖取。晒至 6～7 成干，除去似有纤维状的附着物及杂质，晒干或低温干燥。生用。主产四川、西藏、青海、云南等地。

【性味归经】甘，平。归肺、肾经。

【功效】益肾壮阳，补肺平喘，止血化痰。

【应用】

1. 用于肾虚腰痛，阳痿、遗精　有补肾助阳益精之效。治肾虚腰痛，阳痿、遗精，配伍淫羊藿、巴戟天、菟丝子等同用。

2. 用于肺虚或肺肾两虚之久咳虚喘 能补益肺肾，平定咳喘，止血化痰。治肺虚或肺肾两虚之久咳虚喘，配伍北沙参、川贝母、阿胶、蛤蚧等。

【用量】马、牛 24～30g；猪、羊 9～24g；犬、猫 1～3g；兔、禽 1～2g。

蛤 蚧

为壁虎科动物蛤蚧除去内脏的干燥体。全年均可捕捉，除去内脏，拭净，用竹片撑开，使全体扁平顺直，低温干燥。用时除去鳞片及头足，切成小块，黄酒浸润后，烘干。主产广西、广东，云南亦产。

【性味归经】咸，平。归肺、肾经。

【功效】助肾阳，益精血，补肺气，定喘咳。

【应用】

1. 用于肺肾两虚，肾不纳气的虚喘久咳 能峻补肺肾之气而纳气平喘，为治虚喘劳咳的要药。治肺肾两虚，肾不纳气的虚喘久咳，配伍人参等，如人参蛤蚧散；或配伍贝母、百合、天门冬、麦门冬等。

2. 用于肾阳不足，精血亏虚的阳痿 有助肾壮阳，益精血的功效。治肾阳不足，精血亏虚的阳痿，配伍人参、鹿茸、淫羊藿等。

【用量】马、牛 1～2 对。

【禁忌】外感咳嗽者不宜用。

紫 河 车

为健康人的干燥胎盘。将新鲜胎盘除去羊膜及脐带，反复冲洗至去净血液，蒸或置沸水中略煮后，干燥，或研制为粉。

【性味归经】甘、咸，温。归心、肺、肾经。

【功效】温肾补精，益气养血。

【应用】

1. 用于不孕，阳痿遗精等证 本品有温肾阳、益精血之效。治肾气不足，精血亏虚的不孕，阳痿遗精等。可单用或配伍补肾温阳益精之品，如鹿茸、人参、当归、菟丝子等。

2. 用于肺肾两虚的喘咳 能补益肺肾，纳气平喘。可单用或随证配伍人参、蛤蚧、胡桃肉、地龙等补肾纳气平喘药。

3. 用于气血不足，产后乳少等 本品能益气养血。治气血不足，产后乳少等，配伍党参、黄芪、当归、熟地黄等。

【用量】马、牛 60～120g；猪、羊 30～60g；犬 10～15g。

附药：

脐带 脐带为新生儿的脐带。又名坎芜。将新鲜脐带用金银花、甘草、黄酒同煮，烘干入药。药性甘、咸，温，归肾、肺经。有补肾纳气，平喘，敛汗的功效。主要用于肺肾两虚的喘咳、盗汗等证。

菟 丝 子

为旋花科一年生寄生缠绕草本植物菟丝子的成熟种子。秋季果实成熟时采收全株，晒干，打下种子，除去杂质，生用或盐水炙用。大部分地区均产。

【性味归经】甘，温。归肝、肾、脾经。

【功效】补肾固精，养肝明目，止泻，安胎。

【应用】

1. 用于肾虚腰痛，阳痿遗精，尿频等证 既能补肾阳、肾阴，又有固精、缩尿之效。

治腰膝痿软、酸痛，配伍杜仲等。

治阳痿滑精，配伍枸杞子、五味子、覆盆子等。

治尿失禁，配伍桑螵蛸、鹿茸、五味子等。

2. 用于目疾 本品能益肾养肝，使精血上注而明目。治肝肾不足，目失所养而致双眼干涩，视力减退之证，配伍熟地黄、枸杞子、车前子等。

3. 用于脾肾虚泻 能温肾补脾而止虚泻，配伍茯苓、白术、山药等。

4. 用于胎动不安 本品有补肝肾，固胎元之效。治肝肾不足的胎动不安，配伍川续断、桑寄生、阿胶等。

【用量】马、牛 15～45g；猪、羊 5～15g。

沙 苑 子

为豆科多年生草本植物扁茎黄芪的成熟种子。秋末冬初果实成熟尚未开裂时采割植株，晒干，打下种子，除去杂质。生用或盐水炒用。主产陕西、山西等地。

【性味归经】甘，温。归肝、肾经。

【功效】补肾固精，养肝明目。

【应用】用于肾虚阳痿，遗精早泄，尿淋等证 能补肾阳，益肾阴，固精缩尿。治阳痿遗精，尿频尿淋，配伍龙骨、莲须、芡实等同用，如金锁固精丸。

【用量】马、牛 30～90g；猪、羊 20～50g；犬、猫 2～5g；兔、禽 1～3g。

锁 阳

为锁阳科多年生肉质寄生草本植物锁阳的肉质茎。春季采挖，除去花序，切段，晒干。切薄片，生用。主产内蒙古、甘肃、青海、新疆等地。

【性味归经】甘，温。归肾、大肠经。

【功效】补肾阳，益精血，润肠通便。

【应用】

1. 用于肾虚阳痿、滑精等证 本品有补肾阳、益精血的功效。与肉苁蓉、菟丝子等配伍。

2. 用于肝肾阴亏、筋骨痿软、步行艰难等证 本品还有养筋骨的作用，与熟地、牛膝、枸杞子、五味子等配伍。

3. 用于久病体虚、老年患畜及产后肠燥便秘 本品既有润肠通便，又有滋养作用，与肉苁蓉、火麻仁、柏子仁等配伍。

【用量】马、牛25～45g；猪、羊5～15g；犬3～6g；兔、家禽1～3g。

【禁忌】肾火盛患畜忌用。

阳 起 石

为硅酸类矿石阳起石或阳起石石棉的矿石。全年可采，除去泥土、杂石。煅红透，黄酒淬过，碾细末用。主产河北、河南、湖北、山东等地。

【性味归经】咸，温。归肾经。

【功效】温肾壮阳。

【应用】本品可用于肾气虚寒，阳痿，滑精，早泄，子宫虚寒，腰胯冷痹等证，配伍补骨脂、菟丝子、肉苁蓉等。

【用量】马、牛30～50g；猪、羊5～10g。

第十三节 安神开窍药

凡以安定神智为主要作用，用治精神失常病证的药物称安神药。本类药物以入心经为主，具有安神镇静作用。适用于心悸、狂躁不安等证。常分为重镇安神药和养心安神药两类。

一、重镇安神药

本类药物多为矿石、化石及贝壳类药物，具有质重沉降之性，重则能镇怯，故有重镇安神，平惊定志之功效。主要用于心火炽盛、痰火扰心等引起的心神不宁、心悸、惊痫、癫狂等证。

朱 砂

为三方晶系硫化物类矿物辰砂族辰砂，主含硫化汞（HgS）。随时开采，采挖后，选取纯净者，用磁铁吸净含铁的杂质，再用水淘去杂石和泥沙，研细水飞，晒干，装瓶备用。主产贵州、湖南、四川、云南等地。

【性味归经】 甘，寒。有毒。归心经。

【功效】 镇心安神，清热解毒。

【应用】

1. 用于躁动不安、心悸 本品甘寒质重，专入心经，寒能降火，重能镇怯。所以朱砂既可重镇安神，又能清心安神，最适心火亢盛之躁动不安、心悸。

治心火亢盛之躁动不安、心悸，配伍黄连、茯神等，以增强清心安神作用。

治其他原因之心神不宁，若心血虚者，配伍当归、熟地等；阴血虚者，配伍酸枣仁、柏子仁、当归等养心安神药。

2. 用于惊风、癫痫 本品重镇，有镇惊安神之功。

治高热神昏、惊厥，配伍牛黄、麝香等开窍、熄风药物，如安宫牛黄丸。

治惊风，配伍牛黄、全蝎、钩藤等。

3. 用于疮疡肿毒、咽喉肿痛、口舌生疮 本品性寒，有较强的清热解毒作用，内服、外用均可。

治疮疡肿毒，配伍雄黄、大戟、山慈姑等。

治咽喉肿痛、口舌生疮，配伍冰片、硼砂等，如冰硼散。

【用量】 马、牛 3～6g；猪、羊 0.3～1.5g；犬 0.05～0.45g。

【禁忌】 本品有毒，内服不可过量或持续服用，以防汞中毒；忌火煅，火煅则析出水银，有剧毒。

龙 骨

为古代多种大型哺乳动物，如三趾马、犀类、鹿类、牛类、象类等的骨骼化石或像类门齿的化石。全年均可采挖，除去泥土及杂质，贮于干燥处。生用或煅用。主产山西、内蒙古、河北、河南、陕西、甘肃等地。

【性味归经】 甘、涩，平。归心、肝、肾经。

【功效】 镇惊安神，平肝潜阳，收敛固涩。

【应用】

1. 用于躁动、惊狂等证 本品有很好的镇惊安神之效，为重镇安神之要药。治不安、易惊、癫狂等，配伍牡蛎、朱砂、远志、酸枣仁、白芍等。

2. 用于虚汗、滑精、久泻 本品煅用有收敛固涩的功效，凡滑精、遗尿、自汗、盗汗等均可用。

治自汗，配伍黄芪、麻黄根、浮小麦等。

治滑精，配伍牡蛎、芡实、沙苑子等。

治久泻脱肛，配伍肉豆蔻、诃子、党参等。

3. 用于疮疡不收 煅龙骨研末外用，有收湿敛疮作用，常用于湿疮，疮疡破溃后久不收口等。

【用量】马、牛 24～30g；猪、羊 9～24g；犬、猫 1～3g；兔、禽 1～2g。

琥　珀

琥珀为古代松科植物，如枫树、松树的树脂埋藏地下经年久转化而成的化石样物质。随时可采，从地下或煤层挖出后，除去砂石、泥土等杂质，研末用。主产云南、广西、辽宁、河南、福建等地。

【性味归经】甘，平。归心、肝、膀胱经。

【功效】镇惊安神，活血散瘀，利尿通淋。

【应用】

1. 用于心神不安、心悸、惊风癫痫 琥珀质重，镇心定惊安神。对心神所伤，神不守舍之心神不宁、惊悸等证，可收定惊安神之效，与朱砂、远志、石菖蒲等配伍。如治惊风、高热、神昏抽搐，以及癫痫发作、痉挛抽搐等证；又有定惊止痉之功，与天南星、天竺黄、朱砂等同用。

2. 用于瘀血阻滞证 本品入心肝经血分，有活血通经，散瘀消癥作用，可用于治血瘀肿痛等多种血瘀证。治产后血瘀肿痛等证，配伍当归、莪术、乌药等。

3. 用于淋证 本品还有利尿通淋作用，琥珀可散瘀止血，所以尤宜于血淋。

治淋证尿频、尿痛及小便不利之证，单用琥珀为散，灯心汤下即效。

治石淋、热淋或血淋，配伍金钱草、海金沙、木通等利尿通淋之品。

4. 外用 本品外用可作为生肌收敛药物，用于痈肿疮毒。

【用量】马、牛 24～30g；猪、羊 9～24g；犬、猫 1～3g；兔、禽 1～2g。

二、养心安神药

本类药物多为植物种子和种仁类药物，主入心、肝二经，具有甘润滋养之性，故有滋养心肝、养阴补血、交通心肾等功效，主要用于阴血不足、心脾两虚、心肾不交所导致的心悸怔忡等病证。

酸 枣 仁

为鼠李科落叶灌木或小乔木植物酸枣的成熟种子。秋末冬初果实成熟时采收，除去果肉，碾碎果核，取出种子，晒干。生用或炒用，用时打碎。主产河北、陕西、山西、山东等地；河北内丘所产量多、质优。

【性味归经】甘、酸，平。归心、肝、胆经。

【功效】养心益肝，安神，敛汗。

【应用】

1. 用于心悸、躁动不安　本品味甘，入心、肝经，能养心阴，益心肝之血而有安神之效，故多用于阴血虚，心失所养之心悸、怔忡、躁动不安等证。

治心肝血虚之心悸、躁动不安，配伍党参、熟地、柏子仁、茯苓、丹参等。

治心脾气虚所致心悸、怔忡、躁动不安，配伍当归、黄芪、党参等，如归脾汤。

治心肾不足，阴虚阳亢所致心悸、怔忡、躁动不安，配伍麦门冬、生地黄、远志等，如天王补心丹。

2. 用于体虚多汗　本品味酸，可收敛止汗。治体虚自汗、盗汗，多与五味子、山茱萸、白芍或牡蛎、麻黄根、浮小麦、黄芪等同用。

【用量】马、牛 20～60g；猪、羊 5～10g；犬 3～5g；兔、家禽 1～2g。

柏 子 仁

为柏科长绿乔木植物侧柏的种仁。冬初种子成熟时采收，晒干，压碎种皮，簸净，阴干。主产山东、河南、河北；此外，陕西、湖北、甘肃、云南等地也产。

【性味归经】甘，平。归心、肾、大肠经。

【功效】养心安神，润肠通便。

【应用】

1. 用于血不养心引起的心神不宁等　与酸枣仁、远志、熟地、茯神等同用。

2. 用于阴血虚亏及产后血虚的肠燥便秘　本品油多质润，具有润肠通便作用，与火麻仁、郁李仁等配伍。

【用量】马、牛 30～60g；猪、羊 10～20g；犬 5～10g。

【禁忌】便溏及多痰患畜慎用。

远 志

为远志科多年生草本植物远志或卵叶远志的根。春季出苗前或秋季地上部分枯萎后，挖取根部，除去残基及泥土，晒干。生用或炙用。主产河北、山西、陕西、吉林、河南等地。

【性味归经】苦、辛，微温。归心、肾、肺经。

【功效】宁心安神，祛痰开窍，消散痈肿。

【应用】

1. 用于惊悸，躁动不安　远志主入心肾，既能开心气，又能通肾气，为交通心肾，安定神志之佳品。治心肾不交之心神不宁，惊悸不安等证，配伍朱砂、茯神等。

2. 用于痰阻心窍，癫痫发狂　本品味辛通利，既能祛痰，又利心窍，用治痰阻心窍之癫痫抽搐及痰迷癫狂证。

治癫痫、痉挛抽搐，配伍半夏、天麻、全蝎等。

治癫狂发作，配伍石菖蒲、郁金、白矾等。

3. 用于咳嗽痰多　本品入肺祛痰止咳。治痰多黏稠、咳吐不爽，配伍杏仁、贝母、桔梗等。

4. 用于痈疽疮毒，乳房肿痛　本品苦泄温通，疏通气血之壅滞而消痈散肿。可治一切痈疽，不问寒热虚实，均可应用。

【用量】马、牛 10～30g；猪、羊 5～10g；犬 3～6g；兔、家禽 0.5～1.5g。

【禁忌】有胃炎及胃溃疡的患畜慎用。

合 欢 皮

为豆科落叶乔木植物合欢的树皮。夏季采收，剥下树皮，晒干。切段用。全国大部分地区都有分布，主产长江流域各省。

【性味归经】甘，平。归心、肝经。

【功效】安神解郁，活血消肿。

【应用】

1. 用于肝气郁结，烦躁不安　本品为疏肝解郁，悦心安神之品，适宜于情志不遂，发愤烦躁之证。可单用或与柏子仁、夜交藤、郁金等配伍使用。

2. 用于跌打损伤，血淤肿痛及痈肿疮毒　本品活血祛淤，消肿止痛。
治跌打损伤、骨折肿痛，配伍红花、桃仁、当归等活血祛淤药物。
治内外痈疽，疔疮，配伍蒲公英、紫花地丁、连翘等清热解毒药物。

【用量】马、牛 24～60g；猪、羊 9～15g；犬 2～6g；家禽 1～2g。

三、开窍药

凡具辛香走窜之性，以开窍醒神为主要作用，用于治疗闭证神昏病证的药物称开窍药。这类药善于走窜，通窍开闭，适用于高热神昏、癫痫等病出现猝然昏倒的证候。

麝 香

为鹿科动物林麝、马麝或原麝成熟雄体香囊中的干燥分泌物。野生麝多在冬季至次春猎取，猎取后，割取香囊，阴干，习称"毛壳麝香"，用时剖开香囊，除去囊壳，称麝香仁。人工驯养麝多用手术取香法，直接从香囊中取出麝香仁，阴干。本品应密闭，避光贮存。主产四川、西藏、云南、陕西、甘肃、内蒙古等地。

【性味归经】辛、温。归心、脾经。

【功效】开窍醒神，活血通经，止痛，催产。

【应用】

1. 用于闭证神昏　麝香辛温，气极香，走窜之性甚烈，有极强的开窍通闭醒神作用，为醒神回苏之要药，最宜闭证神昏，无论寒闭、热闭，用之皆可。治温病热陷心包，痰热蒙蔽心窍，惊风及中风痰厥等热闭神昏，配伍牛黄、冰片、朱砂等药，组成凉开之剂，如安宫牛黄丸等。

2. 用于疮疡肿毒、咽喉肿痛　本品辛香行散，有良好的活血散结，消肿止痛作用，内服、外用均有良效。

治疮疡肿毒，与雄黄、乳香、没药同用或与牛黄、乳香、没药同用。

治咽喉肿痛，与牛黄、蟾酥、珍珠等配伍，如六神丸。

3. 用于血淤肿痛，跌打损伤，风寒湿痹等证　本品辛香，开通走窜，可行血中之淤滞，有通经散结止痛之效。

治痹证疼痛，顽固不愈，配伍独活、威灵仙、桑寄生等祛风湿药。

治冷痛，配伍皂角、干姜、白芷、细辛等同用。

4. 用于难产、死胎、胞衣不下　本品活血通经，有催生下胎之效。配伍肉桂或猪牙皂、天花粉等。

【用量】马、牛 0.6～1.5g；猪、羊 0.1～0.2g；犬 0.05～0.1g。

【禁忌】孕畜忌用。

冰 片

为龙脑香科常绿乔木植物龙脑香树脂加工品，或龙脑香的树干经蒸馏冷却而得的结晶，称"龙脑冰片"，亦称"梅片"。由菊科多年生草本植物艾纳香（大艾）叶的升华物经加工劈削而成，称"艾片"。现多用松节油、樟脑等经化学方法合成，称"机制冰片"。冰片成品须贮于阴凉处，密闭，研粉用。龙脑香主产东南亚地区，我国台湾有引种；艾纳香主产广东、广西、云南、贵州等地。

【性味归经】辛、苦，微寒。归心、脾，肺经。

【功效】开窍醒神，清热止痛。

【应用】

1. 用于闭证神昏 本品有开窍醒神之功效，但不及麝香，二者常相须为用。冰片性偏寒凉，为凉开之品，宜用于治疗热病神昏、痰热内闭、暑热卒厥、惊风等热闭，与牛黄、麝香、黄连等配伍，如安宫牛黄丸。若与温里祛寒及性偏温热的开窍药配伍，也可治寒闭。

2. 用于目赤肿痛，喉痹口疮 本品苦寒，有清热止痛、消肿之功，为治五官热毒常用药。

治目赤肿痛，单用点眼即效，与炉甘石、硼砂、熊胆等制成点眼药水，如八宝眼药水。

治咽喉肿痛、口舌生疮，与硼砂、朱砂、玄明粉共研细末，吹敷患处，如冰硼散。

3. 用于疮疡肿痛，溃后不敛 本品亦有清热解毒、防腐生肌作用。治疮疡溃后不敛，与象皮、血竭、乳香等同用，如生肌散。

【用量】马、牛 3～6g；猪、羊 1～1.5g；犬 0.5～0.75g。

【禁忌】孕畜慎用。

苏 合 香

为金缕梅科乔木植物苏合香树的树脂。初夏时将树皮击伤或割破，深达木质，使香树脂渗入树皮内。至秋季剥下树皮，榨取香树脂，即为普通苏合香。如将普通苏合香溶解于酒精中，过滤，蒸去酒精，则为精制苏合香。成品应置阴凉处，密闭保存。主产印度及土耳其等地，我国广西有栽培。

【性味归经】辛，温。归心、脾经。

【功效】开窍醒神，辟秽止痛。

【应用】

1. 用于寒闭神昏 苏合香辛香气烈，有开窍醒神之效，且长于温通，辟秽，故宜治寒闭神昏。治中风痰厥等属于寒邪、痰浊内闭者，配伍麝香、安息香、檀香等，如苏合香丸。

2. 用于胸腹冷痛、满闷 本品温通、走窜，可收化浊开郁，祛寒止痛之效。治痰浊，血淤或寒凝气滞之胸脘痞满、冷痛等证，与冰片等同用。

【用量】马、牛 10～30g；猪、羊 5～20g；犬 1～3g；家禽 0.5～1.5g。

石 菖 蒲

为天南星科多年生草本植物石菖蒲的根茎。秋、冬两季采挖,除去叶、须根及泥沙,晒干或鲜用。我国长江流域以南各省均有分布,主产四川、浙江、江苏等地。

【性味归经】辛、苦,温。归心、胃经。

【功效】开窍宁神,化湿和胃。

【应用】

1. 用于痰湿蒙蔽清窍之神志不清　本品辛开苦燥温通,芳香走窜,不但有开窍、宁心、安神之功,且兼具化湿,豁痰,辟秽之效;开心窍、去湿浊、醒神志为其所长,宜用治痰湿秽浊之邪蒙蔽清窍所致神志昏乱。

治痰热蒙蔽,高热、神昏者,配伍郁金、半夏、竹沥等。

治湿浊蒙蔽,嗜睡等证,与茯苓、远志、龙骨等配伍。

2. 用于湿阻中焦,脘腹胀闷,痞塞疼痛　本品辛香,化湿浊、醒脾开胃、消食除胀。用治湿浊中阻,脘闷腹胀,配伍香附、砂仁、苍术、陈皮、厚朴等化湿、行气之品。

【用量】马、牛 20~45g;猪、羊 10~15g;犬 3~5g;兔、家禽 1~1.5g。

第十四节　平 肝 药

凡能清肝热、熄肝风的药物,称为平肝药。

肝藏血,主筋,外应于目。故当肝受风热外邪侵袭时,表现目赤肿痛,羞明流泪,甚至云翳遮睛等症状;当肝风内动时,可引起四肢抽搐,角弓反张,甚至猝然倒地。根据本类药物疗效,可分为平肝明目药和平肝熄风药。

一、平肝明目药

平肝明目药具有清肝火,退目翳的功效,适用于肝火亢盛、目赤肿痛、睛生翳膜等证。

石 决 明

为鲍科动物杂色鲍(光底石决明)、皱纹盘鲍(毛底石决明)、羊鲍、澳洲鲍、耳鲍或白鲍的贝壳。夏、秋捕捉,剥除肉后,洗净贝壳,去除附着的杂质,晒干。生用或煅用。用时打碎。分布于广东、福建、辽宁、山东等沿海地区。

【性味归经】咸,寒。归肝经。

【功效】平肝潜阳，清肝明目。

【应用】

1. 用于肝阳上亢，头晕目眩　石决明咸寒清热，质重潜阳，专入肝经，而有平肝阳、清肝热之功，为凉肝、镇肝之要药。

治肝肾阴虚，肝阳眩晕证，配伍生地黄、白芍药、牡蛎等养阴、平肝药物。

治肝阳上亢、肝火亢盛、烦躁易怒，配伍夏枯草、钩藤、菊花等清热、平肝药物。

2. 用于目赤，翳障，羞明流泪　肝开窍于目，本品清肝火而明目退翳，为治目疾常用药。

治肝火上炎目赤肿痛，配伍夏枯草、决明子、菊花等。

治风热目赤、翳膜遮睛，配伍蝉蜕、菊花、木贼等。

治阴虚血少之双眼干涩、目暗不明、视物不清，配伍熟地黄、枸杞子、菟丝子等。

【用量】马、牛 30～60g；猪、羊 15～25g；犬 3～5g；兔、家禽 1～2g。

决 明 子

为豆科一年生草本植物决明或小决明的成熟种子。秋季采收，晒干，打下种子，生用或炒用。主产安徽、广西、四川、浙江、广东等地，各地均有栽培。

【性味归经】甘、苦、咸，微寒。归肝、肾、大肠经。

【功效】清肝明目，润肠通便。

【应用】

1. 用于目赤肿痛，羞明流泪或双眼干涩，视物不清　本品苦寒泄热，甘咸益阴，既能清泄肝火，又兼益肾阴。肝开窍于目，瞳子属肾，故为明目佳品，虚实目疾，均可应用。

治肝经实火，目赤肿痛，羞明多泪，配伍夏枯草、栀子、菊花、黄芩、龙胆草等。

治肝肾阴亏，双眼干涩，视物不清，配伍沙苑子、枸杞子等。

2. 用于肠燥便秘　本品性质凉润，又有清热润肠通便之效。用于内热肠燥，大便秘结，配伍火麻仁、瓜蒌仁等。

【用量】马、牛 20～60g；猪、羊 10～15g；犬 5～8g；兔、家禽 1.3～5g。

【禁忌】气虚便溏患畜不宜应用。

夜 明 砂

为蝙蝠科动物蝙蝠或菊头蝠的干燥粪便。生用。主产我国南方各地。

【性味归经】辛、寒。入肝经。

【功效】清肝明目，散淤消积。

【应用】用于肝热目赤，白睛溢血。本品能明目退翳，兼能消散淤积，可单用或配伍桑白皮、赤芍、黄芩、丹皮、生地、白茅根等同用；治疗内外障翳，配伍苍术等。

【用量】马、牛 30~45g；猪、羊 10~15g；犬 5~8g；兔、家禽 1.3~5g。

【禁忌】孕畜忌用。

二、平肝熄风药

平肝熄风药具有潜降肝阳，止熄肝风的作用，适用于肝阳上亢、肝风内动、惊痫癫狂、痉挛抽搐等证。

天　麻

为兰科多年生寄生草本植物天麻的块茎。冬季采集最宜，冬季茎枯时采挖者名"冬麻"，质量优良；春季发芽时采挖者名"春麻"，质量较差。采挖后除去地上茎及须根，洗净，蒸透，晒干、晾干或烘干。用时润透，切片。主产四川、云南、贵州、陕西等地。

【性味归经】甘，微温。归肝经。

【功效】平肝熄风，镇痉止痛。

【应用】用于多种风证。本品甘平柔润，疗虚风，定惊痫，止抽搐，且无燥烈之弊，为治内风、外风证通用之品。

治肝风内动引起的抽搐拘挛，配伍钩藤、全蝎、川芎、白芍等。

治破伤风，配伍天南星、僵蚕、全蝎等。

治瘫痪，麻木之证，配伍牛膝、桑寄生等。

治风湿痹痛，配伍秦艽、牛膝、独活、杜仲等。

【用量】马、牛 20~45g；猪、羊 6~10g；犬 1~3g。

【禁忌】阴虚患畜忌用。

钩　藤

为茜草科常绿木质藤本植物钩藤、大叶钩藤、毛钩藤、华钩藤或无柄钩藤的带钩茎枝。春、秋两季采收带钩的嫩枝，剪去无钩的藤茎，晒干或先置锅内蒸片刻，或于沸水中略烫后再取出晒干。切段入药。产于长江以南至福建、广东、广西等地。

【性味归经】甘、微寒。归肝、心包经。

【功效】熄风止痉，清热平肝。

【应用】

1. 用于肝风内动，惊痫抽搐 钩藤甘而微寒，入肝，有缓和的熄风止痉作用，为治肝风内动，惊痫抽搐之常用药。

治惊风壮热神昏、牙关紧闭、四肢抽搐等证，配伍天麻、全蝎、蝉蜕等。

治温热病热极生风，痉挛抽搐，配伍羚羊角、白芍药、菊花等，如羚角钩藤汤。

2. 用于肝经有热，肝阳上亢的目赤肿痛 本品既清肝热，又平肝阳。治肝火上攻或肝阳上亢之目赤肿痛、眩晕，配伍天麻、石决明、菊花、白芍、夏枯草等。

3. 用于外感风热之证 本品兼有疏散风热之效，与防风、蝉蜕、桑叶等同用。

【用量】马、牛 30~60g；猪、羊 10~15g；2~5g；兔、家禽 1.5~2.5g。

【禁忌】不宜久煎，无实热及实火患畜忌用。

刺 蒺 藜

为蒺藜科一年生或多年生草本植物蒺藜的果实。秋季果实成熟时采收。割下全株，晒干，打下果实，碾去硬刺，除去杂质。炒黄或盐炙用。主产东北、华北及西北等地。

【性味归经】苦、辛，平。归肝经。

【功效】平肝疏肝，祛风明目。

【应用】

1. 用于肝阳上亢 本品苦降，入肝，有平抑肝阳的作用。与钩藤、珍珠母、菊花等同用，以增强其平肝之功。

2. 用于肝郁气滞 本品辛散，入肝，又有疏肝解郁之效。与柴胡、香附、青皮等疏理肝气药物配伍。

3. 用于风热上攻，目赤翳障 本品味辛，又疏散肝经之风热而明目退翳。治风热目赤肿痛、多泪多眵或翳膜遮睛等证，配伍菊花、决明子、蔓荆子等。

4. 用于风疹瘙痒 本品辛散，祛风止痒。治风疹瘙痒，配伍防风、荆芥、地肤子等祛风止痒药。

【用量】马、牛 20~45g；猪、羊 10~15g；犬 3~5g。

【禁忌】气血虚及孕畜慎用。

全 蝎

为钳蝎科动物东亚钳蝎的干燥体。如单用尾，名蝎尾。野生蝎从春末至秋初均可捕捉，清明至谷雨前后捕捉者，称为"春蝎"，品质较佳；夏季产量较多，称为"伏蝎"，品质较次。人工养殖的一般在秋季捕捉，隔年收捕一次。捕捉后，先浸入清水中，待其吐出泥土，置沸水或沸盐水中，煮至全身僵硬，捞出，置通风处，阴干。主产河南、山东、湖北、安徽等地。

【性味归经】辛，平。有毒。归肝经。

【功效】熄风止痉，攻毒散结，通络止痛。

【应用】

1. 用于痉挛及破伤风等内外风证　本品为熄风止痉的要药。

治破伤风，与蔓荆子、旋复花、乌蛇等同用。

治中风口眼歪斜，与白附子、僵蚕、天麻、当归等同用。

2. 用于疮疡肿毒　本品有攻毒散结之效。治恶疮肿毒，用麻油煎全蝎、栀子，加黄蜡为膏药，外敷患处。

3. 用于风湿痹痛　本品与祛风胜湿药同用，治风湿痹痛之重证，配伍蜈蚣、僵蚕、川芎、羌活等。

【用量】马、牛 15～30g；猪、羊 3～9g；犬 1～3g；兔、家禽 0.5～1g。

【禁忌】血虚生风患畜忌用。

蜈　蚣

为蜈蚣科动物少棘巨蜈蚣的干燥体。春夏两季捕捉，用竹片插入头、尾，绷直，干燥；或先用沸水烫过，然后晒干或烘干。主产江苏、浙江、湖北、湖南、河南、陕西等地。

【性味归经】辛，温。有毒。归肝经。

【功效】熄风止痉，攻毒散结，通络止痛。

【应用】

1. 用于痉挛抽搐　蜈蚣辛温，性善走窜，通达内外，有比全蝎更强的熄内风及搜风通络作用，二者常相须为用。治多种原因引起的痉挛抽搐，适当配伍，亦可用于破伤风、歪嘴风等证。

2. 用于疮疡肿毒，瘰疬结核　本品以毒攻毒，味辛散结。治恶疮肿毒，配伍雄黄、猪胆汁，外敷，疗效颇佳；治瘰疬溃烂，与茶叶共为细末，外敷。

3. 用于风湿顽痹　本品亦有与全蝎相似的通络止痛作用，与防风、独活、威灵仙等祛风、除湿、通络药物同用。

【用量】马、牛 5～10g；猪、羊 1～1.5g；犬 0.5～1g。

【禁忌】本品有毒，用量不宜过大，孕畜忌服。

僵 蚕

为蚕蛾科昆虫家蚕娥的幼虫在未吐丝前，因感染白僵菌而发病致死的干燥体。收集病死的僵蚕，倒入石灰中拌匀，吸去水分，晒干或焙干。生用或炒用。主产浙江、江苏、四川等养蚕区。

【性味归经】咸、辛、平。归肝、肺经。

【功效】熄风止痉，祛风止痛，化痰散结。

【应用】

1. 用于惊痫抽搐 本品熄肝风止痉挛抽搐，且兼可化痰。故对惊风、癫痫挟有痰热者尤为适宜。

治痰热急惊，配伍全蝎、牛黄、胆南星等清热化痰、熄风止痉药，如千金散。

治肺虚久泻，慢惊抽搐，配伍党参、白术、天麻等益气健脾、熄风止痉药物。

治破伤风痉挛抽搐、角弓反张，配伍全蝎、蜈蚣、钩藤等。

2. 用于风中经络，口眼歪斜 本品味辛行散，又能祛外风止痉挛抽搐，与全蝎、白附子同用，共收祛风止痉之效，如牵正散。

3. 用于风热上扰而致目赤肿痛，咽喉肿痛或风疹瘙痒等证 本品辛散，有祛外风，散风热，止痛、止痒之功。

治肝经风热上攻之目赤肿痛、羞明流泪等证，配伍桑叶、菊花、薄荷、木贼、荆芥等疏风清热之品。

治风热上攻，咽喉肿痛，与桔梗、荆芥、甘草等同用。

治疗风疹瘙痒，可单用研末服或与蝉蜕、薄荷等祛风止痒药同用。

4. 用于痰核，瘰疬 本品味咸，能软坚散结，又兼化痰，故与浙贝母、夏枯草、连翘等清热、化痰、散结药物同用取效。

【用量】马、牛 30～60g；猪、羊 10～15g；犬 2～5g。

地 龙

为巨蚓科动物参环毛蚓或缟蚯蚓的全虫体。夏季捕捉。广地龙捕捉后及时剖开腹部，洗去内脏及泥沙，晒干或低温干燥；土地龙捕捉后，用草木灰呛死，去灰晒干或低温干燥。生用或鲜用。前者主产广东、广西、福建等地，药材称"广地龙"；后者全国各地均有分布，药材称"土地龙"。

【性味归经】咸，寒。归肝、脾、膀胱经。

【功效】清热、熄风，通络，平喘，利尿。

【应用】

1. 用于热病狂躁、痉挛抽搐等风证　本品既能熄风止痉，又能清热。治有热惊痫，配伍全蝎、钩藤、僵蚕等。

2. 用于风湿痹痛　本品有通络止通，对风湿顽痹作用颇佳。配伍天南星、川乌、草乌等。

3. 用于肺热喘息，膀胱实热　本品兼有利尿平喘之效。

治肺热咳喘，与麻黄、杏仁等同用。

治热结膀胱，小便不利及水肿等，与车前子，冬瓜等配伍。

【用量】马、牛 30～60g；猪、羊 10～15g；犬 1～3g；兔、家禽 0.5～1g。

【禁忌】非热证患畜忌用。

罗　布　麻

为夹竹桃科多年生草本植物罗布麻的叶或根。在夏季开花前采摘叶子，晒干或阴干，也有蒸炒揉制后用者；全草在夏季割取，除去杂质，干燥，切段用。主产我国东北、西北、华北等地。

【性味归经】甘、苦，凉。归肝经。

【功效】平抑肝阳，清热，利尿。

【应用】

1. 用于肝阳上亢　本品味苦性凉，专入肝经，既有平抑肝阳之功，又有清泻肝热之效。治肝阳上亢及肝火上攻之头晕目眩，与钩藤、菊花、夏枯草或牡蛎、石决明、代赭石等同用。

2. 用于水肿、小便不利　本品可清热利尿。治水肿、小便不利而有热象者，单用或与车前子、木通、茯苓等同用。

【用量】马、牛 24～30g；猪、羊 9～24g；犬、猫 1～3g；兔、禽 1～2g。

【禁忌】不宜过量和长时间服用，以免中毒。

第十五节　驱　虫　药

凡能驱除或杀灭畜禽体内、外寄生虫的药物，称为驱虫药。

驱虫药多数具有一定的毒性，临床应根据寄生虫的种类、家畜类别、体质状况、病情缓急选择用药及恰当剂量。酌情采用急攻、缓驱或先补后攻、攻补兼施等治则。为增强驱虫效果，一般配伍泻下药或入复方用。毒性强的驱虫药，在外用时，为防止患畜舔食，应避免一次体表大面积用药。孕畜慎用。

使　君　子

为使君子科植物使君子的干燥成熟果实。秋季果皮变紫黑时采收。带壳打碎用或去壳取仁生用或炒香用。主产四川、福建、广东、海南等地。

【性味归经】甘、温。归脾、胃经。

【功效】杀虫，消食。

【应用】

1. 用于杀虫　治蛔虫缠结于肠所致虫积腹痛，日渐消瘦等证，可单用，亦与槟榔、苦楝皮同用。

2. 用于消食　本品性味甘温，故脾胃虚弱，消化力差，脾胃寒湿，腹胀羸瘦等证，与白术、党参、茯苓等同用。

【用量】牛、马 30～80g；猪、羊 10～18g；犬、猫 2～5g；兔、禽 1～2g。

【禁忌】可煎汤服或入散剂。驱猪蛔虫可将使君子仁炒黄研末，拌在饲料中喂服。

川　楝　子

为楝科落叶乔木川楝的干燥成熟果实。主产四川。冬季采收。晒干。用时捣破，生用或麸炒用。

【性味归经】苦、寒、有小毒。归肝、胃、小肠、膀胱经。

【功效】行气止痛，杀虫。

【应用】

1. 用于肝郁腹痛　本品行气止痛。

治肝郁腹痛，配伍延胡索同用。

治寒疝疼痛，配伍小茴香、吴茱萸、木香等，以散寒行气止痛。

2. 用于虫积腹痛　本品杀虫止痛，尤其适合于蛔虫引起的腹痛，配伍槟榔、使君子等同用。

【用量】牛、马 30～60g；猪、羊 10～20g；犬、猫 1～3g；兔、禽 1～2g。

【禁忌】因有毒，不宜过量或经久内服。

苦　楝　皮

为楝科植物川楝或楝的干燥根皮或干皮。春、秋两季剥取。将粗皮去掉晒干切片用或鲜用。成熟果实称苦楝子或川楝子、金铃子。主产四川、湖南、湖北等地。

【性味归经】苦、寒。有毒。归肝、脾、胃经。

【功效】杀虫。

【应用】苦楝皮为杀虫燥湿之良药，用于蛔虫及蛲虫等多种肠内寄生虫引起的虫积腹痛，但以驱杀蛔虫效力较强，可单用，亦与它药合用。驱蛔虫，与槟榔、芜荑等合用；驱蛲虫与百部、乌梅等配伍。亦可研粉，醋调外擦，治疥癣。

【用量】牛、马 30～60g；猪、羊 10～20g；犬、猫 1～3g；兔、禽 1～2g。

【禁忌】因有毒，不宜过量或经久内服。

附药：

苦楝子 味苦，性寒。有小毒。入肝、小肠、膀胱经。有理气，止痛，杀虫功效。主治外肾肿痛，肚腹胀痛，气滞作痛。与茴香、胡芦巴等配伍，可治肾经寒湿证；和元胡、木香等配伍，用于湿热气滞之肚腹胀满。用量：牛、马20～45g；猪、羊 6～10g。

槟　　榔

为棕榈科植物槟榔的干燥成熟种子。冬、春两季果实成熟时采收，摘下果实，剥去果皮，取其种子，以清水浸泡，至泡透，捞起，切片，晾干。生用、炒用或炒焦用。主产海南、福建等地。其果皮称大腹皮。

【性味归经】辛、苦、温。归胃、大肠经。

【功效】杀虫，行气消积，利水退肿。

【应用】

1. 用于杀虫　用于驱灭多种胃肠寄生虫，如绦虫、姜片吸虫、蛔虫、蛲虫、鞭虫等引起的虫积腹痛，而以驱杀绦虫疗效最好。因有泻下功能，更有利于虫体排出。配伍南瓜子同用，疗效更佳。

2. 用于行气消积　用于食积不化，肚腹胀满，宿草不转，粪便秘结等证。

治宿草不转，配伍青皮、枳壳、神曲、厚朴等消食理气药。

治便秘，配伍大黄、枳实、牵牛子、千金子等泻下药。

治下痢等，配伍木香、黄连等。

3. 用于利水退肿　治水肿实证，小便不利，水肿胀满和四肢浮肿等证，与木通、泽泻、桂枝、商陆等配伍。

【用量】牛、马杀虫 30～60g；消积行滞 10～25g；猪、羊 5～12g；犬、猫 2～5g；兔、禽 1～2g。

【禁忌】脾虚泄泻者忌用。积滞不重者宜炒用或炒焦用。

附药：

大腹皮 为棕榈科植物槟榔的干燥果皮。味辛，性微温。入脾、胃、大肠和小肠经。生用。有行气导滞，利水消肿功效，主治胸腹胀满，嗳气增多，食滞不化，水肿，宿水停脐，小便不利等证。用量：牛、马 15～60g；猪、羊3～10g。

南　瓜　子

　　为葫芦科植物南瓜的成熟种子。夏秋间果实成熟时采收，切开取其种子，鲜用或晒干用。各地均有栽培。

　　【性味归经】甘，平。归胃、大肠经。

　　【功效】杀虫。

　　【应用】主驱杀绦虫。可单味生用，亦与槟榔同用。本品也可用于蛔虫病、血吸虫病。

　　【用量】牛、马60～120g；猪、羊30～60g。带壳或去壳用均可。

鹤　草　芽

　　为蔷薇科植物龙芽草等短小根基的干燥芽。秋末地上部分枯萎后直至翌春植株萌发前均可采收。挖出根基，掰下带短小根茎的芽，洗净，晒干，或于50℃以下烘干，研末用。我国各地均有分布。

　　【性味归经】苦、涩，微温。归肝、大肠、小肠经。

　　【功效】驱虫。

　　【应用】鹤草芽为驱灭绦虫要药，主驱绦虫，疗效确实，且无毒副作用。单味研粉用，或用鹤草芽的提取物制剂供临床使用。

　　【用量】牛、马120～180g；猪、羊20～50g；犬、猫2～5g；兔、禽1～2g。

　　【禁忌】本品遇热失效，故不宜煎服。有泻下功能，不必再服泻药。

雷　丸

　　为多孔菌科植物雷丸菌的菌核。多寄生于竹的枯根。春、秋、冬三季采收，但以秋季为多，洗净晒干，研末生用。主产西北、西南、华东等地。

　　【性味归经】苦，寒，有小毒。归胃、大肠经。

　　【功效】杀虫。

　　【应用】以驱绦虫为主，亦能驱杀蛔虫、钩虫。使用时可研末单用或配伍槟榔、木香等入散剂。

　　【用量】牛、马30～60g；猪、羊6～12g；犬、猫2～4g；兔、禽1～2g。

　　【禁忌】使用时不宜煎煮或高温烘烤。

贯　众

　　为鳞毛蕨科植物粗茎鳞毛蕨等的干燥根茎及叶柄基部。春、秋采挖，削去叶柄须根，除去泥土，晒干，生用或炒炭用。因入药科属不同，产地也不同。主产黑龙江、吉林、河北等地。

【性味归经】苦、微寒、有小毒。归肝、胃经。

【功效】杀虫，凉血止血，清热解毒。

【应用】

1. 用于杀虫　治虫积腹痛诸证。驱杀牛、羊肝蛭，与槟榔、苏木、肉豆蔻等配伍，如肝蛭散；驱灭绦虫，与槟榔、雷丸等配伍；驱除蛲虫，与苦楝根皮、鹤虱等同用。

2. 凉血止血　本品炒炭，可用于血热妄行所致的衄血、便血及子宫出血等，与仙鹤草、侧柏叶配伍。

3. 清热解毒　对热毒蕴结肌肤所致的疮痈肿毒等，可煎汤内服；对时行感冒，属风热者，配伍金银花、连翘、板蓝根等。

【用量】牛、马 30～60g；猪、羊 5～15g；犬、猫 2～5g；兔、禽 1～2g。

【禁忌】驱虫及清热解毒宜生用；止血宜炒炭用。

鹤　虱

为菊科植物天名精或伞形科植物野胡萝卜的成熟果实。秋季果实成熟时采收，晒干，生用。天名精主产华北各地，称北鹤虱；野胡萝卜主产浙江、安徽、湖南等地，称南鹤虱。

【性味归经】苦、辛，平。有小毒。归肝、大肠经。

【功效】杀虫。

【应用】本品可用于多种肠内寄生虫病，但较多用于驱杀蛔虫、蛲虫、绦虫、钩虫等，与使君子、槟榔、芜荑、雷丸、贯众、炮干姜、制附子、乌梅等配伍，如化虫散。

【用量】牛、马 15～30g；猪、羊 3～6g；犬、猫 1～3g；兔、禽 0.5～1.5g。

常　山

为虎耳草科植物常山的干燥根。秋季采挖，除去须根，洗净，切片晒干。生用或酒炒用。主产长江流域及甘肃、陕西等地。其嫩枝叶入药称蜀漆。

【性味归经】苦、辛，微寒。有小毒。归肺、心、肝经。

【功效】杀虫，消积。

【应用】

1. 用于杀虫　驱杀球虫。本品煎水单用或与健脾止泻药同用，拌入饲料中喂服，可防治鸡球虫病。

2. 用于消积　治疗牛、羊因草料积滞等原因所致的宿草不转，反刍减少或停止等，与木香、神曲、藜芦等同用。

3. 用于引吐 本品辛开苦泄，可引吐胸中痰水。

【用量】牛 30～60g；羊 10～15g；犬、猫 1～3g；兔、禽 0.5～1.5g。

【禁忌】体弱虚证及孕畜慎用。酒制作用较缓。

第十六节 外 用 药

凡以外用为主，治疗动物外科疾病的药物称为外用药。

外用药一般具有杀虫解毒、消肿止痛、去腐生肌、收敛止血等功用。临床多用于疮痈肿毒、跌打损伤、疥癣等病证。由于疾病发生部位及症状不同，用药方法有异，多为局部外敷、喷射、熏洗、浸浴、点眼、吹喉等。其中有些药也可内服。

外用药多数具有毒性，内服时必须严格按照制药方法进行处理和操作（如砒石、雄黄等），以保证用药安全。本类药一般都与其他药配伍，较少单用。

硫 黄

为天然硫黄矿的提炼加工品。全年均可采挖。采后加热熔化，除去杂质，取出上层溶液，冷却后即得。生硫黄只作外用。若内服，与豆腐同煮，至豆腐成黑绿色为度，取出漂净，阴干。用时研末。主产山西、山东、河南等地。

【性味归经】酸，温，有毒。归肾、大肠经。

【功效】解毒杀虫止痒，补火助阳通便。

【应用】

1. 治疥癣、湿疹、皮肤瘙痒 本品外用有解毒杀虫止痒作用，尤为治疥要药。

治疥疮，可单用硫黄研末，麻油调涂患处。

治湿疹，配伍石灰，铅丹等共研细粉外撒，可增强收湿止痒功效。

治湿疹瘙痒，可单用硫黄粉外敷，或与蛇床子、明矾同用，以增强祛湿、止痒作用。

2. 治肾虚寒喘、阳痿、虚寒便秘 本品内服有补火助阳，温阳通便作用。

治肾阳不足，下元虚冷而致寒喘，配伍附子、肉桂、黑锡等，如黑锡丹。

治肾虚阳痿，小便频数，配伍鹿茸、补骨脂等。

治老年家畜肾阳不足，虚寒便秘者，配伍半夏等，如半硫丸。

【用量】马、牛 13～30g；猪、羊 0.3～1g。

【禁忌】阴虚阳亢及孕畜忌用。

雄 黄

为硫化物类雄黄的矿石，主要成分为硫化砷（As_4S_4），并含少量重金属盐。

质量最佳者称为"雄精",其次为"腰黄"。采挖后去杂质,研成细粉或水飞用。切忌火煅。主产湖南、贵州、湖北、云南、四川等地。

【性味归经】 辛,温。有毒。归心、肝、胃经。

【功效】 解毒,杀虫。

【应用】

1. 用于痈肿疔疮,湿疹疥癣,蛇虫咬伤　雄黄有良好解毒作用。

治痈肿疔疮,与乳香、没药等活血消肿药同用,如醒消丸。

治湿疹疥癣,配伍等量白矾为散,清茶调涂患处,以增强收湿止痒功效,如二味拔毒散。

治虫蛇咬伤,可单用雄黄粉,香油调涂患处或用黄酒冲服。

2. 用于虫积腹痛　本品有杀虫作用。

治蛔虫等肠道寄生虫病引起的虫积腹痛,与槟榔、牵牛子等驱虫药同用。

治蛲虫病引起的肛门瘙痒,可用本品与铜绿为末撒于肛门处,或用雄黄粉、凡士林制成的纱布条塞于肛门内。

3. 治哮喘、疟疾、惊痫等证。

【用量】 内服入丸散剂,马、牛 2～3g;猪、羊 0.1～0.3g;犬 0.05～0.15g;兔、禽 0.03～0.1g。外用适量。

【禁忌】 不宜久服;孕畜忌用;切忌火煅,烧煅后即分解为三氧化二砷,即砒霜,有剧毒。

砒　石

为天然产含砷矿物砷华、毒砂或雄黄等矿石的加工制成品,又名信石。成品有红信石及白信石之分,药用以红信石为主。凡砒石须装入砂罐内,用泥将口封严,置炉火中煅红,取出放凉,或以绿豆同煮以减其毒。研细粉用。砒石升华之精制品为白色粉末,即砒霜,毒性更剧。主产江西、湖南、广东、贵州等地。

【性味归经】 辛、大热,有大毒。归肺、肝经。

【功效】 外用蚀疮去腐,内服劫痰平喘。

【应用】

1. 治癣疮、瘰疬、痔疮、溃疡腐肉不脱　本品外用有强烈的攻毒杀虫,蚀疮去腐作用。

治疥癣恶疮,用砒石少许,研细末,米汤调涂患处。

治瘰疬,以本品为末,合浓墨汁为丸,用针刺破患处贴之,至蚀尽为度。

治痔疮,配伍白矾、硼砂、雄黄等制成外用药,如枯痔散。

2. 治寒痰哮喘　本品味辛大热,内服能祛寒劫痰平喘。用于寒痰哮喘久治不愈之证，与淡豆豉为丸服，如紫金丹。

【用量】马、牛 0.3～1g；猪、羊 0.06～0.12g，为末灌服。外用适量。

【禁忌】本品剧毒，内服宜慎用，须掌握好用法用量，不可持续服用，不能做酒剂服。孕畜忌用。外用也不宜过量，以防局部吸收中毒。

轻　粉

为水银、白矾、食盐等经升华法制成的氯化亚汞（Hg_2Cl_2）结晶性粉末。主产湖南，山西、湖北、四川等地。避光保存。研细末用。

【性味归经】辛、寒，有大毒。归大肠、小肠经。

【功效】攻毒，杀虫，敛疮。

【应用】

1. 用于疥癣，梅毒，疮疡溃烂　本品辛寒有毒，其性躁烈，外用有较强的攻毒杀虫敛疮作用。

治疥疮，配伍硫黄、吴茱萸等研末，油调外涂。

治梅毒疮癣，配伍大风子肉，等分为末外涂。

治疮疡溃烂，配伍当归、血竭、紫草等制膏外贴，如生肌玉红膏。

2. 用于便秘水肿　本品内服，能通利二便，逐水退肿。治水肿便秘实证者，与大黄、甘遂、大戟等同用，如舟车丸。

【用量】入丸散服，马 1.5～4.5g；猪 0.3～0.6g。外用适量，研末调涂，或制膏外贴。

【禁忌】对牛羊毒性大，不宜内服；孕畜忌服。

升　药

为水银、火硝、白矾各等分混合升华而成。红色者称红升，黄色者称黄升。各地均有生产，以河北、湖北、湖南、江苏等地产量较大。研细末入药，陈久者良。本品又名升丹、三仙丹、红升丹、黄升丹。

【性味归经】辛，热。有大毒。归肺、脾经。

【功效】拔毒化腐。

【应用】本品有良好的拔毒化腐排脓作用，为外科要药。治脓出不畅或腐肉不去，新肉难生，配伍煅石膏研末外用，用于治疗上述病证。随病情之不同，两药配伍比例亦不同。

治溃疡后期，脓毒较轻，疮口不敛者，煅石膏与升药之比为 9∶1，称九一丹，以拔毒生肌。

治溃疡中期，脓毒较盛者，煅石膏与升药之比为 1∶1，称五五丹，其拔毒排脓力较强。

治痈疽初溃，脓毒盛，腐肉不去者，煅石膏与升药之比为 1∶9，称九转丹，其拔毒化腐排脓力最强。

选用以上疗法，用时可将药物撒于患处，也可将药物黏附棉纸上，插入脓腔中。

【用量】外用适量。不用纯品，多与煅石膏配伍研末外用。

【禁忌】本品有毒，忌内服。外用亦不可大量持续使用。腐肉已去或脓水已尽者，不宜用。

铅　丹

为纯铅制炼而成的四氧化三铅（Pb_3O_4）。主产河南、广东、福建、湖南等地。

【性味归经】辛、微寒，有毒。归心、脾、肝经。

【功效】解毒生肌。

【应用】治疗各种疮疡肿毒，溃疡久不收口及毒蛇咬伤等证。本品外用有良好的解毒、收敛、生肌等功效。如治疮疖肿毒，未溃者外敷可使脓溃肿消；已溃者能拔毒生肌。除散剂外，多与植物油加热化合制成膏剂使用。

古时作坠痰镇惊剂，内服治惊痫癫狂等证，因有毒，近代已少用。

【用量】外用适量。入丸散服，马、牛 0.3～0.6g；猪、羊 0.1～0.2g。

【禁忌】不可过量或持续服用，以防蓄积中毒。

炉　甘　石

为碳酸盐类矿物菱锌矿的矿石，主要成分为碳酸锌（$ZnCO_3$），尚含少量的氧化钙、氧化镁及氧化铁等，煅炉甘石的主要成分为氧化锌。主产广西、湖南、四川等地。采挖后除去泥土杂石，制用，称为"制炉甘石"，有火煅、醋淬法及火煅后用三黄汤（黄连、黄柏、大黄）淬等制法，晒干，研末，水飞后用。

【性味归经】甘、温，归肝、脾、肺经。

【功效】明目祛翳，收湿生肌。

【应用】

1. 治目赤翳障、烂弦风眼　本品为眼科要药，外用点眼，既能解毒，又长于退翳去腐和收敛止泪。治疗肝热目赤肿痛，羞明流泪及睛生翳膜等证时，配伍冰片、硼砂、玄明粉等，为细末点眼。

2. 治溃疡不敛、皮肤湿疹　本品有收湿敛疮和解毒止痒之效，可用于湿疹，疮疡多脓或久不收口等证，配伍铅丹、煅石膏、枯矾、冰片等。

【用量】外用适量。

【禁忌】专作外用，不作内服。

硼　　砂

为矿物硼砂经精制而成的四硼酸钠（$Na_2B_4O_7 \cdot 10H_2O$）结晶。主产西藏、青海、四川等地。置密闭容器中防止风化。生用或火煅用。

【性味归经】甘、咸，凉。归肺、胃经。

【功效】解毒防腐，清热化痰。

【应用】

1. 治口舌生疮，咽喉肿痛，目赤翳障　本品外用有良好的清热解毒防腐作用。

治口舌生疮、咽喉肿痛，配伍冰片、玄明粉、朱砂。

治目赤肿痛，可单味制成洗眼剂应用。

2. 治肺热咳嗽　本品内服能清热化痰，治疗肺热咳嗽，痰液黏稠不易咳出等证时，与瓜蒌、青黛、贝母等同用。

【用量】内服，马、牛 8～15g；猪、羊 2～3g；犬 1～1.5g。外用适量。

白　　矾

为天然矿物硫酸盐类明矾石经加工提炼而成的结晶。主含硫酸铝钾 [$KAl(SO_4)_2 \cdot 12H_2O$]。主产浙江、安徽、山西、湖北等地。生用或煅用。煅后称枯矾。

【性味归经】酸、涩，寒。归肺、肝、脾、大肠经。

【功效】外用解毒、杀虫、止痒，内服化痰、止血、止泻。

【应用】

1. 用于湿疹、湿疮、疥癣　白矾外用能解毒杀虫，收湿止痒。

治湿疹瘙痒，配伍煅石膏、冰片等，研末外撒。

治疥癣，配伍硫黄、雄黄等，研末外用。

2. 用于久泻久痢　本品有涩肠止泻作用。与五倍子、诃子等同用。

3. 用于便血，崩漏及创伤出血　本品有收敛止血作用。

治便血，子宫出血，与五倍子、地榆等同用。

治创伤出血，可单用，或配伍松香研末外敷伤处，如圣金刀散。

4. 用于风痰所致之昏厥、癫痫、癫狂等　本品能清化痰涎。

治风痰癫痫，与细茶研末，蜜丸服。

治风痰昏厥，与牙皂、半夏等同用，姜汁灌服。

治脱肛，子宫脱垂，湿热黄疸等病证。

【用量】外用适量，研末外敷，或化水熏洗。内服，马、牛 15～30g；猪、羊 3～10g；犬 1.5～5g。

斑　　蝥

为芫菁科昆虫南方斑蝥或黄黑小斑蝥的干燥虫体。主产辽宁、河南、山东、江苏等地。于夏秋在晨露未干时捕捉，置器中闷死，晒干。用时去头、足、翅，生用；或与糯米同炒至黄黑色，去米，研末用。

【性味归经】辛、寒，有大毒。归肝、肾、胃经。

【功效】破血逐瘀消癥、攻毒蚀疮散结。

【应用】

1. 用于癥瘕　本品能破血通经，消癥散结。治恶露不尽腹痛，可以本品配伍桃仁、大黄为丸服。

2. 用于痈疽、顽癣、瘰疬　本品外用能使皮肤发赤起泡，有攻毒蚀疮，消肿散结之效。治痈疽肿硬不破，可单用本品研末，和蒜捣膏，以少许贴之，脓出即去药；治顽癣，以本品微炒为末，蜜调敷；本品与白矾、青黛等同用研末，治瘰疬瘘疮，如生肌干脓散。

3. 用于斑秃　用本品酒浸液搽斑秃，能促进被毛生长。

【用量】马 5～15 只；牛 10～20 只；猪、羊 5～10 只。为末，开水冲服，或煎汤灌服。外用适量。

【禁忌】内服宜慎，体弱及孕畜忌用。

蛇　床　子

为伞形科植物蛇床的成熟干燥果实，全国各地均产，以广东、广西、江苏、安徽等地为多。夏秋季果实成熟时割取全株晒干，打下果实，筛净。生用。

【性味归经】辛、苦，温。归脾、肾经。

【功效】杀虫止痒，温肾壮阳。

【应用】

1. 用于阴部湿痒、湿疹、疥癣等　蛇床子性味辛苦温，能燥湿杀虫止痒。

治外阴湿痒，可单用或配伍明矾、苦参、黄柏等煎汤外洗。

治湿疹、疥癣，可单用煎汤外洗，或研末外掺或制成油膏搽敷，亦配伍枯矾、苦参、黄柏、硼砂等研末，油调外涂。

制成软膏或栓剂用于治滴虫性阴道炎。

2. 用于阳痿、不孕等证　本品内服有温肾壮阳作用。适用于肾阳衰微，下焦虚寒所致的公畜阳痿、母畜宫冷不孕之证，与熟地、菟丝子、五味子、肉桂等同用，以温肾益精。

3. 用于寒湿带下、湿痹腰痛等证。

【用量】马、牛 15～30g；猪、羊 5～10g；犬 3～5g。

【禁忌】阴虚火旺者忌用。

孩 儿 茶

为豆科植物儿茶的枝叶加水煎汁浓缩而成的干燥浸膏，又称孩儿茶。主产云南南部，海南岛有栽培。

【性味归经】苦、涩，微寒。归肺经。

【功效】清热化痰，收敛止血。

【应用】

1. 用于肺热咳嗽　本品能清化痰热，治疗肺热引起的咳嗽，配伍桑叶、硼砂等同用。

2. 用于收敛止血　本品性涩收敛，有止血、止泻之效。

外用治疗疮疡多脓、久不收口及外伤出血等证，与龙骨、冰片等共用。

内服治泻痢血便，配伍黄连、黄柏等同用。

【用量】内服：马、牛 15～30g；猪、羊 5～10g；犬 2.5～5g。外用适量。

樟 脑

为樟科常绿乔木樟的枝、干、叶及根部，经提炼制成的颗粒状结晶。主产台湾、长江以南及西南等地。尤以台湾为多。易挥发，应密封保存。

【性味归经】辛、热，有毒。归心、脾经。

【功效】除湿杀虫，温散止痛；开窍辟秽。

【应用】

1. 用于疥癣、湿疮　本品外用有除湿杀虫、祛风止痒作用。

治诸疥干痒，配伍硫黄、黄丹、轻粉等攻毒疗疮杀虫药共为末，外涂。

治疥疮有脓者，与硫黄、枯矾、川椒等为末，香油调涂。

治脐疮湿烂，久不收口，与猪油、葱白共捣烂，外敷。

治瘰疬溃烂，与雄黄等份为末，麻油调涂。

2. 用于跌打损伤　本品有温经通脉、散寒止痛作用，治疗跌打损伤，淤肿疼痛，可浸入白酒中，待完全溶解后，频频涂擦，或配伍当归、红花、细辛等活血消肿药浸酒外涂。

3. 用于痧胀腹痛、吐泻、神昏　本品芳香走窜，内服有芳香开窍、辟秽化浊、温散止痛作用。治感受疫疬秽浊之气或夏季感受风寒暑湿之邪所致的腹痛、吐泻不止，甚至神智昏迷等证，与乳香、没药共为细末，茶水调服；或将樟脑用酒浸，治疗痧胀腹痛。

【用量】外用适量。内服马、牛 0.1～0.2g；猪、羊 0.01～0.03g。

【禁忌】内服宜慎，孕畜忌用。

土 荆 皮

为松科落叶乔木金钱松的干燥根皮或近根树皮。主产江苏、浙江、安徽、江西等地。夏季剥取，晒干。生用。

【性味归经】辛，温；有毒。归肺、脾经。

【功效】杀虫止痒。

【应用】用于多种癣证。本品有较强的祛湿止痒、杀虫疗癣作用。治各种癣证，可单用浸酒涂擦，或研末用醋调敷。现代多制成 10％～50％土荆皮酊，或与水杨酸、苯甲酸等合制成复方土荆皮酊使用。

此外，本品与密陀僧、轻粉、百部等共研末外用，可用治局限性神经性皮炎。

【用量】外用适量。

木 槿 皮

为锦葵科落叶灌木木槿的干燥根皮或茎皮。主产四川，夏、秋两季剥取，晒干。

【性味归经】甘、苦，凉。归大肠、肝、脾经。

【功效】清热利湿，杀虫止痒。

【应用】

1. 用于疥癣　本品有清热杀虫止痒作用，为治疥癣之良药。

治疥癣，可煎汁，加肥皂浸水，频频擦之；或浸汁磨雄黄涂擦。

治钱癣，可为末，醋调治癣疮。

2. 用于阴痒　本品有清利湿热、杀虫止痒之功。治阴痒，可单用煎水洗或酒煎内服，亦与其他燥湿药同用。

3. 用于湿热泻痢。

【用量】外用适量；内服，马、牛 5～15g；猪、羊 3～8g。

【禁忌】无湿热者不宜服。

蜂 房

为胡蜂科昆虫果马蜂、日本长脚胡蜂或异腹胡蜂的巢。全国各地均产，南方尤多。全年可采。晒干或略蒸，除去死蜂死蛹，再晒干。生用或炒用。

【性味归经】甘，平。有毒。归肝、胃经。

【功效】攻毒杀虫，祛风止痒，祛风止痛。

【应用】

1. 用于痈疽、瘰疬、癣疮 本品既能以毒攻毒，疗疮止痛，又能杀虫、祛风止痒。可外用，亦可内服。

治痈疽初起，与天南星、赤小豆、生草乌等解毒散肿药为末，米醋调涂。

治乳痈初起，可用本品焙焦黄，研末内服。

治瘰疬，配伍玄参、蛇蜕等熬膏外用，如蜂房膏。

治疥疮、头癣，可以本品研末，调猪油脂涂擦；亦配伍蜈蚣、明矾，文火焙焦为末，麻油调涂。

2. 用于风湿痹痛，隐疹瘙痒，牙痛 本品有祛风止痒止痛作用。

治风湿痹痛，配伍独头蒜、百草霜外敷；亦配伍祛风通络药内服。

治隐疹瘙痒，配伍蝉衣内服。

治牙痛，可单用或配伍细辛、花椒煎水含漱。

【用量】外用适量。内服，马、牛 9～18g；猪、羊 5～10g。

第十七节 饲料添加药

凡能改善基础饲料价值或对饲料进行强化，并以补充饲料或饲料添加剂的形式运用的药物称为饲料添加药。

饲用药的范围很广，归纳起来，大体包括两个方面：一是提供添加的营养物；二是指少量加入到饲料中就能影响饲料利用或影响畜禽生产性能的非营养性物质。根据中药的特性，把饲料添加药分为三类：一是扶正药，主要用于增加营养、增强畜禽体质或增蛋催肥促乳；二是祛邪药，主要用于防病治病；三是扶正祛邪兼用药。

松 针

为松科植物油松或马尾松等的叶。全年可采集，以冬季采者最好，制成干粉补饲用，也可以鲜品入药或制成浸膏用。产于各地。

【性味归经】苦，涩，温。归肝，脾经。

【功效】补充营养，健脾理气，解毒治疥。

【应用】

1. 用于营养不足 凡因营养不足所致生长缓慢，瘦弱，生产性能下降等，均可用本品补饲。

2. 用于食积、肚胀　凡因胃肠气机不畅所引起的食积或肚胀，可用鲜品捣汁服或煎汤服。

3. 用于风疮、疥癞　与樟树叶配伍煎汤外洗。

【用量】鲜松针，猪，羊 30～60g；牛，马 60～250g；松针粉，在饲料中的添加量为 2.5%～5%。

泡 桐 叶

为玄参科植物泡桐或毛泡桐的叶。夏、秋采集，鲜用或晒干用。产于东北、华北、中南及西南等地。

【性味归经】苦、寒。入心、脾经。

【功效】补充营养，清热解毒。

【应用】

1. 用于补充营养　用本品补饲可补充营养，调整脏腑机能，促进生长和增重。

2. 用于疮黄疔毒　适用于外科阳证，可单用本品捣敷或与紫花地丁等配伍。

【用量】干品内服。猪、羊 20～50g；牛、马 100～200g；禽、兔 2～5g；补饲：于饲料中添加 3%～10%。

绞 股 蓝

为葫芦科植物绞股蓝的根茎或全草。分布于陕西南部和长江以南各省区。故称为"南方人参"。茎叶每年可收获 2 次，6 月中旬及 10 月下旬离地面 10cm 处收割，切成长 15cm 小段，阴干。

【性味归经】苦，寒。入脾、肺经。

【功效】清热解毒，止咳祛痰。

【应用】

1. 用于痰湿阻肺　本品既能健脾除湿，又能化痰止咳。治痰浊阻肺引起的咳嗽气喘、胸闷痰多，配伍半夏、橘红、瓜蒌等。

2. 用于热毒　本品有清热解毒之效。对癌瘤、溃疡等热毒证均可用。

【用量】马、牛 15～60g；猪、羊 10～20g；犬、猫 5～8g。

沙 棘

为胡颓子科植物中国沙棘的果实。主产河北张家口、承德地区以及四川、青海、内蒙古、山西等地。9 月中旬果实成熟，成熟后不脱落，采收期可延长到 12

月，鲜用或干燥。

【性味归经】酸、微甘，平。入肺、胃经。

【功效】止咳祛痰，消食化滞，活血散淤。

【应用】

1. 用于咳嗽痰多　本品能止咳化痰。配伍前胡、桔梗、贝母等，治痰多咳嗽。

2. 用于食积不消　本品能消食化滞。配伍神曲、山楂、麦芽等，治食积胃肠，消化不良。

3. 用于跌打淤肿、淤血经闭　本品能活血散淤。配伍桃仁、红花等，治跌打淤肿、淤血。

【用量】马、牛 50～100g；猪、羊 30～45g；犬 15～20g。

漏　　芦

为菊科植物祁州漏芦或禹州漏芦的根；祁州漏芦主产河北安国、辽宁、山西等地；禹州漏芦主产山东、河南、内蒙古等地。秋季采挖，洗净泥土，除去残茎及须根，晒干。

【性味归经】甘、辛，性平。入肝、胃、大肠经。

【功效】活血通乳，清热解毒，消肿排脓。

【应用】

1. 用于疮痈、乳痈　本品具有清热解毒，消散痈肿之功。

治疮痈初起，红肿疼痛，配伍连翘、大黄、甘草等。

治乳痈，配伍瓜蒌、蒲公英等。

2. 乳房胀痛，乳汁不下　本品能清热通乳。治热壅乳房作痛，乳汁不下，配伍浙贝母、王不留行等。

【用量】牛、马 15～30g；猪、羊 10～15g；犬、猫 3～5g。

海　　藻

为马尾藻科植物海蒿子（大叶海藻）和羊栖菜（小叶海藻）的全草。产于浙江、福建、广东、山东及辽宁等地。夏秋采割，除去杂质，用清水洗漂，切段，晒干，生用。

【性味归经】苦、咸，寒。入肝、胃、肾经。

【功效】清热消痰，软坚散结。

【应用】

1. 用于瘿瘤，瘰疬　本品具有清热解毒，软坚散结的功效。与夏枯草水煎煮汤，为治淋巴结核、淋巴结肿大等病证的辅助药物。

2. 用于痰多咳喘，水肿　本品具有宣肺化痰，健脾利水的功效，配伍海带、甜杏仁、薏苡仁等，可治痰多咳喘、水肿之证。

3. 用于碘缺乏　海藻中所含的碘可用来纠正因缺碘而引起的甲状腺功能不足，同时也可暂时抑制甲亢的新陈代谢而减轻症状。

【用量】马、牛 15～30g；猪、羊 3～9g；犬 1～3g。

麦　饭　石

是经风化蚀变后，具有生物效应和医疗作用的二长岩类岩石。近年来我国许多地区相继发现麦饭石资源，如河北、内蒙古、辽宁、天津、吉林等地。目前因产地不同，命名各异，如易县麦饭石、盘山麦饭石、黄河麦饭石、天府麦饭石、阜新麦饭石、中华麦饭石等。

【性味归经】甘，温。

【功效】健胃疏肝，解毒消痈，抗老保健。

【应用】

1. 用于补充营养　凡因矿物质以及微量元素不足所致生长缓慢、瘦弱、生产性能下降等，均可用本品补饲。

2. 用于疮痈、皮肤瘙痒　可用本品细粉末作为浴用，或直接涂于患部。

【用量】马、牛 30～120g；驼 90～180g；猪、羊 15～30g；犬、猫 8～15g；兔、禽 1～3g。

大　蒜

为百合科植物大蒜的鳞茎。夏季采收，除去泥沙，通风晾晒至外皮干燥，生用。各地均产，山东、河南量大，河北怀来紫皮蒜入药最好。

【性味归经】辛，温。归肺、脾、胃经。

【功效】行气滞，暖脾胃，杀虫，解毒。

【应用】

1. 用于止痢　治禽及幼畜下痢，可单用。治气胀，水肿，下痢，少食等证，民间常以本品为主，酌情配伍其他辅料及药物，如青盐、黄酒、菜油、白糖、甘草、莱菔子等。

2. 用于虫积　驱杀蛲虫、钩虫，配伍槟榔等。

3. 用于疮痈　疮痈初起，可捣烂外敷。

忍　冬　藤

为忍冬科植物忍冬等的茎叶。秋冬割取带叶的茎藤，扎成小捆晒干。主产山东、河北、河南、浙江、四川、江苏、陕西、广西、湖南、安徽、甘肃、湖北、江西、福建、陕西、云南、辽宁等地。

【性味归经】甘，性凉。归肺、胃经。

【功效】清热、解毒、通络。

【应用】

1. 疮痈疔毒、热毒血痢、瘟病初起　可代替金银花入药。

2. 关节红肿，屈伸不利　治风湿热痹引起的关节红肿，屈伸不利，配伍羌活、独活等。

【用量】马、牛 30～60g；猪、羊 10～15g；犬 5～8g。

千　里　光

为菊科植物千里光的全草。9～10月采收，割取地上部分，洗净，鲜用或晒干。主产江苏、浙江、广西、四川等地。

【性味归经】苦，寒。入肺、肝、大肠经。

【功效】清热解毒，凉血消肿，清肝明目，杀虫止痛。

【应用】

1. 疮痈疔毒，水火烫伤　治疮痈疔毒，可单味水煎内服或外洗，亦可用鲜品捣烂外敷。或配伍金银花、野菊花、紫花地丁等。治水火烫伤，配伍白及水煎外搽。

2. 目赤肿痛　治肝火目赤，可单味应用，或配伍桑叶、菊花等以增强清肝明目功效。

【用量】鲜品，马、牛 180～300g；猪、羊 60～90g；犬 30～40g。外用适量。

三　颗　针

为小檗科植物拟豪猪刺、小黄连刺、细叶小檗或匙叶小檗数种植物的干燥根。秋、冬两季采挖根部，或剥取根皮及茎皮，除去泥沙及须根，晒干或烘干。生用或制用。主产四川、云南、贵州、湖北等地区。

【性味归经】苦、寒。入肝、胃、大肠经。

【功效】清热燥湿，泻火解毒。

【应用】

1. 用于血痢　治大肠湿热引起的下痢脓血，与败酱草、白花蛇舌草、黄柏等配伍。

2. 用于黄疸　治肝胆湿热引起的黄疸，配伍茵陈等。

3. 用于火眼　可用三颗针根茎磨水点眼角。

【用量】马、牛 15～60g；猪、羊 10～15g；犬、猫 3～5g；兔、禽 1～3g。

杨 树 花

为杨柳科植物加拿大杨及钻天杨的雄花序。春季花盛开时收采，鲜品入药或晒干用。主产东北、华北和西北地区。

【性味归经】苦、甘、微寒。归脾、胃、肝、肾经。

【功效】补充营养，健脾养胃，止泻痢。

【应用】

1. 用于补充营养 凡饲料中营养不足，尤其是蛋白质不足，可用本品作补饲药。

2. 用于泻痢 对仔猪白痢、羔羊下痢等，可单用本品煎汤，亦可适当与清热、利水、涩肠药配伍。

【用量】鲜品。猪、羊 100～200g；牛、马 50～100g；干品。猪、羊 30～50g；牛、马 100～200g。在饲料中的添量为 5%～10%。

芦 笋

为百合科植物石刁柏的嫩茎。分布于河北、甘肃、新疆。每年 4～6 月或 9～10 月采收。

【性味归经】苦、微甘，平。入肺、脾经。

【功效】补充营养，润肺止咳，杀虫。

【应用】

1. 用于补充营养 凡因营养不足所致生长缓慢、瘦弱、生产性能下降等，均可在饲料中添加补饲。

2. 用于肺燥咳喘 可单用或与其他滋阴润肺止咳药配伍煎汤服。

【用量】马、牛 20～60g；猪、羊 10～20g；犬、猫 5～10g。

第四篇　方　　剂

第十一章　总　　论

方剂，又称药方，是由单味或若干药物按一定配伍原则组成的中药制剂。

方剂学是研究方剂配伍规律及其临床运用的一门学科，是中兽医临床防治疾病的主要工具。方剂学与临床各科紧密相连，起着沟通基础与临床的桥梁作用。

中兽医方剂学是中兽医学的一个分支学科，它的起源与发展包含在中兽医学的源流之中。早在原始社会时期，人们利用某些药物治疗疾病，后来又渐渐把几种药物配合起来，就逐渐形成了药方，这就是最初的方剂。用于治疗动物疾病的方剂，是人类开始驯养动物后，为了治疗动物疾病而逐渐形成和创立起来的。在现存的中兽医古籍中，有关方剂的资料不多，也比较分散，而中医方剂学的内容却相当系统和完善。因此，中兽医方剂学吸收了中医方剂学的有关内容。实际上，我国历来就存在着一个医方人畜通用、医理人畜互参的比较医学体系。人医与兽医紧密联系，人医方与兽医方很难截然分开。

目前临床使用的方剂中，除了极少数单味药方（俗称单方）外，大多是由两味或两味以上的中药所组成的复方。这是因为单味中药的作用有限，有些对畜体还会产生一些副作用，甚至毒性反应。如果将若干味药物配合起来应用，不仅能相互协调，加强疗效，减少和缓和某些药物的毒性或烈性，消除不利作用，还能全面照顾，更好地适应复杂病情的需要。一般来说，中药配合应用能够发挥以下四个方面的优越性。

①加强疗效　将功效相近的药物配伍应用，可以增强疗效，以适应较为严重的病症。如石膏与知母合用，能够增强清热泻火的作用，治疗气分实热证，方如白虎汤。

②扩大治疗范围　将功效不同的药物配合应用，能够相互补充，以适应较为复杂的病症。如柴胡和黄芩配合，柴胡解半表之邪热，黄芩清半里之邪热，两者合用，善于和解少阳之邪，方如小柴胡汤。

③降低毒、副作用　在使用药性峻猛或有毒药物时，配伍一些能够减轻或消除其毒、副作用的药物，可以保证用药安全，减轻对畜体的损伤。如大戟、甘

遂、巴豆等药物能够泻下逐水、但药性峻猛，且有毒性，使用时若配伍黄芪能够缓和其对畜体的不利影响，方如大戟散。

④调和诸药　在中兽医方剂中，经常配伍应用（炙）甘草这味药，其目的主要是缓和药性、调和诸药等，使方中各药更好地发挥疗效。

由此可见，方剂通过合理配伍，可以全面发挥药物的治疗作用，最大限度地降低乃至消除药物的毒性或副作用，这是复方被广泛使用的主要原因。要达到这些要求，就必须在方剂组成原则的指导下遣药组方，并且针对具体证候加以灵活变化。正是因为方剂的这些复杂性，开处方被认为是中兽医诊治动物疾病的主要奥秘所在。

第一节　方剂的组成和变化

方剂是由药物配伍而成，但方剂绝不是将中药任意地堆砌，也不是单纯将药效相加，它是经过辨证，在明确诊断和立法的基础上，按照一定的原则，选择相应的药物配伍组合而成的。所以，将药物组合成方，既能相得益彰，又能相辅相成；既体现出药物配伍的优点，又体现出方剂组成的原则性和灵活性，更符合治疗的需要。所谓"药有个性之特长，方有合群之妙用"即是此意。

一、方剂的组成

方剂是由药味组成的。每味药在方剂中的作用是什么？或者说处在什么地位？药味之间又有什么关系？这些都是有一定规律和原则的。传统上，君、臣、佐、使往往被称为方剂的组成原则，所谓君、臣、佐、使，就是方剂中各味药物所起作用或所处角色的形象比喻。《素问·至真要大论》说"主病之谓君，佐君之谓臣，应臣之谓使"，它说明了方剂的结构和药物配伍的主从关系。近年来，常将君、臣、佐、使改为主、辅、佐、使，但其含义是一样的，现将其含义分述如下。

君药： 或称主药，是方剂中针对病因或主证起主要治疗作用的药物，是方剂组成中不可缺少的药物。如治疗外感风寒所致的感冒，此证是由风寒外袭，毛窍闭塞，兼有肺气不宣所致，需要发汗解表，宣肺平喘。所用方剂为麻黄汤，由麻黄、桂枝、杏仁、甘草组成。其中麻黄能够发汗解表散寒，宣肺止咳平喘，治疗主证，为方中主药。

臣药： 或称辅药，是辅助君药以加强治疗作用的药物。如麻黄汤中的桂枝，能够发汗解肌，温经散寒，增强麻黄发汗解表的作用，为方中辅药。

佐药： 在方剂中的作用大致有三种情况。

一是治疗兼证或次要证候。如麻黄汤中的杏仁，能够宣畅肺气，止咳平喘，治疗肺气不宣的兼证，为方中佐药。

二是制约君药的毒性或烈性。在方中君药有毒或作用峻猛时，需配伍药物加以制约。

三是反佐作用。如在温热剂中加入少量寒凉药，或在寒凉剂中加入少量温热药，其作用在于消除病势拒药（格拒不纳）的现象，也就是"因病气之甚而为从治之用"的意思。

使药：主要有两种情况。

一是作为引经药，即能引方中诸药直达病所的药物。如治疗上焦病多加入桔梗，治疗下焦病常加入牛膝为引。

二是作为调和药，即调和方中诸药使其协调一致的药物。如麻黄汤中的甘草，能够调和诸药，驱邪而不伤正，为方中使药。

君、臣、佐、使并不是死板的格式，有的方剂只有二、三味药，甚至一味药，其中的君药或臣药本身就兼有佐使的作用。就可以不另配佐使药。有些方剂药味虽多，也不一定都符合君、臣、佐、使的结构。

方剂中君、臣、佐、使各类药的味数，可多可少，并非呆板规定，一般是君药少，而臣、佐、使药较多。至于整个方剂所用药味的多少，应根据具体病情而定。如病情单纯，或治法需要专一时，方剂的药味应力求少而精；如病情复杂，需要两种以上治法配合应用时，方剂的药味也必然要多一些，但这种多，也必须有主有从，也要遵循"少而精"的原则。若药味过于庞杂，难免造成药物之间互相牵制或作用互相抵消，影响疗效。俗话说"用药如用兵"，"用兵之道在于精，用药之道在于纯"。总之，处方用药既要突出重点，又要适当照顾全面，务使"多而不杂，少而精专"。

此外，由于每味药在方剂中所起的作用不同，其用量也相应有所区别。一般来说，君药用量较大，其他药味用量较小。

二、方剂的加减变化

一个方剂，无论古方还是今方，都有一定的应用范围。临床上由于病情的复杂性、畜体体质、年龄、性别等的差异，以及季节、气候等的不同，不能一成不变地原方照用，应该在君、臣、佐、使的组方原则指导下，对原方加减化裁，灵活运用。所谓"师其法而不泥其方"，就是指原则性和灵活性的统一。只有这样，才能使方药与病证相吻合，达到预期的治疗目的。方剂的加减变化主要包括以下几种方式。

1. 药味的加减变化 主要有两种情况。

(1) 佐使药的加减 当原方的主证与现证基本相同而兼证不同时,减去原方中不相适应的药物,加上某些与病情相适应的药物,以适应兼证的治疗要求。佐使药加减后不影响方剂的主要功能,只是使它更对证而已,又称为随证加减。例如平胃散,功能燥湿健脾,行气导滞,主治湿阻中焦,脾运不健的草料减少,肚腹胀满等证。临床若兼见食滞不化,原方减大枣以去滋腻,加山楂、神曲、麦芽以消食导滞;食滞重者,加槟榔、莱菔子以下气通便;若兼脾虚溏泻,原方减大枣,加党参、白术、茯苓以健脾止泻;兼气滞者,加香附、木香等行气导滞;兼寒者,加干姜、肉桂等温中散寒。这就是根据兼证的变化,随证加减的运用。

(2) 君臣药的加减 由于药物的加减,使方中的主药及其配伍关系发生了改变,从而使方剂的功效发生根本变化。如麻黄汤中以麻黄为主,配伍桂枝以发汗解表,治疗外感风寒表证;若将麻黄汤中的桂枝换成石膏,就变成了麻杏石甘汤,其中石膏为主药,其与麻黄配伍共同发挥清肺平喘的作用,治疗肺热咳喘证。两方仅一药之差,但因为改变了君药及其配伍关系,使方剂的功用随之发生变化。

2. **药量的加减变化** 这种变化是指方剂的药物组成不变,只增加或减少某些药味的用量,以改变其药效的强弱及其配伍关系,进而改变方剂的功用。如四逆汤和通脉四逆汤均由附子、干姜、炙甘草三药组成,且均以附子为君,干姜为臣,炙甘草为佐使。但四逆汤中附子和干姜的用量相对较少,功能回阳救逆,主治亡阳证;通脉四逆汤中附子和干姜的用量较四逆汤增加,温里回阳之功增大,能够回阳通脉,主治亡阳危证。又如小承气汤和厚朴三物汤两个方剂,同是由大黄、枳实、厚朴三味药物组成,但由于各自的用量不同,作用和主治就不一样,小承气汤重用大黄为君药,枳实为臣药,厚朴用量为大黄的1/2,为佐使药,功能泻热通便,主治阳明腑实证;厚朴三物汤中重用厚朴为君药,枳实为臣药,大黄为佐使药,用量为厚朴的1/2,全方功能行气除满,主治气滞腹胀。

由上可见,如果剂量的改变并未影响原方君、臣、佐、使的配伍关系,结果其作用仅是强弱的差异;若由于药量的增减改变了方剂的主药及其配伍关系,结果其功用和主治都会发生根本变化。

3. **方剂合并** 临床遇到病证复杂或兼证较多时,单靠一个方剂难以适应众多病证,需要考虑将两个或两个以上的方剂合并使用,使方剂的作用更加全面。如四君子汤(党参、白术、茯苓、炙甘草)补气健脾,治疗气虚证;四物汤(当归、熟地、川芎、白芍)补血养阴,治疗血虚证;若遇气血两虚的情况,需要气血双补,可以将四君子汤和四物汤合并使用,称八珍汤;若兼见阳气不足,可以再加上补气升阳的黄芪和补火助阳的肉桂,称十全大补汤。当然若症候单一,是不必用复方的,仅需以一方为主加减化裁即可。

4. 剂型的变化　方剂的剂型与功用密切相关，同一方剂，在药物组成与剂量完全相同时，由于剂型不同，其作用和适应证亦有区别。剂型的变化，主要根据病情的缓急，畜体的强弱，药物的有毒无毒等确立的，其目的在于适应病情的变化。一般来说，散剂适用于一般病情，便于灌服；汤剂适用于严重病情，取其作用快而力峻；丸剂适用于慢性病证，或药物有毒者，取其作用慢而力缓。故有"欲达用汤，稍缓用散，甚缓者用丸"的说法。近年来，进行了大量的剂型改革工作，经过提取有效成分，把一些单味中药或复方制成针剂，使药效迅速发挥，提高了方剂的治疗效果和使用范围。

5. 药物的相互替代　对于某些来源稀少或名贵药材，可以就地取材，选择作用相近的药物来代替，以节约开支，减轻经济负担，又可缓和畜禽与人争药的现象。如临床可用党参代替人参，水牛角代替犀牛角，山羊角代替羚羊角等等。不过，代用之药往往药力较薄，可以适当增加药量。

第二节　方剂的剂型

剂型是指方剂制剂的形式。它与方药的性质、病情的需要、制剂的使用方法和动物采食性等有关。关于方药的性质，《神农本草经》中说："药性有宜丸者，宜散者，宜水煮者，宜渍者，宜膏煎者，亦有一物兼宜者，亦有不可入汤酒者，并随药性，不得违越"。关于病情的需要，如病急者宜汤，病缓者宜丸；疮疡湿者宜贴，干枯者宜涂膏等。关于使用方法，如灌服宜用散剂或汤剂，直肠给药宜用汤剂或栓剂等。关于动物采食特性，如禽类可用药砂，鱼类多用药饵等。现将常用剂型分述如下。

散剂：动物最常用的一种剂型。是一味或多味中药混合制成的粉末状制剂。有内服散剂和外用散剂之分。内服散剂常用开水调成糊状，或加水稍煎，候温灌服；也可混在饲料喂服。内服散剂在胃肠中能较快地被吸收。常用的内服散剂如消黄散、清肺散、平胃散、郁金散、千金散、桂心散等。外用散剂一般应研成细末或极细末，多用于疮面或患部的掺撒、敷贴，或用于点眼、吹鼻等。如桃花散、生肌散、雄黄散、拨云散、吹鼻散、青黛散、冰硼散等。

汤剂：又称煎剂。是将一味或多味药物的饮片加水煎煮后，去渣而得的液体制剂。包括内服汤剂和外用汤剂。内服汤剂容易被吸收，发挥药效快，适用于急病或重病。如白虎汤、通肠芍药汤、补中益气汤、麻杏甘石汤等。当经口灌服困难时，某些内服汤剂也可采用保留灌肠的方法投药。外用汤剂可用于洗治疮疡、洗敷肿痛等，如防风汤等。汤剂能够根据病情的变化而随证加减使用，是传统中医学应用最广泛的一种剂型。汤剂的不足之处是服用量较大，某些药物的有效成分不易煎出或易挥发散失，煎煮费时，难以服用，不能保存，不便于携带等。

丸剂：中药粉末或其提取物，加适量辅料制成的球形制剂，有蜜丸、水丸、糊丸、浓缩丸等多种。蜜丸是以蜂蜜为辅料制成；水丸的辅料为水或黄酒、醋、稀药汁、糖液等；糊丸的辅料为米糊或面糊；浓缩丸是由中药提取物加适当辅料制成。很多内服方剂都可做成丸剂，如马价丸、六味地黄丸、枳术丸、四神丸等。丸剂大多吸收缓慢，作用持久，且易于保存，常用于治疗慢性疾病。但在兽医临床上，因动物不能主动吞咽丸药，故给药时需用投丸器，或用水化开灌服。

片剂：一味或多味中药，经加工或提炼后，与辅料混合压制成的一种圆片状制剂，与丸剂近似。片剂用量准确，体积小，易于服用。制成片剂后，更便于运输、贮藏和应用。许多内服方剂均可制成片剂。

丹剂：丹剂古代多指含有水银、硫黄等中药，经过加热升炼而成的剂量小、作用大的一类制剂，如升丹、降丹、樟丹等，大多有剧毒，一般只作外用。但今人有时将某些贵重或功效特殊的方剂也称为丹，如紫雪丹、无失丹、活络丹等。因此，丹剂没有固定的制剂形态，大多为细粉末状散剂，也有的制成丸剂或锭剂的形式。

膏剂：中药（或中药粉末）加水、油或其他辅料，调制或煎熬而成的制剂。有内服膏剂和外用药膏两类。内服膏剂又分流浸膏、浸膏和煎膏剂。外用药膏又分软膏药和硬膏药。流浸膏是用适当溶媒浸出中药材的有效成分后，除去部分溶媒而制成的流体制剂。浸膏是浸出中药材的有效成分后，除去所有溶媒而制成的半固体或固体制剂。煎膏又称膏滋，是中药材加水煎煮，去渣浓缩后，加蜂蜜或糖制成的半流体制剂，多用于局部涂布。硬膏药又称膏药，是以铅肥皂为基质，混入或溶入药料，然后涂布于布、纸、狗皮等裱褙材料上制成贴剂，古称薄贴。

锭剂：中药粉末或提取物加赋形剂制成的一种固体制剂。多作外用。如用于腐脱肿瘤的砒枣锭。

条剂：又称纸捻，是桑皮纸粘药末后捲成条状，或先将桑皮纸捲成条状再粘药末而制成的条捻状制剂。常用于瘘管、肿瘤等，以脱腐生新。

饼剂：一味或数味中药研细末，加赋形剂制成的一种饼状制剂。如豆蔻止泻饼。

酒剂：又称药酒，是用酒浸泡药材制成的液体制剂。由于酒有活血通经、驱散寒邪之效，故酒剂多用于治疗跌打损伤及风湿痹痛等证。

冲剂：中药煎液或浸提液，浓缩干燥或与适当辅料混合，制成的颗粒状或粉末状制剂。使用时多用水冲服，故称冲剂。它是在汤剂的基础上发展起来的一种新剂型。其特点是体积小，作用迅速，使用方便，容易贮存。

注射剂：中药经提取、配制、灌封、灭菌等步骤制成的液体或粉末状制剂。

供直接或加注射用水溶解后注射用。注射剂具有剂量准确、作用迅速、给药方便、药物不受消化液和食物的影响，能直接进入动物体组织等优点。是一种兽医临床上受欢迎的剂型。但在目前，许多中药注射剂存在有提取困难、稳定性差等缺点，故其制备和应用均受到一定限制。

除了上述剂型之外，还有胶剂、曲剂、霜剂、擦剂、糖浆剂、露剂、油剂、灸剂、气雾剂、熏烟剂、膜剂、栓剂、海绵剂，以及用于禽类的药砂，用于鱼类的药饵等。两种或两种以上的剂型合在一起（如散剂和汤剂混合），有时也称合剂。

随着我国规模化和集约化畜牧养殖业的发展，对动物的群体用药越来越多地被采用。所谓群体用药，就是为了防治群发性疫病，或为了提高动物的生产性能，所采用的批量集体用药。中药方剂的群体用药，目前较普遍的是混饲药剂或饲料添加剂。从剂型的角度来看，它并非一种新剂型，只不过是拌入饲料中或溶解于饮水中的某些散剂以及某些液体药剂而已。由于中药制剂毒副作用小，很少在食用动物产品中产生有害残留，故用它来作为混饲药剂或饲料添加剂已日益受到重视。

第十二章 各 论

第一节 解 表 剂

解表剂是以解表药为主组成，具有发汗、解表、透疹等作用，用以疏散外邪，解除表证的方剂。在八法中属于"汗法"。肌表是畜体的外表，外邪作用于畜体，多因畜体卫外不固，或因气候骤变，先伤于皮毛，次传肌腠，此时邪气轻浅，用解表法可使邪从肌表而出。"其在皮者，汗而发之"，"因其轻而扬之"等，就是这类方剂的立法原则。如果失时不治，或治不得法，病邪不从外解，转而深入，必变生它证。故《素问·阴阳应象大论》说："善治者，治皮毛，其次治肌肤，其次治筋脉，其次治六腑，其次治五脏，治五脏者，半死半生也。"由此可知，汗法居八法之首，有其深意。

邪在肌表有风寒、风热之分，解表剂亦分为发散风寒和疏散风热两类。由于畜体正气有虚实之别，各地的季节气候又各有不同，因而解表剂临床上常与滋阴、养血、理气、化痰等法配合应用。

应用解表剂应注意：①解表剂中药物多为辛散轻扬之品，不宜久煎，以免药性耗散，降低疗效。②解表发汗应适可而止，汗出过多易耗津伤液，损伤阳气。另外，由于动物种类不同，汗腺发育情况有很大差异，如马属动物容易出汗，而猪、牛的汗腺不发达，因此，不能以出汗为判定药效的标准。一般以服药后，温度降低，皮温均匀，症状减轻，为解表剂发挥作用的判断标准。③解表剂用量不宜过大，也不宜长期使用，以免伤阴耗液。④患畜服药后应避免伤寒及贼风的吹袭，宜喂养于温暖、空气新鲜的畜舍中，必要时背部可覆盖棉被，以助药效。⑤解表剂只适用于表证，若表邪未尽，又见里证，可以先解表，后攻里，或表里双解。对于邪已入里，或麻疹已透，疮疡已溃，虚证水肿，吐泻失水，失血等均不宜使用。

一、发散风寒剂

发散风寒剂，多选用气味辛温的药物组合而成，一般发汗力较强，又称"辛温解表剂"。它的主要作用是发散风寒，开通腠理，解除风寒外束肺卫的表寒证。患畜常表现为恶寒（寒战、蜷卧暖处）发热，精神短少，腰背拱起，有汗或无汗，脉浮，苔薄白等症状。常以辛温解表药如麻黄、桂枝、荆芥、细辛、生姜等为方中主药。并适当配伍宣肺平喘、祛风除湿、调和营卫、消食导滞、甘味等药物。代表方剂如麻黄汤、桂枝汤、荆防败毒散等。

麻 黄 汤

【组成】麻黄 45g、桂枝 30g、杏仁 45g、炙甘草 15g。

【用法】水煎去渣，候温灌服；亦可研末开水冲服。

【功效】发汗解表，宣肺平喘。

【主治】外感风寒所致的感冒。证见发热，畏寒发抖，皮毛紧闭，咳嗽气喘，鼻流清涕，舌苔薄白，脉浮紧。

【方解】本方是辛温解表、宣肺平喘的代表方剂。本方证由风寒外袭，毛窍闭塞，兼有肺气不宣所致。风寒束表，寒性收引凝滞，致卫阳被遏，不能温养肌表，故见发热，畏寒发抖，皮毛紧闭；肺主气，合皮毛，毛窍闭塞，肺气不能宣通，则上逆为咳喘；寒邪袭肺，故鼻流清涕；舌苔薄白，表明邪在肌表；脉浮主表，紧主寒主实。治当发汗解表，宣肺平喘，以解在表之寒邪，开泄闭郁之肺气。方中麻黄善开腠理，具有发汗解表，宣肺平喘之功，为主药；桂枝温经通阳，助主药发汗，为辅药；杏仁宣降肺气，助主药平喘，为佐药；甘草调和诸药，驱邪而不伤正，为使药。四药合用，表寒得散，肺气宣通，则诸证自平。

【应用】本方发汗之力较强，对表虚自汗、产后及血虚病畜不宜使用。风寒感冒见痰多咳喘不止者，可去桂枝，加生姜，突出宣肺平喘之力，方名三拗汤。

本方现代临床多用于治疗感冒、支气管炎、流感、支气管哮喘等属于风寒表实证者。

【歌诀】麻黄汤中用桂枝，杏仁甘草四般施；

发热恶寒身无汗，此方服用效果显。

荆 防 败 毒 散

【组成】荆芥 45g、防风 30g、羌活 25g、独活 25g、柴胡 30g、前胡 25g、枳壳 30g、茯苓 45g、桔梗 30g、川芎 25g、甘草 15g。

【用法】研末开水冲调，候温灌服；亦可水煎内服。

【功效】辛温解表，疏风祛湿。

【主治】外感风寒感冒。患畜表现恶寒颤抖，皮紧肉硬，牵行懒动，发热无汗，流清涕，舌苔薄白，脉浮。

【方解】本方证由于外感风寒湿邪，侵袭肌表所致。治宜发散风寒，解表除湿。方中荆芥、防风辛温解表，发散风寒；羌活、独活祛除全身风湿；四药合用以解表祛邪为主药。柴胡助荆芥、防风疏散表邪；川芎辛温，活血行气，散风止痛，助羌活、独活以祛湿止痛，共为辅药。前胡、桔梗宣降肺气，化痰止咳；枳壳宽中理气，茯苓健脾利湿，四药合用调理气机、化痰止咳为佐药。甘草调和诸药为使。诸药合用，共同发挥解表散寒、祛风除湿、宣肺止咳的功效。

【应用】若无咳嗽痰多，去桔梗、前胡；若咳嗽痰多，重用茯苓，加半夏、陈皮，以燥湿化痰。若无湿邪，去羌活、独活、茯苓，患畜体虚者，加党参以扶正祛邪。

【歌诀】荆防败毒二活梗，柴前枳壳配川芎；

茯苓再加甘草使，风寒夹湿有奇功。

二、疏散风热剂

疏散风热剂，多选用气味辛凉或辛温药与苦寒药配合而成，一般发汗力较弱，又称"辛凉解表剂"或"解表轻剂"。主要作用是发散风热，疏泄腠理，适用于外感风热表证。患畜多表现发热，微恶风寒，精神短少，口干，或咳嗽、气喘，舌红，苔薄白或稍黄，脉浮数等症状。常以辛凉解表药为方中主药，如金银花、薄荷、菊花、升麻、葛根等，并配伍开宣肺气、清热解毒、养阴生津、利咽喉等药物。代表方剂有银翘散、桑菊饮、麻杏石甘汤等。

银 翘 散

【组成】连翘 45g、金银花 60g、薄荷 30g、荆芥 30g、淡豆豉 30g、牛蒡子

45g、桔梗 25g、淡竹叶 20g、生甘草 20g、芦根 30g。

【用法】研末开水冲调，候温灌服；亦可水煎内服。

【功效】疏散风热，清热解毒。

【主治】外感风热或温病初起。证见发热，微恶风寒，口渴舌红，咳嗽咽肿，苔薄白或薄黄，脉浮数。

【方解】温病初起，邪在卫分，卫气被郁，故发热、微恶风寒；邪自口鼻而入，上犯于肺，肺气失宣，则见咳嗽；风热蕴结成毒，热毒侵袭肺之门户，则见咽喉红肿疼痛；温邪伤津，故口渴舌红，苔薄白或微黄，脉浮数均为温病初起之征。本方证由温热病邪侵袭肺卫所致，故治疗上不但要疏散卫分之风热，亦要清解在肺之热毒。方中金银花、连翘气味芳香，既能疏散风热，清热解毒，又可辟秽化浊，故重用为君药。薄荷、牛蒡子辛凉，疏散风热，清利头目，且可解毒利咽；荆芥穗、淡豆豉辛而微温，解表散邪，此两者虽属辛温，但辛而不烈，温而不燥，配入辛凉解表方中，增强辛散透表之力，是为去性取用之法，以上四药俱为臣药。芦根、淡竹叶清热生津；桔梗开宣肺气而止咳利咽，同为佐药。甘草既可调和药性，又配桔梗利咽止咳，是属佐使之用。诸药同用，起到疏散风热，清热解毒的作用。

【应用】应用时，口渴明显者，为伤津较重，加天花粉生津止渴；咽喉肿痛者，系热毒较甚，加马勃、玄参清热解毒，利咽消肿；衄血者，为热伤血络，去荆芥穗、淡豆豉之辛温，加白茅根、侧柏叶、栀子炭凉血止血；对于痈疮初起而有风热表证者，可酌加蒲公英、大青叶、紫花地丁，以加强清热解毒、散结消痈的作用。

本方广泛用于温病初起，外感风热表证。凡风热感冒，流感、急性咽喉炎、急性支气管炎、急性支气管肺炎、脑炎、荨麻疹等病初期而见有卫分风热表证者均可用本方加减治疗。但方中药物多为芳香轻宣之品，不宜久煎。

【歌诀】辛凉解表银翘散，芥穗牛蒡竹叶甘；

豆豉桔梗芦根入，上焦风热服之安。

桑 菊 饮

【组成】桑叶 45g、菊花 45g、杏仁 20g、桔梗 30g、连翘 45g、薄荷 30g、甘草 15g、芦根 30g。

【用法】研末开水冲调，候温灌服；亦可水煎内服。

【功效】疏散风热，宣肺止咳。

【主治】风温初起或风热咳嗽。证见咳嗽，身热不甚，口微渴，脉浮数。

【方解】本方证为温热病邪从口鼻而入，邪犯肺络，肺失清肃，故以咳嗽为主证；身不甚热，口渴亦微，可见受邪轻浅。治当疏散风热，宣肺止咳。方中桑叶疏散上焦风热，且善走肺络，能清宣肺热而止咳嗽；菊花疏散风热，清利头目而肃肺，二药直走上焦，以疏散肺中风热见长，共为君药。薄荷疏散风热；杏仁肃降肺气；桔梗开宣肺气；桔梗与杏仁相合，一宣一降，以恢复肺脏的宣降功能而止咳，是宣降肺气的常用组合，三者共为臣药。连翘清热透表；芦根清热生津而止渴，共为佐药。甘草调和诸药为使；臣药之桔梗，尚能引药上行而利咽喉。诸药相伍，使上焦风热得以疏散，肺气得以宣降，则表证解、咳嗽止。

【应用】应用时，若气粗似喘，是气分热势渐盛，加石膏、知母以清解气分之热；若咳嗽较频，是肺热甚，可加黄芩清肺热；若咳痰黄稠，咯吐不爽，加瓜蒌、黄芩、桑白皮、贝母以清热化痰；咳嗽咯血者，可加白茅根、茜草、丹皮凉血止血；若口渴甚者，加天花粉生津止渴；兼咽喉红肿疼痛，加玄参、板蓝根清热利咽。

本方用于治疗风温初起，患畜咳嗽较重或以咳嗽为主证的病证。凡感冒、咽喉炎、急性支气管炎等初起而见有风热表证者，均可使用本方加减治疗。

本方与银翘散在组成上均有连翘、薄荷、桔梗、芦根、甘草，而有疏散风热之功，治疗风热之邪袭于肺卫之证。不同点是本方组成中的桑叶、菊花、杏仁，其疏散风热之力弱，重点在于宣肺止咳。主治风热袭肺致肺失宣降，咳嗽较重或以咳嗽为主证，故又称"辛凉轻剂"。而银翘散在组成上尚有金银花、荆芥、淡豆豉、牛蒡子、淡竹叶，其疏散风热之力强，且有清热解毒之功。主治风热之邪袭于肺卫而卫分证较重，兼有热毒伤津明显者，故又称"辛凉平剂"。

注意：本方为"辛凉轻剂"，故肺热甚者，当予加味后运用，否则病重药轻，药不胜病；若系风寒咳嗽，不宜使用。由于方中药物均系轻清之品，故不宜久煎。

【歌诀】桑菊饮中桔梗翘，杏仁甘草薄荷饶；
芦根为引轻清剂，宣肺止咳功效高。

麻 杏 石 甘 汤

【组成】麻黄30g、杏仁30g、炙甘草30g、石膏150g。

【用法】水煎去渣，候温灌服。

【功效】清热，宣肺，平喘。

【主治】肺热咳喘。证见咳声洪亮，气促喘粗，鼻涕黄而黏稠，咽喉肿痛，粪便干燥，尿液短赤，口渴贪饮，口色赤红，苔黄燥，脉洪数。

【方解】本方所治，为表邪入里化热，壅遏于肺所致咳喘。热邪滞肺，宣降失常，患畜表现口鼻气热，咳嗽，气促喘粗；热伤津液，则粪便干燥，口渴，口色赤红；热盛则咽喉肿痛，脉搏洪数。治宜清热，宣肺，平喘，方中石膏辛甘大寒，清泄肺胃之热以生津，为方中主药；麻黄辛苦而温，散外邪，宣肺气而平喘，为辅药。石膏与麻黄虽一寒一温，但寒凉大于温性，使本方仍不失其寒凉之性。二药相制为用，既能清热，又能宣肺。杏仁苦降，协助麻黄以止咳平喘为佐药；炙甘草调和诸药，宣肺止咳为使药。四药伍用，可使表邪解，肺气宣，里热清，则咳喘自安。

【应用】关于方中麻黄，石膏之用量，有"汗出而喘，为热壅于肺，石膏用量可5倍于麻黄；若无汗而喘，为热闭于肺，石膏可3倍于麻黄"的记载。临床经验有"冬季麻黄宜重，石膏宜轻；夏季麻黄宜轻，石膏宜重；热象重石膏宜重，麻黄宜轻；喘重麻黄宜重，石膏宜轻"等。

本方主要用于肺热咳喘。凡患急性支气管炎、肺炎属于肺热炽盛，喘促气粗者，均可选用本方治疗。

【歌诀】麻杏甘石汤，热喘之良方；
　　　　辛凉宣肺气，清热效力彰。

第二节　泻　下　剂

泻下剂是以泻下药为主组成，具有通大便，排积滞、荡涤实热、攻逐水饮等作用，用以治疗里实证的方剂。在八法之中属于"下法"。

由于患畜体质有强有弱、病情有缓有急、病因不一，以及泻下剂的不同作用，本类方剂通常分为峻下剂和缓下剂两大类方剂。如果病畜出现邪实体虚的情况，应配合补益药同用；兼热者，应配合清热药；兼有食滞者，配合消导药；兼有虫积者，配合驱虫药等。

应用泻下剂应注意：①泻下剂大多药性峻猛，凡孕畜、产后、老弱病畜以及伤津亡血者，均应慎用，必要时，可考虑攻补兼施，或先攻后补。②泻下剂的使用以表邪已解，里实已成为原则。对于表证未解，里实未成者，不宜使用泻下剂。如表证未解而里实已盛，宜先解表，后治里，或表里双解。③因泻下剂易伤胃气，故应得效即止，切勿过投。

一、峻下剂

峻下剂适用于体壮邪实的大便秘结、急性肚胀、牛的瘤胃积食，以及胸水、腹水、水肿等新病重症。此类方剂泻下作用较为峻猛，只能作为治标的方法，不能屡用，而且所用药物大多具有毒性，对体弱或孕畜，不宜使用。本类方剂常用攻下药为方中主药，如大黄、芒硝、巴豆等，并配合行气、清热、补益等药物。代表方剂有无失丹、大戟散、大承气汤、通肠散等。

无 失 丹

【组成】槟榔 20g、牵牛子 45g、郁李仁 60g、木香 25g、木通 20g、青皮 30g、三棱 25g、朴硝 2 000g、大黄 75g。

【用法】为末，开水冲调，候温灌服或煎汤服（芒硝后下）。

【功效】峻下通肠。

【主治】主治马结症。证见粪结不通，频频起卧，肚腹膨胀，唇舌赤紫，双凫沉涩。

【方解】本方为马患结症而设。马患结症，胃肠阻塞不通，腹痛起卧，病情急剧。治宜攻逐峻下，理气通肠。方中大黄、芒硝破结通肠为主药；槟榔、牵牛攻逐峻下，郁李仁润肠通便，助大黄、芒硝泻下为辅药；木香、青皮、三棱理气消滞，木通利尿降火为佐使药。诸药合用，共奏破结通肠，理气消滞之功。原方云："此方万无一失"。故名无失丹。

【应用】本方用于马属动物大结肠便秘或小结肠便秘，适用于草料积聚，胃肠阻塞，粪结不通等证。

【歌诀】无失丹中用丑榔，三棱郁李重硝黄；
　　　　木通木香青皮合，卞氏治结妙手方。

大 戟 散

【组成】大戟 30g、滑石 90g、牵牛子 60g、甘遂 30g、黄芪 45g、大黄 60g、芒硝 200g、猪脂 150g。

【用法】前 8 味药为末，开水冲服；或煎汤去渣（芒硝后下），加猪脂，候温灌服。

【功效】峻下逐水。

【主治】牛水草肚胀。证见宿草不转，肚腹胀满，二便不通等。

【方解】本方所治乃因水草停滞胃腑所致，治宜逐水攻积。方中大戟、甘遂、牵牛子为峻下逐水之品，力专效宏，通利二便，攻逐水草之积，为主药。大黄、芒硝软坚破积，荡涤胃肠之积滞，可增强泻下之力；滑石滑肠利窍，均能助主药泻下，为辅药。黄芪扶正补中并可防主、辅药峻烈之性损伤正气，为佐药。猪脂润肠胃之燥而通便为使药。诸药合用，共起峻下逐水之功用。

【应用】本方适用于湿滞互结、小便不利，大便难下的水肿胀满之证。凡马属动物肠臌气（肠胀），牛瘤胃积食，牛羊瘤胃臌胀，瓣胃阻塞等疾患属于实证者，均可酌情使用本方加减治疗。但本方药性峻猛，应用时必须严加注意，年老、体弱、胎前产后患畜一般禁用。

【歌诀】大戟散中用硝黄，黄芪滑石及猪脂；
牵牛甘遂共同帮，水草停胃此方良。

大 承 气 汤

【组成】大黄 60g、厚朴 30g、枳实 30g、芒硝 180g。

【用法】水煎（大黄后下）去渣，加芒硝溶化，候温灌服或研末冲服。

【功效】峻下热结。

【主治】阳明腑实证，热结胃肠。证见粪便燥结，肚腹胀满，二便不通，口干舌燥，舌苔黄厚。

【方解】热邪入里伤津，实热与积滞壅于肠胃而成阳明腑实证。当以峻下热结，荡涤肠胃实热积滞。方中大黄苦寒泄热通便，荡涤肠胃为主药；芒硝咸寒泄热，软坚润燥，助大黄泻热通便为辅药，二药相须为用，共奏峻下热结之效。积滞内阻则腑气不通，故以枳实消痞散结，以厚朴下气除满，二药并治无形之气滞，为佐使药。诸药偏走胃肠，具有使药之意，故不另设。四药相配，药力峻猛而奏峻下热结之功效。本方泻下与行气配伍，能"承顺胃气下行，使塞者通，闭者畅，故名承气。"

【应用】本方适用于阳明腑实证，患畜主要表现为实热便秘。凡急性胃扩张、便秘、瘤胃积食、胃肠积滞、瓣胃阻塞，以及急性菌痢、胃肠炎初期，泻而不畅、腹痛、里急后重者，均可酌情选用本方加减治疗。

本方去芒硝名小承气汤，用于秘结不甚坚实之证，小承气汤与大承气汤无本质区别，唯有作用强弱的不同。大承气汤去枳实、厚朴，加炙甘草，名调胃承气汤，主治燥热内结之证，配甘草取其和中调胃，下不伤正之意，作用比大、小承气汤平和，适用于阳明腑实证之较轻者。以上两方，均可酌情选用。

【歌诀】大承气汤攻结妙，大黄枳实厚朴硝；
大承无硝即小承，调胃承气硝黄草。

通 肠 散

【组成】大黄 150g、玄明粉 200g、槟榔 30g、枳实 60g、厚朴 60g。

【用法】为末，开水冲服，候温灌服或煎汤服（玄明粉后下）。

【功效】峻下通便。

【主治】便秘，结症。证见肚腹胀满，二便不通，口干舌燥，舌苔黄厚。

【方解】本方由大承气汤加槟榔变化而来。方中大黄、槟榔泻热通便，为主药；玄明粉咸寒软坚润燥，为辅药；枳实、厚朴行气散结，消积导滞，为佐使药。五药合用，具有峻下通便之功。

【应用】本方适用于阳明腑实证，凡便秘、瘤胃积食、胃肠积滞、瓣胃阻塞，以及急性菌痢、胃肠炎初期，泻而不畅、腹痛、里急后重者，均可酌情选用本方加减治疗。

【歌诀】通肠散治便不通，硝黄槟榔通便灵；

枳实厚朴来行气，峻下热结便畅通。

二、缓下剂

缓下剂适用于病情较轻、病程较长，或病后虚损，以及阳虚肾亏等原因所致大便秘结。此类方剂的组成多选用当归、肉苁蓉、何首乌、火麻仁、郁李仁等润下养阴之品，配合泻下、补益、行气消胀等药物。代表方剂有当归苁蓉汤等。

当 归 苁 蓉 汤

【组成】全当归（麻油炒）180g、肉苁蓉 90g、番泻叶 45g、广木香 12g、川厚朴 45g、炒枳壳 30g、醋香附 45g、瞿麦 15g、通草丝 12g、炒神曲 60g、麻油 250g。

【用法】为末，开水冲服；或文火煎汤，入麻油，候温灌服。

【功效】润燥滑肠，理气通便。

【主治】老弱、久病、体虚患畜之便秘。证见肠燥便秘，粪干难下。

【方解】本方专为老弱体瘦，阴血亏虚，阳气不足致糟粕内阻，肠燥便秘之患畜而设。治宜扶正祛邪，润肠通便。方中当归辛甘温润，养血润肠，重用油炒，则润肠之力更大；肉苁蓉咸温润降，补肾壮阳，润肠通便；二药配伍，既祛邪而不伤正，共为方中主药。番泻叶甘苦性寒，润肠导滞，为辅药。木香、厚朴、香附、枳壳、神曲疏理气机，消导除满；瞿麦、通草有降泄之性，利尿清热，为佐药。麻油润燥滑肠为使药。诸药合用，使补中有泻，补而不滞，泻不伤正。

【应用】本方药性平和，可用于年老、体弱、胎前产后患畜之便秘；瓣胃阻塞，真胃积食，胃状膨大部便秘，慢性瘤胃积食等亦可用本方加减治疗。

体瘦气虚者，加黄芪；孕畜去瞿麦、通草，加炒白芍；鼻凉者，加升麻。气虚甚者，去枳壳加党参、黄芪以扶正祛邪；津亏甚者，加麦冬、生地以养阴生津；血虚甚者；加何首乌以补血兼润肠通便。

【歌诀】当归苁蓉广木香，泻叶枳朴瞿麦尝；

神曲通草醋香附，麻油为引润下良。

第三节 和 解 剂

和解剂是以疏畅、调和的药物为主组成，具有和解少阳、调和脏腑等作用，适用于治疗少阳病、肝脾不和等病证的方剂。本类方剂属于"八法"中"和"法的范畴。

和解剂主要是针对少阳胆经发病而设，肝胆互为表里，胆经发病有时会影响到肝，肝经发病有时也会影响于胆，并且肝胆发病往往又可影响脾胃。因此，凡治疗肝脾不和的方剂，也列入和解剂范围。

本类方剂的组成很有特点，①攻补兼施　和解剂大多由功能不同的两类药物组成，一类是祛邪药，如清热的黄芩、黄连，解表的柴胡、生姜、防风，化痰的半夏、陈皮，理气的厚朴、香附，活血的川芎等；另类是补益扶正药，如补气的人参、白术、甘草，补血的当归、白芍等。祛邪药可以通过清热、发汗、化痰、行气、活血等直接解除外邪，消除病因，减轻或阻断病邪对机体的损害；补益药可以通过补气、补血、养阴等恢复机体低下的功能，增强机体的抗病能力。②寒热并用　和解剂常常由寒凉药和温热药两种药性相反的药物组成，因为和法的主要适应证是少阳病，其典型症状是寒热往来，因此以寒药治热病，以热药治寒病。③表里双解　针对少阳病的病位在半表半里，治疗时用解表药祛除半表之邪，用治里的药物祛除半里之邪，表里之邪同时解除。④作用缓和　组成和解剂的药物都比较缓和，祛邪药中无大汗、大下之品，扶正药物亦是平补平调药物，所以病畜使用时，不会有明显的汗、吐、下的表现。

和解剂的代表方剂有小柴胡汤、逍遥散、白术芍药散、防风通圣散等。

和解剂主要适用于邪在少阳，肝脾不和等病证；凡邪在肌表，未入少阳，或表邪已入里者，均不宜使用和解剂。因病邪在表，误用和解剂，则可引邪入里，如病邪已入里化热，误用本品，则病邪非但不解，反而延误病情。

小 柴 胡 汤

【组成】柴胡45g、黄芩45g、党参45g、炙甘草15g、生姜（切）45g、大枣12枚、姜半夏30g。

【用法】水煎去渣，或研末开水冲调，候温灌服。

【功效】和解少阳，和胃降逆。

【主治】少阳病。证见寒热往来，时热时退，耳温不均，草料减少，胸腹胀满，脉弦。本方亦可用于母畜产后发热，或发情期间外感而见少阳证者。

【方解】此证多由邪犯少阳，少阳经气郁滞枢机不利所致。病邪既不在太阳之表，又未入阳明之里，不得用汗、清、下，只宜和解少阳。方中柴胡清解少阳半表之邪热，疏畅气机之郁滞为主药；黄芩苦寒，清泄少阳半里之邪热为辅药；主、辅合用，最善和解少阳之邪。少阳病，多因正虚或误治，致邪气乘虚而入，故以人参、炙甘草益气调中，扶正祛邪，半夏开结痰，降逆止呕，更加姜、枣助少阳生发之气，使邪无内向，为佐药；甘草调和诸药又兼使药之用。诸药合用，共奏和解少阳，和胃降逆，扶正祛邪之功。综观全方，能升能降，能开能合，祛邪而不伤正，扶正而不留邪，故前人喻为"少阳枢机之剂，和解表里之总方"。

【应用】临床见感冒、流感、急性支气管炎、肺炎、胸膜炎、肝炎、黄疸、胃炎、急性胃肠炎、肾炎、乳房炎以及产后等疾患而出现寒热往来者，均可酌情用本方加减治疗。

本方加芒硝，名柴胡加芒硝汤，功能和解攻里，主治本方证兼见便秘者。本方加桂枝、白芍，名为柴胡桂枝汤，主治本方证兼表证未解者。用本方治疗产后外感，若热伤营血，可加生地、丹皮以凉血养阴；兼有淤血未尽，去党参、甘草、大枣之甘壅，加延胡索、当归、桃仁以祛淤止痛；若兼寒者，加桂心祛寒；气滞者，加香附、乌药以行气止痛。

【歌诀】小柴胡汤和解供，半夏人参甘草从；
更用黄芩加姜枣，少阳百病此方宗。

逍 遥 散

【组成】炙甘草20g、当归（微炒）45g、茯苓45g、芍药45g、白术45g、柴胡45g、薄荷10g、生姜10g。

【用法】水煎去渣，或研末开水冲调，候温灌服。

【功效】疏肝解郁，健脾养血。

【主治】肝郁血虚，肝脾不和。证见草料减少，神疲力乏，或寒热往来，舌淡红，脉弦虚，或母畜发情周期紊乱。

【方解】本方系四逆散（炙甘草、枳实、柴胡、芍药）衍化而成。治疗肝郁血虚、脾失健运所致肝脾不和之证。肝胆互为表里，病在少阳，正邪相争，则见寒热往来；肝郁不能疏泄脾土，以致脾失健运，故见草料减少，神疲力乏；脾虚失运，不能化生营血以养肝，肝血虚而致母畜发情周期不调。治宜疏肝解郁，养血健脾。方用柴胡疏肝解郁，当归、白芍养血补肝，三药相伍，疏肝郁，补肝血共为主药；茯苓、白术、炙甘草补中健脾为辅药；薄荷、生姜助柴胡疏肝解郁为佐药；甘草调和诸药为使药。诸药合用，使肝郁得解，血虚得养，脾虚得补，则诸证自愈。

【应用】临床凡肝脏疾患、胃炎、母畜性周期不调等疾患而有上述见证者，均可用本方加减治疗。

本方加丹皮、栀子名丹栀逍遥散，用治肝郁血虚发热，出现潮热、躁动不安、小便短赤等。若血虚较甚，加生地或熟地，以增强补血之力；若脾虚较甚者，加党参、大枣以补气健中；若气滞疼痛较甚者，去白术、炙甘草，加香附、枳壳以行气消胀止痛；若见血淤证候者，加丹皮、郁金、三棱等，以活血祛淤止痛。

【歌诀】逍遥散用当归芍，柴苓术草加姜薄；

散郁健脾能疏肝，调经加味丹栀着。

第四节　理 气 剂

理气剂是以理气药为主组成，具有舒畅气机、调理脏腑等作用，用以治疗气机不畅的方剂。

气病的范围颇为广泛，"百病生于气"，归纳起来，气病可包括气虚、气滞、气逆三方面。气虚宜补气，归入补益剂范围。气滞和气逆纳入气机不畅之列，气滞有脾胃气滞和肝气郁结，家畜常见的是脾胃气滞，治宜行气；气逆主要有胃气上逆和肺气上逆，治宜降气。本节所列方剂主要是针对脾胃气滞而设的行气剂。

家畜脾胃气滞，脾胃运化功能失常，气机升降失司，常常出现肚腹胀满，腹痛起卧，草料减少，嗳气增多，大便失常等症状。理气剂的组方常选用陈皮、厚朴、木香等理气药为主药，根据情况适当配伍温中散寒、健脾化湿、消食泻下、活血化淤、清热化痰等药物。代表方剂有厚朴散、橘皮散、三香散等。

理气剂多辛温香燥，容易伤津耗气，应适可而止，勿使过量；临证应用时，还应注意分辨病情的寒热虚实与有无兼挟。实证宜行气、虚证宜补气。虚实兼见宜行气兼补气，以虚实并调，标本兼顾。此外，气滞又有夹食积、痰湿、血淤等的不同，故应随证加减，灵活配伍。

厚 朴 散

【组成】厚朴30g、陈皮30g、麦芽30g、五味子30g、肉桂30g、砂仁30g、牵牛子15g、青皮30g。

【用法】水煎去渣，或研末开水冲调，候温灌服。

【功效】行气消食，温中散寒。

【主治】脾胃气滞，胃寒少食。

【方解】本方针对家畜脾胃气滞，草料积滞，胃寒少食而设。方中厚朴行气宽中为主药；青皮、陈皮理气健脾、行气消胀，肉桂温中散寒，砂仁行气滞、暖脾胃，为臣药；麦芽消食导滞，牵牛子泻下积滞、消导化滞，共为佐药；五味子收敛涩肠，以制消导之过，为使药。诸药相合，共奏行气消食，温中散寒之功。

【应用】若见大便稀薄，减去牵牛子，加白术、茯苓健脾利湿；胃寒腹痛重者，加干姜、小茴香以散寒止痛；若兼有脾虚，可加入党参、白术等扶正补脾之品。

【歌诀】厚朴散内青陈皮，麦芽牵牛五味子；

散寒加入砂肉桂，脾胃气滞服之宜。

橘 皮 散

【组成】青皮25g、陈皮30g、厚朴25g、桂心30g、细辛12g、茴香45g、当归25g、白芷15g、槟榔12g。

【用法】为末，引用大葱3根、飞盐20g、醋50ml、开水冲调，候温灌服。

【功效】疏理气机，散寒止痛。

【主治】里寒腹痛。证见口鼻俱凉，回头顾腹，蹲腰起卧，肠鸣腹痛，口色青白，脉沉涩等。

【方解】本方所治之证是因饮冷水太过，寒湿之邪凝滞胃肠，中阳被困，气机阻滞，不通则痛。方中青皮、陈皮行气止痛、调理气机为主药；厚朴行气消胀，当归活血止痛，二药畅通气血共为辅药；桂心温中回阳，细辛、茴香、白芷散寒止痛，槟榔行气利水，共同祛除寒湿之邪并止痛，为佐药。大葱、飞盐、醋温中散寒，活血止痛，引药入经为使药。诸药合用，共奏疏理胃肠气机，散寒止痛之效。

【应用】本方主要用于治疗马冷痛（伤水起卧）。凡肠痉挛，肠臌胀，胃肠卡他等疾患，证见里寒腹痛证者，均可用本方加减治疗。

若兼有食滞，本方加山楂、麦芽、神曲以消食导滞；因伤水腰痛、肚胀肠鸣、小便不利者，加木通、猪苓、泽泻以渗湿利水。

【歌诀】橘皮散中青陈皮，槟榔厚朴桂心齐；

细辛归芷茴香入，伤水起卧服之宜。

三 香 散

【组成】丁香25g、木香45g、藿香45g、青皮30g、陈皮45g、槟榔15g、牵牛子（炒）45g。

【用法】为末，开水冲调或水煎去渣，候温加麻油250g、童便250ml为引灌服。

【功效】行气导滞，宽肠消胀。

【主治】寒湿气胀。证见腹胀、腹痛，二便不利，呼吸迫促等。

【方解】本方证是因贪食过多，腐熟不全，草料停滞于胃肠而产生大量浊气所致，或过饮冷水，或寒邪侵袭，寒气凝集，运化失职，浊气积于胃肠，滞而不通所致。故治宜行气导滞，宽肠消胀。方中丁香辛温，温中散寒，下气消胀为主药；木香行气止痛，散滞消胀，藿香芳香化湿，醒脾开胃，理气宽中，青皮疏肝解郁，陈皮理气健脾，四药合用，共为辅药，助主药理气消胀；佐以槟榔、牵牛子下气行水、消胀通便，麻油、童便润肠通便，引滞气下行，为使药。诸药合用，共奏下气消胀之功。

【应用】本方适用于治疗马属动物原发性气滞性胃扩张、原发性肠臌气、牛羊肚胀（瘤胃臌气）等。

若见大便稀溏，原方减牵牛子、麻油，加白术、茯苓健脾渗湿；兼有食滞者，原方减麻油，加厚朴、神曲以消食导滞；若大便秘结，腹胀不消，加大黄、枳实以泻下除满。

【歌诀】藿木丁香合木香，青陈牵牛共槟榔；

麻油调和童便使，气滞肚胀服之康。

第五节　清 热 剂

清热剂是以寒凉药为主组成，具有清热泻火、凉血解毒等作用，用于治疗里热证的方剂。在八法中属于"清法"。《素问·至真要大论》中"热者寒之，温者清之"及《神农本草经》"疗热以寒药"等就是这类方剂的立法原则。

里热证的临床表现很多，根据其病邪深浅程度的不同有热在气分和热在营血的不同；根据患畜体质和疾病的性质有实热和虚热之分；根据病变部位有心热、肝热、肺热、胃热、大肠热等的不同；根据热邪夹杂其他邪气的不同有湿热、暑热等区别。因此，临床上要根据具体病情，选择相应的清热剂。本节主要介绍清热泻火剂、清热解毒剂、清热燥湿剂、清热解暑剂等类别。

本类方剂应在表邪已解，里热已盛，而尚未结实的情况下使用。若邪气在表而发热，应当发汗解表；若里热已成实证，治宜攻下。使用清热剂，要辨明热证的真假，切勿被假象迷惑，若真热假寒，宜用清热剂，切不可投服温热剂。若屡用清热剂而热势不退，应当考虑改用滋阴壮水之法。

清热剂中的药味大多苦寒，容易败胃伤脾。如果使用不当，往往影响脾胃运化，甚至损伤机体的阳气。故在清热剂中常佐以健脾理气之品。热为阳邪，易伤阴津，清热剂又多为苦燥之品，使用时注意护阴存津。

一、清热泻火剂

清热泻火的方剂适用于气分实热证，患畜表现高热，口、鼻、耳、角俱热，口舌鲜红，苔黄，脉洪大等；清热泻火剂亦用于邪热偏盛于某一脏腑的火热之证，如心热、肺热、胃热、肝热、肠热等。组方时脏腑不同，药物亦有区别。清心热常选黄连、栀子、木通等；清肺热常选黄芩、桑白皮、石膏、知母等；清胃热常用石膏、黄连、黄柏、知母等；清肝热常用龙胆草、黄连、栀子等；清大肠热常用白头翁、黄芩、黄连等。并酌情配伍生津止渴药、益气养阴药、清营凉血药、解表药、攻下药等药物组方。代表方剂如白虎汤、洗心散、清肺散等。

白 虎 汤

【组成】知母 45g、生石膏 250g、炙甘草 15g、粳米 300g。

【用法】石膏研碎先煎，再下余药，至米熟汤成，去渣候温灌服，或为末冲服。

【功效】清热生津。

【主治】阳明经证或气分实热证。证见患畜高热，口渴喜饮，口唇干燥，舌红苔黄，脉象洪大，有时出汗。

【方解】本方为治疗家畜实热证的主方，由于热邪炽盛，故高热不退；热邪迫使津液外出，汗出伤津（猪、牛汗腺不发达，很少见到大汗），故口干，舌红，苔黄燥；脉洪数有力，说明邪盛但正不虚。此时虽有高热，但未见腑实，故不宜攻下；若用苦寒直折，又恐化燥伤津，只有用甘寒滋润，清热生津之法较为合适，故以清热生津为主组方。方中以石膏为主药，取其辛甘大寒，外解肌肤之热，内解肺胃之热，甘寒相合，又能除烦生津以止渴，可谓一举三得。配知母苦寒以清泄肺胃之热，又其质润可以润燥为辅药，石膏配知母，清热除烦之力尤强。甘草、粳米护胃和中，益胃扶津，使大寒之剂而无损伤脾胃之虑，共为佐使药。

【应用】本方是清法的代表方、基础方、常用方，清热力强，临床见感染性疾病，如大叶性肺炎、流行性乙型脑炎、流行性感冒等具有身热，汗出，口渴，脉洪大等证者，均可用本方加减治疗。对于一些病情复杂，原因难明的发热之证，倘有白虎汤见证，给予本方治疗，常可获顿挫热势，祛邪护津之效。

后世以本方为主加减使用颇多，适用范围也逐步扩大。如本方加人参，名白虎加参汤，具有清热、益气、生津的功能；主治伤寒表证已解，热盛于里，气津两伤，口干，汗多，脉浮大无力者。本方加大黄、芒硝名白虎承气汤，主治高热神昏、大便秘结，小便短赤者。本方加黄连、黄芩、黄柏、栀子，叫白虎合黄连解毒汤，用治瘟毒发斑，狂躁不安者。加柴胡，又增和解之功，兼治寒热往来，热多寒少。加天花粉、芦根、麦门冬等，增强清热生津之力，治疗消渴证而见烦渴引饮，属胃热者。

【歌诀】白虎汤用石膏偎，知母甘草粳米偕；

亦有加入人参者，烦躁热渴舌生苔。

洗 心 散

【组成】天花粉 25g、黄芩 45g、连翘 30g、黄柏 30g、栀子 30g、黄连 30g、木通 20g、茯神 20g、桔梗 25g、白芷 15g、牛蒡子 45g。

【用法】为末，开水冲调，候温灌服，或适当加大剂量煎汤灌服。

【功效】清心火，解热毒。

【主治】心经积热，口舌生疮。患畜表现口舌红肿或溃烂，口流黏涎，采食困难，口色鲜红，脉象洪数。

【方解】心开窍于舌，心经有热，则舌上生疮。因此，口舌生疮往往采用泻心火之法。方中黄连、栀子泻心火，且与黄芩黄柏配伍，即黄连解毒汤，共同清心火，解热毒，为主药；天花粉清热生津，连翘、牛蒡子、白芷、桔梗解毒散结，消肿止痛，共为辅佐药；木通、茯神清热利尿，导热下行，为使药。诸药合用，共奏清心火、解热毒之功，并有散结消肿的作用。

【应用】为治马口舌生疮的常用方，可酌情用于各种口炎。对于唇舌溃烂者，除内服本方外，宜同时局部用药，如青黛散、冰硼散等。

【歌诀】洗心栀柏与芩连，芷桔天花茯神兼；

连翘木通牛蒡子，服药更需青黛唧。

清 肺 散

【组成】板蓝根 90g、葶苈子 50g、浙贝母 50g、桔梗 30g、甘草 25g。

【用法】为末，开水冲调，候凉灌服。

【功效】清肺平喘，化痰止咳。

【主治】肺热咳喘，咽喉肿痛。患畜表现气促喘粗，呼气热，口色红，脉洪数。

【方解】本方证为肺热壅滞，气失宣降所致；或由于胃中积热，上蒸于肺而作喘；呼气热，口色红，脉洪数，均为肺胃有热之象。治宜清肺热、平咳喘。方中重用板蓝根清热解毒，清肺平喘，治咽喉肿痛，为主药；浙贝母清肺止咳，葶苈子泻肺平喘，共助主药发挥清肺平喘功能，为辅药；桔梗开宣肺气而祛痰，为佐药；甘草调和诸药，且能润肺止咳，为使药。诸药合用，共奏清肺平喘，化痰止咳之效。

【应用】本方常用于治马肺热喘。临床应用时，可酌情加栀子、黄芩、知母、瓜蒌、天花粉等药，以增强清热润肺之功。若与消黄散合方，则清热平喘的力量更强。若喘甚者，可加苏子、杏仁、紫苑；肺燥干咳者加沙参、麦门冬、玄参等；热盛多痰者加桑白皮、瓜蒌、知母、黄药子、白药子等药。本方只适用于实热喘，虚喘不宜。

【歌诀】桔贝蓝根一处擂，甜葶甘草共相随；

　　　　蜜和糯粥调童便，非时恶喘即时愈。

二、清热解毒剂

清热解毒的方剂适用于瘟疫、热毒、疮黄等热深毒重之证。临床上，热毒有的在全身，有的在局部，有的在气分，有的入血分，当根据表现不同选择方剂。组方常以清热解毒药如黄连、黄芩、黄柏、栀子、金银花、连翘等为主药，酌情配伍清热泻火药、清营凉血药、攻下药及利尿药等。代表方剂如黄连解毒汤、消黄散、公英散、清瘟败毒饮等。

黄 连 解 毒 汤

【组成】黄连 30g、黄芩 60g、黄柏 60g、栀子 45g。

【用法】水煎去渣，候温灌服，或为末，开水冲调，候温灌服。

【功效】清热解毒。

【主治】三焦火毒热盛证。患畜表现大热，或热甚发斑，或热病吐血，衄血；或疮黄疔毒，小便黄赤，舌红苔黄，脉数有力。

【方解】本方为热毒壅盛于三焦所设。火毒热盛，充斥三焦，表里皆热，神明被扰故大热烦躁；血为热迫，随火上逆见吐血、衄血、发斑；热毒壅滞肌肉见痈肿疔毒。小便黄赤，舌红苔黄，脉数有力表明主火、主热、主实。火热炽盛即为毒，所以解毒必须清热泻火；火主于心，故清热又须泻其所主。方中黄连解热毒，兼泻心火，为君药；黄芩泻上焦之火，黄柏泻下焦之火，共为臣药，再加黄连又泻中焦之火，三焦之火均得以清泻；栀子通泻三焦之火，导其下行，为佐使。四药合用，一派苦寒，使火邪去而热毒解，故名黄连解毒汤。

【应用】本方为清热解毒的常用方和基础方，适用于火热壅盛于三焦诸证。凡急性热性病、败血症、脓毒败血症、痢疾、肠炎、肺炎等属于火毒炽盛者，均可酌情加减应用。本方解热毒而泻心火，亦可用于疮黄疔毒，既可内服，又可外敷。

临证时若兼见便秘者，加大黄、芒硝以泻下焦实热；淤热发黄者，加茵陈、大黄，以清热祛湿退黄；若小便短赤不利，加滑石、车前子、金钱草等利尿通淋；患有痢疾且表现为里急后重者，加槟榔、白芍、木香等行气止痛；如果为疗疮肿毒，则加蒲公英、金银花、连翘等增强清热解毒、消肿散结的作用。

本方加大黄，名黄连解毒丸，又名栀子金花丸，功能润肠泻热，主治肺胃热盛；本方加石膏、淡豆豉、麻黄，名三黄石膏汤，功能表里双解，主治表证未解，里热已炽。

本方集大苦大寒之品于一炉，泻火解毒之功效专一。但苦寒之品易于化燥伤阴，故热伤阴液者不宜用。

【歌诀】黄连解毒汤四味，黄柏黄芩栀子备；

　　　　三焦热盛及疮黄，泻火解毒功效奇。

消 黄 散

【组成】知母、黄药子、白药子、栀子、黄芩、大黄、甘草、贝母、连翘、黄连、郁金、芒硝各 25g。

【用法】为末，开水冲调，候温灌服。

【功效】清热泻火，凉血解毒。

【主治】火热壅盛，气促喘粗，疮黄肿毒。证见大热，气促喘粗，口舌生疮，粪干尿赤，肌肉生疮。

【方解】本方为治马一切火热及黄肿的通用方。由于火热毒邪壅盛，故大热，气促喘粗，口舌生疮，粪干尿赤；热壅肌肉则生疮黄。方中知母、贝母、黄芩、连翘清心肺之火于上焦；黄连、大黄清胃肠之热于中焦；栀子通泻三焦而入小肠，芒硝清泻肠胃而走大肠；黄药子、白药子、郁金清热凉血；甘草调和诸药而解毒。诸药合用，共奏清热泻火，凉血解毒之功。综观全方，上清下导，泻火解毒，与黄连解毒汤颇为相似。

【应用】本方为治马火热壅盛之通剂。凡属火热内实，疮黄肿毒，肺热气喘等，均可酌情应用。

【歌诀】消黄知贝二子芩，黄连连翘共郁金；

　　　　栀子大黄朴硝草，火热壅毒总能清。

公 英 散

【组成】蒲公英 60g、金银花 60g、连翘 60g、丝瓜络 30g、通草 25g、芙蓉叶 25g、浙贝母 30g。

【用法】为末，分两次拌饲料喂服或水调灌服。

【功效】清热解毒，通络消肿。

【主治】猪乳痈初起。证见猪乳房发红肿胀、疼痛拒按，兼有发热症状。

【方解】本方为猪患乳痈而设。猪乳痈的发生，主要由乳头或乳房外伤，加之猪舍潮湿脏臭，湿热毒气由伤口侵入而肿胀；或乳道闭塞而乳汁积滞；或产后护理不当而感受外邪等均可引起本证的发生。治宜清热解毒，通络消肿。方中蒲公英清热解毒，消肿散结，利水为君药。金银花，清热解毒，散热疏风；连翘清热解毒，消肿散结；芙蓉叶清热解毒，消肿排脓，三药合为臣药，加强蒲公英清热解毒，消肿散结之功。丝瓜络通络，活血，祛风；浙贝母化痰消痈，清热散结；通草清热利尿，通气下乳，三药合为佐使药。诸药合用，共成清热解毒，消肿散痈之功。

【应用】为治疗乳痈的良好方剂。凡急性乳腺炎红肿热痛者，可酌情应用本方。

【歌诀】公英银翘丝瓜络，通草芙蓉山甲合；

乳痈乳肿堪选用，金蒲诸方均可酌。

清 瘟 败 毒 散

【组成】生石膏 120g、生地 30g、栀子 30g、知母 30g、连翘 30g、黄连 20g、牡丹皮 20g、黄芩 25g、赤芍 25g、玄参 25g、桔梗 25g、淡竹叶 25g、水牛角 60g、甘草 15g。

【用法】石膏、水牛角先煎，再入余药同煎；或研末开水冲调，候温灌服。

【功效】清热泻火，凉血解毒。

【主治】瘟疫热毒，气血两燔。证见高热狂躁，神昏发斑，或吐血衄血，舌绛唇焦，脉洪数。

【方解】本方治疗热毒炽盛的瘟疫时邪，热毒充斥周身表里上下，气血两燔。火热炎上，热毒上攻清窍，则昏狂；耗伤津液则舌绛唇焦；热毒深入血分，耗血动血则吐血衄血，发斑。本方可视为白虎汤、犀角地黄汤和黄连解毒汤加减化裁而成，是一强有力的泻火解毒、凉血化斑之剂。白虎汤（石膏、知母、甘草）善清阳明之热，黄连解毒汤（黄连、黄芩、栀子，去黄柏）能泻三焦实火，二方同用，清热解毒，除烦止渴的作用极为强盛，而犀角地黄汤（犀角，丹皮、生地、赤芍）专于凉血解毒，养阴化淤，治疗邪热入营，迫血妄行，或上出而为吐衄，或下出而为便血，或溢于皮肤，发为淤斑诸症。此外，玄参、桔梗、连翘与甘草同用，能清润咽喉，治咽干肿痛；淡竹叶清心利尿，导热从下而去。诸药合用，既能清气分之火，又能凉血分之热，具有良好的清热解毒作用，故为治瘟疫火毒之要方，对于疫毒火邪，充斥内外，气血两燔而出血危急者，用之有转危为安之功。但若非属热极毒盛者，绝对不可误投本方，必须特别注意。

【应用】适用于瘟疫热毒及一切火热之证。凡丹毒、脑炎、败血症等属于气血两燔者，可酌情选用。若斑疹已出，加大青叶，并少佐升麻；若粪干便秘，加大黄、芒硝；若气喘，加枳壳、瓜蒌。

临床应根据病势轻重，掌握各药剂量，若热毒猖獗、病势沉重者，宜投大剂，方可救治。但本方寒凉过甚，若病势较轻，剂量宜小，免伤胃气。

【歌诀】清瘟败毒石母草，芩连丹芍栀子翘；
　　　　玄参桔梗竹叶甘，犀角可换水牛角。

三、清热燥湿剂

清热燥湿的方剂适用于湿热证及火热证。湿热蕴结，传导失职，气机不畅，见泄泻、痢疾；湿热熏蒸肝胆，见黄疸尿赤；湿热下注，见小便淋漓涩痛。常以清热燥湿药如黄连、黄芩、黄柏、白头翁、龙胆草等为主药，酌情配伍清热泻火药、清热解毒药、渗湿利水药、泻下药等共同组方。代表方剂如白头翁汤、郁金散、龙胆泻肝汤、茵陈蒿汤、通肠芍药汤等。

白 头 翁 汤

【组成】白头翁 60g、黄柏 45g、黄连 30g、秦皮 60g。

【用法】煎汤去渣，候温灌服或为末，开水冲调，候温灌服。

【功效】清热解毒，凉血止痢。

【主治】痢疾。患畜表现下痢脓血，排粪黏滞不爽，里急后重，腹痛，舌红苔黄，脉数。

【方解】本方证是因热毒深陷血分，下迫大肠所致。湿热邪毒壅滞大肠，肠中气滞不通则排粪黏滞不爽，腹痛里急后重；热毒熏灼肠胃气血，化为脓血，而见下痢脓血、赤多白少；舌红苔黄，脉弦数皆为热邪内盛之象。治宜清热解毒，凉血止痢。热退毒解，则痢止而后重自除。故方用苦寒而入血分的白头翁为君，清热解毒，凉血止痢。黄连苦寒，泻火解毒，燥湿止痢，为治痢要药；黄柏清下焦湿热，两药共助君药清热解毒，尤能燥湿止痢，共为臣药。秦皮苦涩而寒，清热解毒而兼以收涩止痢，为佐使药。四药合用，共奏清热解毒，凉血止痢之功。

【应用】本方为治疗热毒血痢之常用方。现在常用于治疗细菌性痢疾和阿米巴痢疾，凡马、牛肠炎、猪下痢等属于热痢下重者，可酌情加减应用。若外有表邪，恶寒发热者，加葛根、连翘、银花以透表解热；里急后重较甚，加木香、槟榔、枳壳以调气；脓血多者，加赤芍、丹皮、地榆以凉血和血；夹有食滞者，加焦山楂、枳实以消食导滞。

白头翁汤不仅常用于治疗细菌性痢疾、原虫性痢疾、非特异性溃疡性结肠炎、急性坏死性肠炎，还用于治疗胃炎、泌尿系统感染、急性结膜炎等，皆有较好疗效，故凡见肝经湿热，下焦湿热，肠道湿热均可以本方加减治之。

【歌诀】白头翁汤热痢方，连柏秦皮四药良；
味苦性寒能凉血，坚阴治痢在清肠。

郁 金 散

【组成】郁金 30g、黄芩 30g、大黄 60g、黄连 30g、黄柏 30g、栀子 30g、诃子 15g、白芍 15g。

【用法】为末，开水冲调，候温灌服，或适当加大剂量煎汤服。

【功效】清热解毒，散淤止泻。

【主治】急慢性肠黄。患畜表现荡泻如水，粪腥臭难闻，夹有黏膜，甚则夹有脓血，里急后重，体热，口色赤红，舌苔黄厚，脉数。

【方解】本方为治马肠黄（急性肠炎）所设。肠黄者，阳明主其病，病性属热，多因夏暑乘骑，使役太过，外感暑气，热邪积于肺经，肺与大肠相表里，致使邪毒流注大肠；或因乘饥喂谷料较多，使料毒积聚肠中。凡此皆使脏腑积聚热毒，而成其患。热毒壅结胃肠伤及血分，故见荡泻如水，夹有黏液脓血；口色赤红，舌苔黄厚，脉数均为里热之象。治宜清热解毒，散淤止泻。方中郁金清热凉血，行气破淤，解除脏腑壅滞之态；黄连、黄芩、黄柏、栀子，即黄连解毒汤，清热解毒，泻三焦之热，以上五味，是方中的主辅药。大黄泻热散淤，芍药敛阴和营，诃子涩肠止泻，三味收攻同用，使其收而不留毒邪，攻而不致大泻，各行其职同为方中之佐使药。诸药合用，共奏清热解毒，散淤止泻之功。

【应用】本方是马属动物肠黄的常用方。凡马急性肠炎、痢疾属于热毒壅极，泻粪腥臭者，可酌情加减应用。

马的肠黄病情急剧，变化很快。应用本方时常须进行随证加减。热毒盛者，加金银花、连翘；腹痛盛者，加乳香、没药、元胡索；粪稀如水者，加猪苓、泽泻、车前子，去大黄；至于诃子，病初可去，病久可加，或病初生用，使之收涩之中而存降泄之性；病久煨熟，令其温中止泻而取收涩之长。

【歌诀】郁金黄连栀柏芩，诃子芍药配川军；
热毒壅极肠中泻，贵在加减总因循。

龙 胆 泻 肝 汤

【组成】龙胆草 45g、柴胡 30g、泽泻 45g、车前子 30g、木通 20g、生地黄 45g、当归尾 30g、栀子 30g、黄芩 30g、甘草 15g。

【用法】煎汤去渣，候温灌服或为末，开水冲调，候温灌服。

【功效】泻肝胆实火，清肝经湿热。

【主治】肝火上炎，患畜目赤肿痛，胁痛口苦；或湿热下注，小便淋浊，阴户、阴囊肿胀瘙痒，湿热带下等症状。

【方解】本方治证，是由肝胆实火，肝经湿热循经上扰下注所致。肝开窍于目，肝火上炎则目赤肿痛，旁及两胁则胁痛口苦；肝脉行于阴部，湿热下注则见小便淋浊，阴户、阴囊肿胀瘙痒，湿热带下等症状。本方用龙胆草上泻肝胆实火，下清下焦湿热，为泻火除湿的君药。黄芩、栀子苦寒泻火，泽泻、木通、车前子清热利湿，使湿热从小便而解，共同增强主药之功，同为臣药。肝主藏血，肝经有热则易伤阴血，又用苦寒燥湿，再耗其阴，故用生地、当归滋阴养血，以使标本兼顾，为佐药。方用柴胡，是为引诸药入肝胆而设，甘草有调和诸药之效，为使药。综观全方，是泻中有补，利中有滋，以使火降清热，湿浊分清，循经所发诸证乃相应而愈。

【应用】适用于肝胆实火上炎或湿热下注所致的各种病证。凡急性结膜炎、急性黄疸型肝炎、急性胆囊炎，以及泌尿生殖系统炎症、急性肾盂肾炎、急性膀胱炎、尿道炎、外阴炎、睾丸炎、腹股沟淋巴腺炎、急性盆腔炎、带状疱疹等属于肝胆实火或湿热者，均可加减应用。

若肝胆实火较盛，可去木通、车前子，加黄连以助泻火之力；若湿盛热轻者，可去当归、生地，加滑石、薏苡仁以增强利湿之功；若阴囊肿痛，红热甚者，可去柴胡，加连翘、黄连、大黄以泻火解毒。

本方药物多为苦寒之性，内服易伤脾胃，故对脾胃虚寒者慎用。

【歌诀】龙胆泻肝栀芩柴，生地车前泽泻偕；

木通甘草当归合，肝经湿热力能排。

茵 陈 蒿 汤

【组成】茵陈 120g、栀子 60g、大黄 45g。

【用法】水煎去渣，候温灌服。

【功效】清热，利湿，退黄。

【主治】湿热黄疸。证见口、眼、黏膜等部位发黄，黄色鲜明如橘，尿黄而不利，舌苔黄腻，脉象滑数等。

【方解】湿热黄疸，为湿热之邪与淤热蕴结于里所致。郁热蒸于肌肤，则口、眼、一身俱黄；尿不利，苔黄腻、脉滑数为湿热内郁之象。治宜清热利湿退黄。方中重用茵陈蒿清利湿热，退黄疸为主药；栀子清泄三焦湿热，为辅药；大黄降泄郁热为佐药。纵观全方，茵陈蒿配栀子，可使湿热从小便而出，茵陈蒿配大黄，可使郁热从大便而解。三药相合，清利降泄，且引湿热由小便而去，湿热有出路，则黄疸自除。

【应用】本方为治黄疸之主方。凡急性实质性肝炎，胆囊炎及外感，结症，肠炎等疾病出现的黄疸，属于湿热证者，均可加减应用。

本方只适用于湿热阳黄。若为阴黄，则不宜用，可选用茵陈术附汤（茵陈、白术、附子、干姜、甘草）治疗。

【歌诀】茵陈蒿汤治疸黄，阴阳寒热细推详；

　　　　阳黄大黄栀子入，阴黄附子与干姜。

通 肠 芍 药 汤

【组成】大黄 30g、槟榔 20g、山楂 45g、枳实 25g、赤芍药 30g、木香 20g、黄芩 30g、黄连 25g、玄明粉 90g。

【用法】煎汤去渣，候温灌服，或为末，开水冲调，候温灌服。

【功效】清热泻火，导滞止痢。

【主治】牛热毒痢疾。患畜排便不畅，下痢赤白，鼻镜干，口色红，脉数。

【方解】本方为夏秋之季牛患痢疾所设。医治之法，一则清热解毒以泻火；二则调气和血而导滞。方中黄连、黄芩苦寒清火，燥湿止痢，为主药；大黄、玄明粉通肠泻热，乃通因通用之法，为辅药；木香调气，赤芍和血，槟榔、山楂、枳实消导积滞，均为佐使药。诸药合用，共奏清热泻火、导滞止痢之功。追溯本方之源，可能是由芍药汤（芍药、当归、黄连、槟榔、木香、甘草、大黄、黄芩、肉桂）加减而来。

【应用】凡牛湿热泻痢，腹痛后重，可酌情应用本方或芍药汤。本方与芍药汤比较，更重于行气导滞，这是因为牛的胃腑很大，病则易生胀滞的缘故。

【歌诀】通肠芍药广木香，芩连枳实共槟榔；

　　　　大黄山楂玄明粉，犹似河间芍药汤。

四、清热解暑剂

清热解暑的方剂适用于暑热之邪侵袭所致的伤暑、中暑等证。暑为夏月之主气，夏季高温多雨，暑邪易夹湿，另外暑气通于心，故易见神昏、汗出，精神倦怠，脉数等证。常以香薷、藿香等为主，配伍祛暑、解表、利湿等药物组方。代表方剂如香薷散、清暑散。

香 薷 散

【组成】香薷 30g、黄芩 45g、黄连 30g、甘草 15g、柴胡 25g、当归 30g、连翘 30g、天花粉 30g、栀子 30g。

【用法】煎水后适当加蜂蜜、童便灌服。

【功效】清热解暑。

【主治】马中暑或伤暑。患畜表现身热口渴，气急气喘，精神倦怠，或头低眼闭，行立如痴，卧多立少，口色鲜红，脉象洪数。

【方解】本方为马夏季中暑而设。暑病皆因暑热天兼使役过重、奔走过急、长途运输或饲养密度过大及通风不良，以致邪热积于心胸，气血壅热而发。治宜清心解暑，养血生津。方中香薷辛温发散，兼能利湿，乃暑月解表之药，前人喻为夏令之麻黄，故为主药；黄连、黄芩、栀子寒凉清热于里，连翘散热于表，柴胡和解表里，利少阳枢机，此五药内透外达，助香薷解暑，均为辅药；热极扰心，热盛伤津，故用当归活血补血，天花粉清热生津，甘草清热和中，均为佐药；蜂蜜润肠，童便利尿为使药，诸药合用，共奏清解暑热之功。

【应用】本方为清暑热的重要方剂，如高热不退，可酌加石膏、知母等药以增强清热作用。中暑病马还可适当在颈静脉放血，以达泻火之效。

【歌诀】香薷散用芩连草，栀子花粉归柴翘；

　　　　童便蜂蜜相和灌，两针鹘脉自然好。

清 暑 散

【组成】金银花 60g、香薷 30g、藿香 30g、菊花 30g、薄荷 30g、猪牙皂 20g、石菖蒲 25g、茵陈 25g、白扁豆 30g、茯苓 25g、木通 25g、麦门冬 25g、甘草 15g。

【用法】为末，开水冲调，候温灌服。

【功效】清热祛暑。

【主治】伤暑，中暑。

【方解】本方证是因邪热积于心胸，气血壅热而发。治宜清热解暑。方中重用金银花清热透邪，祛除心经积热，为主药；香薷、藿香祛暑化湿，菊花、薄荷辛散表热，共为辅药；猪牙皂、石菖蒲开窍祛痰，茵陈清热利湿，白扁豆健脾渗湿，茯苓、木通利湿除热，暑热易耗气伤津，故以麦冬养胃生津，为佐药；甘草调和诸药，为使药。各药相合，具有清热祛暑功效。

【应用】本方可用于家畜中暑，除清热解暑之外，尚有通窍醒神作用。

【歌诀】清暑散中藿香薷，银菊薄荷皂菖蒲；

　　　　茵陈扁草茯麦通，清热通窍除伤暑。

第六节 理 血 剂

理血剂是以理血药物为主组成，具有促进血行，消散淤血或制止出血等作用，是调理血分、治疗血分病证的方剂。

血分病证的范围较广，如血行不畅之血淤，血离经络之出血，热入血分之血热，血液亏损不足之血虚等，均属血病范畴，治疗方法有补血、凉血、活血、止血等不同。本章节主要讨论治疗血淤的活血祛淤剂和治疗出血的止血剂，治疗血热之清热凉血剂和血虚之补血剂分别见清热剂及补益剂。

血证病情复杂，有寒热虚实之分，轻重缓急之别。治疗血病时，必须审证求因，分清标本缓急，做到急则治其标，缓则治其本，或标本兼顾，并根据体质强弱、患病新久来组方遣药。同时，逐淤过猛，易于伤正，止血过急，易致留淤。因此，在使用活血祛淤剂时，常在活血药中辅以扶正之品，使淤消而不伤正；使用止血剂时，对出血兼有淤滞者，应适当配以活血祛淤药，以防血止淤。

一、活血祛淤剂

活血祛淤剂，是以活血化淤药为主组成的方剂，具有通行血脉、消散淤血、通经止痛、疗伤消疮等作用，主要适用于血淤证（如外伤淤肿，痈肿初期，产后恶露不行等），患畜常表现为局部见肿块，疼痛拒按，痛处固定不移，夜间痛甚，皮肤粗糙起鳞，出血，舌有淤点、淤斑，脉细涩，母畜产后恶露不行，乳汁不通等。治疗处方以活血祛淤的药物如川芎、桃仁、红花、赤芍、丹参、乳香、没药、血竭等为主，配伍理气、温经散寒、清热、补气养血的药物组成，代表方剂有当归散、红花散等。

当 归 散

【组成】当归 30g、天花粉 25g、黄药子 25g、枇杷叶 20g、桔梗 25g、白药子 25g、牡丹皮 20g、白芍 20g、红花 25g、大黄 30g、没药（制）25g、甘草 15g。

【用法】用时为末，开水冲调，候温灌服。

【功效】和血理气，宽胸止痛。

【主治】马胸膊痛。患畜表现胸膊疼痛，束步难行，频频换脚，站立困难，口色深红，脉象沉涩。

【方解】本方为治疗闪伤胸膊痛的常用方剂。本方证多因踏空跌倒，闪伤前肢胸膊，淤血痞气凝结不散所致。方中当归、红花、没药、白芍活血通络，散淤止痛为主药；丹皮、大黄、天花粉、黄药子、白药子清热凉血，消肿破淤，大黄同时还能助主药行淤滞，共为辅药；佐以桔梗、枇杷叶宽胸顺气，利膈散滞，引药上行直达病所；甘草协调诸药，为使药。诸药合用，可使淤血去，肺气调，气血畅行，则疼痛自止。

【应用】临床用于马淤血结在胸中的胸膊痛，若在本方中加入行气散淤药物川芎、川楝子、青皮、三七等，则疗效更佳。用时，可先放胸堂血或蹄头血，再灌服本方。本方去桔梗、白药子、红花，名"止痛散"，亦可治疗马胸膊痛。

【歌诀】当归散用丹大黄，黄白药子芍花粉；

没红杷桔草童便，闪伤胸膊用此方。

红 花 散

【组成】红花20g、没药（制）20g、桔梗20g、六神曲30g、枳壳30g、当归30g、山楂30g、厚朴20g、陈皮25g、甘草15g、白药子25g、黄药子25g、麦芽30g。

【用法】共为末，开水冲调，候温灌服。

【功效】活血理气，清热散淤，消食化积。

【主治】料伤五攒痛，即现代兽医学中的蹄叶炎。证见站立时腰曲头低，四肢攒于腹下，食欲大减，吃草不吃料，粪稀带水，口色红，呼吸迫促，脉洪大等。

【方解】本方证系因喂饲精料过多，饮水过少，运动不足，脾胃运化失职，致使谷料毒气凝于肠胃，吸入血液，流注肢蹄所致。方中红花、没药、当归活血祛淤为主药；枳壳、厚朴、陈皮行气宽中，六神曲、山楂、麦芽，消食化积为辅药；桔梗宣肺利膈，黄药子、白药子清热散淤为佐药；甘草和中缓急，协调诸药，为使药。诸药相合，活血行气，消食除积。

【应用】对于因喂养过剩、运动不足或过食精料所致马属动物料伤五攒痛，均可按本方加减使用。

【歌诀】活血祛淤红花方，黄白没药陈朴当；

桔曲楂麦枳甘草，料伤五攒痛服康。

二、止血剂

止血剂，是以止血药为基础，用于治疗血热忘行、气不摄血、淤阻出血、冲任虚损等各种出血病证，如咯血、吐血、衄血、尿血、便血、子宫出血及创伤出血等。由于出血证病情复杂，病有轻重，势有缓急，故治法也因证而异。如急性出血，血色鲜红，有热象表现者，多为血热妄行之出血，治宜凉血止血、清热泻火，常以侧柏叶、小蓟、白茅根、槐花、地榆等为主，配合清热泻火药组方；若出血血色紫暗，有血凝块并兼有淤血现象者，多为血淤出血，治宜祛淤止血，常用三七、蒲黄、茜草等为主药药物，配合活血药和行气药组方；若为慢性出血，或出血反复不止，血色淡红而有虚寒之象者，多属气虚不能摄血，治宜益气摄血，常用白及、艾叶、炮姜等为主，与温阳益气药组方；若寒凝出血者，治宜温阳止血；若上窍出血，可配合牛膝、代赭石等兼以降逆；若下窍出血，可配合升麻等兼以升举；若突然大出血，则采用急则治其标之法，着重止血；若慢性出血，应着重治本，或标本兼顾。本书仅介绍秦艽散。

秦 艽 散

【组成】秦艽 30g、蒲黄 25g、瞿麦 25g、车前子 25g、天花粉 25g、黄芩 20g、大黄 20g、红花 15g、当归 25g、白芍 20g、栀子 25g、甘草 15g、淡竹叶 15g。

【用法】共为末，开水冲调，候温灌服，亦可煎汤灌服。

【功效】祛淤止血，清热通淋。

【主治】马尿血。证见尿血，弩气弓腰，头低耳聋，草细毛焦，舌质如绵，口色稍红，脉象沉滑。

【方解】本方所治之尿血证，为膀胱积热与血淤。凡治者，宜清热祛淤，利尿通淋。方中蒲黄、瞿麦、秦艽通淋止血，和血止痛为主药；当归、白芍养血滋阴为辅药；大黄、红花清热活血，栀子、黄芩、车前子、天花粉、淡竹叶清热利尿，均为佐药；甘草调和诸药为使药。各药相合，可使热清淤去而血止，小便通利而痛除。

【应用】本方主要适用于膀胱积热之尿血。弩伤尿血而兼有热者，也可酌情应用。本方去红花，加木通、黄连、生地、滑石、赤苓、连翘，名"秦艽瞿麦散"，可用于治疗牛尿血。

【歌诀】秦艽散归芍黄草，红花瞿麦蒲川军；
花粉车前栀竹草，用治瘦马尿血淋。

第七节 祛 风 剂

凡以辛散祛风、滋阴潜阳、熄风止痉、清热平肝药物为主组成，具有疏散外风或平熄内风等作用，治疗风证的方剂，统称祛风剂。

风的类型可分为外风与内风两大类。外风是指风邪外袭，侵入肌表，病变在肌表、经络、肌肉、筋骨、关节等；其他如外伤，风毒之邪从伤处侵入机体所致的破伤风等。主要表现为头痛、恶风，肌肤瘙痒，肢体麻木，筋骨挛痛，关节屈伸不利，或口眼歪斜，甚则角弓反张等。内风是风病内生，由脏腑功能失调所致，主要是肝肾功能失常，其发病机理，有热极生风、肝风内动、肝阳化风、阴虚风动或血虚生风等。常表现为眩晕，震颤，四肢抽搐，甚或卒然昏倒，昏迷，口角歪斜，肢体麻木等。因此，祛风方剂也分为疏散外风剂和平熄内风剂两类。

祛风剂的使用注意事项：①祛风之法首先应辨别风病的类型是属内还是属外。对于外风应当进行疏散，不宜平抑；对于内风宜平熄，而忌用辛散。②风邪不能单独致病，应分辨病邪的兼挟以及病情的虚实，配伍相应的药物。若风邪挟寒、挟痰、挟热、挟湿者，可与祛寒、化痰、清热、祛湿等药物合用；对于病情虚实夹杂者，可进行标本兼治，才能切合病情。③外风与内风，亦常相互影响，外风可以引动内风，内风又可兼挟外风，产生机理各不相同，这种错综复杂的证候，循证立方，应该先辨内外，分清寒热虚实，全面兼顾。④疏风药物性多温燥，易伤津动火。

一、疏散外风剂

疏散外风剂，适用于外风所致诸证，为风邪外袭侵入肌肉、经络、筋骨、关节等处而设，此类方剂常用辛散祛风的药物，如羌活、独活、防风、川芎、白芷、荆芥、白附子等。在配伍用药方面，常根据病畜体质的强弱、感邪的轻重、病邪的兼挟等不同，而分别配合清热、祛寒、养血、活血等药物。代表方有千金散、破伤风散、天麻散、五虎追风散、决明散等。

千 金 散

【组成】天麻 25g、乌梢蛇 25g、蔓荆子 20g、羌活 25g、独活 25g、防风 25g、升麻 25g、阿胶 20g、何首乌（制）25g、南沙参 25g、天南星（制）25g、僵蚕 20g、蝉蜕 30g、藿香 20g、川芎 15g、桑螵蛸 20g、全蝎 20g、旋覆花 20g、细辛 10g。

【用法】水煎取汁，化入阿胶，或共为末，开水冲调，候温牛、马分 2～3 次灌服；猪、羊则减量服用。

【功效】散风解痉，熄风化痰，养血补阴。

【主治】破伤风。证见牙关紧闭，肢体僵硬，角弓反张，两眼上翻，耳竖尾直，阵发性抽搐，口色青，脉弦紧。

【方解】当机体受损后，导致毒气风邪经伤口侵入机体，经过经络，攻注太阳经脉，引起肢体僵直，角弓反张；若攻注阳明经脉，则出现牙关紧闭，唇颤。可采取导邪外出，祛风止痉，定止抽搐。方中蝉蜕、防风、羌活、独活、细辛、蔓荆子疏散经络风邪，导邪外出，为主药；风已入内，引动肝风，用天麻、僵蚕、乌蛇、全蝎熄风解痉，以治内风为辅药；"治风先治血，血和风自灭"，用阿胶、沙参、何首乌、桑螵蛸、川芎养血滋阴，缓和其他药物的燥烈性，使邪祛而不伤正，"去风先化痰，痰去风自安"，用天南星、旋覆花化痰熄风，藿香、升麻升清降浊，醒脾开胃，共为佐使药。诸药相合，共同发挥散风解痉，熄风化痰，补血养阴的功效。

【应用】本方是中兽医治疗马属动物破伤风的传统方剂，实践证明有一定疗效。若与破伤风抗毒素合用，比单独用抗毒素能更好地缓解肌肉僵直，缩短病程。本方减去天麻、藿香、旋覆花、阿胶，加入白附子，能增强祛风止痉之功效。

【歌诀】千金散治破伤风，牙关紧闭反张弓；

天麻蔓荆蝉二活，防风蛇蝎蚕藿同；

芎胶首乌辛沙参，升星旋覆螺蛸功。

破 伤 风 散

【组成】甘草 500g、蝉蜕 120g、钩藤 90g、川芎 30g、防风 60g、大黄 60g、黄芪 50g、荆芥 45g、关木通 45g。

【用法】共为末，开水冲调，候温灌服。

【功效】解毒止痉，解表祛风。

【主治】破伤风。证见牙关紧闭，肢体僵硬，角弓反张，两眼上翻，耳竖尾直，阵发性抽搐，口色青，脉弦紧。

【方解】本方适用于治疗破伤风。风邪由表而入，用蝉蜕、防风、荆芥解表祛风止痛，为主药；风已入内，引动肝风，用钩藤熄风止痉，平肝清热，以治内风为辅药；木通通利血脉，川芎、大黄行气活血散淤消肿止痛，黄芪补气升阳，共为佐药；甘草调和诸药为使药。各药合用，疏散风邪，解毒止痉。

【歌诀】破伤风散治伤风，甘草大黄荆芥通；

黄芪蝉蜕防川钩，解表祛风兼止痉。

天 麻 散

【组成】天麻 30g、党参 45g、川芎 25g、蝉蜕 30g、防风 25g、荆芥 30g、甘草 25g、薄荷 30g、何首乌（制）30g、茯苓 45g。

【用法】水煎服，或共为末，加蜂蜜，开水冲调，候温灌服。

【功效】祛风解表，调和气血。

【主治】脾虚挟湿偏风证，又称脾虚湿邪证或脾虚风邪证。证见偏头直项，眼目歪斜，神昏似醉，站立如痴，口色青紫，脉象迟细。

【方解】本方用治马、骡脾虚湿邪偏风证。方中天麻甘温镇定，平肝养阴，解痉熄风，蝉蜕祛风解痉，为主药；防风、薄荷、荆芥解表散风，清利头目，共为辅药；茯苓健脾渗湿，党参补气健脾，川芎行气活血，何首乌滋肝养血，共为佐药；甘草调和诸药，为使药。各药合用，疏散风邪，益气活血。

【应用】临床上用于治疗马、骡脾虚湿邪挟风证（相当于某些脑病或中毒性疾病过程中出现的慢性脑水肿等）。若神志迷乱，加远志、石菖蒲等，宁心安神；血虚明显，加当归、白芍等；湿邪重，加苍术、石菖蒲等。

【歌诀】熄风祛湿天麻散，苓参防风薄荷蝉；

　　　　首乌荆芎与甘草，脾虚湿邪服之安。

五 虎 追 风 散

【组成】僵蚕 15g、天麻 30g、全蝎 15g、蝉蜕 150g、天南星（制）30g。

【用法】共为末，开水冲调，候温灌服。

【功效】熄风化痰，解痉。

【主治】破伤风。证见项背僵直，四肢抽搐，反复发作，牙关紧闭，角弓反张，两眼上翻，耳竖尾直，口色青，脉弦紧。

【方解】方中重用蝉蜕，解痉发表，导邪外出，为主药；天南星祛风化痰，天麻熄风止痉，全蝎、僵蚕祛风镇痉，均助蝉蜕解痉，为辅药；朱砂重镇安神，为佐使药。诸药合用，共同发挥祛风解痉之功效。

【应用】适用于破伤风等惊厥、抽搐之症。

【歌诀】五虎追熄破伤风，牙关紧闭，角弓反张；

　　　　僵蚕全蝎制天星，天麻蜕蝉共服之。

决 明 散

【组成】石决明（煅）25g、草决明 25g、栀子 25g、大黄 25g、白药子 25g、黄药子 25g、黄芪 25g、黄芩 25g、黄连 25g、没药 25g、郁金 25g。

【用法】煎汤候温加蜂蜜 60g，鸡蛋清 2 个，同调灌服。

【功效】清肝明目，退翳消淤。

【主治】肝经积热，外传于眼所致的目赤肿痛，云翳遮睛等。

【方解】本方为明目退翳之剂。方中石决明、草决明清肝热，消肿痛，退云翳，为主药；黄连、黄芩、栀子、鸡蛋清清热泻火，黄药子、白药子凉血解毒，加强清肝解毒作用，为辅药；大黄、郁金、没药散淤消肿止痛，黄芪补脾气，均为佐药；使以蜂蜜为引。诸药相合，清肝明目，退翳消淤。

【应用】用于外障眼及鞭伤所致的眼目赤肿、睛生云翳、眵盛难睁、羞明畏光等证。方中黄芪现多不用。若云翳重，可加蝉蜕、木贼、青箱子等。

【歌诀】决明散用二决明，芩连栀军蜜蛋清；

　　　　芪没郁金二药入，外障云翳服之宁。

二、平熄内风剂

平熄内风剂，用于治疗内脏病变所致的风病。此类方剂主要治疗因阳邪亢盛，热极生风引起的高热神昏，四肢抽搐；虚风内动，温邪久留导致的耗损真阴，出现筋脉痉挛、四肢蠕动、神倦等；或肝阳上亢，引起肝风内动，血气逆乱上犯，引起的头目眩晕、口眼歪斜、肢体不灵等。组方常以平肝熄风药为主，配伍清热凉肝、滋阴养血、镇痉潜阳或化痰药；或以滋阴养血药为主，配伍平肝熄风潜阳药。代表方有镇心散、镇痫散等。

<h2 style="text-align:center">镇 心 散</h2>

【组成】朱砂（另研）10g、茯苓25g、党参30g、防风25g、远志25g、栀子30g、郁金25g、黄芩30g、黄连30g、麻黄15g、甘草15g。

【用法】共为末，开水冲调，候温加鸡蛋清4个，蜂蜜120g，灌服。

【功效】镇心安神，清热祛风。

【主治】惊狂，神昏，心黄。证见眼急惊狂，浑身肉颤，汗出如浆，咬身啮足，口色赤红，脉象洪数。

【方解】本方出自《元亨疗马集》，专治心黄。本方由朱砂散加味而来。方中朱砂重镇安神，清心为主药；黄连、黄芩、栀子清热泻火，茯苓、远志宁心安神，助朱砂宁心安神，共为辅药；郁金凉血解郁、除三焦郁热，防风、麻黄疏风解表，党参扶正以祛邪，皆为佐药；甘草益气和中，调和诸药，为使药。诸药相合，共奏镇心安神、清热祛风功效。

【应用】本方用于表里热盛，热极生风的惊狂、抽搐及神失所主等证。对于马、骡脑炎、脑膜炎和慢性脑水肿而见以上证候者均可加减应用。若热盛伤阴，可加生地、麦门冬等；痰火过盛，加连翘、天南星、竹茹等。

【歌诀】镇心散朱栀麻黄，茯神远志郁金防；
党参芩连甘草入，心热惊狂服之良。

<h2 style="text-align:center">镇 痫 散</h2>

【组成】当归6g、白芍6g、川芎3g、僵蚕6g、钩藤6g、全蝎1g、朱砂0.5g、蜈蚣1g、麝香0.5g。

【用法】共为末，开水冲，候温加入朱砂、麝香灌服。

【功效】熄风镇痫，养血安神。

【主治】幼畜癫痫兼有血虚。证见猝然昏倒，四肢拘挛抽搐，口吐涎沫，甚至失去知觉，醒后如常。

【方解】本方用治幼畜痰火壅盛，肝风内动之癫痫证。方中钩藤、僵蚕、全蝎、蜈蚣熄风镇痉，涤痰安神，为主药；当归、川芎、白芍补血养阴，熄风，为辅药；朱砂镇心安神，麝香通经开窍，为佐药。诸药相合，共奏活血熄风、解痉安神功效。

【应用】本方用于幼畜癫痫，痫证多因肝、脾、肾功能失调，痰火内生，累及于心所致。反复发作，久之身体逐渐衰弱，口色淡，脉沉细。本方也可加大剂量用于成年家畜癫痫症。

【歌诀】镇痫散用朱麝研，当归川芎白芍全；
　　　　蜈蚣僵蚕蝎钩藤，共末冲服治癫痫。

第八节　温里剂

凡以温热药为主组成，具有温里散寒，回阳救逆，温经通脉等作用，能祛除脏腑经络寒邪，治疗脾胃虚寒，经脉寒凝及亡阳欲脱等里寒证的方剂，称为温里剂或祛寒剂。在"八法"中属于"温法"，"寒者热之"，"疗寒以热药"等，为此类方剂的立方原则。

寒证，有表寒和里寒之别。表寒证当用辛温解表方治疗，已在解表方中论述，本节专论治疗里寒证的方剂。里寒证的形成，不外乎寒邪直中与寒从内生两个方面，故里寒证的治疗，均以温里祛寒而立法，应以药性温燥的药物温里祛寒。由于里寒证的成因有元阳不足，寒从内生或由于外寒直接入里等不同，以及寒邪所侵脏腑经络的不同，病情轻重缓急的差异，温里剂常分为温中散寒、回阳救逆、温经散寒三类。又因寒为阴邪易伤阳气，故本类方剂中还需配伍助阳补气的药物。

本类方剂大多由辛热温燥之品组成，临证应用时应首先辨明寒热真假，热伏于内，格阴于外的真热假寒证禁用温法；其次，素体阴虚，体瘦毛焦，阴液将脱者不用温法；对失血动物，当注意用量，切不可过量。此外，本类方剂的用量，不仅要因畜而施，还要注意季节等不同情况。

一、温中祛寒剂

温中祛寒剂，以温热药为主组成，具有温中散寒，温经通脉等作用，用于寒邪入里而兼有气滞者，主要适用于寒伤脾胃，患畜表现鼻寒耳冷，角基不温，四肢不温，肠鸣腹痛，纳谷不化，或泻粪清稀，肢倦神疲、口色淡，脉沉迟等症状。此外，肾为寒水之脏，易受寒邪侵袭，而出现腰胯寒伤、肾阳虚衰之证，治宜温肾散寒，也属于温里除寒之列。故本类方剂又包括温中除寒和温肾散寒两方面。治疗应将辛温发散药与养血通脉之品合用，以温通经络、祛除寒邪。常用温热药为温里祛寒剂中的主要药物，如干姜、肉桂、茴香、吴茱萸等。代表方有理中汤、桂心散、健脾散、温脾散等。

理　中　汤

【组成】党参 30g、干姜（炮姜）30g、炙甘草 30g、白术（土炒）30g。

【用法】水煎服，或共为末，开水冲调，候温灌服。

【功效】温中散寒，补气健脾。

【主治】脾胃虚寒。患畜表现食欲不振，形寒怕冷，耳鼻四肢不温，肠鸣如雷，腹痛起卧，或泄泻，完谷不化，口不渴，口色淡白，脉象沉细或沉迟。若脾肾阳虚，则久泻不止或夜间泻重，完谷不化，四肢、腹下水肿，舌胖嫩，苔白润，脉细。

【方解】本方所治诸证皆由脾胃虚寒所致。中阳不足，寒从中生，阳虚失温，寒性凝滞，故畏寒肢冷、脘腹绵绵作痛、喜温喜按；脾主运化而升清，胃主受纳而降浊，若脾胃虚寒，纳运升降失常，故脘痞食少、呕吐、便溏；舌淡苔白润，口不渴，脉沉细或沉迟无力皆为虚寒之象。既属虚寒，非补则虚损不复，非温则寒湿不除，故以温补立法。治宜温中祛寒，益气健脾，助运化而复升降。方中干姜辛热，温脾阳，祛寒邪，扶阳抑阴，降逆止呕，使胃气和顺，为主药；党参性味甘温，补气扶阳，健脾升清，与干姜配伍，协调脾胃升降，为辅药；脾为湿土，虚则易生湿浊，故用甘温苦燥之白术燥湿健脾，助党参补气，为佐药；甘草与诸药等量，寓意有三：一为配合党参、白术以助益气健脾；二为缓急止痛；三为调和药性，是佐药而兼使药之用。纵观全方，温补并用，以温为主，温中焦之阳，益脾气，助运化，补脾胃之虚，复升降之常，升清降浊，共奏"理中"之效。

【应用】本方是治疗脾胃虚寒的代表方剂。本方现代研究具有兴奋心脏、促进血循、增强体力、提高抗寒能力、调节胃肠运动、镇痛作用。常用于治疗急慢性胃肠炎、胃及十二指肠溃疡、胃痉挛、胃下垂、胃扩张、慢性结肠炎等属脾胃虚寒者。

本方加大辛大热之制附子，名"附子理中汤"，适用于脾肾阳虚之阴寒重证，主治脾胃虚寒，腹痛，泄泻，四肢厥逆，拘急等证；再加肉桂，名"附桂理中汤"，其补阳祛寒之力更强；附桂理中汤加枳实、茯苓，名"枳实理中汤"，理中焦，除痞满，逐痰饮，止腹痛；虚甚者，重用党参；呕吐者，加生姜、半夏降逆和胃止呕；泄泻甚者，加煨肉豆蔻、煨诃子涩肠止泻，茯苓、白扁豆健脾渗湿止泻；阳虚失血者，可将干姜易为炮姜，加艾叶、灶心土温涩止血；腹胀者，加陈皮、木香。

【歌诀】补气健脾理中汤，温中散寒有干姜；

党参白术炙甘草，脾胃虚寒定能好。

桂 心 散

【组成】肉桂 25g、青皮 20g、益智仁 20g、白术 30g、厚朴 30g、干姜 25g、当归 20g、陈皮 25g、砂仁 25g、五味子 25g、肉豆蔻 25g、炙甘草 25g。

【用法】共为末，开水冲调，候温灌服。

【功效】温中散寒，理气健脾。

【主治】马脾胃寒伤。患畜表现鼻寒耳冷，口流清涎，不食，或腹痛，或肠鸣泄泻，口色淡白，脉象沉迟。

【方解】本方为治脾胃阴寒的方剂。脾胃阴寒皆因久渴失饮，空腹饮冷水太过，或食冰冻草料，或寒邪直中，阴寒之气积于脏腑，寒湿流注脾经，传于胃，脾胃合之阴冷，土衰火弱不能运化所致。治宜温中散寒，健脾理气。方中肉桂温中散寒，暖胃，为主药；干姜、砂仁、益智仁、肉豆蔻助主药温中散寒，增强温脾暖胃之力，为辅药；白术、五味子、厚朴健脾燥湿，青皮、陈皮、当归理气活血，共为佐药。甘草健脾和中，协调诸药，为使药。各药合用，温中散寒、燥湿健脾，理气活血。

【应用】本方主治马脾胃寒，无论胃寒不食、寒泻、冷痛等，均可酌情应用本方。若慢草不食重者，可加神曲、麦芽、山楂各 30g；泄泻重者，可去厚朴、当归，加猪苓 20g、泽泻 30g；冷痛严重者，证见发病急剧，腹痛剧烈，阵阵起卧，前蹄刨地，排粪稀软或带水，肠鸣如雷，鼻寒耳冷，口色青白滑利，脉象沉迟，可加木香 15g，去五味子、肉豆蔻。

【歌诀】温脾暖胃桂心散，青陈术朴益智仁；

姜砂归草五味蔻，炒盐大葱白酒饮。

健 脾 散

【组成】当归 30g、白术 30g、甘草 15g、石菖蒲 25g、泽泻 25g、厚朴 30g、官桂 30g、青皮 25g、陈皮 30g、干姜 30g、茯苓 30g、五味子 20g、砂仁 20g。

【用法】共为末，开水冲调，候温加炒盐 30g、酒 120ml，同调灌服。

【功效】温中行气，健脾利水。

【主治】脾胃虚寒、胃肠寒湿证，证见耳鼻四肢不温，肠鸣腹痛，甚则起卧不安，摆头打尾，蹲腰卧地，食欲不振，泄泻，寒唇似笑，口色青白。

【方解】本方证系因冷伤脾胃，气失升降而致的腹痛作泻，治宜温中行气，健脾利水。方中厚朴、砂仁、干姜、官桂温中散寒为主药；青皮、陈皮、当归、石菖蒲行气活血为辅药；白术、茯苓补脾燥湿，泽泻助茯苓行水，五味子补虚而止泻，均为佐药；使以甘草协调诸药。诸药合用，具有温中行气，健脾利水之效。

【应用】用于脾胃虚寒、胃肠寒湿的腹痛、泄泻等证。寒重者，可加肉桂、桂枝；湿重者，则重用白术、五味子、茯苓，加猪苓、车前子、桂枝；草谷不消者，加三仙（神曲、麦芽、山楂）；体质虚弱者，酌减理气药，加党参、黄芪等。

【歌诀】健脾散中朴青陈，苓泽菖归桂砂仁；

　　　　五味术草姜盐酒，脾胃虚寒效果真。

温 脾 散

【组成】当归 25g、厚朴 30g、陈皮 30g、青皮 25g、苍术 30g、益智仁 30g、牵牛子（炒）15g、细辛 12g、甘草 20g。

【用法】共为末，开水冲调，候温加葱一把，醋 120ml，同调灌服，或煎汤服。

【功效】温中散寒，理气活血，止痛。

【主治】胃寒草少、冷痛等证。见腹痛剧烈，不时起卧，频频摆尾，前蹄刨地，肠鸣如雷，泻粪如水，鼻寒耳冷，口色青黄，口津滑利，脉象沉迟。

【方解】本方为治马伤水冷痛的方剂。久渴失饮，饮冷水太多滞于肠中，阳气不升，阴气不降而致腹痛起卧。冷痛为冷热相击所导致的腹痛起卧之证，治宜暖肠逐水，调和气血，清利小便。方中益智仁、细辛温中祛寒，寒祛则病因除，为主药；青皮、陈皮、厚朴理气宽中，当归活血，气血调和则腹痛止，共为辅药；苍术燥湿健脾，牵牛子逐水，二药配合温肠逐水，为佐药；甘草和中，调和诸药，为使药；葱温经通阳，醋活血止痛，诸药合用，共奏温中散寒，理气活血，止痛之效。

【应用】本方用于治疗由外感风寒或饮喂失调，如长期过食冰冻草料、暴饮冷水等引起的脾胃虚寒及冷痛。一般在原方基础上加减使用。

【歌诀】温脾散治冷水伤，肠鸣起卧痛难当；

　　　　青陈术朴当归草，辛牛益智葱醋帮。

二、回阳救逆剂

回阳救逆剂，以温热药为主组成，具有回阳救逆，温经通脉等作用，适用于脾肾阳虚、心肾阳虚之阴寒重证，主治阴寒内盛之四肢厥逆，证见恶寒倦卧、四肢厥冷、下利清谷、神疲汗出、舌淡苔白、脉沉微，甚者出现冷汗淋漓，脉微欲绝等，以附子、肉桂、干姜等辛热药物为主组成，代表方有四逆汤等。

四 逆 汤

【组成】熟附子300g、干姜200g、炙甘草300g。

【用法】水煎服，或共为末，开水冲调，候温灌服。

【功效】回阳救逆，温中祛寒。

【主治】少阴病，全身虚寒证及亡阳虚脱证。患畜表现四肢厥冷，恶寒倦卧，神疲力乏，呕吐不渴，腹痛泄泻，口色淡青，舌淡苔白，脉沉微细。

【方解】本方为肾阳衰微，阴寒内盛而设，是回阳救逆的代表方剂。四逆，又称四肢厥冷，为四肢由下而上冷至肘膝以上的症状。四肢为诸阳之末，肾阳为一身阳气之根。阳气不足，阴寒内盛，则阳气不能敷布周身，以致四肢厥冷，此为阳衰阴盛之证；脾肾阳衰，则呕吐，腹痛泄泻，下利清谷；阴盛阳衰，则神疲力乏，恶寒倦卧；阳气虚衰，不能鼓动血液运行，则见脉象沉微。当此阳衰证急之时，非用大辛大热纯阳之品不能破阴寒而复阳气，治宜回阳救逆。方中附子大辛大热，归经少阴，温阳以祛寒，救命门火衰，为回阳救逆第一要药，为主药；"附子无干姜则不热"，干姜温脾散寒，助附子助阳通脉，为辅药；炙甘草和中益气，固护阴液，并缓和姜、附燥烈之性，制约附子毒性，配伍干姜温健脾阳，为佐使药。三药合用，药简效宏，有速达回阳救逆之功。

【应用】现代临床常用于治疗急性心衰、休克、急慢性胃肠炎吐泻失水过多，或急性病大汗出而见休克等属阴盛阳衰者。

本方中皆为纯阳药物，治四肢厥逆，属于阳虚阴盛之证。若为阳热郁闭、邪热内陷之真热假寒四肢厥冷者，则不宜应用。若正虚体衰，加入人参或党参，名"四逆加人参汤"，以益气回阳与救逆固脱兼顾。

【歌诀】四逆汤中草附姜，四肢厥冷急煎尝；
　　　　腹痛吐泻脉沉微，救逆回阳赖此方。

三、温经散寒剂

温经散寒剂，是以温热药为主组成，具有温中散寒，温经通脉等作用，主要适用于阳气不足，寒气偏盛，气血凝滞，经络不通，关节活动不利的痹证。患畜表现四肢厥寒，肢体痹痛等，以温经散寒、养血通脉之药为方中的主要药物，如桂枝、炮姜、当归、熟地、白芍等，代表方有丁香散、阳和汤等。

丁 香 散

【组成】丁香30g、汉防己45g、当归30g、茴香60g、官桂20g、麻黄20g、川乌 20g、元胡 20g、羌活 30g。

【用法】共为末，开水冲调，候温加葱一把、温酒 120ml，同调灌服，亦可水煎服。

【功效】温肾壮阳，祛风除湿。

【主治】内肾积冷，腰胯疼痛。

【方解】本方为治内肾积冷，腰胯疼痛之剂。寒性收引主痛，内肾积冷，气滞不行，则腰胯疼痛。治宜温肾壮阳，祛风除湿。方中丁香、官桂、川乌温肾壮阳，为主药。麻黄解表散寒为辅药；茴香、羌活暖肾祛风湿，元胡活血通经，行气止痛，共为佐药；葱、酒通阳活血，为使药。诸药合用，共奏温肾壮阳，祛风除湿之效。

【应用】本方主要适用于治疗寒伤腰胯引起的疼痛。凡因肾受风寒湿邪所致腰胯疼痛诸证，均可加减应用。

【歌诀】丁香散中防己当，川乌元胡桂麻羌；
茴香葱酒同调服，逐冷发表肾家康。

阳 和 汤

【组成】熟地黄 90g、白芥子 20g、肉桂 20g、鹿角胶 30g、干姜（炮）20g、麻黄 10g、生甘草 20g。

【用法】水煎服，或共为末，开水冲调，候温灌服。

【功效】温阳散寒，和血通脉。

【主治】阴疽。证见患处漫肿无头，皮色不变，酸痛无热，不渴，舌苔淡白，脉沉细或迟细。

【方解】本方为治疗阴疽的著名方剂。阴疽为慢性虚寒之疮痈，常因素体阳虚，阴寒之邪乘虚侵袭，阻于筋骨血脉之中，致血虚寒凝痰滞而成。治宜温阳补血，散寒通滞。方中重用熟地，温补肝肾，滋阴养血，为主药；鹿角胶性温，生精补髓，养血助阳，强筋壮骨，为辅药；麻黄辛温宣散，升发阳气，白芥子祛痰除湿，内外宣通，二药合用可宣通气血，使熟地、鹿角胶补而不腻，炮姜、肉桂均入血分，温经散寒，皆为佐药；甘草生用清热解毒，调和诸药为使药。诸药合用，共奏补阴血，温阳气，解寒凝，消痰滞之功，使精血充盛，阴破阳和，则阴疽自愈。

【应用】现代临床常用于治疗骨结核、腹膜结核、慢性骨髓炎、肌肉深部脓肿、慢性淋巴结炎、风湿性关节炎等属血虚寒凝者。以患处漫肿不红，舌淡脉细为应用要点。

本方中药多温燥，凡痈肿疮疡属于阳证，或阴虚有热，或疽已破溃者，均不宜使用。方中麻黄对于阴疽未溃者可用，已溃者不宜。若兼气虚，加党参、黄芪等以益气补血；阴寒甚者，酌加附子等以助其温阳散寒。

【歌诀】阳和汤方治阴疽，麻桂鹿胶炮姜地；

甘草白芥同煎服，温补通滞疮自愈。

第九节　祛湿剂

祛湿剂以化湿、燥湿、利湿类药物为主组成，具有化湿利水，通淋泄浊的作用，用于治疗湿邪引起的水肿、淋浊、痰饮、泄泻等病证。

湿邪重浊黏腻，能阻塞气机、形成实邪，导致疾病不易速愈。湿邪为病，有外湿、内湿之分，所犯部位有上下表里之别。外湿由外感受，因淋雨涉水、久处阴湿之处而发病，多在体表经络、肌肉关节，证见恶寒发热，肢体痹痛或浮肿等；内湿由内而生，多因脾阳失运，湿从内生，常由过食甘腻、生冷引起，证见胀满、泻痢、黄疸、水肿等。但外湿与内湿往往相互错杂，不能截然分开。

患畜体质有强弱，湿邪又多与风、寒、暑、热等邪气相挟，故病情有寒化、热化、属虚、属实及兼风、挟暑等复杂变化，因此治湿的方法有很大差别。临床治疗时，首先应辨别湿邪所在部位的内外上下。在外在上者，宜微汗以解之；在内在下者，宜芳香苦燥以化之，或甘淡渗湿以利之。其次，应审其寒热虚实。如湿从寒化，宜温阳化湿；湿从热化，宜清热祛湿；体虚湿盛者，宜祛湿与扶正兼顾；水湿壅盛脉证俱实者，宜用逐水之方。

根据治法的不同，祛湿剂分为祛风胜湿、利水渗湿和芳香化湿三类。祛湿剂使用注意事项：

（1）湿之与水，异名同类，湿为水之渐，水为湿之积。一身之中，主水在肾，制水在脾，调水在肺，故水湿为病，与肺、脾、肾三脏密切相关。脾虚则生湿，肾虚则水泛，肺失宣降则水精不布，所以在治疗中须密切联系脏腑，辨证施治。此外，三焦、膀胱也与水湿有关，三焦气阻则决渎无权，膀胱不利则尿道不通，因而畅三焦之机，化膀胱之气，均可使水湿有其去路。

（2）湿性重浊黏腻，易于阻碍气机，故祛湿剂中，常配伍理气药，以求"气化则湿亦化"。

（3）祛湿剂多属于辛香温燥，或淡渗之品，容易伤阴耗液伤血。对年老体弱、病后阴津亏枯者及孕畜等均应慎用，必要时须配伍养血或滋阴药同用。

一、祛风胜湿剂

祛风胜湿剂，是以祛湿除湿药物为主组成，具有祛风除湿作用，适用于风寒湿三邪挟杂侵袭肌表经络所致的一身痹痛，恶寒微热，或风湿着于筋骨的腰肢痹痛等证，常用祛风湿药为重组方，如防风、独活、羌活、秦艽、桑寄生等。若痹痛日久，经络阻滞者，须配伍活血药，即"治风先治血，血行风自灭"之理。若属久病正虚，应配以扶正之品。代表方有独活寄生汤、防风散、风湿活血散等。

独 活 寄 生 汤

【组成】独活25g、桑寄生45g、秦艽25g、防风25g、细辛10g、当归25g、白芍15g、川芎15g、熟地黄45g、杜仲30g、牛膝30g、党参30g、茯苓30g、肉桂20g、甘草15g。

【用法】水煎服，去渣，候温灌服，或按比例适当减少剂量研末冲调灌服。

【功效】益肝肾，补气血，祛风湿，止痹痛。

【主治】风寒湿痹日久，肝肾两亏，气血不足诸证。患畜见肌肉或关节疼痛，皮紧肉硬，四肢屈伸不利，跛行随运动而减轻；或见腰胯疼痛，畏寒喜暖，关节肿大变形，肌肉萎缩，筋脉拘急，甚至卧地不起。

【方解】本方所治乃风寒湿痹日久，肝肾不足，气血两虚之证。风寒湿痹因阳气不足，卫气不固，再逢气候突变，夜露风霜，久卧湿地，穿堂贼风，风寒湿邪乘虚伤于皮肤，流窜经络，侵害肌肉、关节和筋骨，引起经络阻塞，气血凝滞；肝肾亏虚，痹证日久，肝肾两亏，气血不足。治宜祛风湿、补气血，邪正兼顾。方中重用独活、桑寄生祛风除湿，活络通痹为主药；熟地黄、杜仲、牛膝补肝肾，壮筋骨，当归、白芍、川芎养血和营，党参、茯苓、甘草益气健脾，扶正祛邪，可使气血旺盛，有助于风湿的祛除，共为辅药；细辛、肉桂温散肾经风寒，防风、秦艽配伍能将周身之风寒湿邪从肌表而解，共为佐药；甘草益气扶正，调和诸药，为使药。诸药合用，祛邪扶正，标本兼治，使气血足而风湿除，肝肾强而痹痛愈。

【应用】本方适用于痹证日久，正虚邪实者，凡慢性肌肉风湿、慢性关节炎、慢性腰肢病等属于肝肾两亏，气血不足者，均可酌情应用。

痹证是指风寒湿邪侵袭机体，引起经络闭塞不通、气血凝滞的病证。风痹（行痹），风邪偏盛的病证，其特点是痛处不固定；寒痹（痛痹），寒邪偏盛的病证，其特点是痛处固定不移，剧烈，遇寒则重，遇暖则轻；湿痹（着痹），湿邪偏盛的病证，其特点是痛处固定，痛轻，步态黏着，屈伸不利，关节变形。临床上对肝肾两虚，风寒湿三气杂至，痹阻经脉导致的慢性肌肉风湿、腰胯及四肢关节疼痛、慢性风湿性关节炎及牛产后瘫痪等皆可酌情加减应用。若前肢痛，加桂枝、威灵仙、枳壳；后肢痛，加牛膝、续断；腰背痛，加续断、狗脊；低头难，加升麻、羌活；疼痛较甚者，可加制川乌、制草乌、红花、地龙、白花蛇等祛风通络，活血止痛；寒邪偏重者，可加附子、干姜、茴香、桂心以温阳散寒；湿邪重者，去地黄，加防己、苍术、薏苡仁以祛湿消肿；正虚不重者，可酌减党参、地黄。

【歌诀】独活寄生芁防辛，芎归地芍桂苓均；

　　　　　　杜仲牛膝党参草，冷风顽痹能屈伸。

防　风　散

【组成】防风 30g、独活 25g、羌活 25g、连翘 15g、升麻 25g、柴胡 20g、附子（制）15g、乌药 20g、当归 25g、葛根 20g、山药 25g、甘草 15g。

【用法】研为细末，开水冲调，候温灌服，或煎汤灌服。

【功效】宣散表湿，调和气血。

【主治】肌表风湿。患畜表现恶寒微热，肌肉紧硬，腰肢、关节疼痛，跛行等症状。

【方解】本方所治为风湿在表之痹痛，治宜祛风胜湿为主。方中防风、羌活、独活宣散肌表及周身之风湿，舒利关节而通痹，为主药；升麻、柴胡、葛根升散在表之风湿，以助主药宣散周身表湿，为辅药；山药壮腰肾而祛湿，附子温阳气而除寒，乌药理气，当归活血，连翘防寒化热，均为佐药；甘草调和诸药，为使药。诸药合用，具有散表湿、祛寒邪、理气血之功效。

【应用】本方对于风湿在表，里有寒邪之痹痛较为合适。凡感冒、肌肉风湿、风湿性关节炎等属于风湿在表者，均可酌情使用本方。若湿热重，关节疼痛跛行显著，可酌加苍术、黄柏、防己等以清热除湿；若寒重，宜去连翘、升麻、柴胡、葛根，加茴香、桂枝。

【歌诀】防风散用草二活，乌药山药归柴葛；

　　　　　　升附温散寒已解，防寒化热连翘合。

风 湿 活 血 散

【组成】羌活 15g、独活 15g、防风 10g、广防己 15g、荆芥 10g、当归 10g、红花 10g、威灵仙 10g、桂枝 15g、秦艽 10g、槲寄生 10g、续断 20g、苍术 10g、川楝子 10g、香加皮 15g。

【用法】共为末，开水冲调，候温加黄酒 300ml，灌服，每日 1 剂，连服 3～5 剂。孕畜忌服。

【功效】祛风除湿，舒筋活络。

【主治】风寒湿痹，筋骨疼痛。证见肌肉或关节肿痛，皮紧肉硬，四肢跛行，屈伸不利，跛行随运动而减轻。重则关节肿大，肌肉萎缩，甚至卧地不起。

【方解】本方为风寒湿痹，筋骨疼痛而设，故以祛风湿的要药独活、羌活祛风散寒，除湿止痛为主药；风湿痹痛常为感受风、寒、湿三邪而发，针对病因，选择防风、荆芥、广防己、秦艽、威灵仙和苍术共为辅药，从多个角度祛风、除湿、散寒、止痛；风寒湿痹常伴有肝肾不足、拖腰跛胯、筋骨痿软、血虚生风、淤血痹阻经络而疼痛等病理过程，为此，选用槲寄生、续断、香加皮、当归及红花祛风湿，补肝肾，强筋骨，养血熄风，活血散淤为佐药；桂枝发汗解肌，温经通阳，川楝子疏肝行气，止痛，共为使药。诸药合用，具有祛风除湿散寒、理气活血止痛的功能。

【应用】本方是治疗风寒湿痹日久，筋骨疼痛的方剂。若疼痛较甚者，可加制川乌、地龙、白花蛇等；寒邪偏重者，可加附子、干姜；湿邪重者，加汉防己。必要时可配合针灸治疗：颈风湿针九委穴，肩臂风湿针膊尖、肺门、冲天、抢风穴，背腰风湿针百会、肾俞、肾棚穴，股臀风湿针巴山、路股、大胯、汗沟穴。可根据病情选用白针、电针、火针、醋酒灸和艾灸等不同方法。

【歌诀】风湿活血有二活，红仙广防楝子归；
　　　　苍荆桂秦续皮生，祛风除湿兼散寒。

二、芳香化湿剂

芳香化湿剂，是以芳香化湿药物为主组成，具有除湿作用，适用于湿浊内阻，脾为湿困，运化失职之证，患畜表现草料减少，大便溏泄，呕吐，肚腹胀满，舌苔白而厚腻，脉濡缓等症状。常以芳香化湿或苦温燥湿之药为主，如苍术、藿香、陈皮、砂仁、草豆蔻等，配合理气、消导或解表药。代表方有藿香正气散、平胃散等。

藿 香 正 气 散

【组成】广藿香 60g、紫苏叶 45g、白芷 15g、大腹皮 30g、陈皮 30g、茯苓 30g、白术（炒）30g、半夏（制）20g、厚朴（姜汁炙）30g、桔梗 25g、炙甘草 15g。

【用法】共为末，每次 50～150g，生姜、大枣煎水冲调，候温灌服，或水煎灌服。本方作汤剂时，不宜久煎，以免药性耗散，影响疗效。

【功效】解表化湿，理气和中。

【主治】外感风寒，内伤湿滞，中暑。证见恶寒发热，头昏身体沉重，肚腹胀满，呕吐，泄泻，舌苔白腻，脉滑。

【方解】本方证由外感风寒，内伤湿滞，清浊不分，升降失常所致，但重点在内伤湿滞。外感风寒，卫阳被郁，则恶寒发热；湿浊内阻，气机不畅，则胸腹胀满，肚腹疼痛；湿滞肠胃，清气不升，浊气不降，则恶心呕吐，肠鸣泄泻；而舌苔白腻为湿郁之象。治宜外散风寒，内化湿浊，兼以和中理气。方中重用藿香，味辛性微温，既能辛散风寒，又能芳香化湿浊，和中止呕，升清降浊，为主药；紫苏叶、白芷辛温发散，助藿香外散风寒，芳化湿浊，为辅药；厚朴、大腹皮行气化湿、除满消胀，半夏曲、陈皮燥湿和胃、降逆止呕，茯苓、白术燥湿健脾、和中止泻，桔梗宣肺利膈，既利于解表，又益于化湿，共为佐药；甘草、生姜、大枣调和脾胃、调和药性，为使药。诸药合用，内外兼治，表里双解，风寒得解，湿滞得化，升清降浊，气机通畅，共奏解表化湿、理气和中功效。

【应用】本方主要适用于内伤湿滞，外感风寒的四时感冒，尤其是夏季感冒、流行性感冒、胃肠型感冒、急性胃肠炎、消化不良等属外感风寒，而以湿滞脾胃为主者最为适宜。现代研究本方有抑制胃肠平滑肌痉挛而止痛、止泻、抗菌、抗病毒、祛痰的作用。临床上常用于治疗感冒、急慢性胃肠炎、急性泄泻、水土不服等证。

如表邪偏重，恶寒无汗者，可加香薷、荆芥以助其解表；如兼气滞脘腹胀痛、食积者，可加炒莱菔子、神曲、山楂、麦芽等以消食导滞，加枳实、木香、延胡索以行气止痛；如湿重舌苔厚腻者，加苍术、槟榔，以加强燥湿之功效；如泄泻严重，加猪苓、白扁豆、薏苡仁以祛湿止泻；若小便短少，可加泽泻、车前子以利水除湿。

【歌诀】藿香正气陈柑橘，腹皮苓术加厚朴；
白芷紫苏加姜枣，风寒暑湿皆能除。

平 胃 散

【组成】苍术80g、厚朴（姜汁制）50g、陈皮50g、炙甘草30g。

【用法】上药为末，生姜、大枣煎汤冲调，候温灌服。

【功效】燥湿健脾，行气和胃，消胀除满。

【主治】湿阻脾胃。患畜表现食欲减退，嗳气呕吐，恶心，腹痛，腹胀，大便溏泻，或水肿，尿少，口色淡白，舌苔白腻而厚，脉缓。

【方解】本方为治脾胃不和，食少纳呆，粪便稀软的基础方。脾主运化，喜燥恶湿，湿浊困阻脾胃，运化失司，则食欲减少，大便溏泻；湿阻气滞，则肚腹胀满；胃失和降，则嗳气呕吐；舌苔白腻、脉缓为湿郁之象。治宜燥湿健脾，行气和胃，消胀除满。方中重用苍术，苦温性燥，最善除湿健脾，升阳气，为主药；厚朴苦温，行气化湿，消胀除满，为辅药；陈皮辛温，理气健脾化滞，燥湿化痰，和胃止呕为佐药；甘草甘缓和中，生姜、大枣调和脾胃，均为使药。诸药合用，共同发挥化湿浊、畅气机、健脾运、和胃气的功效。

【应用】本方有明显调节胃肠蠕动、促进胃液分泌，兴奋呼吸中枢等作用，现代兽医临床经常用于治疗食欲减退，急慢性胃肠炎等属于湿郁气滞。本方的运用应以有湿、有滞、有积为依据，尤以湿重为前提。

本方为燥湿健脾的常用方。如兼食滞不化，加三仙；食滞重者，加槟榔、莱菔子；寒重加干姜、吴茱萸、砂仁；气滞加香附、茴香；泄泻加猪苓、茯苓；呕吐可加半夏、藿香、伏龙肝，兼有脾虚加党参、黄芪、白术；挟风寒者加荆芥、防风、白芷等。

本方香燥辛烈，比藿香正气散为甚，故对阴血不足者忌用。

【歌诀】苍八甘三陈厚五，七枣同擂五片姜；
　　　　升水共调煎一沸，湿阻脾胃灌安康。

三、利水渗湿剂

利水渗湿剂，是以祛湿药物为主组成，具有渗湿利水作用，适用于水湿壅盛所致的各种病证，如小便不利、泄泻、水肿、尿淋、尿闭等，常以利水渗湿药为主组成方剂，如茯苓、猪苓、泽泻、车前子、木通、滑石等。代表方有滑石散、八正散、五苓散、五皮饮等。

滑 石 散

【组成】滑石 60g、泽泻 45g、灯心草 15g、茵陈 30g、知母（酒制）30g、黄柏（酒制）30g、猪苓 25g。

【用法】研为细末，开水冲调，候温灌服，或水煎服。

【功效】清热化湿，利尿通淋。

【主治】膀胱热结，排尿不利。证见尿液短赤、淋漓，肚腹胀痛，蹲腰踏地，欲卧不卧，打尾刨蹄等。

【方解】本方证系由湿热积滞，膀胱气化功能受阻所致。方中滑石性寒而滑，寒能清热，滑能利窍，兼清热利尿之功为主药；茵陈、猪苓、泽泻清利湿热，助主药利水，为辅药；知母、黄柏清热泻火为佐药；灯心草清热利水，引湿热从小便而出，为使药。诸药相合，共收清热、利湿、通淋之功。

【应用】临床上引起小便短赤或淋漓不尽的原因较多，而本方主要用于膀胱湿热所致的尿闭或小便不利。凡膀胱炎、尿道炎、膀胱麻痹、膀胱括约肌痉挛所引起的尿闭、小便不利，属于湿热证者，均可加减应用。

若湿热重而出现黄疸，加栀子、黄芩、大黄等，以加强清热除湿作用；血淋，可配伍瞿麦，增强清热凉血、利尿通淋作用。

【歌诀】滑石散中泽灯心，知柏茵陈加猪苓；

　　　　热淋有血加瞿麦，膀胱湿热服之宁。

八　正　散

【组成】关木通 30g、瞿麦 30g、车前子 30g、萹蓄 30g、滑石 60g、甘草梢 25g、栀子（炒）30g、大黄（酒制）30g、灯心草 15g。

【用法】共为细末，马、牛每次服 50～150g，猪、羊每次服 15～50g，开水冲调，候温灌服，或水煎灌服。

【功效】清热泻火，利尿通淋。

【主治】湿热下注膀胱引起的淋证，指排尿频、急、涩、痛、淋漓不尽的病证，有热淋、砂淋、血淋、膏淋、劳淋。

【方解】本方为苦寒通利之剂，所治之证系湿热下注膀胱所致。湿热结于膀胱，则小便涩痛，淋漓不尽，甚至闭而不通；邪热内蕴，故口干舌红，苔黄，脉象滑数。治宜清热泻火，利尿通淋。方中瞿麦清热凉血、利水通淋，木通利水降火，为主药；车前子、萹蓄、滑石清热利湿，利水通淋，为辅药；栀子泻三焦湿热，制大黄攻下之力缓而泄热降火之力强，导热下行为佐药；灯心草清心利水，甘草梢止尿痛，调和诸药，缓急止痛，共为使药。诸药合而用之，共奏清热通淋之功。

【应用】现代研究本方具有利尿、解热、抑菌作用，被广泛用于治疗膀胱炎、尿道炎、泌尿系结石、急性肾炎、慢性肾盂肾炎等属于下焦湿热者。

本方为苦寒通利之剂，是治疗热淋的常用方剂。凡淋证属于湿热者，均可用本方加减治疗。治尿血（血淋），宜加生地、小蓟、白茅根、蒲黄、栀子等以凉血止血；如有结石（石淋），宜加金钱草、海金砂、石苇以化石通淋；如小便浑浊（膏淋），宜加萆薢、菖蒲以分清化浊；如内热甚，加蒲公英、金银花、连翘、栀子等，以清热解毒。

【歌诀】八正车前和木通，大黄栀滑加萹蓄；

　　　　瞿麦草梢灯心草，热淋血淋病能祛。

五　苓　散

【组成】猪苓 100g、茯苓 100g、泽泻 200g、白术（炒）100g、桂枝 50g。

【用法】共为细末，开水冲调，候温灌服，或水煎灌服。

【功效】渗湿利水，温阳化气，和胃止呕。

【主治】外有表证，内停水湿证。证见发热恶寒，口渴贪饮，小便不利，舌苔白，脉浮；亦可治食欲不振，消化不良，水湿内停之水肿、泄泻、小便不利等证。

【方解】太阳表邪未解，内传太阳膀胱腑，致膀胱气化不利，水蓄下焦，而成太阳经腑同病。外有太阳表邪，故发热脉浮；内传太阳腑以致膀胱气化不利，水液蓄而不行以致津液不得输布，而成太阳经腑同病。治宜利水渗湿，温阳化气，兼解表邪。方中重用泽泻，甘淡性寒，功善渗湿利水消肿，直达膀胱，为主药；茯苓、猪苓甘淡渗湿健脾利水，通利小便，白术补气健脾，燥湿利水，与主药配合以增强利水之力，共为辅药；桂枝一则外解太阳之表，二则温化膀胱之气，为佐药。诸药相合，外解在表之邪，内使脾运化功能得复，膀胱气化作用增强，分利水湿，下行从膀胱排出。

【应用】现代临床常用于治疗肾炎、肝炎、急性肠炎、脑积水、尿潴留等而有水湿内停、小便不利、蓄水、痰饮、水肿、泄泻等症者。

本方是利尿消肿的常用方剂。若无表证，可将方中桂枝改为肉桂，以增强除寒化气利水的作用；水湿盛，加葶苈子、大腹皮、薏苡仁；泄泻重，加炒山药、炒扁豆、车前子。

本方合平胃散（陈皮、苍术、厚朴、甘草）名"胃苓汤"，具有行气利水，祛湿和胃的作用，用于治疗伤湿挟湿，食伤脾胃，腹痛腹胀泄泻，水肿，小便不利；本方加茵陈，名"茵陈五苓散"，具有利湿清热退黄疸的作用，治疗湿热黄疸之湿重于热者；本方去桂枝名"四苓散"，功专渗湿利水，主治脾虚湿阻，水湿内停，小便短少，大便泄泻。

【歌诀】五苓散是治水方，泽泻白术猪茯苓；

　　　　桂枝化气兼解表，小便不利水饮除。

五　皮　饮

【组成】桑白皮30g、陈皮30g、生姜皮15g、茯苓皮30g、大腹皮30g。

【用法】水煎胃管投服，或共为末，开水冲调，候温灌服。

【功效】健脾化湿，利水消肿。

【主治】脾虚湿盛，水溢肌肤所致之水肿。证见头面、胸前、腹下、四肢、阴囊等处水肿，以后肢最为严重；或妊娠中后期，在四肢、乳房、腹下、会阴等处出现单纯性水肿。

【方解】本方所治水肿，乃脾虚湿盛，泛溢肌肤所致，是治疗肌肤水肿的常用方剂。脾虚湿盛，运化失常，水湿泛滥，故全身水肿，肢体沉重；湿阻气机，则胸腹胀满，上逆迫肺使呼气喘急；水湿壅盛，水道不通，故小便不利。治宜健脾化湿，利水消肿。方中以茯苓皮淡渗利湿，兼以健脾和中以助运化，为主药；陈皮芳香化湿，理气健脾，和胃气，为辅药；桑白皮肃降肺气，通调水道，泻肺行水，大腹皮下气行水，消胀满，共为佐药；生姜皮辛散，通行全身而散水汽，为使药。五药相合，健脾化湿，水湿得利，则水肿自消。

【应用】本方为治疗皮肤水肿及妊娠浮肿的通用方剂，以脾虚湿盛，一身肌肤悉肿为主。

脾虚甚者，宜加白术、党参、黄芪或四君子汤以补气健脾；腰以前水肿，加紫苏、秦艽、防风、羌活以散风除湿；腰以后水肿，小便短少者，常与泽泻、车前、防己合用，以增强利水消肿之功；妊娠水肿属于脾虚湿重者，去桑白皮，加白术，名"全生白术散"，健脾利湿，安胎消肿，降气行水。

《医方集解》中的五皮饮，去桑白皮，加五加皮，具有利水兼祛风湿的功效，主治与本方基本相同。《和剂局方》中的五皮散为本方去桑白皮、陈皮，加五加皮、地骨皮所组成，主治亦基本相同，但行气之力较缓。

【歌诀】五皮饮用五种皮，姜桑苓陈大腹皮；
　　　　或以五加易桑白，脾虚腹胀服之宜。

第十节　消导剂

消导剂是以消导药为主组成，具有消食导滞，化积消导功效，是治疗积滞痞块的方剂。适用于脾失健运，胃失通降，或饮食失节而致的伤食证，或变生痞满，下痢等疾病。消导剂的用法属"八法"中的"消法"。

食积因脾失健运，胃失和降，常导致家畜出现气机不畅，排便阻滞，消化不良，草料停滞，肚腹胀满，腹痛腹泻等症，除重用山楂、六曲、麦芽等消导药外，还需配伍行气宽中及理气健脾通便的药物；食积又可热化、寒化，又应配伍清热、温中之药，如积滞郁而化热，则宜配伍苦寒清热药；若积滞兼寒，宜配伍温中散寒药等。代表方剂有曲蘖散、红花散等。

消导剂用于食积时，其作用与泻下剂相似，都能驱除有形之实邪，但在临床运用上又有所不同。泻下剂着重解除粪便燥结，目的在于猛攻逐下，作用较强，适应于急性病证；而消导剂则具有消积运化的功能，目的在于渐消缓散，作用缓和，适应于慢性病证。消导剂虽较泻下剂作用缓和，但属于克伐之品，过度使用也可使患畜气血损耗，因此，当孕畜和脾胃虚弱、气血不足而邪已实者动物患有积食、气滞、淤血等证时，应配合补气养血药使用，组成消补兼施之剂，并掌握好剂量。

曲　蘖　散

【组成】六曲60g、麦芽30g、山楂30g、厚朴25g、枳壳25g、陈皮25g、苍术25g、青皮25g、甘草15g。

【用法】共为末，开水冲调，候温加生油 60g，白萝卜一个，同调灌服。

【功效】消积破气，化谷宽肠。

【主治】胃肠积滞，料伤五攒。患畜表现食欲不振或废绝，腹胀，起卧不安，有时拘行束步，四足如攒，排便迟滞，嗳气酸臭，气促喘粗，牛左肷按之坚硬或留有压痕，口色赤红，口津干少，苔厚腻，脉洪大。

【方解】《元亨疗马集》中说："伤料者，生料过多也。凡治者，消积破气，化谷宽肠。"本方所治乃饲喂无节，造成脾胃失职，宿谷积于胃肠的肚腹胀满，治宜消积化谷，破气宽肠。方中用六曲、山楂、麦芽消食化谷，为主药；辅以青皮、厚朴、枳壳、萝卜行气宽肠，助主药行气消胀；陈皮、苍术理气健脾，使脾气得升，胃气得降，运化正常，皆为佐药；生油润下，甘草和中，调合诸药，为使药。诸药合用，共奏消食导滞，化谷宽肠之效。

【应用】临床在应用本方治疗料伤时，常加槟榔、二丑，以及芒硝、大黄等攻下药，以增强其消导通泻之效。若食滞甚，加大黄、芒硝；郁而化热，加连翘、黄连；气滞，加木香、槟榔；脾胃虚弱而草谷不消，则去青皮、苍术，加白术、茯苓、木香、党参、山药、砂仁等，以补气健脾。

【歌诀】曲蘗散中三仙齐，苍术枳朴青陈皮；

麻油甘草生萝卜，料伤食滞服之宜。

红 花 散

【组成】红花 20g、没药（制）20g、桔梗 20g、神曲 30g、枳壳 30g、当归 30g、山楂 30g、厚朴 20g、陈皮 25g、甘草 15g、白药子 25g、黄药子 25g。

【用法】共为末，麦芽、童便，同调灌服。

【功效】消食理气，活血止痛。

【主治】马料伤五攒痛。除具有走伤型的一般症状外，尚见食欲大减，或只吃草而不吃料，粪稀带水，有酸臭味；呼吸迫促，口色鲜红，脉象洪大。

【方解】本方主要用于治疗马料伤五攒痛。方中用神曲、山楂消食化谷，红花、没药活血止痛均为主药；辅以陈皮、厚朴、枳壳行气宽肠，当归活血止痛，助主药活血消胀消肿；白药子、黄药子清热解毒，消肿均为佐药；桔梗引药下行，甘草调和各药共为使药。诸药相合消食理气，活血止痛。

【应用】本方适用于治疗料伤五攒痛。若患畜兼见拘行束步，四足如攒症状者，可使用本方加减治疗。

【歌诀】红花散中山陈曲，枳壳归梗黄白草；

麦芽童便共调服，料伤五攒服之宜。

第十一节 化痰止咳平喘剂

化痰止咳平喘剂是以化痰、止咳、平喘药为主组成，具有消除痰涎、缓解或制止咳嗽和气喘的作用，用以治疗肺经疾病的方剂。

咳嗽与痰、喘在病机上关系密切，咳嗽多挟痰，而痰多亦导致咳嗽，久咳则肺气上逆而作喘，三者在病机上互为因果，在治疗上，化痰、止咳、平喘药常配合应用，因此，将化痰、止咳、平喘的方剂归为一类。对于咳嗽兼痰涕者，可用化痰止咳剂；喘者可用平喘剂。根据化痰止咳平喘剂的功效，分为化痰剂和止咳平喘剂。

一、化痰剂

化痰剂，是以化痰药为主组成，具有消除痰涎的作用。

痰病的成因很多，素有"脾为生痰之源，肺为贮痰之器"之说，液有余便是痰，既是致病之因，又是病理产物。根据《内经》确立治疗方法，即健脾燥湿，降火顺气为先，然后分别进行治疗。如脾不健运，湿聚成痰者，治宜燥湿化痰；火热内郁，炼液为痰者，治宜清化热痰；肺燥阴虚，灼津为痰者，治宜润肺化痰；肺寒留饮者，治宜温阳化痰，风痰则散之，熄之；顽痰要软之；食痰要消之。由于痰随气升降，气壅则痰聚，气顺则痰消，可在化痰剂中配伍理气药物。化痰剂常以陈皮、半夏、贝母、桔梗、百合等为主要组成药物，代表方有二陈汤、半夏散等。

二 陈 汤

【组成】制半夏 45g、陈皮 50g、茯苓 30g、炙甘草 15g。

【用法】水煎服或为末，开水冲调，候温灌服，牛、马分 1～2 次灌服，猪、羊减量服用。

【功效】燥湿化痰，理气和中。

【主治】湿痰咳嗽，呕吐，腹胀。证见咳嗽，痰多稀白，气喘，鼻流白色而黏稠的鼻涕，胸胁疼痛，腹胀，不敢卧地，舌苔白腻，脉滑。

【方解】本方是治疗以湿痰为主的多种痰证的基础方。湿痰乃脾失健运，湿邪凝聚，气机阻滞所致。治宜燥湿化痰，理气和中。方中半夏辛热能燥湿化痰，降逆止呕为主药；气顺则痰降，气化则痰消，故辅以陈皮理气化痰，又有健脾运湿之功，两药配伍，燥湿行气，燥湿以治生痰之本，行气以治痰结之标；又因痰由湿生，脾复健运则湿可化，湿去则痰消，故以茯苓健脾利湿为佐；使以甘草和中健脾，协调诸药。四药合用，具有燥湿化痰，理气和中的功效，使湿去痰消，气机畅通，脾阳健运，达到消除病证的目的。

【应用】本方为治疗以湿痰为主的多种痰证的基础方，对于慢性支气管炎、肺气肿、慢性胃炎、神经性呕吐等属湿痰或湿阻气机者，均可用之。

本方广泛应用于治疗多种痰证，对于风痰者，可加制南星、白附子以祛风化痰；对于热痰者，可加黄芩、栀子、竹茹、瓜蒌、枇杷叶，以清热化痰；对于寒痰者，可加干姜、细辛，以温化寒痰；对于气机不能升降者，可加苏子、白芥子、莱菔子、葶苈子、桑白皮等；本方加紫苏、杏仁、前胡、桔梗、枳壳，可治风寒咳嗽；加党参、白术、白芍，可治脾胃虚弱、食少便溏、湿咳等证。

【歌诀】二陈汤用夏和陈，益以甘草与茯苓；

利气祛痰兼燥湿，湿痰咳嗽此方行；

导痰二陈加星枳，涤痰温胆星蒲参。

半　夏　散

【组成】半夏（制）30g、升麻45g、防风25g、枯矾45g、生姜30g。

【用法】为末，开水冲，候温加蜂蜜60g，同调灌服。

【功效】升清降浊，温肺散寒，燥湿化痰，理脾止涎。

【主治】肺寒吐沫。证见吐沫垂涎，有时频频空口咀嚼，口鼻俱凉，精神倦怠，口色青白，脉象沉迟。

【方解】本方为治疗肺寒吐沫的有效方剂。寒湿之邪入肺，通调水道与宣发肃降功能失职，进而影响脾胃升降功能而口吐涎沫。针对基本病因，方中选用半夏温肺燥湿，降逆止沫为主药；枯矾收涩燥湿、消痰化饮为辅药，与半夏相配，和胃降逆，治寒湿痰饮相得益彰；防风、升麻祛风胜湿、解痉和阳为佐药；生姜温中散寒、和胃降逆，与半夏相须为用，既助温肺降逆，又制其毒剧之性，蜂蜜补中益肺，润燥解毒，协调诸药，共为使药。方中半夏、升麻一升一降，防风、枯矾一散一收，诸药相配，使气机通畅，津液输布，则涎沫自消。

【应用】本方主要适用于因饲养管理不良所致寒凝肺窍，肺失宣降，津液输布障碍，化为涎沫，逆于口内而吐出的肺寒吐沫，虽为肺寒，实则脾胃之气升降失常，清阳不升则口鼻冷，浊阴不降则涎沫流，故应升清降浊，除湿化痰。若寒重腹胀者，可加干姜、升麻、木香、草豆蔻，以温肺化饮，开泄肺气；若吐涎过多，则加草豆蔻、砂仁、木香，以温胃化湿止涎。

【歌诀】半夏散姜升防矾，肺寒吐沫服之安。

二、止咳平喘剂

止咳平喘剂，是以止咳、平喘药为主组成，具有缓解或制止咳嗽和气喘的作用，用于治疗呼吸作喘之证。引起咳嗽的原因很多，必须辨明引起发病的原因，如肺热作喘可用清热平喘；风寒束肺应宣肺平喘；肾不纳气，可温肾纳气摄肺定喘；毒邪壅肺作喘者，可解毒敛肺以定喘。根据不同的病情，适当地配合其他药物。如外感风寒引起的咳嗽，应配合辛温解表药；外感风热引起的咳嗽，应配合辛凉解表药；因虚劳引起的咳嗽，应配合补益药，才能收到较好的效果。由于咳、喘症状不同，治疗原则不同。如喘急宜平，气逆宜降，燥咳宜润，热咳宜清等。平喘剂的代表方有止咳散、清肺止咳散、喉炎净散、百合散等。

止　咳　散

【组成】知母 25g、枳壳 20g、麻黄 15g、桔梗 30g、苦杏仁 25g、葶苈子 25g、桑白皮 25g、陈皮 25g、生石膏 30g、前胡 25g、射干 25g、枇杷叶 20g、甘草 15g。

【用法】为末，开水冲调，候温一次灌服，每日 1 剂，连服 3～5 剂。

【功效】清热润肺，止咳平喘。

【主治】肺热咳嗽。证见咳嗽不爽，咳声宏大，气促喘粗，肷肋扇动，呼出气热，鼻涕黄而黏稠。

【方解】本方针对肺热咳喘，以麻杏甘石汤为主干而设立。肺热咳喘多因外感风热或因风寒之邪入里郁而化热，阻遏肺气，肺失清肃而上逆咳喘。知母、石膏为主药，针对肺卫大热相须为用，具清热泻火，滋阴润燥，生津止渴功效；咳嗽气喘是本方的主治证候，因此选用麻黄、苦杏仁、葶苈子、桑白皮与枇杷叶为辅药：麻黄与石膏配伍，一寒一温，一表一里相制为用，宣肺平喘，利水渗湿，苦杏仁止咳平喘，润肠通便，葶苈子泻肺平喘，行水化湿，桑白皮泻肺平喘，利水消饮，枇杷叶清肺化痰，和中降逆；热阻于肺，必致痰饮中生，故选用陈皮、枳壳、前胡、射干为佐药：陈皮理气健脾，燥湿化痰，枳壳行气宽中，化痰，消食，前胡疏风清热，降气消痰，射干清热解毒，消痰利咽；由于病位在肺，药味较多，故以桔梗、甘草合为使药：桔梗引药入肺，能宣肺祛痰，利咽排脓，甘草补脾益气，祛痰止咳，和中缓急，解毒，调和诸药。各药有机配合，使整方清肺化痰，止咳平喘功效得以更好发挥。

【应用】本方是治疗因外感风热或风寒之邪入里郁而化热引起的肺热咳喘的常用方剂，一般在原方基础上加减使用，必要时配合针刺大椎、肺俞及鹘脉等穴。临床上常用于治疗咽喉炎、急性支气管炎、肺炎、肺脓疡等症。

【歌诀】止咳散中麻石知，前胡射甘枇杷梗；
　　　　葶苈杏壳桑陈皮，肺热咳嗽赖此方。

清 肺 止 咳 散

【组成】桑白皮 30g、知母 25g、苦杏仁 25g、前胡 30g、金银花 60g、连翘 30g、桔梗 25g、甘草 20g、橘红 30g、黄芩 45g。

【用法】为末，开水冲调，候温灌服。

【功效】清泻肺热，化痰止咳。

【主治】肺热咳喘，咽喉肿痛。证见咳声洪亮，气促喘粗，鼻翼扇动，鼻涕黄而黏稠，咽喉肿痛，粪便干燥，尿液短赤，口渴贪饮，口色赤红，苔黄燥，脉洪数。

【方解】本方证为肺热壅滞，气失宣降所致的肺热气喘及热毒上攻所致的咽喉部黏膜肿胀，以吞咽困难、流涎为特征的一种病证。方中以黄芩、知母、桑白皮清泻肺热，止咳定喘，为主药；金银花、连翘清热解毒，利咽消肿止痛，助主药清肺热，治咽喉肿痛，为辅药；桔梗开宣肺气而祛痰，使升降调和而喘咳自消，苦杏仁、橘红、前胡降气祛痰止咳，共为佐药；甘草和中润肺止咳，为使药。诸药合用，共奏清泻肺热，化痰止咳之效。

【应用】本方是治疗肺热咳喘的常用方剂，使用时以喘急身热为依据。若热甚可加栀子、生地；喘甚，可加苏子、紫菀等；肺燥干咳，可加沙参、麦冬、天花粉等。临床上常用于治疗咽喉炎、急性支气管炎、肺炎、肺脓疡等病。

【歌诀】清肺止咳有黄母，银花桑皮连桔梗；
　　　　杏仁前胡甘橘红，肺热咳喘有此方。

喉 炎 净 散

【组成】板蓝根 840g、蟾酥 80g、合成牛黄 60g、胆膏 120g、甘草 40g、青黛 24g、玄明粉 40g、冰片 28g、雄黄 90g。

【用法】取蟾酥加倍量白酒，拌匀，放置 24h，挥发白酒，干燥得制蟾酥，取雄黄水飞或粉碎成细粉；其余 7 味粉碎成末，过筛，混匀，再与制蟾酥、雄黄配研，即得。

【功效】清热解毒，通利咽喉。

【主治】鸡喉气管炎。证见咳喘，鼻流黄涕，咽喉肿痛，触之敏感，耳鼻温热，身热，口干贪饮，口色偏红，舌苔薄白或黄白相间，脉浮数。

【方解】方中重用板蓝根清热解毒，为主药；配青黛、蟾酥、合成牛黄、胆膏增强清热解毒作用，蟾酥、牛黄并能止痛，为辅药；雄黄、玄明粉、冰片解毒消肿止痛，通利咽喉，为佐药；甘草补气解毒，润肺止咳，调和诸药，为使药。诸药合用，共奏清热解毒、通利咽喉功效。

【应用】本方常用于治疗肺热咳喘，咽喉肿痛。发热甚者，加栀子、黄芩、石膏以清热；津伤口渴甚者，加天花粉生津止渴；咽喉肿痛甚者，加射干以利咽消肿。临床上，可用于治疗鸡传染性喉气管炎，主要表现气喘，伸脖张口呼吸，咳嗽，摇头甩痰，流泪，流涕；剖检见喉气管黏膜肿胀、出血和糜烂，黏液分泌物较多。

【歌诀】喉炎散中板黛齐，蟾酥胆膏合牛黄；

玄明雄黄配甘冰，清热解毒兼利咽。

百 合 散

【组成】百合 45g、贝母 30g、大黄 30g、甘草 20g、天花粉 45g。

【用法】为末，加蜂蜜 120g，荞面 60g，萝卜汤一碗，水适量冲调，候温灌服。

【功效】滋阴清热，润肺化痰。

【主治】肺壅鼻脓。证见喘粗鼻咋，连声咳嗽，鼻孔流黄白脓，黏稠，欣吊毛焦，口色红，脉洪数。

【方解】《元亨疗马集》说："良马鼻中流白脓，多因奔走热攻胸"，故治宜清热润肺化痰。方中百合甘寒清润，善于治疗肺脏之热壅，为主药；辅以贝母、天花粉、萝卜滋阴清热，润肺理气化痰；荞面降气，大黄下行以泻上壅之火，均为佐药；甘草、蜂蜜和中润肺止咳为使药。诸药相合，使肺气清肃，痰涎消散，咳嗽自止。

【应用】本方为治疗肺热鼻流脓涕的常用方，用于治疗原发性脓性鼻炎。临证应用时，若上焦热盛，加黄芩、栀子、黄连、柴胡以清热解毒；咽喉敏感，加玄参以养阴生津；若兼有咳嗽者，可配伍化痰止咳药物。

【歌诀】百合散治鼻出脓，花粉大黄贝甘同；

蜂蜜荞面萝卜汤，降火清痰此方雄。

第十二节 固 涩 剂

固涩剂是以固涩药物为主组成，具有收涩固脱作用。用以治疗气血精液耗散、滑脱等证的方剂。根据"散者收之"的原则立法。

气血精液是营养机体的宝贵物质，在机体内不断消耗，又不断补充，盈亏消长，周而复始。消耗太过，则滑脱不禁，甚至危及生命，必须采用固涩法，以制其变，在治疗时，除使用收敛药物外，还应根据气、血、阴、阳、精、液的耗损及脏腑的偏衰程度不同，而配伍相应的药物，使之标本兼顾。

由于病因和病位不同，表现各异，如自汗盗汗、遗精滑泄、泄泻日久、虚劳

咳喘等症状。因此，固涩剂又可分为固表止汗、涩肠固脱、涩精止带、敛肺止咳
四类。固表止汗剂适用于气虚或阴虚引起的自汗、盗汗证。代表方剂有牡蛎散、
玉屏风散、当归六黄汤等。涩肠固脱剂适用于泻痢日久等病证。代表方剂有四神
汤、乌梅散等。涩精止遗剂适用于肾虚不摄所致的滑精早泄等病证。代表方剂有
金锁固精汤等。

　　凡因邪实引起的泄泻、出汗等病证，不宜用本类方剂。

牡　蛎　散

　　【组成】牡蛎（煅）60g、黄芪60g、麻黄根30g、浮小麦120g。

　　【用法】粉碎，过筛，混匀，开水冲调，或浮小麦煎汤冲调，候温灌服，或
水煎服。

　　【功效】敛汗固表。

　　【主治】体虚自汗。证见身常出汗，夜晚尤甚，脉虚等。

　　【方解】汗有自汗、盗汗之分。自汗者以阳虚为主，盗汗者以阴虚为主。
本方所治，既有阳虚自汗，复有阴虚盗汗之证。汗为心之液，汗出系由卫气虚
不能外固，营阴亏不能内守所致。方中牡蛎益阴潜阳，固涩止汗，为主药；黄
芪益气固表为辅药；麻黄根收敛止汗，浮小麦养心阴而止汗，二药助黄芪、牡
蛎，增强其止汗功效，共为佐使药。四药互伍，共奏益气固表、敛阴止汗
之功。

　　【应用】本方适用于马、牛之自汗、盗汗证。临床宜以本方为基础，随证加
减用于阳虚、气虚、阴虚、血虚之虚汗证。但主要用于阳虚卫气不固之虚汗证。
如属阳虚，可加白术、附子；如属阴虚可加干地黄、白芍；如属气虚，可加党
参、白术；如属血虚，可加熟地黄、何首乌。若大汗不止，有阳虚欲脱症状者，
则本方不能胜任，应用参附汤加龙骨、牡蛎，以回阳固脱止汗。

　　【歌诀】牡蛎散内用黄芪，浮麦麻黄根最宜；
　　　　　　卫虚自汗或盗汗，固表敛汗功效奇。

乌　梅　散

　　【组成】乌梅（去核）15g、柿饼24g、黄连6g、姜黄6g、诃子9g。

　　【用法】粉碎，过筛，混匀，开水冲调，候温灌服。

　　【功效】清热解毒，涩肠止泻。

　　【主治】幼畜奶泻。

　　【方解】幼畜奶泻是幼畜乘饥食热乳所致。原《元亨疗马集》中称此证为
"新驹奶泻。新驹奶泻者，热乳所伤也。皆因大马喂栓暴日之中，又或远骤归来，

喘息未定，幼驹乘饥误食热乳，所谓大马血热，新驹奶泻之症也。"治宜涩肠止泻，清热解毒。方中乌梅涩肠止泻为主药；黄连清热解毒燥湿，厚肠胃而止泻为辅药；姜黄破气行血而止痛，干柿、诃子涩肠止泻，共为佐使药。诸药合用，共奏涩肠止泻，清热解毒之功。以幼畜奶泻病的标本而论，热为本，泻为标，当以苦寒泻火之药为主，但因幼畜气血未全、稚阳之体，不任克伐，此乃本方以收涩为主而略配黄连之故也。

【应用】本方主要用于幼畜奶泻。热盛着，加金银花、蒲公英等以清热解毒，并减干柿、诃子；水泻重者，加猪苓、泽泻等利水渗湿；体虚者，加党参、白术以益气健脾。

【歌诀】乌梅散为元亨方，柿饼黄连配姜黄；
　　　　涩肠再伍诃子肉，幼驹奶泻其效良。

金 锁 固 精 丸

【组成】沙苑子（炒）60g、芡实（盐炒）60g、莲须60g、龙骨（煅）30g、牡蛎（煅）30g、莲子30g。

【用法】前5味药共研细末，用莲子粉煮糊为丸，如梧桐子大，用淡盐水送服。

【功效】固肾涩精。

【主治】滑精早泄。

【方解】方中沙苑子补肾益精，治其不足为主药；芡实、莲须固肾涩精，健脾宁心为辅药；龙骨、牡蛎坚固下元，莲子清心固肾，共为佐使药。诸药合用，补肾益精，标本兼顾。

【应用】本方适用于肾虚精关不固之滑精证。加减可用于肾虚精关不固。兼见阳痿者，加淫羊藿、菟丝子、肉苁蓉等，以壮阳补肾；肾阳虚者，加补骨脂、肉桂、巴戟天等温补肾阳；偏于阴虚者，加山茱萸、女贞子、枸杞子等滋补肾阴。

【歌诀】金锁固精芡莲须，龙骨沙苑及牡蛎；
　　　　莲粉糊丸盐酒下，涩精秘气滑遗无。

第十三节　补 益 剂

补益剂是以补益药物为主组成，用于治疗各种虚证的方剂。在八法中属于"补法"，《素问》中说："虚则补之"，"损者益之"，就是这类方剂的立法原则。

引起虚证的原因，主要是先天不足与后天失调，这两方面原因，均伤及五脏的气、血、阴、阳。所以补益剂一般分为补气、补血、补阴、补阳四个方面。由于气血相因，阴阳互根，故补气与补血，补阴与补阳常配合应用。如《脾胃论》中说："血不自生，须得生阳之药，血自旺矣。"故补血剂中配以补气药，以助生化，气虚宜补气，可少佐以补血药，以防阴柔伤胃。《景岳全书》中说："善补阳者，必于阴中求阳，则阳得阴助而生化无穷；善补阴者，必须阳中求阴，则阴得阳升，而源泉不竭。"因此，阳虚补阳，宜辅以补阴之品，以阳根于阴，使阳有所依，并借阴药的滋润以制阳药的温燥，使之温煦生化；阴虚补阴，宜辅以补阳之药，以阴根于阳，使阴有所化，并可借阳药的温运以制阴药的滋腻，使之补而不腻。

在运用补益剂时应注意脾胃功能。若脾胃功能减弱，应配以理气健脾、和胃消食之品，使其补血而不壅，补中寓利，以资运化。当体虚邪实时，应采用攻补兼施的治法，以扶正祛邪，若遇"大实有羸状"的假虚证候，不能误补，否则造成"闭门留寇"之弊。

一、补气剂

补气剂，是治疗脾肺气虚的方剂。适用于肢体倦怠乏力，呼吸短气，动则气促，声低懒言，面色萎黄，食欲不振，脉弱或虚大，甚或虚热自汗，或脱肛、子宫脱垂等。当出现上述症状时，取补气之党参、黄芪、白术、甘草等为主，再根据具体证情，酌量配以行气、渗湿、生血、养阴之品，代表方如四君子汤、参苓白术散、补中益气汤等。

四　君　子　汤

【组成】党参 60g、炒白术 60g、茯苓 60g、炙甘草 30g。

【用法】共为末，开水冲调，候温灌服，或水煎服。

【功效】益气健脾。

【主治】脾胃气虚。证见体瘦毛焦，精神倦怠，四肢无力，食少便溏，舌淡苔白，脉细弱等。

【方解】本方为治脾气虚弱的基础方。脾胃为后天之本，气血生化之源，补气必从脾胃着手。方中党参（原方为人参）补气益中为主药；白术苦温，健脾燥湿，为辅药；茯苓甘淡，健脾渗湿，为佐药，白术、茯苓合用，健脾除湿之功更强；炙甘草甘温，益气和中，调和诸药，为使药。诸药合用，共奏补中气、健脾胃之功。

【应用】用于脾胃虚弱证。许多补气健脾的方剂，都是从本方演化而来。临床实践中，对于各种原因引起的慢性胃肠炎、胃肠功能紊乱、消化不良等慢性疾患，凡表现有脾气虚弱者，均可加减应用。本方加陈皮以理气化滞名为异功散（《小儿药证直决》），主治脾虚兼有气滞者；加陈皮、半夏以理气化痰，名六君子汤（《医学正传》），主治脾胃气虚兼有痰湿；加木香、砂仁以行气止痛，降逆化痰，名香砂六君子汤（《和剂局方》），主治脾胃气虚，湿阻气机；加诃子、肉豆蔻，名加味四君子汤（《世医得救效方》），主治脾虚泄泻。

【歌诀】参术苓草四君汤，补气健脾推此方；

食少便溏体羸瘦，甘平益胃效相当。

参 苓 白 术 散

【组成】党参 45g、白术 45g、茯苓 45g、炙甘草 45g、山药 45g、扁豆 60g、莲子肉 30g、桔梗 30g、薏苡仁 30g、砂仁 30g。

【用法】共为末，开水冲服，候温灌服，或水煎服。

【功效】补气健脾，益肺气，渗湿止泻。

【主治】脾胃气虚挟湿证。证见精神倦怠，体瘦毛焦，食欲减退，四肢无力，便溏，或泄泻，舌苔白腻，脉缓弱等。

【方解】本方证由脾虚挟湿所致。治宜补虚除湿，行气调滞。本方由四君子汤加味而成。方中党参、白术、茯苓、炙甘草补气健脾，为主药；山药、莲子粥助党参补气健脾，扁豆、薏苡仁助茯苓、白术健脾止泻，共为辅药；佐以砂仁芳香醒脾，理气宽胸；桔梗宣利肺气，载药上行以补肺，为使药。诸药合用，补气健脾，渗湿止泻。

【应用】本方温而不燥，是补气健脾、渗湿止泻的常用方剂。临床用于脾胃虚弱的慢性病，如慢性消化不良、慢性胃肠炎、久泻及幼畜脾虚泄泻等。本方兼有益肺气之功，经常用作"培土生金"的代表方，对脾虚劳损诸证属脾肺气虚者均可应用。

【歌诀】参苓白术扁豆陈，山药甘莲砂苡仁；

桔梗上浮兼保肺，脾虚湿泻止泻功。

伤 力 散

【组成】党参 50g、白术（炒焦）40g、茯苓 30g、黄芪 50g、山药 50g、当归 50g、陈皮 50g、秦艽 30g、香附 40g、甘草 40g。

【用法】粉碎，过筛，混匀即得。

【功效】补虚益气。

【主治】劳伤气虚。

【方解】党参、白术、茯苓补气健脾，为主药；山药、黄芪助党参补气健脾，为辅药；佐以当归补血养血，陈皮理气健脾，秦艽清湿热、退虚热，香附活血理气；甘草调和诸药，为使药。诸药合用，共奏补虚益气之功。

【歌诀】伤力散用党白茯，山药黄芪共来辅；

当陈秦香及甘草，劳伤气虚即可消。

补 中 益 气 汤

【组成】炙黄芪 90g、党参 60g、白术 60g、当归 60g、陈皮 60g、炙甘草 45g、升麻 30g、柴胡 30g。

【用法】水煎服。

【功效】补中益气，升阳举陷。

【主治】脾胃气虚及气虚下陷诸证。证见精神倦怠，草料减少，发热，汗自出，口渴喜饮，粪便稀溏，舌质淡，苔薄白或久泻脱肛、子宫脱垂等。

【方解】本方为治疗脾胃气虚及气虚下陷诸证的常用方，是根据《内经》"劳者温之、损者益之"的原则而创立的。气虚下陷，治宜益气升阳，调补脾胃。方中黄芪补中益气，升阳固表，为主药；党参、白术、甘草温补脾胃，助主药益气补中，为辅药；陈皮理气和胃，当归养血，升麻、柴胡升提下陷之阴气，共为佐使药。诸药合用，使脾胃健，中气盛，则诸证自除。

【应用】本方为补气升阳代表方。其功能为鼓舞胃气，健脾升阳，由于"补气不壅，升阳不燥"。故多用于脾胃气虚以及脾虚下陷所引起的久泻、脱肛、子宫脱等证。

【歌诀】补中益气芪术陈，升柴参草当归身；

劳倦内伤功独显，气虚下陷亦堪珍。

二、补血剂

凡是以补血养血的药物组合，用以治疗血虚病证的方剂，统称补血剂。此类方剂，适用于头晕，眼花，唇色淡，爪甲枯瘪，大便干燥，脉细数或细涩，舌质淡红，苔薄少津等证。本类方，多以熟地、当归、芍药、阿胶等药为主要组成部分，代表方剂如四物汤。

四 物 汤

【组成】熟地黄 45g、白芍 45g、当归 45g、川芎 30g。

【用法】共为末，开水冲服，候温灌服，或水煎服。

【功效】补血调血。

【主治】血虚、血淤诸证。证见舌淡，脉细，或血虚兼有淤滞。

【方解】本方为补血调血的基础方剂，所主诸证皆由营血亏虚，血行不畅所致。治宜补血养肝，调血行滞。方中熟地滋阴补血，为主药；当归补血养肝，并能活血行滞，为辅药；白芍养血敛阴，为佐药；川芎入血分行气活血，使补而不滞，为使药。从药物配伍关系看，地、芍是血中之血药，芎、归是血中之气药，两相配伍，可使补血而不滞血，行血而不破血，补中有散，散中有收，共同组成治血要剂。因此，不仅血虚之证可以补血，即使血滞之证，亦可加减运用。

【应用】对于营血虚损，气滞血淤，胎前产后诸疾，均可以本方为基础，加减运用。本方合四君子汤名八珍汤（《正体类要》），双补气血，用治气血两虚者；再加肉桂、附子，名十全大补汤（《和剂局方》），气血双补兼能温阳散寒，用治气血双亏兼阳虚有寒者。本方加桃仁、红花，即桃红四物汤（见理血方）。血虚有热，可加黄芩、丹皮，并改熟地为生地以清热凉血；若妊娠胎动不安，加艾叶、阿胶以养血安胎；若血虚气滞腹痛，加香附、元胡。

【歌诀】四物地芍与川芎，血分疾患此方宗；
血虚血滞诸病证，加减运用在变通。

三、滋阴剂

补阴剂是治疗阴虚证的方剂。阴虚的症状表现为肢体羸瘦，大便干燥，小便短黄等。常用地黄、麦冬、天冬、知母等组方，代表方剂如六味地黄丸等。

六 味 地 黄 汤

【组成】熟地黄 80g、山茱萸 40g、山药 40g、泽泻 30g、茯苓 30g、丹皮 30g。

【用法】水煎服，亦可作为散剂服用。

【功效】滋阴补肾。

【主治】肝肾阴虚，虚火上炎所致的潮热盗汗，腰膝痿软无力，耳鼻四肢温热，舌燥喉痛，滑精早泄，粪干尿少。舌红少苔，脉细数。

【方解】本方所治诸证，皆因肾阴虚亏，虚火上炎所致。本方以肾、肝、脾三阴并补，重在补肾阴立法。方中熟地黄补肾滋阴，养血生津，为主药；山萸肉养肝肾而涩精，山药补脾固精，共为辅药。主辅配合，肾、脾、肝三阴同补以收补肾治本之功，称为"三补"，是本方的主体部分。泽泻清泻肾火，利水，以防熟地之滋腻；丹皮凉血清肝，泻伏火，退骨蒸，以制山萸肉之温；茯苓利脾除湿，助山药以益脾；三药同用称为"三泻"，共为佐使药。综观全方，"三补"、"三泻"，以补肾为主，肝、脾、肾三阴并补。合而用之，补中有泻，寓泻于补，相辅相成，共成通补开合之剂。

【应用】本方是滋阴补肾的代表方剂，凡肝肾阴虚不足诸证，如慢性肾炎、肺结核、骨软证、贫血、消瘦、子宫内膜炎、周期性眼炎、慢性消耗性疾病等属于肝肾阴虚者，均可加减本方。

本方加知母、黄柏、明知柏地黄汤（《医宗金鉴》），用治阴虚火旺，潮热盗汗；加枸杞子、菊花，名杞菊地黄汤（《医级》），重在滋补肝肾以明目，用治肝肾阴虚所致的夜盲、弱视；加五味子，名都气汤（《医宗己任编》），用治肾虚气喘；加麦门冬、五味子，名麦味地黄汤（《医级》），滋阴敛肺，用治肺肾阴虚；加柴胡、茯神、当归、五味子，名明目地黄汤（《审视瑶函》），滋肾养阴，平肝明目，用治肾虚目暗不明；加桂枝、附子，名肾气丸，温补肾阳，主治肾阳不足。

本方由纯阴药物组成，凡气虚脾胃弱，消化不良、大便溏泻者忌用。

【歌诀】六味地黄滋肾肝，山药萸肉苓泽丹；

　　　　再加知柏成八味，阴虚火旺治何难。

百 合 固 金 汤

【组成】百合 45g、麦门冬 45g、生地 60g、熟地 60g、川贝母 30g、当归 30g、白芍 30g、生甘草 30g、玄参 20g、桔梗 20g。

【用法】水煎服，或共为末，开水冲调，候温灌服。

【功效】养阴清热，润肺化痰。

【主治】肺肾阴虚，虚火上炎所致燥咳气喘，痰中带血，咽喉疼痛，舌红少苔，脉细数。

【方解】本方证是由肺肾阴亏所致。阴虚生内热，虚火上炎，则咽喉疼痛；虚火灼肺，则咳嗽气喘；咳伤肺络，则痰中带血；舌红少苔、脉细数，均为阴虚内热之象。治宜养阴清热，润肺化痰。方中百合、生地、熟地滋养肺肾之阴，均为主药；麦门冬、川贝母润肺养阴，化痰止咳，为辅药；玄参滋阴凉血清虚热，当归、白芍养血和阴，桔梗清肺化痰止咳，共为佐药；甘草协调诸药，并配桔梗以清利咽喉，为使药。诸药相合，养阴清热，润肺化痰。

【应用】本方为治肺肾阴虚，咳嗽痰中带血的常用方。以咽喉肿痛、干咳无痰或痰中带血、气喘、舌红少苔、脉细数为应用要点。痰多者，加瓜蒌，以清肺化痰；痰中带血、气喘甚者，可去桔梗之升提，加白茅根、仙鹤草，以凉血止血。

《中兽医牛病诊治医案选》所载耕牛阴虚劳咳虚喘病例，从肺肾论治，用百合固金汤加减治疗，均愈。

本方药物多属甘寒滋腻，若脾虚泄泻，慢草患畜宜慎用。

【歌诀】百合固金二地黄，玄参川贝桔甘藏；

麦冬白芍当归配，燥火喘咳用此方。

四、壮阳剂

补阳剂是治疗肾阳虚证的方剂。肾阳虚症状表现有腰膝冷痛，四肢不温，小便不利，或小便频数，阳痿早泄，肌体羸瘦，脉沉细等。常用药物有附子、肉桂、巴戟天、补骨脂等，代表方如巴戟散等。

巴 戟 散

【组成】巴戟天 45g、肉苁蓉 45g、补骨脂 45g、葫芦巴 45g、小茴香 30g、肉豆蔻 30g、陈皮 30g、青皮 30g、肉桂 20g、木通 20g、川楝子 20g、槟榔 15g。

【用法】共为末，开水冲调，候温灌服，或水煎服。

【功效】温补肾阳，通经止痛，散寒除湿。

【主治】肾阳虚衰所致的腰胯疼痛，后腿难移，腰脊僵硬等证。

【方解】命门火衰，不能温暖下焦，寒湿侵犯于腰胯，则腰脊僵硬、疼痛，后肢难移，治以温补肾阳为主。方中用巴戟天、肉苁蓉、补骨脂、葫芦巴、小茴香、肉桂温补肾阳，强筋骨，散寒痛，治下元虚冷、肾阳不振所致的腰胯疼痛，运步不灵，为主药；辅以陈皮、青皮、槟榔健胃温脾行气，肉豆蔻温中暖脾肾；佐以少量的川楝子止痛；使以木通通经利湿，引药归肾。诸药相合，温补肾阳，通经止痛，散寒除湿。

【应用】本方适用于肾阳虚衰所引起的腰胯风湿，腰胯疼痛，后腿难移，腰脊僵硬等症。

《司牧安骥集》中另一巴戟散（巴戟、葫芦巴、破故纸、茴香、苦楝子、滑石、海金沙、槐花、木通、牵牛子），主治马抽肾把胯、腰背硬、腿肿难移症，与本方相近。

【歌诀】巴戟暖肾除寒湿，芦巴苁蓉桂故纸；

川楝槟榔青陈皮，肉蔻茴香木通使。

壮 阳 散

【组成】熟地 45g、补骨脂 40g、阳起石 20g、淫羊藿 45g、锁阳 45g、菟丝子 40g、五味子 30g、肉苁蓉 40g、山药 40g、肉桂 25g、车前子 25g、续断 40g、覆盆子 40g。

【用法】共为末，开水冲调，候温灌服，或水煎服。

【功效】温补肾阳。

【主治】性欲减退，阳痿，滑精。

【方解】方中用补骨脂、阳起石、淫羊藿、锁阳温补肾阳，为主药；菟丝子补肾固精，五味子滋阴固精，熟地滋补肝肾而益精，肉苁蓉补肾阳、益精血，山药益气固精，肉桂补火助阳，共为辅药；佐以车前子清热利尿、渗湿通淋，续断补肝肾、强筋骨，覆盆子益肾固精、缩尿。诸药合用，共奏温补肾阳之功效。

【应用】肾阳虚衰所致的性欲减退、阳痿、滑精等证。

【歌诀】补阳淫羊兼锁阳，五菟熟肉及山桂；

　　　　车前续断覆盆子，温补肾阳显奇功。

补 肾 壮 阳 散

【组成】淫羊藿 35g、熟地黄 30g、胡芦巴 25g、远志 35g、丁香 20g、巴戟天 30g、锁阳 35g、菟丝子 35g、五味子 35g、蛇床子 35g、韭菜子 35g、覆盆子 35g、沙苑子 35g、肉苁蓉 30g、莲须 30g、补骨脂 20g。

【用法】共为末，开水冲调，候温灌服，或水煎服。

【功效】温补肾阳。

【主治】性欲减退，阳痿，滑精。

【方解】家畜性欲减退，阳痿，滑精，根于肾阳不足，命门火衰，不能温煦推动，肾精化生不足，故而表现阳痿。治以温补肾阳为主。方中用巴戟天、肉苁蓉、补骨脂、胡芦巴、淫羊藿、锁阳、覆盆子温补肾阳，为君药；五味子滋阴固精。熟地、沙苑子滋补肝肾而益精。蛇床子、韭菜子、丁香温肾兴阳，为臣药；佐以远志、莲须化湿健脾以填补后天之精。诸药相合，共奏温补肾阳之功。

【应用】肾阳虚衰所致的性欲减退、阳痿、滑精等证。

【歌诀】巴肉补胡淫锁覆，五熟沙蛇韭丁助；

　　　　远志莲须补后精，共奏补肾壮阳功。

催 情 散

【组成】淫羊藿 6g、阳起石（酒淬）6g、菟丝子 5g、当归 4g、益母草 6g、香附 5g。

【用法】共为末，开水冲调，候温灌服，或水煎服。

【功效】催情。

【主治】不发情、迟发情或虚弱不孕。

【方解】方中淫羊藿、阳起石补肾壮阳，为主药；菟丝子滋肝补肾，当归补血活血，为辅药；益母草活血调经，香附行气解郁、调经止痛，为佐药。诸药合用，共奏补肾壮阳、催情促孕功效。

【应用】本方为治母猪及其他家畜不发情、迟发情方。临证可根据具体情况，酌情加减，如阴血不足，加当归、熟地、阿胶；虚弱不孕加党参、黄芪、山药；宫寒不孕，加艾叶、肉桂、吴茱萸。

【歌诀】淫阳起石配益母，菟丝当归和香附；

　　　　催情配种首当选，精心喂养不可无。

第十四节　安神开窍剂

安神剂是以重镇安神或滋养心神的药物为主组成，具有安神功能，用于治疗神志紊乱、神昏不安等病证的方剂。开窍剂是以辛香走窜的药物为主组成，具有通关开窍的功能，用以治疗窍闭神昏病证的方剂。

神志紊乱或神昏不安有虚实之分，实证治宜重镇为主，虚证治宜滋养为主。临证中虚实每多兼挟出现，互为因果，故使用时，重镇安神与滋养安神往往合用。同时在病因上，有因热、因痰、因虚的不同，故在治疗上还需审因论治，灵活运用。如因热而狂躁者，应清热泻火；因痰而惊狂者，宜祛痰镇惊；虚实夹杂者，又当标本兼顾等。代表方如镇痫散、镇心散等。此类方剂，多为金石类组成，因质重而常碍胃，对脾胃虚弱者，只宜暂服，不能久用。

窍闭神昏之证多因痰热壅盛，蒙蔽心窍，或因气机受阻，清窍闭塞所致，因病因病证不同，其疗法各异。属热者，宜辛窜开窍、清热解毒。代表方如安宫牛黄丸；属寒者，宜温通开窍、行气温中。代表方如通关散。本类方剂大都气味芳香，善于辛散走窜，不可久用。对于气虚亡阴的虚脱证、阳明腑实及虚风内动痉厥者，不可妄投。

朱　砂　散

【组成】朱砂（另研）10g、党参30g、茯神45g、黄连45g。

【用法】共为末，开水冲，候温，加猪胆汁50ml，童便100ml，灌服。

【功效】重镇安神，扶正祛邪。

【主治】心热风邪。证见全身出汗，肉颤头摇，气促喘粗，左右乱跌，口色赤红，脉洪数。

【方解】本方证由外感热邪，热积于心，扰乱神明所致。方中朱砂微寒，清热镇心安神，为主药；辅以黄连苦寒，清降心火；茯神宁心安神除烦，党参益气宁神，固卫止汗，扶正祛邪，共为佐药。诸药合用，安神清热，扶正祛邪。

【应用】用于心热风邪等证。对于家畜热衰竭、日射病或热射病后期属于邪盛正衰者，配合放鹘脉血、冷水浇淋头部、冷水灌肠和将动物置于阴凉通风处等措施，效果更佳。对火盛伤阴者，加生地、竹叶、麦门冬；正虚邪实者，加栀子、大黄、郁金、天南星、明矾等。

【歌诀】朱砂散中茯神用，党参扶正在其中；
　　　　再合黄连清心火，心热风邪治有功。

镇　心　散

【组成】朱砂（另研）10g、茯神 30g、党参 30g、防风 30g、远志 30g、栀子 30g、郁金 30g、黄芩 30g、黄连 20g、麻黄 20g、甘草 20g。

【用法】共为末，开水冲，候温加鸡蛋清 4 个、蜂蜜 120g，灌服。

【功效】清热祛风，镇心安神。

【主治】马心黄。证见眼急惊狂，浑身肉颤，汗出如浆，咬身啮足，口色赤红，脉洪数。

【方解】本方由朱砂散加味而来。方中朱砂重镇安神，清心为主药。黄连、黄芩、栀子清热泻火，茯神、远志宁心安神，共为辅药。郁金凉血解郁，除三焦郁热；麻黄、防风疏风解表，以散热出表；党参扶正祛邪，皆为佐药。甘草益气和中，调和诸药，为使药。诸药相合，清热祛风，镇心安神。

【应用】用于表里热盛，热急生风的惊狂、抽搐及神失所主等证。本方加减对马、骡脑炎、脑膜脑炎和慢性脑水肿等表现为中枢神经系统功能紊乱、高度兴奋的疾病有一定疗效。若热盛伤阴，可加生地、麦冬；痰火过盛，加连翘、天南星、竹茹等。

【歌诀】镇心散朱栀麻黄，茯神远志郁金防；
　　　　党参芩连甘草入，心热惊狂服之良。

通　关　散

【组成】猪牙皂角、细辛各等份。

【用法】共为极细末，和匀，吹少许入鼻取嚏。

【功效】通关开窍。

【主治】高热神昏，痰迷心窍。证见猝然昏倒，牙关紧闭，口吐涎沫等。

【方解】本方为急救催醒之剂。方中皂角味辛散，性躁烈，祛痰开窍；细辛辛香走窜，开窍醒神，二者合用有开窍通关的作用。因鼻为肺窍，用于吹鼻，能使肺气宣通，气机畅利，神志苏醒而用于急救。

【应用】适用于清窍蒙蔽之中暑、昏迷及气机不畅之冷痛。该方为权宜之计，临证应配合其他疗法，以加强疗效。孕畜忌用。

【歌诀】皂角细辛通关散，吹鼻醒神又豁痰。

第十五节 胎 产 剂

胎产剂是以安胎药物为主组成，具有益气养血、安胎等功能，用于治疗胎动不安、不发情或不孕等病证的方剂。

临床上，引起胎动不安的原因不同，治疗有别。如因气血虚弱引发胎动者，需要补益气血安胎，可以选择桑寄生、菟丝子、杜仲、阿胶、白术等药物；气机不畅者，可以使用砂仁、苏梗等药物调理气机而安胎；血热而胎动者，应清血热安胎，宜选择黄芩等药物。代表方如白术散、保胎无忧散、泰山磐石散等。针对家畜不发情或不孕等病症，中兽医往往通过补肾壮阳或滋补肝肾进行调治。家畜妊娠用药要非常慎重，避免用药不当引发流产或堕胎等事故的发生。出现胎动不安时，要注意辨证正确，掌握好剂量与疗程，并通过恰当的炮制和配伍，做到用药安全而有效。

白 术 散

【组成】白术 30g、黄芩 25g、紫苏梗 25g、阿胶（炒）30g、熟地黄 30g、白芍 20g、当归 25g、川芎 15g、党参 30g、砂仁 20g、陈皮 25g、甘草 15g。

【用法】粉碎，过筛，混匀即得。

【功效】益气养血，安胎。

【主治】胎动不安。

【方解】气血充足，运行调和是母畜妊娠、胎气安定的必备条件。机体内外多种因素引起气血虚损，或运行失调，冲任不固而胎动不安。针对其基本病因，本方选择白术补气安胎为君药。为加强安胎功效，选用黄芩、紫苏梗为臣药，从清热安胎与理气安胎两方面协助白术发挥作用。胎气以血为本，营血充盈，冲任调和方能胎气安定，故方中配伍阿胶、熟地黄、白芍、当归、川芎以加强补血养血、止血安胎；再以党参、砂仁、陈皮健脾益气，以资生血之源，行理气安胎之功，共为佐药。甘草补脾益气，和中缓急，调和诸药为使药。

【应用】胎动不安是指动物妊娠期突然出现腹痛不安，阴道不时少量出血的病证，相当于现代兽医学的先兆流产。引起胎动不安的基本原因有气血虚弱、肾气不足、血热滋扰、跌打外伤等多个方面。临床上对于某些传染性疾病引起的畸形胎、病死胎及其流产应确定诊断后予以妥善处理，不应盲目治疗。对上述普通原因所致的胎动不安则应尽早积极治疗，首先除去病因，再根据动物种类与个体大小，取相应剂量白术散，开水冲调，候温一次灌服；或拌料投喂。每日 1 剂，连服 3～5 剂。同时加强饲养管理，注意厩舍安静、保暖，喂以营养丰富且易消化的食物。

【歌诀】白术散为安胎方，黄紫清热兼理气；

阿黄白当川党仁，再配陈皮与甘草。

保 胎 无 忧 散

【组成】当归 50g、川芎 20g、熟地黄 50g、白芍 30g、黄芪 30g、党参 40g、白术（炒焦）60g、枳壳 30g、陈皮 30g、黄芩 30g、紫苏梗 30g、艾叶 20g、甘草 20g。

【用法】共为末，开水冲调，候温灌服，或水煎服。

【功效】养血，补气，安胎。

【主治】胎动不安。

【方解】方中黄芪、党参、白术益气健脾，化源充足，使胎有所养，为君药。熟地黄、当归、白芍、川芎、黄芩、紫苏梗补益肝肾，补血活血，安胎养胎，共为臣药。枳壳、陈皮理气宽中；艾叶温经散寒，暖宫止血，共为佐药。甘草调和诸药，为使药。诸药相合，共奏养血，补气，安胎之功。

【应用】用于胎动不安，多由于使役过度，营养不良，或旧有痼疾，以致气血虚弱，冲任不固，胎失所养而发病，证见胎动不安，微有腹痛，体瘦毛焦，舌质淡白，苔薄白，脉滑无力或沉溺。

【歌诀】保胎无忧芎芍归，参术芪芩熟地依；

枳甘苏梗陈艾叶，功效称奇莫浪讥。

泰 山 磐 石 散

【组成】党参 30g、黄芪 30g、当归 30g、续断 30g、黄芩 30g、川芎 15g、白芍 30g、熟地黄 45g、白术 30g、砂仁 15g、甘草（炙）12g。

【用法】水煎服，或共为末，开水冲调，候温灌服。

【功效】补气血，安胎。

【主治】气血两虚所致的胎动不安，习惯性流产。

【方解】黄芪、党参、白术、甘草健脾补气为君药；白芍、熟地黄、当归、川芎、续断补血固肾，以养胎元，黄芩配合白术，可以安胎，共为臣药；砂仁调气安胎，糯米补养脾胃，为使药。诸药相合，益气健脾，养血安胎。

【应用】对于马、驴产前不食或少食和气血两虚的胎动不安等均可加减应用。临床实践证明，本方对驴怀骡妊娠毒血证之脾胃虚弱、气血两虚治疗效果较好。

【歌诀】泰山磐石八珍全，去茯加芪芩断联；

再益砂仁及糯米，孕畜胎动可安全。

催 奶 灵 散

【组成】王不留行 20g、当归 20g、川芎 20g、党参 10g、黄芪 10g、皂角刺 10g、漏芦 5g、路路通 5g。

【用法】共为末，开水冲调，候温灌服，或水煎服。

【功效】补气养血，通经下乳。

【主治】产后乳少，乳汁不下。

【方解】方中王不留行活血通经、下乳消肿，为主药；当归、川芎补血活血，黄芪、党参补气健脾，为辅药；皂角刺消肿、托毒、排脓，漏芦解毒消痈、通经下乳，路路通活络通经、利水消肿，为佐药。调和合用，共奏补气养血、通经下乳功效。

【应用】

1. 产后乳少　多因产前劳役过度，饮喂失调，致使脾胃虚弱，营养不良，或老龄体弱，或分娩失血过多，气随血耗，导致气血两亏，使乳汁化生无源。证见乳少或全无，幼畜吸吮有声，不见下咽，乳房缩小而柔软，外皮皱褶，触之不热不痛，口色淡白，舌绵无苔，脉细弱。

2. 乳汁不下　多因产前喂养过盛，运动和劳役不足，以致气机不畅，乳络运行受阻而致乳汁分泌受阻。证见乳汁不行，乳房肿满，触之胀硬或有肿块，用手挤之有少量乳汁流出，食欲减退，舌苔薄黄，脉弦而数。

【歌诀】王不留行催奶灵，当芎党参及黄芪；

　　　　排毒消痈用皂芦，通经下乳路路通。

促 孕 灌 注 液

【组成】淫羊藿 400g、益母草 400g、红花 200g。

【用法】子宫内灌注马、牛 20～30ml

【功效】补肾壮阳，活血化淤，催情促孕。

【主治】卵巢静止和持久黄体性的不孕证。

【方解】淫羊藿温补肾阳，为主药；益母草、红花活血祛淤，通经止痛，为臣药。三药联用，共奏补肾壮阳，活血化淤，催情促孕之功。

【应用】马、牛不发情：马、牛长期（3个月以上）不发情，在排除传染病、寄生虫病或先天性因素的基础上，经直肠检查确诊为卵巢静止或持久黄体者。

猪、犬不发情或屡配不孕：在排除其他疾病的基础上，猪、犬性成熟后不发情或产后长期（6个月以上）不发情，或屡配不孕者。

【歌诀】促孕液用淫羊藿，益母红花共来过；

如遇牛马不孕症，灌注此液显奇功。

第十六节 饲 用 剂

饲用剂是通过扶正、益气、开胃等药物，促进动物生长育肥、产蛋泌乳、产毛等作用，或提高产品质量的方剂。

现在，人们越来越重视畜产品的安全问题，中药饲用剂以其绿色、天然、低残留的特色，得到普遍的认同。目前，饲用剂广泛应用于多种畜禽的生产过程中，其中包括猪、鸡、奶牛等食用畜产动物，羊、狐、貉子等皮毛动物，猫、犬等伴侣动物，以及鱼、虾、蜂、蚕等动物。添加中药饲用剂的目的也多种多样，一般是为了增加动物产品产量、改进动物产品质量和保障动物健康。由于使用对象及添加目的的不同，饲用剂的组成有很大区别。本节主要介绍健鸡散、健猪散、降脂增蛋散、激蛋散、蛀毒灵散、虾蟹脱壳促长散等方剂。

健 鸡 散

【组成】党参 20g、黄芪 20g、茯苓 20g、神曲 10g、麦芽 10g、山楂（炒）10g、甘草 5g、槟榔（炒）5g。

【用法】共为末，按 2% 的量混饲喂鸡，连喂 3～7 天。

【功效】益气健脾，消食开胃。

【主治】食欲不振，生长迟缓。

【方解】方中党参补中益气、健脾益肺，黄芪补气升阳、益卫固表，茯苓渗湿利水、健脾宁心，为主药；山楂、神曲、麦芽，具有健脾胃、助消化、消食导滞之功效，槟榔驱虫消积、降气行水，共为辅药；甘草调和诸药，为使药。诸药合用，发挥益气健脾，消食开胃之功效。

【应用】用于鸡只生长缓慢。

【歌诀】健鸡散用参芪苓，三仙甘草槟榔从；

食欲不振用此方，开胃健鸡效力宏。

健 猪 散

【组成】大黄 400g、玄明粉 400g、苦参 100g、陈皮 100g。

【用法】以上四味，粉碎，过筛，混匀。

【功效】消食导滞，通便。

【主治】消化不良，粪干便秘。

【方解】大黄泻火导滞，玄明粉软坚泻下，共为君药；苦参协助清热，为臣药；佐以陈皮，健脾理气，疏通气机。四药合用，共奏消食导滞，通便之效。

【应用】用于猪的便秘。胃中积食，中焦阻塞，胃气不降，浊气上逆，故不食，排气酸臭，苔厚腻，积食化热，故口色深红。

【歌诀】健猪通便有良法，玄明陈皮苦大黄；

每日食中添二两，消食通便古今参。

降 脂 增 蛋 散

【组成】刺五加 50g、仙茅 50g、何首乌 50g、当归 50g、艾叶 50g、党参 80g、白术 80g、山楂 40g、六神曲 40g、麦芽 40g、松针 200g。

【用法】粉碎，过筛，混匀即得。混饲，每千克饲料，鸡 5～10g。

【功效】补肾益脾，暖宫活血；可降低鸡蛋胆固醇。

【主治】产蛋下降。

【方解】本方用刺五加、仙茅补肝肾，强筋骨，为主药；何首乌润肠通便，当归补血养血、润燥通便，艾叶温经止血，党参补中益气、健脾益肺，白术补脾健胃、燥湿利水，为辅药；山楂、神曲、麦芽合称"三仙"，健脾胃、助消化、消食导滞，松针健脾理气，共为佐药。诸药合用，具有补肾益脾，暖宫活血之功效。

【应用】用于鸡只产蛋下降，另外，应用本方后，能够降低鸡蛋中胆固醇含量。

【歌诀】降脂增蛋刺茅乌，当归艾叶参术依；

三仙松针共来配，暖宫补肾功效奇。

激 蛋 散

【组成】虎杖 100g、丹参 80g、川芎 60g、当归 60g、白芍 50g、地榆 50g、菟丝子 60g、肉苁蓉 60g、牡蛎 60g、丁香 20g。

【用法】粉碎，过筛，混匀即得。混饲，鸡，每千克饲料 10g。

【功效】清热解毒，活血祛淤，补肾强体。

【主治】输卵管炎，产蛋功能低下。

【方解】方中虎杖清热解毒，为主药；丹参、川芎活血化淤，当归、白芍养血调经，地榆凉血止血，为辅药；菟丝子、肉苁蓉、丁香补肾壮阳，牡蛎敛阴涩精，为佐药。诸药合用，共奏清热解毒，活血祛淤，补肾强体功效。

【应用】

1. 输卵管炎　主要由禽大肠杆菌引起，多发生于产蛋家禽。病原可能由泄殖道侵入，病变为输卵管肿大，管内有条索状干酪样物，干酪样物中含有许多坏死组织、异嗜性粒细胞和细菌。病禽感染后数月内死亡，耐过后不再产蛋。

2. 产蛋功能低下　由多种原因引起，传染性因素为鸡产蛋下降综合征病毒。病原通过垂直传播，潜伏期约为 1 周。发病鸡群外观正常，饮水、采食无明显变化，有的仅出现一过性下痢。发病日龄大都在产蛋高峰期，鸡群突然产蛋率下降，每天可下降 2%～4%，平均 50% 左右，最高可达 67%。病程长，常延续 50 余天，病鸡很难恢复至原有产蛋水平。蛋品质下降，以蛋壳变白、破蛋、薄壳蛋、无壳蛋。畸形蛋、蛋清稀薄为特征。

【歌诀】激蛋散中用虎杖，丹芎归芍地榆配；

　　　　菟肉丁香及牡蛎，共合十味促蛋生。

蚌毒灵散

【组成】黄芩 60g、黄柏 20g、大青叶 10g、大黄 10g。

【用法】粉碎，过筛，混匀即得。

【功效】清热解毒。

【主治】三角帆蚌瘟病。

【方解】方中黄芩清热燥湿，泻火解毒为主药；黄柏清湿热，泻火毒，为辅药；大青叶凉血解毒，大黄泻火凉血，活血祛淤，共为佐药。诸药合用，共奏清热解毒之功效。

【歌诀】蚌毒灵散药四味，黄芩黄柏大黄备；

　　　　凉血消斑大青叶，蚌瘟肿毒皆可退。

虾蟹脱壳促长散

【组成】露水草 50g、夏枯草 100g、筋骨草 150g、龙胆 150g、泽泻 100g、沸石 350g、稀土 50g、酵母 50g。

【用法】粉碎，过筛，混匀即得，拌饵投喂。

【功效】促脱壳，促生长。

【主治】虾、蟹脱壳迟缓。

【方解】露水草、夏枯草与筋骨草均含有促进甲壳类动物脱壳的激素类成分，是主药。沸石、稀土可及时补充虾、蟹脱壳后对钙及矿物质的迫切需求，酵母补充蛋白质与磷脂等营养成分。诸药合用，共同达到缩短脱壳变态过程，顺利完成脱壳的作用。

【应用】虾、蟹等水生甲壳类动物的体表被几丁质和钙化层外壳所包裹，躯体生长必须摆脱硬壳之束缚，是不连续的，脱壳是其生长的标志，经若干次脱壳才能不断生长，幼蟹平均约 4 天脱 1 次壳，以后脱壳时间逐渐延长。脱壳是甲壳类动物奇特的生理特征，蜕皮激素是其完成脱壳变态所必须的物质。在集约化养殖条件下，在虾、蟹饵料中添加蜕皮激素及其类似物，不仅可使虾蟹及时脱壳生长显著加快，提高饵料报酬，也可促进脱壳的一致性，提高商品规格档次以及养殖效益。本方在临床上主要应用于以下两个方面：

1. 脱壳迟缓　蜕皮激素水平不足或饲料营养缺乏所致的虾、蟹脱壳过程延长，表现为不能正常脱壳或脱壳时间延长，生长缓慢，软壳，甚至死亡。

2. 脱壳不同步　集约化养殖条件下，虾、蟹虽能正常脱壳，但脱壳不同步，不利于生产管理，表现为脱壳不齐整，个体大小不一。

【歌诀】脱壳促长用龙胆，露夏筋骨泽泻随；

　　　　沸石稀土补矿质，再加酵母促脱壳。

第十七节　外 用 剂

以外用药为主组成，能够直接作用于病变局部，具有消肿散结、祛风解毒、化腐拔毒、排脓生肌、活血止痛、收敛止血、接骨续筋等功效，主要用以治疗外证的一类方剂，称为外用方。外用方以局部熏洗、涂擦、撒布、敷贴、点眼、喷雾等为主要给药方式，多用于治疗疮黄肿毒、皮肤病证或眼病和某些内科病证等，对于某些顽固性或病情严重的外科病证，可配合内服方药，以加强疗效。代表方如外敷疮黄用的雄黄散；撒布疮疡溃烂的生肌散；敷贴烫火伤用的紫草膏；熏洗消毒用的防风汤等。在治疗中，对较轻的外科病证单用外用剂即可见效，如果病情较重，也可选用内服方药配合，内外兼治，以提高疗效。

组成本类方剂中的部分药物具有刺激性或毒性，故不宜过量，涂敷面积不宜过大，以免引起肿胀疼痛或中毒。

雄 黄 散

【组成】雄黄 200g、白及 200g、白蔹 200g、龙骨（煅）200g、大黄 200g。

【用法】共为细末，温醋或水调敷，亦可撒布创面。

【功效】清热解毒，消肿止痛。

【主治】热性黄肿，而见红、肿、热、痛，尚未溃脓者。

【方解】方中雄黄解毒防腐，为主药；白及消肿生肌、收敛止血，白蔹清热解毒、消肿生肌，龙骨生肌敛疮，为辅药；大黄清热泻火，逐瘀消肿，为佐药。

诸药相合，共奏清热解毒、消肿止痛功效。

【应用】主要用于各种外科炎性肿胀，且无破溃者。加白矾、冰片、黄连可加强清热解毒功效，用于非开放性急性皮炎，疗效较好。在应用时应注意按时喷洒酒精、醋或水，以保持湿润而发挥药效。

【歌诀】雄黄散用白及蔹，龙骨大黄共为研；
　　　　醋水调匀敷患处，消肿散淤此方验。

防 腐 生 肌 散

【组成】枯矾500g、陈石灰500g、熟石膏400g、没药400g、血竭250g、乳香250g、黄丹50g、轻粉50g。

【用法】共为极细末，混匀，装瓶备用。用时撒布创面或填塞创腔。

【功效】防腐吸湿，生肌敛疮。

【主治】痈疽疮疡及外伤出血等。

【方解】方中枯矾、石灰、石膏吸湿生肌敛疮；没药、乳香、血竭生肌消肿止痛；冰片清热消肿止痛；轻粉防腐止痒；黄丹防腐拔毒生肌，且增加黏性，使各药易附着于创面。诸药相合，防腐生肌，吸湿敛疮。

【应用】用于创痛溃烂、创口不敛。

【歌诀】外用防腐生肌散，膏灰乳没血竭丹；
　　　　冰矾轻粉共研末，用治疮疡与溃烂。

青 黛 散

【组成】青黛200g、黄连200g、黄柏200g、薄荷200g、桔梗200g、儿茶200g。

【用法】共为极细末，混匀，装瓶备用。将药适量装入纱布袋内，噙于马、牛口中。

【功效】清热解毒，消肿止痛。

【主治】口舌生疮，咽喉肿痛。

【方解】心经热盛，循经上炎，而致口舌生疮。治宜清热解毒，消肿止痛。方中青黛清热解毒为君药；黄连、黄柏清热解毒助青黛消肿为臣药；佐以薄荷、桔梗疏散风热，清利咽喉，儿茶收敛生肌。诸药相合，清热解毒，消肿止痛。

【应用】本方主要用于心热舌疮，咽喉肿痛。

【歌诀】青黛散用治舌疮，黄柏黄连薄荷襄；
　　　　桔梗儿茶共为末，口噙吹撒可安康。

拨 云 散

【组成】炉甘石9g、硼砂9g、大青盐9g、黄连9g、铜绿9g、硇砂3g、冰片3g。

【用法】共为极细末，过筛，装瓶备用。点眼用。

【功效】解毒防腐，退翳明目。

【主治】云翳遮睛。

【方解】本方为外用解毒，退翳明目的专用剂。方中炉甘石拨云退翳，解毒防腐，为眼科要药；冰片、硼砂消肿解毒，防腐；青盐、铜绿去腐解毒，退目翳；硇砂收湿止痒；硼砂收敛消肿；黄连清心明目。诸药相合，解毒去腐，退翳明目。

【应用】本方为外用退翳明目之常用方。用于爆发火眼、红肿流泪、眼边红烂和外障云翳等眼疾。拨云散的组方较多，如《元亨疗马集》中记载的"拨云散"与本方的区别为无麝香，其他药味相同。

【歌诀】拨云散连青盐铜，硇砂甘石冰片棚；

上药一处研细末，外障云翳医建功。

擦 疥 散

【组成】狼毒120g、猪牙皂（炮）120g、巴豆30g、雄黄9g、轻粉5g。

【用法】上药共为细粉，将植物油烧热，调药成流膏状，涂擦患处。

【功效】杀疥螨。

【主治】疥癣。

【方解】方中诸药均系辛散有毒之品，联合外用毒杀疥螨，消肿止痒。狼毒攻毒杀虫作用最强，单用有效，为主药；猪牙皂杀虫消痈，巴豆杀虫蚀疮，雄黄杀虫解毒，轻粉杀虫消肿，共为辅佐药。以植物油做赋形剂，有浸润、软化痂皮作用，增强了攻毒杀虫威力。

【应用】治疗家畜疥癣。本方有杀疥、止瘙痒的作用，所有药物均为有毒之品，应用适应分片涂擦，并防止家畜舐食。

【歌诀】畜患疥癣痒难当，疥螨藏肤皮糙伤；

狼毒巴豆雄轻粉，用油调擦虫灭康。

第五篇 针 灸

第十三章 基础知识

第一节 概 述

　　针灸疗法是祖国兽医学的一项重要内容。针灸是针术和灸术的简称，是作用相似的两种疗法。针术是运用针具和手法刺激患畜的一定穴位，以防治疾病的技术；灸术是利用点燃的艾绒或其他温热物质对动物穴位或体表一定部位进行温热刺激，以防治疾病的技术，二者都是通过经络的传导作用，激发机体抗病能力，达到疏通经络、宣导气血、扶正祛邪，恢复健康的目的。针术和灸术同属外治方法，常常配合使用，所以，自古以来就将二者统称为针灸疗法。

　　针灸疗法是祖国兽医学的重要组成部分，是在中兽医基础理论指导下根据病畜的具体情况进行辨证论治的一种疗法。在针术和灸术的具体运用方面，主张急证宜针，久病宜灸；实证、热证宜针，虚证、寒证宜灸的原则。在针法运用时，一般白针多用于通经活络，血针多用于清热泻火，火针多用于祛风散寒，气针多用于和血顺气。而在灸烙运用方面，一般灸法多用于祛风散寒，烙法多用于化骨舒筋。

　　针灸疗法之所以能治病，按传统的观点，认为通过针刺或温灸的物理刺激，能激发经络的传导作用，起到疏通经络，调和营卫，补虚泻实、扶正祛邪、增强机体防卫能力，达到消除治病因素，促进伤病修复的目的。利用现代方法采用科学仪器，也已证实经络具有传感现象，针灸具有止疼作用，对内脏组织器官和生理活动有良性调节和改善功能的作用，并有抗炎，调节免疫，提高机体体质，预防疾病等作用。

　　针灸疗法具有以下优点：

　　1. 技术要求明确，操作方法具体，便于学习，易于推广，经过短期练习就能掌握技术要领，只要遵守操作规程，不会发生不良反应。

　　2. 治疗范围广泛，不受地区、畜别、性别、年龄、病种的限制，除能治疗和预防多种病证外，还能用于催情和提高母畜受胎率。

3. 花钱少，收效快，有些病证，如浑晴虫、滚蹄和冷痛等，如采用针灸疗法，不但能节省药品，节约开支，还可受到立竿见影的效果。

4. 用具简单，携带方便，不受设备、条件限制，有些敷料、用具多能就地取材或代用。

第二节　针刺疗法

针刺疗法是利用各种不同型号的针具和手法刺激患畜的一定穴位，达到治疗某些疾病的一种方法（图13-1）。

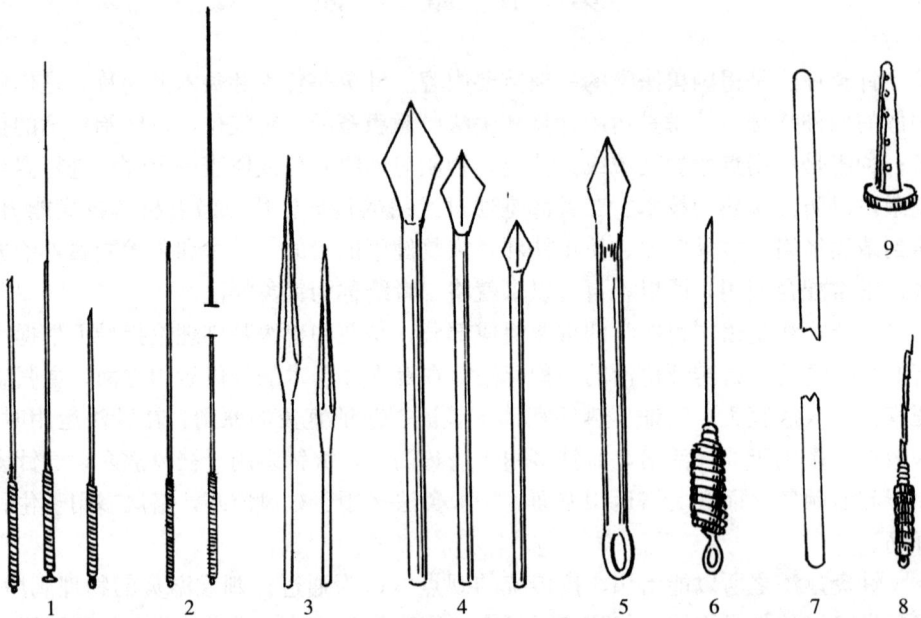

图13-1　针　具

1. 圆利针　2. 毫针　3. 三棱针　4. 宽针　5. 穿黄针　6. 火针　7. 夹气针　8. 三弯针　9. 宿水管

一、常用针具及针法

（一）毫针

采用优质不锈钢或者合金制成，其特点是：针尖锐利，针体细长，适用于深刺或透刺，刺激强，对组织损伤轻，不易感染。针体光滑有弹性，直径一般在0.16～1.5mm，针体长有1.3cm、2.5cm、3cm、4.5cm、6cm、10cm、12cm、15cm、20cm、30cm等多种。针柄用细金属丝缠绕成平头式和盘龙式以固定。多用于肌肉丰满处的深刺、针刺麻醉和犬、猫等小动物的白针穴位，另外，毫针可作平刺透穴，即进针皮下后再刺向几个临近穴位，以增强疗效。

（二）圆利针

系用不锈钢制成，其特点是：形状结构与毫针相似，但针体较粗，针尖长有4～10cm数种，针柄有平头式、盘龙式、八角式和圆珠式等。圆利针多用于不出血的穴位，所以又称为白针，进针容易，起针迅速，适合留针、运针。常用于皮厚及肌肉丰满处的穴位，一般进针后留针一段时间，期间每隔9min进行一次提插，以增强刺激量，提高疗效。

（三）三棱针

多用优质钢或合金制成，针尖为三棱状，针体呈杆状，针尖锐利，依粗细长短的不同而分为大、小两种。常用于针刺三江、通关、玉堂等位于较细血管的静脉或静脉丛上的穴位，或点刺分水穴，小三棱针针尾有孔，还可代替缝合线使用。

（四）宽针

系用优质钢制成，针尖呈矛尖状，针刃锋利，针长8～12cm。依据针头的宽度分为大、中、小三种规格。大宽针针锋宽约8mm，用于放马、牛、羊等大家畜的颈脉、带脉、肾堂等穴，以及破皮补气、乱刺黄肿等。中宽针，针锋部宽约6mm，用于刺马、牛的胸堂、尾本、蹄头等穴。小宽针针锋部宽约4mm，主要用于马、牛的缠腕、太阳、眼脉等穴。宽针多用于出血穴位，所以又叫血针。另外，小宽针也可代替圆利针用于非血针穴位的针刺，尤其以针刺牛、猪穴时多用。

（五）穿黄针

多以优质钢制成，针的规格和形状与大宽针相似，针尾有一小孔，可以穿马尾或棕绳等，用于吊黄或乱刺黄肿，也可代大宽针使用。

（六）火针

多以优质钢制成，针尖圆而略钝，针体光滑，较圆利针粗，直径约3mm，针身长有2、4、6、8、10cm数种，针柄有盘龙式、双翅式、拐子式、胶木式和螺旋式等，尤以盘龙式多用，有的在针柄内垫一层石棉类隔热物质。火针多用于风湿证及慢性跛行的治疗，进针浅，针柄不宜过重，以防患畜抖动皮肤使针脱落。

（七）夹气针

为扁平的长针，针尖呈钝圆的矛尖状，用竹片或合金制成，针身长28～36cm，宽约6mm，厚3mm，专用于大家畜夹气穴的透刺用。

（八）三弯针

又名浑睛虫针、开天针。系用优质钢制成，针尖圆锐，针尖长约5mm，针尖后成直角弯折，针身长约 6～12cm，针柄多为盘龙式，专用治疗马浑睛虫病。

（九）宿水管

一般为铜质、铝制的锥形小官，形似笔帽，长约 5cm，尖端密封，钝圆，管身有 8～10 个直径为 2.5mm 的小孔，专用于云门穴放腹水，治宿水停脐。

（十）持针器

常用的持针器有两种，系硬质材料制成。

1. 针锤 长约 35cm，锤段较粗，其顶端有一椭圆形的锤头（图 13－2）。通过锤头中心钻有一横向洞道，用以插针。自锤头至锤体 2/5 处有一锯缝，垂体外套一皮革或藤制的活动箍。箍推向锤头则锯缝被箍紧，可将针体牢牢固定住，将箍推向锥柄部，锯缝便回弹松开，可将针取下。

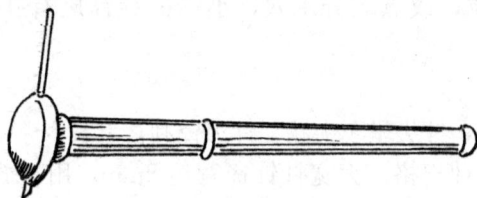

图 13－2 针 锤

2. 针棒 长 24～30cm，直径约 4cm，在棒的一端约 7cm 处锯去一半，沿纵轴中心挖一针槽（图 13－3）。使用时用细绳将针紧固在针沟内，针尖露出适当长度，即可施针。

针锤和针棒常用于放胸堂穴、鹘脉穴和蹄头穴，或大宽针刺黄肿时，操作极为方便。

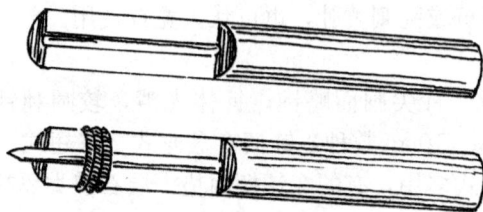

图 13－3 针 棒

二、针刺操作技术

（一）取穴方法

实施针灸疗法时，能否正确取穴定位，是获得良好疗效的关键，常用的取穴方法有以下几种。

1. 以解剖形态作为取穴标志

（1）以骨骼或骨节作为取穴标志 如伏兔穴在寰椎翼的后上方，上关穴在下颌关节后上方的凹陷中。

（2）以肌沟作为取穴标志 如邪气、汗沟、仰瓦和牵肾位于股二头肌与半腱肌的肌沟中，六脉穴位于髂肋肌与背最长肌的肌沟中。

（3）以浅表静脉作为取穴标志 如胸堂位于胸外侧沟臂头静脉上，带脉位于肘后6cm的胸外静脉上。

（4）以耳、鼻、口、眼、肛门及尾作为取穴标志 如眼内的开天穴，耳部的耳尖穴，口角旁的锁口穴，肛门上方的后海穴等。

2. 根据体躯连线取穴 本法是在解剖形态标志的基础上，采取连线或延伸线的交叉点来确定穴位的方法。如在股骨中转子与百会穴连线中点取巴山穴，胸骨后缘与肚脐的连线中点取中脘穴。

3. 指量取穴法 以术者手指第二指节的宽度作为取穴的尺度。如食指与中指相并的宽度（二横指）约为3cm（1寸）；食指、中指和无名指相并的宽度（三横指）为约4.5cm（1.5寸）；食指、中指、无名指和小指相并的宽度（四横指）为约6cm（2寸），用以计算距离，作为取穴的方法。

（二）持针及押手法

1. 押手法 针刺习惯上多以左手切穴，右手持针，持针的手称为刺手，切穴的手称为押（压）手或切手（图13-4）。押手可以固定穴位附近皮肤，便于针刺，还可以减轻疼痛。临床常用的有以下几种方法。

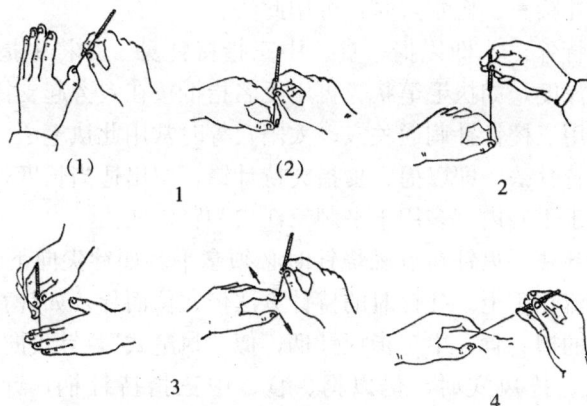

图13-4 押手法

1. 指切押手法 2. 骈指押手法 3. 舒张押手法 4. 夹持押手法

（1）指切押手法 以左手拇指尖切押穴位及近旁皮肤，右手持针，使针尖沿押手拇指甲前缘刺入穴位。此法多用于短针的进针，应用较广。

（2）骈指押手法　用左手拇指、食指夹捏棉球，裹住针体，按在穴位处，右手持针柄，当左手夹针下押时，右手顺势将针刺入。此法多用于细长的毫针进针，因两手同时用力，可防止针尖摆动和针体弯曲，有利于进针。也可用左手拇指、食指捏住针尖，中指抵按在穴位上，右手持针柄，当两手同时用力的瞬间，左手中指屈曲，以利进针。

（3）舒张押手法　用押手的拇指、食指或食指、中指贴按在穴位的皮肤上，并向两侧撑开，使穴位皮肤绷紧，以利进针。在皮肤松弛或不易固定的穴位，常用这种方法。

（4）夹持押手法　用押手的拇指、食指把穴位的皮肤捏起，右手持针，使针体从捏起部的上端或侧面刺入穴位，此法多用于长针进针和针刺头部或皮肤薄、穴位浅的部位，如锁口穴、里夹气穴等，施穿黄针时也常用此法。

2. 持针法

（1）毫针持针法　有单手持针法和双手持针法。单手持针法，常以右手的拇指和食指夹持针柄，以中指和无名指抵住针身，辅助进针并掌握进针的深度，适用于针体较短的毫针，操作方便灵活，易发挥针刺的各种手法。双手持针法，棘手的拇、食、中三指捏持针柄，押手的拇、食、中三指捏持针体的下 1/3 处。这种方法适用于针体细长的毫针。

（2）全握式持针法　右手拇指和食指捏住针头，根据刺入的深度留出针刃，用其余三指握住针身，并将针尾抵于掌心中。此法持针有力，多用于宽针、三棱针和圆利针，如扎蹄头、血堂穴时，可用此法。

（3）执笔式持针法　即以拇、食、中三指持针身，并将中指尖抵按于针尖部，以控制进针深度，如执毛笔状。再用无名指抵按在穴旁起支撑固定作用，以助准确进针。如用三棱针针刺通关穴、太阳穴等时常用此执笔法。

（4）弹琴式持针法　即以拇、食指夹持针锋，留出适当长度，其余三指护住针身，针柄能抵于手心内。多用于平刺三江穴和肾堂穴。

（5）火针持针法　火针在点燃烧针时必须拿平。如针尖向下，则火焰烧手，针尖向上则热油流在手上。扎针时的持针方法依穴位而异。如针背腰或后胯部穴位，可以用右手的拇、食、中三指捏针柄，似"执笔式"，针尖向下，垂直进针。若针锁口、开关、抢风穴时，仍以拇、食、中三指持针柄，针尖向前，水平进针。

（6）针锤持针法　先将针具（宽针）夹在锤头针缝内，针尖露出适当的长度，推上锤圈，固定针体。术者手持锤柄，摇动针锤，使针刃顺血管刺入。颈脉、胸堂常用此法。

（7）手代针锤持针法　以持针手的食、中、无名指握紧针体，针尖放置在小指中节的外侧，留出适当长度，拇指抵压针尾上端，摇动手臂，针尖顺血管急刺穴位。以代针锤持针。

（三）针刺角度和深度

1. 针刺角度就是指针刺穴位时，针体与穴位皮肤表面所构成的夹角（图13-5）。

（1）直刺　即指针身与穴位皮肤表面呈90°或接近垂直的角度刺入。适用于全身大多数穴位，尤其是肌肉丰满处的穴位。如抢风、巴山、路股穴等。

（2）斜刺　即指针身与穴位皮肤表面呈45°或30～60°刺入。

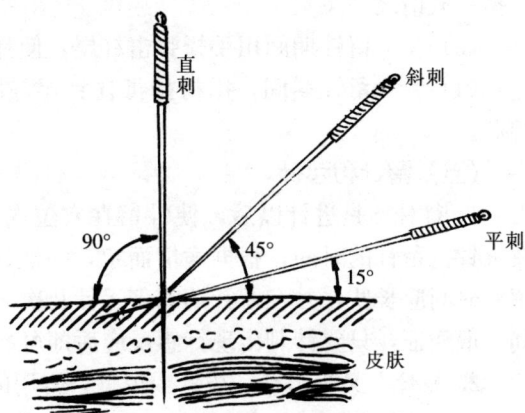

图13-5　针刺角度

多用于肌肉较薄或靠近脏器及骨骼边缘，不能或不宜深刺的穴位。如风门、膊尖、脾俞穴等。

（3）平刺　即指针身与穴位皮肤表面呈15～20°左右刺入，又叫串皮刺、横刺。多用于肌肉浅薄处的穴位或施行透针时常用。如大风门、三江、锁口透开关、抱腮穴等。

2. **针刺深度**　可按每个穴位规定的深度进针，但因患畜体质、病情及针体粗细等条件不同，临证时应有所区别，灵活掌握，一般是病初体壮时可以适当深刺，而病久体弱时不宜深刺；针体细、肌肉厚的部位可以适当深刺，而针体粗、肌肉薄的部位不宜深刺。

（四）进针及运针方法

1. **急刺进针法**　此法多用于宽针、火针、圆利针、三棱针。操作时，一般是一手切穴，一手持针，将针尖对准穴位，然后用轻巧敏捷的手法，一次急刺入穴位。

2. **捻转进针法**　毫针、圆利针多用此法。一般一手切穴，一手持针，先将针尖刺入穴位皮下，然后捻转进针，缓缓刺入穴位。

3. **运针方法**　为了提高治疗效果，在毫针和圆利针等进针之后，可以采取一些增强刺激量的手法，临床上常用以下几种。

（1）提插　提就是当针刺入一定深度后，将针向外、向浅处提拔出一些；插就是将已拔出的针体再向内刺入一些，这样连续操作的手法，就叫提插。快速的提插谓之"捣"。

（2）捻转　当针刺入穴位一定深度后，捻转针柄，使针体不断左右转动的一种手法。单向的捻动针体谓之"搓"，大幅度的搓针，放手使针体自动向回退旋，一搓一放谓之"飞"。

（3）弹　留针期间用手指弹击针尾，使针体微微震动为"弹"。

（4）刮　留针期间，用拇指抵住针尾，以食指或中指指甲轻刮针柄，谓之"刮"。

（五）留针和起针

1. 留针　是进针以后，使针留在穴位内一段时间，主要用于毫针、圆利针及火针。留针的时间，根据病情而定，一般慢性病，特别是慢性疼痛性腰椎病，留针时间应长些，并在留针期间多运针几次，以增强刺激效果，提高疗效；急性和一般病证，只要针刺出现针感反应后即可起针，不必留针。

2. 起针　又叫出针、拔针或退针，常用的方法有两种。

（1）捻转起针法　起针时，一手按穴位皮肤；另一手握针柄，缓缓捻动针体，将针慢慢推进穴位。

（2）抽拔起针法　起针时，一手按压穴位皮肤；另一手握住针柄，将针迅速拔出穴外。

（六）针刺注意事项

1. 施针前应对患畜进行详细检查，根据病情拟定针治方案。血针穴位一般针一次达到放血量即可；毫针和圆利针每天或隔日针一次，5～7天为一疗程，火针穴位一般只能针一次，因此事先要有全面安排。

2. 针刺施术要注意环境条件，尽量避免风尘、阴雨天气，对过饱、大汗、大失血和配种后的患畜，不宜立即施针，妊娠后期母畜应慎重施针。

3. 施针前要选好针具，做好患畜保定和针具、穴位等的消毒工作。施针时，要认真掌握操作规程，注意人畜安全，施针后要告诉畜主注意护理，防止雨水污染针孔化脓。

4. 针治工作结束后，要立即清擦针具，及时维修，针具要保持针柄牢固，针体平直，针尖光滑，针刃锋利。

5. 施针时如出现以下意外情况要认真对待，冷静处理。

（1）弯针　多因患畜骚动或肌肉紧张，进针手法不当引起，此时，术者不应用力拔针，须待动物安静后，顺针弯曲方向缓缓拔出。

（2）滞针　针刺入肌肉后，发生不能捻转，提插的现象称为滞针，多由于局部肌肉紧张引起。此时，应停针片刻，按揉局部，消除紧张，再行施针，或轻轻向相反方向捻转针体，将针拔出。

（3）折针　进针时应留适当长度的针体在体外，以便折针时容易拔出。若出现折针，应设法尽快拔出，如果针体全部折在体内无法拔出时，采用手术方法取出。

（4）血针出血不止 血针放血时，要使针刃与血管平行，以防横断血管。若进针过深，刺伤动脉或切断血管而出血不止时，应采取压迫，钳夹或结扎止血。血针后，如果局部淤血肿胀，可用温敷法或涂以金黄散促其消散。

（5）火针针孔化脓 火针后，一般应用碘酊彻底消毒针孔，或涂以红霉素或四环素软膏等封闭针孔，若出现针孔化脓，应清洁针孔，排尽脓汁，再涂碘酊，必要时，切开排脓。

第三节 灸烙疗法

灸烙疗法，是利用温热或干热，直接或间接作用于患病动物，通过通经活络、祛风散寒等作用，达到治疗疾病的传统疗法。灸法多用于治疗风寒湿痹；烙法多用于筋骨肿硬，关节变形等慢性病，临床常用的灸烙疗法有以下几种。

一、醋麸疗法

应用醋拌麸炒热搭于患部的一种疗法，多用于腰胯风湿。可用麦麸（或醋糟、酒糟）5～10kg，加醋 2～3kg，放在大铁锅中炒，炒至 40～60℃，用手握麦麸成团，放开即散为度，然后装入麻袋中，搭于病畜患部，使袋内麦麸铺平。两袋交替更换，稍冷即换，直至耳后、腋下微微出汗为止。除去麻袋，随即搭上被褥或麻袋等保暖物，静养于暖厩中，防灸后受风寒侵袭，每日一次，连灸 2～3 次。

二、醋酒灸法

应用醋和酒直接灸熨患部的一种方法，又名"火烧战船"或"被火鞍"，实际上是一种大面积的灸熨疗法。

施术时，先将患畜妥善保定在六柱栏内，用温醋刷湿患畜术部被毛（稍大于患部），再取白布或双层纱布，用温醋浸湿后搭于患畜术部。然后在湿布上用注射器等均匀地喷上白酒（或酒精），点烧，让火焰在术部燃烧，反复地喷酒浇醋（火大浇醋、火小喷酒）。或者不用布直接把酒喷洒在已刷湿的被毛上直接点燃，在上述治疗过程中，切勿使敷布及被毛烘干，直至患畜耳根或腋下微微出汗为止。用干麻袋盖灭火焰后，轻轻抽去白布，或再换搭毡被，用绳缚牢，置温暖厩内休养，勿受风寒。本法主治全身性风湿、腰背风湿等，对瘦弱病畜及孕畜应慎用。

三、其他疗法

(一) 艾灸疗法

艾灸是将艾绒制成艾卷或艾柱，点燃后熏着动物穴位或特定部位，以治疗疾病的方法。艾绒由艾叶制成，艾叶气味芳香，易于燃烧，火力均匀，具有温经通脉，驱寒祛邪，回阳救逆的功效。艾灸有艾卷灸、艾柱灸和温针灸三种。

1. 艾卷灸　不受体位的限制，全身各部均可施术。根据操作方法的不同，又可分下列三种：

(1) 温和灸　将艾卷的一端点燃后，在距穴位 0.5～2cm 处持续熏灼，给穴位一种温和的刺激，一般每穴灸 3～5min，直至皮肤出现潮红为度。适于风湿痹痛等证。

(2) 回旋灸　将燃着的艾卷在患部的皮肤上往返、回旋熏灼，用于病变范围较大的肌肉风湿等证。

(3) 雀灼灸　点燃艾卷，对准穴位处，像鸟啄食那样一上一下的移动而施灸。多用于需较强火力施灸的慢性疾病，一般每穴灸 2～5min，此法刺激强烈，施术时注意不要灼伤皮肤。

2. 艾柱灸　又分为直接灸和间接灸两种。

(1) 直接灸　将艾柱直接置于穴位上，点燃，待烧至底部时，再换一个艾柱，每燃尽一个艾柱为一壮，一般治疗以 3～5 壮为宜。

(2) 间接灸　将穿有小孔的姜片、蒜片、附子片或其他药物及食盐等置于艾柱和穴位之间，点燃艾柱对穴位进行熏灼的方法称为间接灸，又称为隔物灸。分为隔姜灸、隔蒜灸、隔盐灸和隔附子灸等。

艾柱灸多用于腰部穴位。

3. 温针灸　是针刺和艾灸相结合的一种疗法。又称烧针柄灸法。即在留针时用艾卷或艾绒烧针柄，使艾火之温热通过针体传入穴位深层，而起到针和灸的双重作用。

(1) 艾卷烧针灸　先将毫针或圆利针刺入穴位，运针得气后，再将一节艾绒套于针柄上点燃，直到艾卷燃完为止。

(2) 艾绒烧针灸　用艾绒缠裹在针柄上点燃，通过针体将热传入穴位的一种灸法。艾绒在针柄上缠不紧时，容易脱落，故兽医临证应用时，多用特制的"艾灸针"施术。

(二) 拔罐疗法

拔火罐疗法是以罐为工具，借助火的热力排去罐中的部分空气，形成负压，使罐吸附于皮肤上造成局部淤血以治疗疾病的一种方法。火罐有竹制火罐、陶瓷罐和玻璃罐，也可根据需要用罐头瓶和药瓶代替。拔罐应选择体表平阔之处，如腰背部、颈部和腹部等。先在局部涂以糨糊，使被毛平顺，不透气。常用的烧罐方法有投火法和闪火法两种。投火法是将纸片或酒精棉球点燃后投入罐中，不等燃尽将罐扣在术部；闪火法是用镊子夹一块酒精棉球，点燃后伸入罐中烧一下，随即取出，而后将罐扣在术部。一般拔罐时间为 15～20min，间隔 2～3 天，连续 2～3 次。常用于腰背风湿、闪伤等，也可用于拔除痈肿疮疡的脓血。

（三）刮痧疗法

也是一种淤血疗法。应用铁皮板制成的刮痧器，也可用旧锄板、铜片、瓷碗片、旧铁勺等代替。先用酒精棉或浓盐水浸过的棉花用力涂擦施术皮肤，再取刮痧器逆毛刮约 10min，以刮至皮肤有淤血斑为度。本法多用于治疗感冒、中暑和中毒等证。

四、烧烙术

烧烙疗法有直接烧烙（画烙）和间接烧烙（熨烙）两种。

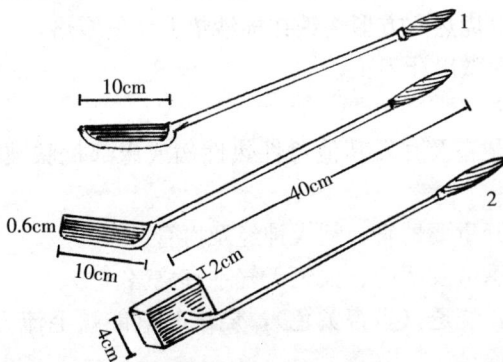

图 13 - 6 烙 铁
1. 刀状烙铁 2. 方形烙铁

（一）直接烧烙

1. 用具 尖头烙铁、方形烙铁各数把（图 13 - 6），食醋 1kg，火炉及燃料等。

2. 操作方法 根据烧烙部位需要，将患畜保定好，然后用烧好的尖头烙铁，根据施术部位勾画出烧烙范围和烙样（图 13 - 7），再用方头烙铁按烙样用腕力均匀移动烙铁，使烙印平直。边烙边喷醋，一次比一次增加刺激量，直至烙印呈黄褐色为止。

3. 适应症 适用于针药久治无效的慢性顽固性筋骨、肌肉和关节疾患等。

（二）间接烧烙

1. 用具 方形烙铁数把（图 13 - 6），方形棉纱垫数个，食醋 1～2kg，火炉及燃料等。

图 13-7　脚蹄病常用画烙图

2. 操作方法　按烧烙部位需要，保定好患畜。将棉纱垫用醋浸湿，固定在施术部位上，然后以烧热的方形烙铁在棉纱垫上反复熨烙，并不断往棉纱垫上浇醋，烧烙至患畜耳根微出汗为止。

（三）注意事项

1. 一般幼畜、孕畜及并发其他急性热性病或患部化脓破溃时均不宜采用烧烙疗法。

2. 烧烙时要避开重要器官、粗大神经及血管。

3. 酷暑和严寒季节及阴雨、大风天气不宜烧烙。

4. 烙铁要磨光，烧透（呈杏黄色），烧烙时只能顺毛流方向，不能来回烙，以防烙破皮肤。

5. 烧烙后要注意护理，避免风寒侵袭，保护术部卫生，烙部可涂些消炎软膏。

6. 烧烙前可适当限饲，烙后可经常轻度使役，或加强牵遛，否则影响效果。

第四节　针灸施术常用保定法

在针灸施术时，为了取穴准确，操作顺利，保证人畜安全，对患畜要进行必要的保定，常用的保定方法有以下几种。

一、马（骡）的保定法

（一）站立保定

1. 拧耳保定法　是用手（或耳夹子、鼻捻子）将患畜耳廓握（夹、套）住，用力拧紧，加以保定的方法，性情温驯和需要短时间保定的患畜多采用本法（图13-8）。

2. 拧唇保定法　是用鼻捻子（或耳夹子）套（夹）在上唇鼻端，并用力拧紧即可，一般患畜用本法即可施针，在进行一些复杂保定法之前也可以利用本法作为初步保定（图13-9）。

图13-8　拧耳保定法　　　　　图13-9　拧唇保定法

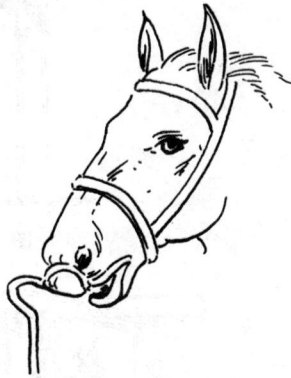

3. 单柱保定法　使患畜头部靠近立柱，根据施术需要确定固定头部的高低，然后将缰绳游离端由柱前绕向柱后，并绕过患畜外侧耳后穿过口角，拉向柱前抽紧，使头部内侧贴近立柱，在将缰绳游离端经柱后在柱与头部之间拉向前方，绕柱一周固定。本法保定效果较好，如再配合拧耳保定、拧唇保定及前、后肢提举保定法等，大部分针刺操作都能进行（图13-10）。

4. 二柱保定法　先将患畜头颈固定在前柱上，用围绳将躯体紧固在二柱栏内，然后再将前后吊绳抽紧打结固定，根据针刺或灸烙需要再进行前肢或后肢提举固定在衬垫的立柱上。

图13-10　单柱保定法

本法对性情暴烈或有恶癖的患畜，以及需要灸烙等施术时间较长的患畜比较适用（图13-11）。

5. 多柱保定法　是将患畜多柱栏内，然后根据施术需要进行必要的保定。本法多用于腹下穴位施术及火针和灸烙等的施术（图13-12）。

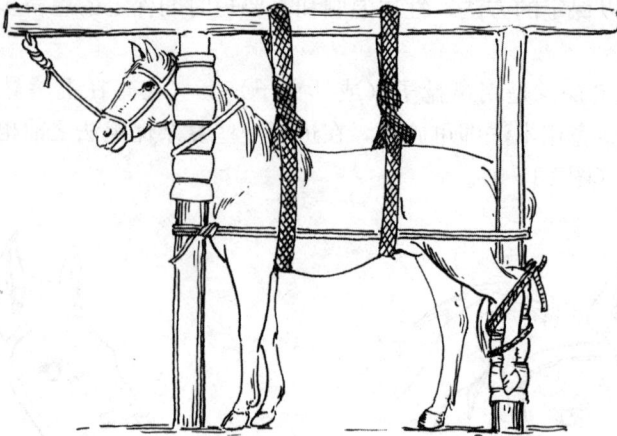

图 13 - 11　二柱保定法

图 13 - 12　六柱保定法

（二）倒卧保定法

采用双抽筋倒马法比较安全（图 13 - 13）。本法是用一条长 12m 左右长绳，中间对折，做一双套结，将两绳套在肩前右侧用短木棒套别固定。将绳的两个游离端同时由前向后在两前肢和两后肢间穿过，并分别向外使绳绕于同侧后肢系部，再在同侧腹下绳上绕 1 周，拉向前方，穿过肩前绳套折回向后拉紧。左侧拉绳者先用力使左后肢提起，然后再两侧同时用力向后拉绳，并使患畜头颈部向右后背侧弯曲，即可使患畜倒向左侧。倒后继续拉紧绳端，保护头部的人员一方面要压住患畜的肩胛前部；一方面要紧握笼头，使患畜口鼻朝天，根据施术要求再固定肢蹄。本法多用于针治滚蹄和灸烙术等。

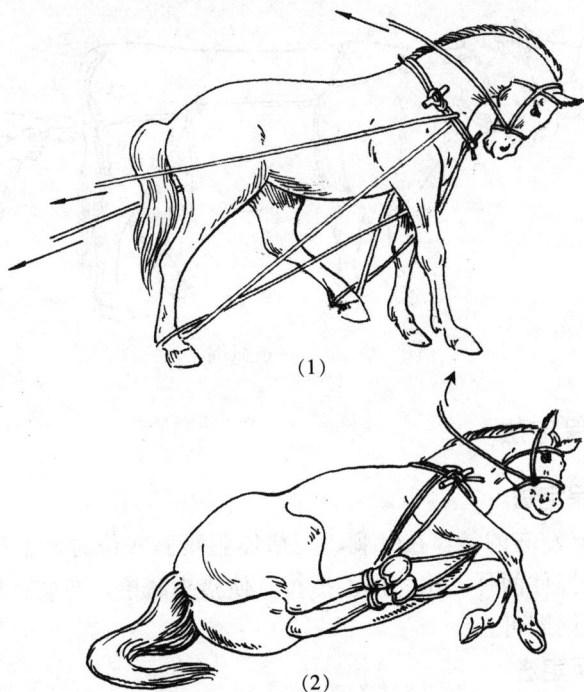

(1)

(2)

图 13-13　双抽筋倒马法

二、牛的保定法

（一）站立保定法

1. 掐鼻保定法　用一手拇指与中、食二指掐住鼻中隔（或用牛鼻钳子钳压鼻中隔向外拉）；另一手握住内侧角尖向外推，使牛头与地面平行即可。本法多用于一般保定及性情比较温驯的牛（图 13-14）。

2. 单柱保定法　用长缰绳缚于牛的角根，再用缰绳的游离端绕立柱数周，把牛角和立柱固定在一起。本法再配合掐鼻法保定效果更好，可进行大部分穴位施术。

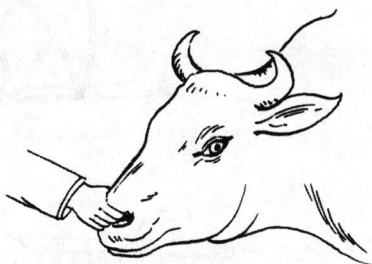

图 13-14　掐鼻保定法

（二）倒卧保定法

先用 10 余米长绳一条，一端固定在两角根部；另一端在胸部绕一周并在前方绳下穿过，再在胺部绕一周，也在前方绳下穿过，使胸腹部两个绳圈的交叉点均排列在非倒卧的一方，然后往后拉绳，即可使牛卧倒，牛倒后继续把绳拉紧，切勿松动，尽快将肢蹄捆扎固定（图 13 - 15）。

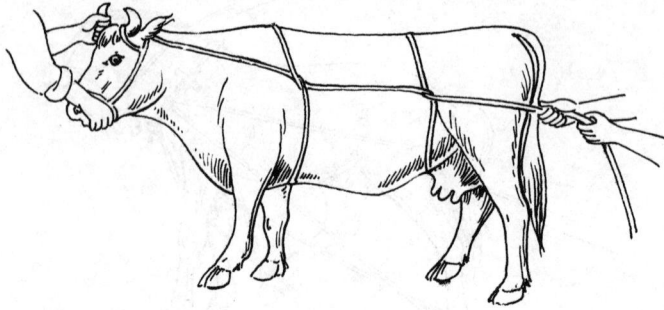

图 13 - 15　一条绳倒牛法

三、猪的保定法

（一）提耳保定法

体重在 25kg 左右的猪，在针刺、灸烙体躯腹侧穴位时可采用本法固定。保定时可在猪侧方握住两耳，用力往上提拉，使猪头高抬，两前肢悬空，保定人用两腿夹住猪的脊梁即可。

（二）网架保定法

用两根长木棍，中间用细绳绕成网，似担架状，用时将网架在两条长凳上，将猪按站立姿势放在网架上，因其四肢不能着地，可起到保定作用（图 13 - 16）。

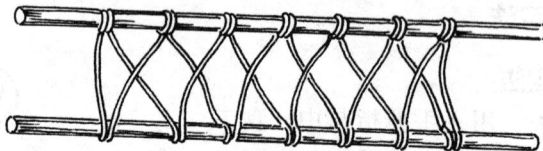

(1)

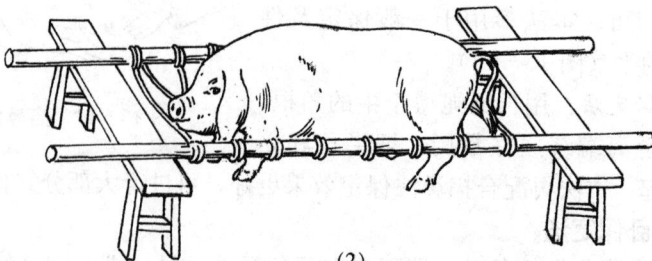

(2)

图 13 - 16　猪网架保定法

第十四章　常用针灸穴位

本章选取一些临床较常用和疗效较高的穴位进行介绍。各穴位及针刺深度等均以中等体型、中等膘情的成年蒙古马、牛和国产中等体型的成年猪为标准。其他畜禽需要针灸治病时，除了已介绍的穴位外，也可仿照马、牛和猪的有关穴位和主治进行定穴施术，或参照有关专著。

第一节　马的常用针灸穴位

表14-1　马常用针灸穴位

编号	穴名	穴位	针法	主治
1	大风门	门鬃下缘为主穴，各向斜下方旁开3cm为二副穴，三穴构成正三角形	毫针、圆利针或火针由下向上平刺3cm，或点烙或间接烧烙	破伤风，脑黄，脾虚湿邪，心热风邪
2	天门	耳根连线中间，枕寰关节背侧的凹陷中	圆利针或火针向下方刺2~3cm，毫针3~4cm或艾灸、火烙	感冒、脑黄、黑汗风，破伤风
3	耳尖	耳背侧尖端的静脉上	捏紧耳尖，使血管怒张，小宽针或三棱针刺破血管	冷痛、感冒、中暑
4	上关	下颌关节后上方凹陷中	圆利针或火针向内下方刺入3cm	歪嘴风，牙关紧闭，下颌脱白
5	下关	下颌关节下方，外眼角后上方凹陷中	圆利针或火针向内上方刺入3cm	歪嘴风，牙关紧闭，下颌脱白
6	太阳	外眼角后方约3cm处的血管上	低头保定，小宽针或三棱针顺血管刺入1cm，出血	肝热传眼，肝经风热，中暑，脑黄
7	垂睛	眼眶上方的颞窝正中凹陷处	圆利针向下平刺2cm	肝经风热，肝热传眼
8	睛俞	上眼睑正中，框上突下缘	下压眼球，毫针向内上方刺入3~6cm	肝经风热、肝热传眼、睛生翳膜
9	睛明	下眼睑泪骨上缘，内眼角外侧皮肤褶上	上推眼球，毫针向内下方沿泪骨刺入3cm	肝经风热、肝热传眼、睛生翳膜
10	开天	眼球黑白睛交界处	固定头部，冷水冲眼或表面麻醉，使眼球不动，用三弯针急刺0.3cm，虫体随房水流出	浑睛虫病

（续）

编号	穴名	穴　位	针　法	主　治
11	三江	内眼角下方约3cm的眼角静脉分叉处	低栓马头，三棱针或小宽针向上刺入1cm，出血	冷痛，肚胀，肝经风热，肝热传眼
12	开关	口角向后的延长线与咬肌相交处，即第四上下臼齿间的颊肌内	圆利针或火针向后上方平刺2~3cm，毫针9cm，或间接烧烙	破伤风，歪嘴风，面颊肿胀
13	锁口	口角后上方约2cm的口轮匝肌的外缘	圆利针、毫针向开关穴平刺3~5cm，或灸烙	破伤风，歪嘴风，锁口黄
14	姜牙	鼻孔外侧缘下方，鼻翼软骨顶端处	切开皮肤，将鼻软骨割去一角，或以中宽针刺入姜牙骨，挑拨数次	冷痛及其他腹痛
15	鼻前（降温）	两鼻孔下缘连线上，鼻内翼内侧1cm	毫针或圆利针直刺1~3cm，捻针后可适当留针	高热、感冒，中暑，过劳
16	分水	上唇外面正中的旋毛处	小宽针或三棱针直刺2cm，出血	冷痛，中暑及其他腹痛
17	承浆	上唇正中，距下唇边缘约3cm的凹陷处	小宽针或圆利针向上刺入1cm	歪嘴风，唇龈肿痛，流涎癣
18	玉堂	口角上腭第三腭褶中点旁开1.5cm处	拉舌保定，用三棱针或小宽针刺入1cm，用盐擦之	胃热，舌疮，中暑，上腭肿胀
19	通关	舌体腹侧	将舌体翻转拉出口外，三棱针点刺出血，后用冷水冲之	木舌，舌疮，胃热慢草，黑汗风
20	风门	耳根后3cm，距鬣毛下约6cm，寰椎翼前缘凹陷中	毫针向内下方刺入6cm，或灸、火烙	破伤风，颈风湿，风邪证
21	伏兔	耳根后约6cm，距鬣毛下约4.5cm，寰椎翼后缘凹陷处	毫针向内下方刺入6cm，或灸、火烙	破伤风，颈风湿，风邪证
22	颈脉（鹘脉、大血）	颈静脉沟上、中1/3交界处的颈静脉上	压迫穴位下方，使血管怒张，用针锤装大宽针速刺1cm，出血	中暑、中毒，脑黄、胸黄、肺热和其他热性病
23	九委	颈侧菱形肌下缘弧形肌沟内，上上委在伏兔穴后下方3cm，距鬣下缘约3.5cm处，下下委在膊尖穴前4.5cm，两穴之间八等分，分点处为其余七穴	毫针直刺4.5~6cm，火针2~3cm	颈风湿，破伤风
24	鬐甲	鬐甲最高点前方凹陷中（3、4胸椎棘突中）	毫针和圆利针向下刺入6~9cm，火针3~4cm	咳嗽，气喘，鬐甲肿胀，腰背风湿
25	百会	腰荐结合部的凹陷中	毫针直刺6~8cm，火针或圆利针直刺3~4cm	腰胯闪伤、风湿，寒伤腰胯，腹痛

（续）

编号	穴名	穴 位	针 法	主 治
26	尾根 （追风）	1、2尾椎棘突间的凹陷中	圆利针、火针直刺1～2cm， 毫针2～3cm	腰胯闪伤，腰胯风湿
27	尾尖	尾巴末端	中宽针直刺2～3cm，出血	冷痛，中暑，感冒
28	后海	肛门上、尾根下的凹陷中	圆利针向前上方刺9cm，毫针 12～18cm	肚胀、泄泻、直肠麻痹
29	莲花	肛门括约肌上	宽针点刺，挤去血水，刮去风 皮、腐肉，矾水洗净、整复、 固定	脱肛
30	肾俞	百会穴旁开6cm	火针或圆利针直刺3cm	腰痿，腰胯风湿，闪伤腰胯
31	肾棚	肾俞穴直前6cm	同肾俞穴，并可与肾俞穴相互 透刺	腰痿，腰胯风湿，闪伤腰胯
32	肾角	肾俞穴直后6cm	同肾棚穴	同肾棚穴
33	八窌	1、2、3、4荐椎棘突后缘旁开 4cm处	圆利针或火针向内下方斜刺 2.5～3cm	腰痿，腰胯风湿，腰挫伤， 垂缕不收
34	关元俞	最后肋骨后缘距背中线14cm 的肌沟中	圆利针或火针直刺2～3cm， 毫针6～8cm	肚胀，泄泻，结症，冷痛
35	脾俞	倒数第3肋间，距背中线14cm 处肌沟中	圆利针或火针斜向内下方刺 2～3cm，毫针3～5cm	胃冷吐涎，泄泻，肚胀，结 症，冷痛
36	肝俞	倒数第5肋间，与肩端到臀端 的连线交点上	圆利针或火针直刺2～3cm， 毫针斜刺3～5cm	黄疸，肝经风热，肝热传眼
37	肺俞	倒数第9肋肩与肩端到臀端的 连线交点上	圆利针或火针斜向下刺2～ 3cm，毫针斜刺4～5cm	肺热咳嗽，劳伤咳嗽
38	肷俞	右侧肷窝中	局部消毒，套管针穿肠放气	气胀
39	前槽	胸壁右侧倒数第13肋骨前缘， 左侧倒数第12肋骨前缘，带脉 上方约1.5cm	用宽针切开皮肤，插入放水 针，放出胸水	胸水
40	带脉	肘突后约6cm处的胸外静脉上	中宽针速刺1cm，出血	冷痛，中暑，中毒，肠黄
41	穿黄	胸前正中下缘皮折上	用穿黄针穿通皮肤，穴内系绳 或点刺	胸黄
42	云门	脐前9cm，腹中线两侧 1.5cm处	大宽针刺破皮肤，将放水针插 透腹膜，放出腹水	宿水停脐

（续）

编号	穴名	穴 位	针 法	主 治
43	弓子	肩胛软骨上缘正中点直下方约10cm处	向穴内注满气体，手压使之扩散	肩膊麻木，肩膊肌肉麻痹
44	膊尖	肩胛软骨与肩胛骨结合部前角的凹陷处	圆利针或火针沿肩胛骨内缘向后下方刺6cm，毫针12cm	肩膊风湿，肩胛麻痹，肺气把膊
45	膊栏	肩胛软骨与肩胛骨结合部后下角的凹陷处	圆利针向前下方斜刺3cm	肩膊风湿，肩胛麻痹，肺气把膊
46	肺门	肩胛骨前缘，膊尖穴前下方12cm处	圆利针或火针沿肩胛骨内侧向后下方刺入3～5cm，毫针8～10cm	肺气把膊，寒伤肩膊，肩膊痛，肩膊麻痹
47	肺攀	肩胛骨后缘，膊栏穴前下方12cm处	圆利针或火针沿肩胛骨内侧向前下方刺入3～5cm，毫针8～10cm	肺气把膊，寒伤肩膊，肩膊痛，肩膊麻痹
48	抢风	肩关节后下方最深凹陷处，三角肌后缘与臂三头肌长头和外头形成的凹陷处	圆利针或火针直刺3～4cm，毫针6～8cm	前肢风湿、肿痛、麻痹，闪伤夹气
49	天宗	肩胛软骨上缘正中与抢风穴连线中、下1/3交点，肩胛骨后缘肌沟中	圆利针或火针直刺3～4cm，毫针6～8cm	前肢风湿、肿痛、麻痹，闪伤夹气
50	冲天	抢风穴后上方约6cm的凹陷中，肩胛骨后缘中部	圆利针或火针直刺3～4cm，毫针6～8cm	前肢风湿、肿痛、麻痹，闪伤夹气
51	肩贞	冲天穴前方、肩胛骨后缘肌沟中，抢风穴前上方6cm处	圆利针或火针直刺3～4cm，毫针6～8cm	前肢风湿、肿痛、麻痹，闪伤夹气
52	肩井	肩端，臂骨大结节处上缘的凹陷中	圆利针或火针向后下方斜刺3～4.5cm，毫针6～8cm	肩闪伤，肩麻痹，前肢风湿
53	胸堂	胸骨两旁，腋窝前方臂头静脉上	高抬头，中宽针顺血管速刺1cm，出血	胸膊痛，心经热，前肢闪伤
54	夹气	腋窝正中	宽针刺透皮肤，用夹气针向抢风穴方向插入20～25cm，出针后，摇动患肢数次	闪伤夹气，前肢慢性跛行
55	肘俞	肘头前方凹陷中	圆利针或火针直刺3～4cm	肘部肿胀，肩膊麻痹，肘部风湿

（续）

编号	穴名	穴　位	针　法	主　治
56	雁翅	髋关节最高点至肾棚穴连线的中点	圆利针或火针，直刺 3～4cm	腰胯痛，雁翅痛
57	巴山	百会穴与股骨大转子连线的中点处	圆利针或火针直刺 3～4cm，毫针 10～12cm	后肢风湿、麻痹，腰胯风湿、闪伤
58	大胯	股骨大转子前下方约 6cm 的凹陷中	圆利针或火针沿股骨前缘向后下方斜刺 3～4.5cm，毫针6～8cm	后肢风湿，闪伤腰胯
59	小胯	股骨第三转子（大胯下尖）斜下方的凹陷中	圆利针或火针沿股骨前缘向后下方直刺 3～4.5cm，毫针6～8cm	后肢风湿，闪伤腰胯
60	邪气	尾根切迹平位与股二头肌相交处	圆利针或火针直刺 3～4.5cm，毫针 6～8cm	后肢风湿，麻木，腰胯闪伤
61	汗沟	邪气穴下 6cm 的同一肌沟中	圆利针或火针直刺 3～4.5cm，毫针 6～8cm	后肢风湿，麻木，腰胯闪伤
62	仰瓦	汗沟穴下 6cm 的同一肌沟中	圆利针或火针直刺 3～4.5cm，毫针 6～8cm	后肢风湿，麻木，腰胯闪伤
63	牵肾	仰瓦穴下 6cm 的同一肌沟中	圆利针或火针直刺 3～4.5cm，毫针 6～8cm	后肢风湿，麻木，腰胯闪伤
64	肾堂	股内侧距大腿根 12cm 隐静脉上	中宽针顺血管速刺 1cm，出血	外肾黄，五攒痛，后肢风湿
65	掠草	膝盖骨后下缘，膝中、外直韧带间的凹陷中	圆利针向后上方斜刺 3～4.5cm，毫针 6	后肢风湿，掠草痛
66	后三里	掠草穴后下方约 7cm 肌沟中	圆利针或火针斜向下刺 2～4cm，毫针 4～6cm	脾胃虚弱，后肢肿痛，后肢风湿
67	缠腕	球节上缘内侧和外侧，筋前骨后的血管上	中宽针顺血管直刺 1cm	缠腕痛，板筋肿痛
68	滚蹄	系部正中凹陷处	侧卧保定，宽针刺入 1cm，拨动针尖割断部分曲肌腱，直至蹄形矫正为止，固定包扎	滚蹄
69	蹄头	蹄叉上缘皮肤有毛与无毛交界处	中宽针装针锤上速刺 1cm，出血	蹄黄，中暑，蹄头痛，五攒痛
70	垂泉	蹄底部	挖净蹄心，除去坏死组织，填塞烛心，再用沸油灌注或黄蜡烧烙封闭患部	漏蹄

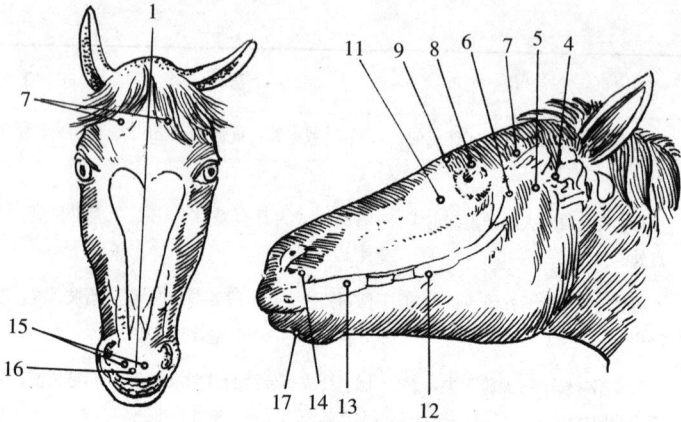

图 14-1 马头部常用穴位

1. 大风门 4. 上关 5. 下关 6. 太阳 7. 垂睛 8. 睛俞 9. 睛明
11. 三江 12. 开关 13. 锁口 14. 姜牙 15. 鼻前 16. 分水 17. 承浆

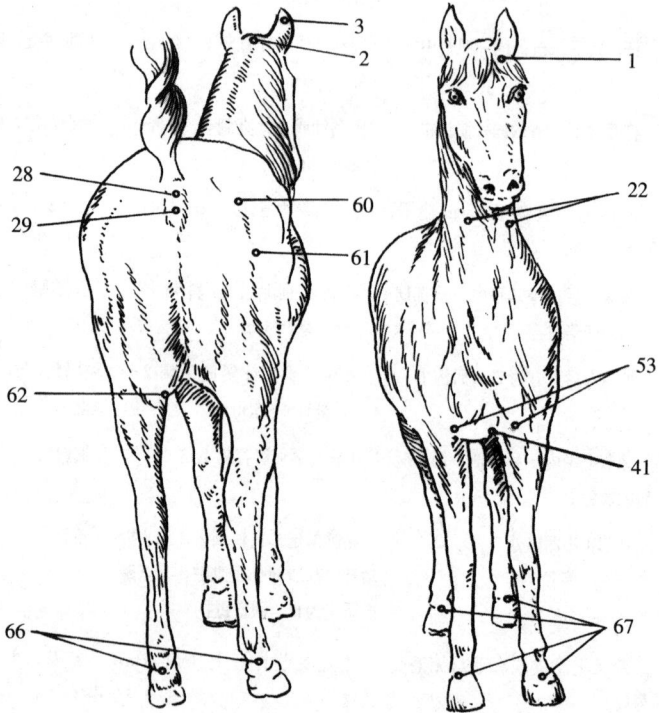

图 14-2 马前后面常用穴位

1. 大风门 2. 天门 3. 耳尖 22. 颈脉 28. 后海 29. 莲花
41. 穿黄 53. 胸堂 60. 邪气 61. 汗沟 62. 仰瓦 66. 后三里 67. 缠腕

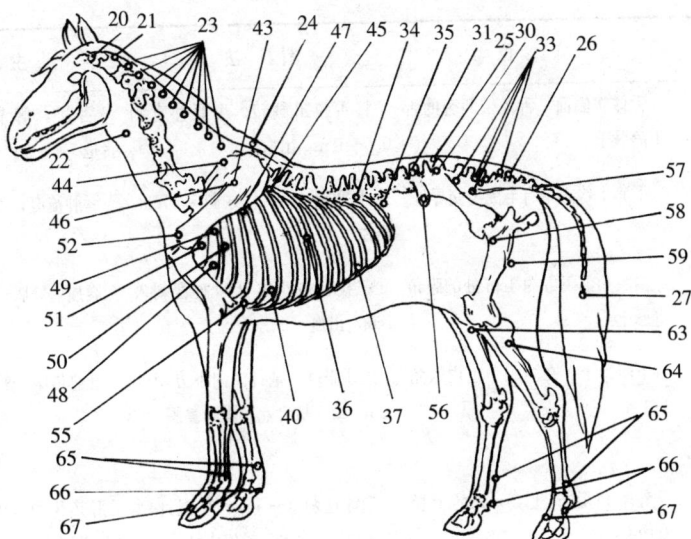

图 14-3　马前后面常用穴位

20. 风门　21. 伏兔　22. 颈脉　23. 九委　24. 鬐甲　25. 百会　26. 尾根
27. 尾尖　30. 肾俞　31. 肾棚　33. 八窌　34. 脾俞　35. 关元俞　36. 肺俞
40. 带脉　43. 弓子　44. 膊尖　45. 膊栏　46. 肺门　47. 肺攀　48. 抢风
49. 天宗　50. 冲天　51. 肩贞　52. 肩井　55. 肘俞　56. 雁翅　57. 巴山
58. 大胯　59. 小胯　63. 牵肾　64. 肾堂　65. 掠草　66. 后三里　67. 缠腕

第二节　牛的常用针灸穴位

表 14-2　牛的常用针灸穴位

编号	穴名	穴位	针法	主治
1	天门	两角根背侧连线中点后方的凹陷处	火针、小宽针、圆利针向后下方斜刺 3cm，毫针刺入 3～6cm 或烧烙	脑黄，感冒，破伤风
2	山根（分水、人中）	鼻镜上缘正中有毛无毛交界处为主穴，副穴在左右鼻孔背角处	小宽针向后下方斜刺 1cm，出血	腹痛，中暑，感冒，咳嗽
3	顺气（嚼眼）	口内硬腭前端，切齿乳头两侧的鼻腭管开口处	将去皮节的柳条、榆条徐徐插入 20～30cm，剪去外露部分，停留一段时间	肚胀，感冒，睛生翳膜

（续）

编号	穴名	穴 位	针 法	主 治
4	通关 （知甘）	舌体腹侧面，舌系带两旁的舌下静脉上	将舌拉出翻转，小宽针直刺 0.5~1cm，出血	舌肿，脾胃不和，中暑，舌疮
5	承浆 （命牙）	下唇下缘正中有毛无毛交界处	小宽针向后上方斜刺 1cm，出血	唇肿流涎，五脏积热，慢草
6	三江	内眼角前下方约 4cm 处的眼角静脉上	三棱针或小宽针顺血管刺入 1cm，出血	腹痛，肚胀
7	睛明 （睛灵，泪堂）	下眼睑上，在两眼角近内眼角 1/3 处	上压眼球，毫针向内下方刺入 3cm，或三棱针点刺眼睑黏膜	肝热传眼，肝经风热
8	太阳	外眼角后方约 3cm 处的上颞窝中	毫针直刺 3~6cm，小宽针刺入 1~2cm 出血，或施水针	肝热传眼，中暑，感冒，癫痫，睛生翳膜
9	耳尖	耳壳背面，距耳尖 3cm 处的三条静脉上	中宽针或三棱针刺破血管出血	中暑，脑病，感冒
10	耳根	耳根后方凹陷内	圆利针向内下方刺入 2cm	感冒，过劳
11	风门	距耳根穴下方约 6cm 处	圆利针向内下方斜刺 3cm	破伤风，感冒
12	颈脉 （大脉、鹘脉）	颈静脉上、中 1/3 交界处	大宽针顺血管速刺 1cm，出血	中暑，脑黄，中毒，实热证
13	丹田	第 1、2 胸椎棘突间的凹陷处	小宽针、圆利针或火针向前下方刺入 3cm，毫针 6cm	中暑，肩痛，前肢风湿
14	鬐甲 （三台）	背中线上，第 3、4 胸椎棘突间	小宽针或火针向前下方刺入 2~3cm，毫针 4~5cm	前肢风湿，肺热咳嗽，肩部肿痛
15	三川	背中线上，第 5、6 胸椎棘突间的凹陷中	圆利针向前下方斜刺 3cm	腹痛，泄泻
16	安福 （通筋）	背中线上，第 10、11 胸椎棘突间的凹陷中	圆利针向前下方斜刺 3cm	肺热，腹泻，风湿症
17	天平 （断血）	背中线上，最后胸椎与第 1 腰椎棘突间的凹陷中	圆利针向前下方斜刺 3cm	肠黄，尿闭，阳痿，尿血，便血及一切出血证
18	安肾	第 3、4 腰椎棘突间的凹陷处	圆利针、小宽针或火针直刺 3cm，毫针 3~5cm	尿闭，胎衣不下，腰胯痛

（续）

编号	穴名	穴 位	针 法	主 治
19	百会 （千金）	腰荐十字部，即最后腰椎与第1荐椎棘突的凹陷中	小宽针、火针或圆利针直刺3～4.5cm，毫针直刺6～9cm	腰胯闪伤、风湿，两便不利，后驱麻痹
20	尾根	荐椎与尾椎结合部	圆利针、小宽针、火针直刺1～2cm，毫针3cm	脱肛，子宫脱，热泻
21	开风 （追风）	尾根穴前一节的凹陷中	小宽针，圆利针，毫针向前斜刺2～3cm	中暑，尿闭，风湿痛，不孕症
22	后海 （交巢）	肛门与尾根下方之间的凹陷中	圆利针或火针斜向前上方刺入4～6cm，毫针8～10cm	久痢，泄泻，胃肠热结，脱肛，不孕症
23	尾本	尾根部腹侧6cm处的血管上	中、小宽针向上斜刺1cm，出血	腹痛，便秘，尾瘫
24	尾尖 （垂珠）	尾尖处	小宽针刺破尾尖出血	中暑，中毒，感冒
25	肾棚 （腰带、腰中）	肾俞穴直前方约6cm处	圆利针，火针，毫针直刺3～4cm	腰胯风湿
26	肾俞 （左归尾、右归尾）	百会穴旁开6cm处	小宽针、圆利针或火针直刺3cm，毫针4.5cm	腰胯风湿，腰背挫伤
27	脾俞	倒数第3肋间，髂骨翼上角水平线上	小宽针、圆利针或火针向内下方刺入3cm，毫针6cm	前胃迟缓，消化不良、肚胀积食，泄泻
28	六脉	倒数第1、2、3肋间，髂骨翼上角水平线上	小宽针、圆利针或火针向内下方刺入3cm，毫针6cm	前胃迟缓，消化不良、肚胀积食，泄泻
29	关元俞 （肚角）	最后肋骨后缘与第一腰椎横突之间的髂肋肌沟中	小宽针、圆利针或火针向内下方刺入3cm，毫针4.5cm，亦可向背椎方向刺入6～9cm	慢草，肚胀，泄泻，便秘，积食
30	肷俞 （饿眼）	左侧肷窝正中	套管针或大号采血针向内下方刺入6～9cm，徐徐放气	气胀
31	带脉	肘后10cm处的胸外静脉上	中宽针顺血管速刺1cm，出血	肚胀，尿闭
32	滴明	脐前约15cm，腹中线旁开12cm处的腹壁皮下静脉上	中宽针顺血管刺入1cm，出血	肚胀，奶黄，尿闭

（续）

编号	穴名	穴　位	针　法	主　治
33	云门 （海门、 天枢）	肚脐旁开 3cm 处	宽针刺通皮肤，再插入放水针导出宿水或水肿处点刺	腹水，尿闭，腹下水肿
34	轩堂 （前通膊）	鬐甲两侧肩胛软骨上缘正中	圆利针向下方斜刺 9cm	闪伤夹气，脱膊
35	膊尖 （雁翅、 云头）	肩胛软骨前角的凹陷处	圆利针向软骨内侧斜刺 6cm	前肢闪伤，前肢麻痹，脱膊
36	膊栏 （滋元、 爬壁）	肩胛软骨后下角的凹陷处	圆利针向前下方斜刺 3cm	前肢闪伤，前肢麻痹，脱膊
37	抢风 （中腕）	肩关节后下方，三角肌后缘与臂三头肌长头和外头形成的凹陷处	小宽针、圆利针或火针直刺3～4.5cm，毫针 6cm	前肢风湿，肿痛，麻痹，闪伤夹气
38	冲天	抢风穴斜上方 6cm 的肌沟中	圆利针，小宽针，火针直刺 3cm	前肢风湿，麻木，脱膊
39	肩井	肩关节前上方凹陷中	圆利针内下方斜刺 3cm	脱膊，前肢风湿，肩膊麻痹
40	胸堂	胸骨两旁，腋窝前方臂头静脉上	中宽针顺血管速 1cm，出血	胸膊痛，脱膊，心肺积热，中暑
41	夹气	腋窝正中	同马夹气穴	闪伤夹气
42	大转	股骨大转子正前方约 6cm 的凹陷处	小宽针，圆利针或火针直刺3～4.5cm，毫针 6cm	后肢风湿，麻痹闪伤
43	大胯	股骨大转子前斜下方的凹陷处	圆利针或火针向后下方刺入3～4.5cm，毫针向后下方 6cm	后肢风湿，闪伤腰胯，后肢麻木
44	小胯	股骨大转子正下方约 6cm 的凹陷处	圆利针或火针向后下方刺入3～4.5cm，毫针向后下方 6cm	后肢风湿，闪伤腰胯，后肢麻木
45	邪气 （黄金）	股骨大转子和坐骨结节直线与股二头肌相交处	小宽针，圆利针或火针直刺3～4.5cm，毫针 6cm	后肢风湿，麻木，腰胯闪伤
46	阳陵 （后通膊）	膝关节后缘的凹陷中	圆利针或火针直刺 3～4cm，毫针 6cm	后肢风湿麻痹，掠草痛
47	掠草	膝盖骨后下缘偏外方的凹陷中	圆利针向后上方斜刺 4cm	后肢风湿，膝关节扭伤

（续）

编号	穴名	穴　位	针　法	主　治
48	肾堂	股内侧隐静脉上，膝盖骨上缘水平线上	中宽针顺血管速刺1cm，出血	外肾黄，五攒痛，后肢风湿
49	曲池（承山）	跗关节背侧偏外侧的凹陷中的血管上	中宽针顺血管刺入1cm出血	后肢风湿，合子肿痛
50	缠腕	四肢悬蹄上方约3cm的凹陷中	中宽针直刺1cm	球节肿痛，蹄黄扭伤，
51	涌泉（滴水）	蹄叉前缘正中，稍上方的凹陷处	中宽针向后斜刺1cm，出血	蹄肿，扭伤，中暑，感冒
52	蹄头（八字、窨子）	蹄叉两侧，有毛与无毛交界处	中宽针向后下方刺入1cm，出血	蹄黄，中暑，腹痛

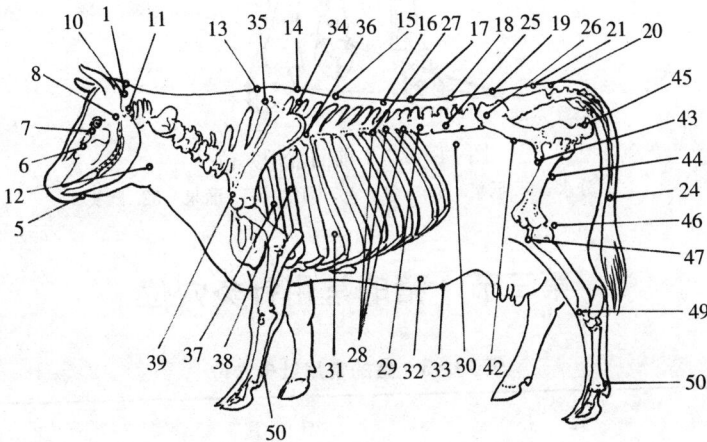

图 14-4　牛侧面常用穴位

1. 天门　5. 承浆　6. 三江　7. 睛明　8. 太阳　10. 耳根　11. 风门　12. 颈脉
13. 丹田　14. 鬐甲　15. 三川　16. 安福　17. 天平　18. 安肾
19. 百会　20. 尾根　21. 开风　24. 尾尖　25. 肾棚　26. 肾俞
27. 脾俞　28. 六脉　29. 关元俞　30. 肷俞　31. 带脉　32. 滴明
33. 云门　34. 轩堂　35. 膊尖　36. 膊栏　37. 抢风　38. 冲天
39. 肩井　42. 大转　43. 大胯　44. 小胯　45. 邪气　46. 阳陵
47. 掠草　49. 曲池　50. 缠腕

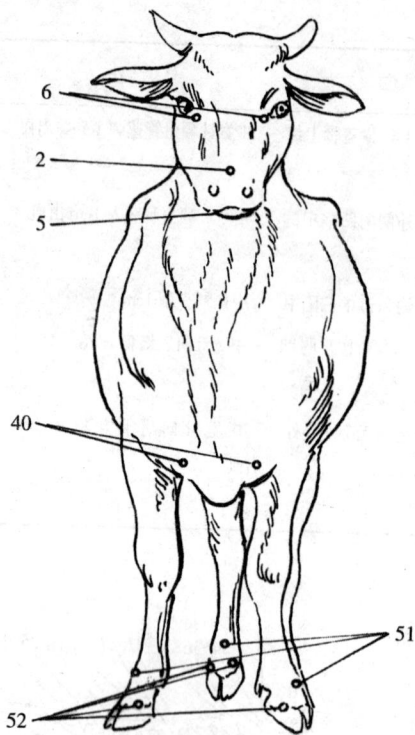

图 14-5　牛前面常用穴位

2. 分水　5. 承浆　6. 三江　40. 胸堂　51. 涌泉　52. 蹄头

第三节　猪的常用针灸穴位

表 14-3　猪的常用针灸穴位

编号	穴名	穴　位	针　法	主　治
1	风门	耳根后下方，环椎翼前缘下方凹陷处	圆利针向后下方斜刺 2~3cm	中暑、感冒、破伤风
2	耳尖（血印）	耳背距耳尖 3cm 血管上	小宽针刺破血管，出血或在耳尖部剪口放血	中暑、中毒、感冒、腹痛
3	天门	两耳根后缘连线中点，即枕寰关节背侧正中点的凹陷处	毫针、圆利针或火针向后下方斜刺 3~6cm	中暑、感冒、脑炎、破伤风
4	睛俞	上眼睑下缘正中，眶上突下缘	下压眼球，毫针向内上方斜刺 2cm	肝热传眼、睛生翳膜

（续）

编号	穴名	穴 位	针 法	主 治
5	脑俞 （透脑）	下颌关节前上缘，太阳穴后上方凹陷处	圆利针、毫针向下方斜刺3cm	脑黄、癫痫、感冒
6	太阳	外眼角后上方3cm凹陷处	低头保定，以小宽针刺入血管，出血	肝热传眼、中暑、癫痫
7	开关 （牙关、颊车）	口角后方，咬肌前缘，最后一对臼齿之间	圆利针、毫针向后上方斜刺3cm或灸烙	牙口紧闭、口眼歪斜、腮颊肿痛
8	锁口 （口角）	口角后方2cm的口轮匝肌外缘处	毫针或圆利针向前下方刺入1～3cm，或向后上方平刺3～4cm	破伤风、歪嘴风、中暑、感冒、热性病
9	鼻梁 （分水、鼻中）	两鼻孔之间，鼻中隔正中处	小宽针或三棱针直刺0.5cm出血	感冒、肺热等热性病
10	山根 （人中）	吻突上缘弯曲部正中为主穴，两侧旁开1.5cm为副穴	小宽针或三棱针直刺0.5～1cm，出血	感冒、肺热等热性病
11	玉堂	口腔内，上颚第三颚褶正中离开0.5cm处	开口保定，三棱针斜刺0.5cm，出血	心肺积热，胃火、舌疮
12	喉门 （锁喉）	第一气管轮两侧凹陷中	圆利针直刺1～2cm	嗓黄、咽喉麻痹
13	大椎	第1胸椎前缘与第7颈椎棘突间凹陷处	毫针、圆利针或小宽针稍向前下方斜刺3～5cm	癫痫、脑黄感冒、呕吐气喘
14	鬐甲 （身柱）	第3、4胸椎棘突凹陷处	毫针、圆利针或小宽针稍向前下方斜刺3～5cm	脑黄、癫痫、感冒、咳嗽
15	苏气	第4、5胸椎棘突间凹陷处	毫针、圆利针或小宽针稍向前下方斜刺3～5cm	肺火、气喘、咳嗽、感冒
16	断血 （天平）	最后胸椎与第1腰椎棘突间的凹陷处为主穴，向前，向后移1脊椎为副穴	毫针或圆利针直刺2～3cm	尿血，便血、衄血、阉割后出血
17	肾门	第3、4腰椎棘突间的凹陷处	毫针或圆利针直刺2～4cm	腰胯风湿，内肾黄，尿闭
18	百会 （千金）	腰荐结合部的凹陷处	毫针、圆利针或小宽针直刺3～5cm或灸烙	腰胯风湿、瘫痪、抽风

（续）

编号	穴名	穴位	针法	主治
19	尾根	最后荐椎与第1尾椎之间	毫针，圆利针直刺1～2cm	后肢风湿，实热证
20	尾尖	尾尖顶端	小宽针刺破，出血	中暑，腹痛，感冒
21	六脉	倒数第1、2、3肋间，距脊中线6cm的髂肋肌沟中	毫针，圆利针或小宽针向下方斜刺2～3cm	脾胃虚弱，腰麻痹
22	肺俞	倒数第6肋间，距脊中线6cm的髂肋肌沟中	毫针，圆利针或小宽针向下方斜刺2～3cm	肺热咳嗽，感冒
23	关元俞	最后肋骨后缘与第1横突间的髂肋肌沟中	圆利针，毫针向内下方斜刺2～4cm	便秘，泄泻，食欲不振，积食，腰风湿
24	后海（交巢）	尾根与肛门之间的凹陷处	毫针或圆利针向前上斜刺3～9cm	腹泻，便秘，消化不良，脱肛
25	莲花	脱出的直肠黏膜上	参照马的莲花穴巧治方法	脱肛
26	膻中（理中）	胸骨后方，两前肢正中	毫针，圆利针或小宽针向前上方刺入2～3cm，艾灸5min	咳嗽气喘
27	三脘	胸骨后缘与脐连线分四等份，分为上中、下脘	圆利针向前上方斜刺2cm，或灸疗	咳嗽气喘
28	海门（天枢）	肚脐旁开，肚脐与乳列的中点	圆利针或毫针直刺2cm或灸疗	仔猪拉稀，尿闭，肚底黄
29	膊尖（肩冲）	肩胛软骨前角的凹陷处	圆利针向后下方斜刺3cm	肩膊肿痛，肩膊麻痹，肩膊风湿
30	膊栏	肩胛软骨后角的凹陷处	圆利针向前下方斜刺3cm	咳嗽气喘，肩胛风湿
31	抢风（肱俞）	肩关节后方，三角肌后缘，臂三头肌长头和外头形成的凹陷处	毫针、圆利针或小宽针直刺2～4cm	肩臂部及前肢风湿，前肢扭伤、麻痹
32	七星（曲尺）	腕后内侧的黑点上	将前肢提起，毫针或圆利针刺入1～1.5cm或刮痧灸	腕肿，风湿，饲料中毒
33	大胯	股骨大转子前下方3cm处的凹陷处	毫针、圆利针直刺2～3cm	后肢风湿，瘫痪闪伤
34	小胯	股骨后缘，大胯穴后下方	毫针、圆利针直刺2～3cm	后肢风湿，瘫痪闪伤
35	后三里	膝盖骨外侧后下方约6cm的凹陷处	毫针或圆利针向腔腓骨间刺入3～4.5cm，或艾灸3～5min	食欲不振，腹泻，后肢瘫痪

（续）

编号	穴名	穴 位	针 法	主 治
36	缠腕 （寸子）	四肢悬蹄内外悬蹄侧面稍上方的凹陷中	小宽针直刺1～2cm	球节扭伤，风湿症，蹄黄，中暑
37	涌泉 （滴水）	蹄叉正中，上方约2cm处的凹陷处	小宽针向后上方刺入1～1.5cm，出血	蹄黄，风湿，扭伤，中毒，中暑，感冒
38	蹄头 （八字、 笤子）	蹄叉两侧，蹄冠正中有毛与无毛交界处	小宽针向后上方刺入1～1.5cm，出血	蹄黄，风湿，扭伤，中毒，中暑，感冒
39	蹄叉	蹄叉正上方顶端处	圆利针向后上方斜刺6cm	瘫痪扭伤，肠黄感冒，实热证

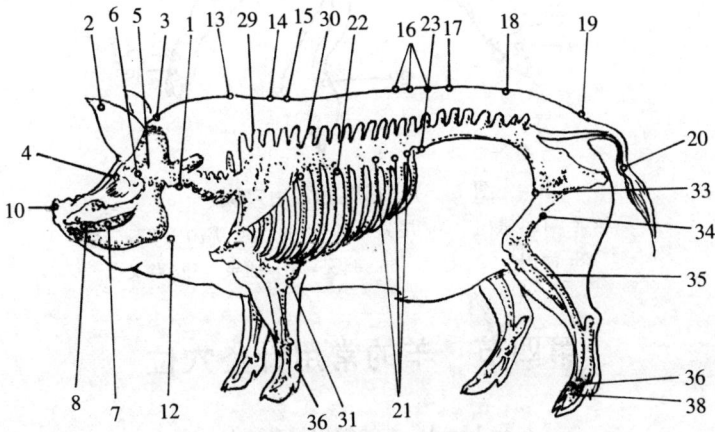

图14-6　猪侧面常用穴
1. 风门　2. 耳尖　3. 天门　4. 睛俞　5. 脑俞　6. 太阳　7. 开关　8. 锁口
10. 山根　12. 喉门　13. 大椎　14. 鬐甲　15. 苏气　16. 断血　17. 肾门
18. 百会　19. 尾根　20. 尾尖　21. 六脉　22. 肺俞　23. 关元俞　29. 膊尖
30. 膊栏　31. 抢风　33. 大胯　34. 小胯　35. 后三里　36. 缠腕　38. 蹄头

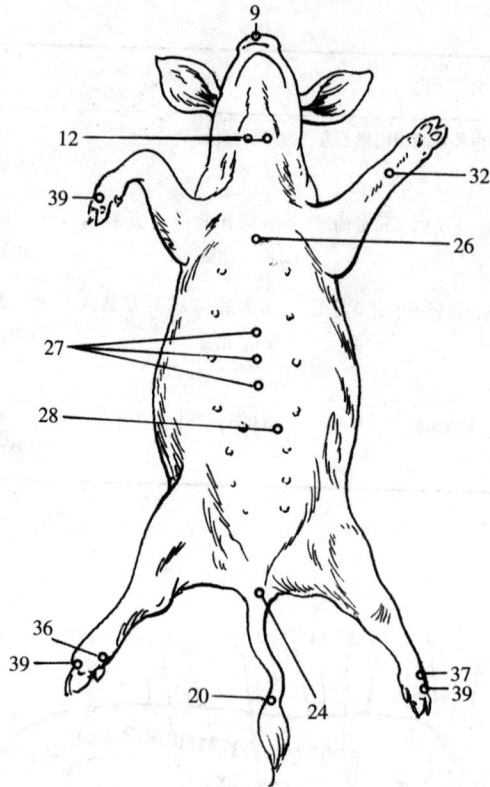

图 14-7 猪腹侧常用穴位

9. 鼻梁 12. 喉门 20. 尾尖 24. 后海 26. 膻中 27. 三脘
28. 海门 32. 七星 36. 缠腕 37. 涌泉 39. 蹄叉

第四节 羊的常用针灸穴位

表 14-4 羊的常用针灸穴位

编号	穴名	穴 位	针 法	主 治
1	天门	角后缘连线正中后方旋毛处	圆利针、火针向后下方斜刺 1~2cm,毫针 2~3cm	感冒,癫痫
2	耳尖(血印)	耳背面距耳尖约 1.5cm 血管上	小宽针或三棱针刺破出血	中暑、感冒、腹痛
3	太阳	外眼角后 1.5cm 凹陷处	圆利针直刺 2~3cm,小宽针刺入直到出血	肝热传眼,暴发火眼
4	骨眼	大眼角内,第三眼睑上	将胀大的闪骨用三棱针点刺出血	骨眼病

（续）

编号	穴名	穴 位	针 法	主 治
5	太阳角	大眼角内，第三眼睑内侧凹陷中	毫针顺眼角向内后方斜刺2～3cm	肚痛，肚胀，眼病
6	山根（人中）	鼻镜正中，有毛与无毛交界处	圆利针直刺1～2cm	感冒，中暑，肚痛
7	鼻俞（过梁）	鼻孔上方1～1.5cm处	握紧鼻梁，以三棱针或圆利针迅速横刺穿通鼻中隔，出血	肺热感冒，咳嗽
8	顺气	口内上腭前端两嚼眼上	插入鲜细榆枝（或柳条），并须留在穴内，病好取出	肚胀，感冒，晴生翳膜
9	玉堂	口腔内，上颚第三颚褶正中线旁开1cm处	开口保定，三棱针斜刺1cm，出血	胃热腭肿，食欲不振
10	通关（知甘）	舌下两旁血管上	将舌拉出，翻转用三棱针刺入0.5～1cm出血	心肺积热，口舌生疮
11	风门	耳根约1.5cm，第一颈椎前缘凹陷处	圆利针向后下方斜刺1.5cm	癫痫，感冒，偏头疼
12	颈脉（大脉）	颊后约3cm颈静脉沟内的颈静脉上	小宽针顺血管速刺1cm，出血	发热，脑黄，中暑，中毒，咳嗽
13	苏气	第8、9胸椎棘突之间凹陷中	毫针，圆利针向前下方斜刺进针3～5cm，火针2～3cm	咳嗽，感冒
14	肺俞	倒数第6肋间，距脊中线6cm处的凹陷中	毫针，圆利针或小宽针向脊椎方向刺入3～4cm，火针直刺1.5cm	感冒，肺火，咳喘
15	脾俞	倒数第2肋间，距脊中线约6cm处的凹陷处	小宽针，圆利针或火针斜向内下方刺入2cm，直刺毫针3～5cm	肚胀，积食，泄泻，食欲不振
16	关元俞	最后肋骨后缘距脊中线6cm处	小宽针或圆利针刺入2～4.5cm，毫针斜向上3～7cm	肚胀，泄泻，少食
17	肷俞（饿眼）	左侧肷窝正中	用小套管针向内下方速刺5cm，抽出针芯，徐徐放气	气胀
18	百会（千金）	腰荐十字部	圆利针、小宽针或火针直刺2cm，火针4cm或艾灸	腰胯风湿，泄泻，尿闭
19	脐中（肚口）	肚脐正中	禁针，艾灸或隔姜盐灸10～15min	肚痛，羔羊寒泻，胃寒慢草

（续）

编号	穴名	穴　位	针　法	主　治
20	脐旁 （天枢、 海门）	脐中穴旁开 3cm 处	毫针垂直刺入 1～1.5cm，或 艾灸 10min	羔羊泄泻，肚胀，肚底黄
21	后海 （交巢）	肛门上尾根下凹陷中	毫针或圆利针向前上方斜 刺 5cm	肚胀，便秘，泄泻
22	尾本	尾内侧距尾根 3cm 处的血管上	小宽针刺破血管出血	中暑，肚痛，便秘
23	尾尖	尾巴尖端	小宽针刺破尾尖出血	中暑，感冒，肚胀，肚痛
24	膊尖 （云头）	肩胛软骨前角的凹陷处	毫针或圆利针向后下方斜刺 4cm，火针 2cm	前肢闪伤，前肢风湿，脱膊
25	膊栏 （爬壁）	肩胛软骨后角的凹陷处	毫针或圆利针向后下方斜刺 4cm，火针 2cm	前肢闪伤，前肢风湿，脱膊
26	肩井 （中膊、 撞膀）	臂骨大结节上缘凹陷中	小宽针，圆利针，毫针向内下 方刺 4～6cm，火针 1.5～3cm	前肢风湿，闪伤，肩膊麻木
27	抢风 （中腕）	肩关节后方约 9cm 的凹陷中	中小宽针，圆利针直刺 3cm， 火针 2cm，毫针 3～5cm	前肢风湿，外夹气，闪伤
28	肘俞 （下腕）	肘头前上方的凹陷中	毫针，圆利针或小宽针直刺 1.5～2.5cm，火针 1cm	肘关节扭伤，肘部肿胀
29	胸堂	胸骨两旁，腋窝前方的血管上	小宽针顺血管刺入 0.5～1cm， 出血	前肢风湿，闪伤，脾胃虚弱
30	缠腕 （寸子）	四肢悬蹄旁上方约 2cm 处的凹 陷中，每肢内外侧个 1 穴，共 8 穴	小宽针直刺 0.5～1cm 出血	球节扭伤，风湿症
31	涌泉 （滴水）	蹄叉背侧上方	小宽针向后下方刺入 0.5cm， 出血	蹄黄，热性病，感冒
32	蹄头 （八字）	蹄叉两侧，有毛与无毛交界处 稍上方	小宽针向后下方斜刺 0.5cm， 出血	蹄黄，肚痛，气胀，食欲 不振
33	大胯	股骨大转子前下方 2cm 处的凹 陷处	圆利针直刺 2cm	腰胯闪伤，麻痹，后肢风湿
34	小胯	股骨大转子正下方约 3cm 的凹 陷中	圆利针直刺 2cm	腰胯闪伤，麻痹，后肢风湿

（续）

编号	穴名	穴 位	针 法	主 治
35	肾堂	后肢内侧腹股沟下方6cm处血管上	小宽针顺血管速刺1cm，出血	闪伤腰胯，肾经热
36	掠草	膝盖骨后下缘偏外方的凹陷中	圆利针或火针向后上方斜刺2cm	后肢风湿，掠草痛
37	后三里	膝盖骨后下方约6cm的凹陷处	毫针或圆利针向后内方斜刺1~2cm	后肢风湿，脾胃虚弱

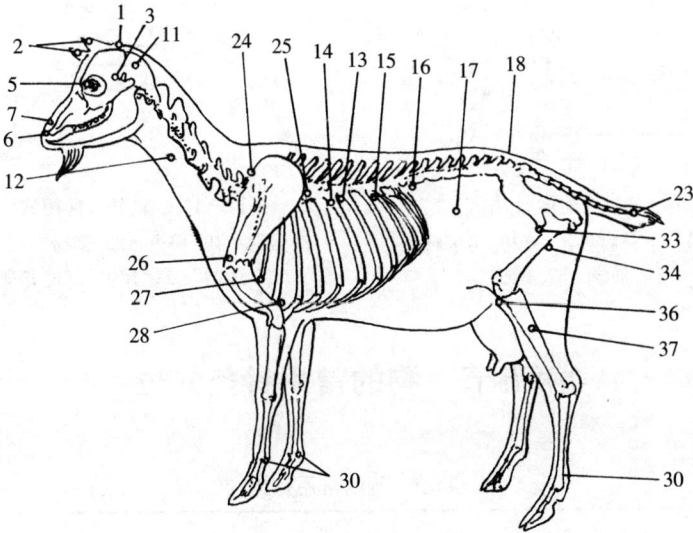

图 14-8 羊侧面常用穴位

1. 天门 2. 耳尖 3. 太阳 5. 太阳角 6. 山根 7. 鼻俞 11. 风门

12. 颈脉 13. 苏气 14. 肺俞 16. 关元俞 17. 胘俞 18. 百会

23. 尾尖 24. 膊尖 25. 膊栏 26. 肩井 27. 抢风 28. 肘俞

30. 缠腕 33. 大胯 34. 小胯 36. 掠草 37. 后三里

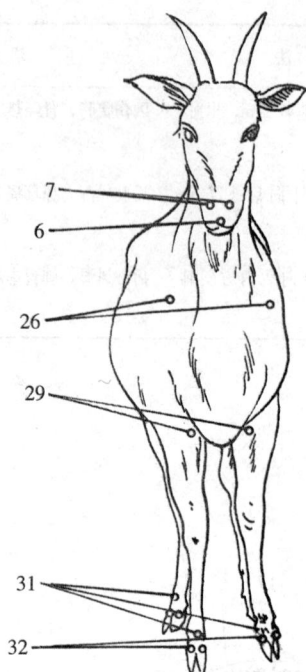

图 14-9 羊前面常用穴位
6. 山根 7. 鼻俞 26. 肩井 29. 胸堂
31. 涌泉 32. 蹄头

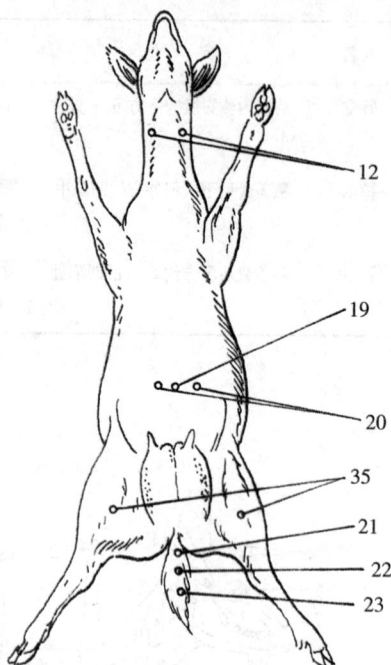

图 14-10 羊腹侧常用穴位
12. 颈脉 19. 脐中 20. 脐旁 21. 后海
22. 尾本 23. 尾尖 35. 肾堂

第五节 狗的常用针灸穴位

表 14-5 狗的常用针灸穴位

编号	穴名	穴 位	针 法	主 治
1	山根	鼻背正中, 有毛无毛交界处	三棱针, 圆利针点刺出血	中暑, 中风感冒, 犬瘟热初期
2	三江	内眼角下方, 眼角静脉上	三棱针, 圆利针点刺出血	便秘、腹痛、眼病
3	翳风	耳基部, 下颌关节后下方凹陷中	圆利针直刺 1~3cm	口角歪斜, 耳聋
4	耳尖	耳廓背侧尖端血管上	小三棱针点刺出血	中暑, 感冒, 疝痛
5	天门	头顶部、枕骨后缘正中凹陷处	毫针直刺 1~3cm 或艾灸	脑炎、发热, 一切风证

（续）

编号	穴名	穴 位	针 法	主 治
6	颈脉	喉下约6cm的颈静脉上	小宽针顺血管速刺0.5cm，出血	中暑，中毒，肺炎，一切热证
7	大椎	第7颈椎与第1胸椎棘突之间	毫针直刺3cm或艾灸或水针	高烧，癫痫，风湿症，支气管炎
8	身柱	第3、4胸椎棘突之间	毫针斜向下方刺入2～4cm或水针	肺热咳嗽，肩部挫伤
9	悬枢	最后胸椎与第1腰椎棘突之间	毫针直刺1～2cm或水针	腰椎病，腰风湿，腰扭伤，消化不良
10	命门	第2、3腰椎棘突之间	毫针直刺1～2cm或水针	腰风湿，肾虚腰痿，腹泻，腰椎病
11	关后	第5、6腰椎棘突之间	毫针直刺1～2cm或水针	腰痛，子宫病，卵巢病，膀胱炎
12	百会	最后腰椎与第1荐椎棘突之间	毫针直刺1～2cm或水针	腰胯疼痛，瘫痪，腹泻
13	尾根	最后荐椎与第1尾椎棘突之间	毫针直刺0.5～1cm或水针	后肢瘫痪，尾麻痹，脱肛，腹泻
14	尾尖	尾末端	毫针或三棱针点刺出血	发热感冒，中毒，中暑瘫痪，腹泻
15	后海	尾根与肛门之间的凹陷处	毫针向前上方刺入1～3cm或水针	腹胀，腹泻，便秘，脱肛，生殖机能衰退
16	脾俞	倒数第2肋间，背最长肌与髂肋肌之间的肌沟中	毫针沿肋间向后下方斜刺1～2cm	食欲不振，消化不良，体瘦，便稀，呕吐
17	肾俞	第2腰椎末端相对的髂肋肌沟中	毫针直刺1～3cm或水针或灸	腰风湿，腰胯疼痛，肾病
18	膀胱俞	第7腰椎横突末端相对的髂肋肌沟中	毫针直刺1～3cm或水针或灸	尿潴留，多尿症，腰胯病
19	中脘	剑状软骨后缘与肚脐的中点	毫针向前斜刺0.5～1cm或水针	消化不良，腹泻，呕吐，腹泻
20	胸堂	胸前两侧臂头静脉上	小宽针速刺1cm出血	中暑，中毒，胸膊痛
21	抢风	肩端与肘突连线中点后方的凹陷中	毫针直刺2～3cm或水针	前肢肌肉扭伤及闪伤，风湿症麻痹
22	内关	前臂内侧，桡骨与尺骨的间隙中	毫针直刺1～2cm	前肢神经麻痹，心悸，癫痫

（续）

编号	穴名	穴 位	针 法	主 治
23	涌泉（滴水）	第3、4掌（跖）骨间的掌（跖）背侧静脉上	小宽针刺入1cm，出血	中暑，感冒，腹痛，指、趾扭伤
24	后三里	小腿外侧上1/4处，胫腓骨间隙中	毫针直刺1～2cm或水针	消化不良，腹泻，腹痛，后肢瘫痪，麻痹，虚弱
25	肾堂	股内侧隐静脉上	小宽针速刺0.5cm出血	腰胯扭伤，盆腔炎，肾经热

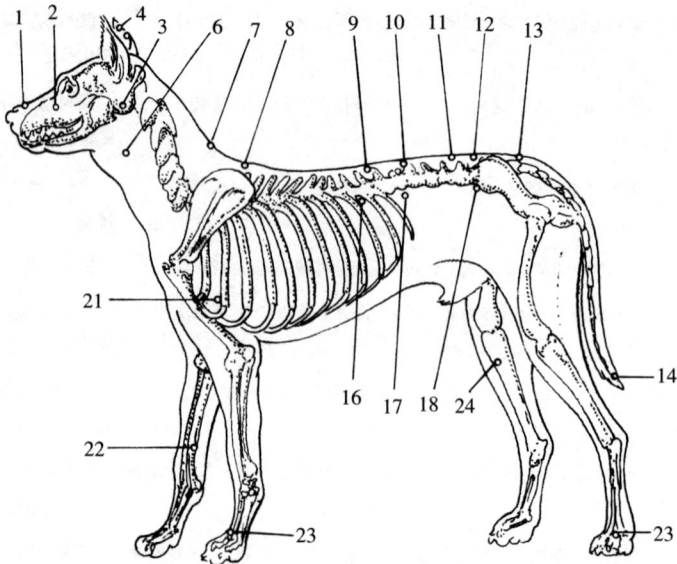

图14-11 狗的常用穴位

1.山根 2.三江 3.翳风 4.耳尖 6.颈脉 7.大椎 8.身柱
9.悬枢 10.命门 11.关后 12.百会 13.尾根 14.尾尖 16.脾俞
17.肾俞 18.膀胱俞 21.抢风 22.内关 23.涌泉 24.后三里

第六节 猫的常用针灸穴位

表14-6 猫的常用针灸穴位

编号	穴名	穴 位	针 法	主 治
1	耳尖	耳背侧尖部血管上	三棱针，小宽针点刺出血	抽风，眼病，感冒，中暑
2	太阳	外眼角后缘1.5cm凹陷处	毫针直刺0.2～0.3cm	眼病

（续）

编号	穴名	穴 位	针 法	主 治
3	大椎	第2颈椎与第1腰椎棘突间	毫针直刺2～3cm	发热咳嗽
4	曲池	肘关节前方凹陷处	毫针直刺1～1.5cm	发热，前肢疼痛，麻痹
5	抢风	肩关节后下方凹陷处	毫针直刺1.5～2cm	便秘，前肢疼痛，麻痹
6	脾俞	第11、12肋间距脊中线2cm	毫针稍向上刺入1～1.2cm	便秘，腰部疼痛
7	汗沟	股骨大转子和坐骨结节连线与股二头肌沟交点	毫针直刺0.4cm	腰胯疼，后躯痛
8	后三里	胫骨上、中、1/3交界处，胫骨缘后缘	毫针直刺1.5～2cm	食欲不振，呕吐，泄泻，后肢麻痹
9	太溪	内髁与跟腱间	毫针直刺0.5cm或透刺跟端穴	排尿困难，难产
10	尾端	尾部尖端	毫针直刺0.1cm	便秘，后身麻痹，后驱疼痛
11	指（趾）间	后足背指（趾）缝间	毫针直刺0.2～0.3cm，或向上刺入掌（跖）骨之间	肢体麻木，中暑，中毒，泌尿系统疾病
12	身柱	第3、4胸椎棘突间	毫针向前下直刺2～3cm	咳嗽气喘
13	脊中	第11、12胸椎棘突间	毫针直刺0.5～1	泄泻，消化不良
14	百会	第7腰椎棘突与荐骨之间	毫针直刺0.5～1cm或水针	腰胯疼痛，麻痹
15	后海	尾根下肛门上之间	毫针稍向前上方斜刺0.3cm	腹泻，阳痿

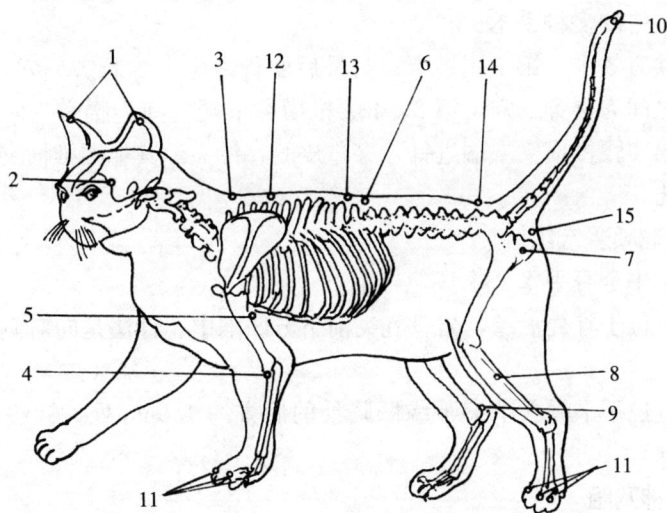

图14-12 猫的常用穴位

1. 耳尖 2. 太阳 3. 大椎 4. 曲池 5. 抢风 6. 脾俞 7. 汗沟 8. 后三里
9. 太溪 10. 尾端 11. 趾间 12. 身柱 13. 脊中 14. 百会 15. 后海

附 录 1

【附：电针麻醉】

电针麻醉是在畜体穴位上刺入针体，得到针感后，再通一电流诱导，使病畜获得持久而适量的刺激，从而达到麻醉效果的一种方法。

一、常用针麻穴位

（一）三阳络穴组

由三阳络和抢风穴组成，多用于马属动物。

三阳络穴：在前肢桡骨外侧韧带结节下方约 6cm 处的肌沟中。进针角度为15～20°角，眼桡骨后缘斜向内下方刺入 10～13cm，使针尖抵达夜眼皮下，以不穿透为度。

（二）百会尾干穴组

多用于牛、羊，也可用于马属动物。穴位的定位和针法见马、牛穴位部分。

（三）百会三台穴组

用于马、牛、羊，详见穴位部分。

（四）百会腰旁穴组

用于马、牛的多种手术。

腰旁穴共有 3 个。第 1 腰椎末端与最后肋骨之中点为腰旁一穴，第 2、3 腰椎横突末端之间为腰旁二穴，第 3、4 腰椎横突末端之间为腰旁三穴。采用透穴针刺法，由第 4 腰椎横突末端进针，穿过皮肤，针尖经其他腰椎横突末端，抵达最后肋骨为止。

（五）岩池颌溪穴组

用于马、牛全身手术。

岩池穴：位于耳壳后缘，岩骨乳突前下方凹陷中。针法是向对侧口角方向进针 6～8cm。

颌溪穴：位于下颌关节突下缘凹陷处的后方约 1.5cm 处。针法是向后下方刺入 4.5～6cm。

（六）安神穴组

用于猪的外科手术麻醉。

安神穴：位于耳根基部与颈部交界处，寰椎翼上方 1～2cm 处。针法是向前内下方，对准同侧最后一对臼齿进针 5～10cm。

二、术前准备

为了电针麻醉的顺利进行，必须做好电麻之前的一切准备工作。首先，准备好电麻及手术用器械；其次，根据病畜的病史和病情，确定手术方案和相应的护理方案。要充分估计到可能出现的问题，做好抗休克、输液、输血等的应急准备，以确保电针麻醉的成功。

三、电针麻醉方法

针麻前应根据手术部位需要，适当选配穴组，一般一组两穴，如选两个以上穴位，则应采取一组多头或多组输出的电疗针麻机进行操作。

1. 进针 根据手术需要保定好患畜，用毫针刺入穴位并按要求施以手法，患畜产生针感后接上针麻机的电极进行刺激。

2. 电针麻醉的刺激量的调节必须灵活掌握，通常有以下三种方法：

（1）由弱到强的刺激法 进针产生针感后，接通针麻机输出导线，打开电源开关，接着由弱到强，逐渐加大输出频率和强度。家畜开始出现弓腰、夹尾、下蹲，穴位附近肌肉电颤动到轻度强直，有时出现排尿、排粪等反应，继续加大至能耐受的最适宜的刺激量为止。不同家畜和个体以及不用部位，对输出频率和强度的耐受量也有很大差异，因此，在通电调节频率和强度时，必须耐心，并随时注意家畜的表现，以便及时调整。

频率的大小对针麻效果起着一定作用。资料报道，高频脉冲波对肌肉松弛效果较好，低频脉冲波对镇痛作用较强。目前认为马、牛的电麻频率 $30\sim100$ 次/s 比较适宜；猪 $300\sim500$ 次/s 比较适宜。强度是指通电刺激的电流和电压的强度。输出强度对家畜的麻醉效果起着重要作用。当处于输出强度最佳点时，家畜表现安静，能耐受手术的疼痛刺激。目前认为最佳刺激电压在 $1\sim3.25V$（负载电压）的范围内。若电流、电压强度超过家畜的耐受量时，不但不能起到镇痛、麻醉作用，反而导致家畜痛阈降低，干扰生理功能，引起挣扎和骚动，使手术无法进行。若强度过低，亦无法提高家畜的痛阈值。

上述由弱到强的刺激法，对家畜生理干扰小，效果也较好，特别是在大家畜站立保定手术时采用本法比较安全。

（2）由强到弱的刺激法 在通电前先把输出频率调至 $200\sim300$ 次/s，或者更高一些，电压调至稍微超过最适耐受量，然后通电，使家畜自动倒地，进行必要的保定之后，再将输出的频率和电压适当降低一些，调至家畜能接受的强度。本法因通电初期家畜突然受到较强刺激，会出现惊叫不安，心跳加快，经降低刺激强度后，很快会恢复安静，不会有大的不良反应。本法适用于猪、牛、羊手术时的麻醉。对牛来说，采用本法既可起到倒牛，又可达到麻醉作用，但对马、骡则不宜采用。

（3）频率强度交叉调节法　由于各种动物对强度和频率的敏感性不同，可采用频率强度交叉调节法。如猪对频率的耐受性大，可先将频率调至最大，然后逐步调整强度，直至患猪屏气，再将强度稍减小。大家畜对频率敏感，可先将强度调至一定的值，然后调频率，以肌肉不颤动为准，最后再调强度，使之达到适宜耐受量。

手术完毕后，先将电针机的输出调整为零，再关闭电源起针。

3. 电针麻醉过程　要经过以下三个时期。

（1）诱导期　是从电针机的输出调至家畜最适耐受量开始计算，一直到针刺术部皮肤无反应而且家畜的各种生理活动恢复至原有状态为止。诱导期的长短，因家畜的种类、品种和个体状态，以及选用穴位等的不同而有所差异，一般约需15～30min，短的3～5min，长的有需要45min以上。若超过45min仍达不到上述要求时，则应改变方法。经验证明，诱导期长些可增强麻醉效果，所以，对诱导期过短的家畜不宜急于施术。

（2）麻效期　经过诱导期以后，家畜痛觉已明显降低或消失，即进入麻效期。此时，家畜安静，神态清醒，可以进行手术。在手术过程中应连续通电刺激，一直到手术结束为止。但是，有些家畜经过一段时间以后，出现痛阈值下降趋势，表现对手术刺激有躲闪或挣扎反应，称之为"针麻衰退"现象，此时应适当调整频率和强度，但必须缓慢进行。

（3）恢复期　是指停止针麻以后，家畜恢复痛觉所需要的时间。即手术后家畜虽已恢复正常活动，但在一段时间内，术部仍有镇痛作用。有人把这段时间称之为后效应。这段时间的长短也因畜种、品种及个体状态和刺激条件等的不同而有差异，一般能保持30min左右，有的在3～5min内恢复，有的长达1h以上。

四、针麻效果的判定

根据1973年12月中国家畜针刺麻醉技术座谈会制定的《家畜针刺麻醉暂行标准》，将针麻效果分为优、良、尚可和失败四级。

优：在切开皮肤、分离组织和内脏，或牵引、整复和缝合患部等各项操作中，动物安静无疼痛反应，或有轻微的局部颤动。

良：在上述手术操作的个别环节中，局部出现颤动或躲闪，内脏及患部牵引整复时，出现短时间的不安或轻微骚动，但能较顺利的进行手术。

尚可：在各项手术操作时，局部出现较明显的颤动或躲闪反应，出现多次间歇性骚动，但手术尚能完成。

失败：在各项手术操作中，动物强烈挣扎，骚动不安，手术难以进行。

五、影响针麻效果的因素

1. 针麻方法 精选最佳穴位，是提高针麻效果的重要途径之一。穴位"少而精"，不但不会降低针麻效果，反而可以排除干扰和简化操作程序。关于刺激量和强度，应控制在有效适宜范围内。

2. 畜种及个体差异 一般而言，不同畜种中，牛、羊和猪易于获得理想的镇痛效果，马属动物次之。黄牛与水牛相比，黄牛针麻效果更好。其他如家畜体质、营养、性别、年龄、体重及施术的体位姿势等，都对针麻效果有一定影响，体质健壮、营养良好、壮年、体重大的家畜和施术中需长时间倒卧者，对针麻的要求较高。

3. 操作及手术性质 针麻手术是在畜体完全清醒的状态下进行的，因此操作的熟练程度与针麻效果有直接关系。如果手术操作熟练，能够做到稳、准、轻、快，针麻效果就好；反之，则针麻效果不理想。手术性质对针麻效果也有一定影响。生理手术与病理手术相比，后者往往更易出现镇痛不全现象。

4. 周围环境 针麻手术时，畜体的视、听、触、温等感觉和部分肌肉反射保持正常，周围的各种不良刺激，诸如强光、声响、触刺等，都会引起受术动物不安和骚动，影响痛阈的提高，甚至导致针麻失败。因此，针麻手术时周围环境必须保持安静。

附 录 2

［附：阉割术］

阉割术在我国的应用历史悠久，是切除或破坏动物的性腺，使其失去生殖机能的手术。中兽医阉割术具有安全迅速，简便易行的特点。对动物而言，阉割具有以下几方面的意义。

1. 提高生产性能 阉割能增强役畜的体质，提高使役效率，延长使役年限，改善肉用动物的肉质，使其生长迅速，肥育加快；提高皮毛动物皮、毛的质量和产量。

2. 便于饲养管理 阉割能使性情恶劣的动物变得温顺，便于饲养管理和使役。公母动物阉割后可混群放牧、饲养，节约成本。

3. 有利于繁殖育种 通过阉割可以淘汰不良种畜，加快动物的良种化。

4. 治疗生殖系统疾病 阉割可治疗公畜的阴囊疝、睾丸炎、睾丸肿瘤，母畜的卵巢囊肿、卵巢肿瘤、子宫蓄脓等疾病。

本章主要介绍母猪、公猪的阉割术。

一、母猪的阉割术

随着母猪年龄和体重的不同，所用的方法也不同，20~80 日龄，5~15kg，性成熟前的小母猪用小挑花的方法。3 月龄以上，体重在 15kg 以上性成熟的母猪用大挑花的方法。

(一) 小挑花

1. 准备　母猪禁食半天，并准备 5％碘酊、75％酒精及小挑刀。

保定方法有骑马式和坐凳式两种，后者是坐在一个板凳上进行。术者使小猪右侧卧地，以右脚蹲在猪的颈左侧（或右耳），再将小猪左腿向后伸直，以左脚踩住，使小猪保定成前部右侧卧，后部成半仰卧姿势。

术者以左手中指抵住左侧髋结节，拇指压迫同侧腹壁，使中、拇二指在一条直线上，拇指端接在同侧乳头与 前皱襞之中点稍外方，此处即切口位置。尚可根据营养情况、发育状况，适当改变切口位置。

2. 术式　术部：小挑刀及术者手指消毒后，以左手拇指用力按压术部外侧，右手持刀，在押手拇指前垂直切开皮肤成 0.8~1cm 的纵切口，然后倒转挑刀，将刀柄钩端适当下压"顶"破肌层和腹膜，并向左右扩大切口。

顶破腹膜后，左手拇指用力抠压腹壁，同时右手用力将刀柄向对侧拨动以撑大切口，此时即有腹水涌出，有时子宫角也随着涌出。若未见子宫角涌出，将刀柄钩端成 45°角在创口下面腹腔内呈弧形钩取，轻轻引出创外。

当子宫角暴露在切口外后，继续牵拉子宫角，拉出两侧子宫角、卵巢及部分子宫体。

确认两侧子宫角、卵巢、输卵管伞暴露于创面外面后，左手握住两侧卵巢，右手拇指、食指刮挫子宫体，然后切断或撕断子宫体和子宫阔韧带。

摘除后，左手提起猪的后肢，轻轻摇动一下，右手握住切口部皮肤拉一拉，伤口涂布 5％碘酊。

3. 注意事项

① 阉割应在空腹进行。

② 保定要正确牢靠。

③ 切口位置要准确。

④ 切口边缘要整齐。

⑤ 左手拇指按压腹壁要有力。

⑥ 注意子宫角与小肠，输卵管与膀胱阔韧带的鉴别。

⑦ 牵拉子宫角时不可用力过猛，同时防止猪只挣扎，牵拉时必须同时压紧腹股，并确保摘除两侧卵巢。

（二）大挑花

母猪的大挑花有肷部开刀法和腹下开刀法两种术式。

1. 术前准备　发情及已怀孕的母猪不宜进行阉割术。

准备阉割刀、三棱针、缝合线、70%酒精、5%碘酊等。

2. 肷部开刀法　两侧肷部均可开刀，但以右侧为多。

术者使母猪左侧卧倒，对于小母猪，术者可左脚踩住颈部，助手拉住后腿，对于大母猪，可在颈部压上一根木杠或扁担，两端各由一人按压，上侧右后肢由一人握住保定。

切口位于肷部三角区的中央，即髋结节前下方5～10cm处。

3. 术式　术部常规消毒，术者左手捏起膝皱襞，右手持刀将术部皮肤切开3～5cm的直线或弧形口，用右手食指垂直戳破腹肌及腹膜，用左手食指伸入腹腔，往骨盆腔入口顶部两侧探索卵巢或子宫角。摸着卵巢或子宫角时，弯曲指尖钩住，仰手向切口处牵引，同时以左手拇指、屈曲的中指、无名指和小指用力按压腹壁切口配合牵引。

当摸出子宫角时，逐步进行牵引，边牵引边送回，直到将卵巢带出，先将左侧卵巢结扎、切掉，而后纳还左侧子宫角，同法切除右侧卵巢，对于较小的母猪，卵巢小而未充血者，直接撕掉卵巢即可。

卵巢摘除后，一般皮肤结节缝合，创口较大的应连续缝合腹膜再结节缝合皮肤和肌肉，创口涂以5%碘酊。

4. 腹下开刀法　采用倒悬式保定法，术部位于髋结节向腹正中线所引垂线的交点，或小挑花切口部向内2～3cm的地方。

术部常规消毒后，左手拇指固定术部，右手持刀，在术部做一长2～4cm的切口，一次切透皮肤和腹下壁肌肉，然后用刀柄或右手食指尖捣破腹膜，或用刀尖小心将腹膜划破，再用食指上下扩大。两手拇指分别在切口边缘用力挤压，子宫角自动就从创口涌出，若不见涌出，则在挤压过程中将切口位置上下、左右移动，寻找子宫角的位置，仍不见涌出时，可用右手食指伸入腹腔在腰椎下、骨盆腔入口顶部、膀胱前缘摸取子宫角及卵巢，以后操作按肷部切口方法进行。

5. 手术要点和注意事项

（1）要熟练食指触摸卵巢、子宫角及钩取卵巢的技巧。

（2）在摘除卵巢后、缝合切口前，要整复理顺子宫角和肠道。

（3）术后将猪放置在干燥清洁的猪舍内，防止感染。

二、公猪的阉割术

公猪阉割术比较简便，易于掌握。小公猪的阉割宜在45～60日龄，体重

10～15kg 时进行，大公猪则不受年龄的限制。阉割前应注意检查，如有传染病及其他内科病、阴囊及睾丸肿胀等，不可手术或暂缓手术。

（一）小公猪阉割术

术者右手提起小猪的右后腿，左手抓住同侧膝前皱襞。使小猪呈左侧倒卧。背朝术者，术者以左脚踩住猪颈部，右脚踩住尾根，并用左手掌外侧推压右侧大腿的后部。使该肢向前向上靠紧腹壁，充分暴露睾丸。

阴囊部用 2％来苏儿清洗后，涂布 5％碘酊。术者以左手中指屈曲由前向后顶住睾丸，拇指和食指捏住阴囊基部，把睾丸推向阴囊底部，使阴囊皮肤紧张。右手持刀沿阴囊缝际旁开 2cm 处，即睾丸最突出部切开皮肤和总鞘膜，挤出睾丸。然后左手握住睾丸，食指和拇指捏住鞘膜韧带与睾丸连接部，右手撕开鞘膜韧带（白筋），接着右手向外牵引睾丸，左手将鞘膜韧带和总鞘膜还纳阴囊，并用拇指和食指分离和固定精索，并在精索根部来回刮挫，右手旋转睾丸以捻转精索，直至精索断离为止。摘除对侧睾丸时，可于原创口内切开阴囊中隔暴露睾丸，或于阴囊缝际的另一侧 1～2cm 处切开，同法摘除，术部涂布碘酊，并用手将包皮囊内白色液体挤出，放开小猪。

（二）大公猪阉割术

保定方法与大母猪同，采用左侧横卧，仅将右侧后腿由一人拉向前方，并压住臀部。手术方法与小公猪基本相同，仅由于精索血管较粗，需先结扎精索，然后摘除睾丸。

第六篇　病证防治

第一节　常见证候

一、发热

发热分为外感和内伤两大类。凡属外感发热者，多因风、寒、暑、湿、燥、火等六种外邪侵袭，体内正气与入侵之邪气进行抗争的一种表现。外感发热多属实热证，主要应辨别表里深浅。内伤发热者，主要是脏腑、阴阳、气血的病理变化导致体内阴虚阳盛而发热。"阳盛则热"，即指此而言。内伤发热多属虚热证，常见于体质虚弱及慢性疾病的患畜。就证候而言，发热轻，表示病邪较轻，发热重表示病邪较盛。在证型的命名上，若阴液亏虚则称为阴虚发热；若阳气虚弱所致的则称为气虚发热；若跌打损伤或产后恶露未净等淤血内阻、淤久化热所致的，则称为血淤发热。

【主证】

1. 外感发热　外感发热多属实热证。常以发病急骤，热势较高为特征。在病位浅深上常分为表热和里热两类。

（1）表热　以发热，微恶风寒，口色偏红，苔薄白或薄黄，脉浮数为主。常见于风热初起。

（2）里热　常根据热邪所在部位的不同，分为热在气分和热在营血两种。

热在气分证：以高热，不恶寒，出汗，口渴喜饮，口色红，苔黄燥，脉象洪大而数为主要特征。由于热灼津液常兼有粪便干燥、尿短赤等。多见于热性疾病的高热期。

热在营血证：以发热较甚，神昏、狂躁不安、抽搐，有的可见出血斑疹或粪中带血，舌红绛而少津，脉象细数。

2. 内伤发热　内伤发热多属虚热证，一般较外感发热缓慢。以持续低热为主要特征，体质虚弱或有慢性疾病的患畜，有时亦可出现高热。在证型上常分为阴虚发热、气虚发热、血淤发热等。

（1）阴虚发热　以低热不退，或津液减少为主要特征。舌质多红、无苔而干燥，脉象细数无力。

（2）气虚发热　多在劳役过度之后发热，或发热加重，耳鼻稍热，易出汗。有时伴有食欲减少、腹泻、神疲乏力、呼吸气短等脾气虚的症状，舌淡，脉象浮大而无力。

（3）血淤发热　常以致病因素的不同而异。一般来说，外伤发热，多同时有局部肿胀或疼痛。血淤发热，一般舌质多红而带紫，脉象弦紧。淤血潴留是引起发热的原因。

总之，在很多疾病的过程中，都可出现发热现象。在内科疾病中，要分清外感发热或内伤发热，注意辨证和辨病。

【治疗】

1. 外感表热以辛凉解表、宣肺清热为主。可选用银翘散为基本方治疗。

2. 外感里热，热在气分证者，以清气分热或兼以攻下泄热为主。方药可选用白虎汤或大承气汤之类；热在营分者以清营凉血为主。如有出血现象则以清热解毒、化斑为宜；若狂躁不安，抽搐者，可配以安神熄风，方药可选用清营汤为基本方加减。

3. 内伤阴虚发热，以滋阴清热为主，方药可选用增液汤之类。

4. 内伤气虚发热，以益气健脾，甘温除热为主，可选用补中益气汤为基本方。

5. 血淤发热，外伤所致的以活血祛淤为主，方药可选用血府逐淤汤等；产后淤血未净所致的应活血化淤行气止痛。

二、腹胀

本病的主要原因是吃了大量容易发酵的饲草，如带有露水的幼嫩多汁青草或苜蓿、酒糟、霜冻的饲草或腐败变质的饲料等，同时大量饮水时，迅速产生大量气体而导致胃容积急剧增大、胃壁急剧扩张的一种疾病。临床上以腹围急剧膨大、反刍和嗳气障碍及高度呼吸困难为特征。另外，在劳役前后，不给予充分反刍时间，立即就喂或马上使役，以及饱后久役，得不到休息和反刍机会，也是发生本病的原因之一。

其他如误食毒草，农药中毒，或在寒冷季节，气温骤然下降超过机体的适应能力时，也可引起本病。继发性的牛肚胀，多由瘤胃积食、肠变位、便秘等引起。

【主证】腹部，特别是左肷部，显著膨大，有时可高出脊背。叩之如鼓，压之应手而起，食欲废绝，反刍停止，呼吸困难，精神紧张，站不稳，卧不安，有的呆立如痴，状极忧郁。严重时张口吐舌，口流白沫，并不断排出少量粪尿，如见到行走摇摆，卧地不起，口吐草沫，目瞪直视，且时发吭吭声，即已接近死亡。本病是瘤胃积气，停滞不通引起腹胀。皆因饲喂霉败、潮湿或易发酵草料，同时使役不当，致使脾胃不和，不能消化后送，大量郁气停滞于瘤胃内而发生气血不通，腹胀作痛的症状。

【治疗】以理气、除胀、消食、通便为主。为防止窒息和缓解呼吸困难，应急则治其标，首先瘤胃穿刺放气，但应采用间歇放气法，以防止腹内压骤降引起急性脑贫血而倒毙。

方药使用丁香散加减：

丁香21g、木香15g、藿香15g、茴香15g、香附18g、陈皮21g、青皮21g、槟榔18g、莱菔子30g、枳实21g、牵牛子30g、大黄30g、芒硝60g、焦三仙各30g。

加减：粪便干，胃坚硬者，大黄、芒硝加倍，加植物油500g。

用法：共为末，开水冲，温服。

【预防】加强饲养管理，防止过食易于发酵的草料，初夏放牧时，应先喂部分干草再去放牧青草，禁止在雨天或霜雪未化的草地放牧。合理使役，及时治疗原发病。胀气消后，当日勿喂或少喂，待反刍正常，再恢复常量，同时饮以温水。

三、宿草不转

多因脾胃虚弱，无力运化；或久吃干硬之草，食物难以腐热后送；或忽然更换爱吃草料，食之过多，皆可使胃受纳过多，草料积于胃中无力运转，日久天长，食宿难消，而成本病。牛、羊均可发生，但多见于牛，尤其是舍饲之牛。如《素问》"痹论篇"上说"饮食自倍，肠胃乃伤"，即是指此而言。盖盛纳在胃，运化在脾，饮食失节则脾胃受伤，所以本病须从脾胃论治。

【主证】病牛少吃或不食，鼻镜干燥，左腹胀满，嗳气酸臭，痛而不安，背部拱起，回头顾腹；重者呼吸发喘，触诊瘤胃坚实，脉涩口红，反刍减少或停止。

【治疗】

方药1：常山60g、藜芦60g、槟榔60g、枳壳30g、神曲120g、大黄60g、芒硝120g、厚朴21g、木香24g。用法：共研末，或煎汤服。

方药2：黑白丑60g、大黄45g、甘遂30g、大戟30g、滑石30g、黄芪60g、芒硝90g、甘草15g。用法：上药煎汤加麻油500～1 000g，内服。

【预防】暂停饲喂，饮水要少量多次，排出较多粪便后，可以给柔软易消化草料，逐渐恢复常量，适当牵蹓，平时要加强饲养管理，草料配合适当，给充足饮水，防止偷食，合理使役，及时治疗原发病，必要时使用消食导滞的方药治疗。

四、百叶干

多因长期饮水不足，津液干枯，或劳役过度，运化机能减弱，以至食物阻于百叶之间不能运化后送，此外，脾虚，宿草不转，某些热性病也可继发此证。多发于老龄体瘦的牛，羊也有偶发。

【主证】初期精神沉郁，食欲不振，反刍减少，有时瘤胃积食或胀气，粪干减少，鼻镜干燥，中后期食欲废绝，反刍停止，身体消瘦，皮毛焦枯逆立，眼窝下陷，呼吸气粗，鼻镜龟裂，粪干硬，尿短黄，舌起芒刺，口色暗红，脉象沉涩，甚或卧地不起。

【治疗】治法以清热润燥，通利二便为主。

方药：猪膏散

芒硝 60g、滑石 24g、大黄 60g、大戟 30g、当归 30g、白术 30g、牵牛子 30g、甘草 10g，共为细末，可用猪油 250g，温水调灌。

【预防】将病畜拴于宽大、安静、凉爽、黑暗圈舍中，给以营养丰富及易消化草料，勤饮水，专人护理。平时加强饲养管理，合理使役，圈舍通风要良好，禁喂霉变草料。

五、真胃积食

由于饲料粗硬难以消化，加之使役过重，或饮水不足逐渐发病。如一些地区的牛长期饲喂麦秸、麦糠、稻草、玉米粗秸、豆秸、花生秧、甘薯藤等，在春秋农忙季节使役过重，逐渐导致脾胃运化机能虚衰，食物则停聚于真胃内。或继发于其他胃肠疾病，使胃腑阴液枯涸，胃失和降，内容物干燥，堆积于胃内不能下行而致病。此外，误食异物如胎盘、毛球、麻线、塑料薄膜等，或舔食其他异物和泥沙，亦可致病。本病主要发生于牛，尤以体质较壮的成年牛较为多发。

【主证】因饲养使役不当，伤及脾胃，胃阴不足，津液亏耗，致使食滞不化；中焦气机受阻，故有胀气，食欲反刍和排粪减少或停止；胃气失降，气逆上行，故见呕吐、鼻孔逆出胃内容物；胃失和降，腑气不行，则大肠传导功能失调，故粪干燥而下行不畅；其他皆显病危重之象。

病的初期，食欲、反刍减少或消失，瘤胃蠕动音减弱，粪便干燥，尿量短少。随病情的发展，食欲、反刍完全消失，腹围显著增大，瘤胃时有臌气，或见呕吐，或见胃内容物从鼻孔中逆流而出。患牛常呈排粪姿势，但排出粪量极少，或混有黏液，呈酱样有恶臭气味。粪便常黏附肛门周围。尿少而稠，色黄味臭，触诊右侧肋部软腹壁时，可触及真胃下垂，胃壁扩张而坚硬，并有疼痛反应。后期眼球下陷，脉象细弱。

导胃检查，可导出大量瘤胃内酸臭的液体。直肠检查时，发现直肠空虚，并有大量黏液，有时能于右前方触到膨大后移的真胃。

【治疗】泻下导滞。

方药：大承气汤加减。

大黄 60g、芒硝 250g、枳实 35g、厚朴 35g、陈皮 25g、木香 25g。水煎去渣，候温引用猪油同调灌服。

【预防】真胃积食的发生，主要是迷走神经机能紊乱或受损伤而引起的。因此，必须加强日常的饲养管理，维护中枢神经系统调节机能，防止前胃疾病的发生，特别应注意避免发生创伤性网胃炎，不使迷走神经受损伤，增强体质，保证健康。

六、泻痢

本病是指排粪次数增多，粪便稀薄的总称。它不是一个单独的疾病，是许多疾病的一种症状表现。本病的发生，多责之脾胃及大小肠，临证所见，类型甚多，但在治疗中，总不离调理脾、肾为主。引起泄泻的原因很多，但总不外脾胃及大小肠，因此脾胃、大小肠功能障碍，是发生泄泻的主要原因。

1. 寒湿内侵　因久喂冰冻饲料，或过饮冷水伤于脾胃，即寒邪直中脏腑。或夜露风霜，久卧湿地，以至外感寒湿，侵入脾经。盖胃主纳主降，脾主运主升，寒留胃腑，留注肠间，清浊不分，寒湿伤脾，津液不能承运，则发生水湿下注，皆可酿成冷肠泄泻。

2. 脾虚失运　系脾气不足所引起的。多因长期饮喂失节，饥饱不均；或草质粗劣，营养不足；或劳役过重，伤及脾气。是故脾虚则胃弱，因脾主升，主运化；胃主降，主腐熟，全赖脾气内充，脾气不足则不能升运，胃不腐熟则食停，酿成脾虚泄泻证。

3. 食积伤脾　常因饥后贪食过多，或饮食过量，致使宿食停滞，或突然喂精料过多，滞于胃肠，影响脾胃的腐熟和运化，胃不腐，食不化，则泄泻，酿成伤食泄泻证。此即"饮食自倍，肠胃乃伤"之意。

4. 肾阳不足　脾阳与肾阳关系密切，中焦之运化功能全靠肾阳之蒸运，如果肾阳虚衰，则中焦运化无权，因而引起泄泻。

5. 肝气乘脾　因脾胃素虚，又有肝气郁滞，肝郁则逆克脾土，致使脾胃运化失常，发生腹痛泄泻之证。

【主证与治疗】

1. 寒伤泄泻　寒邪直中脏腑者，粪便稀薄如水，臭味不大，腹痛肠鸣，耳鼻四肢发凉，口色青黄，口津滑利，脉象沉迟，猪常有恶寒、颤抖、肛门及尾、后肢粘有粪便。

治法：温补脾胃，渗湿利水。

方药1：胃苓散

苍术24g、厚朴24g、陈皮24g、炙甘草18g、生姜30g、猪苓24g、茯苓24g、泽泻20g、炒白术30g、桂枝12g。共研末冲服。

方药2：附子理中汤

党参30g、干姜30g、炙甘草30g、白术30g、附子30g。共为末或水煎服。

2. 寒湿泄泻　外感寒湿伤及脾胃者，排粪清稀，腹痛肠鸣，常伴发热恶寒，沉郁懒动，体痛难行，苔白脉浮。

治法：解表散寒，芳香化湿。

方药：藿香正气散

藿香30g、茯苓30g、白术24g、甘草18g、紫苏24g、白芷24g、桔梗20g、厚朴25g、大腹皮24g、陈皮24g、半夏24g、生姜15g、大枣20枚。水煎去渣，候温灌服。

3. 脾虚泄泻　完谷不化，久泻不止，体形羸瘦，四肢浮肿，肠鸣如雷，小便短少，口色淡白，脉沉细。

治法：补脾健胃。

方药：参苓白术散

炒白扁豆24g、党参30g、白术30g、茯苓30g、甘草24g、山药24g、莲子肉15g、桔梗15g、薏苡仁30g、砂仁15g、陈皮24g。共为末，开水冲，候温灌服。

4. 伤食泄泻　患畜腹痛，胀满不食，痛则欲泻，泻后痛减，粪便夹有不消化的草料，味酸臭或恶臭，苔垢浊，脉数。

治法：轻则消导运化用保和丸，重则行气导滞用枳实导滞散。

方药1：保和丸

山楂30g、神曲60g、半夏24g、茯苓30g、陈皮30g、连翘30g、莱菔子45g。用法：共为末，开水冲，候温服。

方药2：枳实导滞散

大黄30g、炒枳实30g、神曲30g、茯苓30g、黄芩24g、黄连24g、泽泻24g、白术30g。用法：共研细末，开水冲，候温灌服。

5. 肾虚泄泻　久泻不愈，凌晨时腹痛、腰痛、腹泻较重，腰胯无力，精神沉郁，或有浮肿，肛门失禁，口色淡白，脉象沉细。

治法：补肾壮阳，健脾止泻。

方药：补骨脂散

补骨脂 24g、五味子 24g、山茱萸 24g、山药 24g、肉豆蔻 24g、吴茱萸 24g、生姜 30g、大枣 20 枚（去核）。共为末，开水冲，候温灌服。

6. 肝郁犯脾泄泻　腹痛即泻，腰痛较重，精神沉郁，食欲减退，苔薄白，脉弦。

治法：疏肝健脾。

方药：痛泻要方加减

柴胡 24g、白术 30g、白芍 30g、陈皮 24g、防风 24g、郁金 24g、茯苓 24g、木香 15g。

加减：泻甚者加山药 30g、扁豆 30g；腹痛甚者加延胡索 24g、香附 24g。食少者加神曲 24g，麦芽 24g。

用法：共为末，开水冲，候温灌服。

【预防】泄泻类似于现代兽医学的肠卡他病。肠卡他是黏膜的表层炎症，常和胃卡他同时并存。其发病原因多由于饲养管理不当，饲料品质不良，内服刺激性药物，以及并发于某些传染病、寄生虫病和某些内科病等。在这些病因的影响下，反射的或直接扰乱了肠道的正常分泌、运动和消化吸收功能，进而导致泄泻和腹痛。

除去病因，因牙齿不整造成者应修整牙齿，加强饲养管理，合理使役。同时病畜放于暖厩，厩舍应注意通风，垫干燥褥草，注意饲喂方法。病初减食 1～2 天，给予优质易消化的饲料，病猪给予稀粥或米汤，给予充分饮水。病愈后，逐渐转为正常饲喂。

七、咳喘

实喘多因风寒侵袭和痰热触动所引起，风寒所犯，肺失清肃，肺气胀满而作喘，或体内痰浊壅滞，气不得降，呼吸不利，亦发为喘。虚喘多因劳伤过多，或久咳失治，元气亏损所致。因肺为气之主，肾为气之根，肺虚则气无所主，肾虚则气无摄纳，故虚喘以肺、肾气虚为主。

【辨证施治】

1. 实喘　喘则鼻翼张开，声高气涌，甚则两肋煽动。

（1）寒喘　兼见咳嗽，鼻流清涕，发热寒战，苔薄白，脉浮紧。

治法：温肺散寒，豁痰利气。

方药：小青龙汤加减

半夏 30g、干姜 12g、五味子 15g、麻黄 15g、桂枝 15g、杏仁 30g、甘草 12g。

水煎去渣，候温灌服。

（2）热喘　兼见咳嗽，口渴喜饮，鼻涕稠，舌红脉数，粪干尿赤。

治法：清热宣肺，化痰平喘。

方药：定喘汤加减

炙麻黄 24g、白果仁 24g、杏仁 30g、黄芩 30g、桑白皮 45g、半夏 30g、苏子 30g、陈皮 30g、款冬花 30g、甘草 15g。

水煎去渣，候温灌服。

2. 虚喘　病来缓慢，喘则气怯神疲，微劳则喘甚，舌淡脉虚，体弱。

（1）肺虚喘　兼见喘促短气，叫声低短，口色如绵，少苔津干，或有咳嗽，脉沉细而弱。

治法：补肺气。

方药：人参蛤蚧散

人参（可代以党参）24g、蛤蚧 1 对　茯苓 30g、杏仁 30g、贝母 24g、知母 24g、桑白皮 18g、甘草 18g。

共为细末，水冲服，候温灌服。

（2）脾虚喘　兼见喘促短气，肢体虚弱无力，食欲不振，咳嗽，舌淡苔白腻，脉沉缓而弱。

治法：健脾益气，祛痰平喘。

方药：六君子合三子养亲汤

党参 45g、白术 30g、茯苓 45g、橘红 30g、半夏 30g、苏子 30g、莱菔子 30g、白芥子 24g、杏仁 30g、甘草 15g。

水煎去渣，候温灌服。

（3）肾虚不纳　喘粗气短，呼多气少，气不连续，动则喘甚，精神不振，畜体虚弱。或后身虚弱，肢冷，舌淡，脉沉细。

治法：补肾纳气。

方药：肾气丸加减

熟地 90g、茯苓 45g、山药 45g、肉桂 18g、山萸肉 45g、党参 45g、五味子 30g、补骨脂 30g、胡桃肉 45g、怀牛膝 30g。

水煎去渣，候温灌服。

单验方：四白散

白及 120g、硼砂 120g、白矾 60g、枯矾 60。

共为细末，加芝麻油 120ml、鸡蛋清 8 个、蜂蜜 120g，温水调服。

【预防】除去病因，充分休息，给予良好的饲养管理，冬季要保持畜舍温暖。平时要合理使役，防止过劳，老幼家畜要减轻使役。

八、垂脱

垂脱发生的原因，有气虚下陷、久逸伤肝、强力努责、津液干涩及湿热下坠等。

1. **气虚下陷**　由于气血虚弱，劳役过度，营养不良，中气下陷或肾气不足，带脉失约，冲任不固；或多胎妊娠，分娩时间过长，或分娩时用力过大，或由于胎水过多，耗伤中气，气虚下陷，无力收摄，致子宫、阴道或直肠肌肉及其韧带松弛，无力维系而垂脱于体外，不能缩回。

2. **强力努责**　多因粪便干涩秘结，过度努责；或负载奔驰，用力过度；或分娩时强力努责，或助产时强拉硬拽、或产后胎衣不下，努责过度，或系以重物于胎衣，致力乏努伤而垂脱。

3. **湿热下坠**　由于湿热蕴结于肠道，或久泻久痢，中气不纳下坠而发。《活兽慈舟》"豕患脱脏者，多因内热不消，中气不纳，而肺经大肠不收，气下脱为殃。""牛患脱肛者……或有火毒热结大肠，下血粪稀，或中气不足，不能收敛，久则必成脱肛。"

【**主证与治疗**】垂脱的辨证当先分辨究属直肠脱出、或阴道脱出、或子宫脱出；并应分辨是全脱、半脱及习惯性脱出。直肠或阴道部分脱出者，多于睡卧时脱出，起立后则收回，日久则成习惯性脱出。子宫不全脱出者，则呈套叠在阴道中时，有起卧不安，不时努责，直肠检查可触知宫壁所形成的套叠。阴道全脱者，呈球状脱出于阴户外面，且有一收缩很紧的子宫颈外口。子宫全脱者，马的子宫表面是光滑的，或略呈天鹅绒状；牛和羊有成串下垂的、多液的，有时其易出血的宫阜（子叶）；猪的子宫似肠蹄系状弯曲。在此基础上尚应分辨病性的虚实及判断预后。《医述》："脱肛有虚有实。虚者一努便脱，色淡而不甚肿……实者肛门壅肿，努甚脱出，色如紫李，身热脉大。"子宫脱出或阴道脱出多为虚证，或虚中挟实。若能及时整复，给予适当的救治，多可痊愈；若拖延日久，黏膜坏死、溶解，常因邪毒攻心或心阳耗脱，而致死亡。

补可去弱，涩可固脱。垂脱证的治疗，以整复、升举、固摄、益气为治疗的基本大法，湿热下坠者，兼以清利湿热或清热解毒。此外，外用药物熏洗，是必不可少的常规治疗，且常能收到较好的疗效。

现将直肠脱出、阴道脱出及子宫脱出，按病因、病机及证候的不同，分型论治如下。

1. **气虚垂脱**　为中气下陷，脏腑固摄乏力所致。证见：直肠、阴道或子宫垂脱于肛门或阴户外，初则黏膜淡粉红色，久则淤红；体弱乏力，食欲不振，精神倦怠，行走乏力。口色淡，脉象虚弱。治宜补中益气，升提举陷。方用补中益气汤加枳壳或枳实，或升麻黄芪饮加减。电针交巢（后海）、治脱穴，一日1～2次，每次30min以上。对脱出部多或全脱者，应以整复为主，佐以补中益气汤加减内服。整复时将患畜保定于前低后高的柱栏内，以温药水如0.1％高锰酸钾液或2％明矾水或防风汤揉洗脱出部至温暖、柔软，然后从脱出末端推送整复入内。全部送入骨盆腔至脱出部完全复位，拨顺；直肠脱出者，肛门行烟包缝合；阴道或子宫脱出者，阴门作马蹄形烟包缝合再加数个纽扣状缝合。缝合手术后7～10天拆除。对腹压大而又脱出部长或全脱者，于整复前可于交巢穴扇形注入0.5％普鲁卡因以封闭，静脉注射10％安钠咖及10％葡萄糖液以强心。

2. **肾虚垂脱** 为脾肾两虚，脏腑固摄失权所致。证见：直肠、阴道或子宫垂脱于肛门或阴门外，初则黏膜淡粉色，久则淤红；腰膝寒冷，四肢不温，行走无力，尿频或失禁，尿液清。口色淡白，舌体绵软；脉象沉弱。治宜整复为主，佐以补肾益气，升阳固脱。方用补中益气汤加附片、肉桂、补骨脂、五味子，或肾气丸加升麻、枳壳。电针交巢（后海）、治脱、肾俞、雁翅，一日1～2次，每次30min以上。

3. **湿热垂脱** 为湿热下迫所致，多见于直肠脱出。证见直肠脱出于肛门外，黏膜淤红，肿胀，疼痛不安，不时努责；脱出日久者，黏膜常有淤血及黏膜坏死而呈风皮；粪便干结，肚腹胀大，尿液短赤。口色红或挟黄，舌津黏，舌苔黄腻，脉象濡数。治宜清火泄热，利湿举陷。方用凉膈清肠散（《证治准绳》，生地、白芍、当归、川芎、黄芩、黄连、荆芥、升麻、香附、甘草）。电针交巢（后海）、治脱穴。用2％明矾水或防风汤温洗后，整复还纳，肛门行烟包缝合以固定。

九、淋浊

淋证是指尿频、尿急、尿痛、排尿不畅、淋漓不尽的病证。古人根据淋证的表现不同，把它分为五种，即热淋、石淋、血淋、劳淋、膏淋。兽医临床常见的有热淋、石淋和劳淋三种。

心经积热下移小肠；或外感湿热，下注膀胱；或素有内湿又外感热邪，致使湿热蕴结，膀胱气化失司，形成热淋证；湿热蕴久，灼炼尿液，日积月累，尿中杂质结为砂石，阻塞尿路，形成石淋；又劳伤太过，损伤脾肾，脾虚气陷，肾虚不固，以致排尿频数，淋漓不断，发为劳淋。

【主证与治疗】

1. **热淋** 排尿频数而尿量少，排尿时拱腰努责，淋漓不畅，表现疼痛，尿色赤黄，口色红，苔腻，脉滑数。

治法：清热利尿。

方药：八正散加减

车前子45g、木通30g、萹蓄60g、瞿麦30g、山栀子30g、黄芩45g、大黄30g、蒲公英60g、地丁60g，水煎去渣，候温灌服。

2. *砂石淋* 排尿困难，拱腰努责，疼痛不安，头向后顾，尾巴高举，尿少而淋漓，尿中混有砂石或伴有血丝，有时因砂石阻塞可造成尿闭，口色红，脉数而紧。

治法：清热利湿，通淋排石。

方药：八正散加减

车前子60g、木通30g、萹蓄60g、瞿麦45g、滑石45g、石苇45g、冬葵子30g、金钱草90g、海金沙45g、鸡内金30g、甘草24g，水煎去渣，候温灌服。

3. *劳淋* 排尿淋漓不断，时发时止，过劳则重，缠绵难愈，口色淡白，脉多虚弱。

治法：补益脾肾。

方药：黄芪45g、党参30g、白术30g、山药30g、熟地45g、附子18g、茯苓30g、萹蓄30g、车前子45g，水煎去渣，候温灌服。

【预防】停止使役，减少精料，充分供给饮水。平时积极治疗邻近器官炎症，导尿时要细心，注意消毒。

十、脑黄

脑黄，是由心肺热极，上注于脑，致使脑中生黄的一种疾病，临床上碰壁撞墙，转圈呆立，或狂躁不安等症状。各种家畜均可发生，但以马为常见。

炎天过劳或久渴失饮，热积心肺，耗津成痰，痰气上逆，神志迷蒙，不能自主，发为沉郁型脑黄。热邪郁积，久而化火，郁火灼津，结为痰火，痰火上扰心神，致使神志逆乱，发为狂暴型脑黄。

【主证与治疗】

1. 沉郁型 耳聋头低，两眼半闭，头抵墙壁呆立，吃草时草衔口中不咀嚼，饮水时水入口中而不喝，待呼吸时才猛然抬头。甚则水草不进，双目失明，碰墙撞壁，斜走转圈，口唇麻痹，行走不稳，终于倒地死亡。

治法：清热化痰，安神开窍。

方药：天竺黄散。

天竺黄60g、川黄连18g、郁金24g、栀子24g、生地30g、朱砂（另研）12g、茯神24g、远志24g、半夏24g、石菖蒲30g、枳实24g、甘草24g，共为末，开水冲，候温引用蜂蜜、鸡蛋清同调灌服。

2. 狂躁型　烦躁不安，白眼赤红，眼急惊狂，咬物伤人，狂奔乱走，啃胸啼膝，口色红，脉洪数。甚则肉颤出汗，直至昏迷倒地，死亡。

治法：开郁涤痰，泻火安神。

方药：大黄24g、芒硝24g、枳实24g、礞石30g、朱砂（另研）12g、茯神30g、远志30g、郁金30g、白芍30g、胆南星24g、石菖蒲30g、橘红30g、黄连30g、栀子24g、甘草12g，水煎去渣，候温灌服。

【预防】拴于宽大、安静、凉爽、黑暗厩舍中，给以营养丰富及易消化草料，勤饮水，专人护理。平时加强饲养管理，合理使役，厩舍通风要良好。

十一、乳痈

乳痈，是指母畜乳房硬肿、热痛、乳汁变性的疾病。此病各种家畜均可发生。但在临床上，以奶牛、奶山羊较为多见。

本病的发生多与胃热壅滞，肝气郁结有关。因乳房是胃脉所在，若胃毒壅盛，胃脉受阻，则乳房精气不畅；肝气疏泄失常，亦易引起本病。此外，乳房受到意外损伤及挤奶不当等，亦常造成本病。

【主证与治疗】发病较急，挤奶时躁动不安，少卧懒动，后肢开张，乳房初期红肿热痛，乳量减少。如已成脓，触之有波动感，但脓肿深在的则波动感不明显。严重时有恶寒，发热，精神不振，水草迟细等全身症状。在治疗上，应按病情的轻重、深浅、肿硬热痛程度，并根据肿胀未成脓肿或成脓未溃以及成脓已溃三个不同阶段进行辨证施治。

1. 初期（即炎症期）　乳房肿大，红肿热痛，拒绝幼畜吮乳或挤奶时烦躁不安，不愿卧下，亦不愿走动；两后肢开张站立，触诊乳房疼痛敏感性升高，但无明显波动，伴有低热，口干欲饮，苔淡黄，脉数。

证候分析：热毒积壅，气滞血淤，经络不通，故红肿热痛。口干，便秘，脉数，苔黄，皆有热之象。

治法：清热解毒，理气活血，并配合局部治疗。

方药：金银花30g、连翘30g、瓜蒌45g、牛蒡子24g、青皮24g、陈皮24g、蒲公英30g、当归20g、赤芍24g、生甘草18g。

加减：若伴有高热者，可加大青叶、生石膏；发热恶寒重者，加荆芥、防风等。若局部肿硬明显者，可加玄参、夏枯草。若乳闭明显者，可加焦麦芽、路路通。

用法：水煎服或为末服。

局部治疗：先用手轻揉乳房，慢慢挤出乳汁，外敷雄黄散。若乳闭塞，乳汁不易流出，可用新鲜大蓟根 120g 捣碎，用手掌托敷乳头，移时乳汁即可渐流。

雄黄散：雄黄 15g、白及 30g、白蔹 30g、龙骨 30g、大黄 30g、共为细末，醋调于患处（溃后勿用）。

2. 脓肿期　局部红肿，按之有波动感，为脓肿已成，全身症状明显。

证候分析：热毒炽盛，气滞血凝，故发红肿，久肿不消，气衰血涩，血涩而侵入肉理，肉理淹留而肉腐，故化为脓。

治法：清热解毒，活血透脓。

方药：托里解毒散

当归 30g、黄芪 60g、山甲 21g、皂角刺 15g、香附 21g、乳香 21g、延胡索 21g、连翘 30g。

用法：共为末，开水冲，候温灌服。

局部处理：宜用针刺破，排出脓汁。后用艾叶、金银花、防风、荆芥、白矾适量，共合一处，煎汤洗患处。

3. 破溃期（气虚型）　乳房溃破，脓出清稀，体虚乏力，神疲，局部不能生肌收口。

证候分析：脓肿日久，气血虚弱，故脓汁清稀，久不能收口，神疲力乏，皆为气血两虚之故。

治法：补益气血，扶正托毒。

方药：加味八珍汤

黄芪 60g、党参 30g、茯苓 30g、川芎 21g、当归 30g、白芍 30g、熟地 21g、白术 30g、甘草 9g、引生姜、大枣。

用法：共为末，开水冲，候温灌服。

【预防】因隔离幼畜，注意热敷，按摩患侧乳房，并增加挤奶次数，以减轻乳房的压力，平时增加饲养管理，搞好舍内外卫生。清洁乳房，挤净奶汁，发现乳房有问题，应及时治疗。

十二、胎动不安

母畜在妊娠期间出现精神紧张，腹疼蹲腰及尿道内有少量血液和尿浊流出，称为胎动不安。本病常是发生流产的先兆，必须抓紧治疗。

胎为气血所养，如气虚则固摄无力，血虚则胎失所养，就会导致胎动不安；此外，由于使役不当、鞭打惊吓、扭跌闪挫等损伤，以及管理不善，圈棚狭窄，互相挤撞，踢伤，或因饲养不周，喂霜草冻料，空肠饮凉水过多等，均能伤及气血，扰动胎元而引起本病。

【主证】表现站立不安，不时蹲腰卧地，有时回头看腹，阴唇不断外翻，有少量血色黏液从阴道流出。

本病虽腹内不舒，但疼痛不严重，起卧不剧烈，卧地后不滚转，只是回头后顾，精神不安，和其他起卧证有所不同；虽有排尿姿势，并现尿频、量少及阴道内有时流出血色黏液，但亦不像胞转证时做排尿姿势，蹲腰踏地欲尿不出的痛苦表情。

【治疗】治疗前必须首先进行直肠入手检查，确诊胎驹死活。胎活时应以益气养血安胎之剂治之，可服白术散或保胎散。若胎死腹中则需阴道入手取之，然后灌服归芎汤，以祛淤止痛。

方药

1. 白术散（《元亨疗马集》方） 白术、当归、党参、熟地、各30g，黄芩30g、白芍、阿胶各24g，砂仁18g，川芎、陈皮、紫苏、甘草各15g。用法，共为末，开水冲，生姜为引，或水煎，候温灌服。

因外伤引起的胎动，本方加杜仲、桑寄生、川断各30g。

2. 保胎方（经验方） 当归45g，菟丝子、川断、黄芪30g，补骨脂24g，川芎、杜仲炭各15g、炒白芍、荆芥穗、厚朴、炒艾叶、炒枳壳、羌活、炙甘草各10g，共为末，开水冲候温，童便一杯为引灌服。

3. 归芎汤（经验方） 当归45g、川芎30g、生蒲黄24g、五灵脂30g、益母草45g，水煎汁，候温灌服。

【预防】专人护理，随时观察反应。单槽喂养，减少运动，增加草料，忌饮冷水，软草铺地，自由起卧。

十三、带症

带症是指母畜阴道内流出一种白色或赤白相杂的黏稠腥臭浊液，其形如带，淋漓不断，故称为带症。健康母畜发情期间，阴道内流出少量透明无色无臭的黏液，这是正常生理现象，不属本病。

本病多因脾气虚弱，运化失职，湿浊停滞，或湿郁化热，湿浊下注损伤任、带二脉而成。又肾气不足，下元亏损，任、带失养亦成本病，故带下症与脾肾及任、带二脉有密切关系。

【主证与治疗】带下色黄、质稠，有臭味的为湿热下注，属实证；带下色白、质稀，无气味的为脾虚。质清稀，量多，淋漓不断者为肾虚。在治则上，湿热应予清利湿热方剂；脾虚宜健脾化湿；肾虚者则宜益肾固涩。

1. 湿热证 带下黏稠臭秽、色黄或赤白相兼，口干不多饮，尿赤涩或短黄，阴痒揩尾或红肿，苔黄腻，脉滑数。多由于湿热内困，损伤任、带二脉故见浊液淋漓；湿郁热伏，故口干不多饮；尿赤涩，湿热浸淫，故见阴痒揩尾。

治法：清热利湿。

方药：龙胆泻肝汤

龙胆草 45g、车前子 30g、泽泻 30g、栀子 30g、黄芩 30g、柴胡 45g、当归 24g、生地 30g、木通 24g、甘草 24g。

加减：兼见赤带，加丹皮 24g、小蓟 30g；兼有阴痒，可在内服上方的同时，另用蛇床子 90g、苦参 30g、黄柏 30g、明矾 30g，煎汤洗外阴。

用法：水煎服或为末服。

2. 脾虚证　带下白色或淡黄，质稀如涕连绵不断，无秽臭味，兼有精神疲倦，四肢无力，食欲减退，粪稀黄。重者后肢下部浮肿，舌质淡白，苔白腻，脉缓弱。

治法：健脾益气，除湿止带。

方药：完带汤

党参 30g、白术 24g、白芍 15g、山药 30g、陈皮 15g、柴胡 30g、荆芥 24g、车前子 24g、甘草 15g、苍术 24g。

加减：气虚甚者加黄芪；血虚者加当归；便溏者加薏苡仁。

用法：水煎服或为末服。

3. 肾虚证　白带量多，清稀。粪稀黄，尿频数，腰胯疼痛，四肢不温，舌淡苔白，脉沉细而迟。

治法：温补肾阳。

方药：补肾散

枸杞子 30g、菟丝子 30g、山萸肉 30g、续断 24g、熟地 60g、山药 45g、杜仲 24g、海螵蛸 24g、煅牡蛎 45g。

加减：如见带下夹血，午后发热，口干，舌红少苔，脉细数，属肾阴虚象，去菟丝子加熟地、丹皮、黄柏各 30g。

用法：水煎服或为末服。

【预防】在配种、助产及阴道检查时，要注意严格消毒，防止感染。一旦发生产创或感染，应及时处理，彻底治疗。同时加强饲养管理，厩舍保持清洁干燥，禁止配种。

十四、不孕

不孕症，是指母畜由于管理不当或本身原因，屡次交配公畜正常而不能怀孕之症。

多因营养不良、过劳等，致使气衰血虚，冲任空虚，或母畜过肥，卵巢机能衰退，或胞宫虚寒，或淤血停滞等。引起冲任失调，致使不能正常受孕。

【主证与治疗】母畜表现发情不正常或不发情，或发情经健康公畜配种后，屡配不孕等。

1. **血虚不孕型**　母畜消瘦虚弱，精神不振，四肢无力，发情不正常或不发情，屡配不孕，舌淡，苔薄，脉细弱。

治法：以养血滋肾为主。

方药：四物汤加味。

当归45g、熟地60g、白芍30g、川芎24g、党参30g、阿胶30g（后加）、山萸肉30g、香附24g、炙甘草15g，共煎取汁，加阿胶溶化，候温灌服。

2. **血热不孕型**　母畜表现烦躁不安，体型不衰，发情周期缩短，或发情持续时间延长，口渴喜饮，舌红，苔黄燥，脉数。

以清热养阴为主。

方药：清热养阴汤

生地60g、黄柏30g、丹皮30g、白芍45g、玄参30g、女贞子30g、生甘草24g，共煎取汁，候温灌服。

3. **胞寒不孕型**　母畜表现为形寒畏冷，四肢不温，肠鸣粪稀或痢疾，发情延后或不发情，或带下稀薄。舌淡，苔薄，脉沉迟。

治法：补虚驱寒。

方药：温经散加减

官桂30g、当归30g、吴茱萸24g、熟地30g、艾叶24g、制香附24g、黄芪45g、白芍24g、川芎15g，共煎取汁，候温灌服。

4. **痰湿不孕（肥胖不孕）型**　母畜体形肥胖，动则气喘，发情期不定，带下白色量多而稠黏，舌淡红，苔白腻，脉滑。

治法：燥湿化痰。

方药：苍术散加减

苍术45g、制半夏30g、制香附30g、川芎24g、神曲45g、陈皮24g、茯苓30g、甘草24g，共煎取汁，候温灌服。

淫羊藿500g，煎汤，一日3次，发情期前一周服用，每剂分3日服完。

【预防】加强饲养管理，对瘦弱患畜应增加营养；对肥胖母畜应减少喂饲料，适当减肥，适当运动或劳役，注意发情，及时配种，配种应严格消毒，以防感染。

十五、胎衣不下

胎衣不下，是指母畜将胎儿产出后，经一定时间后胎衣不能自动排出的病证，一般在分娩后，马 1.5h、牛 12h、羊 4h、猪 1h 不能排出胎衣时，即为胎衣不下，应予治疗，此病牛多发生。

多因在母畜怀孕时饲养管理不当，致使产畜气血虚弱，元气不足；或分娩时间过长，消耗体力过多，胞宫收缩无力，均可导致产后气血耗损，精力疲惫，无力排出胎衣。有的因产时护理不好，感受外寒，或因患有其他疾病，致使气血凝滞，胎衣不易排出。

【主证与治疗】患畜阴门垂吊着部分胎衣，并流出恶露，母畜不时努责，回头顾腹。气虚者，毛焦体瘦，精神沉郁，形寒怕冷，口色淡白，脉虚弱，气血凝滞者，口色青紫，脉沉涩。

治疗以补气益血，活血化淤，剥离胎衣为主。

手术剥离胎衣时，应先向胎衣与胞宫间灌注浓盐水，手臂消毒后一手伸入阴门；另一手轻拉外漏的胎衣，入阴道之手顺序剥离胎衣，直至全部剥落为止。剥完后应用 0.1％高锰酸钾或雷夫奴尔液洗子宫，排净药液后，再注入抗菌素或磺胺类药物，以防感染。

方药：

1. 气虚者，灌服"八珍汤"，加红花，桃仁，黄酒等祛淤之品。

八珍汤：党参 60g、炒白术 60g、茯苓 60g、炙甘草 30g、熟地 45g、白芍 45g、当归 45g、川芎 30g，水煎服。

2. 气血凝滞者，用"生化汤加减" 当归 30g、川芎 25g、桃仁 30g、五灵脂 30g、蒲黄 30g、炙甘草 25g 共为末，开水冲服，候温灌服。

加减：有寒象者，加肉桂、艾叶、炮姜；淤血化热者，加金银花、连翘、紫花地丁、蒲公英等。

单验方：

1. 枳壳 500g，研末，开水冲服。

2. 鲜胡萝卜缨，或用胡萝卜缨水煎喂服。

【预防】病畜隔于另舍，防止风寒侵袭，忌饮冷水，防止胎衣污染。平时应加强饲养管理，满足孕畜营养需要，预防疾病发生。

十六、缺乳

产后或哺乳期间，乳汁甚少或全无，称为"缺乳"，并称为"乳汁不行"。各种母畜均有发生，主要见于初产母畜或老龄母畜。但有的产后两三天内乳汁不足，并非病态，应注意区别。

乳汁由气血所产生，因此，乳汁的多少与气血多少有关，气血又赖脾胃水谷精微所化生。如饲喂失调，营养不足，劳役过度，致使母畜气血虚弱，则生化不足，以致缺乳；或因机体过肥，运动不足，劳役过少，致使母畜气血淤滞，以及患有某些疾病等，均可造成缺乳症。

【主证】

乳房松软，触之不热不痛，乳少，挤之无乳，母畜体弱，口色淡白，无苔，脉细弱者，为气血虚弱；乳房胀满，触之发硬或有肿块，挤之有少量乳汁，母畜食欲减退，舌质如常，苔薄黄，脉弦数者为气血淤滞。

【治疗】补气益气，理气活血，佐以通乳。

方药：

1. 气血虚弱者用"通乳散"　黄芪60g、党参40g、当归60g、王不留行60g、阿胶60g、通草30g、川芎30g、穿山甲30g、木通20g、杜仲20g、川断30g、甘草20g共为末，开水冲，加黄酒100ml，灌服。

2. 气血淤滞者用"下乳涌泉散"　王不留行60g、当归30g、生地25g、白芍25g、川芎15g、天花粉25g、炮山甲25g、通草15g、木通10g、漏芦15g、白芷15g、桔梗15g、柴胡25g、甘草15g共为末，开水服，候温灌服。

丝瓜络250g，煎碎熬汤饮用。

【预防】加强饲养管理，增加营养，喂给多汁饲料及充足的水，并适当运动。

十七、虫积

虫积，是寄生于畜禽体内及胃肠道的寄生虫所引起的诸种病证的总称。常见的有瘦虫病（马胃蝇幼虫病）、蚘虫病（蛔虫病）、疳尾病（蛲虫病）、寸白虫病（绦虫病）、肝蛭病（柳叶虫病、肝片形吸虫病）、姜片虫病、血汗症（副丝虫病）及焦虫病等。在中兽医古籍中主要对蠕虫类及昆虫类幼虫所引起的病证有记述。

我国对家畜寄生虫病，很早就有详细的观察，并有一些切实可行的防治方法。近些年来，应用中兽医的辨证论治开展了临床驱虫试验和中药驱虫的药理作用机制研究，以及人工感染虫株制造病理模型的试验研究，使中兽医对虫积证的研究更加深入和细致，层次更高，特别是中药单体的研制和合成，使中药对虫体驱杀作用更加显著。

由于畜禽寄生虫的种类不同，进入畜禽体内的途径亦有所异。如瘦虫，当幼虫在马体皮肤移行时，引起发痒，马啃痒则幼虫大量进入马的口腔而入胃中。蛔虫、蛲虫、绦虫、肝片吸虫、前后盘吸虫、姜片吸虫及猪、牛囊虫和球虫等则系吃进污染有虫卵或幼虫的生水、草料、饲料、泥秽而进入畜体。牛焦虫病则系由于中间宿主蜱将病牛体内血液中的焦虫传播给健康牛体，牛受到侵袭而发病。副丝虫病则是由于吸血蝇类的叮咬而将感染性幼虫注入皮内而寄生于马、牛皮下组织和肌间结缔组织，常在夏季形成皮下结节，结节破裂而皮肤渗出血液而名血汗症。诸虫寄生于胃肠道，脾胃失于健运，胃气不和，或为嘈杂似饥，或为食欲反常，表现"异嗜"。或因虫体蠢动，发为腹痛冲攻。虫病日久，脾胃虚弱，运化不健，湿从内生，而为肚腹膨胀，食欲不振；甚者，气血生化乏源，气血营精虚耗，而为心动急速，气短，倦怠，色黄，浮肿。若在幼畜，由于虫病耗伤气血营精，脾虚及肾，肾气虚弱，可致发育不良而成僵畜。

由于各种寄生虫的特性不同，其病理变化及临证表现亦各有区别。如蛲虫的虫体匿伏于直肠后端，成虫游出肛门外产卵，故多发为肛门搔痒。蛔虫可上窜胆管，发生心腹疼痛，而为"蛔厥"，集结成团，阻塞肠道，而发肠梗阻。绦虫的孕卵节片脱落后从肛门排出时，亦能刺激肛门作痒。前后盘吸虫、肝片吸虫等寄生体内，由于气血营精耗伤而日益消瘦，神乏，倦怠，甚或浮肿等。此外，厩舍不洁，管理不善，脾胃虚弱，湿热内蕴，也为虫积证的发生创造了条件。

【主证与治疗】虫积证病势一般缓慢，呈渐进性消耗性病变，多属虚证。由于虫体畜积而耗血伤精，临证中常呈本虚邪实证候。因虫积体内，气血营精耗损而精神倦怠，行走无力，能吃不长膘，毛焦欣吊，形体消瘦，口色淡白，脉象沉细；继则腹泻，如汤如粥，质地均匀，食欲渐减，心动急速，动则尤甚，气短，乏力；重则皮下浮肿。亦有咳嗽、喘气者，或可视黏膜黄染。结合虫卵或虫体的检出而确诊。其证候的轻重，视侵袭强度而异，最后死于衰竭。

虫积的治疗，当以驱虫或杀灭虫体为本。根据病情的缓急和体质的强弱，或急攻或缓驱。对体质强者可先追虫杀虫以急攻；对体质弱者宜攻补兼施，结合健脾和胃或补益气血之法，通过扶正以有利于驱虫；确系体虚甚者，应先予调补，后再驱虫。驱虫或杀灭体内虫体时，应根据确诊的寄生虫而选择不同的驱虫药物。如治蛔虫病可用使君子、川楝子、苦楝根皮、鹤虱；驱绦虫可用鹤草芽、雷丸、槟榔、贯众、南瓜子；驱前后盘吸虫、肝片吸虫、胰阔盘吸虫及姜片虫可用槟榔、贯众；杀蛲虫可用贯众、鹤虱、苦楝根皮；治焦虫可用常山、青蒿；杀球虫可用常山、青蒿、大蒜、洋葱。

1. 瘦虫病 由于多种胃蝇幼虫寄生于马属动物的胃肠内而消瘦、贫血的慢性消耗性病证。证见草料减少，毛焦欣吊，精神委顿，出汗增多，役作力降低，粪便粗糙，或见起卧，后肢踢腹。排虫季节（南方3～4月，北方5～9月）可在粪便或肛门黏膜上见到红黄色或黄褐色分节的、形似蚕蛹的幼虫。虫体附着咽头者，可见喷嚏、咳嗽，饮水时水自鼻孔流出。口色苍白，舌质绵软；脉象沉迟。

治宜驱虫为主。方用贯众散（《实用中兽医学》：贯众60g，使君子、鹤虱、芜荑各30g，大黄20g）、化虫散、杀虫豆（《兽医手册》：贯众、榧子、皂角、火麻仁、黑豌豆，制成杀虫豆，空腹喂服）。

夏季发现马匹被毛上附有蝇卵时，应刮除或洗刷干净，防止幼虫进入胃内。

刮落的蝇卵应加以烧毁或深埋。及时消灭随粪便排出的幼虫。也可放出家禽啄食随马粪排出的幼虫。

2. 蛔虫病　由于蛔虫寄生于畜禽小肠中而致脾胃运化失司，气血生化无源而血虚、消瘦、腹泻的慢性消耗性病证。证见精神沉郁，体瘦毛焦，食欲时好时坏，贫血，拉稀；虫体躁动，则腹痛不安；虫体聚集成团，可导致小肠梗阻或肠破裂而死；虫体移行至胆管，可引起胆管阻塞而生黄疸，且体温升高，腹痛不安，痉挛抽搐，肢体厥冷而发"蛔厥"。虫体移行至肺，常发咳嗽。口色淡白或苍白，舌质绵软；脉象虚弱。失治常呈"僵畜"。粪检可见蛔虫卵。

治宜安蛔驱虫。方用槟榔散（《全国中兽医经验选编》：苦楝皮、槟榔、枳实、鹤虱、大黄、使君子）、贯众散（《全国中兽医经验选编》：苦楝根皮、贯众、枳实、朴硝、鹤虱、大黄、使君子），体质尚健，食欲正常的，可加雷丸；体瘦，食欲不好的，可加苍术，生姜、半夏。亦可用化虫散。胆管蛔虫病，可用乌梅丸加减。结合针灸疗法可缓解腹痛及痉挛抽搐，可选穴后三里、交巢（后海）、风门、脑俞、大椎等。

春秋季定期驱虫，及时清扫粪便，粪便应集中处理，堆积发酵。

3. 疳尾病　由于蛲虫寄生于马属动物或兔的盲肠和结肠，成虫匿伏于直肠后端游出肛门外产卵而肛门、尾、臀部发痒为特征的病证。证见体瘦毛焦，肛门、尾、臀部奇痒、常擦树揩桩，啃咬尾部而尾毛脱落，皮肤擦伤、化脓、肛门和会阴部常发生湿疹；肛门周围可见灰白色团块状的虫卵，粪中可见头部粗大、尾部细长的淡黄色虫体。口色淡白，脉象虚缓或沉细。

治宜杀虫为主。方用化虫散，或用贯众、鹤虱、苦楝根皮研末，冲服。或用百部煎汤，加入少许明矾，候温冲洗肛门和会阴部。

彻底清扫厩舍，消毒用具。健畜与患畜实行隔离饲养。经常洗刷患畜的肛门和臀部。忌在畜舍周围堆放饲草饲料，以防感染虫卵。

4. 绦虫病　是由于绦虫寄生于畜禽小肠而体瘦毛焦，口色苍白，腹泻，粪中可见白色的虫体节片的慢性消耗性病证。证见体瘦毛焦，精神不振，腹泻与便秘交替，粪中混有虫体成熟的节片，在禽类其节片刚排出时尚可见蠕动，役作力或产卵率下降；继则日益消瘦，贫血，衰弱。口色淡白或苍白，舌体绵软，脉象虚弱或虚数。

治宜驱虫杀虫。方用万应散，或用鹤草芽 1～2g 喂鸡；鹤草芽浸膏，150g/kg 口服，以驱禽绦虫；仙鹤草酚 100～200mg/kg，以驱羊绦虫；南瓜子粉 20～50g，以驱鹅绦虫；槟榔 1～3g，以驱禽绦虫，胆矾 2.5～10g，以驱羊绦虫。

及时处理粪便，进行生物热杀虫；春、秋两季进行预防性驱虫，注意消灭中间宿主，以免侵袭畜禽。牛、羊勿在低洼、阴湿地带放牧，雨后及有露水时不要放牧；水禽不在死水、浅水中放养。

5. **肝蛭病**　由于肝片吸虫寄生于牛、羊肝脏、胆管及胆囊而致脾虚不磨，消瘦，贫血，下颌水肿的慢性消耗性病证。证见轻度感染常无临床证候，幼畜则精神沉郁，食欲减少或废绝，腹胀或腹泻，贫血，口色苍白，脉象虚弱。通常发病缓慢，日益消瘦，毛焦欠吊，食欲减少，肚胀，瘤胃蠕动弱，长期拉稀，质地均匀，如汤如粥，四肢乏力，行走缓慢。口色苍白，舌体绵软，脉象虚弱。病重，心动急速，气短，动则尤甚，心音微弱，下颌或胸下浮肿，最后卧地不起，可衰竭而死。粪检可见黄褐色、长卵圆形、卵壳内充满卵黄细胞，长 0.13～0.15mm、宽 0.07～0.09mm，前端较尖、有卵盖，后端钝、胚细胞不明显的虫卵。

治宜杀虫利水，行气健脾。方用肝蛭散或槟贯散（贯众、槟榔，《中兽医医药杂志》）加减。禁止在低洼潮湿地区放牧，秋季驱虫，以保安全过冬；初春驱虫，以减少虫卵对牧区的污染。对疫源地应注意消灭椎实螺，以硫酸铜（胆矾）万分之一的浓度浸渍或喷洒螺的生长环境，或以血防 67 按 25mg/kg，均有较好的灭螺效果；或放鸭食螺，以灭螺。

6. **姜片虫病**　由于布氏姜片吸虫寄生于猪、狗、兔的十二指肠而致消瘦，贫血，腹痛，泄泻，眼睑水肿的慢性消耗性病证。证见发育受阻，精神沉郁，头低耳耷，反应迟钝，食欲减退，毛焦欠吊，久泻不止，粪便清稀，日益消瘦、贫血，眼睑、腹下水肿，最后虚弱衰竭而亡。粪检可见淡黄色、长椭圆形，长 0.13～0.145mm，宽 0.085～0.097mm，较肝片吸虫卵大且钝圆的虫卵。治宜驱杀虫体。方用肝蛭散、驱虫散加减，或用槟榔粉 3～10g 口服；或槟榔、木香煎剂，或槟榔、贯众、雷丸、生甘草各等分，研末，开水冲调，灌服。

7. **血汗症**　由于副丝虫寄生于马、牛皮下组织和肌间结缔组织形成皮下结节，夏季结节破裂而渗出血液的病证。证见马属动物的肩背部及胸颈部出血汗，牛多在臀部出血汗，且以早晚为多，马则在中午，持续2～3h，经数日或数周又复发，阴天血汗少，炎热血汗多，以 7～8 月为高潮，冬季则消失。精神、饮食欲、口色、脉象多无明显变化。治宜凉血止血。方用《牛经大全》郁金散、二地汤（生地、地榆、白茅根、槐花、百草霜、茜草、白糖，《中兽医医药杂志》）或犀角地黄汤等加减。防避和消灭吸血蝇类，定期用杀虫剂处理畜体皮肤，防止吸血蝇类叮咬传播，在流行地区，可改在夜间放牧。

8. **焦虫病**　由于血孢子虫寄生于马、牛、羊红细胞内而发热，贫血，黄疸，血尿的急性血液原虫病。多发于夏秋两季。而马的焦虫病和纳塔焦虫病，多在 3～6 月间发病。我国南方流行牛双芽巴贝斯焦虫病，2 岁以内犊牛发病率高，死亡率低，病原体为牛双芽焦虫和巴贝斯焦虫，寄于牛的红细胞内而致病；北方流行牛环形泰勒焦虫病，发病率高，死亡率大，牛、羊均发。病原体为环形泰勒焦虫、山羊泰勒焦虫、绵羊泰勒焦虫寄生于牛、羊的红细胞和网状内皮系统淋巴细胞和组织细胞内形成石榴体（柯赫氏兰体），随后进入红细胞内寄生。各种年龄均发。

双芽巴贝斯焦虫病主要见于黄牛、水牛。证见高热不退（40～41.5℃），气促喘粗，精神沉郁，草料减少，反刍停止，血尿，消瘦，黄疸，下泻或便秘。初期口色红燥，脉象洪数；后期口色苍白，脉象细数。镜检从红细胞内发现虫体即可确诊。

治宜清热杀虫。可用新鲜黄花蒿，每日 2～4kg，捣碎，浸泡 30～60min，连渣灌服，每日两次，连用 3～5 天。或用 2%～5%骆驼蓬总碱盐酸盐注射液，5mg/kg，颈部肌肉注射，每天 1～2 次。亦可参考"发热"及"血证"有关治法和方剂加减应用，如青蒿鳖甲汤（《温病条辨》：青蒿、知母、鳖甲、生地、丹皮）。

牛环形泰勒焦虫病：多见于黄牛、山羊、绵羊。证见高热不退（39～41.8℃）心跳、呼吸加快，体表、肩前和鼠蹊淋巴结肿大，有压痛，头低耳耷，精神不振，食欲及反刍缓慢，肷部下陷，拱腰收腹；先便秘后腹泻，粪便常有黏液和血液；眼结膜充血，眼睑下有粟粒大的溢血点，流泪，角膜变为灰色，视力受损；血尿、黄疸不明显。病初口色红黄，脉象洪数；后期口色苍白，脉象细数。镜检红细胞中发现虫体或从淋巴细胞内见有石榴体即可确诊。

治宜清热杀虫。除用新鲜黄花蒿、骆驼蓬总碱治疗外，还可用青蒿酯片剂，每片含 50mg，成年牛首次内服 70～80 片，以后每隔 12h 服 35～40 片，虫率降至 1%以下，停药观察。

【预防】开展有计划有组织的灭蜱活动，以消灭中间宿主；用杀虫药物杀灭牛羊体表的蜱，避免在蜱大量繁殖或滋生的地区放牧，对畜舍内外环境及用具用杀虫药剂进行消毒，堵塞墙壁裂缝，铲除杂草，清除垃圾，以防蜱产卵藏在其中为患。

十八、疮黄疔毒

（一）疮

疮是家畜常患的一种外科病证，病因比较复杂，临诊时对肿溃化脓之证都称为疮症，这里只对临床常见的旋蹄疮予以论述。

旋蹄疮为蹄甲上部的周围发生破溃，并不断流出脓水的一种病证，故名旋蹄疮，又名毛边漏。多因粪尿浸渍，或久卧湿地，日久湿毒浸及蹄冠遂成其患，或因外伤感染而引起。

【主证】初起毛边肿胀，发热肿痛，日久破溃，流出黄白色浓汁。站立时悬蹄，不敢负重。运动时，起步困难。点头行走，脉色一般正常。

【治疗】以消肿解毒、除腐生肌敛口为治则。患部剪毛后，用花椒、艾叶煎汤温洗，外涂龙骨散。

方药：龙骨散

煅龙骨 15g、制乳香 15g、枯矾 15g、章丹 1g、煅乌贼骨 12g，共为细末，撒于患处。

人尿冲洗，每日 2～3 次，有良好效果。

【预防】停止使役，尽量减少运动，厩舍地面要保持干燥清洁卫生。

（二）黄

黄症是家畜气壮迫血妄行，血离经络，积于肌腠，化为黄水的一种症状，在临床上分为内黄、恶黄、普通黄，从病因、症状和治疗等方面可以概括为阴黄和阳黄两类。

1. 阳黄　多因湿热毒邪侵入畜体，致使心肺壅热，迫血妄行，血离经络，溢于肤腠，而形成黄肿。

【主证】肿胀明显，大小不一，按压或硬或软，均有热证，病势发展快，刺破后有黄水流出，口色赤红，脉象洪数，如有发病急，高热症状严重者，多属恶黄。

【治疗】以清热解毒为治则，可内服消黄散，外敷消毒散。

方药：

（1）消黄散　知母 18g、黄药子 15g、栀子 21g、黄芩 18g、大黄 21g、甘草 12g、贝母 15g、连翘 21g、黄连 12g、郁金 15g、芒硝 60g，共为细末，开水冲调候温，引用蜂蜜 120g、鸡蛋清 4 个，大家畜一次同调灌服。

（2）消毒散　雄黄 30g、白及 30g、白蔹 30g、龙骨 30g、大黄 30g、黄柏 30g，共为细末，醋调涂患处，每日一次，连用数次。

【针灸】初期体壮热盛者（除恶黄外）放鹘脉血。黄肿形成后，局部用宽针点刺，放出黄水。

【预防】停止使役，饲养于清凉处，忌喂生料，早晚适当牵蹓。保持环境卫生清洁。

2. 阴黄　多因饲养失调，久卧湿地，致使寒湿之邪凝于肌腠，滞而不散，结为黄肿，或乘热急饮冷水过多，水盛火衰，脾失健运，致使水湿内停，渗于腹下成为黄肿。

【主证】局部漫肿，边缘界限不明显，触诊不热不痛，手按留有指痕，针刺流出白黄色液体，口色淡红，脉象沉细，精神倦怠，饮食减退，病史发展缓慢。

【治疗】以温阳补阴，散黄通经为治则，因湿气凝于外肾引起的阴肾黄可内服茴香散；因腹中水湿渗于腹下引起的肚底黄可内服加味实脾饮；黄肿较硬时可外涂雄黄拔毒散，黄肿软化时，可针刺排出黄水。

方药：

（1）茴香散　茴香 15g、川楝子 15g、甘草 15g、贝母 15g、秦艽 15g、肉桂 15g、栀子 15g、青皮 15g、干姜 12g、酒知母 15g，共为细末，开水冲，候温，大家畜一次灌服。

（2）加味实脾饮　白术 25g、茯苓 25g、木瓜 20g、大腹皮 25g、附子 15g、姜皮 15g、草豆蔻 20g、五味子 15g、陈皮 30g、党参 25g、黄芪 30g，共为细末，开水冲，候温，大家畜一次灌服。

（3）雄黄拔毒散　雄黄 15g、大黄 30g、大黄 30g、龙骨 30g、樟脑粉 15g、白矾 30g、硼砂 30g、黄柏 60g、榆皮面 60g，上药除樟脑粉外，共为细末加樟脑粉混研。肿处剪毛后，醋调外涂，每日一次，连涂数次。

【针灸】黄肿软化时，针灸肿处，排出黄水。

【预防】停止使役，适当牵遛，平时因加强饲养管理，保持畜体清洁。

（三）疔

疔又称为"疔疮"。因其坚硬而根深故名。多因鞍伤感染所致。负重乘骑过远，鞍具失于解卸，浴汗积于毛窍，败血凝于皮肤，或因鞍具不当，磨肩擦背，邪毒侵入，发为此病。

【主证】疔疮多发生于鬐甲，病变表现各异，古人有"伤其皮为黑疔；伤其筋为筋疔，伤其气为气疔，伤其膜为水疔，伤其血为血疔"等五疔之别。

黑疔：疔面脓血不多，复有黑硬壳膜，日久不愈，患处肿胀不明显。

筋疔：疮面破溃，不结痂，上复黄膜，复有黄水外渗。

气疔：疮部溃烂不堪，不易收口，疮面淡白，亦有黄水外渗。

水疔：并在初期损伤较轻尚未化脓，局部表现为漫肿无头，光亮多水。

血疔：皮肤破溃，疮面色赤，不结痂，常流血水。

【治疗】

1. 葱白 7 个、当归 15g、独活 15g、白芷 15g、甘草 15g，水煎温洗患处。

2. 雄黄拔毒散　见黄症、阴黄外用方。

3. 防风汤　防风 30g、当归 30g、荆芥 30g、川椒 30g、艾叶 50g，水煎外洗肿处。

4. 定痛生肌散　生石膏 30g、甘草 15g、轻粉 9g、硼砂 6g、朱砂 3g、冰片 3g。

先水煎甘草取汁，再用甘草汁研磨石膏细面，研极细，将石膏浆倒入另一容器中，待沉淀后弃去上清液，将石膏面晒干，合余药共研极细面，装瓶备用，用时撒于患处或调成油膏外用（石膏外用多主张煅用，本方系蔡安吉老先生经验方，临床验证效果很好）。

5. 玉红膏　当归 60g、白芷 15g、甘草 36g、紫草 6g，用芝麻油 500ml 将上药浸 5 日，煎至药枯去渣，将油煎至滴水成珠后加血竭面 12g，再加白醋 60g 溶化，最后加轻粉 12g 即可。

【预防】停止使役，保护疮口清洁，平时要合理使役，鞍具要合适，并注意鞍具检修。

（四）毒

毒发无定处，形状不一，因症定名，其特点是硬而多痛，据《元亨疗马集·疮黄疔毒论》记载有十毒：即阴毒、阳毒、心毒、肝毒、脾毒、肺毒、肾毒、筋毒、气毒、血毒。十毒中唯阴毒和阳毒表现有其特殊性，其他 8 种基本与疮相似。

1. 阴毒　阴毒多发于胸膛及后胯，肿硬如石，状如瘰病，故名阴毒。

阴毒是由三阴经发出之肿毒。乃阴邪结毒，阴火挟痰而成，又名“痰核”

【主证】多在胸前、腹底或四肢内侧发生瘰结核，累累相连，肿硬如石，不发热，不易化脓，难溃，难敛，甚至敛后复溃，缠绵难愈。

【治疗】以消肿解毒，软坚散结为治则，可内服土茯苓散或阳和汤，外用斑蝥酒涂擦。

（1）土茯苓散加减　土茯苓 30g、白藓皮 25g、茵陈 30g、苦参 30g、海桐皮 25g、蒲公英 30g、苍术 15g、金银花 30g、夏枯草 30g、防风 15g、荆芥 15g、昆布 30g、海藻 30g、花椒 6g，共为细末，开水冲，候温灌服，大家畜每日一次，连服数次。

加减：体虚者减蒲公英、金银花、夏枯草；加黄芪 30g、当归 25g、熟地 30g；食欲不振者加陈皮 25g、焦山楂 30g、麦芽 30g、白术 25g。

（2）阳和汤　熟地 120g、白芥子 24g、鹿角胶 36g、麻黄 12g、肉桂 9g、炮姜 6g、炙甘草 9g，共为细末，开水冲，大家畜一次候温灌服。

（3）斑蝥酒　全斑蝥 10 只研末，放于白酒 100ml 内浸泡 24h 即成，每日涂 1～2 次，连续 3 日。

【针灸】冷硬如石者，用火针刺患部 3～5 针，促使化脓，然后涂斑蝥酒。

【预防】饲养于清凉之处，厩舍保持清洁卫生，喂以青草。

2. 阳毒　阳毒多发生于两前膊及梁头脊背，有脓而无头。

阳毒是由三阳经发出之肿毒，多因外感风热，邪毒内蕴，气血运行不畅，凝于经络，结于脊梁，或气候骤变，劳役中汗出雨淋，湿热郁于肤腠而成肿毒。

【主证】在两前膊、鬐甲、脊背及四肢外侧发生小毒，破后有脓，溃烂不痂，因此十毒歌说："阳毒遍体发疮痍"。

【治疗】以清热解毒、散淤消肿为治则，可内服消黄散加减，外敷雄黄散。

消毒散加减：

黄芩40g、大黄30g、白药子25g、知母30g、贝母30g、郁金25g、黄药子25g、甘草15g，共为细末，开水冲，候温大家畜一次灌服。

热毒炽盛者，加黄连25g、黄柏30g、连翘30g、蒲公英30g、金银花30g。

雄黄散：

雄黄30g、大黄50g、煅龙骨30g、白及30g、白蔹30g，共为细末，醋调敷于患处。

【针灸】针胸堂穴或鹘脉穴。

【预防】停止使役，饲养于清凉之处，保持畜体清洁，喂以青草，忌喂生料。

第二节　常见猪病防治

一、猪丹毒

猪丹毒是一种急性热性传染病，其特征为皮肤上形成特异性充血疹块，所以又称打火印。

由于感受湿热之毒气，热毒入营血，高热不退，血热妄行，皮出疹块。饲养不当，圈舍不洁，或病猪扩毒，饲料污染等原因均能引发本病。

【主证】因为病猪正气盛衰不同，毒邪伤害轻重不同，则病证表现也不一样。一般在临床上有三种类型。

急性型：多为肥猪或壳郎猪多发生此型。病猪突然高热不退，精神倦怠，食欲废绝，口色鲜红，脉洪数。病猪很快死亡。

疹块型：此型以在皮肤上出现疹块为主要特征。病初，患猪表现食欲减少，精神委顿，高热不退；继而在病猪背肋、腰胸、腹股等处出现深红色大小不等的疹块，其形状多为方形或菱形，有的是不规则的圆形。疹块稍隆起，界限明显。数天后，疹块颜色逐渐变浅，而成灰色。最后疹块形成干痂皮，脱落后自愈。

慢性型：病猪表现四肢关节肿痛，肢蹄步行僵硬，跛行；体瘦气弱，食欲减退，生长缓慢，严重者可发生死亡。

【治疗】清热解毒

1. 地龙45g、石膏30g、大黄30g、连翘15g、知母15g、玄参15g。共煎取汁，分 2～3 次一日内服，连服两剂。

2. 黄连、黄芩、黄柏、栀子等份。共为末，以开水调成稠膏舔剂，用舔食板灌服。小猪每次 3～6g，大猪每次服 9～12g。病轻者一天服 1 次，病重者一天服 2 次。粪干者，可酌加大黄、芒硝。

针灸以耳尖、天门、断血、乳基为主穴，食欲不振时可配玉堂、山根、八字。

【预防】病猪放清净凉爽处，隔离饲养，喂给易消化的饲料，勤饮水。搞好清洁卫生，圈舍、用具定期消毒。预防要加强饲养管理，增强猪抗病力。严格消毒，定期防疫注射。

二、仔猪副伤寒

仔猪副伤寒是以下痢和逐渐消瘦为主要症状的仔猪传染病。2～4 月龄仔猪多发，常呈散发或地方流行性，四季均可发生，但饲养不当，潮湿寒冷，不卫生等不良条件下易发。

【主证】由于病情不同，临床分为二型。

急性：病猪突然高热，精神委顿，厌食，先便秘后拉稀，粪味有特殊恶臭，甚至便血，粪呈灰色或绿色，耳、腹及股内皮肤呈红紫色或有红紫斑。病猪多数经 3～5 天死亡。

慢性：病初食欲不振，喜饮水，精神委顿，喜钻垫草内睡，便秘与腹泻交替发生。后期被毛粗乱，机体消瘦，四肢无力，行步不稳。顽固性下痢，味带特殊恶臭。多数病猪经十数天后死亡。耐过者发育不良而成僵猪。

【治疗】清热解毒，宽肠健胃。

1. 黄连 9g、槟榔 12g、木香 9g、白芍 12g、滑石 15g、茯苓 12g、甘草 6g，共煎取汁，分 4 次喂，两日内服完。

2. 黄连 90g、白头翁 90g、黄芩 90g、生地 90g、木香 90g、车前子 90g、大蒜 60g、茶叶 90g、茯苓 90g、地榆 90g、仙鹤草 150g，以上各药混合加水浸泡半天，煎汁成 2 500ml，拌入料食喂之。连用 2～3 天。

针灸以交巢、七星、后三里为主穴，发热时配血印、尾尖；食欲不振时配玉堂、山根。

【预防】病猪应隔离治疗，以防传染。预防要定期预防注射。平时保持猪圈清洁干燥，搞好饲养管理，发现病猪及时隔离。

三、仔猪白痢

仔猪白痢是半月龄内哺乳仔猪感染大肠杆菌而引发的一种急性传染病。其特征为里急后重，下痢物呈白色腥臭，3～20 日龄易发，春季多发。

【主证】仔猪白痢在临床上分为热痢和寒痢两型，但热痢较为多见。

热痢：热痢为仔猪的初期表现，病猪多为体质尚好，尚能饮食，但食欲减退，并拉稀，粪呈灰白色或白色带血，粪味腥臭。

寒痢：热痢继续发展，病久伤正气而转虚，则病猪表现体瘦无力，被毛粗乱，卧地难起和行走不稳；食欲废绝，下痢不止，粪白而恶臭；四肢末梢发凉，最后虚衰死亡。

【治疗】热痢宜清热解毒，寒痢宜温中健脾。

1. 热痢方药

（1）白龙散　白头翁 6g、龙胆草 3g、黄连 1g，共为细末，和米汤灌服。

（2）白头翁 60g、板蓝根 60g、连翘 60g、金银花 60g、黄柏 60g、甘草 60g，上药混合，加水 1 500ml，煎煮至 300ml 左右，10 头病仔猪分服，连服 2 剂。

（3）苍术 16g、苦参 12g、丹参 3g，煎汤取汁，加荞麦面一次喂母猪。

2. 寒痢方药

（1）地胡霜　地榆（醋炒）15g、白胡椒 3g、百草霜 15g，共为细末，仔猪每次服用 6g。

（2）三龙散　煅地龙（醋浸瓦焙）12g、伏龙肝 15g、煅龙骨 15g、九制赤石脂（醋浸九次，炭火煅九次）30g、百草霜 15g，共为末，仔猪每次服用 6g，以蜜调，凉开水冲服。

（3）五味子 500g、枯矾 90g，将五味子炒黑，与枯矾共为细末，每头仔猪 3～6g 拌入饲料中喂服。亦可给母猪每次 15g 代服。

针灸主穴：交巢、三里、脾俞。配穴：百会、六脉、尾干、尾本。每日 1 次，连续 3 次。新针、电针、激光刺激均可。

穴位埋线：穴位取后三里（双侧）、脾俞、尾本、尾干。线用四号羊肠线（消毒）。在穴位上下 1cm 处将线穿过皮、肌肉，线在组织内保留 1.5～2cm，剪去余者，将皮提起，使线端入皮内，并消毒针眼，即可。如线脱落，则应重做。通常一次即愈。

【预防】发现病猪，母子全窝隔离治疗。圈舍严格消毒。加强饲养管理，特别要调整母猪的饲养。预防应注重产前产后半月的饲养管理。仔猪应早日补料，仔猪以颗粒料炒焦补喂。另给予红泥土（高岭土）等仔猪自舔。

四、猪肺疫

猪肺疫，即锁喉风，是猪的一种急性热性传染病。以败血症、咽喉炎和胸膜炎为特征，以咽喉肿胀，呼吸困难和高热为主证。本病多发于春秋气候骤变季节，常与猪瘟、猪流感合病，呈散发，较少呈地方流行。多发生于 3～12 月龄的猪。

气候骤变，饲养管理不当，或因患猪瘟等其他疫病，机体正气受损，暑热秋燥之热毒乘虚侵入肺经，继而上冲咽喉，使咽喉部肿胀，而成本病。

【主证】由于病猪受疫邪侵害情况不同，则在临床上又分为三种类型。

最急性：病猪高热不退，精神委顿，食欲废绝，咽喉肿大，呼吸困难，气如抽锯，口色赤紫，1～2 天窒息死亡。

急性：高热不退，精神不振、咽喉肿胀，呼吸困难，伸颈张口，呈犬坐式，喘气有声，鼻流脓涕，咳嗽痛感，胸有压痛。皮有红斑点或紫斑点，手按不褪色；口色赤紫，脉沉数。后期病猪衰弱消瘦，经数天死亡。

慢性：病情缓慢，病程较长。病猪表现持续性咳嗽和呼吸困难，或出现关节肿胀，皮肤湿疹，下痢等症状。约经半月因衰竭而死亡。

【治疗】清肺利咽解毒。

1. 白药子 9g、黄芩 9g、栀子 6g、连翘 6g、大青叶 9g、知母 9g、炒牛蒡子 9g、炒葶苈子 3g、炙枇杷叶 9g、桔梗 6g。水煮取汁，用细导管灌服。每日一剂，连服三剂。

2. 山豆根 24g、射干 24g、黄芩 9g、黄柏 18g、栀子 18g、苦参 15g、龙胆草 24g、柴胡 9g、大黄 24g、甘草 9g。

共煎取汁，用细导管投服。

针灸：苏气、肺俞、断血、锁喉、膻中。配穴：高热时配血印、尾尖；食欲不振时配山根、玉堂。

【预防】隔离喂养、圈舍清洁卫生，给予青绿菜叶，易消化的饲料。预防要定期防疫注射。

五、猪痢疾

猪痢疾又称为猪血痢、黑痢、黏液出血性下痢，是由猪痢疾密螺旋体引起的一种肠道传染病。特征是黏液性或黏液出血性下痢。本病一年四季均可发生，但以春秋多见，各种年龄的猪均可发病，但以 7～12 周龄猪高发。本病的发病率约为 75%，病死率 5%～25%。

【主证】潜伏期 2 天至 2 个月，或更长，一般为 10～20 天。根据病程可分为以下三型：

1. 最急性型 多见于流行初期，往往突然死亡，不表现临床症状。

2. 急性型 较多见，猪病体温升高到 40～40.5℃，精神委顿，食欲不振，持续腹泻。初期粪便为黄色至灰色，后期粪便呈棕色、红色或黑红色，并混杂黏液、血液、纤维素性物质和坏死组织碎片。病猪弓背，消瘦脱水，最后衰竭而死或转为慢性。病程1～2周。

3. 慢性型　本型病情较缓，病猪精神萎靡、食欲不振，消瘦，贫血。腹泻时轻时重，粪便呈黑色（称黑痢）、黑红色或褐色，内含黏液，血液和坏死组织碎片。

【治疗】清热解毒，凉血止痛。

1. 白头翁15g、黄柏20g、黄连15g、苦参20g、秦皮20g、诃子20g、乌梅20g、甘草15g。煎汤胃管投服，每日1次，连服5天。

2. 白矾1g、白头翁5g、石榴皮10g。先将白头翁和石榴皮加水煎汁，滤汁再加入白矾使之溶解，分2次拌入饲料喂或灌服，每天1剂（25～35kg猪用量），连服3～5天。

【预防】无本病的猪场应坚持自繁自养，严禁从疫区引进种猪。加强饲养管理和防疫消毒工作，一旦发现病猪应及时淘汰或治疗，同群未发病的猪群，可立即用药物预防。

六、猪传染性胃肠炎

猪传染性胃肠炎是由猪的传染性胃肠炎病毒引起的一种高度接触性肠道传染病。特征是呕吐、水样腹泻、脱水和新生仔猪病死率高。本病多发于冬春寒冷季节，各种品种、性别、年龄的猪均可感染发病，但7日龄以内仔猪发病率和死亡率高（近乎100%），断奶仔猪、育肥猪、成猪发病症状轻微，多能自然康复。

【主证】仔猪突发此病，呕吐，吐出白色乳块，并混有少量黄色液体，后腹泻呈水样，呈黄绿色或灰白色带有未消化的凝乳块，有恶臭。初期体温升高，发生腹泻后体温下降。极度脱水，体重下降，被毛粗乱，出现口渴。日龄越小，病程越短，死亡率越高，一般在1周内死亡。断奶猪、育成猪和成年猪症状较轻。

【治疗】清热解毒，渗湿止泻。

大葱10g、白芍12g、白头翁15g、地榆炭12g、乌梅15g、诃子15g、黄连9g、甘草12g、车前子12g（25kg猪的剂量）。煎汤，候温灌服。

【预防】多饮水（尤其是多饮糖盐水），给予易消化的饲料。预防要注意饲养管理，在晚秋至早春之间的寒冷季节，不要引进带毒猪，搞好清洁卫生，定期消毒。

七、猪支原体肺炎

猪支原体肺炎，又称猪喘气病，是一种慢性接触性传染病。临床上以咳嗽、气喘为特征，发病无明显季节性，一般在春冬寒冷潮湿季节多发，呈地方性流行，断乳仔猪发病率高。

【主证】临床可见虚、实喘两型。

实喘：多见于病猪体质未衰，而发病较急阶段。病初病猪表现精神不振，食欲减退；呼吸促迫，咳声粗大。继而咳嗽增多，腹部扇动，张口犬卧，口流白沫，喘而少卧；口色赤紫，脉浮数。最后窒息死亡。

虚喘：病猪体瘦毛焦，精神倦怠，食欲减少。咳嗽发喘，夜间更甚，运动咳嗽严重，重者张口犬卧发喘。耳鼻四肢末梢发凉，口流清涎，便软尿清长，口色青白，脉虚无力。怀孕猪，可发生流产。

【治疗】实喘宜祛邪，宣肺清热、止咳平喘为主；虚喘宜培补，补脾益气、滋阴降火。

【方药】

1. 实喘

（1）麻黄 24g、白果 21g、杏仁 21g、石膏 90g、栀子 18g、黄芩 18g、苏叶 18g、甘草 18g，共煎两次，取汁混合，候温大猪一次服。

（2）凉膈白虎汤　生石膏 9g、生大黄 9g、栀子 9g、朴硝 6g、连翘（去心）6g、黄芩 6g、薄荷 6g、知母 6g、生甘草 4.5g，粳米一把为引，共煎三次。大黄在煎 15min 后加入，再煎 10min，取之再加朴硝，候温分两次服（1 500g 猪）。

2. 虚喘方药

（1）本事黄芪汤　炙黄芪 18g、党参 9g、五味子 9g、白芍 9g、茯苓 9g、麦门冬 12g、天门冬 11g、熟地 6g、炙甘草 9g，引用乌梅 3 个、大枣 4 个，水煎 3 次，分 3 次拌料，每日 2 次（1 500g 猪）。

（2）党参 18g、山药 30g、炒白芍 18g、桔梗 15g、葶苈子 18g、五味子 12g、杏仁 12g、天花粉 12g、炙麻黄 9g、柴胡 9g、桂枝 12g、连翘 30g、金银花 30g、甘草 9g，共煎取汁，候温大猪一次灌服。

针灸：山根、血印、脾俞、尾尖。配穴：睛灵、八字、六脉、后三里、膻中（灸）、涌泉、滴水、蹄叉。7 天为一疗程，前 3 天每日针灸一次，后 4 天隔日一次。每完成一个疗程间隔 3 天再行针灸。

【预防】隔离病猪，放于安静、干燥、清洁、保温圈舍内，严防抓扑和骚扰，给予易消化饲料。避免拥挤，圈舍通风良好，经常见日光。预防要采用严格隔离，及时发现病猪及时治疗。病猪治愈后，不得马上混入健康猪群中，而应观察隔离饲养。圈舍要经常消毒。

八、猪链球菌病

猪链球菌病是由链球菌引起的猪的一种多型性传染病的总称。急性型常表现为出血性败血症和脑炎；慢性型表现为关节炎、心内膜炎、淋巴结化脓和组织化脓等。各种年龄、品种的猪均易感染，但新生仔猪和哺乳仔猪发病率和死亡率较高。本病发生无季节性，常呈地方性流行。呼吸道、消化道和伤口为主要感染途径。

【主证】 潜伏期 1～3 天，最短为 4h，长的可达 6 天以上，根据临床症状可分为最急性型、急性型和慢性型。

1. 最急性型　见不到任何症状而突然死亡。

2. 急性型　又分为败血型、脑膜炎型、胸型。

败血型：突然不食，体温升高 41～42℃，呈稽留热。病猪嗜卧，步态跟跄，精神沉郁，呼吸困难，流浆液性鼻液，腹下、四肢及耳端呈紫红色，并有出血斑点。结膜潮红、充血、出血，流泪。便秘或腹泻，粪便带血，尿色黄或发生血尿。常在 1～2 天内死亡。

脑膜炎型：病猪尖叫或抽搐，共济失调，做圆圈运动或盲目行走，或突然倒地，口吐白沫，四肢呈游泳状，最后衰竭或麻痹死亡。

胸型：部分病猪表现肺炎或胸膜炎症状，病猪呼吸急促，咳嗽，呈犬坐姿势，最后窒息死亡。

3. 慢性型　为急性型转化而来，也有直接发生的慢性型。

关节炎型：病猪食欲降低，常表现四肢关节炎症状，病猪出现一肢或多肢的关节肿胀疼痛，跛行或卧地不起。

化脓性淋巴结炎型：多见于颌下、咽部、耳下及淋巴结发炎、肿胀，可为单侧或双侧，发炎淋巴结可成熟化脓，破溃流出脓汁，以后全身症状转好，形成疤痕愈合。

局部脓肿型：在肘或跗关节以下以及咽部浅层组织形成脓肿，破溃后流出脓汁。深部的脓肿触诊有波动，穿刺可见脓汁，常出现跛行。

【治疗】 清热解毒、凉血救阴、清心开窍、宣肺平喘。

热入营血（败血型）　清瘟败毒散 1 次 80g 水调灌服，一日 2 次，连用 3 天。

热闭心包（脑膜炎型）　人工牛黄 1.5g、冰片 0.5g、黄连 3g、蒲公英 20g、紫花地丁 20g，为末水冲调灌服。

热邪闭肺（胸型）　大青叶 6g、板蓝根 6g、玄参 6g、连翘 6g、金银花 6g、桔梗 9g、麻黄 12g、百部 9g、石膏 30g。为末水冲调灌服，一日 2 次，连用 3 天。

慢性型（淋巴结脓肿或局部组织脓肿型）①青霉素按每千克体重 4 万 IU 一次肌肉注射，每日两次。②局部脓肿切开后，以 0.2％高锰酸钾冲洗干净，并涂以 5％碘酊，必要时加引流条。

【预防】每年定期进行链球菌苗预防注射。对发病的猪群应及早诊断，进行隔离治疗，猪舍、场地、用具可用 10％石灰乳或 2％烧碱消毒。

九、猪感冒

感冒是感受外邪而引起的以发热、寒战、咳嗽，鼻流清涕等为特征的一种疾病。本病临床上可分为"伤风感冒"（即普通感冒）和"时行感冒"（即流行性感冒）两种。伤风感冒发病较轻；时行感冒发病较重，且具有很强的传染性，常可引起广泛的流行。本病一年四季皆可发生，但以早春和晚秋气候多变季节较为多见。

【主证与治疗】

1. 风寒感冒　恶寒重，发热较轻，耳聋头低，腰弓毛乍，鼻流清涕，咳嗽，口津润滑，舌苔薄白，脉象浮紧。

治法：辛温解表，宣肺散寒。

方药：杏苏散加味

炒杏仁 34g、紫苏 24g、半夏 18g、前胡 24g、桔梗 15g、枳壳 15g、茯苓 24g、荆芥 24g、防风 24g、甘草 15g、生姜 24g、葱白 3 根为引。煎汤或为末灌服。

2. 风热感冒　发热明显，恶寒轻，口干舌红，口渴欲饮，舌苔薄黄，脉浮数，粪便干燥。

治法：辛凉解表，宣肺清热

方药：银翘散加味

金银花 60g、连翘 30g、荆芥 24g、薄荷 30g、牛蒡子 24g、板蓝根 60g、防风 24g、桔梗 24g、杏仁 24g、桑叶 30g、菊花 30g。咳嗽重者加前胡、贝母；咽肿热痛者加山豆根、大青叶；高热者加柴胡、黄芩。水煎服。

3. 夏季感冒　夏季暑气当令，长夏湿气为盛，故夏季感冒有挟暑挟湿的不同。

感冒挟暑　寒战发热，口干舌红，苔黄腻，尿短赤。

治法：解表清暑，芳香化湿。

方药：新加香薷饮加减

香薷 30g、金银花 45g、连翘 30g、白扁豆 45g、厚朴 30g、藿香 30g、滑石 30g、甘草 30g。水煎服。

感冒挟湿　寒战，发热不扬，精神沉郁，懒于行动，口色淡而湿润，舌苔白腻，食欲减退，腹胀或兼拉稀。

治法：解表胜湿。

方药：羌活胜湿汤

羌活 30g、独活 30g、防风 30g、川芎 24g、藁本 24g、蔓荆子 30g、甘草 15g。水煎或为末服。对于肚胀拉稀的加苍术、厚朴各 30g。

4. 时行感冒　本病特点为发病急，传染快，同时有多数家畜发病。患畜高热寒战，精神沉郁，食欲减退或废绝，咳嗽流涕，结膜红肿，流泪，呼吸粗促，口色红，舌苔薄黄，脉象浮数，有时还可能出现槽口肿胀，少数患畜常继发肠黄、黄疸。

治法：宣肺解表，清热解毒，止咳化痰。

方药：病初可使用下方加减

桑叶 30g、菊花 30g、连翘 30g、薄荷 30g、桔梗 30g、莱菔子 30g、百部 30g、白前 30g、甘草 18g、生姜 24g。热盛者加板蓝根，喘促者加杏仁、桑白皮、紫菀。煎汤，灌服。

病重时使用银翘散加减：

金银花 30g、连翘 30g、淡豆豉 25g、桔梗 25g、荆芥穗 25g、竹叶 30g、薄荷 15g、牛蒡子 25g、芦根 60g、甘草 10g、大青叶 25g、板蓝根 25g。热喘甚者加桑白皮、石膏；津亏者加鲜芦根、玄参。水煎 20min，候温灌服。

针灸可取山根、鼻梁、耳尖、尾尖、太阳、苏气等穴。

【预防】加强饲养管理，寒天避免夜宿露天，汗后不要拴于当风处，厩舍温度要适宜，防止过冷过热与贼风侵袭。动物病后要加强护理，饲喂易消化的饲料，多饮温水。

十、猪流行性腹泻

由猪流行性腹泻病毒引起的一种接触性肠道传染病，其特征为呕吐、腹泻、脱水。多发生于冬春季节。寒邪疫毒侵入胃肠致使脾胃功能失常，脾不升，胃不降而发生腹泻、呕吐之证。

【主证】寒邪疫毒郁滞胃肠，脾不健运而呕吐、水泻；疫毒为阳邪故发热，精神沉郁，脉洪数。若发生于哺乳仔猪，胃肠分清别浊失常，又可见粪便黄色或浅绿色，病情危重，死亡率高。

【治疗】辛温散寒、清热解毒、燥湿止泻。

藿香正气散加减：

广藿香 12g、紫苏叶 10g、茯苓 6g、白芷 4g、大腹皮 6g、陈皮 6g、桔梗 6g、炒白术 6g、厚朴 6g、制半夏 4g、甘草 6g、白芍 4g、葛根 4g、木通 4g。粉碎拌料饲喂。

【预防】发现本病应进行隔离，将病猪粪便深埋处理。可采取疫苗接种，也可给妊娠母猪产前 30 天接种疫苗，通过乳汁，使仔猪获得被动免疫。

十一、猪日本乙型脑炎

猪流行性乙型脑炎又称日本乙型脑炎，是一种人兽共患的传染病。其特征是母猪流产和产死胎，公猪发生睾丸炎，少数猪特别是仔猪呈现典型脑炎症状，如高热、狂暴、沉郁等。本病的发生有明显的季节性，主要发生在蚊子猖獗的夏秋季节，不同品种、性别、年龄的猪均可感染。但多呈隐性过程，幼猪和初产母猪有明显的临床症状。

【主证】突然发病，体温升高 40～41℃，稽留，可持续几天至十几天。精神沉郁，食欲减退，饮欲增加，喜卧嗜睡。结膜潮红，粪便干燥，尿呈深黄色。仔猪可发生神经症状，磨牙，口流白沫，转圈，视力障碍，盲目冲撞倒地不起而死亡。怀孕母猪突然发生早产、流产，产木乃伊胎、死胎、弱仔等。弱仔产下后几天内出现痉挛症状，抽搐死亡。母猪流产后，症状很快减轻，体温、食欲慢慢恢复。也有部分母猪流产后，胎衣滞留，发生子宫炎，发烧不退，并影响下次发情和怀孕。

公猪发病后，可出现单侧或双侧的睾丸炎，睾丸肿大、发红、发热、手压有痛感，体温稍升高。大多患病数日后，肿胀消退，逐渐恢复正常。少数患猪睾丸逐渐萎缩变硬，性欲减退，精子活力下降，失去配种能力而被淘汰。病猪可以通过精液排出病毒。

【治疗】清热解毒。

1. 大青叶 30g、黄芩 10g、栀子 10g、丹皮 10g、紫草 10g、黄连 3g、生石膏 100g、芒硝 6g、鲜生地 50g。水煎至 100ml，候温灌服。

2. 板蓝根 100g、生石膏 100g、大青叶 60g、生地 50g、连翘 30g、紫草 30g、黄芩 18g。水煎取汁一次灌服。

3. 板蓝根注射液 40ml（相当生药 20g），肌肉注射，每天一次，连用 3 次或 4 次。

【预防】应注意保持猪场的环境卫生，排除积水，消灭蚊蝇，定期消毒，杜绝传染媒介。一般对后备公母猪在乙脑季节前一个月，采用乙脑弱毒疫苗免疫注射两次（间隔 10～15 天），以后每年注射一次即可。夏秋季节分娩的初产母猪，经免疫后产活仔率可由 50% 提高到 90% 以上。

十二、猪蛔虫病

蛔虫病，是因蛔虫寄生于猪小肠中而发病。幼畜易发，发病后机体逐渐消瘦，生长发育受阻，严重者可引起死亡。

【主证】幼畜症状比较明显。蛔虫幼虫于畜体内移行时，若移行于肺，则有发烧、呼吸快、咳嗽和黏液性鼻液，蛔虫寄生日久，则畜体逐渐消瘦、贫血、精神委顿，被毛焦枯，时有磨牙、异食、腹泻、呕吐、便秘或下痢，若蛔虫进入胆管，则有黄疸，多数蛔虫在小肠内寄生时，可引起肠堵塞甚至造成肠破裂。口色淡白。

【治疗】杀虫止泻兼调脾胃

槟榔散　槟榔24g、苦楝根皮18g、使君子12g、鹤虱9g、枳实15g、大黄9g、芒硝（后下）15g，共为末，开水冲服，候温加芒硝灌服。体质尚健，食欲正常者，可以加雷丸9g；瘦弱、食欲不振者，可加苍术9g、姜半夏6g。

【预防】服药后的猪，应隔离于圈内，或拴于一定地方，不能散放，以便及时清除粪便，堆粪发酵。平时搞好卫生，猪只应圈养，定时消毒圈舍和饲具，粪便、垫草堆积发酵；定期驱虫。

十三、猪弓形虫病

弓形虫病又称弓状体病、弓浆虫病或毒浆原虫病，是由龚地弓形虫引起的人畜共患寄生虫病。猪弓形虫病的主要特征是以3月龄左右的猪多见，突然暴发、高热稽留、呼吸困难，皮肤出现紫红色淤斑，剖检见肺、肝、淋巴结等脏器肿胀，有出血点和坏死灶。弓形虫对中间宿主的选择不严，人类、45种哺乳动物、70多种鸟类以及5种冷血动物均能自然感染本病，猪的病死率可达60%以上。本病呈世界性分布，我国很多地区均有流行。

【主证】本病潜伏期为3～7日，病猪体温升高至40.5～42℃，稽留7～10日不退，精神沉郁，食欲减少或废绝。便秘，粪干呈板栗样，表面附有黏液或血丝。小猪多呈水样拉稀，有的便秘、拉稀交替出现。病情严重时，咳嗽、呼吸加快，呈腹式呼吸。后肢无力，行走摇摆，喜卧、昏睡。耳、腹下及四肢内侧可见片状紫红色淤斑，病程一般10天左右，15天后不死的可逐渐康复。怀孕母猪可发生流产，产死胎或木乃伊胎。

【治疗】清热杀虫

1. 蟾酥2～3g、苦参20g、大青叶20g、连翘20g、蒲公英40g、金银花40g、甘草15g。水煎温服（体重50kg猪的剂量，小猪酌减）。

2. 常山20g、槟榔12g、柴胡8g、桔梗8g、麻黄8g、甘草8g（35～45kg猪用量）。先用文火煎煮常山、槟榔20min，然后将柴胡、桔梗、甘草加入同煎15min，最后加入麻黄煎5min，过滤去渣，灌服。每日2剂，连用3日。

3. 黄花蒿60～120g、柴胡15～25g。水煎一次灌服，每日1剂，5天为一疗程。

4. 在猪耳背侧中上部，用三棱针或小宽针刺破皮肤并扩成囊状创口，取麦粒大小的蟾酥锭片卡入创口中，50kg 重猪卡入 2 粒。

【预防】猪场严禁养猫，加强饲料和饮水管理，防止被猫粪污染。

十四、猪疥螨

疥螨，又称为疥癣、疥癞，是由螨虫寄生于猪皮肤而发生的接触性传染性皮肤病。特点为皮肤发炎瘙痒，被毛脱落，患部皮肤增厚等症。冬季多发。

【主证】临床上根据疥螨症状而分为干癞和湿癞两类。

干癞：患部干燥，病猪表现瘙痒不安，不时啃咬或蹭墙，被毛脱落，有时擦破皮肤，皮肤变厚，并皲裂出血；重者精神沉郁，食欲不振，逐渐消瘦，甚至死亡。

湿癞：患部湿浊、瘙痒，病猪擦桩磨墙，皮毛脱落，皮肤出现小疙瘩，揩破流出黄水，皮肤形成皱纹。

【治疗】杀虫止痒，外治为主。

1. 用 1‰～5‰食盐水或 5％肥皂水，洗刷患部皮肤，除掉屑皮。

2. 硫黄 100g、明矾 50g。混合均匀研末过筛，加植物油 500ml，搅匀涂擦患部。

3. 洗去屑皮后外敷擦疥散（见方剂篇）。

【预防】病猪隔离治疗，按时涂擦药液，药后晒太阳，并防舔食，以免中毒。治愈之病猪暂不归群，待确无螨虫后，才能混养。平时加强饲养管理，搞好卫生，圈舍要干燥通风，并应定期消毒，及时处理粪便。

十五、仔猪贫血

本病为体内血液不足，出现以口色苍白，精神倦怠，形体消瘦为主要特征的一种疾病。本病各种家畜均可发生。由于饲养失调，或急慢性出血，胃肠虫积，病后体虚或身体虚弱，以及某些药物和毒物的影响等。以上因素致使气血耗损，或影响脾胃功能，气血化生不足，而致血虚。

【主证与治疗】辨证时应根据脏腑气血，阴阳虚损的主次，区别不同证候。一般证属心脾气血亏虚的病情较轻，肝肾阴亏或脾肾阳虚的病情较重。

1. 气血两虚　口色苍白，萎黄少华，精神不振，四肢无力，舌质淡，脉细弱，或心悸气短，食欲不振。

治法：益气补血。

方药：八珍汤加减

党参 30g、黄芪 60g、白术 24g、当归 30g、熟地 30g、川芎 15g、白芍 24g、

茯苓 24g、炙甘草 15g。水煎服。

2. 肝肾阴虚　口色淡白，午后发热，腰腿无力，精神沉郁，口津不足，苔少或无苔，脉细数。

治法：滋养肝肾。

方药：左归饮加减

生地 24g、熟地 24g、山药 30g、何首乌 20g、当归 30g、枸杞 24g、女贞子 24g、旱莲草 24g、龟板 50g、阿胶 30g（熔化）。持续低热，或见潮热者加青蒿 30g、银柴胡 10g、地骨皮 24g。有淤斑或出血者加大蓟、小蓟、藕节、丹皮各 24g。水煎服。

3. 脾肾阳虚　口色苍白，精神倦怠，食欲不振，心悸浮肿，四肢不温，惧寒怕冷，舌质淡白。或自汗气促，便溏，脉沉细。

治法：温补脾肾。

方药：首乌补骨脂汤

何首乌 45g、补骨脂 45g、菟丝子 45g、党参 30g、枸杞 45g、生地 30g、熟地 30g、当归 30g、肉苁蓉 30g、阿胶 30g、肉桂 9g、甘草 9g。水煎灌服。

【预防】安静休息，改善饲料管理，加强营养，若是继发于传染病或及内外寄生虫病所引起，应及时治疗原发病，定期驱虫。

十六、胃肠炎

本病为热毒积于肠间引起的以发热、泄泻为主的疾病。按《元亨疗马集》记载，本病分为急肠黄、慢肠黄两种，病性属热。

【主证与治疗】

1. 湿热型（急肠黄）　泻下稀薄，粪便黄褐色，有腐臭味，倦怠乏力，喜饮水，尿短赤，舌苔黄而厚腻，脉濡滑而数。

治法：清热利湿。

方药：葛根 60g、黄芩 24g、甘草 18g、银花 40g、木通 24g、水煎或为末服。腹痛者，加木香 24g、香附 30g、芍药 30g。湿重苔白腻者加六一散，或猪苓 24g、泽泻 18g。口渴舌干，小便短赤者，加沙参 24g、石斛 30g、麦冬 18g。

2. 热毒型　发热，脉洪数，口色赤红，排尿赤涩，粪便溏泻如水，粪便恶臭，口渴贪饮，腹痛起卧，甚至口色青紫，神昏倒地而死亡。

治法：清热解毒，行气止痛。

方药 1：郁金散

郁金 30g、诃子 24g、黄芩 30g、大黄 24g、黄连 15g、黄柏 24g、栀子 15g、

白芍 24g。煎汤服或为末，开水冲，候温灌服，连服 2～3 剂。

方药 2：三黄加白散

黄芩 30g、黄柏 30g、黄连 24g、白头翁 24g、枳壳 15g、砂仁 15g、泽泻 15g、猪苓 15g。煎汤去渣灌服。

3. 邪陷营血型　发热不食，精神痴呆，眼闭头低，或见狂躁不安，撞壁冲墙，转圈行走，精神恍惚，气促喘粗，肠鸣腰痛，泻粪如浆，腥臭带血，口内干燥，口色红绛，舌苔干燥，脉细数。

治法：清热解毒，凉血止血。

方药：凉血地黄汤加味

犀角 6g（10 倍水牛角代）、生地 30g、丹皮 45g、银花 60g、栀子 30g、白茅根 60g、白头翁 45g、黄连 24g、天竺黄 24g，共为末，开水冲，候温灌服。

4. 虚热型（慢肠黄）　体虚低热，欣吊毛焦，水草减少，腹痛轻微，粪稀色黄，酸臭如浆，重则泻粪如水，气味腥臭，口色暗红干燥，脉细数无力。

治法：清热利湿，涩肠止泻。

方药：葛根 60g、栀子 30g、黄柏 30g、木通 24g、五味子 24g、乌梅 8g、黄芪 60g、党参 30g、白术 30g、甘草 15g、茯苓 30g，共为末，开水冲，候温灌服。

针灸：交巢、百会、后三里、脾俞、玉堂、血印。配穴：尾根、尾尖、睛明、山根。

【预防】建立正确的饲养管理制度，饲养应定时定量，防止过饥过饱，更换草料要逐步进行，同时注意草短料细，讲究洁净，禁喂霉败、冷冻饲料。发病后喂给易消化的草料，饮水要少量多次，勿受风寒潮湿，加强护理，适时治疗。

十七、肺黄

肺黄是热毒伤及肺脏，以致气滞血淤而生内黄的一种病证。本病发展急骤，变化较多，临床主要表现发热、咳嗽、喘促和鼻流脓性鼻液等症状。各种家畜均可发生，但以幼弱和老龄家畜更为多见，多发生于春、秋两季。

【主证与治疗】

1. 风热犯肺期　发病急剧，发热恶寒，神疲毛乍，咳重于喘，鼻流少量黏白鼻液，口舌色红，舌苔薄黄，脉象浮数。

治法：辛凉解表，宣肺清热。

方药：桑菊银翘散加减。

桑叶 30g、菊花 30g、银花 60g、连翘 30g、炒杏仁 30g、桔梗 24g、薄

荷 24g、荆芥 24g、知母 30g、贝母 24g、枇杷叶 30g、甘草 15g。水煎服或研末服。

2. 肺热壅盛期　高热不退，喘重于咳，鼻流黄色脓性鼻液，精神沉郁，食少或废绝，粪干尿短，口渴贪饮，口色红，口津燥，舌苔黄厚，脉象洪数。

治法：清热解毒，宣肺定喘。

方药：麻杏石甘汤加味。

炙麻黄 30g、杏仁 45g、石膏 120g、金银花 90g、连翘 30g、黄芩 30g、黄连 24g、甘草 15g。津干者再加麦门冬、玄参、知母，抽搐者加白芍，钩藤；神昏者加石菖蒲、远志，水煎服。

3. 正虚欲脱期　持续高热，躁动不安，神志不清，行走摇摆，进而病势恶化，突然神昏倒地，抽搐痉挛，甚至浑身肉颤，大汗淋漓，四肢厥冷，呼吸浅促，口色青紫，脉细无力，或脉微欲绝。

方药 1：清营汤加减

犀角 6g（可用水牛角 60g 代）、生地 60g、钩藤 45g、麦门冬 45g、玄参 60g、连翘 45g、白芍 30g、丹皮 45g。水煎后，候温灌服。

方药 2：生脉散加味

党参 90g、麦门冬 60g、五味子 30g、生地 45g、玄参 60g、白芍 30g、龟板 45g、牡蛎 45g。水煎灌服。

方药 3：参附汤加味

人参 30g、制附子 45g、龙骨 30g、牡蛎 45g。水煎灌服。

4. 正虚邪恋或邪去正衰期　反复发热，动则出汗，咳而微喘，口色淡白，脉沉无力，此为气虚；低热不退，干咳无涕，口干舌燥，舌质赤红，脉象虚数，此为阴虚。

治法：益气养阴，清热化痰。

方药：养阴清肺汤加减

沙参 30g、麦门冬 18g、生地 24g、玄参 18g、杏仁 18g、川贝母 18g、知母 18g、薄荷 9g、甘草 9g，若兼气虚者加党参、黄芩各 30g。水煎灌服。

针刺耳尖、尾尖、山根、苏气、肺俞穴等。

【预防】

在对动物灌药时要严格按照操作规范，若在用药过程中出现呛药现象，应立即停止用药。

十八、猪便秘

便秘是粪便干燥，排粪艰涩难下，甚至秘结不通的病证。

便秘的病因是多方面的，主要是草料结聚于胃肠，此外，热结胃肠，气血亏损，虚寒不运等造成胃肠传导功能失常，均能造成便秘。

1. 草料结聚　由于饲草饲料的质量低劣，不易消化，或采食过急，咀嚼不充分，难于运化消导，停聚不下，而成秘结。尤其是采食干燥的，纤维长而坚韧的草料，在胃肠中缠结成团，最易引起秘结。

2. 热结胃肠　外感之邪，化热入里，或火邪直接伤于脏腑，结于胃肠，灼伤津液，粪便因而燥结。

3. 气血亏损　素体亏虚，或胎前产后，或大病久病之后，气血亏虚。气虚则大肠传导无力，血虚则肠道失于滋润，均能导致便秘。

4. 虚寒不运　畜体真阳亏损，寒自内生，凝滞肠胃，传导无力，故排粪困难，发生秘结。《景岳全书》中说："凡下焦阳虚，则阳气不行，阳气不行则不能传送而阴凝于下，此阴虚而秘结也。"

【主证与治疗】

1. 热秘　患畜拱腰努责，排粪困难，粪球干硬，色深，或完全不能排粪，肚腹稍满，尿少而黄；舌红口干，苔黄，鼻盘干，有时可在腹部摸到硬粪块。

治法：清热通便。

方药：大承气汤

大黄60g、厚朴30g、枳实30g、芒硝250g。肚腹胀满者，加槟榔、牵牛子、青皮；粪干者，加食用油、火麻仁、郁李仁；津液已伤，可加鲜生地、石斛之类。水煎（大黄后下）去渣，加芒硝溶化，候温，灌服或为末冲服。

2. 虚秘　患畜不时拱腰努责，但气虚无力，排粪困难，粪球并不很干硬。患畜精神短少，肢体无力，舌色淡白，脉弱。

治法：益气健脾，润肠通便。

方药：当归苁蓉汤

全当归（麻油炒）120～250g、肉苁蓉（黄酒浸蒸）90～120g、番泻叶30～60g、广木香10～15g、川厚朴20～30g、炒枳壳30～60g、醋香附30～60g、瞿麦12～18g、通草丝10～15g、炒神曲60g、麻油250g。倦怠无力者，加黄芪、党参；粪球干小者，加玄参、麦门冬。为末，开水冲调，或文火煎汤，入麻油，候温灌服。

3. 寒秘　排粪艰涩，有时腹痛起卧，耳鼻俱冷，四肢末梢发凉；口色青白，脉象沉迟。

治法：温中通便。

方药：大承气汤加减

大黄50g、厚朴30g、枳实30g、芒硝100g、附子45g、细辛10g、肉桂20g。

用法：水煎（附子先入，大黄后下）去渣，加芒硝溶化，候温灌服或为末冲服。

针灸：玉堂、脾俞、交巢、七星。备穴：百会、山根、八字。

【预防】

饲料要搭配合理，不要突然变换饲料，避免长期单一饲喂谷糠、酒糟等。

十九、中暑

中暑是指暑热炎天，在烈日或高温环境中长时间停留，致使心肺热极，气血淤滞，引起高热神昏、汗出、脉数、倒地、痉挛为主的一种急性疾病。

本病的发生，多因畜体正气不足，暑热或暑湿秽浊之邪乘虚侵袭而为病。最初暑热郁于肌表，因汗出不畅，热不得外泄而发生中暑的轻症；而后，暑邪炽盛，由表入里，侵犯心包，而见神志不清，高热现象成热极生风而见抽搐，发为中暑重症。

【主证与治疗】

1. 中暑轻症　发病较快，精神恍惚，头低眼闭；站立如痴，卧多立少，行走不稳，呼吸迫促，恶热喜阴，脉洪数，口色鲜红。

治法：此为急性热病，须当急治。首先将布蒙于患畜头上，冷水淋之。或用新汲水灌之，同时彻鹘脉血，以清心解暑为治则，内服"清暑香薷汤"。

方药：藿香 30g、滑石 90g、陈皮 24g、香薷 24g、青蒿 30g、知母 30g、石膏 60g、甘草 15g、佩兰 30g、炙杏仁 30g，津液不足，加石斛、麦门冬、淡竹叶、生地、沙参等，如有元气不足虚脱之象，加党参、黄芪。水煎服。

2. 中暑重症　突然倒地、神志不清、肉颤头摇、行如酒醉、左右乱跌、浑身出汗、两目上翻、气促喘粗，甚至舌如煮豆，汗出如油。

治法：彻鹘脉血，体弱者彻胸膛血，后灌祛暑清心安神化痰剂。

方药：加味茯神散

茯神 24g、香薷 24g、朱砂 6g（另研）、雄黄 9g、薄荷 24g、连翘 24g、石菖蒲 18g、栀子 24g、知母 24g、玄参 24g、黄芩 24g。

用法：共为末，开水冲，候温灌服。

3. 暑热挟湿型　暑多兼湿，故治暑之剂当清心利尿。挟湿者，除证见上述外，尚有身热，排尿不利或赤色或泻下。

治法：清暑利湿。

方药：加味三仁汤

香薷 24g、白扁豆 30g、厚朴 24g、杏仁 24g、滑石 60g、通草 18g、竹叶 18g、薏苡仁 45g、半夏 24g、白豆蔻 18g，水煎灌服。

针灸：针人中、天门、血印、耳根、尾尖、尾本穴。

【预防】暑热天气，防止过度使役，圈舍通风要良好，车船运输防止拥挤，勤饮水。发病后，将病畜拴在通风阴凉处，多饮冷盐水，并在当天不喂料，尽量多喂青草，以后适当增喂一些麦麸等，精神完全恢复正常时，再逐渐过渡到正常饲养。

二十、母猪乳房炎

本病是母猪在哺乳期间由于乳汁淤积或邪毒侵入，使乳房呈现红、硬肿、热痛，重则化脓的一种病证。本病多发生于产后乳孔闭塞，乳汁蓄积，或产后幼畜死亡，乳汁淤积不能消散，或因产前产后，三焦壅热，热毒流注乳房，淤结而生肿胀，或乳房受外伤时，毒邪乘机侵入，阻塞脉络，发生肿胀热痛，如热盛内腐，则可化脓为创。

【主证与治疗】发病较急，少卧懒动，后肢开张，乳房初期红肿热痛，乳量减少。如已成脓，触之有波动感，但脓肿深在的则波动感不明显。严重时有恶寒，发热，精神不振，水草迟细等全身症状。在治疗上，应按病情的轻重、深浅、肿硬热痛程度，并根据肿胀未成脓肿或成脓未溃，以及成脓已溃三个不同阶段进行辨证施治。

1. 初期（即炎症期） 乳房肿大，红肿热痛，拒绝幼仔吮乳，不愿卧下，亦不愿走动；两后肢开张站立，触诊乳房疼痛敏感性升高，但无明显波动，伴有低热，口干欲饮，苔淡黄，脉数。

治法：清热解毒，理气活血，并配合局部治疗。

方药：金银花30g、连翘30g、瓜蒌45g、牛蒡子24g、青皮24g、陈皮24g、蒲公英30g、当归20g、赤芍24g、生甘草18g。

加减：若伴有高热者，可加玄青叶、生石膏；发热恶寒重者，加荆芥、防风等。若局部肿硬明显者，可加玄参、夏枯草。若乳闭明显者，可加焦麦芽、路路通。

用法：水煎服或为末服。

局部治疗：先用手轻揉乳房，慢慢挤出乳汁，外敷雄黄散。若乳闭塞，乳汁不易流出，可用新鲜大蓟根120g捣碎，用手掌托敷乳头，少时乳汁即可渐流。

雄黄散：雄黄15g、白及30g、白蔹30g、龙骨30g、大黄30g，共为细面，醋调于患处（溃后勿用）。

2. 脓肿期 局部红肿，按之有波动感，为脓肿已成，全身症状明显。

治法：清热解毒，活血透脓。

方药：托里解毒散

当归 30g、黄芪 60g、穿山甲 21g、皂刺 15g、香附 21g、乳香 21g、延胡索 21g、连翘 30g。共为末，开水冲，候温灌服。

局部处理：宜用针刺破，排出脓汁。后用艾叶、金银花、防风、荆芥、白矾适量，共合一处，煎汤洗患处。

3.破溃期（气虚型） 乳房溃破，脓出清稀，体虚乏力，神疲，局部不能生肌收口。

治法：补益气血，扶正托毒。

方药：加味八珍汤

黄芪 60g、党参 30g、茯苓 30g、川芎 21g、当归 30g、白芍 30g、熟地 21g、白术 30g、甘草 9g、引生姜、大枣。

用法：共为末，开水冲，候温灌服。

【预防】 由于乳房的解剖、生理和奶的生产等特点，泌乳随时随地都受到病原微生物的威胁。所以，必须制定比较合理的防御措施，长期坚持，才能使乳房炎的发病率控制在最低限度。

二十一、不孕症

母畜在发情期间，适时配种，但屡配不孕者，称为"不孕症"。

多因营养不良，以致阴虚血少，不能摄精，故患不孕；或因饲养过盛，母猪过度肥壮，脂液丰满，滞壅胞宫。此外，胞宫虚寒或阳盛血热，均能引起冲任气血失调，致使不孕。

【主证与治疗】

由于原因不同，所表现的症状亦有差异，故在辨证时，还需审因论治。

1.血虚不孕 血虚的病理现象，主要表现是体内营养不足，如形体衰弱，四肢无力，精神不振，皮毛干燥，发情期延长或不发情，舌淡，苔薄，脉细弱。

治法：养血滋阴。

方药：四物汤加味

当归 45g、川芎 24g、白芍 30g、熟地 60g、山萸肉 30g、阿胶 30g、香附 24g、党参 30g、炙甘草 30g。水煎服。

2.血热不孕 烦躁不安，口渴喜饮，形体虚衰，发情周期缩短，或发情时持续时间延长，舌红，苔黄燥，脉数。

治法：清热养阴。

方药：清血养阴汤

生地 60g、丹皮 30g、白芍 45g、黄柏 30g、玄参 30g、女贞子 30g、生甘草 24g。水煎服。

3. 虚寒不孕　呈现阳气不足的症状，如怕冷，四肢不温，食欲减退，腹鸣粪稀薄，或泄泻，发情错后或不发情，或带下稀薄，舌淡，苔薄，脉沉迟。

治法：补虚祛寒。

方药：温经散加减

艾叶 24g、当归 30g、川断 24g、川芎 15g、白芍 24g、制香附 24g、吴茱萸 24g、黄芪 30g、官桂 30g、炙甘草 15g。如形寒肢冷较重，加制附子 15～30g。泄泻者，加诃子 30g、肉豆蔻 30g，或加五味子 30g。另外，如白带较多，质稀薄者可参考带下病的治疗。为末服或煎汤服。

4. 痰湿不孕（肥胖不孕）　主要是外强中虚，体形肥胖，但不能久劳，发情期前后无定，或兼有白带，量多而黏稠，舌淡红，苔白腻，脉滑。

治法：燥湿化痰。

方药：苍术散加减

苍术 45g、制半夏 30g、茯苓 30g、神曲 45g、陈皮 34g、制香附 30g、甘草 24g、川芎 24g。为末服或水煎服。

电针雁翅、百会、后海穴。以催情为目的者，取双侧雁翅，圆利针直刺13～15cm（4～4.5 寸）。以治子宫疾病为目的者，取后海（圆利针刺 20～27cm）、百会（圆利针 10～12cm）。每次通电 20～30min，输出电流由弱到强，以病畜能耐受为度，频率由慢到快，2～3min 重复一次，一般治疗一到两次即可。

【预防】改善饲养管理，增加营养，适当运动，以孕为度。

二十二、产后瘫痪

产后瘫痪是指母猪产后突然发生以知觉丧失和四肢瘫痪为特征的病证。多因母猪怀孕期饮喂失调，分娩时失血过多，经脉空虚，造成气血双亏，肝血不足，或因血不养筋，以致出现筋脉拘急或筋痿麻木等证。

【主证】病初患猪表现精神不振，食欲减退，反刍停止，四肢体表发冷，步行不稳；继而腰背发硬，行步困难，肌肉颤抖，卧多立少；进而四肢腰胯麻痹，卧地昏睡，知觉消失；有时头颈弯向一侧，不能伸展，形成特征性的 S 状弯曲。脉象迟涩，口色如棉。

【治疗】强筋壮骨，止痛消风，内外兼治。

加味麒麟竭散：

血竭 15g、当归 30g、补骨脂 30g、白术 24g、巴戟天 24g、葫芦巴 30g、木瓜 30g、明天麻 24g、没药 24g、秦艽 30g、藁本 24g、川楝子 15g、茴香 24g、木通 18g、牵牛子 18g、甜瓜子（捣碎去油）45g。共煎取汁，候温灌服。

外治：以酒炒热的荆芥穗、艾叶等，装入布袋，遍擦患猪全身和四肢，然后趁热盖上麻袋。

电针百会、抢风、大小胯等穴。

【预防】患猪单隔于暖舍，厚垫软草，专人护理。病畜卧时过久，应人工变换其卧地姿势，加强饲养管理。

二十三、猪棉酚中毒

棉籽饼是富含蛋白质的精料，但是也含有棉酚。当长期用大量棉籽饼、皮、叶饲喂畜禽时，棉酚在体内蓄积，可引起中毒，中毒多为慢性经过。

【主证】发热，精神沉郁，呆立，食欲减退或废绝，时有呕吐，饮水增多，粪干并有脓血，尿黄带血，病猪全身痉挛，皮肤出现紫色斑块。最后瘦弱而死。

【治疗】解毒利便。

【方药】

1. 大蒜 1 头、食盐 47g、香油 50ml，混合服，1 天 1 次。

2. 绿豆（去皮）500g、苏打粉 45g，共煎取汁，候温一次性灌服。

3. 鸡蛋清 10 个、滑石 150g、木炭粉 150g、米泔水调服。

4. 柴胡 62g、黄芩 62g、黄柏 31g、知母 31g、羌活 31g、防风 47g、龙胆草 31g、车前子 31g、木通 31g，共为细末，开水冲调，候温一次灌服。

【预防】绝食一天，多给饮水，喂给易消化草料。棉籽饼要经加热（80℃以上）处理 3~4 个小时以上，才能饲用，喂料数不超过精料总数 20%。

二十四、霉玉米中毒

霉玉米中毒以出现明显的精神症状为特征，病程短，死亡率高，多发于 8~10 月份玉米收获季节。霉玉米含有念珠状镰刀菌，此菌能分泌一种毒素，虽然 100℃ 高温处理也不能破坏其毒性，因此只要吃了含有毒素的镰刀菌霉玉米的家畜均可引起中毒。该毒以侵害神经为主。

【主证】病初表现神经沉郁，低头嗜睡，眼闭流泪，视力减退或失明，双唇麻痹下垂，饮食减少，咀嚼吞咽缓慢，四肢行步不协调，呆立，甚至牵拉不行。相继出现兴奋和意识障碍，患畜表现狂躁不安，直向前冲撞，头顶墙或树木等物，四肢蹬地不动，或不停地转圈。由此病畜表现沉郁或兴奋交替现象。严重病例倒地不起，四肢不断划动，直到死亡。

【治疗】解毒安神。

1. 黄连 15g、黄柏 15g、栀子 23g、黄芩 30g、连翘 23g、菊花 15g、金银花 15g、黄药子 30g、玄参 15g、天花粉 30g、山豆根 30g、郁金 30g、大黄 30g、芒硝 150g、泽泻 23g、甘草 15g，共为末，开水冲或水煎 2 次混合汁，候温灌服。

2. 朱砂 9g、琥珀 9g、茯神 15g、远志 12g、煅石膏 15g、石菖蒲 12g、黄连 12g、郁金 12g、白芷 12g、菊花 12g、防风 12g、木通 12g、薄荷 12g，共为末，开水冲，癫狂期一次灌服。

针灸先彻通关太阳穴，再针百会、大风门和风门穴。

【预防】病畜应由专人护理，给予易消化的青草料，舍内要安静卫生。平时应精心喂养，严禁喂给霉败玉米等饲料。

第三节　家禽常见病的防治

一、鸡传染性喉气管炎

本病是由疱疹病毒引起的，以呼吸困难、咳嗽和咳出带有血液的渗出物，喉部和气管黏膜肿胀、出血，并形成糜烂为主症的一种急性呼吸道传染病。本病突然发生，迅速传播，短期内可波及全群。死亡率一般在 10%～20%。各种年龄的鸡均可感染，尤以成年鸡最为显著。

鸡的传染性喉气管炎病毒，属疱疹病毒科，禽疱疹病毒 I 型，有囊膜，表面有纤突，其核酸为双股 DNA。

本病一年四季均可发生，但秋、冬寒冷季节多发。鸡舍拥挤、通风不良，维生素 A 缺乏，寄生虫病感染等均可促进本病发生。主要通过呼吸道、眼结膜传播，也可通过污染的垫料、饲料和饮水经消化道传播。

【主证】

1. 喉气管炎型　突然发病和迅速传播是本病发生的特点，一般由高致病性病毒引起。初期表现为精神委顿，流鼻液，咳嗽，气喘，有喘鸣音、甩头等症状；严重者，头颈高举，张嘴吸气，痉挛性咳嗽。进而常咳出带血黏液，时有突发窒息死亡。鸡冠呈现暗紫色，病程 5～7 天或更长，有的逐渐恢复成为带毒者。口腔检查，可见喉部周围的黏膜附着淡黄色的凝固物，不易擦掉。

2. 结膜炎型　往往由低致病性病毒株引起，病情较轻。表现为生长迟缓，产蛋减少，流泪，结膜炎，以及持续不断地流鼻液，严重者眶下窦肿胀。发病率一般在 5%左右。

【治疗】

1. 喉气管炎型　清热解毒，清肺利咽，化痰止咳，平喘。

方药 1：板蓝根、黄芩各 40g，金银花 35g，连翘、陈皮、生地各 30g，山豆根、射干、桔梗、知母、石膏、栀子、苏子、款冬花各 25g，薄荷 20g、麻黄

13g。共为末，水煎1h，连渣带汁拌料，成鸡1～2g，分上、下午2次喂服。

方药2：麻黄、杏仁、石膏、浙贝母、桔梗、连翘、白花蛇舌草、枇杷叶、山豆根、甘草各30g，黄芩5g，金银花60g，大青叶90g。成鸡1～2g共为末，水煎1h，连渣带汁拌料。

方药3：六神丸：市售中成药六神丸，大鸡10粒、小鸡5粒口服。

方药4：冰片50g、朱砂20g、硼砂30g、玄明粉250g、白矾50g、薄荷100g。粉碎，成鸡500g药粉拌料150kg，雏鸡拌料200kg。

2. 结膜炎型　消炎解毒，清肝明目。

方药：石决明、大黄、黄芪、黄芩、山栀子各50g，草决明、黄药子、白药子、没药、郁金各30g，菊花、龙胆草各20g，甘草15g。煎汁供500只鸡饮用。

【预防】

1. 预防接种鸡传染性喉气管炎弱毒疫苗，首免在50日龄左右，二免在首免后6周进行。免疫可用滴鼻、点眼或饮水方法。

2. 发现病鸡及时隔离，加强消毒和通风，及时用药，应用抗生素控制继发感染，补充维生素A。这样可以减轻症状，缩短病程，减少死亡。

二、鸡传染性支气管炎

传染性支气管炎是由病毒引起的一种急性高度接触性传染性呼吸道疾病。其特征是病鸡咳嗽、打喷嚏和气管发生啰音，雏鸡有时流涕，产蛋鸡产蛋率减少和质量变坏。肾型传染性支气管炎则表现为肾炎综合征和尿酸盐沉积。

该病具有传染性强，发病快的特点。其病毒属于冠状病毒，单链RNA，有囊膜。传染性支气管炎病毒血清型很多，容易变异，故对养殖业危害较大。传播方式主要通过空气飞沫经呼吸道感染，亦可通过污染的饲料、饮水及饲养用具经过消化道感染。

各种日龄的鸡均可发病，但以6周龄以下的雏鸡临床症状较为明显。一年四季都会发生本病的流行，但以冬、春季较为严重。鸡群拥挤、过热、过冷、通风不良、维生素和矿物质缺乏，饲料供应不足以及疫苗接种刺激等应激因素，可促进本病的发生。

【主证】

1. 呼吸型　多发生于育雏期，病鸡突然出现呼吸道症状，并迅速波及全群。表现为咳嗽、打喷嚏、伸颈张口、呼吸道有啰音，尤其夜间清楚。随着病情的发展，病鸡全身衰弱，精神萎靡，发呆，食欲减退，羽毛松乱，翅膀下垂，常拥挤在一起。雏鸡鼻窦肿胀，流黏液性鼻液，出现甩头，流泪等症状。一般病情严重的鸡，排绿色粪便。6周以上的鸡发病几乎没有死亡的，但严重的是出现"假母鸡"或产蛋率下降之后恢复很难，在产蛋恢复期，产出很多具有本病特征的畸形蛋，如薄皮蛋、砂皮蛋、小蛋、软皮蛋、葫芦蛋。蛋清稀薄如水。

2. 肾型　主要侵害 30～50 天的鸡，初期有轻微的呼吸道症状，随后逐渐消失，病鸡出现拉白色蛋清样或水样稀粪，饮水增加并出现零星死亡。嗉囊有液体，鸡爪干枯，羽毛逆立，眼凹陷等症状。

【治疗】

1. 呼吸型　清热解毒，清肺化痰，平喘止咳。

方药 1：麻黄 15g、甘草 10g、穿心莲 10g、山豆根 10g、蒲公英 10g、板蓝根 10g、石膏 10g、连翘 7g、黄芩 5g、黄连 3g。共为末，按 8～15g/kg 饲料添加。

方药 2：麻黄 30g、杏仁 15g、石膏 25g、甘草 5g、金银花 20g、连翘 20g、黄芩 15g、桔梗 10g、菊花 10g、桑白皮 15g、制半夏 20g、大青叶 30g、麦门冬 15g、蒲公英 15g、黄连 20g。共为末，每只鸡 1～3g 拌料。

2. 肾型　清热解毒，润肺止咳，渗水利湿。

金银花 15g、连翘 20g、板蓝根 20g、秦皮 20g、车前子 15g、白茅根 20g、麻黄 10g、款冬花 10g、桔梗 10g、甘草 10g。共为末，每只鸡 1～3g 拌料。

【预防】

1. 疫苗定期接种，尽可能使用多价混合苗。

2. 搞好卫生、消毒工作，加强营养，补足维生素。

3. 发病后及时隔离、用药，控制继发感染。

三、法氏囊炎

法氏囊炎又名鸡传染性腔上囊炎，是由病毒引起的以法氏囊明显肿大、淤血，拉水样稀便为主证的一种高度传染性的急性疾病。由于本病 1957 年在美国特拉华州甘保罗镇的肉鸡群中首次发现，故又称甘保罗病。主要侵害 2～15 周龄的小鸡，尤其 3～6 周龄最为多见，一年四季均可发生，但高温、高湿会促进本病的发生。

传染性法氏囊病毒属双股双节 RNA 病毒，无囊膜。其主要侵害法氏囊组织引起机体免疫抑制，可以诱发多种疾病或使疫苗免疫失败。本病的主要传染源是病鸡及隐性感染的带毒鸡，这些鸡排出的粪便中含有大量的病毒，污染饲料、饮水、垫料、用具等，可经呼吸道、消化道及种蛋传播。

【主证】精神委顿，羽毛蓬乱，缩颈闭眼，翅膀下垂，发热战栗，喜饮，拉黄白色水样稀粪。有的病鸡啄肛，有的病鸡颈部、躯干震颤，步态不稳，行走摇晃。随着病情的加重，食欲废绝，脱水消瘦，鸡爪干枯，衰弱死亡。一般发病

3～4天达到死亡高峰，7～8天停止死亡。

【治疗】清热解毒，凉血救阴，扶正祛邪，利水止泻。

方药1：大青叶、蒲公英、板蓝根各400g，金银花、黄芩、黄柏、甘草各200g，藿香、石膏各100g。粉碎后水煮，药液饮水，药渣拌料，可供1000只鸡饮用。

方药2：党参30g、黄芪50g、板蓝根50g、生地40g、当归40g、甘草20g、大青叶60g、蒲公英50g、猪苓50g、连翘40g。粉碎后水煮，药液饮水，药渣拌料，每只鸡0.5～0.8g。

方药3：高免卵黄抗体或高免血清注射0.5～1ml。同时保证充足饮水，补充5％葡萄糖或补液盐，增加维生素。

【预防】

1. 预防接种法氏囊弱毒疫苗。首免在15日龄左右，经10～14天进行二免。

2. 加强饲养管理，搞好卫生，严格消毒。

四、鸭病毒性肝炎

鸭病毒性肝炎是雏鸭的一种传播迅速的急性传染病。临床表现为角弓反张、抽搐为特征。其主要发生于5周龄以内，尤其1～3周龄的雏鸭多有发生。该病病程长，死亡率高达90％左右，给养殖场造成重大的经济损失。

本病的病原是鸭肝炎病毒，为小核糖核酸病毒科，肠道病毒属。主要通过消化道和呼吸道感染。一年四季均可发生，但一般冬春季节较易发生。

【主证】初期精神萎靡，呆立瞌睡，缩颈，翅下垂，食欲废绝。进一步病鸭身体侧向，两腿痉挛性后踢，背脖痉挛，呈角弓反张，故称"背脖病"。眼睛半闭，昏迷，腹泻，运动失调，两脚出现抽搐，数小时后头向后仰死亡。病程3～4天。

【治疗】

方药1：黄芩、黄柏、黄连、连翘、金银花、紫金牛、茵陈、枳壳、甘草各25g（供500只雏鸭）。煎汁拌料饲喂，不食者滴服。

方药2：茵陈、板蓝根各100g，连翘、郁金、大黄、栀子、甘草各50g，龙胆草、柴胡、白芍、丹皮、藿香各40g。水煎饮用，不食滴服。

方药3：注射鸭肝炎高免蛋黄液。

【预防】尽量自繁自养，搞好种鸭、雏鸭预防免疫，加强管理和消毒。

五、禽痘

禽痘是由禽痘病毒引起的一种接触性传染病，以皮肤（尤以头部皮肤为重）出痘疹，继而结痂、脱落；或在口腔和咽喉黏膜表面发生痘疹，形成假膜为特征。本病对雏禽和中雏危害性较大，成年鸡可使产蛋率减少或绝产。

禽痘病毒，双链 DNA。病毒一般存在于有病组织的上皮细胞内，由带毒的蚊虫通过叮咬造成传播。一年四季均可出现，尤其夏、秋季节最易流行。家禽中以鸡最易感染，雏鸡更易死亡；其次是火鸡、鸭、鹅。

【主证】临床上分为皮肤型、黏膜型、混合型、败血型。

1. 皮肤型　在鸡冠、肉髯、眼皮、翅膀下及耳等处无毛或少毛部位，出现细薄的灰白色麸皮状覆盖物，进而长出小结节，慢慢增大如豌豆，表面为凹凸不平的干燥坚硬结节，有时互相连接融汇成大块厚痂，痂皮脱落后形成瘢痕。病鸡伴有发热、不食、精神萎靡等症状。

2. 黏膜型　在口腔、咽喉等处黏膜上发生白色、稍微突起的小结节。迅速增大，常融合成黄色干酪样的坏死物，呈假膜状。将假膜剥掉，呈出血性糜烂区。若假膜发生在喉部，引起呼吸、吞咽困难，甚至窒息死亡。

3. 混合型　兼有皮肤型和黏膜型的特征。

4. 败血型　多以严重的全身症状开始，继而发生肠炎，有时迅速死亡，有时急性症状消失，转为慢性腹泻而死。

【治疗】解毒透疹，清热凉血。

方药 1：栀子、甘草各 100g，紫草 1 000g，龙胆草、薄荷各 500g。为 500～600 只成年鸡 1 天量。共为末，水煎，连渣带汁拌料喂服。

方药 2：将喉症丸填入口腔灌服，或按每只鸡每天 2 粒量拌料 1 次喂服，连服 2 天。

方药 3：冰硼散：将冰片、青黛、硼砂各等份研成极细粉末，均匀混合后，以人用的喷粉器或纸筒、竹筒，喷在患鸡的咽喉假膜上，药量以覆盖假膜为佳（0.1～0.15g），如未形成假膜应喷在患鸡咽喉处。

方药 4：鸡痘口服液：紫草 100g、龙胆草 50g、白矾 100g、板蓝根 100g、葛根 30g、连翘 50g、牡丹皮 50g、甘草 50g、冰片 5g。混饮鸡 0.25～0.5ml。

方药 5：荆防败毒散：荆芥穗 90g、防风 90g、薄荷 90g、蒲公英 150g、黄芩 120g、栀子 120g、大黄 100g、川芎 90g、赤芍 90g、甘草 100g。共为末，水煎，连渣带汁拌料喂服。每只鸡 1～2g。

【预防】预防接种鸡痘疫苗。首免 20 日龄左右刺种一次，二免应在鸡群开产前进行。加强管理，搞好卫生，消灭蚊虫。及时隔离病鸡，防止诱发葡萄球菌病的发生。

六、鸡白痢

鸡白痢是由鸡白痢沙门氏菌引起的，以排白色糨糊状粪便为主症的传染病，

3～13日龄死亡率最大，2～3周龄的发病率最高，以后死亡率渐减，成年鸡多为隐性感染。

本病是由于育雏阶段温度过高或过低，温差过大，鸡舍潮湿拥挤，通风不良，环境不洁，饮喂失调等因素，或种鸡净化不良导致垂直传播。

【主症】急性发作的雏鸡，多突然死亡。若病程长者可见精神委顿，闭目昏睡，绒毛松乱，尾翼下垂，常挤在一起。初期食欲减少，而后废食，排白色糨糊状粪便，污染肛门周围绒毛，或因粪便干结封堵肛门，排粪时常发出尖锐的叫声。有的呼吸困难，伸颈张口，衰竭而死。成年鸡则表现鸡冠暗紫或苍白，萎缩，缩颈，产蛋率下降或绝产。

【治疗】清热解毒，健脾，燥湿止泻。

方药 1：血见愁 400g，墨旱莲 300g，马齿苋、地锦草各 250g，为 1 000 只鸡量。煎汁喂鸡，连服 3 天。

方药 2：白头翁、蒲公英、葛根、乌梅各 40g，黄芩、金银花、黄柏、甘草各 30g。粉碎，混匀，拌料。每只鸡 0.3～0.5g。

方药 3：白头翁 15g、马齿苋 15g、黄柏 10g、雄黄 10g、马尾连 15g、诃子 15g、滑石 10g、藿香 10g。粉碎混匀，按 3% 拌料。

方药 4：将大蒜头洗净捣碎，1 份大蒜加 5 份洁净清水制成大蒜汁，每只病雏滴服 0.5～1ml，每天 3～4 次。大群治疗时，也可把大蒜汁混在饲料中喂服。

【预防】

1. 检疫净化种鸡，发现阳性及时淘汰。
2. 孵化场要对种蛋和其他用具严格消毒。
3. 加强雏鸡的饲养管理，搞好药物预防。

七、鸡伤寒

本病是由鸡伤寒沙门氏杆菌引起的败血性传染病，其临床特征为腹泻、排出黄绿色稀便，消瘦，生长不良，产蛋减少或停止。传染源主要是带菌鸡，病鸡的粪便污染饲料、饮水和用具，经过消化道传播。本病多发生于温暖潮湿季节，呈散发性。

【主证】雏鸡发病时，精神萎靡，排白色稀粪，生长不良，伸颈张口，呼吸困难。而青年和成年鸡则表现精神沉郁，垂头缩颈，鸡冠发紫；严重者鸡冠苍白，萎缩，排出黄绿色稀粪，沾污肛门周围的羽毛，饮水增加，体温 43～44℃。急性病程 2～10 天，一般 5 天左右；慢性者常延续数周。

【治疗】清热燥湿，止痢。

白头翁 50g、黄柏 20g、黄连 20g、秦皮 20g、乌梅 15g、大青叶 20g、白芍

20g。共为末，每只鸡1～2g拌料。

八、鸡副伤寒

鸡副伤寒是由其他有鞭毛、能运动的沙门氏菌引起的传染病，临床多见于结膜炎、肠炎、败血症等。主要通过消化道传染，亦可通过呼吸道和皮肤侵入。

【主证】病鸡精神委顿，怕冷，头和翅膀下垂，羽毛松乱，常拥挤在一起。食欲降低，饮水增加，下痢、排出水样稀粪，污染肛门周围。有的鸡表现脓性结膜炎，有的头部肿胀，呼吸加快。

【治疗】马齿苋、地锦草、蒲公英各200g，车前草、金银花、凤尾草各100g。为末拌料。

【预防】加强饲养管理，提高机体抗病能力。认真消毒，净化环境，搞好防疫和病死鸡的无害化处理工作。

九、禽霍乱

又称禽巴氏杆菌病、禽出血性败血症。是由多杀性巴氏杆菌引起的以呼吸困难和剧烈腹泻为特征的一种急性败血性传染病。急性病例发病率和病死率都很高，以夏末秋初发病最多，鸡、鸭、火鸡和鹅都可发病 。多因饲养失节、禽舍潮湿拥挤、气候突变等因素作用下诱发本病。

【主证】

1. 最急性型 初期无前驱症状，突然死亡，产蛋鸡常死于笼内。
2. 急性型 缩颈闭眼，羽毛松乱，离群呆立。厌食，喜饮，高热不退（43～44℃），呼吸困难，口、鼻分泌物增多，剧烈腹泻，排黄色、灰白色或绿色稀粪。冠和肉髯青紫、肿胀，有热痛感。最后衰竭、昏迷而死亡，病程1～3天。
3. 慢性型 由急性型转变而来，腹泻，消瘦，鼻流黏液，鼻窦肿大，常喉部痰鸣。或一侧或两侧肉髯肿大，关节跛行，病程可达月余。

【治疗】清热解毒，燥湿止泻。

方药1：穿心莲30g、甘草25g、吴茱萸2g、苦参15g、白芷10g、板蓝根10g、大黄6g。粉碎混匀拌料0.8%。

方药2：大黄、黄芩、黄连、黄柏、苍术各30g，藿香30g，黄柏60g，板蓝根80g，厚朴60g。每只鸡每天1.0～1.5g。煎汁拌料或灌服，连服2～3天。

【预防】本病传播快，发病率和死亡率均高，可接种菌苗，以防本病发生和流行。发病时，应及时采取封锁、隔离、消毒等措施。治疗病禽除选以上方药外，亦可与抗菌药物配合使用。青霉素，成年禽每只肌内注射2万～5万单位，1天2～3次，连用2天。链霉素，成年禽（体重1.5～3kg）每只100mg，中禽

（体重 0.5～1.5kg）每只 30～50mg 肌内注射，1 天 2 次，连用 2 天，幼禽对链霉素比较敏感，应注意掌握剂量。土霉素，每只雏鸡每天口服 0.15～0.3g，连用 7 天。磺胺噻唑或磺胺二甲嘧啶，按 0.5%～1% 比例混入饲料中，或在饮水中加入 0.1%，连喂 3～4 天。

十、大肠杆菌病

本病是由不同血清型的致病性大肠杆菌感染所致的多种病型的传染病。有胚胎和幼雏死亡、气囊病、败血症、肉芽肿、腹膜炎等主要病型，鸡、鸭、鹅均可发生。

由于大肠杆菌存在于自然界和外表健康的家禽肠道当中，当机体受到各种应激时，防御机能下降，病原菌侵入或大量繁殖而引发本病。临床上常见多为继发性或混合性感染，原发性也有。

各日龄的家禽均可感染。其传播方式呈现多样化，归纳为消化道、呼吸道和经过种蛋或生殖道垂直传播。多因饲养管理不善，过冷、过热、疾病等各种应激因素所致。

【主证】

1. 胚胎及幼雏死亡　胚胎多在孵化后期死亡，或出壳 1～2 周陆续死亡，有脐炎，卵黄吸收不良，拉稀，精神不振等症状。

2. 呼吸道感染（又称气囊病）　气囊壁增厚，呼吸道表面有干酪样物质沉积，也往往继发心包炎和肝周炎，偶尔见到眼炎和输卵管炎。主发于 5～12 周龄，6～9 周龄为发病高峰。

3. 大肠杆菌性肉芽肿　以肝、肠和肠系膜上出现典型的肉芽肿为特征，常见于鸡和火鸡，多发于产蛋即将结束的母禽。

4. 鸡急性败血症　无任何症状突然死亡。有的表现精神沉郁，采食量减少，鸡冠发紫，排黄白色稀粪。肝脏呈绿色，胸肌充血，易产生心包炎、腹膜炎、眼炎和滑膜炎。

5. 鸭大肠杆菌败血症　突然发生，死亡快，一般无明显症状。有的精神沉郁，不食，嗜睡，口鼻有大量黄色黏液，下痢恶臭，带有白色黏液或混有血丝、气泡。常有心包炎、肝周炎和气囊炎的病变。呼吸困难，因窒息而死亡。母鸭易发生输卵管炎、卵巢炎、卵黄性腹膜炎，公鸭阴茎严重充血，螺旋状的精沟难以看清，阴茎上有芝麻大至黄豆大的干酪样结节。

6. 母鹅卵黄性腹膜炎　精神沉郁，食欲减少，倦怠，不愿走动，产蛋停止，肛门周围羽毛粘有蛋白或蛋黄状物，排泄物有黏性蛋白状物和白色或黄色碎片状凝块。后期食欲废绝、脱水、眼球凹陷，衰竭死亡。公鹅外生殖器出现红肿、溃疡、坏死结痂。可见卵黄性腹膜炎，卵巢中不少卵子发生变形、变质和色泽变化。

【治疗】清热，解毒，燥湿。

1. 三黄汤加减　大青叶、穿心莲、黄连、黄柏各 100g，大黄、龙胆草各50g。加水 3 000ml，文火煎 2 000ml（大黄、大青叶后下），稀释 10 倍，供 2 000只鸡 1 天饮用，连用 5 天。

2. 禽菌灵　穿心莲 30g、甘草 25g、吴茱萸 2g、苦参 15g、白芷 10g、板蓝根 10g、大黄 6g。粉碎，混匀拌料按 0.75% 混入饲料，连服 2～3 天；片剂每千克体重 2 片，口服 2 次，连服 2～3 天。预防量减半，每 15 天服 1 次。

【预防】加强饲养管理，减少各种应激，搞好卫生和消毒工作，防止种蛋垂直传播。用中草药防治本病效果显著，如与磺胺类药物、呋喃类药物及链霉素、庆大霉素等抗生素结合治疗效果更好。

十一、葡萄球菌病

本病由金黄色葡萄球菌感染引起的急性或慢性传染病。急性者临床多见为败血型，死亡率高，慢性表现为关节炎、皮肤炎、眼炎等不同症状。

本病与鸡的品种有关，一般白羽鸡多于红羽鸡，且 30～65 日龄高发。其传播途径以外伤、接触感染为主。

【主证】

急性：精神委顿，食欲减退或废绝，发热、下痢，拉灰白或黄绿色稀粪。胸部、翅膀下及大腿内侧羽毛稀少或脱毛，皮肤浮肿，呈紫黑色，流出多量粉红色液体。

慢性：关节炎型以跛行，蹲伏不动，关节肿大、增生变形为主证。眼型以流泪、肿胀、头面部发热为主。

【治则】清热，解毒，凉血。

方药 1：连翘 20g、黄柏 20g、金荞麦 30g。共为末，拌料，鸡 0.5～1g。

方药 2：蒲公英 15g，野菊花、黄芩、紫花地丁、板蓝根、当归各 10g。粉碎按 1.5% 拌料。

方药 3：抗生素应用：青霉素、红霉素、庆大霉素饮水，或磺胺类拌料。

【预防】加强饲养管理，隔离病鸡，严格消毒，防止外伤和鸡痘并发。

十二、曲霉菌病

曲霉菌病是以霉菌性肺炎为主要特征的急性传染病，幼禽以急性群发多见，成年禽则多为散发。本病的特点是在组织器官中，尤其是在肺和气囊上发生炎症和小结节。

主要病原体是烟曲霉，其存在于自然界。当饲养管理条件太差时，尤其是高温高湿、通风不良、鸡群拥挤时，鸡因吃发霉饲料和使用发霉垫草，通过消化道、呼吸道而感染。

【主证】精神沉郁，缩头闭目，呼吸困难，气粗喘促。发烧口渴，流涕、流泪，食欲减少，下痢，消瘦，若食管黏膜受损，则吞咽困难。若损及气囊，则能听"嘎哑"的呼吸声。若发生眼炎，则瞬膜下有黄色干酪样小球，使眼睑鼓起，角膜有溃疡。病程一般多为1周，最后麻痹而死亡。

【治疗】清热解毒，祛风除湿，化痰止咳。

方药1：鱼腥草、蒲公英各60g，山海螺30g，筋骨草、桔梗各15g，为100只10～20龄鸡日用量。加水煎汁，做饮水或拌料服。连用2周。

方药2：鸡矢藤500g，煎汁拌料喂服，为500只10日龄左右小鸡量。

方药3：金银花、连翘、莱菔子各30g，柴胡、知母各18g，丹皮、黄芩各15g，桑白皮、枇杷叶各12g，生甘草10g。煎汤1 000ml，每天4次拌料喂服，重者用滴管灌服，每只鸡0.5ml。同时消毒鸡舍，更换垫草。

方药4：桔梗250g、蒲公英500g、鱼腥草500g、苏叶500g。水煎取汁饮水供1 000只鸡一日用。

方药5：在饲料中添加制霉菌素，用量为每100只雏鸡一次喂50万IU，每天2次，连用2天；也可用1：3 000硫酸铜溶液作为雏鸡饮水，连用3～4天。

【预防】应保持圈舍干燥、通风、消毒，避免饲喂发霉饲料。

十三、鸡传染性鼻炎

本病是由鸡嗜血杆菌引起的鸡的一种急性呼吸道传染病，以鼻腔和鼻窦发炎、喷嚏和脸部肿胀为主要特征。

鸡是嗜血杆菌的主要宿主，各种日龄的鸡均可感染，但4周龄以上的鸡易感性增强。育成鸡、产蛋鸡最易感染，本病多发生在成年鸡中。

慢性病鸡和康复后的带菌鸡是主要传染来源。本病主要通过被污染的饲料和饮水经消化道而感染。禽舍通风不良、氨气浓度过高、饲养密度过大、营养不良及气候的突然变化等均可增加本病的严重程度。与其他禽病如支原体病、传染性支气管炎、传染性喉气管炎等混合感染可加重病情，增加死亡率。不同日龄的鸡群混养也可导致本病的暴发。

本病在寒冷季节多发，一般秋末和冬季发生流行，具有来势猛、传播快、发病率高、死亡低等特点。

【主证】潜伏期短，通常为1～3天。病鸡较明显的症状是颜面肿胀，鼻腔和鼻窦内有浆液性、黏液性分泌物，结膜发炎，一侧眼眶周围组织肿胀，严重的造成失明，肉髯明显水肿，上呼吸道炎症蔓延到气管和肺部时呈现呼吸困难和杂音。成年鸡初期厌食，闭目似睡，不愿走动，流浆液性鼻液，而后眼睑和面部出现一侧或两侧性水肿，鼻腔内有脓性分泌物。育成鸡主要表现开产延迟，雏鸡生长发育受阻。产蛋鸡群产蛋量明显下降，产蛋高峰期产蛋下降更为明显。

【治疗】清热解毒，疏风消肿，清肺通窍。

方药1：辛夷50g、苍耳子50g、知母30g、黄柏30g、细辛10g、北沙参30g、连翘30g、金银花20g、菊花30g、丹皮20g。共为末，混饲，每千克饲料添加8～15g。

方药2：白芷、防风、益母草、乌梅、猪苓、诃子、泽泻各100g，辛夷、桔梗、黄芩、半夏、生姜、葶苈子、甘草各80g。共为末，每只鸡3～4g，混饲。

方药3：抗生素应用：复方新诺明按0.1%～0.2%拌料，硫氰酸红霉素饮水。

【预防】

1. 正确免疫，使用传染性鼻炎A—C型油乳灭活苗。首次免疫25～45日龄，每只鸡0.3ml。二次免疫90～110天，每只鸡0.5ml。

2. 加强饲养管理，改善禽舍通风条件，降低环境中氨气含量，搞好卫生和消毒工作。

3. 发病初期，使用药物防治的同时，尽早地接种油乳剂灭活苗能有效地控制疫病流行。经过治愈的康复鸡仍能排菌，因此，有条件的鸡场应对患过本病的康复鸡进行淘汰，严禁在鸡群中挑选尚能下蛋的鸡并入其他鸡群。

十四、鸡支原体病

本病是由鸡败血支原体引起的慢性呼吸道传染病，又称禽支原体病。主要症状为咳嗽、流鼻液、呼吸啰音。后期鼻腔和眶下窦发炎，出现眼睑肿胀，眼球突出。

各种年龄的鸡和火鸡均可感染，尤其4～8周龄的雏鸡较多见，成年鸡多为隐性，但产蛋量、孵化率和增重都下降，幼鸡则发育不良。该病一年四季均可发生，但以寒冷季节较多。主要通过病鸡传染，病鸡咳嗽和打喷嚏时，飞沫中的病原体经空气传染给其他健康鸡。若种鸡有病带菌也可通过种蛋传播。此外，鸡群拥挤，缺乏维生素A，或其他疾病因素、应激等，也可感染发病。

【主证】病鸡先是流鼻液、打喷嚏、眼内有泡沫性分泌物，而后出现咳嗽、呼吸困难，气管内发出咕噜噜的声音，食量减少，体重减轻，日渐消瘦。中期出现眼睑肿胀、黏合，眼部突出，精神沉郁，羽毛蓬松，食欲明显减少。后期眼球浑浊失明。有的则表现关节肿大，喜卧，跛行，同时伴有全身症状。

【治疗】清热解毒，辛凉解表，宣肺平喘。

方药1：麻黄、杏仁、金银花、桔梗、大青叶、鱼腥草各50g，石膏、橘红、甘草各30g。共为末，水煮拌料，每只鸡1～2g。

方药2：石决明50g、草决明50g、大黄40g、黄芩40g、栀子35g、郁金35g、鱼腥草100g、苏叶60g、紫苑80g、黄药子45g、白药子45g、陈皮40g、苦参40g、龙胆草30g、苍术50g、三仙各30g、甘草40g、桔梗50g。粉碎为末，拌料，每只鸡2.5～3.5g。

方药3：鱼腥草100g、黄芩、连翘、板蓝根各40g，麻黄25g，贝母30g，枇杷叶90g，款冬花、甜杏仁、桔梗各25g，姜半夏30g，甘草25g。粉碎为末，拌料，每只鸡2～3g。

【预防】搞好疫苗免疫，加强饲养管理，保持禽舍通风良好，喂给营养平衡饲料，降低饲养密度，定期消毒、驱虫，防止各种应激。

十五、鸡链球菌病

本病是由链球菌所引起的一种急性败血性传染病。临床主要表现为下痢，结膜炎。该病呈现地方性流行，但也有散发。

鸡是链球菌的自然宿主，各种日龄的鸡均可感染，也可感染鸭、鹅、火鸡等。一般以雏鸡发病较多，春季容易流行，带菌鸡的排泄物和分泌物均含有大量链球菌，可通过被病菌污染的空气经呼吸道感染，亦可经饲料和饮水通过消化道感染。

【主证】最急性的病鸡，常不显症状而突然抽搐死亡。急性型体温升高，精神委顿，食欲减退或废绝，呼吸困难，闭目呈睡状，鸡冠和肉垂苍白。病鸡持续下痢，初期排褐色粪便，后期有的排白色粪便。有的病鸡发生结膜炎，眼结膜呈纤维蛋白性炎症，大部分为单眼肿胀，形成一层厚膜掩盖在炎症的结膜上。有的病鸡腹部皮下发青色乃至黄绿色，出血、贫血，产蛋下降或停止。

【治疗】穿心莲50g、金银花25g、地胆头50g。粉碎为末，拌料，每只鸡1～2g。

也可使用抗生素青霉素、红霉素、磺胺类等药物。

【预防】加强饲养管理，搞好环境卫生，增强机体抗病力，做好消毒工作。发现病鸡及时隔离治疗或做淘汰处理，并对鸡群、鸡舍进行消毒。

十六、鸡坏死性肠炎

鸡坏死性肠炎是由魏氏梭菌引起的一种传染病。其主要特征为排出暗黑色稀粪，间或混有血液，病程短，死亡快。该病主要以消化道传播为主。多种因素可诱发本病：突然换料，饲料质量低下，饲喂变质的动物性饲料，鸡舍潮湿、拥挤、环境卫生差；长期添加抗生素；肠道损伤等。本病多为散发。

【主证】病鸡精神沉郁，采食减少或废绝。羽毛逆立，拉稀，排出灰褐色或暗黑色，间或混有血液的粪便。病程短，病鸡1~2天死亡。

【治疗】

方药1：白矾150g、雄黄100g、甘草100g。为末拌料。鸡2~3g。

方药2：白头翁60g、黄柏45g、黄芩30g、马齿苋60g、木香30g、槟榔15g、秦皮60g。为末拌料。鸡1~2g。

【预防】搞好环境卫生，防止球虫病的继发。不喂发霉变质饲料。加强通风换气。

十七、鸡绦虫病

本病是鸡常见的肠道寄生虫病，尤以放养鸡发病较多。主要影响生长发育和产蛋，严重感染可引起大量死亡。多因饲养管理不良，环境卫生差，啄食含有似囊尾蚴的中间宿主，使幼虫进入小肠，附在小肠黏膜上，破坏肠壁，引起肠道发炎、黏膜出血，影响消化功能，大量寄生时堵塞肠道，还能引起死亡。

【主证】雏鸡贫血，生长发育受阻，食欲减少，羽毛松乱，翅下垂，站立困难，瘫痪，喜饮，下痢消瘦，最后衰竭死亡。成年鸡除产蛋量下降外，其他症状不显。

【治疗】驱虫、杀虫。

方药1：槟榔煎剂：槟榔片或槟榔粉，每千克体重1~1.5g，加水煎汁，用细橡皮管直接灌入嗉囊。早晨空腹时灌服，供给充足饮水。服药后2~5天内有虫体排出。

方药2：雷丸1份、石榴皮1份、槟榔2份，共研细末，每只鸡每次喂2~3g，早晨喂服，每天1次，共喂2~3次。

方药3：黄烟500g，加水2 500ml，煎至500ml，晾凉备用。病鸡禁食14h，每只鸡每次灌服4ml，投药3h后喂食。间隔1周再重复用药1次，效果更好。

方药4：仙鹤草芽浸膏：以每千克体重200~500mg，同时加入少量泻剂酚酞，将药物包在纸里，经口塞服。

【预防】加强饲养管理，搞好环境卫生和消毒工作。每日清扫粪便，尽可能杜绝中间宿主。

十八、鸭、鹅绦虫病

本病主要是由于剑带绦虫和膜壳绦虫寄生于肠道引起。以消化功能紊乱、营养不良和神经症状为主症。主要侵害 15～120 日龄的幼禽，成年禽染病一般症状较轻，多在春末和夏季发生。多因鸭、鹅食入中间宿主剑水蚤和保虫宿主淡水螺后，似囊尾蚴在消化道中逸出，吸附于小肠黏膜上，逐渐发育为成虫，通过损伤、阻塞肠道及其代谢毒素危害宿主，遂发本病。

【主证】精神沉郁，离群呆立，羽毛逆乱，两翅下垂，不爱活动，行走摇晃，或向后面坐或突然向一侧跌倒。夜间有时伸颈张口，如钟摆样摇头，然后仰卧，做划水动作。幼禽排灰白色稀粪，混有白色绦虫节片，食欲减少，后期则废绝，频饮，生长停滞，贫血消瘦。幼禽严重感染时，常可引起死亡，成年禽染病后的症状较幼禽为轻。

【治疗】杀虫消积。

方药1：石榴皮1份、雷丸1份、槟榔2份共为细末，每只2～3克口服。

方药2：槟榔片：每千克体重鸭 0.5g，加清水10倍，煎至1/3灌服。

方药3：南瓜子粉：每只鹅20～50g，煮沸1h后，任其自由采食。

方药4：硫双二氯酚每千克体重 150～200mg，一次灌服；吡喹酮每千克体重 10mg，一次灌服；丙硫苯咪唑每千克体重 10～25mg，一次灌服。

【预防】避免在死水池放养，有计划定期进行驱虫，幼雏与成禽分开饲养、放养。

十九、鸡球虫病

鸡的球虫病是由艾美耳球虫引起的常见原虫病。以腹泻，排带有血液的粪便、消瘦和贫血为主要特征。25～40 日龄的雏鸡易感，呈急性或亚急性经过。主要通过消化道感染，鸡吃了含有侵袭性的孢子卵囊后，孢子侵入肠壁上皮细胞内发育成裂殖体而致病。成年鸡多为带虫者，对体重和产蛋率有很大的影响。温暖潮湿季节多发。

【主证】病鸡初期精神不振，缩颈闭目呆立，羽毛松乱。食欲减退或废绝，渴欲增加，拉稀，而后排带血的稀粪，有时完全是血液，色鲜红。可视黏膜、鸡冠和肉髯苍白，站立不稳，最后昏迷，瘫痪，运动失调。成年鸡产蛋显著减少。

【治疗】

方药1：常山200g，柴胡60g。煎汁后饮水。

方药2：常山25g，柴胡9g、苦参18.5g、青蒿10g、地榆9g、白茅根9g。粉碎为末，1%添加于饲料中。

方药3：硫黄粉拌料。治疗量2%，预防1%，一般2～3天即可，多喂会影响小鸡生长。

方药4：西药：百球清、磺胺氯吡嗪钠、磺胺喹噁啉钠等饮水。

【预防】定期使用药物或球虫活苗预防。搞好卫生，净化环境，加强管理。

二十、脱肛

本病是指禽泄殖腔外翻于肛门之外，多见于高产蛋鸡，尤其是当年开产的鸡。多因产蛋过多，营养消耗太过，以致中气下陷；或因输卵管分泌物不足；或因产蛋过大、便秘、输卵管和肛门的慢性炎症致过分努责等，均可引发本病。

【主证】病初肛周的绒毛呈湿润状，或从肛门内流出黄白色的黏液，进而有3～4cm 长的肉红色物质脱于肛门之外，久之脱出物变为暗红色，甚或发绀。

【治疗】

1. 手术整复　先用温水将脱出部分冲洗干净，再用饱和盐水热敷，然后用0.1％的高锰酸钾冲洗。禽倒置保定，慢慢送还脱出部分，在肛门周围分 4 点肌内深部注射 50°白酒或 50％酒精 4～6ml，3～5min 后即可放开。注射点要靠近肛门，但防止刺伤肠管，尾根下的注射点进针时，针头稍向上斜扎为宜。

2. 对因产蛋过多、体质较差的鸡，可喂服补中益气散，每只鸡每次 1～2g。

【预防】为防止本病发生，喂给营养平衡饲料，发现输卵管炎、泄殖腔炎应及时隔离和用药。

二十一、禽中暑

本病是因暑月炎天感受暑邪，以呼吸急促、口渴、眩晕、不能站立为特征的急性病证。

多因高温、潮湿，鸡群过于拥挤，圈舍通风不良，饮水不足所致。

【主证】体温升高，口渴喜饮，喘气急促，呼吸张口，翅膀张开，难以站立，食欲减退或废绝，鸭走路摇摆，战栗，痉挛倒地，进而眩晕、虚脱，最后惊厥而死。

【治疗】立即通风降温，饮给大量凉水。把鸭群赶下阴凉水中，对中暑严重的鸭可放脚趾静脉血数滴，或往鸡舍内洒些凉水，也可把鸡放在阴凉地方。大群可灌、饮绿豆糖水或糖醋水解暑。

药物治疗：清暑散：葛根 140g、薄荷 140g、淡竹叶 120g、滑石 60g、甘草40g。粉碎拌料，每只鸡 1g。

二十二、禽感冒

感冒是由于突然受到寒冷刺激引起体温调节失常的疾病，同时伴有鼻、咽喉、气管发炎。以流泪、咳嗽为主要特征。本病多因育雏舍内温度忽高忽低，门窗不严，受贼风侵袭所致。

【主证】精神沉郁，呆立、扎堆、采食减少，继而发热、流泪、鼻流清水或黏涕，甩头咳嗽，夜间咳声明显，呼吸加快。

【治疗】解表清热、化痰止咳。

方药1：柴胡、知母、金银花、连翘、枇杷叶、莱菔子各50g。粉碎，水煎后一起拌料。

方药2：杏仁12g、防风55g、贝母210g、麻黄50g、甘草30g、生姜50g。粉碎，水煎后一起拌料。

方药3：人用感冒冲剂10g，可以饮50只雏鸡。

【预防】加强管理，保持舍内温度恒定，防止贼风，补充维生素。

二十三、鸡啄癖

啄癖是鸡的一种异常生态行为，一种恶癖，大小鸡都容易发生，产蛋鸡发生后严重影响产蛋和身体健康。常见有啄肛、啄羽、啄趾、啄蛋、异食等。啄癖往往造成产蛋减少，鸡死亡，对养殖业危害很大。其主要因素是饲养密度过大，光照太强，湿度过大，饲料中蛋白质不足或微量元素缺乏等所致。

【治疗】

综合治疗：在饲料中添加2%石膏或3%羽毛粉或2%鱼粉，连续饲喂3～5天。

二十四、鸡非传染性腹泻

腹泻是肠蠕动增强、肠内容物排空速度加快、排粪次数增多的一种病证。非传染性腹泻，俗称"拉稀"。主要是由于饲养管理不当、喂给发霉变质饲料、或饲料营养搭配不合理、蛋白质、钙过高，突然换料或天气突然变化等原因导致。

【主证】雏鸡多发于2～3周龄，表现低头呆立，不食，拉粪次数增多，肛门沾粪，羽毛逆立，两翅下垂。成年鸡食欲减退，嗉囊空虚，腹泻，水粪齐下，无神，喜卧等症状。

【治疗】

方药1：健脾止痢散：党参、黄芪各60g，白术、炒地榆、黄芩、黄柏、白头翁、苦参、秦皮、焦山楂各500g。共为末，混匀拌料。每只鸡1～2g，连用3～5天。

方药2：泄泻停散：苍术、车前子各60g，羌活20g，大黄10g，赤石脂10g，炭末40g。共为末，拌料鸡1～2g。

【预防】加强饲养管理，防止饲料变质，喂给营养全面饲料，防止舍内温度变化太大，提高机体的抗病力。

二十五、肉鸡腹水症

肉鸡腹水症主要多发于雏龄肉鸡，以腹腔积水和脏器病变为主的复杂症候群。死亡率有的高达 30%，气温偏低时死亡率增高。该病主要是在缺氧为主的多因子作用下形成的综合征，尤其是侵害呼吸系统的疾病更为突出。

【主证】病鸡腹部增大，蹲地不动，站立困难。用手触摸鸡腹部有波动感。呼吸急促，心跳加快，羽毛蓬乱。离群呆立，腹部发红。轻者照常吃料，重者突然死亡。

【治疗】

方药1：黄芪10g，茯苓、泽泻、白术、陈皮、丹参各45g，甘草20g。为末拌料。

方药2：芫花、甘遂、大戟各45g，大枣60g，白糖150g。为末拌料。

方药3：苍术30g，茵陈25g，瞿麦、夏枯草各60g，黄芪10g。为末拌料。

方药4：大黄、泽泻各20g，赤茯苓、车前子、茵陈、青皮、陈皮、白术各24g，猪苓、木通、槟榔、枳壳各16g，莱菔子32g，苍术12g。为末拌料。

方药5：黄芪、滑石各100g，猪苓、泽泻、白术、白芍、柴胡各50g，葶苈子、桔梗、大青叶、大枣、白头翁各60g，大戟、甘遂各30g。为末拌料。

方药6：白术、茯苓、干姜、桑白皮、大腹皮、木香、厚朴、木瓜、姜皮、泽泻、大枣各1份，绵茵陈龙胆草各2份，甘草1份。为末拌料。

方药7：人用速尿片拌料，维生素C葡萄糖饮水。

【预防】加强饲养管理，防止呼吸道病的发生，加大通风，早期控料，不喂霉变饲料，补充适当的硒。

二十六、鸡痛风

鸡痛风又称尿酸盐沉积综合征，是由于蛋白质代谢紊乱及肾功能障碍所致慢性代谢疾病。与饲料中蛋白质含量过高，钙的含量过高或钙、磷比例失调以及长期饲喂嗜肾脏性药物等有一定的关系。

【主证】可分为关节型和内脏型。

1. 关节型　病鸡脚趾挛缩屈曲，站立不稳，垂翅蹲伏，不食或减食，鸡冠苍白，趾关节、跗关节肿胀，跛行。

2. 内脏型　精神高度委顿，伏卧不动，冠髯发绀，羽毛松乱，不食，产蛋停止。闭眼，缩颈，拉白色稀粪，呈淀粉样，污染肛门，瘫痪。

【治疗】

方药1：木通、车前子、萹蓄、灯芯草、栀子、甘草梢、鸡内金各100g，大黄、海金沙各 150g，滑石、山楂各 200g。为末拌料，鸡 1.5～2g。

方药 2：金钱草 60g、车前子 9g、木通 9g、石韦 9g、瞿麦 9g、忍冬藤 15g、滑石 15g、冬葵子 9g、大黄 18g、甘草 9g、虎杖 9g、徐长卿 9g。为末拌料，每鸡1～2g。

方药 3：木通 40g、海金沙 30g、诃子 60g、车前子 30g、猪苓 60g、地榆 40g、乌梅 50g、甘草 30g、连翘 40g、苍术 60g。为末拌料，鸡1～2g。

【预防】加强饲养管理，喂给营养均衡饲料，补充维生素，减少伤害肾脏药物应用。

第四节　常见犬、猫病防治

一、犬瘟热

犬瘟热是由犬瘟热病毒引起犬科和鼬科等动物的一种高度接触性、致死性传染病。临床特征主要为双相热，急性鼻卡他、支气管炎、卡他性肺炎等呼吸道炎症。

本病不同性别、年龄和品种均可发病。全年虽均可发病，但尤以冬春寒冷季节多发。该病主要由于易感犬与病犬或带毒犬直接接触，或通过污染的空气或食物，病毒经呼吸道或消化道侵入体内，只要健犬正气虚弱便可感染发病。一旦发病，正气更加虚弱，进一步引起继发性细菌感染。近年来已经明确，除了继发大肠杆菌、葡萄球菌、链球菌、沙门氏菌、支气管败血波氏杆菌、星形诺卡氏苗等细菌感染外，还经常与犬传染性肝炎混合感染。病初首先引起发热，进而损害脾肺，最后毒入营血而危及全身。

【主证】潜伏期为2～3周。病初体温升高达 40℃ 以上，精神沉郁，被毛粗刚，少食纳呆，喜冷饮，鼻镜干燥，流涕，常为黏脓性，口流黏涎，眼角附有多量黄色脓性眼眵。口色红，脉数。若病情进一步发展，或以肺热喘咳为主，或以呕痢为主。前者呈咳嗽，呼吸促迫，肺部听诊呼吸音粗粝，有湿性啰音；废食，粪干，尿少，无力，消瘦；舌色绛，脉细数。后者出现频频呕吐，吐物多为黏涎，不能进食；腹部有压痛，排恶臭、暗红色血便。病至末期，由于毒入营血，肝风内动，呈现肌肉阵发性痉挛，共济失调，惊厥，昏迷，有的后肢麻痹。一般出现惊厥症状后不久即死亡。

【治疗】及时采用综合疗法，可使部分犬瘟热病犬康复。对病犬的治疗原则是紧急注射犬瘟热单克隆抗体或高免血清，防止继发感染，配合对症和支持疗法等综合措施。

中药治疗可选用清热解毒的中药制剂，如清开灵、双黄连等。也可用金银花、连翘、甘草各 9g，黄芩、葛根各 6g，山楂、山药各 12g，水煎候温灌服。呈现肺热咳喘时，可用知母、贝母、丹皮、生地、桔梗、半夏、白术各 30g，龙胆草、茵陈、陈皮、白芍、当归、甘草各 20g，水煎分 2 次灌服，同时用止咳糖浆或鱼腥草雾化疗法；呈现肝风内动症状时，多数预后不良，难以救治。

【预防】定期预防接种，用犬瘟热弱毒疫苗免疫 3 次，分别在 6、8、10 周龄，以后每年免疫 1 次。加强兽医防疫措施，各养犬场应尽量自繁自养，需引进种犬时，应隔离观察，注射疫苗。搞好犬舍的消毒和卫生工作。

二、犬细小病毒病

犬细小病毒病是由犬细小病毒引起的一种急性传染病，其特征是呈现出血性肠炎（血痢）和非化脓性心肌炎症状。多发于 3～6 月龄幼犬，常常同窝暴发。

染病犬是本病的主要传染源，通过病犬与健犬直接接触或通过污染的饲料经消化道传染。染病犬的粪便、尿液、呕吐物及唾液中均含有多量病毒，并不断向外排毒。仔犬断奶前后正气不足，脾胃虚弱，若与病犬直接接触或食入被污染的饲料，病毒便可乘虚而入，伤及脾胃，特别是小肠下段郁而化热，淫侵营血，迫血妄行，呈现出血性肠炎症状；伤及心、肺，肺失宣发肃降，心肌受损，扰乱心神，呈现心肌炎症状。

【主证】

1. 出血性肠炎型 各种年龄的犬均可发生，但以 3～4 月龄的断乳犬更为多发。患犬常突然发病，发热，体温升高至 40～41℃，也有体温始终不高者。神倦喜卧，频频呕吐，不食。不久发生腹泻，里急后重，粪便先呈黄色或灰黄色，被覆有多量黏液及伪膜，而后粪便呈番茄汁样，带有血液，甚至频排血便，腥臭难闻。小便短黄，眼窝凹陷，皮肤弹性明显下降。口干，发出臭味，舌色鲜红或绛，舌苔黄腻，脉滑数或细数。

2. 心肌炎型 多见于 4～6 周龄的幼犬。突然起病，呼吸困难，脉快弱，个别病犬表现呕吐。常离群呆立，可视黏膜苍白，口色淡。常因急性心力衰竭而死亡。

【治疗】由于心肌炎型病犬病程短急，恶化迅速，一般来不及救治。对于出血肠炎型病犬应采用紧急注射高免血清或单克隆抗体，抗病毒，防止继发感染，配合对症和支持疗法等进行综合治疗。

中药治疗可用白头翁、秦皮各 20g，黄连、黄柏各 10g。煎汤去渣，浓缩至100ml，候温灌服或直肠滴注。里急后重者，加木香、槟榔；夹食滞者，加枳实、山楂；也可用黄连、黄芩、黄柏、大黄、栀子、郁金、白头翁、地榆、猪苓、泽泻、白芍各 30g，诃子 20g。水煎，分 2 次灌服或直肠滴注。呕吐者加半夏、生姜；里热炽盛者加金银花、连翘；热盛伤阴者加玄参、生地、石斛；下痢脓血较重者重用地榆、白头翁；气血双亏者减黄芩、黄柏、栀子、大黄，加党参、黄芪、白术等；还可用葛根 40g，黄芩、白头翁各 20g，山药、甘草各 10g，地榆、黄连各 15g。水煎服或直肠滴注，每天 1 剂，分 3～4 次，每次 50～100ml。幼犬药量酌减。便血重者加侧柏炭 15g；津伤重者加生地、麦冬各 20g；里急后重者加木香 10g；呕吐剧烈者加竹茹 15g。

【预防】除加强饲养管理外，主要通过定期注射疫苗来预防。推荐免疫程序如下：幼犬于 7～8 周龄、10～11 周龄进行 2 次免疫。妊娠母犬产前 20 天免疫 1 次，成年犬每年接种 2 次疫苗。从疫区引进犬时，要进行隔离观察，确认健康后才可合群。

三、犬传染性肝炎

犬传染性肝炎是由犬腺病毒 I 型引起的犬的一种急性败血性传染病。临床上主要表现肝炎和角膜混浊（即蓝眼病）症状。

自然情况下，该病毒经口和咽感染。病毒从上皮布散到全身淋巴结，随后发生病毒血症，以致病毒广泛布散到机体的其他部位，尤其是肝胆。故表现为肝炎、黄疸；肝病进一步传眼，故表现为角膜混浊，蓝眼。该病的传播途径主要是直接接触性传染，康复犬的尿中排毒可达 180～270 天。消毒可用 2%火碱液环境消毒。

【主证】自然感染犬传染性肝炎的潜伏期为 7 天左右。最急性病例出现呕吐、腹痛、腹泻症状后数小时内死亡。急性病例有精神沉郁、寒战怕冷、体温升高40.5℃左右，食欲废绝、喜喝水、呕吐、腹泻等症状。亚急性病例，症状反应较轻。上述急性期症状出现较轻外，还可见贫血、黄疸、咽炎、扁桃体炎、淋巴结肿大，特征性症状是在眼睛上，出现角膜水肿、混浊、角膜变蓝。临床上也称"蓝眼病"。眼睛半闭，羞明流泪，有大量浆液性分泌物流出，角膜混浊特征是由角膜中心向四周扩展。重者可导致角膜穿孔。恢复期时，混浊的角膜由四周向中心缓慢消退，混浊消退的犬大多可自愈，可视黏膜有不同程度的黄疸。

【治疗】本病的治疗原则是紧急注射高免血清，保肝，防止继发感染，配合对症和支持疗法等综合措施。

中药治宜清热除湿，疏肝利胆。可用茵陈 30g，柴胡 30g，青皮、枳实各15g，龙胆 20g，白芍 15g，甘草 10g，煎汤灌服；也可用柴胡、大黄、黄芩、虎杖、郁金、乌梅、白芍、丹参、赤芍、枳壳、半夏，水煎服，每日 1 剂，3 剂为一个疗程。

中西医结合治疗可用高免血清注入天门、肝俞穴；抗生素可注入大椎、胆俞、三焦俞和脾俞穴；角膜炎患犬可于太阳穴内注入庆大霉素和利多卡因混合液；静脉注射茵栀黄注射液。

【预防】定期给犬免疫，目前国产五联苗和进口六联苗均可用于本病的预防。

四、犬腺病毒Ⅱ型感染

犬腺病毒Ⅱ型感染可引起犬的传染性喉气管炎及肺炎症状。临床以持续性高热、咳嗽、浆液性至黏液性鼻液、扁桃体炎、喉气管炎和肺炎为特征。

该病主要见于 4 个月以下的幼犬。由于幼犬正气未实，疫毒乘虚而入，伤及肺胃，表现咳嗽、浆液性至黏液性鼻液以及食欲减退，疫毒进一步蔓延可以造成全窝或全群咳嗽。

【主证】犬腺病毒的感染潜伏期为 5～6 天。持续性发热（体温在 39.5℃左右。鼻部流浆液性鼻液，随呼吸向外喷水样鼻液。表现 6～7 天阵发性干咳，后表现湿咳并有痰液，呼吸喘促，人工压迫气管即可出现咳嗽。听诊有气管音，口腔咽部检查可见扁桃体肿大，咽部红肿。病状继续发展可引起坏死性肺炎。病犬可表现精神沉郁、不食，并有呕吐和腹泻症状出现。该病往往易和犬瘟热、犬副流感病毒及支气管败血波氏杆菌混合感染。混合感染的犬大多预后不良。

【治疗】目前我国还没有犬腺病毒Ⅱ型高免血清，所以发现本病一般均采用对症疗法，咳嗽可用党参、黄芪、百合各 30g，桔梗、款冬花各 18g，百部、浙贝母、杏仁、枇杷叶、白及各 15g，麻黄、甘草各 5g，煎汤灌服。痰多可用桔梗片口服。同时应补充电解质、葡萄糖等。

【预防】发现病犬后应马上隔离。犬舍及环境用 2％氢氧化钠液、3％来苏儿消毒。预防接种目前多采用多价苗联合进行免疫，其免疫程序同犬瘟热。

五、犬冠状病毒感染

犬冠状病毒病是由犬冠状病毒引起的一种以频繁呕吐、腹泻、精神沉郁、厌食等胃肠炎症状为特征的急性传染病。

本病一年四季均可发生，以冬季多发。各种年龄、品种和性别的犬均易感，以 2～4 月龄发病率最高。本病的潜伏期为 1～4 天。传染源主要是病犬和带毒犬，病犬经呼吸道、消化道随口涎、鼻液和粪便向外排毒，污染饲料、饮水、笼具和周围环境，直接或间接地传给有易感性的动物。该病毒感染后主要伤及脾胃，故主要表现为呕吐、腹泻、精神沉郁、厌食等证。

【主证】病犬嗜眠、衰弱、厌食，最初可见持续数天的呕吐，随后开始腹泻，粪便呈粥样或水样，黄绿色或橘黄色，恶臭，混有数量不等的黏液，偶尔可在粪便中看到少量血液，临床上难与犬细小病毒病区别，只是犬冠状病毒感染时间更长，且具有间歇性，可反复发作。病犬易继发肠套叠。发病率虽高，但致死率常随年龄增长而降低，成年犬几乎不引起死亡。

剖检可见尸体严重脱水，胃肠扩张，肠黏膜充血、出血，肠系膜淋巴结肿大，肠黏膜脱落是该病较典型的特征，肝、胆肿大。

【治疗】主要采用注射抗血清等病原疗法与对症治疗相结合的方法。为控制继发感染，可配合使用抗生素。

中医治宜清热解毒，凉血止痢。可用白头翁 15g，郁金 15g，黄连、黄芩、黄柏各 10g，竹茹 15g，白芍 10g，枳壳 10g，水煎成 500ml，去渣，再加热浓缩至 250ml，装瓶备用。体重 3kg 以下的犬 5ml，3～6kg 犬 10ml，大型犬 30ml 左右。使用时，将药液加温至 39℃左右灌肠。每日一次，连用 2～3 次。用药后禁食 24h，给予充足的口服补液盐溶液；脱水者可用生脉饮；不思饮食者可用平胃散或藿香正气水。

中西医结合治疗，可将血清以及西药注射剂进行穴位注射，常用的穴位为百会、脾俞、后海等穴。

【预防】可用犬冠状病毒灭活苗或弱毒苗进行预防注射。

六、犬副流感病毒感染

本病是由副流感病毒引起的，以急性呼吸道炎症为主的病毒性传染病。1967年美国首次发现本病。

感染犬的鼻汁和咽喉拭子可分离到本病毒。犬通过飞沫吸入感染。仔犬、体弱及处于应激状态的犬由于正气不足极易感染。病程一至数周不等，死亡率为 60%左右。

【主证】本病以发热、病初流大量浆液或黏液性鼻液，部分病犬咳嗽、扁桃体红肿为特征。混合感染犬的症状加重。单独感染的犬剖检可见肺脏有少量出血点。组织学观察呼吸道及局部淋巴结呈炎性变化，有卡他性鼻炎、支气管及毛细支气管内可见游走的白细胞和细胞崩解物蓄积及黏膜上皮细胞增厚。

【治疗】本病无特效药物。当继发支气管败血波氏杆菌等细菌感染时，可应用抗生素或磺胺类药物。发热可用清开灵或双黄连注射液肌肉或静脉注射。咳嗽可用薄荷 10g、前胡 15g、白芷 10g、杏仁 10g、桔梗 10g、金银花 15g、连翘 15g、紫菀 15g、百部 15g，煎汤口服，以达到疏风清热，宣肺止咳之功效。也可用复方甘草合剂、复方鲜竹沥液、止咳液等口服。

【预防】平时要加强饲养管理，减少本病的诱发因素。一旦发病，要将病犬及时隔离，并加强护理，尽可能避免继发感染。目前，国产的犬五联疫苗（犬瘟热、犬细小病毒、犬传染性肝炎、狂犬病、犬副流感），可用于本病的预防。

七、犬疱疹病毒感染

犬疱疹病毒是新生犬死亡的原因之一。超过2周龄的幼犬，大部分呈亚临床感染。该病毒也是犬生殖道病的病原。

该病可以在子宫内感染，仔犬也可通过感染阴道或与同窝病犬接触，或吃入、吸入被污染的物质而感染。大犬是无症状的带毒者。1周龄的幼犬可通过口、咽感染。常于感染后5~12天死亡。超过2周龄的幼犬感染后，呈亚临床感染或引起轻微的鼻炎和咽炎。此时，病毒可在这些部位长期存在。

【主证】若幼犬在出生后7~10天感染，则症状较明显。表现精神沉郁，不爱吃奶，持续号叫。常有腹痛，但体温不高。一般在发作24h内死亡。有些病例没有任何先期症状就突然死亡。病死犬剖检可见，肾皮质弥漫性、淤血性出血；肺水肿，上有散在的出血斑点；肝、胃肠道出血；脾和全身淋巴结肿大；体腔中常有血性液体。

【治疗】当临床症状明显时，治疗效果往往不佳。商品性犬球蛋白含有低水平的疱疹病毒中和抗体，可用以减少同窝其他幼犬的感染。中药可用清开灵注射液或双黄连注射液肌肉或静脉滴注。

【预防】本病目前还没有疫苗可用。当疾病流行时，可用发病仔犬的母犬血制备的免疫血清给所有出生的幼犬进行腹腔注射（每犬2ml），能防止易感的犬死亡。

八、犬传染性气管支气管炎

通常称为"犬窝咳"，是由多种病原引起的犬传染性呼吸器官疾病，故临床又称犬上呼吸道感染综合征。以突发性咳嗽、持续干呕为特征。本病可发生任何年龄的犬。

引起犬气管支气管炎（犬窝咳）的病原很多，主要有犬支气管败血波氏杆菌、犬副流感病毒、犬腺病毒II型、犬疱疹病毒、呼肠孤病毒、支原体、真菌和一些寄生虫等。

该病主要通过呼吸道传播，病犬呼吸道分泌物和被病犬污染的物品和用具是主要的传染源。不同年龄、不同品种对该病有不同的易感性；即使是同一年龄、同一品种的犬感染该病原所表现的临床症状也不一样，6月龄以下的犬易感。

【主证】在发病前5~10天通常有与其他犬或犬舍接触的历史。该病的临床症状因有或无继发感染而有所不同。若无并发症则常于夏秋季节突然发作，呈突发性咳嗽，并伴有恶心干呕状，常被主人误认为呕吐，主要表现为气管支气管炎的症状，可持续 5～10 天，无须治疗可自行恢复。若有继发病毒和细菌感染的犬，则可见咳嗽，并伴有体温升高、精神沉郁、食欲减退等全身症状，随后又出现呼吸困难，眼和鼻分泌物黏液性到黏液脓性分泌物。严重的病例可发生支气管肺炎，甚至危及生命。

【治疗】首先使用特异性抗血清。为防治细菌继发感染可选择阿莫西林、克拉维酸钾或磺胺类药物；镇咳可用薄荷 10g、前胡 15g、白芷 10g、杏仁 10g、桔梗 10g、金银花 15g、连翘 15g、紫菀 15g、百部 15g，加水适量煎 3 次，每次煎成约 50ml，合并 3 次药液，每日服 3 次，恶心干呕者少量多次分服。也可用鱼腥草予以雾化，进行气雾治疗，10～20min/次，2～4 次/天。维持患犬足够的热量和水的摄入，减少与其他犬接触，保持最佳温度和湿度，防止继发感染，减少应激和刺激。

【预防】为预防本病，首先严格隔离和消毒，要避免与患犬接触。改善犬的生活环境，犬群的密度要合适，要有良好的通风和光照。现国内外已有犬副流感和犬支气管败血博氏杆菌二联苗，用来预防犬副流感、犬支气管败血博氏杆菌的感染。

九、猫泛白细胞减少症

本病又称猫瘟或猫传染性肠炎，是一种高度接触性、急性传染病。以高热、呕吐、腹泻、脱水和血中白细胞减少为特征。

猫泛白细胞减少症多发生于家猫群和猫饲养场，1 岁以下的幼猫最易感染，感染率可达 70%，致死率为 50%～60%，最高可达 90%。但也可感染各种年龄的猫，成猫仅占 2%，猫科动物（野猫、虎、豹、山猫、豹猫等）也有易感性，貂和浣熊也能感染。

在自然条件下，主要经直接或间接的接触传染。患猫在感染后出现病毒血症，7 天内即由尿、粪便、鼻和眼分泌物、唾液、呕吐物中排毒，即使康复后粪尿中仍能排毒数星期至 1 年以上。所以病猫是本病的传染源。蚤、虱、螨等吸血昆虫可成为传播媒介。有些痊愈猫可成为带毒者。病程一般 7 天左右，自然感染的 18 天左右死亡。

【主证】潜伏期 2～9 天，病初表现倦怠，缺乏食欲。首次发烧体温在 40℃左右，持续 24h 左右，然后恢复正常，经 2～3 天后再次上升，呈明显的双相热型，此时症状明显，精神沉郁，被毛粗乱，出现明显的白细胞减少，继而表现呕吐和带血的水样腹泻，粪便有特殊臭味。严重脱水，体重迅速下降，眼、鼻流出脓性分泌物。通常在二次升温达到高峰后不久即死亡。病程长的 10 多天，短的

7 天左右。妊娠母猫经子宫感染可引起流产、死胎、早产或小脑发育不全的畸形胎。

白细胞减少是本病最显著的特征，当白细胞总数减少到 8 000 个/mm³ 左右，应怀疑为本病；若降到 5 000 个/mm³，应视为重症；如果减少到 2 000 个/mm³ 以下，就为预后不良。白细胞减少主要是嗜中性粒细胞减少。

尸检特征性变化是以回肠移行部为中心的出血性肠炎病变，小肠变粗、水肿和肿胀。肠内容物少、呈水样、恶臭、颜色灰黄，肠腔中可见绳索状纤维素性渗出物，黏膜发红，弥漫性出血。

【治疗】目前尚无理想药物，主要是采取注射高免血、补液和维持电解质平衡、抗生素预防继发感染等方法。

中药治疗可用山茱萸、茯苓、怀山药、熟地黄、泽泻各 5g，丹皮 3g 加水 500ml，煎至 60ml，分 3 次服下（每 4h 1 次）；或党参、黄芪、龟板各 10g，白芍、熟地、麦冬、当归各 5g。加水 500ml，煎至 50ml，分 2 次服。

【预防】可用福尔马林灭活组织苗、灭活细胞培养病毒苗或致弱活毒苗进行免疫。具体程序为：7～10 周龄进行首免，12 周龄时进行二免，16 周龄时还可以进行第三次免疫；以后每年进行 1 次预防接种。

妊娠母猫要用灭活苗，因活苗病毒可通过胎盘，引起胎儿的小脑发育不全。

十、猫病毒性鼻气管炎

本病是由疱疹病毒科的猫鼻气管炎病毒（Ⅰ型）引起的急性、高度接触性上呼吸道疾病。主要侵害仔猫，发病率可达 100%，死亡率约 50%。

本病毒主要通过接触传染或飞沫传染而迅速传播。自然康复或人工接种的耐过猫，能长期带毒和排毒，成为危险的传染来源。

【主证】潜伏期 2～5 天，仔猫较成年猫易感且症状严重。病初发烧，不食，眼和鼻的分泌物初为黏性，后为黏脓性，出现暴发性的打喷嚏、咳嗽、流泪，鼻腔分泌物增多，厌食，体重减轻，精神沉郁，患猫可见角膜树枝状充血，结膜水肿。仔猫死亡率较高。部分猫可转为慢性，持续咳嗽，呼吸困难，发生鼻窦炎、溃疡性角膜炎、全眼球炎。当感染局限于上呼吸道时，一般称为病毒性鼻气管炎。

病理变化主要表现在上呼吸道，引起结膜炎、鼻炎、溃疡性舌炎和气管炎，如病毒沉积于肺可引起间质性肺炎。鼻腔和鼻甲骨黏膜呈弥漫性充血、肿胀，上覆一层渗出物，喉头和气管也有类似病变，支气管淋巴结略肿大。严重病例鼻和鼻甲骨黏膜坏死，眼结膜、扁桃体、会厌软骨、喉头、气管、支气管、甚至细支气管等黏膜上皮发生局灶性坏死，坏死区上皮可见大量的嗜酸性核内包涵体，有时在舌部坏死区的上皮亦可见到包涵体（可作确诊依据）。由于继发感染，自然病例有时亦可出现肺炎病变。

【治疗】目前尚缺乏广泛应用的抗猫鼻气管炎病毒的药物。据报道，5-碳脱氧脲嘧啶核苷可用于治疗猫鼻气管炎病毒感染引起的溃疡性角膜炎。某些人工合成的核苷类药物，具有抗疱疹病毒感染的功效。对症疗法可用苄青霉素，吸入疗法常使患猫有嗅觉而采食。也可辅以中药，方用黄芩、桔梗、制半夏各5g，苏子、杏仁、薄荷各3g，加水500ml，煎至50ml，分3次灌服。每次隔4～6h。或杠板归、炒珊瑚（全炒）、大青叶各10g。加水500ml，煎至50ml，分2次服。也可用连翘2.5g、黄芩2.0g、栀子2.0g、柴胡2.0g、金银花1.5g、防风1.0g、青葙子2.0g、党参2.0g、黄芪2.0g、五味子1.5g、车前子1.5g（包煎）、甘草1.0g，水煎成约30ml。每次15ml，每日2次，连用3天。功能解表宣肺，清热通窍。

【预防】目前国外已有猫鼻气管炎的弱毒疫苗可用来预防本病。该疫苗单独应用或与猫环状病毒弱毒苗共同应用均有较好的预防效果，有时亦与猫泛白细胞减少症及猫肺炎（衣原体引起）疫苗共同应用。紧急预防可用高免血清。预防本病可用一种活的致弱猫疱疹病毒疫苗作鼻内或肠胃外接种，每年至少接种2次。

十一、猫杯状病毒感染

本病是猫病毒性上呼吸道病的一种，主要表现为上呼吸道症状，双相发热，浆液性和黏液性鼻漏，结膜炎，极度沉郁；有的病猫可见舌炎及呼吸啰音。

自然条件下，仅猫科动物对本病毒易感，常发于8～12周龄的猫。传染源主要是病猫及带毒猫。前者在急性期可随分泌物和排泄物排出大量病毒，污染笼具、地面等物品，也可直接传给易感猫。后者一般由急性病例转变而来，虽然临床症状消失，却可以长期带毒、散毒，是最重要和最危险的传染来源。同时临床上常见此病与猫Ⅰ型疱疹病毒感染（又称传染性鼻气管炎）并发，据称其发病率占总发85%～90%，故有人将此两病合称为猫呼吸道感染综合征。猫杯状病毒感染是猫的多发病，发病率较高，但死亡率较低。

【主证】猫杯状病毒感染的潜伏期2～3天。初期发热至39.5～40.5℃，症状的严重程度以感染病毒毒力的强弱而不同。口腔溃疡是最常出现和具有特征性的症状，且有时是唯一的症状。口腔溃疡常见于舌和硬腭，尤其是腭中裂周围。舌部水泡破溃后形成溃疡。有时，鼻黏膜也可出现类似病变；病猫精神欠佳，喷嚏、口腔和鼻腔及眼的分泌物增多。眼鼻分泌物初期为浆液性，4～5天后为黏液性。有时出现流涎和角膜炎。病毒毒力较强时，可发生肺炎而出现呼吸困难，肺部有干性或湿性啰音，3 个月以下的幼猫可因肺炎致死。

感染猫杯状病毒时，症状通常不如猫鼻气管炎时严重，常常能耐过，于 7～10 天后恢复。这些猫虽然临床症状消失，但往往成为带毒者（病毒主要存在于咽部，尤其是扁桃腺内），成为危险的传染来源。

病理变化主要表现是舌、腭部的溃疡，开始时形成水泡，然后因水泡破溃而成。溃疡的边缘及基底有大量中性粒细胞浸润。原发性局灶性肺泡肺炎，可导致渗出性肺炎及增生性间质性肺炎。眼结膜炎的变化通常较为明显。

【治疗】无特异性疗法。疾病急性期可应用广谱抗生素防止继发感染。并配合支持和对症治疗。

当有溃疡性角膜炎时，可用 1‰ 三氟哩啶溶液，或氯霉素眼药水滴眼，每 8h 滴一次，也可用上药滴鼻。口腔溃疡可用冰硼散或青黛散口腔喷洒，每天 3～4 次。严重的呼吸道症状可用薄荷 10g、前胡 15g、白芷 10g、杏仁 10g、桔梗 10g、金银花 15g、连翘 15g、紫菀 15g、百部 15g，加水适量煎 3 次，每次煎成约 50ml，合并 3 次药液，每日服 3 次。也可用抗生素或磺胺类注射液注入大椎、身柱、喉俞、天突俞；口服生脉饮调养之。

【预防】该病康复猫可带毒至少 35 天，故应对其严格隔离，防止病原扩散。目前，预防本病的单苗有弱毒疫苗和灭活疫苗，临床常用联苗，即猫杯状病毒与猫泛白细胞减少症、猫病毒性鼻气管炎的三联苗可供预防。一般于 8～12 周龄和 14～16 周龄各免疫 1 次，以后每年 1 次。

十二、猫肠道冠状病毒感染

猫肠道冠状病毒感染是由猫冠状病毒引起的一种以呕吐、腹泻和中性粒细胞减少为主要特征的肠道传染病。

本病毒主要感染 6～12 周龄幼猫，经消化道传染，引起与猪传染性胃肠炎病例相似的病变。病毒对从十二指肠中段到盲肠段的成熟柱状上皮细胞具有亲嗜性，感染后 3 天的小肠就可发现异常，较严重的是十二指肠和空肠。

【主证】本病常使断奶后仔猫发病。人工接种猫肠道冠状病毒 3 天后，仔猫体温升高，食欲下降。尔后发生呕吐和中等程度腹泻。较严重病例可见脱水症状。死亡率一般较低。疾病急性期，血液中中性粒细胞降至 50% 以下。组织学变化多见于较严重的病例，主要是十二指肠和空肠绒毛萎缩、相邻肠绒毛发生融合和柱状上皮脱落。

本病确诊较为困难。目前的诊断方法是在电镜下从病猫粪便中发现病毒。

【治疗】除非脱水严重的病例需要补液，一般情况下无须治疗。止泻可用止痢散口服或直肠滴入。也可用黄连、黄芩各 5g，黄柏 3g，连翘 6g，蒲公英 9g，水煎取渣，候温，分 3 次灌服；低热不退可用秦艽鳖甲汤；失水可用生脉饮；不思饮食可用平胃散。

【预防】有人认为，猫冠状病毒可能广泛分布于猫群中，许多无临床症状的猫可能为带毒者。几乎所有血清学阳性的猫可通过粪便排毒，因此本病的预防较为困难。故加强饲养管理，做好环境消毒对预防本病显得尤为重要。

十三、猫白血病

猫白血病是猫最常见的非创伤致死性疾病。该病潜伏期较长，临床上具有白血病、淋巴瘤等多种表现形式，发病率和致死率较高。又有人将该病称为猫白血病——肉瘤综合征。

不同品种、性别的猫均可感染，但幼猫更易感。该病毒在猫群中以水平传播方式为主，病毒通过呼吸道和消化道传播。一般认为，在自然条件下，消化道传播比呼吸道传播更易进行。另外，除水平传播方式外，也可通过垂直传播，怀孕母猫可经子宫感染胎儿。本病病程较短，致死率高，约有半数的病猫，在发病后 1 周内死亡。

【主证】由猫白血病毒及肉瘤病毒引起的疾病一般潜伏期较长，症状多种多样，诊断具有一定困难。现将常见症状分述如下：

1. 消化道淋巴瘤　主要以肠道淋巴组织及/或肠系膜淋巴结和淋巴集结出现 B 细胞性淋巴瘤组织为特征。临床上表现为食欲减退，体重减轻，黏膜苍白，贫血，有时呕吐或腹泻等症状。此型较为多见，约占全部病例的 30%。

2. 多发性淋巴瘤　全身多处淋巴结肿大，身体浅表的病变淋巴结常可用手触摸到。瘤细胞常具有 T 细胞的特征。脾及肝常受损害而肿大。患猫常表现为消瘦和精神沉郁等一般症状。此型病例约占 20%。

3. 胸腺淋巴瘤　瘤胸腺组织被肿瘤组织代替。由于肿瘤形成和胸水增多，引起呼吸和吞咽困难，常使病猫发生虚脱。该型常发于青年猫（2.5 岁左右）。

4. 淋巴白血病　肝、脾肿大，淋巴结轻度至中度肿胀。临床上出现间歇热，食欲下降至完全丧失，机体消瘦，黏膜苍白，黏膜和皮肤上出现出血点，血液学检验可见白细胞总数增多。

5. 其他类型　猫白血病毒引起的其他类型的肿瘤不太常见，且常局限于单一的器官组织，如肾及神经系统等。

怀孕母猫，感染猫白血病毒后，有时发生垂直传播而产生带毒仔猫，有时则胎儿死亡，发生死产或被母体吸收。

【治疗】利用放射性疗法可抑制胸腺淋巴肉瘤的生长，对于全身性淋巴结肉瘤也具有一定疗效。也可中西医结合进行治疗，即放射疗法的同时，口服中药。中药可试用野百合 3g、地榆炭 3g、熟地 3g、党参 10g、天门冬 10g，水煎两次得药液 60ml，日服一剂，分两次服，每次服 30ml。

【预防】本病应以预防为主。加强饲养管理，搞好环境卫生。定期检查，培养无白血病健康猫群。在引进新猫时，必须隔离检疫，确无此病时，才能并入猫群。国外已有预防本病的灭活苗和复合型猫白血病病毒疫苗，值得引进试用。

十四、猫传染性腹膜炎

本病是由猫冠状病毒引起的猫科动物的一种慢性、进行性传染病。本病以腹膜炎、大量腹水聚积和致死率较高为特征。

各种年龄猫均可感染，以 1～2 岁猫及老龄猫发病最多，纯种猫发病率高于一般家猫。本病自然感染的确切途径尚不完全清楚，一般认为可经消化道感染或媒介昆虫传播，也可经胎内垂直感染。猫一旦发病，致死率几乎是 100%。

【主证】发病初期症状不明显，病猫体重逐渐减轻，食欲减退或间歇性厌食，体况衰弱。以后体温升高至 39.7～41℃，呈持久热或回归热，血液中白细胞数增多。持续 1～6 周后可见腹部膨胀，触诊一般无痛感、似有积液（母猫常可误认为妊娠）。病猫呼吸困难，逐渐衰弱，并可能表现贫血症状，最后很快死亡。

有的病例侵害眼、中枢神经、肾和肝脏时，几乎不伴有腹水。眼部感染可见角膜水肿，上有沉淀物。中枢神经受损害时表现为后躯运动障碍，行动失调，痉挛；肝脏受损害时可发生黄疸；肾受损害时出现进行性肾功能衰竭症状。

剖检可见病猫腹腔中大量积液，呈无色透明、淡黄色液体或蛋白状，接触空气后即凝固。腹膜浑浊，覆有纤维蛋白样渗出物。肝、脾、肾等器官表面亦见有纤维蛋白附着。肝表面有坏死灶，有的病例还伴有胸水。

【治疗】目前尚无有效的特异性药物治疗及有效疫苗供应用。出现临床症状的猫一般预后不良。一般情况给予对症疗法和中西医结合治疗。

对症治疗可用泼尼松或同环磷酰胺合用。监控骨髓的抑制状态，肾功能障碍和血钾异常。也可结合用清开灵进行肝俞、脾俞、肾俞和三焦俞注射，并用茵栀黄注射液（茵陈提取物 6g、栀子提取物 3.2g、黄芩甙 20g、金银花提取物 4g）静脉注射。也可用茵陈、山栀各 5g，苍术、茯苓、猪苓、泽泻、薏苡仁各 3g，木通 2g，煎汤服，连服 7 天。

【预防】注意环境卫生，严格实施隔离消毒的防疫措施，消灭吸血昆虫（如虱、蚊、蝇等）及老鼠等传播媒介。现国外已有一种通过鼻腔安全接种的疫苗。

主要推荐在猫场、收容所和养猫多的家庭使用疫苗，因为这些地方发病可能性更大。

十五、皮肤真菌病

是由寄生于犬猫等多种动物被毛与表皮、趾爪角质蛋白组织中的真菌（皮肤真菌），所引起的各种皮肤疾病，统称为皮肤真菌病。特征是在皮肤上出现界限明显的脱毛圆斑，潜在性皮肤损伤，具有渗出液、鳞屑或痂等。本病为人兽共患病，人医简称为"癣"。

本病主要通过直接接触，或接触被其污染的刷子、梳子、剪刀、铺垫物等媒介物传染。患病犬、猫能传染给接触它们的其他动物和人，患病人和其他动物也能传染给犬、猫。

【主证】常在患病犬、猫的面部、耳朵、四肢、趾爪和躯干等部位发病。典型的皮肤病变为被毛脱落，呈圆形迅速向四周扩展（其直径可达 1～4cm）。有些皮肤真菌病在发病过程中，皮损区的中央部分真菌死亡，病变皮肤恢复正常。只要毛囊未被继发性感染的细菌破坏，仍能长出新毛。

通常急性感染病程为 2～4 周，若不及时治疗转为慢性，往往可持续数月，甚至数年。

【治疗】对患病动物要及时治疗，西药可用克霉唑软膏、咪康唑软膏或癣净等外涂。严重者可配合内服灰黄霉素和酮康唑等。

中药可用土楝皮 50g、苦参 25g、百部 25g、雄黄 5g、食醋 1 000ml，先将土楝皮、苦参、百部研成粉末，再用雄黄、食醋混合装入瓶中，盖紧瓶塞，浸泡 1 周，用前将药水充分摇匀，局部涂擦，涂及癣斑周围的健康皮毛与被毛。每日 2 次，连续 7～10 天。也可用千里光、藜芦各等份，煎水洗擦患部；或用蛇床子 3 份、巴豆 1 份、硫黄 3 份，研末，植物油调膏外涂。

【预防】预防本病感染尚无有效措施，不过可提高加强营养，注意卫生和器械消毒，发现患病犬猫及时隔离，及时治疗等措施控制疾病传播和降低发病可能性。

十六、蛔虫病

犬、猫蛔虫病是由犬弓首蛔虫、猫弓首蛔虫、狮弓首蛔虫等引起的一种犬猫常见寄生虫病。常引起幼年犬、猫发育不良，生长缓慢，严重时可导致死亡。

犬通过吞食感染性卵囊或摄食含幼虫的贮藏宿主（啮齿动物或鸟类），或经胎盘，或经吸吮初乳而感染。幼虫在体内移行，最后到达小肠发育为成虫。猫未见经胎盘感染。

【主证】主要症状为渐进性消瘦，食欲不振，黏膜苍白，贫血，呕吐，异嗜，消化障碍，先下痢而后便秘。偶尔有癫痫性痉挛，幼仔腹部膨大，生长发育受阻。血液检查白细胞增多。死亡多因小肠虫体嵌塞或肠穿孔。采用直接涂片法或饱和盐水漂浮法检查粪便，可发现虫卵。

【治疗】西药可用左旋咪唑、丙硫咪唑、甲苯咪唑、芬苯哒唑、驱蛔灵等口服，也可用伊维菌素皮下注射。但柯利犬及有柯利犬血统的犬禁用；中药可用使君子12g、槟榔18g、乌梅5枚（去核）、苦楝根皮（先煎）、榧子肉各15g，水煎内服。

【预防】要注意环境、食槽和食物的清洁卫生，及时清除粪便，并进行发酵处理。对犬、猫进行定期驱虫。幼犬与哺乳母犬应在幼犬出生后2、4、6和8周给予药物驱虫，幼犬也可于出生后20天开始驱虫，以后每月1次，8月龄后每季度1次。新购进的幼犬应间隔10天驱虫2次。

十七、绦虫病

犬、猫绦虫病主要是由假叶目和圆叶目的各种绦虫的成虫寄生于犬、猫小肠而引起的一种常见寄生虫病。这些绦虫种类很多，主要有犬复孔绦虫、泡状带绦虫、豆状带绦虫、多头绦虫、细粒棘球绦虫及阔节裂头绦虫等。这些绦虫的成虫对犬猫的健康危害很大，它们的幼虫期，大多以其他动物（包括人）为中间宿主，严重危害这些动物的健康。

【主证】一般轻度感染者在临床上无特征性症状，但粪便中可见到活动性的孕节或孕节附着在肛门四周刺激肛门，引起肛门瘙痒或疼痛发炎。严重感染时呈现食欲反常，如贪食、异嗜、呕吐、慢性肠炎、腹泻和便秘交替发生、贫血、消瘦、容易激动或精神沉郁，有的发生痉挛或四肢麻痹。虫体成团时可阻塞肠管，导致肠梗阻、肠套叠、肠扭转和肠破裂等急腹症。

【治疗】西药可用吡喹酮、丙硫苯咪唑、硫双二氯酚（别丁）或盐酸丁萘脒等口服，中药可用槟榔、鹤虱、雷丸、苦楝皮各2g，木香5g，大黄10g研为细末，空腹口服，犬、猫每千克体重5～10g，连服2日；也可用槟榔、大黄各24g，南瓜子40g，加水300ml煎汁50～100ml，犬、猫每千克体重5～10ml，空腹服，连续2日。

【预防】每季度应进行1次预防性驱虫，繁殖犬、猫应在配种前3～4周内进行。驱虫时排出的虫卵和粪便，彻底销毁，进行无害化处理，防止病原扩散。

搞好清洁卫生，消灭传染源。妥善处理屠宰废弃物，防止犬、猫采食带有绦虫蚴的中间宿主或未煮熟的脏器；保持犬、猫体表清洁，经常用杀虫剂杀灭体表的虱与蚤，消灭啮齿动物。

十八、钩虫病

钩虫病是犬、猫比较多发而且危害严重的一种线虫病。钩虫寄生于小肠内，主要是十二指肠。全国各地均有发生。气候温暖的地区常见，多发生于夏季，特别是狭小潮湿的圈舍更易发生。

犬、猫通常经口吞食感染性幼虫而感染，也可经皮肤、黏膜感染。此外，犬钩虫还可通过胎盘、初乳感染。

【主证】严重感染（短时间内被大量幼虫感染）的急性病例，多发生于幼犬、幼猫。通常在粪便中尚未排出虫卵就已发病，表现食欲不振或废绝，异嗜呕吐、消瘦、贫血，眼结膜苍白，下痢与便秘交替发作，粪便带血或呈黑色柏油状，带有腐臭气味，最后极度衰竭而死亡。胎盘或初乳感染的仔犬，生后2周左右出现严重贫血，导致昏迷和死亡。成年犬感染少量虫体时，一般只出现轻度贫血、营养不良和胃肠功能紊乱的症状。由感染性幼虫大量侵入皮肤时，可引起钩虫性皮炎，多发于四肢，出现瘙痒、脱毛、肿胀和角质化等症状。

【治疗】发病后，可用左旋咪唑、丙硫苯咪唑或硫苯咪唑口服。也可用4.5%二碘硝基酚溶液皮下注射；中药可用槟榔30g、大蒜30g（拍碎）水煎去渣，候温，空腹分两次灌服。也可贯众、百部、槟榔、鹤草芽水煎口服。对贫血严重者要进行补液，同时投喂止血药、收敛剂、维生素 B_{12}、铁制剂等，增加蛋白质饲料。也可用伊维菌素，每千克体重0.2mg，皮下注射，间隔3～4天，注射1次，连用3次。

【预防】保持圈舍清洁干燥，及时清理粪便并进行无害化处理。在气候温暖季节定期检查，及时驱虫。幼犬出生20～25天即可进行第一次驱虫，1～6月龄每月1次。6～24月龄每季度1次，24月龄以上每半年1次；同时还要灭鼠，因鼠为转续宿主。犬、猫可因捕食鼠类而感染。

十九、弓形虫病

弓形虫病又称弓形体病，是由龚地弓形体引起的人和动物共患的寄生在细胞内的一种原虫病。

采食沾染了有机粪便的水果、蔬菜等或接触被弓形虫感染的动物的排泄物，可能感染弓形虫。感染型弓形虫主要存在于猫科动物身上。犬和其他动物除消化道感染途径外，还可以通过受损的皮肤、呼吸道、眼及胎盘等途径感染。此外，输血也可传播弓形虫病。

【主证】幼犬感染后表现体温升高，食欲废绝；可视黏膜苍白或黄染；常有脓性眼分泌物和浆液性鼻分泌物；咳嗽，呼吸浅而快；呕吐，便秘或下痢。严重者呈现出血性腹泻；精神高度沉郁，呼吸极度困难；呈现痉挛或麻痹，卧地不起等症状。幼龄患犬死亡率可达 35％～40％，妊娠母犬可发生早产或流产。后期可出现后躯麻痹、癫痫样痉挛、斜颈和视力障碍等症状。

猫主要表现为厌食、发热、黄疸、咳喘等。有的在无明显症状的情况下突然死亡。病理剖检可见肺脏的水肿性灶样坏死、肝炎、肌炎、心肌炎和胰腺坏死。腹腔内常有多量渗出液。

取发病犬、猫尸体的组织或体液做涂片、压片或切片，置显微镜下观察可发现弓形虫。

【治疗】患病动物，可用磺胺嘧啶和乙胺嘧啶治疗。中药可用白头翁、地榆、黄柏、青蒿、厚朴、郁金等药，水煎服。例如，用青蒿 20g 加水 300ml，煎至 50ml，分 2 次服。功能清热杀虫。

【预防】搞好清洁卫生，定期用氨水等消毒，粪便要发酵处理；犬场禁止养猫；禁喂生肉或含有弓形虫包囊的动物脏器组织；必要时采取药物预防，即定期给犬或其他动物服用磺胺类药物，根据犬群或养殖场的情况而定，如用药 1 周、停药 1 周、再用 1 周。

二十、犬恶丝虫病

本病是由犬恶丝虫寄生于犬的右心室及肺动脉，引起循环障碍、呼吸困难及贫血等症状的一种寄生虫病。除感染犬外，也可感染猫、狐、狼等肉食动物。此病在我国广为分布，尤其广东犬恶丝虫的感染率高，可达 50％左右。

犬蚤、按蚊或库蚊为其中间宿主。幼虫可经胎盘而感染胎儿。成虫寄生于宿主的右心室、肺动脉和大静脉内。

【主证】主要症状为循环障碍，呼吸困难及贫血，心悸亢进，脉细小而弱，心脏有杂音；腹围增大；伴发慢性支气管炎，咳嗽剧烈。病末期血液色淡，红细胞减少，血液中出现 幼稚型红细胞。严重病犬渐趋消瘦、衰弱而亡。病犬也常伴发结节性皮肤病（化脓性肉芽肿炎症），皮肤瘙痒，结节常破溃；在结节周围的血管内常有微丝蚴。

【治疗】对已发病的犬可用海群生、硫乙肿胺钠、菲拉辛驱杀成虫。也可用碘化二硫噻啉、左咪唑、埃弗霉素等药物驱杀微丝蚴。

中药可用青蒿、黄荆、威灵仙，或马鞭草、苏叶、青蒿组方煎服，以抑杀丝虫。

【预防】消灭中间宿主犬蚤、按蚊及库蚊是预防本病重要措施之一。另外在蚊虫活动季节，要进行预防性驱虫。

二十一、猫圆线虫病

猫圆线虫病是由莫名猫圆线虫寄生于猫的细支气管和肺泡引起的猫的一种寄生虫病。

猫圆线虫幼虫以蜗牛和蛞蝓为中间宿主。啮齿动物、蛙、蜥蜴和鸟类为转运宿主。猫吃到中间宿主或转运宿主后而受感染。阴雨连绵时，潮湿的环境本病更易流行。猫是唯一的终宿主。

【主证】中度感染的病猫表现咳嗽、打喷嚏、厌食、呼吸急促。严重感染的小猫剧烈咳嗽、腹泻、渐进性消瘦、厌食、呼吸困难，常多死亡，但也有逐渐好转恢复健康的。病猫肺内堆积大量虫卵和幼虫，可能发生突然死亡，剖检时可见，肺表面有灰色结节，结节内含虫卵和幼虫，胸腔充满乳白色液体，其中包含虫卵和幼虫。对可疑病例可做贝尔曼法检查粪便中的幼虫，发现大量幼虫即可确诊。

【治疗】可用左旋咪唑、苯硫咪唑、芬苯咪唑口服驱杀虫体。也可用伊维菌素，但柯利犬及有柯利犬血统的犬禁用。

中药可用驱虫散（槟榔、雷丸、青木香、苦楝皮、皂荚、牵牛子、茵陈）、化虫丸（鹤虱、苦楝皮、槟榔、芜荑、枯矾、使君子）、使君子散（使君子、苦楝子、白芜荑、甘草）、乌梅丸（乌梅、细辛、干姜、黄连、当归、附子、蜀椒、桂枝、人参、黄柏）等口服，以驱杀虫体。

【预防】猫不宜放养，防止吃入生的蜗牛、蛙、蛇和鸟类等动物；保持猫舍干燥，管好猫的粪便；每年春、夏两季对猫进行检查，及时驱虫。

二十二、疥螨病

疥螨病又称疥癣，是由疥螨属的多种疥螨寄生于犬、猫皮肤内引起的一种皮肤病。犬的疥螨病，俗称"癞皮狗病"，主要包括犬疥螨和犬耳痒螨；猫的痒螨病主要指猫背肛螨。夏秋气候潮湿季节多发。常见于皮肤卫生条件较差的犬、猫。

本病主要是由于直接接触或通过被螨及其卵污染的圈舍、用具等间接接触引起感染。也可通过管理人员或兽医人员的衣服或手传播病原。

【主证】疥螨病，幼犬症状严重，先发生于鼻梁、颊部、耳根及腋部等处，后扩散至全身。起初皮肤发红，出现红色小结节，以后变成水疱，水疱破溃后流出黏稠黄色油状渗出物，渗出物干燥后形成鱼鳞状痂皮。患部剧痒，常以爪抓挠患部，或在地面及其他硬物上摩擦，因此出现严重脱毛。

耳痒螨寄生于外耳部，引起大量的耳脂分泌和淋巴液外溢，且往往继发化脓，有痒感，病犬不停地摇头、抓耳、鸣叫，在器物上摩擦耳部，甚至引起外耳道出血。有时向病变严重的一侧做旋转运动，后期病变可能蔓延到额部及耳壳背面。如侵害脑膜，病犬出现癫狂症状。

猫背肛螨严重感染时，常使皮肤增厚、龟裂，出现黄棕色痂皮，多引起死亡。

刮取病变与健康皮肤交界处的病料镜检，可查到活的疥螨虫。

【治疗】犬疥螨病及猫背肛螨治疗时，应先用温肥皂水洗刷患部，除去污垢和痂皮后，涂擦疥癣灵（花椒16%～20%、食盐8%～10%，其余为食醋）等。每次涂擦面积不要超过犬体表面积的1/3。3周后再治疗1次。或用苦楝子（或苦楝皮）加水5～15倍，温开水浸泡1～2天，滤渣，取清液涂抹患部，或喷雾，洗浴，每2天1次，连用3～5次。

治疗耳痒螨时，应先向耳内滴加石蜡油，轻轻按摩，以溶解并消除耳内的痂皮，再用加有杀螨药的油剂，如雄黄10g、硫黄10g、豆油100ml，将豆油烧开后加入研细的雄黄和硫黄，候温，局部涂擦。

也可用伊维菌素注射液，每千克体重0.2mg，皮下注射。每隔1周注射1次，连用3～5次，但柯利犬及有柯利犬血统的犬禁用。

在治疗的同时，还应用杀螨药物彻底消毒圈舍和用具，将治疗后的动物安排到消毒过的圈舍内饲养。由于大多数杀螨药物对螨卵的杀灭作用较差，因此需治疗多次，每次间隔5～7天，以杀灭新孵出的幼虫。

【预防】主要是隔离患有疥螨病的犬，防止互相感染；注意环境卫生，保持犬舍清洁干燥，对于犬舍、犬床、垫物等要定期清理和消毒。但犬、猫洗澡也不要太勤，洗完后要及时彻底吹干。

二十三、犬蠕形螨病

犬蠕形螨病是由蠕形螨科、蠕形螨属的犬蠕形螨引起犬的一种皮肤寄生虫病。它寄生于犬的皮脂腺和毛囊内。本病又称毛囊虫病或脂螨病，是一种常见而又顽固的皮肤病。

本病的发生多因病犬和健康犬相互接触而感染。也可通过媒介物间接感染。蠕形螨的抵抗力很强，可在外界存活多日，并可感染人，儿童和妇女比男人易感。

【主证】蠕形螨症状可分为鳞屑型和脓疱型两种类型。前者主要是在眼睑及其周围、额部、嘴唇、颈下部、肘部、趾间等处发生脱毛、秃斑，界限明显，并伴有皮肤轻度潮红和麸皮状屑皮，皮肤可有粗糙和龟裂，有的可见有小结节。皮肤可变成灰白色，患部不痒。有的可长时间保持原型；后者主要表现为，在感染蠕形螨后，首先多在股内侧下腹部见有红色小丘疹，几天后变为小的脓肿，重者可见有腹下股内侧大面积红白相间的小突起，并散有特有的臭味。病犬可表现不安，并有痒感。大量蠕形螨寄生时，可导致全身皮肤感染，被毛脱落，脓疱破溃后形成溃疡，并可继发细菌感染，出现全身症状，重者可导致死亡。

【治疗】本病特效疗法是皮下注射伊维菌素；对于脓疱严重的可将脓疱切开，用 3％过氧化氢液清洗后涂擦 2％碘酊；全身性感染的病例可结合抗菌素疗法。

中药治疗可用生石灰 16g、硫黄 240g，加水 3 600ml 煎煮而成，每隔 2～5 天用药 1 次。也可用狼毒 500g、硫黄 150g、白胡椒 150g 研为细末，豆油 500g 烧开，晾凉后加上述药末 50g，调匀。每次适量涂于患处，以杀虫止痒。

【预防】同犬疥螨虫。

二十四、虱病

虱病主要是由血虱科犬长腭虱、毛虱科的犬毛虱和猫毛虱引起的一种皮肤寄生虫病。血虱以吸食血液为主，每天吸血 2～3 次，每次持续 5～30min；毛虱以啮食毛、皮屑为生。

【主证】当有大量的虱寄生时，由于剧痒，影响食欲和正常休息，常表现消瘦、被毛脱落、皮屑脱落等。时间稍长，病畜则表现精神不振，体质衰退，有时皮肤上出现小结节、小出血点，甚至坏死灶，严重时引起化脓性皮炎。

【治疗】感染虱病的犬、猫可用埃弗霉素皮下注射；或 0.5％西维因、0.1％林丹，涂擦患部。对幼小动物可用 百部煎汤，外涂被毛。或用桃树叶捣烂，外擦毛皮，少时洗去。

【预防】搞好圈舍和犬、猫体表卫生，定期消毒杀虫。给犬、猫佩带防虱项圈。

二十五、蚤病

蚤感染是由蚤螯刺吸血及其排泄物刺激引起的一种皮肤病。感染犬、猫的蚤常有犬蚤、猫蚤和鸡冠蚤等。

【主证】蚤通过经常叮咬和分泌毒性及变态性产物的唾液刺激，引起动物剧烈瘙痒，表现不安、啃咬或搔抓，以减轻刺激。一般在耳郭下、肩胛、臀部或腿部附近产生一种急性散在性皮炎斑；在后背部或阴部产生慢性非特异性皮炎。

【治疗】对已发现有蚤感染的动物，可用伊维菌素皮下注射或用溴氢菊酯药浴。对出现过敏性皮炎的可给予扑尔敏和抗生素，同时局部涂擦抗生素软膏。对幼小动物可用贯众、皂角、槟榔、青果、雄黄、硫黄、黄荆子、寒水石、水煎浓汁,外洗。

【预防】对圈舍和地面,用0.5%马拉硫磷溶液喷洒;垫草要经常置于阳光下曝晒,一旦发现蚤要将垫草焚毁;佩带防蚤项圈也有一定效果。

二十六、蜱病

蜱又称草爬子、狗豆子、壁虱、扁虱,是犬、猫的一种重要的体外寄生虫。血蜱叮咬吸血时分泌的神经毒素,常使犬、猫等被感染动物神经传导机能发生障碍。

【主证】犬、猫有少数蜱寄生时,往往不表现临床症状,当大量寄生时,则表现出不安、步态不稳或跛行,逐渐呈上行性麻痹。翻开被毛检查时,可见许多充血和出血斑,这主要是蜱吸饱血自然脱落后留下的皮肤损伤。有时还可以发现许多还没有吸食饱的蜱叮在皮肤上。头节叮在皮内,由于吸血程度的不同,呈现大小不等的小"肉瘤"状。许多畜主误以为是犬、猫长了肉瘤,只要仔细检查,便会发现在其腹面有多对小足,并不时地划动。有的犬由于大量蜱吸食,出现进行性衰竭死亡。不死犬、猫可获得免疫。

【治疗】用手直接摘除或用燃烧的烟头烫之,便会自行脱落;对发病较严重的动物可用维生素 B_1 100mg 与维生素 B_{12} 200μg 同时肌注,每天2次。也可用康复动物的血清每千克体重 0.5ml,静脉注射。对幼小动物可用百部煎汤,外涂被毛。

【预防】杀灭环境中的蜱;用百部煎液或溴氢菊酯对犬、猫进行预防性药浴。

二十七、胰腺炎

胰腺炎分为急性胰腺炎和慢性胰腺炎。急性胰腺炎是由于胰腺酶消化胰腺自身所引起的急性炎症,临床上以突发前腹部剧痛、腹膜炎、休克为特征。慢性胰腺炎是指胰腺的反复发作性或持续性炎症变化,胰腺呈广泛性纤维化、局灶性坏死、胰泡和胰岛组织的萎缩和消失、假囊肿形成和钙化。临床上以呕吐、腹痛、黄疸、脂肪泻、糖尿病为特征。仅偶见于家猫。

犬发病率比猫高,雌犬多于雄犬。尽管各种年龄的犬都可患病,但以幼犬和中年肥胖雌犬更为常见。

【主证】急性胰腺炎多表现严重呕吐和腹痛,病犬采取以肘及胸骨支地而后躯高起的"祈祷姿势",有的则找阴凉地方,腹部紧贴地面躺卧。精神沉郁、厌食、发热、黄疸。腹部膨胀,紧张有压痛。腹泻乃至血性腹泻。部分病例呈现烦渴,饮水后立即呕吐,呼吸急促,心动过速,脱水。严重病例出现昏迷或休克；急性出血型胰腺炎的临床症状与急性水肿型胰腺炎相似，但症状更严重。腹痛是经常出现的症状，比较弥漫而不局限于局部。腹胀、腹泻和呕吐都较急性水肿型胰腺炎严重，粪便常带血。急性出血型胰腺炎的病犬常常发生休克。

慢性胰腺炎的特征是反复发作持续性呕吐和腹痛。常见症状是排粪次数增多，粪便发油光，呈橙黄色或黏土色，有酸臭味，含有未完全消化的食物。由于吸收不良或并发糖尿病使动物表现贪食。因粪中含脂肪较多，使尾毛和会阴部污染呈油污样。触诊胰腺或周围脂肪（猫）不规则。生长停滞，明显消瘦。

【治疗】急性胰腺炎，首先要禁食（包括水和药物）避免刺激胰腺分泌。同时要补液维持水和电解质平衡；肌注阿托品或口服异丙酰胺用于阻抑胰腺分泌；广谱抗生素或多种抗生素联合应用以抗菌消炎；肌注吗啡或杜冷丁或镇痛新等以镇痛。中药可用清胰汤（柴胡 15g、黄芩 9g、胡黄连 9g、杭白芍 15g、木香 9g、延胡索 9g、生大黄 15g、芒硝 9g），或大柴胡汤（柴胡 15g、黄芩 9g、芍药 9g、半夏 9g、生姜 15g、枳实 9g、大枣 4 枚、大黄 6g）煎汤口服。

慢性胰腺炎，应用高蛋白、高碳水化合物和低脂肪食物，少食多餐，每日至少饲喂 3 次；将胰蛋白酶或胰粉制剂混于食物中进行代替疗法，同时补充维生素 K、A、D、B_{12}、叶酸及钙制剂。中西医结合治疗，抗生素可注入大椎和三焦俞；抑制胰腺分泌和止痛的药物可注入胃俞和脾俞；直肠滴注吐泻止血灵；呕吐、腹泻停止后防止复发，可配合应用柴胡、大黄、赤芍、黄芪、黄芩、木香、延胡索、山楂等药，水煎服；病情好转时用生脉饮调养。

二十八、肛门囊炎

肛门囊炎是指肛门囊内的腺体分泌物积聚于囊内，刺激黏膜而发生的炎症。多发于小型犬，猫和大型犬很少发生。

【主证】肛门部瘙痒，时常有擦肛或舔咬肛门动作。排便时痛苦，粪便常带有黏液或脓汁。肛门囊分泌物稀薄，有时呈脓性或带血。如肛门腺管长期阻塞，细菌繁殖更盛，可形成脓肿，可见囊体突出于周围皮肤。有时脓肿可自行破溃、自愈、再破溃，反复发生，炎症沿肌肉和筋膜扩散，并发蜂窝织炎，最终可形成肉芽肿和瘘管，有时因窦道不规则，可产生多个皮肤开口。

【治疗】对未破溃的肛门囊炎，可先用拇指和食指按压，在两侧肛门囊外侧方，中指抵住肛门底部，同时用力挤出肛门囊内分泌物和脓汁；然后用奴佛卡因青霉素混合液注入后海穴，再在囊外涂以浓碘酊，或用如意金黄散（姜黄 20g、大黄 20g、黄柏 20g、苍术 8g、厚朴 8g、陈皮 8g、甘草 8g、生天南星 8g、白芷

20g、天花粉 40g）醋蜜调敷肛周。此法连用 2～3 次。对于已经发生瘘管的难以治疗的慢性病例，应采用手术摘除肛门囊腺的方法。

【预防】勿长期饲喂高脂食物，以免粪便过度稀软；注意保持肛门四周的清洁、卫生。

二十九、尿结石

尿结石是由尿中的无机盐类析出形成结石，引起尿路黏膜发炎、出血和尿路阻塞的疾病。临床上以排尿障碍、肾性腹痛和血尿为特征。根据尿结石形成和阻塞部位不同，可分为肾盂结石、输尿管结石、膀胱结石和尿道结石。

该病多发生于老龄犬、猫。公犬、猫以尿道结石多见，母犬、猫以膀胱结石多见。

【主证】当尿结石的体积细小而数量较少时，一般不显任何症状。当结石体积较大或阻塞尿路时，则出现明显的临床症状。

1. 肾结石　结石位于肾盂。多呈现肾炎、肾盂肾炎症状，并有血尿、脓尿及肾区敏感现象。常拱背缩腹，运步强拘，大声悲叫，同时常做排尿姿势。触摸肾区发现肾肿大并有疼痛感。

2. 输尿管结石　临床不常见，呈现剧烈持续性腹痛，输尿管部分阻塞时，可见尿频尿痛、血尿、蛋白尿，若两侧输尿管阻塞，出现尿闭现象，腹部触诊发现膀胱空虚。

3. 膀胱结石　临床最常见，结石位于膀胱腔时一般无明显症状。当结石位于膀胱颈部时，可出现明显的疼痛和排尿障碍，腹壁触诊可摸到膀胱内结石。

4. 尿道结石　多发生于阴茎骨的后端。当尿道不完全阻塞时，动物排尿疼痛且排尿时间延长，尿液呈断续或点滴状流出，多排出血尿。当尿道完全阻塞时，则出现尿闭或肾性腹痛现象。拱背缩腹，屡做排尿姿势而无尿液排出。尿道探诊时，可触及结石部位，尿道外部触诊有疼痛感。腹壁触诊膀胱时，感到膀胱膨满，体积增大，按压也不能使尿液排出。当长期尿闭时，可引起尿毒症或发生膀胱破裂。

【治疗】首先应改善饲养，减少富含钙质的食物；大量饮水，以便形成大量稀释尿，借以冲淡尿液晶体浓度，减少析出并防止沉淀，起"冲洗"作用；对于肾结石和输尿管结石，为了促进尿结石的排出，对犬可使用中药八正散（车前子、瞿麦、扁蓄、滑石、山栀子仁、炙甘草、木通、煨大黄各等份）、泌尿排石汤（金钱草 10g、海金沙 5g、萹蓄 4g、瞿麦 4g、滑石 10g、车前子 4g、木通 2g、牛膝 3g、王不留行 3g、川楝子 3g、冬葵子 5g、生鸡内金 4g、甘草 2g），或导赤散（生地黄 6g、木通 6g、生甘草梢 6g、竹叶 6g）煎汤口服；有条件的，可用激光、超声波碎石，然后排除结石。对体积较大的膀胱结石和尿道结石，已阻塞尿路时，要施行膀胱或尿道切开取石术。

【预防】平时要保证犬、猫充足的饮水，以防尿液浓缩，导致盐类浓度过高而促进尿石形成；合理饮食，勿过量饲喂高蛋白、高镁饲料及矿物质含量过高的饮水，以防尿中盐类浓度增高；适当补充维生素 A，以防肾及尿路上皮不全角化及脱落，使尿结石的核心物增多；当发生肾及尿路感染时，要及时彻底治疗，以防尿中细菌和炎性产物积聚，可成为盐类晶体沉淀的核心；在投喂磺胺类药物时，要配合给予碳酸氢钠，以防止磺胺结晶的形成。

三十、脑炎

脑炎是指由于感染或中毒性因素的侵害，引起脑膜和脑实质的炎症，广义的脑炎包括各种脑部感染和脑病。

化脓性脑炎多数是由化脓性细菌所致，头部的外伤、临近部位化脓灶波及全身性脓毒血症经血液转移等。也可因某些寄生虫的幼虫移行过程进入脑组织，引起寄生虫性脑炎；非化脓性脑炎多见于传染病继发，如犬瘟热、狂犬病。细菌性疾病也可引起脑炎的发生。

【主证】根据炎症在脑部的部位不同，临床症状有所差异。当炎性症灶远离大脑皮层并且范围较小时，所显示出的临床症状轻微，以意识性障碍为主。病犬可表现兴奋不安或高度沉郁，甚至不识主人，有的不断狂吠，无目的地奔跑，冲撞障碍物，有的病犬出现转圈后退，局部或全身痉挛性抽搐。沉郁型的动物头部下垂，眼睛半闭，头顶障碍物不动，对外界反应迟钝、姿势不正、全身肌肉松软无力，有的病犬倒地嗜睡。当炎症向脑深部发展或脑深部有炎性病灶时，可引起全身性麻痹或不全麻痹、四肢运动失调，眼睑下垂、瞳孔散大、视神经、咬肌、咽肌、喉和舌麻痹。卧地不动，对外反应完全丧失。患有脑炎的病大多数体温升高，后期食欲废绝。

【治疗】细菌性或继发感染者可用容易通过血脑屏障药物，如磺胺嘧啶钠、氨苄青霉素等。必要时可使用镇静剂，如苯巴比妥、氯丙嗪。减轻脑水肿和消炎可用 20％甘露醇静脉注射。将病犬放于清洁通风好的犬舍，保持安静，给予营养丰富的食物。

中医治疗应辩证论治。当患病犬、猫以沉郁为主证时，治宜清热化痰，安神开窍。可用天竺黄 10g、川黄连 6g、郁金 8g、栀子 8g、生地 10g、朱砂 4g、茯神 8g、远志 8g、半夏 8g、石菖蒲 10g、枳实 8g、香附 10g、甘草 8g，煎汤灌服；当患病犬、猫以狂暴为主证时，治宜开郁涤痰，泻火安神。可用大黄 8g、芒硝 8g、枳实 8g、青礞石 10g、朱砂 4g、茯神 10g、远志 10g、郁金 10g、白芍 10g、胆南星 8g、石菖蒲 10g、橘红 10g、黄连 10g、栀子 8g、甘草 4g，煎汤灌服。

【预防】加强饲养管理，防止中毒和化脓菌及寄生虫感染；做好免疫接种，预防犬瘟热、狂犬病等能继发脑炎的各种传染病。

三十一、癫痫

癫痫是脑神经机能的突发性一过性障碍。表现为骤然发生，突然停止，以短时间的阵发性意识障碍（晕厥）和反复出现间歇性、强直性痉挛为主要症候群。癫痫分为原发性和继发性两种。犬的发病率比猫高。

原发性癫痫一般认为是由于中枢神经系统代谢性机能异常，导致的家庭性疾病，并具有遗传性；继发性症候型癫痫，常由于缺氧、低血糖症、肝功能降低、电解质失调、维生素缺乏、循环障碍等引起。也可由于脑内器质性病变导致，如脑创伤、肿瘤、炎症、犬瘟热、脑部寄生虫及血管性脑病。外周神经损伤或极度刺激，可引起继发性癫痫。

【主证】

原发性癫痫：分先兆期、前驱症状期、发作期和发作后期四个阶段。在先兆期，动物表现不安、焦虑、表情茫然或其他不一定引起主人注意的行为改变；前驱症状期，动物变得安静和知觉丧失。发作期，所有肌群紧张性突然增高，或稍后动物倒地，随之所有肌群伴发有节奏的或阵发性痉挛。阵发性痉挛发作时，大小便失禁、流涎、瞳孔散大，持续几秒到几分钟。发作后期，动物知觉恢复，但有些神经机能还不能完全恢复，如视觉障碍、共济失调、意识模糊、抑制、疲劳等，此期可持续数秒到数天。

继发性癫痫：痉挛和肌紧张与原发性癫痫类似，局部神经障碍（一侧瞳孔对光无反应，轻度偏瘫），表明颅内疾病。颅外疾病可导致癫痫发作，一般不引起局部神经障碍。低血钙及维生素缺乏所致癫痫，数分钟内重复间歇性痉挛。脑缺血及低血糖性痉挛以意识障碍为主。癫痫发作是大脑机能障碍的外部表现，而大脑机能障碍常表现为对侧眼睛的视觉缺失，对侧面部的感觉迟钝，或向患侧做圆圈运动。如果引起癫痫发作的大脑机能障碍扩散到整个中枢神经系统时，还可表现大脑之外的中枢神经系统其他部分失调的临床症状。

癫痫发作的时间间隔有长有短，有的一天发作数次，有的间隔数日、数月，甚至 1 年以上。在发作间隔期，其表现与健康动物几乎完全一样。

【治疗】癫痫发作时，应设法使动物安静，避免外界刺激，最好蒙上眼睛抱在怀里，以防意外事故发生。西药可用扑癫酮、苯妥英钠或安定等抑制痉挛发作。

中兽医认为癫痫为风痰壅阻所致。治宜豁痰开窍，祛风定痫。可用胆南星散加减进行治疗。即胆南星 4g、天麻 5g、川贝母 8g、姜半夏 3g、陈皮 18g、茯神 10g、丹参 5g、麦门冬 8g、远志 6g、全蝎 5g、僵蚕 5g、白附子 5g、朱砂 3g（另研，放药内先灌）研末灌服。同时配合针灸治疗，可以水沟、天门为主穴，以大椎、翳风、心俞、百会、内关等为配穴施以白针疗法；也可将维生素 B_1 和维生素 B_{12} 注入百会、大椎、心俞、身柱施以水针疗法。

【预防】防止各种不良因素的刺激和影响。

三十二、瘫痪

瘫痪又称麻痹，是指随意运动功能减弱或丧失。支配随意运动的神经通路，即上、下运动神经元及其所支配的肌肉一旦病损即可造成瘫痪。

临床上引起瘫痪的原因比较复杂，主要有脑或脊髓疾病（如脑膜脑炎、脑出血、脑水肿、脑肿瘤、脊髓炎、脊髓挫伤等）、传染与侵袭性疾病（如伪狂犬病、弓形虫病、犬瘟热、中毒、蜱致麻痹等）、代谢性疾病（如低钾血症、维生素 B_1 缺乏症等）及其他（如肉毒梭菌毒素中毒、椎间盘突出、重症肌无力等）。

【主证】临床上瘫痪可分为偏瘫、截瘫、单瘫和四肢瘫等不同情况。偏瘫，即同侧前、后肢瘫痪；截瘫，即两后肢瘫痪；单瘫，即某一肢体的瘫痪；四肢瘫，即四个肢体的瘫痪。除了相应肢体随意运动功能减弱或丧失外，往往还具有与其病因相应的临床表现。

【治疗】要及时做出准确诊断，去除病因，尽可能恢复肌力，促进功能恢复。外伤、脓肿及肿瘤原因引起的要及时进行手术治疗；传染性或代谢性疾病引起的要积极治疗原发病。同时也应进行对症治疗，注意强心、补液、调节神经功能。

中兽医针灸治疗有一定效果。前肢瘫痪时选身柱、抢风、肩井、前三里、前六缝等穴位，后肢麻痹时选百会、后三里、环跳、阳陵、后六缝等穴位进行针灸；也可选择适当的中药（如当归注射液、刺五加注射液）或西药注射液（如维生素 B_1、维生素 B_{12}）注入上述穴位；用红花油沿神经走向涂抹后，采用按摩疗法。

【预防】加强饲养管理，积极预防脑或脊髓疾病，以及能导致瘫痪的传染与侵袭性疾病和代谢性疾病的发生。

三十三、风湿症

风湿症是由于风、寒、湿等致病因素侵袭肌表、经络致气血凝滞，闭阻不畅的一种疾病。多发生于四肢肌肉和关节，临床上以肢体、肌肉、关节等处疼痛、麻木、重着、屈伸不利，或关节肿胀为特征。缺钙的犬、猫更易发。

【主证】

(1) 肌肉风湿 常发生于活动性较大的肌群,如肩臂肌群、背腰肌群、臀肌群、股后肌群及颈肌群等。因患病肌肉疼痛,常喜卧不愿走动,运动时小步行走,步态强拘不灵活,运动不协调,常发生1～2肢的轻度跛行。疼痛常有游走性。触诊患病肌群表面常凹凸不平、有硬感和肿胀。同时伴有精神沉郁、食欲减退,体温一般升高等全身症状。

急性的病程较短,一般经数日或1～2周即好转或痊愈,但易复发。慢性肌肉风湿常由急性转化而来,病程较长,可达数周至数月之久。这时患部肌肉热痛表现和全身症状不明显或缺乏,但患部肌肉弹性降低,严重者肌肉僵硬、萎缩,其中常有结节性硬结。病犬运步强拘,容易疲劳。

(2) 关节风湿 常发生于活动性较大的关节,如肩关节、肘关节、髋关节和膝关节等,且常为对称关节同时发病,有游走性。急性关节风湿病,患病关节外形粗大,关节囊及关节周围组织水肿,触诊温热、疼痛,行走时出现跛行。这时病犬也常出现全身症状,表现同前。转为慢性经过时则呈现关节滑膜及周围组织增生、肥厚、关节肿大、轮廓不清,活动范围变小、不灵活,被动活动时可听到噼啪音。

【治疗】改善饲养管理,消除各种相关因素,同时使用解热、镇痛及抗风湿药(水杨酸钠、保泰松、复方安基比林、安痛定、安乃近等)。也可使用皮质激素类药物。

中药以马钱子汤(马钱子2g、生乌头3g、威灵仙7g、黄芪7g、参三七3g、补骨脂7g、生甘草10g、鸡血藤7g)为基础方。若风邪重时,再加秦艽、防风、乌蛇、羌活、独活、木瓜、白芍、红花各7g;若寒邪重时,需再加麻黄、干姜、肉桂、薏苡仁、当归、防风、桂枝、威灵仙、知母各7g;若湿邪重时,需再加防风、羌活、独活、汉防己、苍术、络石藤、南五加皮、伸筋草、牛膝(前肢风湿)或桂枝(后肢风湿)各7g,煎汤灌服。

白针或电针疗法,颈部风湿,选大椎、陶道、灵台、身柱等穴;腰背部风湿,选中枢、悬枢、命门、百会、肾俞、二眼、尾根、后海等穴;前肢风湿,选肩井、肩外俞、抢风、肘俞、郄上、前三里、内关、外关、指间等穴;后肢风湿选百会、环跳、膝上、膝下、后三里、解溪、后跟、趾间等穴。也可对发病部位进行醋麸灸或醋酒灸疗法。

【预防】平时要加强管理,注意保温,犬、猫舍要保持干燥和有足够的阳光,勤换垫料,加强到户外锻炼,及时消除各种诱因。

三十四、椎间盘突出

椎间盘突出是指椎间盘变性、纤维环破坏、髓核向背侧突出压迫脊髓而引起运动障碍为主要特征的脊椎疾病。临床上以疼痛、共济失调、麻木、运动障碍或感觉运动麻痹为特征。常发生于胸、腰和颈椎，其发病率前者占 85%，后者占 15%。体型小、年龄大的软骨营养障碍类犬多发。

【主证】常常因椎间盘突出的部位不同而异。

颈部椎间盘突出，疼痛是其主要症状，呈持续或间歇性发生。初期病犬颈部、前肢过度敏感，颈部肌肉疼痛性痉挛，鼻尖抵地，腰背弓起，头颈伸展、抬起困难；触诊颈部可引起剧痛或肌肉极度紧张。重者，颈部和前肢麻木，共济失调或四肢截瘫。但多数病例即使椎间盘突出量多，也仅以疼痛为主。第 2～3 和第 3～4 椎间盘发病率最高。

胸腹部椎间盘突出，初期严重疼痛、呻吟、不愿挪步或行动困难。有的病例剧烈疼痛后突然发生两后肢运动障碍（麻木或麻痹）和感觉消失，但两前肢往往正常。病犬尿失禁，肛门反射迟钝。上运动原病变时，膀胱充满，张力大，难挤压；下运动原损伤时，膀胱松弛，容易挤压。

【治疗】以针灸为主，配合药物局部封闭。

1. 白针疗法 胸腰部发病，在临近病变部位的背中线及其两侧的髂肋肌沟中取穴，如身柱、灵台、中枢、悬枢、命门、肺俞、脾俞、三焦俞、肾俞、大肠俞、关元俞、二眼等，配合百会、尾根、后三里、阳陵、后跟、指间、趾间等穴。颈椎发病，取天门、身柱、陶道等穴。病情严重者，每次选 4～6 个穴位。

2. 水针疗法 前 3 天为第一个疗程，应用地塞米松以及氨苄青霉素和磺胺嘧啶穴位注射，前驱针天门、身柱、风池、伏兔、膊尖、膊栏、肩井、抢风、涌泉或前六缝；后驱针百会、二眼、环跳、阳陵、后三里、滴水或后六缝。1 次/天，每次用 4～6 穴，连用 3 天；以后每隔 3 天 1 次，穴位同前，药液改为维生素 B₁ 和当归注射液，连续针 3 次为第二个疗程；以后每隔 1 周针灸 1 次，药液为维生素 D₁ 和当归注射液为第三个疗程；穴位注射的同时配合应用理通喷洒穴位进行按摩。病轻的，一般经过 1～2 个疗程可见效，在进行第三个疗程治疗时，还可配合电针或激光针治疗。

对疼痛、肌肉痉挛、疼痛性麻木及共济失调者，常采取强制休息、限制活动等方法。对有疼痛，药物治疗 1～2 周无效，复发时症状加剧，非感觉麻痹性截瘫及感觉运动麻痹不超过 24h 者，可采取手术疗法。

【预防】加强营养，防止长期缺钙和激素紊乱；加强管理，避免椎体外伤；选育非软骨营养障碍类犬。

三十五、子宫脱

子宫角前端翻入子宫颈或阴道时称为子宫内翻。子宫内翻进一步发展，造成部分或全部子宫脱出于阴门之外即为子宫脱出。引起子宫脱出的原因有孕期运动不足、过肥或胎水过多，胎儿过多，子宫肌过度伸张和松弛，助产时粗暴牵拉胎儿，产后努责仍很强烈等。

【主证】临床可见患犬表现不安、忧郁（卧于暗处），阴门中脱出不规则、红色的长圆形物，黏膜水肿、增厚，表面干裂，从裂口中渗出血液或渗出物。腹部紧张、疼痛。如继发感染则体温升高，食欲减退，不适，呕吐等。

【治疗】首先将患畜全身麻醉，用刺激性小的消毒液冲洗子宫，除去异物和淤血。再以2％热明矾液或1％硼酸液洗净脱出的子宫，并在黏膜上涂布抗生素软膏，然后进行手术整复。

中兽医认为子宫脱多因畜体虚弱，中气下陷，或肾气不足，冲任不固引起。故在实施手术整复后还应配合中药以固其本。如果患犬除子宫垂脱外，还表现体虚无力，食欲不振，精神倦怠，小便频数，或便秘等证，则多为气虚所致，治宜补中益气，升提收摄。可用党参15g、黄芪15g、白术10g、炙甘草5g、当归10g、升麻8g、柴胡8g、陈皮8g、枳壳10g，煎汤口服；若表现为子宫垂脱，四肢不温，腰膝无力，小便不利或失禁等证，则多为肾虚所致，治宜补肾养血，温阳益气。可用党参10g、山药8g、熟地10g、山茱萸10g、当归10g、杜仲8g、枸杞10g、炙甘草5g、菟丝子10g、升麻10g，煎汤口服。

【预防】对怀孕犬猫要加强饲养管理，怀孕期间要加强营养，适当给以补气和补肾的药物，以防中气下陷，或肾气不足；助产时操作要正确。

三十六、泌乳惊厥

产后抽搐症又称"产后子痫"、"产后癫痫"或"泌乳期惊厥"。本病是以低钙血症和运动神经异常兴奋而引起肌肉强直性收缩为特征的严重代谢疾病。

虽然本病在产前、分娩过程中或产后6周之内均可发生，但以产后2～4周期间发生最多。本病多见于产仔数多、泌乳量高的小型母犬。产后血钙浓度急剧降低是本病发生的直接原因，饲喂含钙量低、营养不平衡的食物是发生的诱因。

【主证】病初母犬运步蹒跚，流涎，呻吟；随后全身肌肉震颤，颈和腿伸直，全身僵直；卧地不起，呼吸急促，脉搏加快，体温升高（40℃以上），可视黏膜充血，眼球向上翻动，口角常附有白色泡沫，如不及时治疗，可于1～2天后窒息死亡。

【治疗】用10％葡萄糖酸钙缓慢静脉滴注，效果不佳或持续痉挛的动物，可同时给予戊巴比妥钠。

中兽医学认为该病多因产前虚弱，气血不足，血虚生风所致，治宜养血熄风。可用血竭15g、葫芦巴50g、当归30g、没药24g、白术24g、木通18g、川棟子 15g、巴戟天 24g、牵牛子 18g、补骨脂 30g、茴香 24g、藁本 24g、秦艽 30g、木瓜 30g、明天麻 24g、甜瓜子（捣碎去油）45g，煎汤口服；也可用四物汤（当归 10g、川芎 8g、白芍 12g、熟地 12g）加生化汤进行治疗。

【预防】在怀孕后期，哺乳期增加日粮中钙的含量，供给含有适量钙、维生素 D、矿物质和能量平衡的日粮，适量增加户外运动及多晒太阳，可有效地预防本病的发生。治愈的病犬在下次分娩前后更应注意预防。

第五节 鱼类常见病的防治

一、传染性造血器官坏死病

1. 病因症状 传染性造血器官坏死病该病是一种急性流行病。主要感染各年龄段的鲑鳟鱼，鱼苗的死亡率高达 100%，病原是弹状病毒，在水温 8~15℃流行，患病鱼首先是出现昏睡、活动异常（狂暴乱窜、打转等）等明显的症状；其次是身体发黑、眼球突出、腹部膨胀，有些皮肤和鳍条基部充血，肛门处拖着不透明或棕褐色的假管型黏液是较为典型的特征，解剖时最典型病变是脾、肾组织坏死、偶见肝胰坏死。

2. 方剂

（1）板蓝根大黄散（水产用） 板蓝根 125g、大黄 125g、穿心莲 50g、黄连 50g、黄柏 50g、甘草 50g。清热解毒，按鱼体重计算，每千克鱼每天使用板蓝根大黄散 1~1.5g，连用 5~7 天为一个疗程。

（2）三黄散（水产用） 黄芩 30g、黄柏 30g、大黄 30g、大青叶 10g。清热解毒。按比例混合后粉碎，按每千克鱼每天 0.25g/kg 拌入饲料，连用 5~7 天为一疗程

（3）银翘板蓝根散（水产用） 板蓝根 260g、金银花 160g、黄芪 120g、连翘 120g、黄柏 100g、甘草 80g、黄芩 60g、茵陈 60g、当归 40g。本方药清热解毒、消肿化淤，按鱼体重计算，每千克鱼每天使用银翘板蓝根散 0.16~0.24g，连用 5~7 天为一疗程。

二、鲤春病毒血症

1. 病因症状 鲤春病毒血症是一种以出血为主要临床症状的急性传染病，病原为弹状病毒（SVCV），可在鲤鱼、草鱼、鲢、鳙、欧鲇、丁桂鱼中流行，鲤鱼最敏感，任何年龄段均可患病，该病只发生于春季水温低于 15℃时，其他季节条件相同也不发病。病鱼表现为无目的漂游，鱼体发黑，腹部膨大。皮肤和

鳃渗血。解剖后可见严重的血性腹水，也叫传染性腹水病；肠、心、肾、鳔，有时连同肌肉也出现不同程度的出血，内脏肿大。

2. 方药

（1）根莲解毒散（水产用） 板蓝根 160g、黄芪 70g、穿心莲 160g、甘草 80g、鱼腥草 160g、陈皮 60g、大青叶 120g、山楂 60g、蒲公英 80g。清热解毒扶正健脾、理气化食。每吨饲料加本品 5～10kg。

（2）板蓝根大黄散、三黄散、银翘板蓝根散也可治疗，方药同传染性造血器官坏死病。

预防：

（1）芪参免疫散（水产用） 黄芪 300g、人参 200g、甘草 200g，淀粉加至 1 000g。补气益血，提高免疫力。拌饵：每千克鱼每天使用 1～2g。

（2）芪藻散（水产用） 黄芪 200g、甘草 200g、蒲公英 100g、黄芩 50g、穿心莲 100g、酵母 150g、沸石 150g、螺旋藻 50g。天然免疫刺激剂，每吨饲料添加本品 20～30kg。

三、草鱼出血病

1. 病因症状 草鱼出血病病原为水生呼肠孤病毒，主要感染当年草鱼、青鱼和罗汉鱼，死亡率高达 80% 以上，2 龄以上的鱼较少生病，症状也较轻。在水温高于 20℃ 时流行，25～28℃ 为流行高峰。疾病前期出现离群独游，厌食绝食和鱼体头部发黑等症状，随着病情发展，根据病鱼的临床表现可以分为体表、鳃盖、鳍条出血的红鳍红鳃盖型，以及肌肉点状或块状出血为主的红肌肉型和以肠道出血表现为主的肠炎型出血病三种类型，少见两种或两种以上症状同时出现；近年还有临床表现只是出现烂鳃症状的隐性病毒性草鱼出血病。

2. 方药

（1）大黄芩蓝散（水产用） 大黄 10g、大青叶 30g、地榆 20g、板蓝根 20g、黄芩 20g。清热解毒止血。每天使用本品 0.25～0.5g/kg 鱼。连用 5～7 天。

（2）黄柏 80%，黄芩、大黄各 10%，每 100kg 鱼每天使用本品 1kg，混饲。

（3）芪藻散（水产用） 黄芪 200g、甘草 200g、蒲公英 100g、黄芩 50g、穿心莲 100g、酵母 150g、沸石 150g、螺旋藻 50g。天然免疫刺激剂，每吨饲料使用本品 20～30kg。

（4）板蓝根大黄散、三黄散、银翘板蓝根散同传染性造血器官坏死病。

四、斑点叉尾鲴病毒病

1. 病因症状 斑点叉尾鲴病毒病是一种急性致死性传染病，主要感染 8 月龄以前的鱼苗，刚孵化出死亡率100%，8月龄以后很少发病。病原为回疱疹病毒。病鱼表现为嗜睡、打转或水中垂直悬挂，然后沉入水下死亡。病鱼眼球突出，表皮发黑、鳃发白，鳍条和肌肉出血，腹部膨大。解剖后可见黄色渗出物，肝、脾、肾出血或肿大。胃内无食物，最显著的组织病理变化是肾管和肾管组之间的广泛性坏死。

2. 方药

(1) 板蓝根大黄散（水产用）、三黄散（水产用）、银翘板蓝根散（水产用）同传染性造血器官坏死病。

(2) 根莲解毒散（水产用）同鲤春病毒病。

(3) 大黄芩蓝散（水产用）同草鱼出血病。

(4) 黄柏80%，黄芩、大黄各10%，每100kg鱼每天使用1kg，混饲，连用5天。

预防：芪参免疫散（水产用）、芪藻散（水产用）同鲤春病毒病。

五、淋巴囊肿病

1. 病因症状　淋巴囊肿病由彩虹病毒引起，有100多种海水鱼、淡水鱼会患病，病鱼主要表现出身体表面出现多个大小不等的囊肿。肉眼可见囊肿内有许多小颗粒。取出囊肿颗粒做组织切片观察，可见大量的巨大细胞，大小不一，直径最大的可达500μm，体积是正常细胞的数万倍，具有很厚的细胞膜。

2. 方药

(1) 加减消黄散（水产用）　知母30g、浙贝母25g、黄芩45g、甘草20g、黄药子30g、白药子30g、大黄45g、郁金45g，清热泻火，消肿解毒。拌饵：每天每千克鱼使用本品0.2g，连用5天。

(2) 板蓝根大黄散（水产用）　板蓝根125g、大黄125g、穿心莲50g、黄连50g、黄柏50g、甘草50g，清热解毒。每天每千克鱼使用1~1.5g，连用5天。

(3) 青连白贯散（水产用）　大青叶150g、白头翁100g、绵马贯众50g、大黄60g、黄连40g、连翘60g、大蓟40g。每天每千克鱼使用本品0.8g，连用5天。

六、对虾白斑病

1. 病因与症状　对虾白斑病病原为杆状病毒，世界范围内流行，可以感染多种对虾，在我国主要感染南美白对虾、中国对虾、日本对虾和斑节对虾等海水及淡水养殖虾类，危害严重。该病发病急，死亡率高。病虾先停止摄食，临死前在池塘边游动。病虾在表皮处、尤其是头胸甲内侧出现白色颗粒或白斑，显微镜下呈现花瓣状，近年来患 WSV 的对虾是体色发红，白斑反而不多见了，所以不能单纯根据是否出现白斑来诊断。

2. 方药

（1）芪藻散（水产用）　黄芪 200g、甘草 200g、蒲公英 100g、黄芩 50g、穿心莲 100g、酵母 150g、沸石 150g、螺旋藻 50g。天然免疫刺激剂，每吨饲料虾饲料添加本品 30kg，连用 3～5 天。

（2）虎黄溶液（水产用）　虎杖 375g、贯众 250g、黄芩 225g、青黛 150g。用乙醇提取有效成分。以干药计，每千克饲料添加 5～10g，连用 5～7 天。外泼：每 667m³ 使用本品 300～350g（以干药计）。

（3）六味黄龙散（水产用）　龙胆草 30g、黄柏 30g、陈皮 25g、厚朴 20g、大黄 20g、碳酸氢钠 50g。清热燥湿，健脾理气，每千克虾每天使用本品 0.2g，重症加倍，连用 5～7 天。

（4）根莲解毒散（水产用）　板蓝根 160g、黄芪 70g、穿心莲 160g、甘草 80g、鱼腥草 160g、陈皮 60g、大青叶 120g、山楂 60g、蒲公英 80g。清热解毒，扶正健脾，理气化食，每吨饲料加本品 10～20kg，连用 5～7 天。

（5）银翘板蓝根散（水产用）　板蓝根 260g、金银花 160g、黄芪 120g、连翘 120g、黄柏 100g、甘草 80g、黄芩 60g、茵陈 60g、当归 40g。每天每千克虾使用本品 1～2g，连用 5～7 天。

七、对虾 TAURA 病毒病

1. 病因症状　Taura 综合征又叫托拉综合征，红体病，是由小 RNA 病毒引起的对虾传染病，主要感染南美白对虾易发病、红额角对虾、白对虾和南方白对虾。14～40 日龄的仔虾。该病有三个症状明显的不同阶段：①急性期病虾全身暗淡的红色，而尾扇和游泳足呈明显的红色。用放大镜观察细小附肢（末端尾肢或腹肢）的表皮可以见到病灶处的上皮坏死。②在过渡期受感染的虾出现多处随机的、不规则的、黑色素沉着的表皮病灶。③在慢性期无明显症状，但淋巴器官会感染病毒。

2. 方药

（1）芪藻散（水产用）　黄芪 200g、甘草 200g、蒲公英 100g、黄芩 50g、穿心莲 100g、酵母 150g、沸石 150g、螺旋藻 50g。天然免疫刺激剂，每吨虾饲料添加本品 30kg。

（2）虎黄溶液（水产用）同对虾白斑病。

（3）六味黄龙散（水产用）同对虾白斑病。

（4）根莲解毒散（水产用）　板蓝根 160g、黄芪 70g、穿心莲 160g、甘草

80g、鱼腥草 160g、陈皮 60g、大青叶 120g、山楂 60g、蒲公英 80g。清热解毒，扶正健脾，理气化食。每吨饲料加本品 10～20kg，连用 5～7 天。

(5) 银翘板蓝根散（水产用） 板蓝根 260g、金银花 160g、黄芪 120g、连翘 120g、黄柏 100g、甘草 80g、黄芩 60g、茵陈 60g、当归 40g。每天每千克虾使用 1～2g。病情较重者可适当加量，连用 5～7 天。

八、淡水养殖鱼类暴发性流行病（细菌性败血症）

1. **病因症状** 淡水养殖鱼类暴发性流行病是由嗜水气单胞菌、温和气单胞菌和鲁克氏耶尔森氏菌引起的，是现今为止感染鱼类品种最多、范围最大、时间最长、造成损失最大的一类细菌性疾病，流行温度在 6～32℃，28℃ 以上多发。危害异育银鲫、白鲫、鲫鱼、团头鲂、鲢鱼、鲮、鳙、黄鳝、加州鲈、翘嘴鳜、鲤鱼、草鱼等多种淡水鱼类。病鱼以体表出血（上下颌、口腔、鳃盖、眼睛、鳍基、鱼体两侧）、体内肌肉出血、鳔充血为主，伴有腹水、鳞片竖立和鳃丝腐烂等症状，发病的主要原因是养殖密度高，水质环境条件差，鱼虾免疫力低，细菌大量繁殖所致。

2. **方剂**

(1) 七味板蓝根散（水产用） 板蓝根 30g、穿心莲 30g、黄芪 20g、大黄 20g、地榆 15g、黄芩 15g、乌梅 20g。每天每千克鱼使用本品 0.4～0.8g，连用 7 天。

(2) 青连白贯散（水产用） 大青叶 150g、白头翁 100g、绵马贯众 50g、大黄 60g、黄连 40g、连翘 60g、大蓟 40g。每天每千克鱼使用 0.8g，连用 3～5 天。

(3) 大黄五倍子散（水产用） 大黄 600g、五倍子 400g。内服：每千克鱼每天使用本品 0.5～1.0g，连用 5 天；外泼：每 667m³ 水体使用本品 350～500g，连用 2 次。

(4) 穿梅三黄散（水产用） 大黄 50g、黄芩 30g、黄柏 10g、穿心莲 5g、乌梅 5g。内服：每天每千克鱼使用本品 0.6g，连用 5 天。

(5) 穿心莲末（水产用） 穿心莲粉碎。每天每千克鱼使用本品 10～20g，连用 5 天。

(6) 山青五黄散（水产用） 山豆根 15g、青蒿 20g、大黄 10g、黄芪 10g、黄芩 8g、柴胡 12g、川芎 12g、常山 8g、陈皮 10g、黄柏 5g、黄连 5g、甘草 15g。预防：每天每千克鱼 0.3g；治疗：每天每千克鱼 2.5g。

(7) 双黄苦参散（水产用） 大黄 300g、黄芩 175g、苦参 25g。清热凉血，每天每千克鱼投喂本品 1～2g，连用 5 天。

（8）黄连解毒散（水产用）　黄连 30g、黄芩 60g、黄柏 60g、栀子 45g。泻火解毒，每天每千克鱼使用本品 0.3～0.4g，连用 5 天。

九、竖鳞病

1. 病因症状　竖鳞病是由水型点状假单胞菌感染所引起的，主要危害鲤科鱼类，从鱼种到成鱼均可发病，流行水温 15～22℃，主要发生于越冬后期和春季。病鱼离群缓慢独游，呼吸困难，对外界刺激失去反应，早期病鱼体色发黑，体表粗糙，鱼体前部鳞片竖立，鳞囊内积有半透明的液体，严重全身鳞片竖立，手压鳞片，渗出液喷出，鳞片脱落，鳍膜间充液；眼球突出，内脏器官颜色变淡，鳃盖内表面出血，腹水严重。组织器官出现不同程度的病变。

2. 方药

（1）每 667m³ 水体使用鲜艾叶 5 000g，捣烂取汁加生石灰 1 500g，调匀后全池泼洒。

（2）每 667m³ 水体使用苦参 750～1 000g，加水 10～15kg，煮沸后小火煎煮 20～30min，药汁和药渣一起泼入池中，隔天重复一次。

（3）五倍子粉开水浸泡，按每立方米水体 2～4g 全池泼洒。

（4）青连白贯散（水产用）　大青叶 150g、白头翁 100g、绵马贯众 50g、大黄 60g、黄连 40g、连翘 60g、大蓟 40g。每天每千克鱼使用本品 0.8g，连用 5 天为一疗程。

（5）穿梅三黄散（水产用）　大黄 50g、黄芩 30g、黄柏 10g、穿心莲 5g、乌梅 5g。每千克鱼每天使用本品 0.6g，连用 5 天。

（6）虎黄溶液（水产用）　虎杖 375g、贯众 250g、黄芩 225g、青黛 150g。用乙醇提取有效成分。拌饵：每千克饲料使用本品 5～10g（以干药计），连用 5～7 天为一疗程；外泼：每 667m³ 水体使用本品 300～350g（以干药计），连用两次或隔天一次。

（7）黄连解毒散（水产用）　黄连 30g、黄芩 60g、黄柏 60g、栀子 45g。泻火解毒，每天每千克鱼使用本品 0.3～0.4g，连用 5 天。

十、肠炎病

1. 病因症状　细菌性肠炎由肠型点状气单胞菌、豚鼠气单胞菌等引起的草鱼、青鱼等常见病。水质恶化、饲料霉变，投喂量过大是主要的诱因。流行水温在 25℃。病鱼离群独游，游动缓慢、鱼体发黑，食欲减退或绝食。早期，肠壁局部充血发炎，肠腔内没有食物，或在后肠有少量食物，肠内黏液较多。后期，全肠呈红色，肠壁弹性差，肠内没有食物，只有黄色的黏液，肛门红肿，2 龄以上的鱼有腹水，腹壁上有红斑，肠呈紫红色，黏液很多，将病鱼的头部拎起，有黄色的黏液从肛门流出。

2. 方药

（1）苍术香连散（水产用）　黄连 30g、木香 20g、苍术 60g。每天每千克鱼使用本品 0.3～0.4g，拌饵，连用 5 天。

（2）黄连解毒散（水产用）　黄连 30g、黄芩 60g、黄柏 60g、栀子 45g。泻火解毒。每千克鱼每天使用本品 0.3～0.4g，连用 5 天。

（3）五倍大青散（水产用）　五倍子 50g、大青叶 50g、板蓝根 50g，拌饵：每千克饲料 50g，连用 5 天。

（4）大蒜　每千克鱼每天使用大蒜 5g，每天分两次投喂，连用 3 天。

（5）穿心莲末（水产用）　穿心莲粉碎。每天每千克鱼使用本品 10～20g，连用 5 天。

（6）双黄白头翁散（水产用）　白头翁 135g、大黄 540g、黄芩 325g。清热解毒，凉血止痢，每天每千克鱼使用本品 0.8g，连用 5 天。

十一、鱼类疖疮病

1. 病因症状　鲤科鱼类疖疮病病原是疖疮型点状气单胞菌，无明显的流行季节，一般危害 1 龄以上的鱼，主要危害草鱼、青鱼、鲤鱼等。发病的部位通常以靠近背部较为常见。发病初期，皮下肌肉组织隆起，隆起处鳞片覆盖完好，用手触摸有浮肿感觉。随着病情发展，病灶处充血发红，鳞片松动脱落，用手轻按或用刀切开，即有脓血流出，肌肉溃烂，成灰黄凝乳状，有时鳍基充血。

2. 方药

（1）双黄苦参散（水产用）　大黄 300g、黄芩 175g、苦参 25g。清热凉血，每天每千克鱼投喂本品 1～2g，分两次投喂，连用 5 天。

（2）加减消黄散（水产用）　知母 30g、浙贝母 25g、黄芩 45g、甘草 20g、黄药子 30g、白药子 30g、大黄 45g、郁金 45g。清热泻火，消肿解毒，每天每千克鱼使用本品 0.2g 拌饵，连用 5 天。

（3）银翘板蓝根散（水产用）　板蓝根 260g、金银花 160g、黄芪 120g、连翘 120g、黄柏 100g、甘草 80g、黄芩 60g、茵陈 60g、当归 40g。每天每千克鱼使用 0.16～0.24g。

十二、鳗鲡爱德华氏菌病

1. 病因症状　福建爱德华氏菌和迟钝爱德华氏菌是主要感染鳗鲡的病原菌，鳗鲡的临床表现主要分为两型：一为侵袭肾脏型，以肛门为中心，肛门严重充血、发红，肛门区附近躯干膨大成丘状，附近皮肤充血、出血，出现软化变色区。一为侵袭肝脏型，前腹部显著肿胀，严重的腹壁穿孔，腹部皮肤各处出血，肝肾软化，形成溃疡，在表面的会形成开口，流出脓汁，形成大洞，附近的内脏器官也发病。

2. 方药

（1）加减消黄散（水产用）　知母 30g、浙贝母 25g、黄芩 45g、甘草 20g、黄药子 30g、白药子 30g、大黄 45g、郁金 45g。清热泻火，消肿解毒。拌饵：每天每千克鱼使用本品 0.5g，连用 5 天。

（2）青连白贯散（水产用）　大青叶 150g、白头翁 100g、绵马贯众 50g、大黄 60g、黄连 40g、连翘 60g、大蓟 40g。每天每千克鱼使用 0.8g，连用 3～5 天。

（3）银翘板蓝根散（水产用）　板蓝根 260g、金银花 160g、黄芪 120g、连翘 120g、黄柏 100g、甘草 80g、黄芩 60g、茵陈 60g、当归 40g。每天每千克鱼使用 0.5～1.0g。

十三、鳗鱼红点病

1. 病因症状　鳗鱼红点病是由鳗败血假单胞菌（病鳍假单胞菌）引起的，温度在 5～30℃均能发育，生长适温 15～20℃，37℃不发育。在含有盐分的水中长期存在，在淡水中 1 天死亡，所以只是在咸淡水中流行。病鱼体表各处点状出血，尤以下颌、鳃盖、胸鳍基部及躯干部严重。解剖可见腹膜点状出血、肝肿大、淤血严重，肾肿大软化，可见淤血或出血引起的暗红色斑纹，脾脏肿大，暗红色，肠壁充血，胃松弛。

2. 方药
（1）加减消黄散（水产用）同爱德华氏菌病。
（2）银翘板蓝根散（水产用）同爱德华氏菌病。

十四、鳗鱼出血病

1. 病因症状　鳗鱼出血病又叫赤鳍病，是由嗜水气单胞菌引起的，流行水温 9～36℃，水温 28℃多发，病鳗表现出脱黏症状，体表出现黏液脱落斑，体表花斑状，随着病情加重，臀鳍、胸鳍、鱼体腹部皮肤充血、出血，严重时全身充血；腹腔积水，肛门红肿突出，肝脏肿大、失血成土黄色，胆囊、脾脏、肾脏肿大呈黑色。病鱼不吃食，靠近池壁不动，有的头部向上，无力竖游，多数在几天内死亡。

2. 方药

（1）黄连解毒散（水产用）黄连 30g、黄芩 60g、黄柏 60g、栀子 45g。泻火解毒。每天每千克鱼使用 0.5～1g，连用 5 天。

（2）加减消黄散（水产用）同爱德华氏菌病。

（3）银翘板蓝根散（水产用）同爱德华氏菌病。

十五、鳖腮腺炎

1. 病因症状　病原尚未确定，从病灶中分离出细菌和虹彩病毒等，主要危害稚、幼鳖，传染快，危害大，常年都有发生，尤其是温室养殖的稚、幼鳖，水温 25～30℃最严重。发病初期，病鳖腹甲出现出血点，口鼻出血，颈部异常肿大，一般不发红，中后期全身浮肿，腹部两侧红肿，眼呈白浊状失明，解剖后可见鳃腺纤毛状突起，严重出血、糜烂，体腔内有腹水，肠道出血。

2. 方药

（1）加减消黄散（水产用）　知母 30g、浙贝母 25g、黄芩 45g、甘草 20g、黄药子 30g、白药子 30g、大黄 45g、郁金 45g。清热泻火，消肿解毒。拌饵：每天每千克鳖使用本品 1.0～2.0g，连用 5 天为一个疗程。

（2）芪藻散（水产用）　黄芪 200g、甘草 200g、蒲公英 100g、黄芩 50g、穿心莲 100g、酵母 150g、沸石 150g、螺旋藻 50g。天然免疫刺激剂，每千克鳖每天使用本品 1.0～2.0g，拌饵投喂，连用 5～7 天。

（3）银翘板蓝根散（水产用）　板蓝根 260g、金银花 160g、黄芪 120g、连翘 120g、黄柏 100g、甘草 80g、黄芩 60g、茵陈 60g、当归 40g。每千克鳖每天使用本品 1～2g，连用 5 天。

（4）七味板蓝根散（水产用）　板蓝根 30g、穿心莲 30g、黄芪 20g、大黄 20g、地榆 15g、黄芩 15g、乌梅 20g。中华鳖、日本鳖每天每千克体重使用本品 0.4～0.8g。

十六、鳖红脖子病

1. 病因症状　是由嗜水气单胞菌引起的，近来在病鳖的内脏中分离出虹彩病毒，危害成鳖和亲鳖，死亡率可达 20％～30％，在水温 18℃以上流行。病鳖颈红肿、充血、伸缩困难，身体水肿，腹部有红斑、溃烂，后期口鼻出血，眼睛白浊，口腔、食管、胃、肠黏膜有明显的点状、斑块状弥散性出血，肝脏肿大，土黄色，有针尖大小的坏死灶，脾肿大，大多在晒背时死亡。

2. 方药

（1）加减消黄散（水产用）同鳖腮腺炎。

（2）七味板蓝根散（水产用）同腮腺炎。

（3）黄连解毒散（水产用）　黄连 30g、黄芩 60g、黄柏 60g、栀子 45g。泻火解毒。每天每千克鳖使用本品 1～2g，连用 5 天。

（4）芪藻散（水产用）同腮腺炎。

（5）银翘板蓝根散（水产用）　板蓝根 260g、金银花 160g、黄芪 120g、连翘 120g、黄柏 100g、甘草 80g、黄芩 60g、茵陈 60g、当归 40g。每千克鳖每天使用本品 1～2g，连用 5 天。

十七、黏孢子虫病

1. 病因症状　黏孢子虫有近千种，全部营寄生生活，寄生在鱼类、两栖类、爬行类等动物的各种组织器官。有的是口岸检疫对象，常见的品种有十几种。

黏孢子虫的共同特征：

（1）由 2～7 片几丁质壳片组成（多数 2 片）。

（2）壳上有条纹、褶皱或尾状突起。

（3）有 1～7 个极囊（多数两个），有囊间突，极丝。

（4）极囊外是胞质，有 2 个胞核，有的有 1 个嗜碘泡。

常见的黏孢子虫有鲢碘泡虫、饼形碘泡虫、圆形碘泡虫、银鲫碘泡虫、吉陶单极虫、尾孢虫，脑黏体虫，中华黏体虫等。

发生疾病的鱼在体表、鳃丝、肌肉或内脏、肠道中形成形状各异、大小不等的包囊、突起等，病鱼丑陋，失去商品价值，部分疾病可以造成病鱼死亡。提取包囊内物质显微镜镜检，可见具有典型特征的黏孢子虫，即可作出诊断。

2. 方药　驱虫散（水产用）。鹤虱 30g、使君子 30g、槟榔 30g、芜荑 30g、雷丸 30g、绵马贯众 60g、干姜（炒）15g、附子（制）15g、乌梅 30g、诃子 30g、大黄 30g、百部 30g、木香 15g、榧子 30g。每千克鱼每天使用本品 0.2g 拌饵，连用 3 天。

十八、绦虫病

1. 病因症状　鱼类绦虫病常见品种有头槽绦虫、鲤蠹病、许氏绦虫和舌型绦虫。绦虫外观扁平带状，背腹扁平，一般分为头、颈和体节。头上有各种附着器，颈在头之下，可以在末端不断地分生许多的新的节片。体节一般分为未成熟节片、成熟节片和妊娠节片，是主要的生殖器官。绦虫病主要发生在夏秋季节，鱼类被绦虫寄生后食欲不振，瘦弱，腹部膨大；剖开鱼腹，可见大量的虫体，肠道堵塞，由于不能采食造成死亡。

2. 方药

（1）川楝陈皮散（水产用）　川楝 200g、陈皮 100g、柴胡 80g。肠道绦虫、线虫等寄生虫病，每天每千克鱼0.5g，分两次投喂，连用3天。

（2）百部贯众散（水产用） 百部100g、绵马贯众150g、食盐100g、樟脑25g、苦参5g、淀粉50g。杀虫止血，拌饵：每天每千克鱼使用0.2～0.4g，连用3天；全池泼洒：去掉淀粉，每立方米水体使用1～2g，用水煎煮后连渣带汁一起泼洒。

十九、指环虫病

1. 病因症状 指环虫属于蠕虫，虫体细长，可以屈伸，有头器和后固着器，后固着器是主要分类依据，主要寄生在鱼的鳃丝上。指环虫大量寄生以后可以引起鳃丝肿胀，贫血，呈花鳃状，鳃上有大量的黏液，鱼苗或小鱼种患病严重时，由于鳃丝肿胀，可以引起鳃丝张开，以鳙最严重。诊断方法显微镜镜检，低倍镜每个视野有5个以上，确诊为指环虫病。

2. 方药

（1）驱虫散（水产用） 鹤虱30g、使君子30g、槟榔30g、芜荑30g、雷丸30g、绵马贯众60g、干姜（炒）15g、附子（制）15g、乌梅30g、诃子30g、大黄30g、百部30g、木香15g、榧子30g。每千克鱼使用本品0.2g，拌饵，连用3天。

（2）雷丸槟榔散（水产用） 槟榔15g、雷丸15g、木香5g、绵马贯众5g、苦楝皮20g、鹤虱10g、苦参20g。拌饵：每千克鱼使用0.3～0.5g，连用2～3天。泼洒：60℃热水浸泡10h后，用每立方米水体使用本品3g（以干药计）。

二十、车轮虫病

1. 病因症状 车轮虫侧面观像毡帽或菜碟，虫体隆起的一面叫口面，相对的一面叫反口面，下有一口沟，下接胞口、前腔及胞咽，胞口周围有由一条纤毛组成的口带，胞咽附近有伸缩泡、大核、小核；反口面环生一圈较长的纤毛，叫后纤毛带；反口面观，最显著的构造是齿环和辐线环，做车轮般旋转运动，故叫车轮虫。用纵二分裂和接合生殖在水温22～29℃，24h为分裂、成熟1个周期，晚上分裂，寄生在多种鱼类的鳃和体表各处，有的在鼻孔、膀胱和输尿管中寄生。主要危害鱼苗、鱼种，严重感染可以引起鱼苗大批死亡。1足龄之上大鱼危害不大，在全国养鱼区一年四季都有发生，热天引起死亡比较多，车轮虫在水中自由生活1～2天，通过直接与鱼体接触传染，可以随水、水中生物和工具等传播。少量寄生时无明显症状，但是大量寄生时可以引起体表、鳃黏液增多，失去光泽，呼吸困难而死，10日龄左右的鱼苗被寄生后鱼苗成群地围着池塘边狂游，呈"跑马状"。黑仔鳗被大量寄生后鱼体大部分呈现白色。由于车轮虫在鳃及体表各处不断爬动，损伤上皮细胞，造成细胞增生，鳃上毛细血管充血、渗出，上皮组织坏死、崩解。

2. 方药

(1) 雷丸槟榔散（水产用） 槟榔 15g、雷丸 15g、木香 5g、绵马贯众 5g、苦楝皮 20g、鹤虱 10g、苦参 20g。拌饵：每千克鱼使用 0.3～0.5g，连用 2～3 天。泼洒：60℃热水浸泡 10h 后，用每立方米水体使用本品 3g（以干药计）。

(2) 苦参末（水产用） 苦参粉碎制成散剂。清热燥湿，杀虫消积，每千克鱼使用本品 1～2g，连用 3 天。泼洒：60℃热水浸泡 10h 后，用每立方米水体使用本品 1.2～1.5g（以干药计）。

(3) 青蒿末（水产用） 青蒿粉碎。驱虫杀虫，内服：每天每千克鱼 0.3～0.6g，连用 3 天。

(4) 百部贯众散（水产用） 百部 100g、绵马贯众 150g、食盐 100g、樟脑 25g、苦参 5g、淀粉 50g。杀虫止血，拌饵：每天每千克鱼 0.2～0.4g；全池泼洒每立方米使用 1～2g。

二十一、水霉病

1. 病因症状 水霉病的病原是多种水霉和棉霉，一年四季发生，早春晚秋水温在 22℃以下最为流行，由于捕捞、运输、体表寄生虫侵袭和冻伤等造成的体表损伤为主要诱因，在通常情况下为散发性疾病。霉菌从鱼体伤口侵入时，看不到任何异常，当肉眼看到白色棉毛状菌丝时，菌丝已经深入到肌肉当中了，体外的菌丝灰白色，似棉毛，俗称"白毛病"，活卵上可以看到孢子萌发和穿入卵壳，并悬浮在卵的间质或卵间隙中生长和分出侧枝的情况，但是如果胚胎发育正常，内菌丝就停止发育，不长出外菌丝，当胚胎死亡时，内外菌丝进行进一步的繁殖。霉菌分泌大量的蛋白分解酶，机体受刺激后分泌大量的黏液，病鱼焦躁不安，与其他固体物质发生摩擦。病鱼游动迟缓，食欲减退，最后瘦弱而死。

2. 方药

(1) 五倍子末（水产用） 五倍子粉碎即可。收敛止血、收湿敛疮。拌饵：每天每千克鱼 0.1g，连用 3～5 天。浸浴：每立方米水体使用本品 2～4g，煮沸晾凉后泼洒。

(2) 菊花 1 500g、金银花 1 500g、黄柏 3 000g、青木香 3 000g、苦参 5 000g 粉碎，加水煎煮，每 667m³ 使用本品（干重计算）500g，连渣一块全池泼洒，另加食盐 22 500g/hm²。

(3) 每 667m³ 水体用大蒜 2 000g，捣碎后加入食盐 1 500g，化水后全池泼洒。

二十二、鳃霉病

1. **病因症状**　鳃霉菌根据菌丝形态和寄生情况来看，寄生在淡水鱼上的鳃霉有两种不同的类型：①草鱼鳃霉，单枝衍生生长，不进入血管和软骨，仅在鳃小片的组织生长。②青鱼、鲢、鳊鱼、黄颡鱼鳃上的鳃霉，分支多，成网状，分支沿鳃丝血管穿入软骨生长。鳃丝和孢子接触而感染，鳊鱼最敏感，草鱼、青鱼、鲢也得病。在热天流行，当水质恶化，特别是水中有机物的含量高时容易暴发此病。鳃呈青灰色，鳃上黏液增多，出血、淤血或贫血的花斑状。

2. **方药**

(1) 五倍子末（水产用）　五倍子粉碎即可。收敛止血、收湿敛疮，水霉、鳃霉引起的疾病。拌饵：每天每千克鱼 0.1g，连用 3～5 天。浸浴：每立方米水体使用本品 2～4g，煮沸晾凉后泼洒。

(2) 每 667m³ 使用青蒿 5kg、黄芩 1kg、丹皮 2kg 加水熬煮后分两次全池泼洒。

第六节　蜂、蚕常见病的防治

一、常见蜂病

(一) 蜜蜂美洲幼虫腐臭病

美洲幼虫腐臭病（又名臭子病、烂子病）是蜜蜂的一种顽固性传染病。工蜂幼虫在化蛹期大量死亡，蜂群迅速衰弱，以致全群死亡，雄蜂和蜂王幼虫也可受到感染。本病多在夏秋季节流行，并常造成全群或全场的覆灭。

【病因病机】美洲蜜蜂幼虫腐臭病是由幼芽虫孢杆菌引起的蜜蜂幼虫和蛹的一种急性、细菌性传染病。以子脾封盖下陷、穿孔，封盖幼虫死亡、蛹舌现象为特征。

带有病死幼虫尸体的巢脾、被污染的饲料和花粉是主要传染源。病菌通过蜂王产卵、内勤蜂清扫尸体等污染花粉房、蜜房及感染健康幼虫。误将带菌蜂蜜、花粉喂蜂，随意调换子脾，盗蜂、迷巢蜂进入等是造成蜂群间传播的重要原因。远距离传播主要通过出售带病的蜂群、蜂蜜、蜂蜡、花粉及引种和异地放牧引起。

【辨证施治】患病幼虫多在封盖后死亡，尸体淡棕黄色至深褐色，腐烂成黏胶状，挑取时可拉成 2～3cm 的长丝，有鱼腥臭味；之后尸体干枯、黑褐色、呈典型的鳞片状，紧贴在巢壁下侧，不易被工蜂清除。

染病子脾封盖潮湿、发暗、下陷或穿孔；如蛹期发病死亡，则在蛹房顶部有蛹头突出（称蛹舌现象）是本病的典型特征。治宜清热燥湿，方药：

连翘 30g、紫花地丁 20g、罂粟壳 15g、穿心莲 20g、柴胡 20g、牛黄 30g、桔梗 30g、独活 30g、甘草 15g、加水 2 500ml，煎熬 30min，滤渣，取药液加 3kg 1∶1糖浆，可喂 7 脾蜂，3 天 1 次，3 次为一个疗程。

【护理及预防】杜绝病原传入，实行检疫，操作严格遵守卫生规程，禁用来路不明的蜂蜜，禁止购买有病的蜂群。每年在春季蜂群陈列以后和越冬包装之前，均要对蜂群进行一次彻底地消毒，特别是在有病或受到威胁的情况下，更应进行严格消毒。饲养强群，慎重加脾，给蜂巢保温时要注意通风，淘汰老脾，多造新脾。

（二）蜜蜂欧洲幼虫腐臭病

蜜蜂欧洲幼虫腐臭病（又称"黑幼虫病"、"纽约蜜蜂病"）是由蜂房蜜蜂球菌引起蜜蜂幼虫的一种恶性、细菌性传染病。感染动物为蜜蜂幼虫，各龄及各个品种未封盖的蜂王、工蜂、雄蜂幼虫均可感染，尤以 1～2 日龄幼虫最易感，成蜂不感染；东方蜜蜂比西方蜜蜂易感，在我国以中蜂发病最重。本病多发生于春季，夏季少发或平息，秋季可复发，但病情较轻。

【病因病机】被污染的蜂蜜、花粉、巢脾是主要传染源。蜂房蜜蜂球菌能在尸体及蜜粉脾、空脾中存活多年。蜂群内一般通过内勤蜂饲喂和清扫活动进行传播，饲喂工蜂是主要传播者。蜂群间主要是通过盗蜂和迷巢蜂进行传播。

【辨证施治】本病以 3～4 日龄未封盖幼虫死亡为特征。尸体位置错乱，呈苍白色，以后渐变为黄色，最后呈深褐色，并可见白色、呈窄条状背线（发生于盘曲期幼虫，其背线呈放射状）。尸体软化、干缩于巢房底部，无黏性，但有酸臭味，易被工蜂清除而留下空房，与子房相间形成"插花子脾"。治宜清热燥湿，

方药：黄连 20g、黄柏 20g、茯苓 20g、大黄 15g、金不换 20g、穿心莲 30g、金银花 30g、雪胆 30g、青黛 20g、桂圆 30g、五加皮 20g、麦芽 30g、加水 2 500ml、煎熬 30min，滤汁加入 3kg 1∶1糖浆，喂 80 脾蜂，3 天喂 1 次，4 次为一个疗程。

【护理及预防】加强饲养管理，增强群势，春季合并弱蜂群，使蜂多于脾。进行人工补饲，早春对病蜂群适当补饲蛋白质饲料，以提高蜂群的清巢力和抗病力。

（三）蜜蜂白垩病

蜜蜂白垩病又称石灰质病，主要侵害蜜蜂幼虫，而雄蜂幼虫最易感染，其原因是雄蜂幼虫多在巢脾边缘之故。

【病因病机】蜜蜂白垩病由蜂囊菌引起。蜂囊菌的实体里面有许多孢囊，孢囊内充满大小的孢囊孢子，孢子的抗逆性很强，在适宜条件下孢囊萌发雌、雄菌

丝。雌菌丝形成藏卵器并与雄菌丝生长形成藏精器结合，再形成膨大球形的子囊，子囊具有很强的生命力，在干燥状态下，存活时间很长。蜜蜂白垩病主要是通过孢囊孢子和子囊孢子传播。

【辨证施治】发病初期，病幼虫成为无头白色幼虫，而体色与健康幼虫无区别，体表无菌丝体；中期，幼虫柔软膨胀，腹面开始长满菌丝，后期整个幼虫布满白色菌丝，虫体萎缩，变硬，并逐渐僵化呈石灰状或白色木乃伊状。若发现死亡幼虫呈白色或黑色，表面覆盖菌丝体或黑色孢子时，虫体呈黑绿色或黑色木乃伊状，无臭味，无黏性，易被清除。在低倍显微镜下可看到大量的白色菌丝。严重病的蜂群失去产浆和产蜜能力，甚至造成全场灭亡。治宜清热燥湿，方药：

1. 金银花、红花、黄连、大青叶、苦参各 15g，大黄、甘草各 10g，煎成药汁 500ml，加入到 500ml 的 1：1 糖浆中，每天每群喂 100ml，连喂 3～5 天。

2. 黄柏、苦参、红花、金银花、大青叶各 15g，黄连 20g，大黄、甘草各 10g，加水 500ml，文火煎至 300ml 时倒出药汁，再加入 200ml 水煎 5min，混合 2 次药汁，患病蜂群每日喷脾一次，连续 3 天。

3. （黄连解毒汤加减）黄连、大黄、黄柏 20g，苦参、红花、金银花、大青叶各 15g，甘草 10g 加水 1 000ml 用微火煎到约 300ml 时倒出药汁，再渗入 200ml 水煎 5min 后倒药汁与第一次药汁混合备用，对患病蜂群每天喷脾一次，连续 3 天。

4. 蜂胶酊 蜂胶 10g，浸泡于 95％酒精 40ml 中，6 天后去渣，加入 50℃的温水 100ml，过滤，病群巢脾抖蜂后，用蜂胶酊直接喷脾，每天 1 次，连喷 7 天。

【护理及预防】加强饲养管理，控制真菌繁殖的环境条件，增加蜂群的蜂数，保持足够的巢脾蜜蜂。实行定地饲养、适当与小转地饲养相结合、喂干净饲料，饮料保持清洁卫生，适当加入 3％柠檬酸钠助消化，箱内保持一定蜂胶，更换患病群的蜂王和患病蜂具；场地向阳、通风、不潮湿；增强蜂群对疾病的抵抗力，培养抗病力强的蜂种，逐步形成规模防御病害的蜂群。

（四）蜜蜂慢性麻痹病

蜜蜂慢性麻痹病又叫瘫痪病、黑蜂病。在我国春季和秋季大量死亡的成年蜜蜂中，有较大部分是由慢性蜜蜂麻痹病引起的。

【病因病机】是由蜜蜂慢性麻痹病病毒寄生于成年蜜蜂的头部、胸、腹部神经节的细胞内或肠、上颚和咽腺内引起的成年蜂传染病。

【辨证施治】慢性蜜蜂麻痹病临床表现为两种类型：一种是"大肚型"，即病蜂腹部膨大，蜜囊内充满液体，内含大量病毒颗粒，身体和翅颤抖，不能飞翔，在地面缓慢爬行或集中在巢脾框梁上、巢脾边缘和蜂箱底部，病蜂反应迟钝，行动缓慢。另一种是"黑蜂型"，即病蜂身体瘦小，头部和腹部末端油光发亮，由于病蜂常常受到健康蜂的驱逐和拖咬，身体绒毛几乎脱落，翅常出现缺刻，身体和翅颤抖，失去飞翔能力，不久衰竭死亡。在一群蜂内有时出现两种症状，但往往以一种症状为主，一般情况下，春季以"大肚型"为主，秋季以"黑蜂型"为主。治宜清热解毒，方药：

1. 金银花、板蓝根、贯众等，煎煮后与糖浆按 1：1 配制，饲喂蜂群。

2. 山楂 25g、厚朴 25g、泽泻 25g、莱菔子 25g、生大黄 25g、丁香 25g、二丑 25g、甘草 5g，加水 3 000ml，煎熬 30min，滤渣，取药液加入 1：1 糖浆 5kg，交叉喷喂 100 脾蜂，3 天 1 次。

【护理及预防】对患病蜂群的蜂王，可选用由健康群培育的蜂王更换，以增强蜂群的繁殖力和对疾病的抵抗力。杀灭和淘汰病蜂，采用换箱方法，将蜜蜂抖落，健康蜂迅速进入新蜂箱，而病蜂由于行动缓慢，留在后面，可集中收集将其杀死，以减少传染源。对于患病蜂群可喂奶粉、玉米粉、黄豆粉，并配合多种维生素，以提高蜂群的抗病力。

（五）蜜蜂爬蜂病综合征

蜜蜂爬蜂综合征发病有明显的季节性，一般从早春开始，零星发病，3 月份病情指数急剧上升，4 月份为发病高峰期，5 月份病害减轻，秋季病害基本"自愈"。

【病因病机】蜜蜂爬蜂病是由蜜蜂螺原体、蜜蜂微孢子虫、蜜蜂马氏管变形虫和奇异变形杆菌等引起的成年蜂传染病。此外，场地潮湿、通风不良、饲料缺少、保温不好也会造成爬蜂病的发生。

【辨证施治】发病蜜蜂行动迟缓，腹部拉长，翅微上翘，前期呈跳跃式的飞行，后期失去飞行能力在地上爬行，最后抽搐死亡。死蜂喙吐出，翅张开，像似农药中毒，但死前不急促翻滚，后腿不带花粉团，也不全是采集蜂。病蜂解剖观察：中肠变色，后肠膨大，积满黄或绿色的粪便，有时有恶臭。发病前期表现烦躁不安，有的下痢，蜜蜂护脾力差，大量成蜂坠落箱底。病害严重时，大量青、幼年蜂涌出巢外，蠕动爬行，在巢箱周围蹦跳，或起飞后突然坠落，直至死亡。治宜清热燥湿、解毒，方药：

1. 黄连、黄芩、虎杖各 10g，煎汁过滤，喷脾式饲喂，每脾用药 30ml，每隔 3 天 1 次，3 次为一个疗程。

2. 板蓝根、丝瓜络、忍冬藤、陈皮、金银花、石膏各 10g（熬制浓缩成水剂 2L），加病毒灵 1 片，灭滴灵 1 片、乙酸螺旋霉素 2 片，混合后加入适当的白糖水。喂 10～15 群蜂，两日一次，连喂 3 次。

3. 先用甘草 50g，水煎熬成汤药 500ml，加 5kg 糖浆，每天每群喂 500ml，连续喂 2 天，然后用大蒜 100g、甘草 50g、60 度白酒 200ml，浸泡 10 天后取上清液加 1kg 糖浆，每天每群喂 250ml，连续喂 2 天。

【护理及预防】发现蜂群患病应立即消毒，隔离病群，合并弱群，加强饲养管理，补饲蛋白质（花粉、牛奶等）、维生素（核黄素、多维素、酵母等）。对患病严重的蜂群，要换箱换脾，并用 4% 的甲醛溶液消毒被污染物，病脾应化蜡处理。选育抗病种的健康蜂王。

（六）蜜蜂囊状幼虫病

蜜蜂囊状幼虫病又叫囊雏病、囊状蜂子病。在养蜂生产上时有发生，主要危害大幼虫或封盖蛹，往往造成毁灭性损失，发病具有明显的季节性。

【病因病机】蜜蜂囊状幼虫病由蜜蜂囊状幼虫病毒引起，每年春季和秋季出现两个发病高峰期，发病的高峰期与外界气候和蜜源情况有着密切关系。当蜂巢内贮蜜足、蜜蜂密集，发病就轻；反之，发病就重。被污染饲料是该病传染的主要来源，而带病毒的成年工蜂是此病的主要传播者。

【辨证施治】囊状幼虫病发病初期，幼虫不封盖就被清除，蜂王重新在被清理的巢房里产卵，形成花子现象。当病情严重时，工蜂无法清除，脾面上就出现该病的典型症状，幼虫封盖后 3～4 天仍然不能化蛹，患病幼虫体表完整，表皮内充满积液。病虫的体色由正常的珍珠白色变成黄色，最后变成一片黑褐色的鳞片，贴于巢房的一边，头、尾部微上翘，形如"龙舟状"。腐烂的虫体无臭味，易于清除。治宜清热解毒，方药：

1. 华千斤藤干块根 10g、或半枝莲 50g、或板蓝根 50g。煎汤、过滤、浓缩，按 1∶1 比例配成 500ml 左右的糖水喂蜂，连续或隔日饲喂，4～5 次为一个疗程，停药几天后，再喂一个疗程，直至痊愈。

2. 七叶一枝花 0.3g、五加皮 0.5g、甘草 0.2g。用法同上。

3. 五加皮 30g、金银花 15g、桂枝 9g、甘草 6g。用法同上。

4. 贯众 30g、金银花 30g、甘草 6g。用法同上。

5. 茯苓 500g、紫草 500g、板蓝根 500g、金银花 500g、紫花地丁 500g、枯矾 250g、黄柏 250g、罂粟壳 250g，利福平胶囊 200 粒加工成粉末，用双层螺纹纱布盛装药剂。以上为 600 脾蜂用量，傍晚时先脱蜂，逐脾倾斜将药粉抖撒在子脾上，7 天 1 次，连续 3 次为一个疗程。

6. 半枝莲 50g 加水 500ml，煎煮 20min 倒出，加糖 200g，可以饲喂 10 框蜂。隔 3 天喂一次，连续 4 次为一个疗程，直到病虫不再出现为止。

【护理及预防】

加强饲养管理，更换抗病的蜂王。在早春繁殖时，应将弱群适当合并，使蜂多于脾，对于病群要换蜂王或将蜂王囚禁，使工蜂能及时清理巢房。在发病季节，应保证饲料充足，特别是花粉要足。坚决不喂来历不明的饲料，除长期留足饲料外，还应补喂蛋白质和维生素等。

（七）蜜蜂大蜂螨病

大蜂螨病是蜜蜂的一种传染性、流行性和流动性的寄生虫病，是危害西方蜜蜂及其杂交品种最严重、且最普遍的传染性病害。

【病因病机】由大蜂螨寄生而引起的蜜蜂寄生虫病。大蜂螨能携带蜜蜂急慢性麻痹病毒、败血病菌、白垩病菌等各种致病微生物，使它们从伤口进入蜂体，引起蜜蜂患病死亡。大蜂螨不仅危害蜜蜂封盖幼虫和蛹，也危害成年蜜蜂。常使蜂群中被寄生的蛹死亡或羽化出房的幼蜂体重减轻，翅足不全，寿命缩短。被寄生严重的蜂群，成年工蜂大量死亡，而新蜂不能产生，可导致群势严重下降，甚至整群死亡。

【辨证施治】主要临床表现为幼虫房内死虫、死蛹，成蜂的工蜂和雄蜂畸形、四处乱爬、无法飞行。治宜杀螨，方药：

蜂胶 60g，浸泡于 75％的酒精 5L 中，3 天后取蜂胶液喷脾，每脾（带蜂）每次喷 4ml，4 天喷 1 次，4 次为一个疗程。

【护理及预防】

根据蜂螨繁殖于封盖房，寄生于蜂体的特点，利用各种断子时期，进行治疗。一般是抓住越冬阶段内没有子脾，蜂螨寄生在成蜂体的有利时机治蜂螨。主要在气温稍高的越冬初期、越冬末期和复壮阶段初期进行。越冬初期可治 4～5 次，越冬末期和复壮阶段初期再治 1～3 次，经两期治蜂螨，一般到第 2 年的 8 月份以前，本病就不会太严重。

（八）蜜蜂小蜂螨病

小蜂螨病是由小蜂螨引起蜜蜂的一种体外寄生虫病。小蜂螨是典型的巢房内寄生虫，主要危害蜂幼和蜂蛹。

【病因病机】是由寄螨目、厉螨科小蜂螨寄生引起。小蜂螨多寄生在蜜蜂幼虫体外，其生长繁殖过程均在封盖的巢房内完成。新生成螨随蜂羽化出房，或从死亡幼蜂巢房盖的穿孔处爬出，再潜入其他蜂幼房内寄生繁殖。成螨寿命在蜜蜂繁殖期为 9～10 天，最长的 19 天，但若蜂群断子，仅能存活 1～3 天。小蜂螨具趋光习性。

【辨证施治】蜂幼和蛹受害严重，可见幼螨死在巢房内，腐烂变黑。蛹不能羽化，或羽化后的幼蜂发育不良，翅膀残缺不全，在巢门前或场地上乱爬。轻者造成大量残疾蜂，削弱群势，降低蜂蜜、蜂王浆的产量；重者使所有子脾上的幼虫和蜂蛹死亡、腐烂，直至全群覆灭。治宜杀螨，方药：

蜂胶 60g，加入到 5L75％的酒精中浸泡 3 天，制成蜂胶液喷脾，每脾每次喷 5ml，第 1、8、12、20 天各喷 1 次；同时用升华硫在第 4 天和第 16 天在箱底撒布，每个标准箱每次撒 10g。

【护理及预防】

小蜂螨寄生在蜜蜂体外，但潜入子脾内产卵繁殖，而治螨药物只能杀除蜂体上的螨，对潜藏的螨、卵及老螨均无法毒杀。因此，要彻底根治螨害，必须采取综合防治措施：加强蜂群饲养管理，提高抗病力，选育抗病力强的优良品种。抓紧蜂群内各种断子机会（如越冬前后、长途运输后及人工分蜂、组织新群等）进行突击治螨。在夏秋季节，对受害较重的蜂群可集中封盖子脾，分批进行治疗。根据蜂螨喜在雄蜂房产卵的习性，进行诱杀，勤割雄蜂房。

（九）蜜蜂的蜡螟害

蜡螟属鳞翅目，蜡螟科，其幼虫又称巢虫。蜡螟又分为大蜡螟和小蜡螟。大蜡螟的幼虫体长在 2cm 以上；而小蜡螟幼虫体长则不超过 2cm。大蜡螟在我国南方和北方均有发生，而小蜡螟在我国南方发生较普遍，尤其对中蜂危害更为严重。

【病因病机】是由于蜡螟的幼虫取食巢脾，破坏蜂巢，穿蛀隧道，伤害蜜蜂的幼虫及蜂蛹而引起的敌害。

【辨证施治】蜡螟的幼虫（又名巢虫、绵虫、隧道虫）危害巢脾，破坏蜂巢，穿蛀隧道，伤害蜜蜂的幼虫及蜂蛹，轻者造成蜂群内"白头蛹"增多，使蜂群繁殖下降，重者会造成蜂群飞逃。治宜杀灭敌害，方药：

硫黄适量。以 5 个继箱为一组，每箱放脾 8～9 张，最下面放一带纱窗的空巢箱，其内放一耐火容器，糊好缝隙。熏治时，打开纱窗挡板，将燃烧的木炭放入容器内，立即将硫黄粉撒在炭火上，推上纱窗挡板，密闭熏治 24h 以上，每个箱体用药 3～5g，隔 7 天再熏治 1 次。

【护理及预防】

淘汰陈旧巢脾、老巢脾及时化蜡，建造新脾。清洁蜂箱，常打扫蜂箱内壁和箱底的腊屑，用油灰封闭蜂箱缝隙。饲养强群、合并弱群，使群多于脾。发现巢虫及时处理，换箱换脾，保持箱内清洁干燥。

（十）蜜蜂花蜜、花粉中毒

花蜜、花粉中毒是蜜蜂养殖中常见的一种季节性病害。春暖花开后，蜜蜂若不慎采集了有毒植物的花蜜、花粉就会诱发急性中毒，造成蜜蜂大批死亡。

【病因病机】花蜜中毒常由于采食了黎芦、乌头、毛茛、油茶、羊踯躅、白头翁等植物分泌的有毒花蜜引起。花粉中毒是由于采集了有毒植物（黎芦、蓼草等）的花粉而引起。

【辨证施治】花蜜中毒以先兴奋后抑制，翅、支、触角麻痹，蜜囊充满花蜜为特征。花粉中毒以腹部膨大，中肠和后肠内充满由花粉粒构成的黄色糊团为特征。治宜解毒排毒。方药：

生姜 25g，加水 0.5kg，煮沸后加白糖 250g，配成糖浆，逐脾喷洒，每天 1 次，连续 5～7 天。

【护理及预防】

临床上常见的花蜜、花粉中毒主要是枣花、茶花，所以在枣花花期，要使蜂巢遮阴，防止烈日暴晒，加强蜂群通风，经常在框梁上洒一些冷水。蜂蜜摇出之后，在空脾上喷洒凉水，放回巢中。在茶花开花早期，尚未泌蜜时，促使蜜蜂采集茶花花粉，待到茶花开始大量泌蜜时，迅速撤离茶花场地。

(十一) 蜜蜂农药中毒

蜜粉由于采食喷过农药的农作物、果树和林木而引起的一类中毒病。

【病因病机】 由于防治农作物、果树、林木等植物受到各种害虫、螨虫和病害的侵袭而喷洒农药、化学药剂等而引发蜜蜂中毒现象。尤其是蜜粉源植物开花季节，中毒严重时全场蜂箱门口前或箱底出现大量已死或将要死亡的蜜蜂。群势越强，死蜂越多。死蜂多为采集蜂，有的腿上带有花粉团。

【辨证施治】 蜜蜂农药中毒蜂群呈现极度不安，秩序大乱，爱蜇人。提脾检查时，许多蜜蜂坠落箱底。严重时幼虫会从巢房脱出，俗称"跳子"。在巢门口或巢门前有许多壮年蜂失去飞翔能力，在地上翻流，打转，身子不停地抽搐。死亡的蜜蜂吻伸出，腹部弯曲，足收缩，两翅张开。有的死蜂腿上还带有花粉团。全场蜂群突然大量死亡，均为采集蜂。治宜解毒排毒。方药：

当发现蜜蜂发生农药中毒时，要立刻清除巢脾上有毒饲料，迅速用稀蜜水（1 份蜜加 4 份水）或甘草糖水连续喂 3～4 天。如是有机磷农药中毒，可用硫酸阿托品药液治疗：在半斤蜜水中加入 10% 硫酸阿托品 2ml 进行喷洒。

【护理及预防】

蜂农每到一地放蜂时，及时向当地植保部门和周边农户了解施药情况，如果蜂场附近喷施过农药时，应立即选择新的放蜂场，及时撤离施药区。如果蜂场一时找不到新的放蜂场地，可在施药的前一天晚上关闭所有巢门，在蜂群幽闭期间，蜂群管理上应注意：盖上纱盖或加空的继箱以扩大蜂巢，使空气流通；做好遮荫工作，以保持蜂箱内不透光和蜂群的安静；幽闭期间要保持蜂群内有充足的蜂蜜和花粉，如果饲料不足应在傍晚前给蜂群补喂饲料；如果巢门关闭时间太长，天黑后可以适当开启巢门，但应在天亮蜜蜂出巢之前关闭。同时，应尽快寻找新的场地，撤离施药区。

二、常见蚕病

(一) 蚕体腔型脓病

又称蚕血液型脓病，是一种常见病、多发病，春蚕、夏蚕和秋蚕都有不同程度的发生。

【病因病机】是由核型多角体病毒感染引起的一种病毒性疾病，故又称为核形多角体病。

【辨证施治】根据不同的感染途径常见三种情况：①食下传染。病原是滤过性病毒，常附于卵面或桑叶上被蚕儿食下而感染。小蚕和起蚕抗病力弱，容易食下传染发病。②创伤传染。蚕儿体皮创伤后，病毒由伤口侵入蚕体而染病。大蚕因创伤机会多，发病率较高。③不良环境条件诱发。当蚕儿感染病毒后，在气温变化大的湿重环境里，或吃食老、嫩桑叶，或过度密养等情况下，蚕体虚弱更易发病。

临床症状：细蚕青身，将眠蚕皮肤紧张光亮，起蚕皮肉松弛收缩。大蚕体色乳白，狂躁不安，常爬向窝边，环节肿胀多成高节蚕，皮肤易破流出乳白色脓汁而死。本病属急性病，染病后4～6天死亡。防治方药：

1. 4%～10%的鲜石灰澄清液喷桑叶添食。

2. 大蒜汁：大蒜头50g，打烂兑冷开水500g，浸泡6h后喷叶片添食。

3. 白酒，取50°左右的白酒100g，喷桑叶喂蚕。

4. 白酒石灰浆合剂：生石灰75g加清水500g，过滤取混浊液，再加白酒50g摇匀，喷桑叶至湿润，每天1～2次。

5. 大蒜、苍术、苦参、黄柏各15g，白鲜皮12g，水煮30min后，去掉药渣，用药液喷施桑叶上，喂1张蚕。

【护理及预防】彻底消毒蚕房、蚕具。发现病蚕及时拣出丢在石灰盆内。各龄起蚕替屎前，用新石灰粉进行蚕体和蚕座消毒，发现病蚕时每天撒1次。壮蚕期适当疏饲，减少蚕儿互相抓伤。分窝要细致轻放，避免损伤蚕体。避免食嫩桑，增强蚕儿体质。温、湿度要调节均匀，不能忽高忽低，抓好排湿工作。

（二）蚕中肠型脓病

又称质型多角体病，是我国养蚕生产中的主要病害之一，在各蚕区，春、夏、秋各蚕期都有危害。

【病因病机】是由质型多角体病毒感染引起，由于该病病原家蚕质型多角体病毒只寄生蚕的消化管，故称中肠型脓病。

【辨证施治】病发初期症状不明显，随着病情加重，出现食桑减少，行动不活泼，常呆伏于蚕座四周或残桑中，发育迟缓，蚕体瘦小，群体大小不均，眠起不齐等现象。病情慢，病程长，病蚕可以带病维持相当长的时间。当龄感染，次龄发病（一般经6～10天）。大蚕期发病，由于消化道内空虚，外观胸部半透明，呈空头状，也有出现起缩下痢。病蚕胸部反比腹部缩小，呈"尖头"的体型。排泄链珠状粪或污液，最严重时排泄白色粪便。五龄后期发病的形态似熟蚕。解剖病蚕中肠，可见中肠乳白色脓肿。防治方药：

1. **大蒜水**　用 50g 大蒜捣碎加入 500ml 水中，拌入 5kg 桑叶上，在中午给蚕儿添食。

2. **石灰白酒合剂**　鲜石灰 50g，加水 500ml，过滤后加白酒 100g，拌 5kg 桑叶喂蚕。

【护理及预防】严格消毒，消灭病原，切断传染途径。加强饲养管理，增强蚕儿体质。严格分批、提青，防止蚕座传染。管好蚕沙、旧蔟，防止病原扩散。蚕沙一律制作堆肥，经过发酵，杀死其中的病毒。及时做好回山消毒，防止病原垂直传播。

（三）蚕白僵病

一种最常见的真菌寄生性蚕病，分布很广，特别在温暖多湿的地区发生很普遍，无论春蚕和夏秋各蚕期，都能引起危害。

【病因病机】由白僵菌经皮侵入蚕体而引起本病，因病蚕尸体干涸硬化并被覆白色分生孢子而得名。白僵菌在生长过程中能分泌毒素，这种毒素属环状多肽类化合物，其中白僵菌素Ⅱ对蚕的毒性较大，毒素具有与阳离子络合的作用，导致蚕迅速死亡，白僵菌对蚕的致病力最强，病势也最急。

【辨证施治】蚕感染白僵病初期，外观与健康蚕无异。在病死前一日，体表出现很多油浸状病斑或暗褐色病斑。病斑出现部位不定，形状不规则，这种病斑的出现是由于菌的侵入引起几丁质外皮变性所致。当感染菌量少时，病斑的出现也随之减少乃至完全不显现病斑。不久患病蚕食欲急剧丧失，有的还伴有下痢和吐液，蚕即濒于死亡。防治方药：

松针（树叶）烟熏烤：在蚕房中央放一砖块，把一火盆置于砖块上，放少许干松针或其他燃料在火盆上点燃，然后加入生松针继续燃烧，关闭门窗熏烤30～60min，当病蚕头部微微摇动后，移出火盆，约 5min 后打开门窗通风。

【护理及预防】

严格执行"专室、专具、专用，小蚕室远离大蚕室"的分育制度。加强饲养管理，调节好蚕室的湿度，适当使用干燥材料。做好养蚕前的蚕室蚕具消毒和蚕期中的蚕体蚕座消毒。驱除桑园害虫，及时拣除病蚕，在蚕区禁止使用白僵菌作生物防治剂。

（四）蚕农药中毒

由于农田害虫抗药力增强，农药用量增加，同时蚕农盲目购药、盲目使用，导致蚕发生中毒现象，特别是夏秋季节尤为严重。

【病因病机】由于有机磷、有机氮、菊酯类农药以及植物性杀虫剂等通过触杀、胃毒、内吸、熏蒸等方式引起蚕中毒。

【辨证施治】中毒后症状与接触农药的种类、浓度、蚕龄大小等有关。

有机磷农药中毒的症状：中毒蚕突然停止食桑，烦躁，乱爬，不断翻滚，吐出绿色的胃液，严重的有脱肛现象，经数十分钟后死亡。

有机氮农药中毒的症状：蚕接触杀虫脒中毒后，表现为兴奋，轻者食桑减少，拉平板丝，结畸形茧；重者食桑微量，乱吐浮丝，直到收缩死亡。蚕接触杀虫双、巴丹后，表现为突然停止食桑，静伏不动，体躯伸直，吐胃液和浮丝，手触蚕体极软，排粪正常。中毒轻者，几小时后可恢复食桑，可正常结茧。重者几天后蚕体内变成乳白色，以后渐渐干瘪死亡。

菊酯类农药中毒的症状：中毒蚕出现拒食现象，头胸紧缩且两边摆动，烦躁乱爬翻滚，吐大量的胃液，蚕体抽搐死亡，死蚕头部伸出，体躯成 S 或 C 字型。

植物性杀虫剂中毒的症状：烟草中毒，蚕食桑突然停止，头胸昂起，并向背部弯曲，左右摇摆，吐出茶褐色胃液，不久即死。中毒轻的不食不动，胸部膨大，头胸时时抖动。鱼藤精中毒，蚕停止食桑，静伏不动，呆在蚕座上，或倒卧于蚕座，呈假死状。

防治方药：

1. 大蒜茶　立即撒些焦糠，以阻止蚕儿继续食毒叶，或将蚕移往空匾，同时用大蒜头 1 个捣碎，加一级茶叶 1 撮，泡浓蒜茶 1 杯，取蒜茶液口喷于蚕体，使蚕体湿透。1~2h 后喷第 2 次，待蚕爬动后，即喂给好桑叶，再喷 1 次。

2. 中毒的蚕用清水浸泡，1min 后从水中捞出，放在阴凉处。也可用绿豆水、浓茶水浸洗病蚕。

3. 将病蚕用 0.5％石灰水淘洗，并用 5％石灰水喷洒有毒桑叶，待 7 天后试用桑叶。

【护理及预防】农药中毒以预防为主，连片桑园在虫害严重时，应划片用药治虫，选择对蚕残毒期较短的农药，打药后用叶应先采少量叶试喂后，确定蚕无不良反应，再大量采叶喂蚕。养蚕消毒与桑园打药喷雾器分开，拿蚕种和蚕种补催青过程中，避免接触有毒物质。了解蚕室及桑园周围农药使用情况，严禁在桑园、地头和蚕室附近配农药。蚕种催青过程中防止接触不良气体和有毒药物。

参 考 文 献

[1] 程永春．我场治疗美洲幼虫腐臭病的方法与体会［J］，蜜蜂杂志（月刊），2002，22（3）：22.

[2] 周婷．蜜蜂囊状幼虫病的防治［J］，蜜蜂杂志（月刊），1999，19（2）：15.

[3] 牛庆生、王小元．蜜蜂美洲幼虫腐臭病的防治［J］，特种经济动植物，2000，3（5）：39.

[4] 薛运波．长白山区蜜蜂"爬蜂病"的综合防治［J］，蜜蜂杂志（月刊），2002，22（8）：8.

[5] 张中印、吴利民、武存坡．大、小蜂螨的综合防治技术［J］，中国养蜂，2003，54（4）：20.

[6] 桑建坤．家蚕农药中毒的预防与中毒后的处理［J］，江苏蚕业，2005，（2）：27～28.

[7] 梁秀玲．蚕发生农药中毒的应急措施［J］，广西蚕业 2002，39（2）：40.

[8] 张中印．蜡螟的综合防治技术［J］，中国养蜂，2004，55（4）：19.

[9] 成春到．蜜蜂麻痹病的发病原因与防治［J］，新农村，2006，23（8）：18.

[10] 齐宜国、刘金华、宋振琰等．中秋蚕中肠型脓病的发生与防治［J］，蚕桑通报，2003，34（4）61～62.

[11] 夏永寿．夏秋蚕白僵病的流行与防治［J］，北方蚕业，2006，27（1）：53～54.

[12] 胡元亮主编．中兽医学，第一版［M］．北京：中国农业出版社，2006.

[13] 胡元亮主编．兽医处方手册，第二版［M］．北京：中国农业出版社，2005.

图书在版编目（CIP）数据

中兽医手册/钟秀会主编．—3版．—北京：中国农业出
版社，2010.5（2025.2重印）
ISBN 978-7-109-14314-2

Ⅰ.中…　Ⅱ.钟…　Ⅲ.中兽医-手册　Ⅳ.S853-62

中国版本图书馆CIP数据核字（2010）第001796号

中国农业出版社出版
（北京市朝阳区农展馆北路2号）
（邮政编码100125）
责任编辑　武旭峰　王玉英

————————————

北京中兴印刷有限公司印刷　　新华书店北京发行所发行
2010年5月第3版　　2025年2月第3版北京第4次印刷

————————————

开本：720mm×960mm 1/16　　印张：36.25
字数：665千字
定价：90.00元
（凡本版图书出现印刷、装订错误，请向出版社发行部调换）